精通 MATLAB R2011a

张志涌　等编著

北京航空航天大学出版社

内 容 简 介

本书由纸质媒体和电子媒体有机结合而成。纸质媒体便于读者进行系统、全面、长时间连续地阅读,便于随心翻阅、浏览;而电子媒体向读者提供色彩信息和动态交互的软件环境,提供读者实践本书内容所需的各种文件。

本书包含 MATLAB 使用和数学知识的丰富层次。编著本书有四个主要目的:(1) 帮助初学者顺利跨入 MATLAB 大门;(2) 全面、多层次、细致而深入地叙述 MATLAB 中数值、字符串、胞元、构架、逻辑、函数句柄六种重要数据类型的应用规则、相互配用和编程规范;(3) 由浅入深地阐述 MATLAB 三种建模、分析、仿真环境——数值计算、符号计算和 Simulink 环境的特征和使用要领;(4) 以实例讲述 MATLAB 代表的现代计算能力对传统算法和思维的影响。

全书包含 276 个算例。所有算例的程序都是可靠、完整的。读者可以完整、准确地重现本书所提供的算例结果,以掌握要领,举一反三,到达灵活应用的境地。

本书正文和算例所涉及的指令全部罗列在"附录 C 索引"中。该索引与目录组合,可为读者提供比较完善的快速查阅环境。

随书光盘中包含:黑白纸质印刷版无法表现的各种彩色图形;用 M-book 模板制作的"活性"的各章 DOC 文档;各算例运行所需的 M 文件和 MAT 数据文件;Simulink 块图模型的 MDL 文件;图形用户界面的 FIG 文件。

本书既可作为理工科院校研究生、本科生系统学习的教材,又可以作为广大科技工作者借助 MATLAB 进行科学计算及仿真的自学和参考用书。

图书在版编目(CIP)数据

精通 MATLAB R2011a / 张志涌等编著. -- 北京:北京航空航天大学出版社,2011.11
ISBN 978-7-5124-0608-7

Ⅰ. ①精… Ⅱ. ①张… Ⅲ. ①Matlab 软件 Ⅳ. ①TP317

中国版本图书馆 CIP 数据核字(2011)第 200874 号

版权所有,侵权必究。

精通 MATLAB R2011a
张志涌 等编著
责任编辑 蔡 喆

*

北京航空航天大学出版社出版发行

北京市海淀区学院路 37 号(邮编 100191) http://www.buaapress.com.cn
发行部电话:(010)82317024 传真:(010)82328026
读者信箱:goodtextbook@126.com 邮购电话:(010)82316936
涿州市新华印刷有限公司印装 各地书店经销

*

开本:787×1092 1/16 印张:44.5 字数:1 139 千字
2011 年 11 月第 1 版 2014 年 6 月第 5 次印刷 印数:19 001~24 000 册
ISBN 978-7-5124-0608-7 定价:88.00 元(含光盘 1 张)

若本书有倒页、脱页、缺页等印装质量问题,请与本社发行部联系调换。联系电话:(010)82317024

版 权 声 明

© 2011,北京航空航天大学出版社有限公司,版权所有,侵权必究。

未经本书出版者书面许可,任何单位和个人不得以任何形式或手段复制或传播本书及其所附光盘的内容。

© MATLAB® 和 Simulink® 是 MathWorks 公司注册商标,为叙述简洁,本书用 MATLAB 代替 MATLAB®,用 Simulink 代替 Simulink®,特此说明。

前　　言

1. 编写背景

　　MATLAB(MATrix LABoratory)自 20 世纪 80 年代初问世以来,历经 30 年的实践检验、市场筛选和时间凝炼,已成为科学研究、工程技术等众多领域最可信赖的科学计算环境和标准仿真平台,成为高等教学必须传授的学习和计算软件,成为学术演讲、交流中实验数据和曲线图形的来源。

　　近年我国经济发展迅猛,"便携式个人电脑 ＋ MATLAB"的配置工具在高校、科研院所以惊人的速度迅速普及。这使得理工科高校的每位师生、科研院所的每位研发人员都拥有了前所未有的巨大"计算潜能"。原有的研究方法、设计程式、论文写作方式以及教学内容等都必将受到这种新的"计算潜能"的巨大的冲击。

　　为缓和巨大计算潜能和原有教材之间的矛盾,国内外理工科高校教材几乎都作出了把 MATLAB 引进教材的努力。这种努力大致可分为两个层面。第一层面,完全不改变原有教材内容,而仅把 MATLAB 作为"手算的替身"用于相关内容的算例习题解算。第二层面,对原有教材中"那些手算所不能处理"的内容加以改变,而成为由 MATLAB 实施的新章节;或把原教学大纲中"那些采用硬件设备进行"的实验改成 MATLAB 仿真。

　　MATLAB 对我国高等教学的影响,虽然比国外晚 10 年左右,但发展之迅速却远非欧美所及。在几乎"人手一机"和 MATLAB 普及使用的高校里,无论是教师或学生,也不管有意识思考还是无意识感受,都会时时面临一个共同的问题:拥有崭新电脑工具的我们还有必要循着计算尺时代形成的模式去学习分析和综合设计吗?

　　硬件的低成本化、外界的需求又反过来推动 MATLAB 自身的改变和发展。近 30 年的历练,MATLAB 已经从纯指令操作软件发展为在各种界面进行交互式操作的平台,从单纯的分析、计算软件发展成为集计算、仿真、硬件开发于一体的综合环境,从单一学科辅助工具扩展为多门类多学科的计算资源库。

2. 编写宗旨及特点

　　本书作者自 2000 年编写《精通 MATLAB 5.3 版》和 2003 年编写《精通 MATLAB 6.5 版》以来,主要精力一直投入于以 MATLAB 为工具的控制、信号处理及智能计算等研究。与此同时,随着 MATLAB 的不断升级,每年也为《精通》一书写些修订和增补文档,直接服务于面向本校学生的 MATLAB 课程。在此七、八年期间,本书作者曾多次尝试《精通》一书的修订,但终因时间不足,致半途而废。

　　2008 年秋,MATLAB 的默认符号计算引擎由 Maple 更换为 MuPAD。这一重大变化促使本书作者下定"重写《精通》"的决心。此后,历时 2 年多,完成此书初稿,共 1150 页(A4 版面）。这样大的篇幅令人尴尬。一方面,恐因篇幅过大,而束缚对内容深度与广度应有的舒展；另方面,这千余页篇幅,无疑不便于读者使用。经与编辑多次商讨后,决心对 MATLAB 与 C、C++等外部程序关联的内容作"切除留后"处理,对 MATLAB"自封闭"内容则进行了削枝强干的调整。

现在本书具有如下几个特点。

- 秉承《精通 MATLAB 6.5 版》的编写宗旨:全面地多层次地描述 MATLAB 的通用功能。"全面及多层次"表现为:
  - 本书对 MATLAB 本身的入门引导写得相当细腻,即使是对 MATLAB 一无所知的读者,也可以循着本书的第 1 章,顺利跨入门槛。
  - 对于那些不大熟悉数值、符号、Simulink 等计算、建模的读者来说,只要找到相关章节,沿着若干初始算例树立的"路标",循序渐进,就能很快通过自我学习获得熟练运用的能力。
  - 涉及 MATLAB 较深应用层面,如数值计算泛函指令的参数传递、符号变量的非负、整数域约束及跨空间计算、Simulink 的信息流控制、图形用户界面回调函数编写等内容,本书的阐述也都可以为读者解除困惑。
  - 本书 276 个算例中的绝大多数都是相对独立的,都配有可实际运行的完整解算指令。即使 MATLAB 新手,或对算例所涉及知识不甚了解的读者,只要循序操作算例指令,并阅读指令后的相关解释,也能顺利实践,获得启发后,更可举一反三。

- 继续保持《精通 MATLAB 6.5 版》的编写传统:在避免囫囵吞枣的限度内,尽可能简明完整地透析 MATLAB 指令、Simulink 模块的数学本质及其应用。例如:
  - 依托有限差分、积分等章节的算例,揭示建立在"浮点数系"基础上的数值计算,如何受"精度、空间、时间"等微观、宏观测度有限性的影响。
  - 借助奇异值分解阐述秩、范、子空间等矩阵结构计算的数值本质,借助特征值分解描述矩阵函数的计算本质。
  - 鉴于 MATLAB R2011a 版关于随机流概念的系统归纳和 rng 新指令的给出,本书用较多篇幅阐述了伪随机流、随机序列的创建、重现控制和独立性控制的多种方法。此外,还简明描述了均值、偏差、斜度、峭度等统计量的几何意义及计算指令。
  - 提出求取系统传递函数的代数方程符号法,此法不仅系统性强而不依赖"人工技巧",而且还原了梅逊信流图法的数学实质。
  - 借助积分模块的两种不同数学表述,隐喻 Simulink 积分解算方式与数值积分指令的本质差异——前者体现"时间流",后者依赖"数据流"。

- 保持并延伸《精通 MATLAB 6.5 版》所涉内容的数学知识纵深度,多方位地适应 MATLAB 用户知识层面的深化和多样化。例如:
  - 在数值积分方面,不仅介绍了 MATLAB"求面积、求体积"的 quad 类指令,而且介绍了样条积分、Monte Carlo 积分、Simulink 积分的基本原理和实现方法。
  - 在随机变量和数理统计方面,较大篇幅增添的内容有:全局随机流、随机序列的创建、重现控制和独立性控制,三阶斜度、四阶峭度计算等。
  - 在模型拟合和参数估计方面,新增内容——以多项式拟合为算例,描述了拟合参数标准差及置信区间、新观察预测区间等。

- 在优化计算方面,不仅介绍了无约束优化计算,还新增了带约束优化计算及全域寻优算法和思想。

● 推介 MATLAB 现代计算能力在方法学层面的新表现,描述这种现代计算能力对"计算尺时代"遗留下来的传统概念、方法和技巧的审视和冲击。例如:
- 第 5.7.1 节利用代数方程求根的现代计算能力和 MATLAB 的图形表现力,直接根据不同放大倍数下求得的闭环根序列,绘制"精良根轨迹",并进而借助 MATLAB 提供的数据探索工具形象、互动地表现放大倍数与闭环根之间的依赖关系。这种新方法概念清晰、操作简单、图形精准。值得指出的是:现今高校教材所教授的传统根轨迹绘制法,乃是建立在"计算尺能力"之上的。
- 第 5.7.2 节利用求解符号代数方程的现代能力,直接求取"方框图"或"信流图"的系统传递函数。该方法系统性、规范性及计算的简单性远胜于"计算尺时代"的梅逊法。值得指出的是:梅逊法至今仍广泛地存在于我国高校的"信号与系统""自动控制原理"等教材中。
- 第 5.8.3 节,借助 MATLAB 的图形表现力,绘制误差曲面,形象地展示了泰勒近似的"邻域适用性"。
- 第 8.7.5-1 小节利用微分方程单步仿真法绘制"状态轨迹",其对系统性状的描述能力远强于"传统相轨迹"。这种单步状态轨线,不仅能精确地表现稳定平衡点周围的速度场,而且能同样精确地表现不稳定平衡点周围的速度场。
- 第 8.7.5-2 小节利用数值优化指令求得的 ITAE 标准型系统的性能显然优于"模拟机时代"给出的那些传统 ITAE 标准型系统。
- 本书特别在第 6.8 节新增 3 小节用于表述 MATLAB 的交互式数据探索工具:数据探针、数据刷和数据链。而算例 5.7.1 则综合地表现了数据探索工具的具体应用。
- 算例 4.5-3、4.12-1、4.12-3 分别表现了 MATLAB 图形能力在非线性方程求解、单变量寻优、带约束二元函数寻优等方面的应用价值。
- 本书第 9 章详细叙述了对研究方法有重大影响的图形用户界面(GUI)的制作方法。该章算例 9.2-1 展示了 GUI 表现二阶系统阶跃响应各种特征时所特有的能力。

● 此外,也对原《精通 MATLAB 6.5 版》少部分内容进行了删减。
- 完全删去原书中的"MATLAB 编译器"、"应用程序接口 API"两章。原因是:一,避免因篇幅限制,使其内容显得肤浅;二,避免因外部程序变化,使其内容不稳定。
- 删除原书中"句柄图形"一章。原因是:一,各种图形对象的属性,现已可在 MATLAB 图形窗中便捷地读取和设置;二,部分常用的图形对象属性的指令设置内容已被融入新书的其他章节。
- 原书中"Notebook"一章,精简后以附录形式出现。

3. 内容简介

全书由目录、正文、附录和随书光盘组成。正文共 9 章。

● 第 1 章 基础准备及入门

详细讲述 MATLAB 的工作平台、基本特征和使用方法,讲授如何借助 MATLAB 的帮助系统解决所遇到的困难。任何 MATLAB 新手借助本章都可以比较顺利地跨入 MATLAB 门槛。
- 第 2 章 数值数组及向量化运算

  介绍 MATLAB 的两个数据类型（数值数组、逻辑数组），两个特有变量（"非数"及"空"），两个 MATLAB 指令及编程特征（数组运算和向量化编程）。其中数值数组创建、编址、援引寻访、扩展收缩等所涉的概念和技法也适用于其他数据类型数组。
- 第 3 章 字符串、胞元和构架数组

  集中介绍字符串、胞元、构架三种数据类型的创建、特点及相互转换。掌握这些数据类型有助于理解 MATLAB（方程求解、优化）泛函指令、图形对象、Simulink 模型模块等的参数设置和使用。
- 第 4 章 数值计算

  集中描述 MATLAB 的数值计算能力，其节次按数学类别划分。所涉数学理论知识大致涵盖理工科本科及研究生知识层面。每个算例都会简明地勾勒问题的来龙去脉，帮助读者克服由于理论数学、计算数学、MATLAB 指令间的知识跳跃和交叉引起的困惑。
- 第 5 章 符号计算

  MATLAB 由数值计算引擎驱动，其随带的符号计算引擎是 MuPAD。本章内容完全适配 MuPAD 引擎。该章的解题理念、建模计算、结果表述等都不同于数值计算，而与传统教科书的理论内容相似，因此学生更容易接受并使用。因为该章内容相对独立，所以在内容设计上，安排了从简单入门到跨空间进入 MuPAD 环境的多层节次。
- 第 6 章 数据可视及探索

  系统阐述离散数据绘制成图的基本机理、基本技法、绘图指令的调用和搭配。介绍 MAT-LAB 图形窗所具备的"数据——图形双向交互能力"，推介 MATLAB 最新体现的"交互式数据探索"研究方法。
- 第 7 章 M 文件和函数句柄

  系统介绍 MATLAB 编程的基本构件、数据流控制、各类子函数、两种函数句柄、泛函计算指令、跨空间调用和赋值等内容，为编写较复杂程序读者所必读。
- 第 8 章 Simulink 交互式仿真

  Simulink 的建模、解算、结果表述既不同于数值计算，也不同于符号计算，相对独立，由浅入深层次分明。第一个算例，非常详尽地描写 Simulink 的交互式建模步骤、操作要领、注意事项，以使新手可循此例而入门。其他节次则涉及构造并运作复杂 Simulink 模型所必需的各种连续和离散模块，各种条件控制子系统，各种操作指令。
- 第 9 章 图形用户界面（GUI）

  重点介绍 GUI 的 GUIDE 辅助设计法。算例 9.2-1 的细腻叙述，足以帮助对 GUI 完全陌生的读者，初步掌握创建图形用户界面的全部操作要领。该章内容的重要性在于：GUI 不仅使研发过程友善、结果表现形象生动，而且有孕育新研发技术和思维方式的潜能。

  附录共 3 个。
- 附录 A Notebook

  简捆介绍 Notebook 工作环境的创建、组织及应用。该附录将有助于读者创建集文字表述、数学公式、解算指令、计算结果、图形表现于一体的学术演讲稿、教学课件、科研报告、学位论文等。

- 附录 B 光盘使用说明

  专为随书光盘编写,主要用于:说明光盘 mbook 目录上所载 DOC 文件的开启环境和使用方法;说明光盘 mfile 目录上 M、MDL 文件的使用。
- 附录 C 索 引

  根据英文字母排列次序,列出了本书叙述文字或算例中所涉及的所有符号、指令、模块和图形对象属性的"英文关键词(或符)"。读者借助该"索引",可以由"英文关键词(或符)"找到相关的中文说明或使用算例。

4. 读者对象

MATLAB 自身性质决定了本书的主要读者对象是:需要数学建模、研究分析、理论验证、计算机仿真的各类大学生、研究生、教师和科研人员。

本书的章节安排、各章内容、276 个算例是作者根据 MATLAB 所跨数学及程序语言两大范畴的内涵融合而成的。与一般程序语言类书籍相比,本书的特点在于:包含了较大篇幅的理论数学、计算数学及其他专业基础方面的理论描述。而与一般的数学教材、计算方法书籍相比,不同之处又在于:本书并不停留于纯推理性阐述,而特别注重于表述完成计算任务的 MATLAB 指令的使用要旨及注意事项。因此,本书可以用作为 MATLAB 编程、数学建模、科学计算、数字仿真的综合教学用书和科研参考书。

本书在讲述数值建模、符号建模、Simulink 建模及 GUI 制作等内容时,都专门设计了操作步骤及引导性算例(所涉工具介绍得特别详细),用以帮助初学者顺利地入门,并使他们在阅读指令的注解说明后,可以举一反三。因此,本书也可以供各类研发人员自学使用。

除显而易见的简单算例外,本书作者在设计和编写算例时,尽力在理论和编程两方面保持各算例的独立性和完整性,以供各类读者根据需要随时片段地翻阅,掌握具体的算法和指令配合。换句话说,像字典一样,本书可用作查阅算法或 MATLAB 具体指令调用方法的"手册"。

5. 使用建议

- 本书用于教学时,教师可参考本书章节次序安排教学进程。讲授时,不建议使用 PowerPoint 形式的课件,而建议采用 Notebook 制作的课件。这是因为,后者可以让听课的学生在 Word 文字环境中看到 MATLAB 指令的实时操作和现场显示出的数值或图形结果。本书为教师制作课件方便,在随书光盘里,提供了保持全书章节结构、算例可运行 M 码的电子文档。
- 本书用于系统自学时,读者可不必循序阅读,也不建议通读。建议先认真阅读并实践入门性算例,而不必强求自己去操练那些数学知识过深或编程过于复杂的算例。此外,再次诚恳地建议:不要采用"复制随书光盘中现成 M 码"的方法,去实践本书算例,而应采用"自己键入"的方式去实践,以体会编写程序的思路和过程。
- 本书用作"手册"查阅参考时,读者应注意目录、索引、英文词汇的不同检索功用。目录用于"可能模糊的内容"检索;索引用于"已知指令名称"的交叉检索;(本书中出现的)英文词汇专供 MATLAB 帮助浏览器信息的检索使用。

- 本书所有算例的 M 码都是可靠且可运行的,所有算例结果也都是可重现的。至于那些无法通过纸质书籍表现的 Simulink 模型代码和彩色图形,读者都可以在随书光盘中找到相应的 MDL 文件或电子文档。
- 随书光盘中,还存放有与《精通 MATLAB 6.5 版》相配的电子文档,以供读者不时之需。

6. 致 谢

本书是作者长年科研和教学积累的结果。本书的成稿得到张昀、阮秀凯、靳种宝、李娟娟、胡丽珍、谢逢博、冯子豪、王贵银、张传飞、朱捷、钱建平、江洁、蒋啸、王担担、张蓉等博士和硕士研究生的帮助和支持,得到我始终一贯的合作者杨祖樱教授的全力支持。借本书出版之际,向他们表示真诚的感谢。

最后还要感谢北京航空航天大学出版社长期一贯的支持和合作。

本书虽几经反复筛选提炼,但限于作者知识,赘病、错误和偏见仍难避免。在此,恳切各方面专家和广大读者的不吝指教。作者电子信箱:zyzh@njupt.edu.cn。

作 者
2011 年 10 月初于南京江宁

目 录

第1章 基础准备及入门 …………… 1
1.1 MATLAB 的安装和工具包选择 …
………………………………………… 1
1.2 Desktop 操作桌面的启动 ……… 2
1.2.1 MATLAB 的启动 …………… 2
1.2.2 Desktop 操作桌面简介 ……… 2
1.3 Command Window 运行入门 …… 3
1.3.1 Command Window 指令窗简介 … 3
1.3.2 最简单的计算器使用法 ……… 3
1.3.3 数值、变量和表达式 ………… 5
1. 数值的记述 ………………………… 5
2. 变量命名规则 ……………………… 5
3. MATLAB 默认的数学常数 ……… 5
4. 运算符和表达式 …………………… 7
5. 面向复数设计的运算——MATLAB 特点之一 …………………………… 8
6. 面向数组设计的运算——MATLAB 特点之二 …………………………… 11
1.4 Command Window 操作要旨 …… 14
1.4.1 指令窗的显示方式 …………… 14
1. 默认的输入显示方式 …………… 14
2. 运算结果显示 …………………… 14
3. 显示方式的永久设置 …………… 15
1.4.2 指令行中的标点符号 ………… 15
1.4.3 常用控制指令 ………………… 17
1.4.4 指令窗中指令行的编辑 ……… 17
1.5 历史指令窗(Command History) …
………………………………………… 18
1.5.1 Command History 历史指令窗简介
………………………………………… 18
1.5.2 历史指令的再运行 …………… 19
1.6 当前目录浏览器(Current Directory)、路径设置器和文件管理 ………… 19
1.6.1 当前目录浏览器简介 ………… 20

1.6.2 用户目录和当前目录设置 …… 21
1.6.3 MATLAB 的搜索路径 ……… 21
1.6.4 MATLAB 搜索路径的扩展 … 22
1. 何时需要修改搜索路径 ………… 22
2. 利用设置路径对话框修改搜索路径 …
………………………………………… 22
3. 利用指令 path 设置路径 ………… 22
1.7 工作空间浏览器和变量编辑器 ……
………………………………………… 23
1.7.1 工作空间浏览器和变量可视化 … 23
1.7.2 工作空间的管理指令 ………… 25
1. 查询指令 who 及 whos …………… 25
2. 从工作空间中删除变量和函数的指令 clear ………………………………… 25
3. 整理工作空间内存碎片的指令 pack … 25
1.7.3 Variable Editor 变量编辑器 … 26
1.7.4 数据文件和变量的存取 ……… 26
1. 借助工作空间浏览器产生保存变量的 MAT 文件 ………………………… 26
2. 借助输入向导 Import Wizard 向工作空间装载变量 ……………………… 26
3. 存取数据的操作指令 save 和 load …
………………………………………… 27
1.8 Editor/Debugger 和脚本编写初步 …
………………………………………… 28
1.8.1 Editor/Debugger M 文件编辑器简介
………………………………………… 28
1.8.2 M 脚本文件编写初步 ………… 29
1.9 帮助系统及其使用 ……………… 30
1.9.1 帮助体系的三大系统 ………… 30
1.9.2 常用帮助指令 ………………… 30
1. 函数搜索指令 …………………… 30
2. 词条搜索指令 …………………… 31

1.9.3　Help 帮助浏览器 ············ 32
　　　　1. 帮助浏览器的导出 ············ 32
　　　　2. 帮助浏览器界面简介 ·········· 32
　　　　3. 帮助浏览器默认显示的利用 ···· 34
第 2 章　数值数组及向量化运算 ········ 39
　2.1　数值数组的创建和寻访 ············ 39
　　2.1.1　一维数组的创建 ············ 39
　　　　1. 递增/减型一维数组的创建 ···· 39
　　　　2. 其他类型一维数组的创建 ······ 40
　　2.1.2　二维数组的创建 ············ 41
　　　　1. 小规模数组的直接输入法 ······ 41
　　　　2. 中规模数组的数组编辑器创建法 ··· 41
　　　　3. 中规模数组的 M 文件创建法 ···· 42
　　　　4. 利用 MATLAB 函数创建数组 ···· 43
　　2.1.3　二维数组元素的标识和寻访 ··· 45
　　　　1. 数组的维数和大小 ············ 45
　　　　2. 数组的标识和寻访 ············ 46
　　2.1.4　数组的扩缩和特殊操作 ······ 47
　　　　1. 数组的扩充和收缩 ············ 47
　　　　2. 数组的特殊操作 ············ 49
　　　　3. 数组操作函数 ·············· 51
　2.2　数组运算 ························ 52
　　2.2.1　数组运算的由来和规则 ······ 52
　　　　1. 函数关系数值计算模型的分类 ···· 52
　　　　2. 提高程序执行性能的三大措施 ···· 52
　　　　3. 数组运算规则 ·············· 52
　　　　4. 数组运算符及数组运算函数 ···· 53
　　2.2.2　数组运算和向量化编程 ······ 54
　　2.2.3　数组特殊运算指令汇总 ······ 57
　2.3　高维数组 ························ 59
　　2.3.1　高维数组的创建 ············ 59
　　2.3.2　高维数组的孤维删除 ········ 61
　　2.3.3　高维数组的维度重排 ········ 62
　2.4　"非数"和"空"数组 ················ 64
　　2.4.1　非数 NaN ·················· 64
　　2.4.2　"空"数组 ·················· 66
　2.5　关系操作和逻辑操作 ·············· 67
　　2.5.1　关系操作 ·················· 67
　　2.5.2　逻辑操作 ·················· 69

　　2.5.3　常用逻辑函数 ·············· 70
第 3 章　字符串、胞元和构架数组 ······ 72
　3.1　MATLAB 的数据类型 ················ 72
　3.2　字符串数组 ···················· 73
　　3.2.1　串数组的属性和标识 ········ 73
　　3.2.2　复杂串数组的创建 ·········· 75
　　　　1. 多行字符串数组的创建 ········ 75
　　　　2. 利用胞元数组创建复杂字符串 ··· 77
　　3.2.3　串转换函数 ················ 78
　　3.2.4　串操作函数 ················ 82
　3.3　胞元数组 ························ 82
　　3.3.1　胞元数组的创建和显示 ······ 83
　　　　1. 胞元标识寻访和内容编址寻访的不同 ···
　　　　　······························ 83
　　　　2. 胞元数组的创建和显示 ········ 83
　　3.3.2　胞元数组的扩充、收缩和重组 ···· 84
　　3.3.3　胞元数组内容的获取和配置 ··· 85
　　3.3.4　胞元与数值数组之间的转换 ··· 87
　　3.3.5　对胞元数组运算的 cellfun 指令 ·····
　　　　···································· 88
　　3.3.6　胞元数组的操作函数汇总 ···· 90
　3.4　构架数组 ························ 90
　　3.4.1　构架数组的创建和显示 ······ 91
　　　　1. 直接创建法及显示 ············ 91
　　　　2. 利用构造函数创建构架数组 ···· 92
　　3.4.2　构架数组域中内容的调取和设置 ···
　　　　···································· 93
　　3.4.3　构架数组的扩缩、域的增删和域名重排
　　　　···································· 96
　　3.4.4　构架数组和胞元数组之间的转换 ···
　　　　···································· 97
　　3.4.5　对构架域运算的 structfun 和 arrayfun
　　　　指令 ···························· 100
　　3.4.6　构架数组的操作函数汇总 ······ 102
第 4 章　数值计算 ·················· 103
　4.1　MATLAB 的浮点数体系 ············ 103
　4.2　数值微积分 ···················· 104
　　4.2.1　数值极限 ················ 104

4.2.2　数值差分 …………………… 106
　　4.2.3　数值积分(Numerical Integration) …
　　　　　…………………………………… 108
　　　　1. 一元函数积分(Quadrature) …… 108
　　　　2. 样条法求一元数值积分 ……… 112
　　　　3. 用 Simulink 求一元数值积分 … 112
　　4.2.4　多重数值积分 ………………… 113
　　　　1. 常限重积分 …………………… 113
　　　　2. 变限重积分 …………………… 114
4.3　矩阵分析 ……………………………… 117
　　4.3.1　矩阵运算和特征参数 ………… 117
　　　　1. 矩阵运算 ……………………… 117
　　　　2. 矩阵的标量特征参数 ………… 118
　　4.3.2　奇异值分解和矩阵结构 ……… 119
　　　　1. 奇异值分解 …………………… 119
　　　　2. 与奇异值相关的矩阵结构 …… 119
4.4　特征值分解和矩阵函数 ……………… 123
　　4.4.1　特征值分解问题 ……………… 123
　　4.4.2　矩阵的谱分解和矩阵函数 …… 125
4.5　解线性方程 …………………………… 126
　　4.5.1　求解线性方程的相关指令 …… 127
　　4.5.2　线性方程矩阵除解法 ………… 127
　　4.5.3　线性二乘问题的解 …………… 129
　　4.5.4　一般代数方程的解 …………… 130
4.6　随机数的产生及其特征描述 ……… 133
　　4.6.1　随机数的产生及重现控制 …… 133
　　　　1. 默认全局随机流的简明管理指令 ……
　　　　　………………………………… 133
　　　　2. 三种基本随机数发生指令 …… 134
　　　　3. 用户随机流的创建和使用 …… 136
　　　　4. 随机流的重现控制 …………… 140
　　　　5. 独立随机数序列和随机流的产生 ……
　　　　　………………………………… 143
　　　　6. 随机数重现控制旧版指令的使用建议 …
　　　　　………………………………… 148
　　4.6.2　数据样本分布可视化描述 …… 149
　　4.6.3　随机分布的数字特征及其统计量 …
　　　　　………………………………… 150
　　　　1. 随机分布的中心位置统计量 …… 150

　　　　2. 随机分布的聚散度统计量 …… 151
　　　　3. 斜度和峭度高阶统计量 ……… 152
4.7　多项式运算和卷积 …………………… 157
　　4.7.1　多项式的运算函数 …………… 157
　　　　1. 多项式表达方式的约定 ……… 157
　　　　2. 多项式运算函数 ……………… 157
　　4.7.2　卷　积 ………………………… 161
　　　　1. 两有限长序列的卷积 ………… 161
　　　　2. 有限长序列与无限长序列的卷积 ……
　　　　　………………………………… 164
4.8　多项式拟合和非线性最小二乘 ……
　　　………………………………………… 165
　　4.8.1　线性拟合和最小二乘 ………… 165
　　4.8.2　多项式拟合 …………………… 166
　　4.8.3　非线性最小二乘拟合 ………… 172
　　　　1. 伪线性化处理 ………………… 172
　　　　2. 非线性最小二乘拟合 ………… 172
4.9　插值和样条 …………………………… 176
　　4.9.1　一维插值 ……………………… 176
　　4.9.2　高维函数的插值 ……………… 179
　　4.9.3　样条插值 ……………………… 181
　　4.9.4　样条函数的应用 ……………… 183
　　　　1. 样条函数的微积分 …………… 183
　　　　2. 样条函数的零点和最小值 …… 186
4.10　Fourier 分析 ………………………… 191
　　4.10.1　快速 Fourier 变换和逆变换指令 …
　　　　　………………………………… 191
　　4.10.2　连续时间函数的 Fourier 级数展开
　　　　　………………………………… 192
　　　　1. 展开系数的积分求取法 ……… 192
　　　　2. Fourier 级数与 DFT 之间的数学联系 …
　　　　　………………………………… 193
　　　　3. MATLAB 算法实现 …………… 193
　　4.10.3　利用 DFT 计算连续函数 Fourier 变换
　　　　　CFT ……………………………… 201
　　　　1. CFT 与 DFT 之间的数学联系 … 201
　　　　2. MATLAB 算法实现 …………… 202
4.11　常微分方程 ………………………… 205
　　4.11.1　常微分方程初值问题的解算 … 205

1. 求解初值问题的思路 …… 205	5.1.5 符号帮助及其他常用指令 …… 263
2. 解算指令的调用格式 …… 206	1. 符号运作的帮助体系 …… 263
3. 解算指令的属性及其设置 …… 207	2. 服务于符号运算的其他指令 …… 267
4. 嵌套函数法传递解算参数 …… 209	5.2 数字类型转换及符号表达式操作…
5. 匿名函数法传递解算参数 …… 213	…… 268
6. 带事件设置的微分方程解算 …… 215	5.2.1 数字类型及转换 …… 268
4.11.2 常微分方程的边值问题解 …… 218	1. 三种数字类型及转换指令 …… 268
1. bvp4c 求解边值问题的思路 …… 219	2. 双精度数字向符号数字转换 …… 269
2. 求解边值问题的配套指令 …… 220	3. 符号数字向双精度数字转换 …… 274
3. 求解含未知参数的边值问题 …… 222	4. 符号数字的任意精度表达形式 …… 275
4.12 最小值优化问题 …… 227	5.2.2 符号表达式的简化操作 …… 277
4.12.1 MATLAB 最小值优化指令概述 …	5.2.3 表达式中的置换操作 …… 280
…… 227	1. 公因子法简化表达 …… 280
4.12.2 单变量局域优化指令 fminbnd ……	2. 通用置换指令 …… 282
…… 228	5.3 符号微积分 …… 285
4.12.3 多变量无约束局域优化指令 fminsearch …… 232	5.3.1 极限和导数的符号计算 …… 285
	5.3.2 序列/级数的符号求和 …… 290
4.12.4 多变量约束局域优化指令 fmincon …… 236	5.3.3 符号积分 …… 291
	5.4 微分方程的符号解法 …… 295
4.12.5 GlobalSearch 实施的全域优化 ……	5.4.1 符号解法和数值解法的互补作用 …
…… 242	…… 295
第 5 章 符号计算 …… 250	5.4.2 求微分方程符号解的一般指令 ……
5.1 符号对象的产生和识别 …… 250	…… 295
5.1.1 基本符号对象的创建 …… 250	5.4.3 微分方程符号解示例 …… 296
1. 定义符号数字和符号常数 …… 250	5.5 符号变换和符号卷积 …… 299
2. 定义基本符号变量 …… 251	5.5.1 Fourier 变换及其反变换 …… 299
3. 定义元符号表达式 …… 251	5.5.2 Laplace 变换及其反变换 …… 303
5.1.2 符号计算中的算符和函数指令 ……	5.5.3 Z 变换及其反变换 …… 305
…… 252	5.5.4 符号卷积 …… 308
1. 符号计算中的算符 …… 252	5.6 符号矩阵分析和代数方程解 … 309
2. 符号计算中的函数指令 …… 252	5.6.1 符号矩阵分析 …… 309
5.1.3 符号对象、变量、自由变量的识别 …	5.6.2 线性方程组的符号解 …… 310
…… 253	5.6.3 一般代数方程组的解 …… 311
1. 符号对象的识别 …… 253	5.7 符号算法的综合应用 …… 313
2. 符号变量及自由变量的认定 …… 254	5.7.1 三维根轨迹和数据探索 …… 313
5.1.4 符号运算机理和变量假设 …… 259	5.7.2 代数状态方程求符号传递函数 ……
1. 符号运算的工作机理 …… 259	…… 319
2. 对符号变量的限定性假设 …… 259	1. 结构框图的代数状态方程解法 …… 320
3. 清除变量和撤销假设 …… 260	2. 信号流图的代数状态方程解法 …… 322

3. 多输入、多输出系统传递矩阵的求取 ⋯ 324

5.8 符号计算结果的可视化 ⋯⋯⋯ 326
　5.8.1 直接可视化符号表达式 ⋯⋯⋯ 326
　　1. 单独立变量符号函数的可视化 ⋯ 327
　　2. 双独立变量符号函数的可视化 ⋯ 329
　5.8.2 符号计算结果的数值化绘图 ⋯ 330
　5.8.3 可视化与数据探索 ⋯⋯⋯ 332

5.9 符号计算资源的数值环境应用 ⋯⋯ 335
　5.9.1 符号表达式、串操作及数值计算 M 码间的转换 ⋯⋯⋯ 335
　5.9.2 符号工具包资源表达式转换成 M 码函数 ⋯⋯⋯ 337
　　1. 转换指令 matlabFunction ⋯⋯ 337
　　2. 把符号包资源转换成 M 码函数的示例 ⋯⋯⋯ 338
　　3. 把 MuPAD 资源转换为 M 码函数的示例 ⋯⋯⋯ 344
　5.9.3 用符号表达式创建 Simulink 用户模块 ⋯⋯⋯ 345
　　1. 转换指令 emlBlock ⋯⋯⋯ 345
　　2. 把符号包资源转换为 Simulink 模块的示例 ⋯⋯⋯ 346

5.10 MuPAD 资源的深层利用 ⋯⋯ 349
　5.10.1 借助 mfun 调用 MuPAD 特殊函数 ⋯⋯⋯ 349
　5.10.2 直接调用 MuPAD 的函数 ⋯ 352
　　1. 非 mfunlist 列表 MuPAD 函数的调用步骤 ⋯⋯⋯ 353
　　2. 借助 evalin 运行 MuPAD 函数 ⋯ 353
　　3. 借助 feval 运行 MuPAD 函数 ⋯ 356

第 6 章　数据可视及探索 ⋯⋯⋯ 359
6.1 引导 ⋯⋯⋯ 359
　6.1.1 离散数据和离散函数的可视化 ⋯⋯⋯ 359
　6.1.2 连续函数的可视化 ⋯⋯⋯ 360
　6.1.3 可视化的一般步骤 ⋯⋯⋯ 362
　　1. 绘制二维图形的一般步骤 ⋯⋯ 362
　　2. 绘制三维图形的一般步骤 ⋯⋯ 363

6.2 二维线图及修饰操作 ⋯⋯⋯ 364
　6.2.1 基本指令 plot 的调用格式 ⋯⋯ 365
　　1. 基本调用格式 ⋯⋯⋯ 365
　　2. 衍生调用格式 ⋯⋯⋯ 366
　　3. 带属性设置的调用格式 ⋯⋯ 367
　6.2.2 坐标控制和图形标识 ⋯⋯ 369
　　1. 坐标轴的控制 ⋯⋯⋯ 369
　　2. 分格线和坐标框 ⋯⋯⋯ 371
　　3. 图形标识指令 ⋯⋯⋯ 371
　　4. 标识字符的精细控制 ⋯⋯ 372
　6.2.3 多次叠绘、双纵坐标和多子图 ⋯ 375
　　1. 多次叠绘 ⋯⋯⋯ 375
　　2. 双纵坐标图 ⋯⋯⋯ 376
　　3. 多子图 ⋯⋯⋯ 377

6.3 三维绘图及修饰操作 ⋯⋯⋯ 378
　6.3.1 三维线图指令 plot3 ⋯⋯⋯ 378
　6.3.2 三维曲面/网线图指令 ⋯⋯ 379
　　1. 基本调用格式 ⋯⋯⋯ 379
　　2. 衍生调用格式 ⋯⋯⋯ 380
　　3. 色图 colormap ⋯⋯⋯ 381
　　4. 浓淡处理 shading ⋯⋯⋯ 381
　6.3.3 视点控制和图形的旋动 ⋯⋯ 382
　　1. 视点控制 view ⋯⋯⋯ 382
　　2. 图形旋动 rotate ⋯⋯⋯ 383
　6.3.4 光照、材质和透视 ⋯⋯⋯ 384
　　1. 光照 light ⋯⋯⋯ 384
　　2. 材质处理 material ⋯⋯⋯ 384
　　3. 透明处理 ⋯⋯⋯ 386
　6.3.5 消隐、镂空和裁切 ⋯⋯⋯ 390
　　1. 网线的消隐 ⋯⋯⋯ 390
　　2. 图形的镂空 ⋯⋯⋯ 390
　　3. 图形的裁切 ⋯⋯⋯ 391

6.4 高维可视化 ⋯⋯⋯ 392
　6.4.1 二维半图线 ⋯⋯⋯ 392
　6.4.2 准四维表现 ⋯⋯⋯ 393
　6.4.3 四维切片及等位线 ⋯⋯ 394

6.5 动态图形 ⋯⋯⋯ 396
　6.5.1 高层指令生成动态图形 ⋯⋯ 396

1. 彗星状轨迹图 …… 396
2. 色图的变幻 …… 397
3. 影片动画 …… 397
6.5.2 低层指令生成实时动画 …… 398
6.6 特殊图形指令 …… 401
　6.6.1 彩色份额图 …… 401
　　1. 面域图 area …… 401
　　2. 直方图 bar，barh，bar3，bar3h …… 402
　　3. 饼图 pie，pie3 …… 402
　6.6.2 有向线图 …… 402
　6.6.3 多面体异形图 …… 403
　　1. 德洛奈三角剖分和 Voronoi 图 …… 403
　　2. 填色图 fill，fill3 …… 404
　　3. 不规则数据的网线图和曲面图 …… 405
　　4. 彩带图 ribbon …… 406
　6.6.4 散点图 scatter 和 plotmatrix …… 407
　6.6.5 泛函绘图指令 fplot …… 408
6.7 图　像 …… 409
　6.7.1 图像的类别和显示 …… 410
　6.7.2 图像的读写 …… 411
6.8 图形窗的编辑探索功能 …… 414
　6.8.1 图形窗的结构 …… 414
　　1. 图形窗的功能分区 …… 414
　　2. 图形窗工具条 …… 415
　　3. 主要构件与对应菜单 …… 416
　6.8.2 指令鼠标混合操作生成绘图文件 …… 418
　6.8.3 数据探针 …… 422
　6.8.4 数据刷 …… 424
　6.8.5 数据链和数据联动 …… 427

第7章　M文件和函数句柄 …… 432
7.1 M码编程的基本构件 …… 432
　1. 变　量 …… 432
　2. 运算及运算符 …… 432
　3. 标点符号 …… 433
　4. 关键词 …… 433
　5. 特殊值 …… 433
　6. MATLAB 函数 …… 433
　7. 指令及指令行 …… 434

7.2 MATLAB 的数据流控制 …… 434
　7.2.1 for 循环和 while 循环控制 …… 434
　　1. 循环结构的基本形式 …… 434
　　2. 辅助控制指令 continue 和 break …… 438
　7.2.2 if-elseif-else 条件分支控制 …… 440
　7.2.3 switch-case 切换多分支控制 …… 442
　7.2.4 try-catch 容错控制 …… 443
　7.2.5 编程用的其他指令 …… 446
　　1. return 返回和 pause 暂定 …… 446
　　2. error 出错信息和 warning 警告 …… 447
　　3. 与键盘交互指令 input 和 keyboard …… 447
7.3 M文件和P文件 …… 448
　7.3.1 M文件 …… 448
　　1. M脚本文件 …… 448
　　2. M函数文件 …… 449
　7.3.2 P码文件的创建、查询和清除 …… 452
7.4 MATLAB 的函数类别 …… 453
　7.4.1 主函数和子函数 …… 454
　　1. 主函数 …… 454
　　2. 子函数 …… 454
　7.4.2 匿名函数 …… 456
　7.4.3 嵌套函数 …… 456
7.5 函数句柄 …… 458
　7.5.1 函数作用域和优先等级 …… 458
　7.5.2 函数句柄的创建 …… 459
　　1. 直接句柄创建法 …… 459
　　2. 匿名句柄创建法 …… 459
　7.5.3 函数句柄的调用格式 …… 460
　　1. 直接句柄调用格式 …… 460
　　2. 匿名句柄调用格式 …… 460
　7.5.4 观察函数句柄的内涵 …… 461
7.6 泛函演算指令 …… 462
　7.6.1 eval …… 462
　7.6.2 feval …… 464
　7.6.3 内联对象 …… 465
7.7 变量的使用域和跨内存交换 …… 466
　7.7.1 输入输出检测指令 …… 466

7.7.2 "变长度"输入输出量 …… 467
7.7.3 局域变量、全域变量和持存变量 ……
　　　　　　　　　　　　　　　　 471
7.7.4 跨内存计算及赋值 …… 472
　1. 跨内存计算串表达式 …… 472
　2. 跨内存赋值 …… 474
7.8 编辑调试器的应用深入 …… 475
7.8.1 词串彩化和定界符匹配提示 … 475
　1. 词串彩化 …… 475
　2. 定界符匹配提示 …… 475
7.8.2 M-Lint 代码分析器 …… 477
　1. 检测信息的界面静态标识 …… 477
　2. 详细检测信息的鼠标动态获取 …… 478
7.8.3 M 文件调试器 …… 479
　1. 直接调试法 …… 480
　2. 交互式调试器的界面 …… 480
　3. 调试器应用示例 …… 482

第 8 章 Simulink 交互式仿真 …… 486
8.1 引导 …… 486
8.1.1 Simulink 模型本质和一般结构 ……
　　　　　　　　　　　　　　　　 486
8.1.2 创建块图模型的方法和基本环境 …
　　　　　　　　　　　　　　　　 487
8.2 连续系统建模 …… 490
8.2.1 微分方程建模和积分模块 …… 490
　1. 微分方程块图模型的创建和操作细节 …
　　　　　　　　　　　　　　　　 490
　2. 创建微分方程的向量化块图模型 ……
　　　　　　　　　　　　　　　　 498
　3. 积分模块 …… 501
8.2.2 状态空间建模 …… 503
　1. 状态空间模块及其建模应用 …… 503
　2. 模型内存和模型浏览器 …… 506
8.2.3 传递函数建模及模型内存的操控 …
　　　　　　　　　　　　　　　　 510
　1. 单位脉冲信号的近似实现 …… 510
　2. 传递函数模块和非零初始系统建模 …
　　　　　　　　　　　　　　　　 510
8.3 子系统和分层模型 …… 513

8.3.1 创建简装子系统的套装法 …… 514
8.3.2 创建简装子系统的容器法 …… 521
8.3.3 精装子系统和装帧编辑器 …… 523
8.4 使能触发子系统 …… 531
8.4.1 使能子系统 …… 531
　1. 子系统结构和工作原理 …… 531
　2. 子系统非状态输出的两种形态 …… 533
　3. 子系统状态输出的四种形态 …… 537
8.4.2 触发子系统 …… 539
　1. 子系统的结构和工作原理 …… 539
　2. 子系统的三种触发方式 …… 541
8.5 Simulink 的控制流 …… 544
8.5.1 For 环 …… 544
8.5.2 While 环 …… 548
8.5.3 If-else 条件转向和信号合成 …… 551
8.6 离散时间系统和混合系统 …… 554
8.6.1 单位延迟模块和差分方程建模 ……
　　　　　　　　　　　　　　　　 555
　1. 单位延迟模块 …… 555
　2. 差分方程的标量建模法 …… 555
　3. 差分方程组的向量建模法 …… 558
8.6.2 离散积分模块和混合系统 …… 559
　1. 离散时间积分模块 …… 559
　2. 混合系统的 s 变量替换法 …… 560
8.6.3 多速率系统的色彩标识 …… 562
8.7 Simulink 的分析工具 …… 563
8.7.1 模型和模块信息的获取 …… 563
　1. 模型状态及输入输出特征的获取 ……
　　　　　　　　　　　　　　　　 563
　2. 模型/模块参数的指令获知和设置 ……
　　　　　　　　　　　　　　　　 566
8.7.2 用 Sim 指令运行 Simulink 模型 ……
　　　　　　　　　　　　　　　　 568
　1. 运行块图模型的 sim 指令 …… 568
　2. sim 指令的参数名/值设置法 …… 569
　3. sim 指令的参数构架设置法 …… 570
8.7.3 模型的线性化问题 …… 572
　1. 线性化的数学描述 …… 572
　2. 模型线性化 …… 573

8.7.4 系统平衡点和普通状态轨线图 …… 577
8.7.5 M 码和 Simulink 模型的综合运用 …
……………………………………… 580
  1. 单步仿真和精良状态轨线图 … 580
  2. 仿真模型和优化指令的协调 …… 583
8.8 数值计算方面的考虑 …………… 586
 8.8.1 微分方程解算器 Solver …… 586
  1. ode45 和 ode23 运作机理简要 …… 586
  2. ode113 运作机理简要 ………… 587
  3. ode15s 和 ode23s 运作机理简要 … 587
  4. 不同解算器解 Stiff 方程的表现 … 587
 8.8.2 积分步长和容差 …………… 589
  1. 积分步长的选择 ……………… 589
  2. 计算容差的选择 ……………… 590
 8.8.3 代数环问题 ………………… 590
  1. 无惯性模块和代数环 ………… 590
  2. 消减代数环影响 ……………… 591
8.9 S 函数模块的创建和应用 …… 594
 8.9.1 S 函数概述 ………………… 594
 8.9.2 S 函数模块及其运作机理 …… 595
 8.9.3 M 码 S 函数 ……………… 596
  1. 两个级别的 M 码 S 函数 …… 596
  2. 对二级 M 码 S 函数模版的注释 … 596
  3. 二级 M 码 S 函数模块设计示例 … 599

第 9 章 图形用户界面(GUI) …… 605
9.1 设计原则和一般步骤 …………… 605
 9.1.1 设计原则 …………………… 605
 9.1.2 一般制作步骤 ……………… 606
9.2 借助 GUIDE 创建 GUI ……… 606
 9.2.1 GUIDE 通览 ……………… 607
  1. GUIDE 的启动 ……………… 607
  2. Preferences 设置对版面编辑器的影响
 ………………………………………… 607
  3. GUIDE 的功能分区 ………… 608
  4. 待设计用户界面的性状预设 … 609
  5. 设计区的坐标参照和位置编排器 …
 ………………………………………… 610
  6. 控件组件属性值的初始设置 …… 612

  7. 创建界面的文件保存和重命名 …… 614
 9.2.2 控件的运作机理及创建 …… 615
  1. 各控件的运作机理 …………… 615
  2. 常需设置的控件通用属性 …… 622
 9.2.3 GUI 的创建示例 …………… 623
  1. 二阶系统阶跃响应演示界面 … 623
  2. 多指令输入的演示界面 ……… 634
 9.2.4 界面菜单和工具图标的创建 … 639
  1. 标准菜单条和工具条的配置 … 639
  2. 定制菜单的创建和变量 handles 的观察
 ………………………………………… 642
  3. 现场菜单创建和 Tag 属性应用 … 646
9.3 全手工编程创建 GUI ………… 650
 9.3.1 采用 M 脚本文件创建用户界面 ……
 ………………………………………… 651
 9.3.2 采用嵌套函数创建用户界面 … 655

附录 A Notebook ………………… 658
A.1 Notebook 的配置和启动 …… 658
 A.1.1 Notebook 的配置 ………… 658
 A.1.2 Notebook 的启动 ………… 658
  1. 创建新的 M-book 文件 …… 658
  2. 打开已有的 M-book 文件 … 660
A.2 M-book 模板的使用 ………… 660
 A.2.1 输入细胞(群)的创建和运行 … 660
  1. 细胞(群) …………………… 660
  2. 基本操作 …………………… 661
  3. 输入细胞(群)操作示例 …… 661
 A.2.2 Notebook 菜单的其他选项 … 663
  1. 自初始化细胞及其应用 …… 663
  2. 整个 M-book 文件的运行 … 663
  3. 删去 M-book 文件所有输出细胞 ……
 ………………………………………… 664
 A.2.3 输出细胞的格式控制 …… 664
  1. 数据输出的表示形式控制 … 664
  2. 图形的嵌入控制 …………… 665
  3. 嵌入图形大小的控制 ……… 665
  4. 嵌入图形的背景色问题 …… 665
A.3 使用 M-book 模板的若干注意事项 ……………………………………… 666

附录 B 光盘使用说明 ················· 667
  B.1 光盘文件的结构 ················· 667
  B.2 关于光盘第一级目录和文件的说明
     ················· 667
  B.3 光盘对软件环境的要求 ········ 668
  B.4 光盘文件的操作准备 ········· 668
  B.5 mbook 目录上 DOC 文件的使用···
     ················· 668
  B.6 mfile 目录上 M、MDL 文件的使用
     ················· 669

附录 C 索 引 ·········· 670
  C.1 MATLAB 的标点及符号 ······ 670
    1. 算术运算符 Arithmetic operators ······
     ················· 670
    2. 关系运算符 Relational operators ······
     ················· 670
    3. 逻辑运算符 Logical operators ······ 670
    4. 特殊符号 Special characters ······ 671
  C.2 MATLAB 的函数及指令 Functions and Commands ········· 671
    A a ················· 671
    B b ················· 672
    C c ················· 673
    D d ················· 674
    E e ················· 675
    F f ················· 676
    G g ················· 677
    H h ················· 678
    I i ················· 678
    J j ················· 680
    K k ················· 680
    L l ················· 680
    M m ················· 681
    N n ················· 681
    O o ················· 682
    P p ················· 682
    Q q ················· 683
    R r ················· 684
    S s ················· 685
    T t ················· 687
    U u ················· 688
    V v ················· 688
    W w ················· 688
    X x ················· 688
    Y y ················· 689
    Z z ················· 689
  C.3 Simulink 的库模块 ············ 689

参考文献 ························· 692

第 1 章 基础准备及入门

本章有三个目的：一是讲述 MATLAB 正常运行所必须具备的基础条件；二是简明地介绍 MATLAB 及其操作桌面(Desktop)的基本使用方法；三是全面介绍 MATLAB 的帮助系统。

本章的前两节讲述：MATLAB 的正确安装方法和 MATLAB 环境的启动。因为指令窗是 MATLAB 最重要的操作界面，所以本章用第 1.3、1.4 节以最简单通俗的叙述、算例讲述指令窗的基本操作方法和规则。这部分内容几乎对 MATLAB 各种版本都适用。第 1.5～1.8 节专门介绍 MATLAB 最常用的另五个交互界面：历史指令窗、当前目录浏览器、工作空间浏览器、变量编辑器、M 文件编辑器。鉴于实际应用中，帮助信息和求助技能的重要性，本章专设第 1.9 节叙述 MATLAB 的帮助体系和求助方法。

作者建议：不管读者此前是否使用过 MATLAB，都不要忽略本章。

1.1 MATLAB 的安装和工具包选择

MATLAB 只有在适当的外部环境中才能正常运行。因此，恰当地配置外部系统是保证 MATLAB 运行良好的先决条件。MATLAB 本身可适应于许多机种和系统，如 PC 机和 Unix 工作站等。但本节只针对使用最广的 PC 机系统予以介绍。

对 PC 机用户来说，常常需要自己安装 MATLAB。MATLAB R2011a(即 MATLAB 7.12) 版要求 Windows XP 或 Windows Vista 平台。下面介绍从光盘上安装 MATLAB 的方法。

一般说来，当 MATLAB 光盘插入光驱后，会自启动"安装向导"。假如自启动没有实现，那么可以在〈我的电脑〉或〈资源管理器〉中双击 setup.exe 应用程序，使"安装向导"启动。安装过程中出现的所有界面都是标准的，用户只要按照屏幕提示操作，如输入用户名、单位名、口令等即可。

在安装 MATLAB R2011a 时，会出现一个界面，该界面上有两个选项：Typical 和 Custom。由于近年电脑的硬盘容量很大，所以一般用户为方便计，直接点选"Typical"即可。

安装完成后，一般会产生两个目录：

(1) MATLAB 软件所在的目录

- 该目录位置及目录名，都是用户在安装过程中指定的。比如，C:\MATLAB R2011a。
- 该目录包含 MATLAB 运作所需的所有文件，如启动文件、各种工具包等。

(2) MATLAB 自动生成的供用户使用的工作目录

- 该目录是由安装 MATLAB 时自动生成的，专供用户存放操作 MATLAB 时产生的中间文件。
- 该工作目录的名称是 MATLAB，一般在 C:\Documents and Settings\acer\My Documents 文件夹下。(注意：该文件夹名中的 acer 会随计算机用户不同而变。)
- 该工作目录 C:\Documents and Settings\acer\My Documents\MATLAB 被自动记录在 MATLAB 的搜索路径中。因此，在此目录上的 M 文件、MAT 文件、MDL 文件等

都能被 MATLAB 搜索到。

1.2 Desktop 操作桌面的启动

1.2.1 MATLAB 的启动

(1) 方法一

当 MATLAB 安装到硬盘上以后，一般会在 Windows 桌面上自动生成 MATLAB 程序图标。在这种情况下，只要直接点击该图标即可启动 MATLAB，打开如图 1.2-1 的 MATLAB 操作桌面(Desktop)。注意：建议用户优先采用这种方法启动 MATLAB。

(2) 方法二

假如 Windows 桌面上没有 MATLAB 图标，那么点击 matlab 文件夹下的快捷方式图标 MATLAB，即可启动。

1.2.2 Desktop 操作桌面简介

MATLAB R2011a 的 Desktop 操作桌面，是一个高度集成的 MATLAB 工作界面。其默认形式，如图 1.2-1 所示。该桌面的上层铺放着四个最常用的界面：指令窗(Command Window)、当前目录(Current Folder)浏览器、MATLAB 工作内存空间(Workspace)浏览器、历史指令(Command History)窗。

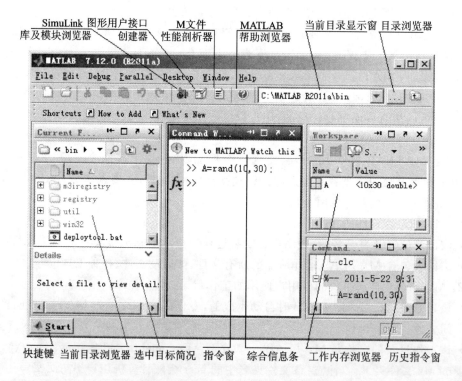

图 1.2-1 Desktop 操作桌面的外貌

(1) 指令窗

该窗是进行各种 MATLAB 操作的最主要窗口。在该窗内,可键入各种 MATLAB 指令、函数、表达式;显示除图形外的所有运算结果;运行错误时,显示相关提示。

(2) 当前目录浏览器

在该浏览器中,展示着子目录、M 文件、MAT 文件和 MDL 文件等。对该界面上的 M 文件,可直接进行复制、编辑和运行;界面上的 MAT 数据文件,可直接送入 MATLAB 工作内存。此外,对该界面上的子目录,可进行 Windows 平台的各种标准操作。

此外,在当前目录浏览器正下方,还有一个"文件概况窗"。该窗显示所选文件的概况信息。比如该窗会展示:M 函数文件的 H1 行内容,最基本的函数格式;所包含的内嵌函数和其他子函数。

(3) 工作空间浏览器

该窗口罗列出 MATLAB 工作空间中所有的变量名、大小、字节数;在该窗中,可对变量进行观察、图示、编辑、提取和保存。

(4) 历史指令窗

该窗记录已经运行过的指令、函数、表达式,及它们运行的日期、时间。该窗中的所有指令、文字都允许复制、重运行及用于产生 M 文件。

(5) 快捷(Start)键

引出通往本 MATLAB 所包含的各种组件、模块库、图形用户界面、帮助分类目录、演示算例等的捷径,以及向用户提供自建快捷操作的环境。

1.3 Command Window 运行入门

MATLAB 的使用方法和界面有多种形式。但最基本的,也是入门时首先要掌握的是:MATLAB 指令窗(Command Window)的基本表现形态和操作方式。通过本节,读者将对 MATLAB 使用方法有一个良好的初始感受。

1.3.1 Command Window 指令窗简介

MATLAB 指令窗默认地位于 MATLAB 桌面的中间(见图 1.2-1)。假如,用户希望得到脱离操作桌面的几何独立指令窗,只要点击该指令窗右上角的 ◲ 键,就可获得如图 1.3-1 所示的指令窗。

〖说明〗
- 图 1.3-1 指令窗表现了例 1.3-1 运行的情况。
- 若用户希望让独立指令窗嵌放回桌面,则只要点击 Command Window 右上角的 ↘ 按钮,或选中指令窗菜单 {Desktop>Dock Command Window} 即可。

1.3.2 最简单的计算器使用法

为易于学习,本节以算例方式叙述,并通过算例归纳一些 MATLAB 最基本的规则和语法结构。建议读者,在深入学习之前,先读一读本节。

【例 1.3-1】 求 $[12+2\times(7-4)]\div 3^2$ 的算术运算结果。本例演示:最初步的指令输入形式

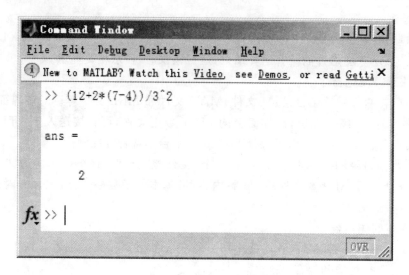

图 1.3-1 几何独立的指令窗

和必需的操作步骤。

(1) 用键盘在 MATLAB 指令窗中输入以下内容

>>(12 + 2 * (7 - 4))/3^2

(2) 在上述表达式输入完成后,按[Enter]键,该指令被执行,并显示如下结果。

ans =
    2

〖说明〗

- 本例在指令窗中实际运行的情况参见图 1.3-1。
- 指令行"头首"的">>"是"指令输入提示符",它是自动生成的。本书在此后的输入指令前将不再带提示符">>",一方面为使本书简洁,另一方面,本书用 MATLAB 的 M-book 写成,而在 M-book 中运行的指令前是没有提示符的。
- MATLAB 的运算符(如+、-等)都是各种计算程序中常见的习惯符号。
- 一条指令输入结束后,必须按[Enter]键,该指令才被执行。
- 由于本例输入指令是"不含赋值号的表达式",所以计算结果被赋给 MATLAB 的一个默认变量"ans"。它是英文"answer"的缩写。

【例 1.3-2】 "续行输入"法。本例演示:或由于指令太长,或出于某种需要,输入指令行必须多行书写时,该如何处理。

S = 1 - 1/2 + 1/3 - 1/4 + ...
1/5 - 1/6 + 1/7 - 1/8
S =
    0.6345

〖说明〗

- MATLAB 用 3 个或 3 个以上的连续黑点表示"续行",即表示下一行是上一行的继续。
- 本例指令中包含"赋值号",因此表达式的计算结果被赋给了变量 S。
- 指令执行后,变量 S 被保存在 MATLAB 的工作空间(Workspace)中,以备后用。如果用户不用 clear 指令清除它,或对它重新赋值,那么该变量会一直保存在工作空间中,直到本 MATLAB 指令窗被关闭为止。

1.3.3 数值、变量和表达式

前节算例只演示了"计算器"功能,那仅是 MATLAB 全部功能中的小小一角。为深入学习 MATLAB,有必要系统介绍一些基本规定。本节先介绍关于变量的若干规定。

1. 数值的记述

MATLAB 的数值采用习惯的十进制表示,可以带小数点或负号。以下记述都合法:

  3   −99   0.001   9.456   1.3e-3   4.5e33

在采用 IEEE 浮点算法的计算机上,数值通常采用"占用 64 位内存的双精度"表示。其相对精度是 eps(MATLAB 的一个预定义变量),大约保持 16 位有效数字。数值范围大致从 10^{-308} 到 10^{308}。

2. 变量命名规则

- MATLAB 的变量名、函数名是对字母大小写敏感的,如变量 myvar 和 MyVar 表示两个不同的变量,sin 是 MATLAB 定义的正弦函数名,但 SIN、Sin 等都不是。
- 变量名的第一个字符必须是英文字母,最多可包含 63 个字符(英文、数字和下连符),如 myvar201 是合法的变量名。
- 变量名中不得包含空格、标点、运算符,但可以包含下连符。如变量名 my_var_201 是合法的,且读起来更方便。而 my,var201 由于逗号的分隔,表示的就不是一个变量名。
- 用户定义变量名的两个忌讳:
  - 用户变量名不应与 MATLAB 关键词(如 for, if/else, end 等)同名。
  - 用户变量名尽量不与 MATLAB 自用的变量名(如 eps, pi 等)、函数名(如 sin, eig 等)、文件夹名(如 rtw, toolbox 等)相同。
  - 为帮助用户判断所定义变量名(如 UserName)是否"重复",MATLAB 提供以下两个判断指令:

    iskeyword UserName

      若运行结果为 0,表示 UserName 不同于 MATLAB 关键词

    exist UserName

      若运行结果为 0,表示 UserName 不同于 MATLAB 自用变量名、函数名、文件夹名

3. MATLAB 默认的数学常数

MATLAB 为一些数学常数(Math Contants)预定义了变量名,如表 1.3-1 所列。每当 MATLAB 启动,这些变量就自动产生。这些变量都有特殊含义和用途。建议:用户在编写指令和程序时,应尽可能不对表 1.3-1 所列的变量名重新赋值,以免产生混淆。

〖说明〗

- 假如用户对表中任何一个预定义变量进行赋值,则该变量的默认值将被用户新赋的值

"临时"覆盖。所谓"临时"是指:假如使用 clear 指令清除 MATLAB 内存中的变量,或 MATLAB 指令窗被关闭后重新启动,那么所有的预定义变量将被重置并恢复为默认值,不管这些预定义变量曾被用户赋过什么值。
- 在遵循 IEEE 算法规则的机器上,被 0 除是允许的。它不会导致程序执行的中断,只是在给出警告信息的同时,用一个特殊名称(如 Inf,NaN)记述。这个特殊名称将在以后的计算中以合理的形式发挥作用。
- 关于这些预定义变量更详细的帮助信息,可在 MATLAB 帮助浏览器左侧 Contents 页的〈MATLAB/Functions/Mathematics/Math Contants〉找到。

表 1.3-1 MATLAB 为数学常数预定义的变量名

预定义变量	含 义	预定义变量	含 义
eps	浮点数相对精度 2^{-52}	NaN 或 nan	不是一个数(Not a Number),如 $0/0$, ∞/∞
i 或 j	虚单元 $i=j=\sqrt{-1}$		
Inf 或 inf	无穷大,如 $1/0$	pi	圆周率 π
intmax	可表达的最大正整数,默认(2147483647)	realmax	最大正实数,默认 $1.7977e+308$
intmin	可表达的最小负整数,默认(-2147483648)	realmin	最小正实数,默认 $2.2251e-308$

【例 1.3-3】 运用以下指令,以便初步了解关于常数的预定义变量。本例演示:各常数的含义。

```
format short e              % 以"5 位科学记数法"表示
RMAd = realmax('double')    % 双精度类型(默认)时最大实数
RMAs = realmax('single')    % 单精度类型时最大实数
RMAd =
  1.7977e+308
RMAs =
  3.4028e+038

IMA64 = intmax('int64')     % int64 整数类型时最大正整数
IMA32 = intmax              % int32(默认)整数类型时最大正整数
IMA32 = intmax('int16')     % int16 整数类型时最大正整数

IMA64 =
  9223372036854775807
IMA32 =
  2147483647
IMA32 =
  32767

formate long e              % 以"15 位科学记数法"表示
e1 = eps                    % 双精度类型时的相对精度
e2 = eps(2)                 % 表达 2 时的绝对精度
```

```
e1 =
    2.220446049250313e-016
e2 =
    4.440892098500626e-016


pi
ans =
    3.141592653589793
```

4. 运算符和表达式

（1）运算符

经典教科书上的算术运算符（Arithmetic Operations）在 MATLAB 中的表达方式，如表 1.3-2 所列。

表 1.3-2 MATLAB 表达式的基本运算符

	数学表达式	矩阵运算符	数组运算符
加	$a+b$	a + b	a + b
减	$a-b$	a - b	a - b
乘	$a\times b$	a * b	a .* b
除	$a\div b$	a / b 或 b \ a	a ./ b 或 b .\ a
幂	a^b	a ^ b	a .^ b
圆括号	( )	( )	( )

〖说明〗

- 因为 MATLAB 是面向复数设计的，其所有运算定义在复数域上；所以对于方根问题，运算只返还一个主解。要得到复数的全部方根，必须专门编写程序（参见例 1.3-6）。
- MATLAB 是面向矩阵/数组设计的，标量被看作（1×1）的矩阵/数组。
- 数组运算的"乘、除、幂"规则与相应矩阵运算根本不同。前者的算符比后者多一个"小黑点"（参见例 1.3-9、例 1.3-10，更详细说明请参见第 3 章）。
- MATLAB 用左斜杠或右斜杠分别表示"左除"或"右除"运算。对标量而言，"左除"和"右除"的作用结果相同。但对矩阵来说，"左除"和"右除"将产生不同的结果。
- 关于它们的更详细的帮助信息，可在 MATLAB 帮助浏览器左侧 Contents 页的〈MATLAB/User Guide/Programming Fundamentals/Basic Program Components/Operators/Arithmetic Operations〉找到。
- 关于它们的帮助信息，也可在 MATLAB 帮助浏览器左上方的搜索栏中输入 Arithmetic Operations，经搜索获得。

（2）表达式

MATLAB 书写表达式的规则与手写算式的规则几乎完全相同。

- 表达式由变量名、运算符和函数名组成。
- 表达式将按常规优先级自左至右执行运算。

- 优先级的规定是：指数运算级别最高，乘除运算次之，加减运算级别最低。
- 括号可以改变运算的次序。
- 书写表达式时，赋值符"="和运算符两侧允许有空格，以增加可读性。

5. 面向复数设计的运算——MATLAB 特点之一

MATLAB 的所有运算都是定义在复数域上的。这样设计的好处是：在进行运算时，不必像其他程序语言那样把实部、虚部分开处理。为描述复数，虚数单位用预定义变量 i 或 j 表示。

复数 $z=a+bi=re^{i\theta}$ 直角坐标表示和极坐标表示之间转换的 MATLAB 指令如下：

real(z)   给出复数 z 的实部 $a = r\cos\theta$。
imag(z)   给出复数 z 的虚部 $b = r\sin\theta$。
abs(z)   给出复数 z 的模 $\sqrt{a^2+b^2}$。
angle(z)   以弧度为单位给出复数 a 的幅角 $\arctan\dfrac{b}{a}$。

【例 1.3-4】 复数 $z_1=4+3i, z_2=1+2i, z_3=2e^{\frac{\pi}{6}i}$ 表达，及计算 $z=\dfrac{z_1 z_2}{z_3}$。本例演示：正确的复数输入法；涉及复数表示方式的基本指令。

(1) 经典直角坐标表示法

```
z1 = 4 + 3i                        %合法，但建议少用或不用
z1 =
         4 +        3i
```

〖说明〗

- 建议读者不要使用这种输入格式。因为这种书写格式，只适用于数值标量复数，而不适用于数值矩阵。
- 在这种书写格式中，"3i"是一个完整的虚数，在"3"和"i"之间不允许空格存在。

(2) 运算符构成的直角坐标表示法和极坐标表示法

```
z2 = 1 + 2 * i                     %运算符构成的直角坐标表示法
z3 = 2 * exp(i * pi/6)             %运算符构成的极坐标表示法
z = z1 * z2/z3
z2 =
         1 +        2i
z3 =
    1.7321 +        1i
z =
    1.884 +    5.2631i
```

(3) 复数的实虚部、模和幅角计算

```
real_z = real(z)
image_z = imag(z)
magnitude_z = abs(z)
angle_z_radian = angle(z)               %弧度单位
angle_z_degree = angle(z) * 180/pi      %度数单位
real_z =
```

```
           1.884
image_z =
          5.2631
magnitude_z =
          5.5902
angle_z_radian =
          1.2271
angle_z_degree =
          70.305
```

【例 1.3-5】 图示复数 $z_1=4+3\mathrm{i}, z_2=1+2\mathrm{i}$ 的和。本例演示：MATLAB 的运算在复数域上进行；指令后"分号"的作用；复数加法的几何意义；展示 MATLAB 的可视化能力（仅用以感受，不要求理解），如图 1.3-2 所示。

```
z1 = 4 + 3 * i;z2 = 1 + 2 * i;         % 在一个物理行中,允许输入多条指令
                                       % 但各指令间要用"分号"或逗号分开
                                       % 指令后采用"分号",使运算结果不显示
z12 = z1 + z2
% 以下用于绘图
clf,hold on                            % clf 清空图形窗,逗号用来分隔两个指令
plot([0,z1,z12],'-b','LineWidth',3)
plot([0,z12],'-r','LineWidth',3)
plot([z1,z12],'ob','MarkerSize',8)
hold off,grid on,
axis equal
axis([0,6,0,6])
text(3.5,2.3,'z1')
text(5,4.5,'z2')
text(2.5,3.5,'z12')
```

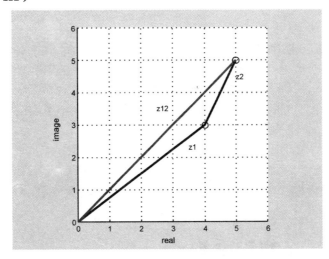

图 1.3-2 两个复数相加

```
xlabel('real')
ylabel('image')
z12 =
   5.0000 + 5.0000i
```

【例 1.3-6】 用 MATLAB 计算 $\sqrt[3]{-8}$ 能得到 -2 吗？本例演示：MATLAB 运算定义在复数域的实质；指令后"分号"抑制运算结果的显示；MATLAB 的方根运算规则；更复杂指令的表示方式；展现 MATLAB 的图形表现力仅用以体验，不强求理解），如图 1.3-3 所示。

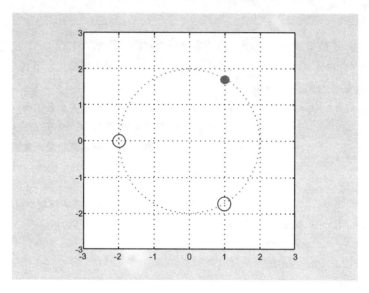

图 1.3-3 (-8) 的全部三次方根分布

(1) 直接计算，得到处于第一象限的方根

```
a = -8;
r_a = a^(1/3)      %求 3 次根
r_a =
   1.0000 + 1.7321i
```

(2) $\sqrt[3]{-8}$ 的全部方根计算

```
%  先构造一个多项式 p(r) = r^3 - a
p = [1,0,0,-a];    %p 是多项式 p(r) 的系数向量
                   %指令末尾的"英文状态分号"使该指令运行后，不显示结果
R = roots(p)       %求多项式的根
R =
   -2.0000
    1.0000 + 1.7321i
    1.0000 - 1.7321i
```

(3) 图形表示

```
MR = abs(R(1));       %计算复根的模
t = 0:pi/20:2*pi;     %产生参变量在 0 到 2*pi 间的一组采样点
x = MR*sin(t);
```

```
y = MR * cos(t);
plot(x,y,'b:'),grid on                          % 画一个半径为 R 的圆
                                                % 注意"英文状态逗号"在不同位置的作用
hold on
plot(R(2),'.','MarkerSize',30,'Color','r')      % 画第一象限的方根
plot(R([1,3]),'o','MarkerSize',15,'Color','b')  % 画另两个方根
axis([-3,3,-3,3]),axis square                   % 保证屏幕显示呈真圆
hold off
```

〖说明〗
- 本例有助于理解 MATLAB 的计算特点。
- 对复数直接进行方根运算时,MATLAB 只给出处于"第一象限"的那个根。

6. 面向数组设计的运算——MATLAB 特点之二

在 MATLAB 中,标量数据被看作(1×1)的数组数据。所有的数据都被存放在适当大小的数组中。为加快计算速度(运算的向量化处理),MATLAB 对以数组形式存储的数据设计了两种基本运算:一种是数组运算;另一种是矩阵运算。在此仅以算例展示 MATLAB 的计算特点,更详细的叙述请见第 3 章。

【例 1.3-7】 实数数组 $AR=\begin{bmatrix}1 & 3\\ 2 & 4\end{bmatrix}$ 的"一行"输入法。本例演示:二维数组的最基本、最常用输入法;二维数组输入的三大要素。

(1) 在键盘上输入下列内容:
```
AR = [1,3;2,4]
```
(2) 按 [Enter] 键,指令被执行。
(3) 在指令执行后,MATLAB 指令窗中将显示以下结果:
```
AR =
    1    3
    2    4
```

〖说明〗
- 在 MATLAB 中,不必事先对数组维数及大小做任何说明,内存将自动配置。
- 二维数组输入的三大要素:数组标识符"[ ]";元素分隔符空格或逗号",";数组行间分隔符分号";"或[Enter](回车)。注意:所有标点符号都是英文状态的符号。
- MATLAB 对字母大小写是敏感的,比如本例中的数组赋给了变量 AR,而不是 Ar、aR 或 ar。
- 在全部键入一个指令行内容后,必须按下[Enter]键,该指令才会被执行。请读者务必记住此点。出于叙述简明的考虑,本书此后将不再重复提及此操作。

【例 1.3-8】 实数数组 $AI=\begin{bmatrix}5 & 7\\ 6 & 8\end{bmatrix}$ 的"分行"输入法。
```
AI = [5,7
      6,8]
AI =
```

```
    5    7
    6    8
```

〖说明〗
- 本例采用这种输入法是为了视觉习惯,对于较大的数组可采用此法。
- 在这种输入方法中,"回车"符用来分隔数组中的行。

【例 1.3-9】 对复数数组 $A = \begin{bmatrix} 1-5i & 3-7i \\ 2-6i & 4-8i \end{bmatrix}$ 进行求实部、虚部、模和幅角的运算。本例演示:复数数组的生成;MATLAB 指令对数组元素进行"并行操作"的实质。

(1) 创建复数数组

```
AR = [1,3;2,4];AI = [5,7;6,8];
A = AR - AI * i                    % 形成复数矩阵
A =
   1.0000 - 5.0000i   3.0000 - 7.0000i
   2.0000 - 6.0000i   4.0000 - 8.0000i
```

(2) 求复数数组的实部和虚部

```
A_real = real(A)
A_image = imag(A)
A_real =
     1     3
     2     4
A_image =
    -5    -7
    -6    -8
```

(3) 求复数数组中各元素的模和幅角——循环法(此法较为笨拙!)

```
for m = 1:2
    for n = 1:2
        Am1(m,n) = abs(A(m,n));
        Aa1(m,n) = angle(A(m,n)) * 180/pi;    % 以度为单位计算幅角
    end
end
Am1,Aa1
Am1 =
    5.0990    7.6158
    6.3246    8.9443
Aa1 =
  -78.6901  -66.8014
  -71.5651  -63.4349
```

(4) 求复数数组中各元素的模和幅角——直接法

```
Am2 = abs(A)
Aa2 = angle(A) * 180/pi
Am2 =
    5.0990    7.6158
```

```
        6.3246    8.9443
Aa2 =
    -78.6901    -66.8014
    -71.5651    -63.4349
```

〖说明〗

- 函数 real, imag, abs, angle 是同时、并行地作用于数组的每个元素。对 4 个元素运算所需的时间大致与对单个元素所需时间相同。这有利于运算速度的提高。这是向量化运算的一种形式。
- 本例给出了循环法求各元素模和幅角的指令。这是很不有效的计算方法。对于 MATLAB 以外的许多编程语言来说,可能不得不采用循环方式来处理本例。注意:对于 MATLAB 来说,应该尽量摒弃循环处理,而采用向量化处理方式。

【例 1.3-10】 画出衰减振荡曲线 $y = e^{-\frac{t}{3}}\sin 3t$, t 的取值范围是 $[0, 4\pi]$(配图 1.3-4)。本例演示:展示数组运算的优点;展示 MATLAB 的可视化能力。

```
t = 0:pi/50:4*pi;                    % 定义自变量 t 的取值数组
y = exp(-t/3).*sin(3*t);             % 计算与自变量相应的 y 数组。注意:乘法符前面的小黑点。
plot(t,y,'-r','LineWidth',2)         % 绘制曲线
axis([0,4*pi,-1,1])
xlabel('t'),ylabel('y')
```

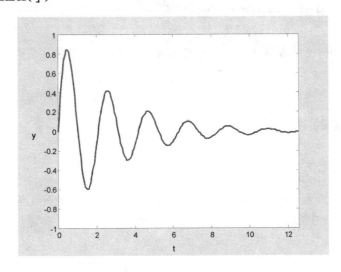

图 1.3-4 衰减振荡曲线

〖说明〗

- 本例第 2 条指令中的".*"符号表示乘法是在两个数组相同位置上的元素间进行的。本书把这种乘法称为"数组乘"。数组乘的引入,不但使得程序简洁自然,而且避免了耗费机时的循环计算。关于数组运算的详细叙述请见第 3 章。
- 本例第 2 条指令是典型的向量化处理形式。本书作者建议读者,只要可能,应尽量采用向量化运算形式。

【例 1.3-11】 复数矩阵 $B = \begin{bmatrix} 3+2i & 2+6i \\ 5+3i & 4-2i \end{bmatrix}$ 的生成,及计算 $A \cdot B$ 矩阵乘积(A 取自算例 1.3-9)。

本例演示：MATLAB 矩阵运算指令的简洁性。

```
B=[3+2i,2+6i;5+3*i,4-2*i]        %复数矩阵的又一种输入方式
                                  %注意标点符号的作用
C=A*B                             %矩阵乘法
B =
   3.0000 + 2.0000i   2.0000 + 6.0000i
   5.0000 + 3.0000i   4.0000 - 2.0000i
C =
  49.0000 - 39.0000i  30.0000 - 38.0000i
  62.0000 - 42.0000i  40.0000 - 40.0000i
```

〖说明〗

- 当数组被赋予"变换"属性时，二维数组就被称为矩阵。只有当两个矩阵的内维度大小相等时，才能进行矩阵乘法。本例中，矩阵 *A* 的列数与矩阵 *B* 的行数相等，所以可以进行 *A* 乘 *B* 计算。
- 从表达方式看，矩阵相乘的指令格式与标量相乘的指令格式一样。
- MATLAB 之所以能把矩阵运算表达得像标准"线性代数"那样简洁易读、自然流畅，是由于 MATLAB 的设计者采用了面向对象编程技术。

1.4　Command Window 操作要旨

前一节借助算例，使读者对 MATLAB 指令窗的使用方法有了一个直观的感受。本节将在此基础上对控制指令窗的指令和操作进行较系统的归纳，以便读者更全面地了解 MATLAB，更方便地使用 MATLAB。

1.4.1　指令窗的显示方式

1. 默认的输入显示方式

从 MATLAB 7.0 起，指令窗中的字符、数值等采用更为醒目的分类显示：
- 对于输入指令中的 if，for，end 等控制数据流的 MATLAB 关键词自动地采用蓝色字体显示。
- 对于输入指令中的非控制指令、数码，都自动地采用黑色字体显示。
- 输入的字符串自动呈现为紫色字体。

2. 运算结果显示

在指令窗中，指令执行后，数值结果采用黑色字体输出；而运行过程中的警告信息和出错信息用红色字体显示。

运行中，屏幕上最常见到的数字输出结果由 5 位数字构成。这是"双精度"数据的默认输出格式。用户不要误认为，运算结果的精度只有 5 位有效数字。实际上，MATLAB 的数值数据通常占用 64 位（bit）内存，以 16 位有效数字的"双精度"进行运算和输出。MATLAB 为了比较简洁、紧凑地显示数值输出，才默认地采用 format short 格式显示出 5 位有效数字。用户

根据需要,可以在 MATLAB 指令窗中,直接输入相应的指令,或者在菜单弹出对话框中进行选择,都可获得所需的数值计算结果显示格式。MATLAB 数值计算结果显示格式的类型见表 1.4-1。

表 1.4-1 数据显示格式的控制指令

指令	含义	举例说明
format format short	通常保证小数点后 4 位有效,最多不超过 7 位;对于大于 1000 的实数,用 5 位有效数字的科学记数形式显示	314.159 被显示为 314.1590; 3141.59 被显示为 3.1416e+003
format long	小数点后 15 位数字表示	3.141592653589793
format short e	5 位科学记数表示	3.1416e+00
format long e	15 位科学记数表示	3.14159265358979e+00
format short g	在 format short 和 format short e 中自动选择最佳记数方式	3.1416
format long g	在 format long 和 format long e 中自动选择最佳记数方式	3.14159265358979
format rat	近似有理数表示	355/113
format hex	十六进制表示	400921fb54442d18
format +	显示大矩阵用,正数、负数、零分别用+、−、空格表示	+
format bank	(金融)元、角、分表示	3.14
format compact	显示变量之间没有空行	
format loose	显示变量之间有空行	

〖说明〗
- format short 显示格式是默认的显示格式。
- 该表中实现的所有格式设置仅在 MATLAB 的当前执行过程中有效。

3. 显示方式的永久设置

用户根据需要,可以对指令窗的字体风格、大小、颜色和数值计算结果显示格式进行设置。设置方法是:选中 {File>Preferences} 下拉菜单项,引出一个参数设置对话框;在此弹出对话框的左栏选中"Font & Colors",对话框的右边就出现相应的选择内容;用户根据需要和对话框提示对数据显示格式或字体等进行选择;最后点击[OK]键,便完成了设置。注意:该设置立即生效,并且这种设置将被永久保留,即这种设置不因 MATLAB 关闭和开启而改变,除非用户进行重新设置。

在此还要指出,对于数值显示格式的设置,也可以直接在指令窗中,通过指令的运作进行。但这样的设置仅对当前的 MATLAB 指令窗起作用,一旦 MATLAB 关闭,这种设置也就随之失效。

1.4.2 指令行中的标点符号

通过前面的算例,读者已对标点符号的作用有所体会。在此要强调指出:标点在 MAT-LAB 中的地位极其重要! 为此,把标点的作用归纳成表 1.4-2。

表 1.4-2　MATLAB 常用标点的作用

名　称	标　点	作　用
空格		(为机器辨认)用作输入量与输入量之间的分隔符; 数组元素分隔符
逗号	,	要显示计算结果的指令与其后指令之间的分隔; 输入量与输入量之间的分隔符; 数组元素分隔符号
黑点	.	数值表示中的小数点; 运算符号前,构成"数组"运算符
分号	;	指令的"结尾",抑制计算结果的显示; 不显示计算结果指令与其后指令的分隔; 数组的行间分隔符
冒号	:	生成一维数值数组; 单下标援引时,表示全部元素构成的长列; 多下标援引时,表示那维上的全部元素
注释号	%	其后的所有物理行部分被看作非执行的注释
单引号对	' '	字符串记述符
圆括号	( )	改变运算次序; 数组援引; 函数指令输入量列表
方括号	[ ]	输入数组; 函数指令输出量列表
花括号	{ }	胞元数组记述符; 图形中被控特殊字符括号
赋值号	=	把右边的计算值赋给左边的变量
下连符	_	(为使人易读)一个变量、函数或文件名中的连字符; 图形中被控下脚标前导符
续行号	...	由三个以上连续黑点构成,把其下的物理行看作该行的逻辑继续,以构成一个较长的完整指令
"At"号	@	放在函数名前,形成函数句柄; 匿名函数前导符; 放在目录名前,形成用户对象类目录
惊叹号	!	把其后内容发送给 DOS 操作系统

〖说明〗

- 为确保指令正确执行,以上符号一定要在英文状态下输入,MATLAB 不能识别含有中文标点的指令。
- 关于它们的更详细的帮助信息,可在 MATLAB 帮助浏览器左侧 Contents 页的〈MATLAB/User Guide/Programming Fundamentals/Basic Program Components/Symbol Reference〉找到。

1.4.3 常用控制指令

常见的通用操作指令如表 1.4-3 所列。

表 1.4-3 常见的通用操作指令

指 令	含 义	指 令	含 义
ans	最新计算结果的默认变量名	edit	打开 M 文件编辑器
cd	设置当前工作目录	exit	关闭/退出 MATLAB
clf	清除图形窗	help	在指令窗中显示帮助信息
clc	清除指令窗中显示内容	more	使其后的显示内容分页进行
clear	清除 MATLAB 工作空间中保存的变量	quit	关闭/退出 MATLAB
dir	列出指定目录下的文件和子目录清单	return	返回到上层调用程序;结束键盘模式
doc	在 MATLAB 浏览器中,显示帮助信息	type	显示指定 M 文件的内容
diary	把指令窗输入记录为文件	which	指出其后文件所在的目录

〖说明〗
- 表 1.4-3 所列的指令是基本的,它们对 MATLAB 各版本都适用。
- 尽管随版本的升级,不断增添着列表中指令的等价菜单选项操作或工具条图标操作,但这种"等价"仅对人机交互过程而言,这些指令在 M 文件中的作用仍是不可替代的。
- cd 及 dir 指令的操作响应,可以用 MATLAB 操作桌面上或当前目录浏览器中的浏览键(Browser)替代。关于当前目录浏览器的使用,请看第 1.6 节。
- clear 清除内存变量的操作,可以等价地在工作空间浏览器界面中实现。关于工作空间浏览器的使用,请看第 1.7 节。
- edit 指令的等价操作是:选择 MATLAB 操作桌面或指令窗的下拉菜单项〈File＞New＞M-file〉,或点击相应工具条上的 和 图标。关于 M 文件编辑器的使用,请看第 1.9 节。

1.4.4 指令窗中指令行的编辑

为操作方便,MATLAB 不但允许用户在指令窗中对输入的指令行进行各种编辑和运行,而且允许用户对过去已经输入的指令行进行回调、编辑和重运行。具体的操作方式如表 1.4-4 所列。

表 1.4-4 MATLAB 指令窗中实施指令行编辑的常用操作键

键 名	作 用	键 名	作 用
↑	前寻式调回已输入过的指令行	Home	使光标移到当前行的首端
↓	后寻式调回已输入过的指令行	End	使光标移到当前行的尾端
←	在当前行中左移光标	Delete	删去光标右边的字符
→	在当前行中右移光标	Backspace	删去光标左边的字符
PageUp	前寻式翻阅当前窗中的内容	Esc	清除当前行的全部内容
PageDown	后寻式翻阅当前窗中的内容		

〖说明〗
- 表 1.4-4 所列的操作对 MATLAB 各版本均适用。
- 事实上,MATLAB 把指令窗中输入的所有指令都记录在内存中专门开辟的"指令历史空间(Command History)"中,只要用户不对它们进行专门的删除操作,它们既不会因为用户对指令窗进行"清屏"操作(即运行 clc 指令)而消失,也不会因用户对"工作空间"进行"清除内存变量"(即运行 clear 指令)而消失。
- 指令窗中输入过的所有指令都被显示在"历史指令窗"交互界面中,以供随时观察和调用。关于历史指令窗的使用请看第 1.5 节。

【例 1.4-1】 指令行操作过程示例。

(1) 若用户想计算 $y_1 = \dfrac{2\sin(0.3\pi)}{1+\sqrt{5}}$ 的值,那么用户应依次键入以下字符。

```
y1 = 2 * sin(0.3 * pi)/(1 + sqrt(5))
```

(2) 按[Enter]键,该指令便被执行,并给出以下结果。

```
y1 =
    0.5000
```

(3) 通过按键盘的方向(箭头)键,可实现指令回调和编辑,进行新的计算。

若又想计算 $y_2 = \dfrac{2\cos(0.3\pi)}{1+\sqrt{5}}$,用户当然可以像前一个算例那样,通过键盘把相应字符一个一个地敲入。但也可以较方便地用操作键获得该指令,具体办法是:先用[↑]键调回已输入过的指令 y1=2*sin(0.3*pi)/(1+sqrt(5));然后移动光标,把 y1 改成 y2;把 sin 改成 cos;再按[Enter]键,就可得到结果。即

```
y2 = 2 * cos(0.3 * pi)/(1 + sqrt(5))
y2 =
    0.3633
```

1.5 历史指令窗(Command History)

MATLAB 所拥有的丰富资源和友善灵活的环境,特别适于用来验证一些思想,思考一些问题,和帮助进行创造性思维。用户可以在 MATLAB 环境中,边想边做,做做想想,对随时蹦出的思想"火花"可即刻通过计算加以验证。历史指令窗(Command History)就是为这种应用方式设计的。

1.5.1 Command History 历史指令窗简介

历史指令窗记录着每次开启 MATLAB 的时间,及开启 MATLAB 后在指令窗中运行过的所有指令行。它不但能清楚地显示指令窗中运行过的所有指令行,而且所有这些被记录的指令行都能被复制,或再运行。关于历史指令窗的功能详见表 1.5-1。

表 1.5-1 历史指令窗主要应用功能的操作方法

应用功能	操作方法	简捷操作方法
单行或多行指令的复制	点亮单行或多行指令；按鼠标右键引出现场菜单，选中{Copy}菜单项，即可用复合键[Ctrl+V]把它"粘贴"到任何地方（包括指令窗内）	
单行指令的运行	点亮单行指令；按鼠标右键引出现场菜单；选中{Evaluate Selection}菜单项，即可在指令窗中运行，并见到相应结果	鼠标左键双击单行指令
多行指令的运行	点亮多行指令；按鼠标右键引出现场菜单；选中{Evaluate Selection}菜单项，即可在指令窗中运行，并见到相应结果（详见例1.5-1）	
把多行指令写成M文件	点亮多行指令；按鼠标右键引出现场菜单；选中{Create M-File}菜单项，就引出书写着这些指令的M文件编辑调试器；再进行相应操作，即可得所需M文件	

1.5.2 历史指令的再运行

历史指令的重新调用，既可以采用第 1.4.4 节所介绍的方法实现，也可以借助历史指令窗进行。在许多场合，后者显得更为方便、直观。

【例 1.5-1】 演示如何再运行算例 1.3-10 中的全部绘图指令。

具体操作过程：先利用组合操作[Ctrl + 鼠标左键]点亮如图 1.5-1 所示历史指令窗中的那 5 行指令；当鼠标光标在点亮区时，点击鼠标右键，引出现场菜单；选中现场菜单项{Evaluate Selection}，就会重新画出图 1.3-4 所示的曲线。

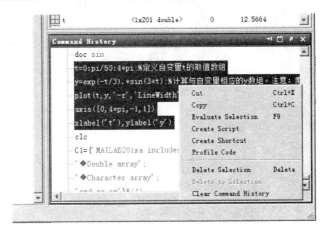

图 1.5-1 再运行历史指令的演示

〖说明〗
- 历史指令的复制操作步骤大抵相同，在现场菜单中，应选{Copy}项。
- 单行历史指令的再运行操作更简单，只要用鼠标左键双击所需的那行指令即可。

1.6 当前目录浏览器(Current Directory)、路径设置器和文件管理

在指令窗中运行一条指令时，MATLAB 是怎样从庞大的函数和数据库中，找到所需的函

数和数据的呢？用户怎样才能保证自己所创建的文件能得到MATLAB的良好管理，又怎样能与MATLAB原有环境融为一体呢？这就是本节要介绍的内容。

1.6.1 当前目录浏览器简介

如图1.6-1所示的当前目录浏览器（Current Directory）界面上，自上而下分别是：当前目录名，工具条，文件、文件夹列表及文件描述区等。此外，MATLAB还为当前目录窗设计了一个专门的操作菜单。借助该菜单可方便地打开或运行M文件、装载MAT文件数据等，详见表1.6-1。

图1.6-1　当前目录浏览器和适配的弹出菜单

表1.6-1　当前目录适配菜单的应用

应用功能	操作方法	简捷操作方法
运行M文件	点亮待运行文件；按鼠标右键引出现场菜单；选中〈Run〉菜单项，即可使该M文件运行	
开启M文件	点亮待运行文件；按鼠标右键引出现场菜单；选中〈Open〉菜单项，此M文件就出现在编辑/调试器中	鼠标左键双击M文件
把MAT文件全部数据输入内存	点亮待装数据文件；按鼠标右键引出现场菜单；选中〈Open〉菜单项，此文件的数据就全部装入工作内存	鼠标左键双击MAT文件
把MAT文件部分数据输入内存	点亮待装载数据文件；按鼠标右键引出现场菜单；选中〈Import Data〉菜单项，引出数据预览选择对话框"Import Wizard"；在此框中"勾选"待装数据变量名，点击［Finish］键，就完成此操作	

〖说明〗
- MATLAB 启动后的默认当前目录通常是：C:/Documents and Settings/acer/My Documents/MATLAB。应当指出：在该默认当前目录上存放用户文件是允许的、完全的、可靠的。之所以设计这样一个目录，就是为了方便用户使用。
- 若使用 notebook 文档启动 MATLAB 窗口，则当前目录将是 MATLAB 所在的根目录。提醒读者：千万不要把 MATLAB 所在根目录设成当前目录。对此，用户可以通过重新设置，把当前目录设置在适当的目录上。

1.6.2 用户目录和当前目录设置

（1）用户目录

MATLAB R2011a 在安装过程中，会自动生成一个目录：C:\Documents and Settings\acer\My Documents\MATLAB。该目录专供存放用户自己的各类 MATLAB 文件。

假若用户想另建一个工作目录，采用 Windows 规范操作就可实现。

（2）应把用户目录设置成当前目录

在 MATLAB 环境中，如果不特别指明存放数据和文件的目录，那么 MATLAB 总默认地将它们存放在当前目录上。因此，出于 MATLAB 运行可靠和用户方便的考虑，本书作者建议：在 MATLAB 开始工作的时候，就应把用户自己的"用户目录"或 MATLAB 自动开设的"C:\Documents and Settings\acer\My Documents\MATLAB"设置成当前目录。

（3）把用户目录设置成当前目录的方法

方法一：交互界面设置法。在 MATLAB 操作桌面右上方，及当前目录浏览器左上方，都有一个当前目录设置区。它包括"目录设置栏"和"浏览键"。用户或在目录设置栏中直接填写待设置的目录名，或借助浏览键和鼠标选择待设置目录。

方法二：指令设置法。通过指令设置当前目录是各种 MATLAB 版本都适用的基本方法。这种指令设置法的适用范围比交互界面设置法大。它不仅能在指令窗中执行，而且可以使用在 M 文件中。假设待设置的用户目录是 c:\mydir，那么把它设置为当前目录的指令是 cd c:\mydir。

注意：以上方法设置的当前目录，只是在当前开启的 MATLAB 环境中有效。一旦 MATLAB 重新启动，以上设置操作必须重新进行。

1.6.3 MATLAB 的搜索路径

MATLAB 的所有 M、MAT、MEX 文件都被存放在一组结构严整的目录树上。MATLAB 把这些目录按优先次序设计为"搜索路径"上的各个节点。此后，MATLAB 工作时，就沿着此搜索路径，从各目录上寻找所需的文件、函数、数据。

当用户从指令窗送入一个名为 cont 的指令后，MATLAB 的基本搜索过程大抵如下。
- 检查 MATLAB 内存，看 cont 是不是变量；假如不是变量，则进行下一步。
- 检查 cont 是不是内建函数（Built-in Function）；假如不是，再往下执行。
- 在当前目录上，检查是否有名为 cont 的 M 文件存在；假如不是，再往下执行。
- 在 MATLAB 搜索路径的其他目录中，检查是否有名为 cont 的 M 文件存在。

应当指出：① 实际搜索过程远比前面描述的基本过程复杂，但又有一点可以肯定，凡不在搜索路径上的内容,不可能被搜索;② 指令 exist、which、load 执行时,也都遵循搜索路径定义的先后次序。

1.6.4 MATLAB 搜索路径的扩展

1. 何时需要修改搜索路径

假如用户有多个目录需要同时与 MATLAB 交换信息,那么就应把这些目录放置在 MATLAB 的搜索路径上,使得这些目录上的文件或数据能被调用。

又假如其中某个目录需要用来存放运行中产生的文件和数据,那么还应该把这个目录设置为当前目录。

2. 利用设置路径对话框修改搜索路径

采用以下任何一种方法都可以引出设置路径对话框,如图 1.6-2 所示。
- 在指令窗里,运行指令 pathtool。
- 在 MATLAB 桌面、指令窗等的菜单条中,选择 {File>Set Path} 下拉菜单项。

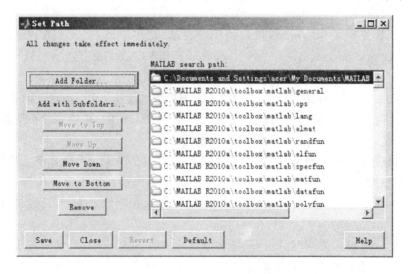

图 1.6-2　路径设置对话框

〖说明〗
- 该对话框设置搜索路径有两种修改状态:
  当前有效修改——假如在路径设置过程中,仅使用了该对话框的左侧按键;
  永久有效修改——假如在设置后,点击了对话框下方的[Save]按键。
- 所谓永久有效修改是指所进行的修改不因 MATLAB 的关闭而消失。

3. 利用指令 path 设置路径

利用 path 指令设置路径的方法对任何版本的 MATLAB 都适用。假设待纳入搜索路径的目录为 c:\my_dir,则以下任何一条指令均能实现。

　　path(path,'c:\my_dir')　　　　把 c:\my_dir 设置在搜索路径的尾端

| path('c:\my_dir',path) | 把 c:\my_dir 设置在搜索路径的首端 |

【说明】
- 用 path 指令扩展的搜索路径仅在当前 MATLAB 环境下有效。也就是说：若用户退出当前 MATLAB 后，再重新启动 MATLAB，则在前一环境下用 path 所定义的扩展搜索路径无效。
- 用 path 指令扩展的搜索路径的方法可以编写在程序中。

1.7 工作空间浏览器和变量编辑器

1.7.1 工作空间浏览器和变量可视化

工作空间浏览器(Workspace)，或称内存浏览器，默认地位于 MATLAB 操作桌面的右上侧，参见图 1.7-1。该浏览器的功用，如表 1.7-1 所列。

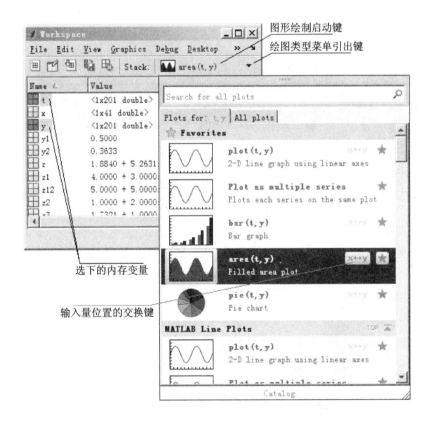

图 1.7-1 工作空间浏览器及"绘图工具"图标的展开

【例 1.7-1】 通过"工作空间浏览器"的操作，采用图形显示内存变量 t 和 y 之间的关系图形。注意：本例是在例 1.3-10 运行后进行的，因此内存中保存着由例 1.3-10 产生的全部变量。

(1) 绘图变量的选定

在"工作空间浏览器"中，用鼠标点亮所需图示的变量 y 和 t。

表 1.7-1 工作空间浏览器主要功能及操作方法

功　能	操作方法
新变量创建	点击 图标,在工作空间中生成一个"unnamed"的新变量;双击该新变量图标,引出 Variable Editor 变量编辑器,如图 1.7-3 所示;在变量编辑器中,向各元素输入数据;最后,对该变量进行重命名
变量内容显示	点亮变量;或点击图标 ,或选中弹出菜单中的{Open Selection}项,则变量内含的数据就显示在"Variable Editor"变量编辑器中(参见第 1.7-3 节)
向内存装载文件数据	点击图标 ;选择 MAT 数据文件;再单击该文件,引出"Import Wizard"界面,它展示文件所包含的变量列表;再从列表中,选择待装载变量便可
把变量保存进文件	选择待保存到文件的(一个或多个)变量,或点击图标 ,或选中弹出菜单中的{Save Workspace As}项,便可把那些变量保存到 MAT 数据文件(详见 1.7-4 节)
图形绘制启动键	点击 plot(t,y) 键绘制出选定类型的图形(详见例 1.7-1)
绘图类型菜单引出键	点击 键,引出绘图类型菜单供选择(详见例 1.7-1)

（2）选定绘图的类型

点击[绘图类型菜单引出键],引出绘图类型菜单。假如需要绘制"填色面图",则用鼠标点中"填色面图"栏(参见图 1.7-1)即可。

（3）绘图变量位置的交换

由于在选择变量时,先点选 y,后选 t,所以在绘图指令显示出 area(y,t)。显然,指令 area 的两个输入量位置不正确。为纠正这种错误,用鼠标点击[输入量位置交换键],参见图 1.7-1。

（4）图形的绘制

经过以上操作后,再双击"填色面图"菜单,就绘制出如图 1.7-2 所示的图形。

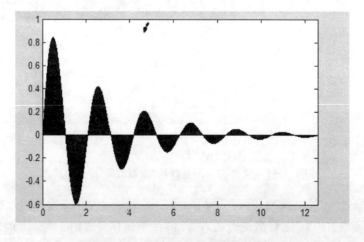

图 1.7-2 指令 area(t,y)表示的曲线

注意:借助图形表现数据是十分常用的手段。这是由于图形具有表现数据内在联系和宏观特征的卓越能力。正是出于这种考虑,MATLAB 提供了"图示数据"的多种途径。

1.7.2 工作空间的管理指令

本节要介绍管理工作空间的三个常用指令:who,clear,pack。

1. 查询指令 who 及 whos

【例 1.7-2】 在指令窗中运用 who,whos 查阅 MATLAB 内存变量。

who,whos 在指令窗中运行后的显示结果如下:

```
who

Your variables are:

ans    t    y


whos
  Name      Size          Bytes   Class     Attributes

  ans       1x1               8   double
  t         1x201          1608   double
  y         1x201          1608   double
```

〖说明〗
- who,whos 指令操作对 MATLAB 的所有版本都适用。
- 本例两个指令的差别仅在于获取内存变量信息的详细程度不同。
- 读者运行 who,whos 指令后的变量列表随具体情况而不同。本例的变量列表是在进行特定操作后产生的。

2. 从工作空间中删除变量和函数的指令 clear

最常用的几种格式:

clear	清除工作空间中的所有变量
clear var1 var2	清除工作空间中的 var1 和 var2 变量
clear all	清除工作空间中所有的变量、全局变量、编译过的 M 函数和 MEX 链接。
clear fun1 fun2	清除工作空间中名为 fun1 和 fun2 的函数

注意:在第 2、4 种调用格式中,clear 后面的变量名和函数名之间一定要采用"空格"分隔,而不能采用其他符号。

3. 整理工作空间内存碎片的指令 pack

MATLAB 在运行期间,会自动地为产生的变量分配内存,也会为使用到的 M 函数分配内存。有时对于容量较大的变量,会出现"Out of memory"的错误。此时,可能使用 clear 指令清除若干内存中的变量也无济于事。产生这种问题的一个原因是:MATLAB 存放一个变量时,必须使用"连续"的内存空间。对于那些被分割得"支离破碎"的内存空间,即便它们的总容量超过待生成变量,也无法使用。在这种情况下,借助 pack 指令也许能解决问题。

1.7.3 Variable Editor 变量编辑器

双击工作空间浏览器中的变量图标,将引出如图 1.7-3 所示的变量编辑器 Variable Editor。该编辑器可用来查看、编辑数组元素;对数组中指定的行或列进行图示。

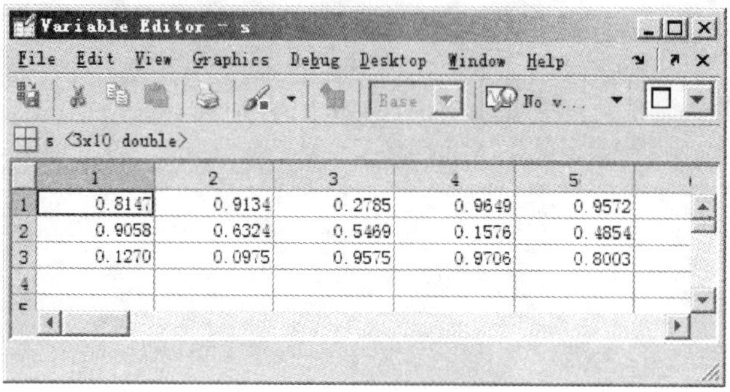

图 1.7-3 变量编辑器

点击图标,创建一个名为"unnamed"的变量;双击该变量引出一个与图 1.7-3 类似的界面。但数组中,除第一个元素为 0 外,其余均为"空白"。利用这个界面,读者就可以比较自由地输入较大的数组。

现在的变量编辑器不但能观察和编辑"双精度"数组,也能观察和编辑"字符串"数组、"胞元"数组和"构架"数组,而且还能借助数据链接(Data link)和数据刷(Data brush)与图形窗中的图形相关联(参见 5.5 节)。

1.7.4 数据文件和变量的存取

1. 借助工作空间浏览器产生保存变量的 MAT 文件

- 从工作空间浏览器中选择待保存到文件的一个或多个变量。
- 点击工作空间浏览器工具条图标,或选中弹出菜单中的{Save As}项,弹出 Windows 标准的目录和文件名输入对话窗。
- 选定数据文件的保存目录。数据文件应保存在,或用户选定的目录上,或 MATLAB 自动生成的用户工作目录,即 C:\Documents and Settings\acer\My Documents\MATLAB 目录上。注意:假如不有意识地指定目录,那么数据文件将被保存在 MATLAB 的当前目录上。
- 输入数据文件名,如 mydata(注意:.mat 扩展名会自动生成),点击[保存]键,就完成了 MAT 数据文件的产生。

2. 借助输入向导 Import Wizard 向工作空间装载变量

有如下三种常用方法:
- 数据文件全部变量装载法。在 MATLAB 当前目录浏览器中,双击数据文件,就可把

"文件中所有数据"装入内存。
- 数据文件部分变量装载法。在当前目录浏览器中,点选 MAT 数据文件;按鼠标右键引出现场菜单,并选中 Import data 菜单项,引出如图 1.7-4 所示的"Import Wizard"界面;在它展示的数据文件所含变量列表中,"勾选"所需装载变量(如图中的 y);再点击[Finish]按键,该变量就被装载到工作空间。
- Windows 操作惯常装载法。双击工作空间浏览器上的图标,或 MATLAB Desktop 下拉菜单{File>Import Data},引出 Windows 标准的目录和文件选择对话窗;选中数据文件,按[打开]键,引出如图 1.7-4 所示的"Import Wizard"界面;在它展示的数据文件所含变量列表中,"勾选"所需装载变量(如图中的 y);再点击[Finish]按键,该变量就被装载到工作空间。

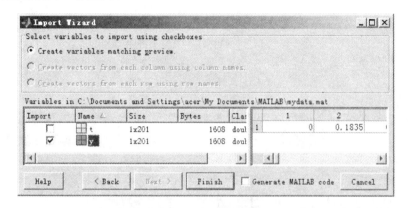

图 1.7-4 向工作空间装载变量的输入向导

3. 存取数据的操作指令 save 和 load

利用 save,load 指令实现数据文件存取是 MATLAB 各版都采用的基本操作方法。它的具体使用格式如下。

save FileName	把全部内存变量保存为 FileName.mat 文件
save FileName v1 v2	把变量 v1,v2 保存为 FileName.mat 文件
save FileName v1 v2 -append	把变量 v1,v2 添加到 FileName.mat 文件中
save FileName v1 v2 -ascii	把变量 v1,v2 保存为 FileName 8 位 ASCII 文件
save FileName v1 v2 -ascii -double	把变量 v1,v2 保存为 FileName16 位 ASCII 文件
load FileName	把 FileName.mat 文件中的全部变量装入内存
load FileName v1 v2	把 FileName.mat 文件中的 v1,v2 变量装入内存
load FileName v1 v2 -ascii	把 FileName ASCII 文件中的 v1,v2 变量装入内存

〖说明〗
- FileName 文件名可以带路径,也可以带扩展名。
- v1,v2 代表变量名;指定的变量个数不限,只要内存或文件中存在;变量名与变量名之间必须以空格相分隔。
- -ascii 选项使数据以 ASCII 格式处理。生成的(不带扩展名的)ASCII 文件可以在任何"文字处理器"中被修改。如果数据较多的变量需要进行修改,那么 ASCII 格式的数据文件很适用。

- 如果指令后没有-ascii 选项,那么数据以二进制格式处理。生成的数据文件一定带.mat 扩展名。

【例 1.7-3】 数据的存取。(假定内存中已经存在变量 X,Y,Z)

(1) 建立用户目录,并使之成为当前目录,保存数据

```
mkdir('c:\','my_dir');      % 在C盘上创建目录 my_dir
cd c:\my_dir                % 使 c:\my_dir 成为当前目录
save  saf X Y Z             % 选择内存中的X,Y,Z变量保存为 saf.mat 文件
dir                         % 显示目录上的文件
.      ..     saf.mat
```

(2) 清空内存,从 saf.mat 向内存装载变量 Z

```
clear                       % 清除内存中的全部变量
load  saf Z                 % 把 saf.mat 文件中的 Z 变量装入内存
who                         % 检查内存中有什么变量
Your variables are:
Z
```

〖说明〗

如果一组数据是经过长时间的复杂计算后获得的,那么为避免再次重复计算,常使用 save 加以保存。此后,每当需要,都可通过 load 重新获取这组数据。这种处理模式常在实际中被采用。

1.8 Editor/Debugger 和脚本编写初步

对于比较简单的问题或一次性问题,通过指令窗中直接输入一组指令去求解,也许是比较简便、快捷的。但当待解决问题所需的指令较多和所用指令结构较复杂,或一组指令通过改变少量参数就可以被反复使用去解决不同问题时,直接在指令窗中输入指令的方法就显得烦琐和笨拙。设计 M 脚本文件就是来解决这个矛盾的。

1.8.1 Editor/Debugger M 文件编辑器简介

默认情况下,如图 1.8-1 所示的 M 文件编辑器(Editor/Debugger)不随 MATLAB 的启动而开启,而只有当编写 M 文件时才启动。M 文件编辑器不仅可以编辑 M 文件,而且可以对 M 文件进行交互式调试;不仅可处理带 .m 扩展名的文件,而且可以阅读和编辑其他 ASCII 码文件。

M 文件编辑器的启动方法有以下几种:
- 点击 MATLAB 桌面上的 图标,或选中菜单项 {File>New>M-File},或直接在指令窗口输入指令 edit,都可以打开空白的 M 文件编辑器。
- 点击 MATLAB 桌面上的 图标,或选中菜单项 {File>Open},可引出"Open"文件选择对话框,在填写所选文件名后,再点[Open]键,就可引出展示相应文件的 M 文件编辑器。在指令窗中,把待打开文件名(加一空格)写在 edit 后,指令运行后,文件编辑器就打开该文件。
- 用鼠标左键双击当前目录窗中所需的 M 文件,可直接引出展示相应文件的 M 文件编辑器。

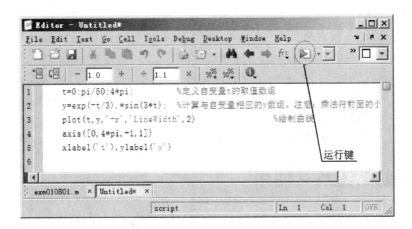

图 1.8-1　M 文件编辑器示图

1.8.2　M 脚本文件编写初步

所谓 M 脚本文件是指：① 该文件中的指令形式和前后位置，与解决同一个问题时在指令窗中输入的那组指令没有任何区别。② MATLAB 在运行这个脚本时，只是简单地从文件中读取出一条条指令，送到 MATLAB 中去执行。③ 与在指令窗中直接运行指令一样，脚本文件运行产生的变量都驻留在 MATLAB 基本工作空间中。④ 文件扩展名是".m"。

【例 1.8-1】　编写解算例 1.3-10 题目的 M 脚本文件，并运行之。

操作步骤：
- 在历史指令窗中，找到算例 1.3-10 的运行指令，并把它们选中点亮，如图 1.8-2 所示。
- 点击鼠标右键，选中弹出现场菜单中的{Create M-file}，便引出如图 1.8-1 的 M 文件编辑器。
- 保存文件的操作是 Windows 标准操作。首先，选择 C:\Documents and Settings\acer\My Documents\MATLAB 为文件保存目录，然后以 exm010801 为文件名进行保存，于是就得到了 exm010801.m 文件。

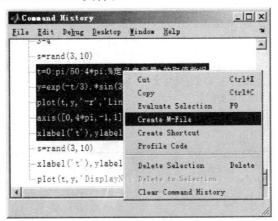

图 1.8-2　利用历史指令创建 M 文件

- 因为 C:\Documents and Settings\acer\My Documents\MATLAB 是 MATLAB 安装时自动生成"在搜索路径上"的目录,所以直接点击 M 文件编辑器上的工具图标▶运行键,就可以得到如图 1.3-4 所示的曲线。

〖说明〗
- 当使用 M 文件编辑调试器保存文件时,或当在 MATLAB 指令窗中运行 M 文件时,不必写出文件的扩展名。
- 在 M 文件编辑调试器中,可以采用汉字注释,并总可获得正确显示,参见图 1.8-1。

1.9 帮助系统及其使用

读者接触、学习 MATLAB 的起因可能不同,借助 MATLAB 所想解决的问题也可能不同,从而会产生不同的求助需求。对于初学者,最急于知道的是:MATLAB 的基本用法;MATLAB 老用户很想知道的是:MATLAB 新版本有什么新特点、新功能;对科研工作者来说,面对不断变化的实际问题,常常产生两类困惑:知道具体指令但不知道该怎么用,或想解某个具体问题时不知道 MATLAB 有哪些指令可用。

MATLAB 作为一种优秀的科学计算软件,其帮助系统考虑到不同用户的不同需求,构成了一个比较完备的帮助体系。并且,这种帮助体系随 MATLAB 版本的升级,其完备性和友善性都会有较大的进步。

不管以前是否使用过 MATLAB,建议用户都应尽快了解 MATLAB 的帮助系统,掌握各种获取帮助信息的方法。只有这样,用户才可能较好地运用 MATLAB 资源,快捷、可靠、有效地独立解决自己面临的各种问题。

1.9.1 帮助体系的三大系统

MATLAB 的帮助体系包括指令窗帮助子系统、帮助导航系统、Web 网络帮助系统三大系统,其特点和资源如表 1.9-1 所列。

表 1.9-1 MATLAB 的帮助体系

帮助形式	特点	资源
指令窗帮助子系统	文本形式;最可信、最原始;不适于系统阅读	直接从指令窗中,通过 help 指令获得;所有包含在 M 文件之中的帮助注释内容
帮助导航系统	HTML 形式;系统叙述 MATLAB 规则和用法;适于系统阅读和交叉查阅;最重要的帮助形式	位于 matla\help 目录下;通过帮助浏览器获得;HTML 和 XML 文件,物理上独立于 M 文件,是次生性帮助文件;本书重点介绍
Web 网络帮助系统	包括各种 PDF 文件、视频演示文件、各种讨论组等	mathworks 公司网站;MATLAB 操作界面下拉菜单{Help>Web Resources>};本书不作介绍

1.9.2 常用帮助指令

1. 函数搜索指令

在知道具体函数指令名称,但不知道该函数如何使用的情况下,运用函数搜索指令能很好地获得帮助信息。函数搜索指令的调用方法如下：

help	列出所有函数分组名（Topic Name）
help TopicName	列出指定名称函数组中的所有函数
help FunName	给出指定名称函数的使用方法
helpwin	列出所有函数分组名（Topic Name）
helpwin TopicName	列出指定名称函数组中的所有函数
helpwin FunName	给出指定名称函数的使用方法
doc ToolboxName	列出指定名称工具包中的所有函数名
doc FunName	给出指定名称函数的使用方法

〖说明〗
- 在此，TopicName，FunName，ToolboxName 分别用来表示待搜索的分组函数名、函数文件名、工具包名。
- help 搜索的资源是 M 文件帮助注释区的内容。这部分资源用纯文本形式写成，简扼地叙述该函数的调用格式和输入输出量含义。该帮助内容最原始，但也最真切可靠。
- helpwin 搜索的资源还是 M 文件帮助注释区的内容。但它的显示形式已不再是比较简陋的文本，而被自动转换成比较方便的超文本。
- doc 搜索是在 HTML 文件构成的帮助子系统中进行的。HTML 文件是根据 M 文件资源编写的，内容比 M 文件帮助注释更详细。该子系统，由于采用超链接机理，因此检索、查阅比较方便。

2. 词条搜索指令

在"想解某具体问题，但不知道有哪些函数指令可以使用"的情况下，词条搜索指令也许比较有用。

lookfor KeyWord	对 M 文件 H1 行进行单词条检索
docsearch	对 HTML 子系统进行多词条检索

〖说明〗
- lookfor 搜索的资源是 M 文件帮助注释区中的第一行（简称 H1 行）。
- docsearch 指令使用格式主要有以下几种。
  - ■ 格式：docsearch('Word1 Word2')，或 docsearch('Word1 OR Word2')
    搜索是对"每个词条"按"或"逻辑进行。
  - ■ 格式：docsearch('Word * ')
    * 是通配符。凡词头为 Word 的词条将都被检索。
  - ■ 格式：docsearch(' "Word1 Word2" ')
    将对由 Word1 Word2 构成的合成词组进行搜索。
- docsearch 搜索是在 HTML 文件构成的帮助子系统中进行的。它的搜索功能强、效率高，搜索到的内容也比较详细。该词条搜索指令的功能与帮助导航器中的 Search 搜索窗相同。

1.9.3 Help 帮助浏览器

1. 帮助浏览器的导出

帮助浏览器(Help Brower)搜索的资源是 Mathworks 专门创建的 HTML 随"机"帮助系统。它的内容来源于所有 M 文件,但更详细。它的界面友善,交叉查阅尤其方便。这是用户寻求帮助的最主要资源。

引出如图 1.9-1 所示帮助浏览器的方法有以下几种:

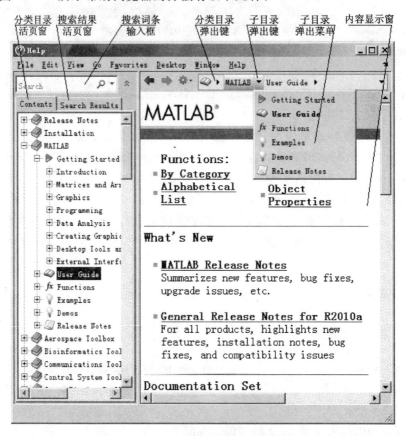

图 1.9-1 默认的帮助浏览器界面

(1) MATLAB Desktop 操作界面上操作法
- 方法一:点击工具条的 ❷ 图标;
- 方法二:选中下拉菜单单项 {Help>MATLAB Help>Product Help}。

(2) 指令窗操作法

在指令窗中运行 helpbrower 或 helpdesk。

2. 帮助浏览器界面简介

(1) 总体外观

图 1.9-1 显示的帮助浏览器界面的结构如下。

- 左侧检索区：
  - ■ Contents 分类目录活页窗；
  - ■ Search Results 检索结果活页窗；
  - ■ (Search)搜索词条输入框。
- 右侧显示区：
  - ■ 检索内容显示窗；
  - ■ 目录弹出工具图标：分类目录弹出图标，子目录弹出图标。

(2) Contents 分类目录活页窗
- 一级目录分三类：● M 码类；● Simulink 类；● 外延应用类。
  - ■ 关于 ● M 码类目录——前三个 ● "一级目录"分别是：Release Notes 目录，发布新产品、版本升级、老版本的修订、兼容性等信息；Installation 目录，发布 MATLAB 及各工具包的安装和激活信息；MATLAB 目录，介绍 MATLAB 功能、规则和基本函数指令等帮助信息。
  - ■ 关于 ● M 码工具包的分类目录——各工具包目录按英文字母表排序；通用性较强的工具包有：Optimization Toolbox 优化工具包，Statistics Toolbox 统计工具包，Symbolic Math Toolbox 符号计算工具包。
  - ■ 关于 ● Simulink 的分类目录——第一个目录是 Simulink，它介绍 Simulink 功能、规则和基本模块等信息。其他工具库目录按英文字母表排序。
  - ■ 关于 ● 外延应用的分类目录——各工具库都按英文字母表排序。
- 二级目录按功能分成五类
  - ■ ▶ 快速入门　　　　最简捷的入门介绍，新手必读。
  - ■ ● 用户指南　　　　系统叙述该软件包的具体应用规则及注意事项。
  - ■ □ 库模块使用说明　按字母排序逐块解释库模块的使用要领和相关连接。
  - ■ ƒx 函数指令使用说明　按字母排序逐条解释函数指令的调用格式。
  - ■ ▽ 运用实例和演示　算例和演示程序。
  - ■ ● 版本说明　　　　说明版本新增、更新内容和兼容状况。

(3) 搜索词条输入框
- 在搜索框里，既可以输入函数指令名（如 inv），又可以输入各种专业词条（如 inverse matrix）。输入确认，按[Enter]键。
- 词条搜索规则如下。
  - ■ 格式：Word1 Word2，或 Word1 OR Word2
    搜索是对"每个词条"按"或"逻辑进行。
  - ■ 格式：Word *
    * 是通配符。凡词头为 Word 的词条将都被检索。
  - ■ 格式："Word1 Word2"
    将对由 Word1 Word2 构成的合成词组进行搜索。

(4) Search Results 搜索活页窗
　　假如在搜索框中，输入词组 Laplace transform，按[Enter]键进行搜索，那么帮助浏览器将呈现如图 1.9-2 的界面。图中，因为输入词组中的单词被空格分开，所以各单词分别被搜索，并被彩化。
- 左侧搜索结果列表，有如下三种可能的排列方式：
  - Relevance 相关性排列方式——这是默认排列方式。这是按照该段文字与"被搜索词组"相关数量大小排列的。这便于用户找到最集中、详细的帮助信息。
  - Type 二级目录类型排列方式——如果用鼠标点击帮助浏览器左侧的[Type]按键，那么搜索结果将按"二级目录类型(参见图 1.9-2)"排列。这便于用户找到最容易入门的帮助信息。
  - Product 产品类型排列方式——如果用鼠标点击帮助浏览器左侧的[Product]按键，那么搜索结果将按产品名称，即工具包名称，字母顺序排列。这便于用户找到工具包中的针对性较强的帮助信息。
- 右侧显示区：
  - 检索内容显示窗。
  - 目录弹出工具图标：分类目录弹出图标；子目录弹出图标。

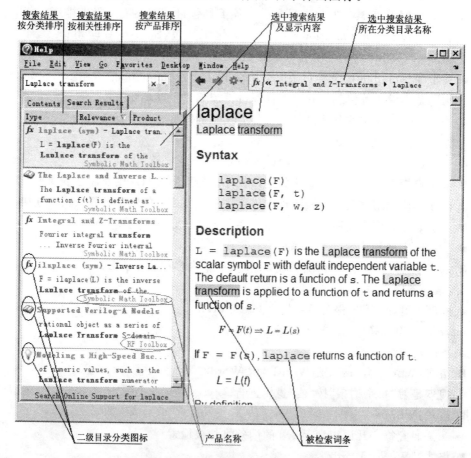

图 1.9-2 按相关性罗列的搜索结果

3. 帮助浏览器默认显示的利用

当点击 MATLAB 工作台的工具条图标❷，或选中下拉菜单项 {Help>MATLAB Help

＞Product Help}，而引出如图1.9-1的帮助浏览器时，该浏览器右侧默认地显示出清晰、简捷的通往各种帮助文件的超链接通道(参看图1.9-1的右侧)：
- 函数指令和图形对象超链接通道：便于查找指令和图形对象属性，如图1.9-3所示。
- 版本信息超链接通道：为具有较大量MATLAB历史资源的用户而设，如图1.9-4所示。
- 详细使用说明超链接通道：为希望全面了解某种功能而开设，如图1.9-5所示。
- 功能演示超链接通道：向用户提供包括视频在内的多种演示帮助，如图1.9-6所示。
- PDF文件超链接通道：向用户提供更适于阅读和打印的帮助文件，如图1.9-7所示。
- MathWorks网站资源超链接通道：供用户查阅MATLAB各种资源或问题解答，如图1.9-8所示。

(1) 函数指令和图形对象超链接通道

图1.9-3 函数指令和图形对象超链接通道

- By Category：按目录分类排列的函数指令帮助通道。

  适用场合：不知道具体指令名，但知道指令应该具有的功能；

  　　　　　需要了解、比较功能相近的指令；

  　　　　　挑选最适用的指令。

  通道特点：功能清楚，可比较选择；但查询速度较慢。

- Alphabetical List：按字母排列的函数指令帮助通道。

  适用场合：指令名清楚已知，但准确的调用格式模糊；

  　　　　　指令名清楚已知，了解多种调用格式。

  通道特点：查询速度最快；但缺少比较。

- Object Properties：图形对象属性及设置指令帮助通道。

  适用场合：需对MATLAB所绘图形进行个性化"低层"操作的场合；

  　　　　　了解、选用"图形对象属性"及"操作指令"调用格式的场合。

  通道特点：层次清楚；属性分列清晰；超链接交互查阅方便。

(2) 版本信息超链接通道

- MATLAB Release Notes：历史版本变化汇总。

  适用场合：MATLAB新手不必看；

  　　　　　需要了解MATLAB历史演进；

  　　　　　较多、较重要的MATLAB历史版本编写的文件资源启用前；

  　　　　　MATLAB历史版本写成文件运行产生不明原因错误的场合。

  通道特点：对各版变化、补丁修正描述清晰。

- General Release Notes for R2011a：本版本升级变化说明。

适用场合：MATLAB 新手可浏览新版本对环境的要求；
利用 MATLAB 设计较大型软件库的用户；
MATLAB 历史版本写成文件运行产生不明原因错误的场合。

```
What's New        历史版本变化汇总      本版的升级变化说明
  ■ MATLAB Release Notes
    Summarizes new features, bug fixes, upgrade issues, etc.
  ■ General Release Notes for R2011a
    For all products, highlights new features, installation
    notes, bug fixes, and compatibility issues
```

图 1.9-4　版本信息帮助通道区

（3）详细使用说明超链接通道

```
Documentation Set
  ▶ Getting Started ─────── 快速入门
  ▶ User Guides ─────────── 用户指南
  ■ Getting Help ────────── 帮助指南
    Provides instructions for using help functions, the Help
    browser, and other resources
  ■ Examples in Documentation ─── 分功能详解
    Lists major examples in the MATLAB documentation
  ■ Programming Tips ─────── 编程技巧
    Provides helpful techniques and shortcuts for programming
    in MATLAB
```

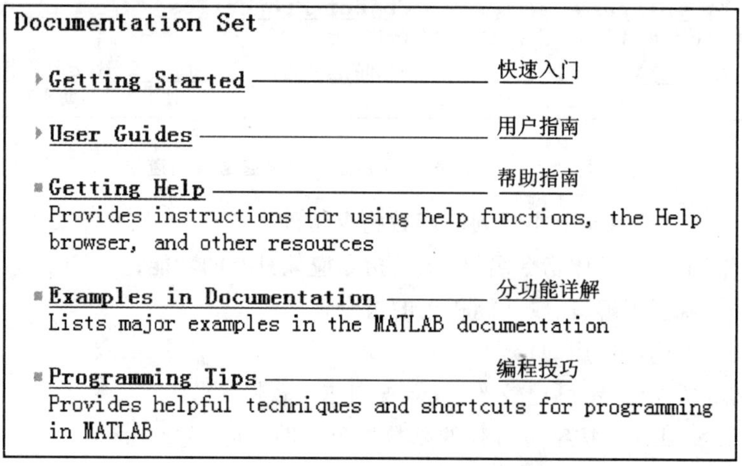

图 1.9-5　详细使用说明超链接通道

- Getting Started：快速入门。
  适用场合：新手应先读和必读，克服生疏感；
  感受新版本工作环境。
  通道特点：所包含的网络接口通道，可直接观看 Mathworks 制作的入门视频；
  所涉材料浅显易懂。
- User Guider：用户指南。
  适用场合：用户指南是所有帮助内容中最重要的部分；
  建议每个用户快速浏览阅读，以形成对 MATLAB 编程环境的宏观了解；
  遇问题时重点研读，以深入理解使程序真实反映数学模型的注意事项。
  通道特点：是数学模型和程序模型之间的桥梁。
- Getting Help：帮助指南。
  适用场合：新手应先读和必读；熟悉旧版 MATLAB 者应浏览。
  掌握和了解 MATLAB 的各种帮助方式、适用场合。

对新手而言,只要能解决所面临问题,掌握一、两种便可。

通道特点:归纳性强,解释简明。

- Examples in Documentation:分功能详解。

    适用场合:建议每个用户浏览比较细的分功能列表;

    学习、掌握某功能,如怎样合并矩阵、怎样消除数据中的确定性趋势等。

    通道特点:既包含基本编程技能,又包含最实用的数学处理方法;

    每种功能单独分列,适于片段学习。

- Programming Tips:编程技巧。

    适用场合:建议用户快速浏览编程技巧;

    适于快速了解 MATLAB 功能和使用要领。

    通道特点:包含的各条目短小精干。

(4) 功能演示超链接通道

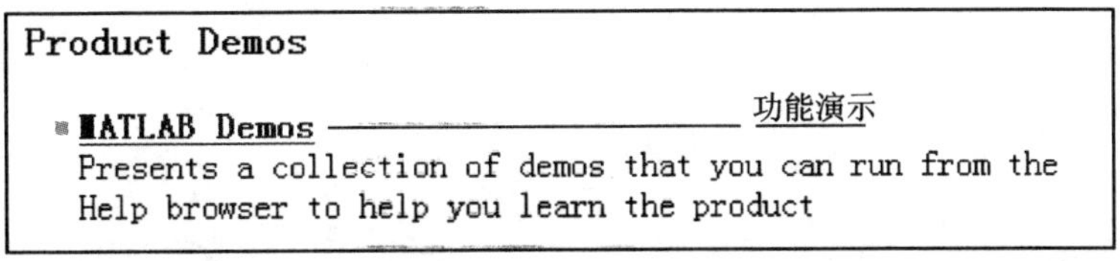

```
Product Demos
■ MATLAB Demos ——————————— 功能演示
  Presents a collection of demos that you can run from the
  Help browser to help you learn the product
```

图 1.9-6 功能演示超链接通道

- MATLAB Demos:功能演示。

    适用场合:感受 MATLAB 界面各图标、菜单的功能,以及交互操作手法;

    了解、学习典型的 M 码文件的指令运用和编写技巧;

    了解、学习 GUI 图形用户接口的功能和编写技巧。

    通道特点:Video 视频演示需网络支持;

    GUI 资源、部分 M 码资源所提供的帮助具有独特性;

    资源既包括"入门引导"型(初学者适宜),又有"学科专业"型(科研人员适宜),还有"编程技巧"型(对 MATLAB 较熟悉者适宜)。

(5) PDF 文件超链接通道

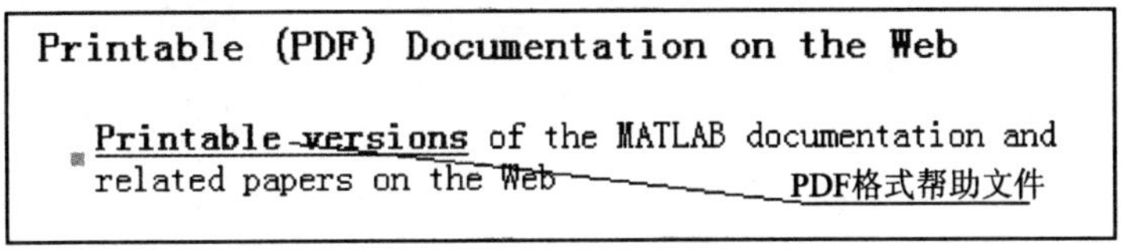

```
Printable (PDF) Documentation on the Web
  Printable versions of the MATLAB documentation and
  related papers on the Web ——————— PDF格式帮助文件
```

图 1.9-7 PDF 文档超链接通道

- Printable versions PDF 格式帮助文件。

    适用场合:需要系统阅读、学习 User Guider 用户指南。

    通道特点:需要得到网络支持;

    该文件的编排框架和内容与超文本形式的"User Guider 用户指南"相似。

(6) MathWorks 网站资源超链接通道

适用场合:了解 MATLAB 产品、第三方相关产品信息;

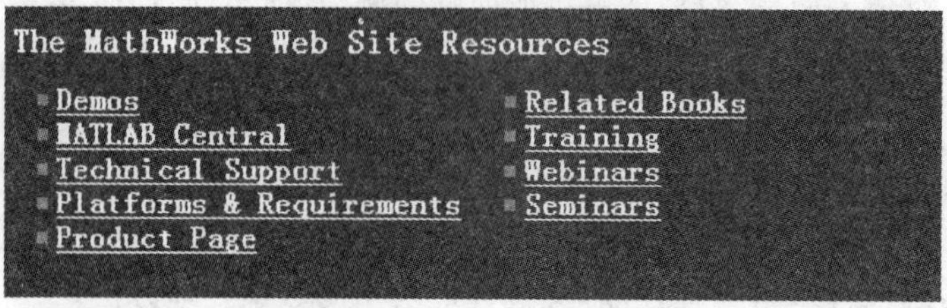

图 1.9-8　MathWorks 网站资源超链接通道

向 MathWorks 公司进行技术咨询。

通道特点：需网络支持。

第 2 章 数值数组及向量化运算

本章集中讲述两个数据类型(数值数组和逻辑数组)、两个特有概念变量(非数和空)以及 MATLAB 的数组运算和向量化编程。值得指出的是:本章内容是读者今后编写各种科学计算 M 码的基本构件。

数值数组(Numeric Array)是 MATLAB 最重要的数据类型数组。在各种维度的数值数组中,二维数组为最基本、最常用。本章对二维数组创建、标识、寻访、扩充、收缩等方法进行了详尽细腻的描述,并进而将这些方法推广到高维数组。

本章讲述的逻辑数组主要产生于逻辑运算和关系运算。它是 MATLAB 援引寻访数据、构成数据流控制条件、编写复杂程序所不可或缺的重要构件。

数组运算是 MATLAB 区别于其他程序语言的重要特征,是 MATLAB 绝大多数函数指令及 Simulink 许多库模块的本性,是向量化编程的基础。为此,本章专设第 2.2 节阐述 MATLAB 的这一重要特征。

在此提醒读者注意:随书光盘 mbook 目录上保存着本章相应的电子文档"ch02_数值数组及向量化运算.doc"。该文档中有本章全部算例的可执行指令以及相应的运算结果。

2.1 数值数组的创建和寻访

出于数值计算离散本质的考虑,也出于"向量化"快速处理数据的需要,MATLAB 总把数组看作存储和运算的基本单元,而标量数据被看作(1×1)的数组。因此理解和掌握数组的创建、寻访和计算就显得特别重要。

2.1.1 一维数组的创建

就所创建一维数组的用途而言,大致分为两类:自变量数组和通用变量数组。

1. 递增/减型一维数组的创建

这类数组的特点:数组元素值的大小按递增或递减的次序排列;数组元素值之间的差是确定的,即"等步长"的。这类数组主要用作函数的自变量和 for 循环中循环自变量等。

(1) 冒号生成法

$$x = a : inc : b$$

〖说明〗

- a 是数组的第一个元素;inc 是采样点之间的间隔,即步长。生成数组最后一个元素的大小为 $\left\{a+inc\cdot\left\lfloor\dfrac{b-a}{inc}\right\rfloor\right\}$。在此,符号 $\lfloor\cdot\rfloor$ 表示向 0 取整。

- a,inc,b 之间必须用冒号":"分隔。注意:该冒号必须在英文状态下产生。中文状态下的冒号将导致 MATLAB 操作错误。

- inc 可以省略。省略时,默认其取值为 1,即认为 inc=1。

- inc 可以取正数或负数。但要注意：inc 取正时，要保证 a<b；而 inc 取负时，要保证 a>b。

(2) 线性（或对数）定点法

x = linspace (a , b , n)　　　　以 a，b 为左右端点，产生线性等间隔的 $(1×n)$ 行数组
x = logspace (a , b , n)　　　　以 a，b 为左右端点，产生对数等间隔的 $(1×n)$ 行数组

〖说明〗
- n 是总采样点数，即一维数组的长度。
- x＝linspace (a , b , n) 等价于 x＝a:(b−a)/(n−1):b。

2. 其他类型一维数组的创建

(1) 逐个元素输入法

这是最简单，但又最常用的构造方法。如 a0＝[0.2，pi/2，−2，sin(pi/5)，−exp(−3)] 指令就是一例。

(2) MATLAB 函数生成法

MATLAB 中有许多用来生成特殊形式数组的函数，如均匀分布随机数组的 rand(1,n)，全 1 数组 ones(1,n) 等（参看第 2.1.2 节相关内容）。

【例 2.1−1】 一维数组的常用创建方法举例。

```
a1 = 1:6                  % 缺省步长为 1
a2 = 0:pi/4:pi            % 非整数步长
a3 = 1: - 0.1:0           % 负实数步长
a1 =
     1     2     3     4     5     6
a2 =
          0    0.7854    1.5708    2.3562    3.1416
a3 =
  Columns 1 through 9
    1.0000    0.9000    0.8000    0.7000    0.6000    0.5000    0.4000    0.3000    0.2000
  Columns 10 through 11
    0.1000         0

b1 = linspace(0,pi,4)     % 相当于 0:pi/3:pi
b2 = logspace(0,3,4)      % 创建数组[$10^0$  $10^1$  $10^2$  $10^3$]
b1 =
         0    1.0472    2.0944    3.1416
b2 =
     1        10       100      1000

c1 = [2  pi/2  sqrt(3)  3 + 5i]      % 采用逐个元素输入法构造数组
c1 =
   2.0000             1.5708             1.7321             3.0000 + 5.0000i
```

```
rng default            % 为重现下面结果,详见第 4.6-1 小节
c2 = rand(1,5)         % 产生(1×5)的均布随机数组
c2 =
    0.8147    0.9058    0.1270    0.9134    0.6324
```

〖说明〗
- 以上演示产生的都是"行"数组。下面是产生"列"数组的指令举例,请读者自己运行。
  x1=(1:6)', x2=linspace(0,pi,4)'
  y1=rand(5,1)
  z1=[2; pi/2; sqrt(3); 3+5i]
- 例中计算结果 a3,c1,c2 的显示格式与两个因素有关:一,Notebook 环境下,{Notebook>Notebok Options}菜单引出的 Notebook Options 对话窗中的 Format 选项,默认设置选项为 short。二,指令窗(Command Windows)的宽度。

2.1.2 二维数组的创建

二维数组是最常用的数组,而一维数组可看作二维数组的特例。

1. 小规模数组的直接输入法

对于较小数组,从键盘上直接输入最简便。二维数组必须有以下三个要素:
- 整个输入数组首尾必须加方括号"[ ]";
- 数组的行与行之间必须用分号";"或回车键[Enter]隔离;
- 数组元素必须由逗号","或空格分隔。

【例 2.1-2】 在 MATLAB 环境下,用下面三条指令创建二维数组 C。

```
a = 2.7358; b = 33/79;              % 这两条指令分别给变量 a,b 赋值。
C = [1,2*a+i*b,b*sqrt(a);sin(pi/4),a+5*b,3.5+i]
                                    % 这指令用于创建二维数组 C
C =
    1.0000             5.4716 + 0.4177i    0.6909
    0.7071             4.8244              3.5000 + 1.0000i
```

〖说明〗
- ";"在"[ ]"内时,它是数组行间的分隔符。
- ";"用作指令后的结束符时,将不在屏幕上显示该指令执行后的结果。

2. 中规模数组的数组编辑器创建法

当数组规模较大,元素数据比较冗长时,就不宜采用指令窗直接输入法,此时借助数组编辑器(参见图 1.7-3)比较方便。下面举例说明具体创建方法。

【例 2.1-3】 试用变量编辑器,把如下(3×6)的数组输入 MATLAB 内存,并命名为 A18。

```
    0.8147    0.9134    0.2785    0.9649    0.9572    0.1419
    0.9058    0.6324    0.5469    0.1576    0.4854    0.4218
    0.1270    0.0975    0.9575    0.9706    0.8003    0.9157
```

(1) 点击工作空间浏览器(Workspace)中的图标 ▦,便在工作空间中引出一个名为 un-

named 的变量。

（2）双击 unnamed 变量引出一个与图 2.1-1 类似的空白界面。但数组中，除第一个元素为 0 外，其余均为空白。

（3）在空白界面上，按照行、列次序输入数据。在最后一个数据 0.4615 输入结束后，必须按[Enter 键]，或在数组编辑区内点击鼠标，使整个数组保存在 unnamed 变量中。（参见图 2.1-1）

（4）在工作空间浏览器中，点中 unnamed 变量，利用弹出菜单的{Rename}，把变量名修改成所需名称，比如 A18。

（5）假如该变量要供以后调用，那么建议再把它保存为 A18.mat 文件。

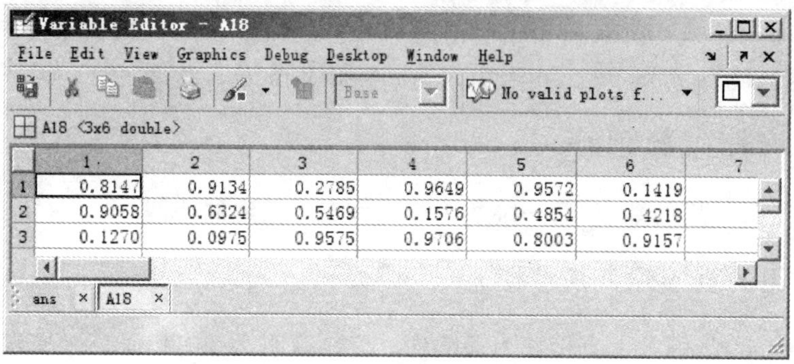

图 2.1-1　利用数组编辑器创建中规模数组

3. 中规模数组的 M 文件创建法

对于今后经常需要调用的数组，当数组规模较大而复杂时，就值得为它专门建立一个 M 文件。下面通过一个简单例子来说明这种 M 文件的创建过程。

【例 2.1-4】 为数组 AM，创建一个 exm020104_Matrix.m 文件。以后每当需要 AM 数组时，只要运行 exm020104_Matrix 文件，就可在内存生成 AM。

（1）打开文件编辑调试器，并在空白填写框中输入所需数组（参见图 2.1-2）。

（2）最好在文件的首行，编写文件名和简短说明，以便查阅（参见图 2.1-2）。

（3）保存此文件，并且文件起名为 exm020104_Matrix.m 。

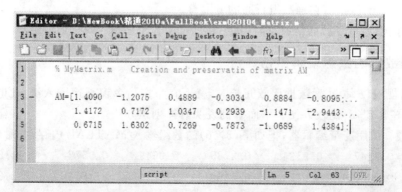

图 2.1-2　利用 M 文件创建数组

(4) 以后只要在 MATLAB 指令窗中,运行 exm020104_Matrix.m 文件,数组 AM 就会自动生成于 MATLAB 内存中。

4. 利用 MATLAB 函数创建数组

在实际应用中,用户往往需要产生一些特殊形式的数组/矩阵。MATLAB 考虑到这方面的需要,提供许多生成特殊数组的函数。表 2.1-1 列出了最常用函数。

表 2.1-1 标准或经典数组生成函数

指 令	功 用	举 例
diag	产生对角数组	例 2.1-5
eye	产生单位数组	例 2.1-5
gallery	产生各种用途的测试数组/矩阵	例 2.1-5
magic	产生魔方数组	例 2.1-5
ones	产生全 1 数组	例 2.1-5
rand	产生均匀分布随机数组	例 2.1-5
randi	产生均匀分布的整数	例 2.1-5
randn	产生正态分布随机数组	例 2.1-5
randperm	产生 1～n 随机排列整数	例 2.1-5
randsrc	在指定字符集上生成均布随机数组	例 2.1-5
zeros	产生全 0 数组	例 2.1-5

【例 2.1-5】 利用 MATLAB 指令产生数组。

(1) 非随机标准数组指令的使用

```
ao = ones(2,4)              %产生(2×4)全 1 数组
az = zeros(2,5)             %产生(2×5)全 0 数组
ae = eye(3)                 %产生(3×3)的单位阵
am = magic(4)               %产生(4×4)魔方阵
ad = diag(am)               % am 矩阵对角元构成的列向量
add = diag(diag(am))        % am 矩阵对角元阵
ao =
     1     1     1     1
     1     1     1     1
az =
     0     0     0     0     0
     0     0     0     0     0
ae =
     1     0     0
     0     1     0
     0     0     1
am =
```

```
        16     2     3    13
         5    11    10     8
         9     7     6    12
         4    14    15     1
ad =
        16
        11
         6
         1
add =
        16     0     0     0
         0    11     0     0
         0     0     6     0
         0     0     0     1
```

(2) 随机数组的生成

```
% 以下为均匀随机分布的指令
rng default                    % 恢复默认全局随机流,为本例结果可重复
Au = rand(1,5)                 % 元素在[0,1]中均匀分布的(1×5)随机数组
Ai = randi([-3,4],2,8)         % 元素取[-3,4]中整数的均匀分布(2×8)随机数
As = randsrc(3,12,[-3,-1,1,3],1)
                               % 在[-3,-1,1,3]字符集上产生(3×12)均布数组;随机发生器的状态置1
Ap = randperm(8)               % 8个正整数随机排列
Au =
    0.8147    0.9058    0.1270    0.9134    0.6324
Ai =
    -3     1     4     4     0    -2     4     4
    -1     4    -2     4     3     0     3     2
As =
    -1    -1    -3     1    -3     1    -3     3     3    -3    -3     1
     1    -3    -3    -1     1     3    -1     3    -3    -1     1
    -3    -3    -1     1    -3     1     3     1    -3     3     3    -1
Ap =
     1     7     8     4     6     5     2     3
```

```
% 以下为正态随机分布的指令
rng(0,'v5normal')              % 为本例结果可重复,参见4.6.1-6小节
randn(2,6)                     % 产生(2×6)的正态随机阵
ans =
    -0.4326    0.1253   -1.1465    1.1892    0.3273   -0.1867
    -1.6656    0.2877    1.1909   -0.0376    0.1746    0.7258
```

(3) 特殊矩阵生成指令

```
n = 5;lambda = 2;
A = gallery('jordbloc',n,lambda)        % 产生主对角元为2的5阶Jordan
```

```
A =
    2    1    0    0    0
    0    2    1    0    0
    0    0    2    1    0
    0    0    0    2    1
    0    0    0    0    2
```

```
rng(11,'v5normal')              % 为 B 数据可重复,参见 4.6.1-6 小节
n = 6;                          % 矩阵阶数
kappa = 1e8;                    % 预设矩阵条件数
mode = 2;                       % 具有一个小奇异值
B = gallery('randsvd',n,kappa,mode)    % 矩阵元素服从正态分布
Bsv = svd(B)'                   % B 矩阵的奇异值
Bc = cond(B)                    % B 阵的条件数
B =
   -0.2402   -0.6286   -0.6241   -0.1413    0.2258   -0.2410
   -0.5761    0.2703    0.2092   -0.1420   -0.2454   -0.4657
    0.5168   -0.1311    0.0244   -0.6882   -0.4403   -0.2138
    0.5613    0.2022   -0.1260    0.2781    0.3097   -0.1772
   -0.0744    0.0489    0.3518   -0.5518    0.7473    0.0709
   -0.1044   -0.2899    0.1391   -0.0840   -0.2010    0.7394
Bsv =
    1.0000    1.0000    1.0000    1.0000    1.0000    0.0000
Bc =
    1.0000e+008
```

2.1.3 二维数组元素的标识和寻访

1. 数组的维数和大小

为了更好地表述多维数组操作,本节对 MATLAB 的若干术语和相关指令给予说明。

(1) 数组的维数(Dimension)和 ndims 指令

比如,"行"数组(或称向量)是"一维"数组,即维数为 1。"列"数组也一样。而矩阵是"二维"数组,即维数为 2。依次类推。

在 MATLAB 中,有许多指令可以用来判断一个数组的"维数"。其中指令 ndims(A)可直接给出数组 A 的维数。

(2) 数组的大小(Size)和 size 指令

不管 A 数组的维数是多少,size(A)可给出 A 各维的大小,而指令 length(A)可给出所有维中的最大长度。这也就是说,length(A)等价于 max(size(A))。

【例 2.1-6】 数组的维数、大小和长度。

```
clear
```

```
A = reshape(1:24,2,3,4);    % 把长度为 24 的一维数组,重排为(2*3*4)的三维数组
dim_A = ndims(A)            % 测量 A 的维数
size_A = size(A)            % 测量 A 各维度的大小
L_A = length(A)             % 求 A 的长度
dim_A =
     3
size_A =
     2     3     4
L_A =
     4
```

2. 数组的标识和寻访

二维数组元素及子数组的标识和寻访最具典型性。它既适用于一维数组,又不难推广到高维数组。对二维数组子数组进行标识和寻访的最常见格式见表 2.1-2。

表 2.1-2 子数组寻访和赋值格式汇总表

格式		使用说明
全下标法	A(r, c)	它由 A 的"r 指定行"和"c 指定列"上的元素组成
	A(r, :)	它由 A 的"r 指定行"和"全部列"上的元素组成
	A(:, c)	它由 A 的"全部行"和"c 指定列"上的元素组成
单下标法	A(:)	"单下标全元素"寻访由 A 的各列按自左到右的次序,首尾相接而生成"一维长列"数组
	A(s)	"单下标"寻访,生成"s 指定的"一维数组。s 若是"行数组"(或"列数组"),则 A(s)就是长度相同的"行数组"(或"列数组")
逻辑标识法	A(L)	"逻辑 1"寻访,生成"一维"列数组;由与 A 同样大小的"逻辑数组"L 中的"1"元素选出 A 的对应元素;按"单下标"次序排成长列组成

【例 2.1-7】 本例演示:数组元素及子数组的各种标识和寻访格式;冒号的使用;end 的作用。

(1) 单下标寻访:赋值和获取

```
A = zeros(2,6)        % 创建(2×6)的全零数组
A(:) = 1:12           % 注意赋值号左边的英文状态冒号":"的用法
                      % 单下标法对(2×6)数组 A 的全部元素赋值
                      % 据左边可知:赋值号右边,必须拥有 12 个元素
a8 = A(8)             % 单下标获取数组 A 的第 8 个元素
a311 = A([3,11])      % 单下标获取数组 A 的第 3,11 号元素
A =
     0     0     0     0     0     0
     0     0     0     0     0     0
A =
     1     3     5     7     9    11
     2     4     6     8    10    12
a8 =
     8
```

```
a311 =
    3    11
```

(2) 双下标寻访：赋值和获取

```
A(3,7) = 37              % 双下标法，对数组 A 的第 3 行第 7 列元素赋值
a13 = A(:,[1,3])         % 双下标法获取：A 阵第 1，第 3 列的全部元素
                         % 数组行标识位上，只有英文状态冒号":"，表示取"全部行"
aend = A([2,3],4:end)
                         % 双下标法获取 A 阵从第 4 列起到最后一列中"位于第 2，3 行的元素"
                         % 在此，end 用于"列标识"。它表示"最后一列"
A =
    1    3    5    7    9   11    0
    2    4    6    8   10   12    0
    0    0    0    0    0    0   37
a13 =
    1    5
    2    6
    0    0
aend =
    8   10   12    0
    0    0    0   37
```

(3) 逻辑 1 寻访：赋值和获取

```
L = A<3                  % 赋值号右边：进行关系比较，产生逻辑结果
                         % 产生与 A 维数大小相同的"0,1"逻辑数组；1 表示"真"
                         % 在此 L 数组中取 1 的位置对应的 A 数组元素小于 3
A(L) = NaN               % 逻辑 1 法寻访：把逻辑 1 标识位置上的元素赋为"非数"
L =
    1    0    0    0    0    0    1
    1    0    0    0    0    0    1
    1    1    1    1    1    1    0
A =
  NaN    3    5    7    9   11  NaN
  NaN    4    6    8   10   12  NaN
  NaN  NaN  NaN  NaN  NaN  NaN   37
```

2.1.4 数组的扩缩和特殊操作

为了生成比较复杂的数组，或为了对已生成数组进行修改、扩展，MATLAB 提供了诸如扩充、收缩、变形、翻转、排序等操作。理解和掌握本节内容，是灵活使用 MATLAB 的基本功。

1. 数组的扩充和收缩

广义地说，数组可以在两个层面上扩缩：
- 维数扩缩

    比如几个同样大小的一维数组可以组合成一个二维数组，几个同样大小的二维数

组可以组合成一个三维数组。反之,高维数组通过缩维操作,可以变为低维数组等。关于维数的收缩将在第 2.3 节高维数组中讨论。

● 大小扩缩

在维数不变的前提下,改变某个或某些维度的大小。比如(3×7)的数组变成(5×7)、(3×9)、(3×2)数组等。

【例 2.1-8】 二维数组的扩充和收缩。本例演示:借助逗号、分号扩充数组;借助 repmat 指令排放"模块数组";借助空阵符[ ]删除子数组,使数组缩小。

(1) 借助标点符扩充数组

```
a = 1:5;b = 6:10;c = 11:15;    % 产生 3 个(1×5)一维数组
a_b = [a,b]                    % 两个短数组水平合成长数组;相当于 horzcat(a,b)
                               % 注意:逗号的用法
ab = [a;b;c]                   % 三个小数组垂直合成大数组;相当于 vertcat(a,b,c)
                               % 注意:分号的用法
a_b =
     1     2     3     4     5     6     7     8     9    10
ab =
     1     2     3     4     5
     6     7     8     9    10
    11    12    13    14    15
```

(2) 借助指令 repmat 扩充数组

```
AB1 = repmat(ab,[1,2])     % 排成(1×2)的"ab 块"数组
AB2 = repmat(ab,[2,1])     % 排成(2×1)的"ab 块"数组
AB1 =
     1     2     3     4     5     1     2     3     4     5
     6     7     8     9    10     6     7     8     9    10
    11    12    13    14    15    11    12    13    14    15
AB2 =
     1     2     3     4     5
     6     7     8     9    10
    11    12    13    14    15
     1     2     3     4     5
     6     7     8     9    10
    11    12    13    14    15
```

(3) 借助空阵符收缩数组

```
AB2([2,3,5,6],:) = []      % 删除 AB2 数组中第 2、3、5、6 行,使 AB2 收缩为(2×5)数组
AB2(:,1:3) = []            % 再从(2×5)的数组中删除前 3 列,使 AB2 收缩为(2×2)数组
                           % 注意:数组大小的收缩,借助"空阵符[]"实施
AB2 =
     1     2     3     4     5
     1     2     3     4     5
AB2 =
     4     5
     4     5
```

2. 数组的特殊操作

为操作方便和编程的简洁，MATLAB 提供了数组变形、翻转、平移、排序等指令。本节将就一些典型操作，以算例形式展开。

【例 2.1-9】 本例演示：reshape 的数组变形功能；数组的翻转指令 flipud, fliplr, flipdim，以及它们体现的矩阵变换；数组绕"左上元素"反时针旋转指令 rot90；数组上下左右平移回绕指令 circshift。

（1）reshape 使数组变形

```
clear
a = 1:24;                    % 创建(1*24)数组
A = reshape(a,3,8)           % 把一维数组 a 变成(3*8)二维数组
                             % 注意:变化前后,总元素的数目要保持不变
B = reshape(A,2,4,3)         % 把(3*8)数组变成"2 行 4 列 3 页"的三维数组
                             % 注意三维数组的显示形式
A =
     1     4     7    10    13    16    19    22
     2     5     8    11    14    17    20    23
     3     6     9    12    15    18    21    24
B(:,:,1) =
     1     3     5     7
     2     4     6     8
B(:,:,2) =
     9    11    13    15
    10    12    14    16
B(:,:,3) =
    17    19    21    23
    18    20    22    24
```

（2）数组的上下、左右及对角翻转

```
Aud = flipud(A)      % 把矩阵 A 关于"上下中分线(即行维)"翻转
                     % 相当于"A 左乘反单位阵",实施行交换
Alr = fliplr(A)      % 把矩阵 A 关于"左右中分线(即列维)"翻转
                     % 相当于"A 右乘反单位阵",实施列交换
B1 = flipdim(A,1)    % 更通用的指令。在此相当于 flipud
B2 = flipdim(A,2)    % 在此相当于 fliplr
At = A'              % 把 A 阵进行"共轭转置"
                     % 对于(实数阵),相当于"关于主对角线"翻转
Aud =
     3     6     9    12    15    18    21    24
     2     5     8    11    14    17    20    23
     1     4     7    10    13    16    19    22
Alr =
```

```
          22    19    16    13    10     7     4     1
          23    20    17    14    11     8     5     2
          24    21    18    15    12     9     6     3
B1 =
           3     6     9    12    15    18    21    24
           2     5     8    11    14    17    20    23
           1     4     7    10    13    16    19    22
B2 =
          22    19    16    13    10     7     4     1
          23    20    17    14    11     8     5     2
          24    21    18    15    12     9     6     3
At =
           1     2     3
           4     5     6
           7     8     9
          10    11    12
          13    14    15
          16    17    18
          19    20    21
          22    23    24
```

(3) 绕数组元素旋转

```
A90 = rot90(A)              % 以 A 阵的第(1,1)元素使整个数组"逆时针旋转 90°"
                            % 注意：与转置操作的不同
A180 = rot90(A,2)           % 使 A 接续地以第(1,1)元素"逆时针旋转 90°"2 次
                            % 相当于"用两个反单位阵左乘和右乘 A"
A90 =
          22    23    24
          19    20    21
          16    17    18
          13    14    15
          10    11    12
           7     8     9
           4     5     6
           1     2     3
A180 =
          24    21    18    15    12     9     6     3
          23    20    17    14    11     8     5     2
          22    19    16    13    10     7     4     1
```

(4) 数组的行、列平移

```
A
CR = circshift(A,1)         % 使数组所有行"下移 1 行"，最后行回绕到上方
CL = circshift(A,[0,-1])    % 是数组所有列"左移 1 列"，首列回绕到最右方
A =
```

```
            1     4     7    10    13    16    19    22
            2     5     8    11    14    17    20    23
            3     6     9    12    15    18    21    24
CR =
            3     6     9    12    15    18    21    24
            1     4     7    10    13    16    19    22
            2     5     8    11    14    17    20    23
CL =
            4     7    10    13    16    19    22     1
            5     8    11    14    17    20    23     2
            6     9    12    15    18    21    24     3
```

3. 数组操作函数

表 2.1-3 为数组操作函数汇总表。

表 2.1-3 数组操作函数

指　　令	功　　用	举例
blkdiag	据输入构造块对角阵	
cat	把"大小"相同的若干数组,沿"指定维"方向,串接成高维数组	例 2.3-1
circshift	循环移动数组	例 2.1-9
end	数组最后一个下标	例 2.1-7
flipdim	以指定维的对称轴进行翻转(适用于任何维数组)	例 2.1-9
fliplr	以数组"垂直中线"为对称轴,交换左右对称位置上的数组元素(不适于二维以上)	例 2.1-9
flipud	以数组"水平中线"为对称轴,交换上下对称位置上的数组元素(不适于二维以上)	例 2.1-9
horzcat	水平排放数组	例 2.1-8
ipermute	permute 的逆操作	
permute	按指定的次序,对矩阵各维的次序进行重组(适用于任何维数组)	
repmat	按指定的"行数、列数"铺放模块数组,以形成更大的数组	例 2.1-8
reshape	在总元素数不变的前提下,改变数组的"行数、列数"	例 2.1-9
rot90	把数组逆时针旋转 90°(不适于二维以上)	例 2.1-9
shiftdim	数组维度移动,或前导悬垂维度的删除	例 2.3-2
sort	按升序或降序排列	
sortrows	按升序排矩阵的行	
squeeze	撤销长度为 1 的"孤维",使数组降维	例 2.3-2
vertcat	垂直排放矩阵	例 2.1-8

2.2 数组运算

2.2.1 数组运算的由来和规则

1. 函数关系数值计算模型的分类

与符号计算不同,数值计算接受的是离散数据,在计算过程中的加减乘除等运算和函数运算是对离散数据集进行的,而最终的计算结果也以离散数据集形式体现。在数值计算实现的数学模型中,对离散数据进行处理的函数关系运算可归纳成如下三类:

(1) 个别的、无规律的数据集所执行函数关系运算

体现这种运算的程序通常是:不在循环体内的标量的表达式运算。

(2) 一组有规律数据需要反复执行的函数关系运算

这种运算的程序一般体现为:一个包含标量表达式计算的循环体。

(3) 一组有规律数据按照矩阵运算法则执行的运算

这种运算的程序实现一定是:包含标量表达式计算的一重或多重循环体。

2. 提高程序执行性能的三大措施

为了提高程序执行时的性能,MATLAB 针对三种不同类型的函数关系运算采取如下措施:

- 采用所谓的 JIT 加速器(JIT-Accelerator),提高 FOR 循环中标量函数关系运算的效率。
- 采用"数组运算(Array Operation)"模式处理那些借助循环而反复执行的标量运算。这就是所谓的"向量化"运算。
- 采用"向量或矩阵运算(Matrix Operation)"模式去执行"那些传统上靠多重循环标量运算完成的"矩阵计算。

其中后两条措施,凸显出 MATLAB 面向数组/矩阵编程和运算的特点。这不仅使得 MATLAB 程序的书写有时与经典教科书的数学描述十分相近,而且大大提高了程序执行的速度。

3. 数组运算规则

笼统而言,数组运算是针对数组元素定义的运算。更具体地说:

(1) 两个同维big大小的($m\times n$)数组 $\boldsymbol{A}=[a_{ij}]_{m\times n}$ 和 $\boldsymbol{B}=[b_{ij}]_{m\times n}$ 的算术运算结果为数组 $\boldsymbol{C}=[c_{ij}]_{m\times n}$,这就意味着 C 数组的第 (i,j) 元素一定是数组 A 和 B 相同位置元素进行此指定算术运算的结果,即 $c_{ij}=a_{ij} \sharp b_{ij}$。在此,符号 $\sharp$ 可代表加减乘除幂运算中的任何一种运算。(程序算符见表 2.2-1)

(2) 设标量 a 和数组 $\boldsymbol{B}=[b_{ij}]_{m\times n}$ 进行算术运算的结果是 $\boldsymbol{C}=[c_{ij}]_{m\times n}$,这意味着 $c_{ij}=a \sharp b_{ij}$。(程序算符见表 2.2-1)

(3) 函数 $f(\cdot)$ 的数组运算规则是指"该函数对数组的逐个元素起作用"。该表述的数学

含义是:对于$(m\times n)$数组 $\boldsymbol{X}=\begin{bmatrix} x_{11} & x_{12} & \cdots & x_{1n} \\ x_{21} & x_{22} & \cdots & x_{2n} \\ \vdots & \vdots & & \vdots \\ x_{m1} & x_{m2} & \cdots & x_{mn} \end{bmatrix}=[x_{ij}]_{m\times n}$,定义 $f(X)=[f(x_{ij})]_{m\times n}$。

4. 数组运算符及数组运算函数

MATLAB 的数组运算和矩阵运算的运算符及其数学意义列于表 2.2-1 中,a_{ij} 和 b_{ij} 分别是数组/矩阵的第(i,j)个元素;而服从数组运算规则的函数及其他算符列于表 2.2-2 中。

表 2.2-1 MATLAB 的数组/矩阵运算符及其数学意义

数组运算		矩阵运算	
数学模型描述	程序表达	数学模型描述	程序表达
$\boldsymbol{A}$ 的非共轭转置	A.'	$\boldsymbol{A}$ 的共轭转置	A'
$a_{ij}+b_{ij}$	A+B	$\boldsymbol{A}+\boldsymbol{B}$	A+B
$a_{ij}-b_{ij}$	A-B	$\boldsymbol{A}-\boldsymbol{B}$	A-B
$a_{ij}\times b_{ij}$	A.*B	$\boldsymbol{AB}$	A*B
a_{ij}/b_{ij} 或 $b_{ij}\backslash a_{ij}$	A./B 或 B.\A	$\boldsymbol{AB}^{-1}$ 或 $\boldsymbol{AB}^{+}$	A/B
		$\boldsymbol{B}^{-1}\boldsymbol{A}$ 或 $\boldsymbol{B}^{+}\boldsymbol{A}$	B\A
$a_{ij}^{\ b_{ij}}$	A.^B		
$a+b_{ij}$	a+B 或 a.+B	$a+b_{ij}$	a+B
$a-b_{ij}$	a-B 或 a.-B	$a-b_{ij}$	a-B
$a\times b_{ij}$	a.*B	$a\boldsymbol{B}$	a*B
a/b_{ij} 或 $b_{ij}\backslash a$	a./B 或 B.\a		
$a\backslash b_{ij}$ 或 b_{ij}/a	a.\B 或 B./a	$\frac{1}{a}\boldsymbol{B}$	B/a 或 a\B
$a^{b_{ij}}$	a.^B	($\boldsymbol{B}$ 为方阵时)$a^{\boldsymbol{B}}$	a^B
$b_{ij}^{\ a}$	B.^a	($\boldsymbol{B}$ 为方阵时)$\boldsymbol{B}^{a}$	B^a

〖说明〗
- 为了避免数组运算和矩阵运算的混淆,故表 2.2-1 把两种运算符对照列出。
- 特别注意:数组运算程序表达算符中的(英文状态下的)小黑点"."。
- 数组运算若在两个数组间进行,那么这两个数组必须维数大小相同。
- 凡 MATLAB 程序中出现 a+B,a-B 的形式,则总理解为"数组加、减"。换句话说,MATLAB中,算符".+"等同于+,算符".-"等同于-。
- 矩阵除是 MATLAB 专门设计的一种运算,有"左除\"和"右除/"之区别。矩阵除有丰富的内涵,详见第 4.5.2 节。

表 2.2-2 服从数组运算规则的函数及其他算符

函数类别		举 例
服从数组运算规则的函数	三角、反三角	sin, cos, tan, cot, sec, csc, asin, acos, atan, acos, asec, acsc
	双曲、反双曲	sinh, cosh, ⋯ , asinh, acosh, ⋯
	指数、对数	exp, sqrt, pow2, log, log10, log2
	圆整、求余	ceil, floor, fix, round, mod, rem, idivide
	模、角、虚实部	abs, angle, real, imag, conj
	符号函数	sign
	关系运算符	==, ~=, >, <, >=, <=
	逻辑运算符	&, |, ~

2.2.2 数组运算和向量化编程

假如把标量看作"单件产品",那么标量运算相当于"产品的单件生产",是一种效率低下的生产组织方式。把大量的"单件产品"组织在"流水线"上加工,可以大大提高效率。这种思想在计算程序中的体现,就是"向量化编程"。在 MATLAB 中,若想达到向量化编程目的,就要:尽量少地采用标量运算表达式,尽可能使用数组/矩阵运算指令替代原先那些包含标量运算表达式的循环体。向量化程序不但可读性好,而且执行速度快。本节以算例形式展开。

【例 2.2-1】 欧姆定律:$r = \dfrac{u}{i}$,其中 r, u, i 分别是电阻(Ω)、电压(V)、电流(A)。验证实验:据电阻两端施加的电压,测量电阻中流过的电流,然后据测得的电压、电流计算平均电阻值。(测得的电压、电流具体数据见程序中 vr、ir 所列,不再单独列出。)本例演示:数组运算符的作用;mean 指令的作用。

(1) 非向量化程序

```
clear
vr = [0.89, 1.20, 3.09, 4.27, 3.62, 7.71, 8.99, 7.92, 9.70, 10.41];
                            % 测量电压数据
ir = [0.028, 0.040, 0.100, 0.145, 0.118, 0.258, 0.299, 0.257, 0.308, 0.345];
                            % 测量电流数据
% ----------非向量化编程计算各数据点上的电阻值------------
L = length(vr);             % 数据点数目                      <4>
for k = 1:L
    r(k) = vr(k)/ir(k);     % 据各测量点的数据计算电阻
end                                                          %   <7>
% --------------非向量化编程计算平均电阻值----------------
sr = 0;                                                      %   <8>
```

```
for k = 1:L
    sr = sr + r(k);            % 求所有测量点计算电阻之和(供计算电阻平均值用)
end
rm = sr/L                      % 计算电阻平均值                              <12>
rm =
    30.5247
```

（2）向量化程序

```
clear
vr = [0.89, 1.20, 3.09, 4.27, 3.62, 7.71, 8.99, 7.92, 9.70, 10.41];
                               % 测量电压数据
ir = [0.028, 0.040, 0.100, 0.145, 0.118, 0.258, 0.299, 0.257, 0.308, 0.345];
                               % 测量电流数据
r = vr./ir                     % 计算各数据点上的电阻值                        <16>
rm = mean(r)                   % 计算电阻平均值                              <17>
r =
    Columns 1 through 9
    31.7857   30.0000   30.9000   29.4483   30.6780   29.8837   30.0669   30.8171
    31.4935
    Column 10
    30.1739
rm =
    30.5247
```

〖说明〗

- 在非向量化编程中，指令⟨4⟩～⟨7⟩，借助循环计算各数据点上的电阻。而在采用"数组除"运算后，整个过程仅用一条指令⟨16⟩就完成。
- 在非向量化编程中，指令⟨8⟩～⟨12⟩，借助循环计算各数据点电阻的平均值。可是在向量化程序中，只要一条指令⟨17⟩就可算得平均电阻。
- 在编程中，要尽量避免使用循环，特别是 while 环。因为在循环中，内存不断重新分配，使计算速度变慢。
- 只要知道"数组除"的含义和算符，用户不难写出指令⟨16⟩。需要提醒的是，用户需要改变其他语言中养成的编程习惯，而不断熟悉"数组运算符"。
- 至于指令⟨17⟩的使用，就要求用户理解 MATLAB 函数 mean 的意义和用法。应该指出：假如用户能在所编程序中，尽可能多地采用的现成 MATLAB 函数，可以提高所编程序的质量(可靠、快速和可读性更好)。

【例 2.2-2】 用间距为 0.1 的水平线和垂直线均匀分割 $x \in [-5,5], y \in [-2.5,2.5]$ 的矩形域，在所有水平线和垂直线交点上计算函数 $z = \sin|xy|$ 的值，并图示。本例演示：服从数组运算规则的函数的作用；向量化编程；如何判断两个"二维双精度数组"是否相等；绘制二元函数图形的基本原理。

（1）非向量化编程

```
clear
x = -5:0.1:5;                        % x轴上的方格格点刻度
y = (-2.5:0.1:2.5)';                 % y轴上的方格格点刻度
N = length(x);                       % x轴上的格点总数
M = length(y);                       % y轴上的格点总数
for ii = 1:M
    for jj = 1:N
        X0(ii,jj) = x(jj);           % 指定矩形域内所有格点的 x 坐标
        Y0(ii,jj) = y(ii);           % 指定矩形域内所有格点的 y 坐标
        Z0(ii,jj) = sin(abs(x(jj)*y(ii)));
                                     % 矩形域所有格点坐标(x,y)对应的函数值
    end
end
```

(2) 向量化编程

```
[X,Y] = meshgrid(x,y);               % 指定矩形域内所有格点的(x,y)坐标
Z = sin(abs(X.*Y));                  % 数组运算计算矩形域所有格点坐标(x,y)对应的函数值
```

(3) 比较二维双精度数组是否相等

```
norm(Z - Z0)                         % 若此范数值接近 eps,那么认为相等
ans =
     0
```

(4) 在指定矩形域上绘制二元函数图形(如图 2.2 - 1 所示)

```
surf(X,Y,Z)
xlabel('x')
ylabel('y')
shading interp
view([190,70])
```

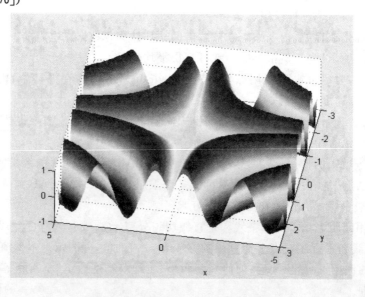

图 2.2 - 1   指定域上的二元函数图形

〖说明〗
- 若采用非向量化编程,曲面点(x,y,z)坐标的计算需采用二重循环进行,这是效率低下的做法。
- 向量化编程要求编程者熟悉数组运算和 MATLAB 的指令。

2.2.3 数组特殊运算指令汇总

除了表 2.2-1 中规定的数组运算规则和表 2.2-2 中列举的对逐个数组元素起作用的通用函数外,MATLAB 还提供了在科学计算中十分有用的对"数组或表达式特殊处理和运算"的指令,参见表 2.2-3。

表 2.2-3 实施特殊运算的函数

指 令	功 用	举 例
accumarray	按指定规则累加数组元素	
arrayfun	对数组全部元素(或构架数组指定域)实施同一运算	例 3.4-8
cross	向量的叉积	例 2.2-4
cumprod	数组元素的累乘积	例 2.2-3
cumsum	数组元素的累加和	例 2.2-3
dot	向量点积	例 2.2-4
inline	构造内联对象	例 4.2-3,4.2-8
kron	按 Kronecker 乘法规则产生"积"数组	
meshgrid	据 x,y 向量产生三维图形的 X,Y 绘图自变量坐标数组	例 2.2-2
prod	数组所有元素的乘积	例 2.2-3
sum	数组所有元素的和	例 2.2-3
toeplitz	生成 Toeplitz 矩阵	例 4.7-6
tril	提取数组下三角部分,生成下三角阵	
triu	提取数组上三角部分,生成上三角阵	
vectorize	表达式运算的向量化处理	例 5.10-2,7.6-5

本节将以算例形式展示表 2.2-3 中某些指令的功用。

【例 2.2-3】 数组元素的"和"、"积"、"累和"、"累积"运算。

```
clear
rng default            % 恢复默认全局随机流,为以下结果可重现
a = [(1:5)',randi(5,[5,3]),randn(5,2)]     % 生成(5*6)混合矩阵

cs = cumsum(a)         % 数组每列元素的累计和 $c_s(k,j) = \sum_{i=1}^{k} a(i,j)$

s = sum(a)             % 数组每列的全部元素和 $s(j) = \sum_{\forall i} a(i,j)$ ;应与 cs 最后一行相同

cp = cumprod(a)        % 数组每列元素的累计积 $c_p(k,j) = \prod_{i=1}^{k} a(i,j)$

p = prod(a)            % 数组每列的全部元素积 $p(j) = \prod_{\forall i} a(i,j)$ ;应与 cp 最后一行相同
a =
```

```
       1.0000     5.0000     1.0000     1.0000    -0.2050     0.6715
       2.0000     5.0000     2.0000     5.0000    -0.1241    -1.2075
       3.0000     1.0000     3.0000     5.0000     1.4897     0.7172
       4.0000     5.0000     5.0000     3.0000     1.4090     1.6302
       5.0000     4.0000     5.0000     5.0000     1.4172     0.4889
cs =
       1.0000     5.0000     1.0000     1.0000    -0.2050     0.6715
       3.0000    10.0000     3.0000     6.0000    -0.3291    -0.5360
       6.0000    11.0000     6.0000    11.0000     1.1606     0.1812
      10.0000    16.0000    11.0000    14.0000     2.5696     1.8115
      15.0000    20.0000    16.0000    19.0000     3.9868     2.3004
s =
      15.0000    20.0000    16.0000    19.0000     3.9868     2.3004
cp =
       1.0000     5.0000     1.0000     1.0000    -0.2050     0.6715
       2.0000    25.0000     2.0000     5.0000     0.0254    -0.8108
       6.0000    25.0000     6.0000    25.0000     0.0379    -0.5816
      24.0000   125.0000    30.0000    75.0000     0.0534    -0.9481
     120.0000   500.0000   150.0000   375.0000     0.0757    -0.4635
p =
     120.0000   500.0000   150.0000   375.0000     0.0757    -0.4635
```

【例 2.2-4】 向量的点积和叉积。

（1）计算两根向量的点积和叉积

```
rng(50,'v5normal')              % 设置全局随机流,为以下结果重现。参见 4.6.1-6 小节
a = randn(1,3),b = randn(1,3),  % 产生两根(1*3)向量
c = dot(a,b)                    % 两向量的点积;相当于 a*b'
d = cross(a,b)                  % 两向量的叉积
a =
    2.3846   -0.2998    0.7914
b =
   -1.7490   -1.7062    0.2231
c =
   -3.4826
d =
    1.2835   -1.9162   -4.5930
```

（2）叉积计算的原理性指令

```
ab = [a;b];
dd(1) = det(ab(:,[2,3]));
dd(2) = -det(ab(:,[1,3]));
dd(3) = det(ab(:,[1,2]));
dd                              % 应该与 d = cross(a,b)结果相同
dd =
```

1.2835   -1.9162   -4.5930

(3) 叉积的三维空间图示(图 2.2-2)

```
plot3([0;a(1)],[0;a(2)],[0;a(3)],'b--','LineWidth',3)    %画向量 a
hold on
plot3([0;b(1)],[0;b(1)],[0;b(3)],'g-.','LineWidth',3)    %画向量 b
plot3([0;d(1)],[0;d(2)],[0;d(3)],'r','LineWidth',3)      %画叉积向量 d
hold off
grid on
box on
view([131,-4])
legend('\bfa','\bfb','\bfd = {\bfa} {\times} {\bfb}')
```

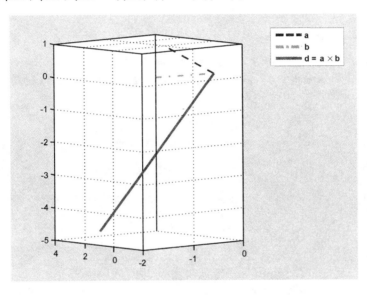

图 2.2-2　三维空间中两根向量的叉积图示

2.3　高维数组

对于高维数组，人们习惯地把二维数组的第一维称为"行(Row)"，把第二维称为"列(Column)"；至于第三维，称谓就不很统一，本书将采用"页(Page)"来称呼。

正如二维数组可以看成由"小方格"拼成的"矩形面"那样，三维数组可以被看成由"小方块"组成的"长方体"。对于三维数组来说，无论哪一页上的二维行、列数组都应该是同样大小的；无论哪一行上的二维列、页数组应该是同样大小的；无论哪一列上的二维行、页数组也应该是同样大小的。否则，就不可能是长方体形的三维数组。

考虑更高维数组的形象思维较困难，以下内容主要以三维数组为例进行叙述。

2.3.1　高维数组的创建

创建高维数组最常用的方法有：
● 直接通过"全下标"元素赋值方式创建高维数组；

- 由若干同样大小的低维数组组合成高维数组；
- 由函数 ones, zeros, rand, randn 直接创建标准高维数组；
- 借助 cat, repmat, reshape 等函数构作高维数组。

【例 2.3 - 1】 "全下标"元素赋值方式创建高维数组演示。

（1）全下标单元素赋值创建法

```
A(2,4,2) = 1            % 单元素赋值创建(2×4×2)数组
A(:,:,1) =
     0     0     0     0
     0     0     0     0
A(:,:,2) =
     0     0     0     0
     0     0     0     1
```

（2）由低维数组组合成高维数组

```
C = ones(2,3);C(:,:,2) = ones(2,3) * 2;C(:,:,3) = ones(2,3) * 3
                        % 相当于 C = cat(3,ones(2,3),ones(2,3) * 2,ones(2,3) * 3)
C(:,:,1) =
     1     1     1
     1     1     1
C(:,:,2) =
     2     2     2
     2     2     2
C(:,:,3) =
     3     3     3
     3     3     3
```

（3）由 ones, zeros, rand, randn 等指令创建法

```
rng(1111)               % 为以下结果重现,用 1111 为种子设置全局随机流。参见第 4.6.1 节
D = rand(2,4,3)         % 产生"2 行 4 列 3 页"随机数组
DS = reshape(D,[2,6,2]) % 利用 D 数组元素,重排成"2 行 6 列 2 页"的数组
D(:,:,1) =
    0.0955    0.3436    0.0020    0.2378
    0.9250    0.3105    0.2356    0.7359
D(:,:,2) =
    0.4955    0.1265    0.4661    0.4352
    0.7844    0.6066    0.2371    0.2437
D(:,:,3) =
    0.3838    0.6552    0.6391    0.6109
    0.8384    0.1484    0.6374    0.9300
DS(:,:,1) =
    0.0955    0.3436    0.0020    0.2378    0.4955    0.1265
    0.9250    0.3105    0.2356    0.7359    0.7844    0.6066
DS(:,:,2) =
    0.4661    0.4352    0.3838    0.6552    0.6391    0.6109
```

| | 0.2371 | 0.2437 | 0.8384 | 0.1484 | 0.6374 | 0.9300 |

(4) 借助 cat，repmat 等函数构建高维数组

```
E = eye(2,3);
E3 = repmat(E,[1,2,2])       % 把(2*3)的 E 块摆放成"1 行 2 列 2 页"的块阵列
E3(:,:,1) =
   1    0    0    1    0    0
   0    1    0    0    1    0
E3(:,:,2) =
   1    0    0    1    0    0
   0    1    0    0    1    0
```

2.3.2 高维数组的孤维删除

B=squeeze(A)	删除 A 中孤维而保持元素相对位置不变
[B, m]=shiftdim(A)	删除 A 阵的前导孤维
B=shitfdim(A,n)	使 A 阵维度左移 n 次，若移动后的最右端是孤维，则删除孤维

〖说明〗

- 所谓孤维（singleton dimension）是指：所在维的元素数目为 1 的，即维度长为 1 的维度。
- 在[B, m]=shiftdim(A)调用格式中
    - 输出量 m 表示被删除的最左端的孤维数目。
    - 输出量 B 的第 1 维一定不是孤维，即第 1 维的长度至少为 2。
- 在 B=shiftdim(A,n)调用格式中
    - 该指令第 2 输入量 n，取正整数表示回绕性地左移 n 个维度，取负整数则表示回绕性地右移 n 个维度。以左移为例，"回绕"是指：第 1 维被排到最后一维。
    - 不管朝哪个方向移动，也不管移动多少维，若移动后的数组最右端呈现孤维，则这些孤维将被删除。

【例 2.3-2】 本例演示：squeeze 指令对孤维的删除；shiftdim 指令的左移功能，以及该指令对平移数组中孤维的删除作用；"空阵"使维度的长度收缩，但维度数目不变。

(1) 孤维的删除

```
A = reshape(1:24,[1,3,4,1,2]);    % 创建(1*3*4*1*2)的五维数组
SA = size(A)                      % 观察 A 阵的维度
B = squeeze(A)                    % 删除原 A 阵的维度长为 1 的"第 1、4 维"
                                  % 生成(3*4*2)的三维 B 数组
SA =
   1    3    4    1    2
B(:,:,1) =
   1    4    7   10
   2    5    8   11
   3    6    9   12
B(:,:,2) =
  13   16   19   22
```

```
            14    17    20    23
            15    18    21    24
```

(2) 删除前导孤维

```
[Am,m] = shiftdim(A)        % m 为前导维度的数目
                            % Am 由 A 删除第 1 维而成的(3*4*1*2)的四维数组

Am(:,:,1,1) =
    1    4    7    10
    2    5    8    11
    3    6    9    12
Am(:,:,1,2) =
    13   16   19   22
    14   17   20   23
    15   18   21   24
m =
    1
```

(3) 平移后删除最右端孤维

```
A3 = shiftdim(Am,3)         % 维度向左循环推移 3 次,使数组呈现(2*3*4*1)
                            % 最右端的孤维会自动删除,而最终呈现(2*3*4)的三维数组
A3(:,:,1) =
    1    2    3
    13   14   15
A3(:,:,2) =
    4    5    6
    16   17   18
A3(:,:,3) =
    7    8    9
    19   20   21
A3(:,:,4) =
    10   11   12
    22   23   24
```

(4) 空阵只能使数组大小收缩而不改变数组的维数

```
Am(:,:,:,1) = []            % 对(3*4*1*2)的四维数组 Am 的第 1 页"赋空"的作用是:
                            % Am 仍是四维数组;Am 的第 4 维的长度变短,成为 1
Am =
    13   16   19   22
    14   17   20   23
    15   18   21   24
```

2.3.3 高维数组的维度重排

```
B = permute(A,DimOrder_0)       重排 A 的维度次序
AA = ipermute(B,DimOrder_i)     是 permute 的逆操作
```

〖说明〗
- 在 permute 指令中,第二输入量 DimOrder_0 是维度序号行向量。该向量的各元素的位置对应 B 数组的维度号;而各元素值是指 A 的维度号。
- 若 ipermute 指令中的 DimOrder_i 取得与 DimOrder_0 相同,则所得之 AA 与 A 完全相同。

【例 2.3-3】 高维数组的维度重排。本例演示:permute 和 reshape 在多维数组维度重排上的不同影响。

(1) 多维数组的维度重排

```
A = reshape(1:24,[2,4,3])        %生成(2*4*3)的三维数组
A(:,:,1) =
     1     3     5     7
     2     4     6     8
A(:,:,2) =
     9    11    13    15
    10    12    14    16
A(:,:,3) =
    17    19    21    23
    18    20    22    24

DimOrder = [3,2,1];
B = permute(A,DimOrder)    %原(2*4*3)的A数组重排为(3*4*2)的B数组。具体地说:
                           %"原3页上的第1行",现变为"放在 第1页上的3行";
                           %而"原3页上的第2行",变为"放在 第2页上的3行"
AA = ipermute(B,DimOrder)
B(:,:,1) =
     1     3     5     7
     9    11    13    15
    17    19    21    23
B(:,:,2) =
     2     4     6     8
    10    12    14    16
    18    20    22    24
AA(:,:,1) =
     1     3     5     7
     2     4     6     8
AA(:,:,2) =
     9    11    13    15
    10    12    14    16
AA(:,:,3) =
    17    19    21    23
    18    20    22    24
```

(4) 多维数组的变形

```
C = reshape(A,[3,4,2])    % 原A先成一长列串,再按依"3行4列2页"次序排放;
                          % C也是(3*4*2)数组,但它与permute生成的B不同
C(:,:,1) =
     1     4     7    10
     2     5     8    11
     3     6     9    12
C(:,:,2) =
    13    16    19    22
    14    17    20    23
    15    18    21    24
```

2.4 "非数"和"空"数组

这是 MATLAB 中特有的两个概念和"预定义变量"。

2.4.1 非数 NaN

(1) 非数的产生和性质

按 IEEE 规定,$\left(\frac{0}{0}\right)$,$\left(\frac{\infty}{\infty}\right)$,$(0\times\infty)$,$(\infty-\infty)$ 等运算都会产生非数(Not a Number)。该非数在 MATLAB 中用 NaN 或 nan 记述。

根据 IEEE 数学规范,NaN 具有以下性质:
- NaN 参与运算所得的结果也是 NaN,即具有传递性。
- 非数没有"大小"概念,因此不能比较两个非数的大小。

(2) 非数的功用
- 真实记述 $\left(\frac{0}{0}\right)$,$\left(\frac{\infty}{\infty}\right)$,$(0\times\infty)$,$(\infty-\infty)$ 运算的后果。
- 避免可能因 $\left(\frac{0}{0}\right)$,$\left(\frac{\infty}{\infty}\right)$,$(0\times\infty)$,$(\infty-\infty)$ 运算而造成程序执行的中断。
- 在测量数据处理中,可以用来标识"野点(非正常点)"。
- 在数据可视化中,用来裁剪图形。

【例 2.4-1】 非数的产生和性质演示。本例演示:运算中如何产生非数;在运算过程中的传递;非数如何判断。

(1) 非数的产生
```
a = 0/0,b = 0 * log(0),c = inf - inf
a =
    NaN
b =
    NaN
c =
    NaN
```
(2) 非数的传递性

第 2 章 数值数组及向量化运算

```
0*a,sin(a)          % 非数参与的乘积仍是非数;非数的函数值仍是非数
ans =
    NaN
ans =
    NaN
```

(3) 非数的属性判断

```
class(a)            % 数据类型归属
isnan(a)            % 该指令是唯一能正确判断非数的指令
ans =
double
ans =
     1
```

【例 2.4-2】 非数元素的寻访。本例演示:指令 isnan,find 的用法。

(1) 创建含非数的二维数组

```
rng default                    % 为以下结果可重现,恢复默认全局随机流。参见第 4.6.1 节
R = rand(2,5);R(2,3) = NaN;R(1,5) = NaN
R =
    0.8147    0.1270    0.6324    0.2785       NaN
    0.9058    0.9134       NaN    0.5469    0.9649
```

(2) 对元素进行"是否非数"的判断

```
LR = isnan(R)           % 对数组元素是否非数进行判断                        <3>
LR =
     0     0     0     0     1
     0     0     1     0     0
```

(3) 找出非数的位置标识

```
si = find(LR);                    % 确定非数位置的"单下标"标识              <4>
[ri,ci] = ind2sub(size(R),si);    % 把"单下标"转换成"全下标"标识            <5>
disp('非数位置的单下标标识')
disp(['第 ',int2str(si(1)),'和第 ',int2str(si(2)),'个元素'])
disp(' ')
disp('非数位置的双下标标识')
disp(['第 ',mat2str([ri(1),ci(1)],2),' 元素'])
disp(['第 ',mat2str([ri(2),ci(2)],2),' 元素'])
非数位置的单下标标识
第 6 和第 9 个元素

非数位置的双下标标识
第 [2 3] 元素
第 [1 5] 元素
```

(4) find 指令直接找"全下标"

```
[rj,cj] = find(LR);        % 直接确定非数的"全下标";该格式相当于第 <4>  <5> 行指令
disp('非数位置的双下标标识')
```

```
disp(['第 ',mat2str([rj(1),cj(1)],2),' 元素'])
disp(['第 ',mat2str([rj(2),cj(2)],2),' 元素'])
```
非数位置的双下标标识
第 [2 3] 元素
第 [1 5] 元素

〖说明〗

为确定非数的位置只能用指令⟨3⟩进行,而不能用 R==NaN。

2.4.2 "空"数组

"空"数组是 MATLAB 为操作和表述需要而专门设计的一种数组。二维"空"数组,用一对方括号表示。至于其他高维数组,只要拿数组某维长度为 0 或若干维长度均为 0,则该数组就是"空"数组。

"空"数组的功用:(1) 在没有"空"数组参与运算时,计算结果中的"空"可以合理地解释"所得结果的含义";(2) 运用"空"数组对其他非空数组赋值,可以使数组变小,但不能改变那数组的维数。

〖说明〗

- 不要把"空"数组与全零数组混淆——这是两个不同的概念。
- 不要把"空"数组看成"虚无",它确实地存在;利用 which, who, whos,以及变量浏览器都可以验证它的存在。
- 唯一能正确判断一个数组是否"空"数组的指令是 isempty。
- "空"数组在运算中不具备传递性。对运算中出现的"空"结果,解释要谨慎。

【例 2.4-3】 关于"空"数组的算例。

(1) 创建"空"数组的几种方法

```
a = []
b = ones(2,0),c = zeros(2,0),d = eye(2,0)
f = rand(2,3,0,4)
a =
     []
b =
     Empty matrix: 2-by-0
c =
     Empty matrix: 2-by-0
d =
     Empty matrix: 2-by-0
f =
     Empty array: 2-by-3-by-0-by-4
```

(2) "空"数组的属性

```
class(a)              %"空"的数据类别
isnumeric(a)          %是数值数组类吗
isempty(a)            %唯一可正确判断数组是否"空"的指令
ans =
```

```
double
ans =
     1
ans =
     1


which a                    %变量 a 是什么
ndims(a)                   %数组 a 的维数
size(a)                    %a 数组的大小
a is a variable.
ans =
     2
ans =
     0     0
```

(3)"空"数组用于子数组的删除和大数组的大小收缩

```
A = reshape( - 4:5,2,5)        %生成(2 * 5)的数组
A =
    -4    -2     0     2     4
    -3    -1     1     3     5

A(:,[2,4]) = []                %删除 A 的第 2,4 列,使 A 变成(2 * 3)数组
A =
    -4     0     4
    -3     1     5
```

2.5 关系操作和逻辑操作

无论在程序流控制中,还是在逻辑、模糊逻辑推理中,都需要对一类是非问题作出"是真、是假"的回答。为此,MATLAB 设计了关系操作、逻辑操作和一些相关函数。虽在其他程序语言中也有类似的关系、逻辑运算,但 MATLAB 作为一种比较完善的科学计算环境,有其自身的特点。

MATLAB 约定:
- 在所有关系表达式和逻辑表达式中,作为输入的任何非 0 数都被看作是"逻辑真",而只有 0 才被认为是"逻辑假"。
- 所有关系表达式和逻辑表达式的计算结果,即输出,都是一个由 0 和 1 组成的"逻辑数组(Logical Array)"。在此数组中的 1 表示"真",0 表示"假"。
- 逻辑数组是一种特殊的数值数组,与"数值类"有关的操作和函数对它也同样适用;但又不同于普通的"数值",它还表示着对事物的判断结论"真"与"假";因此,它有自身的特殊用途,如数组寻访等。

2.5.1 关系操作

MATLAB 设计的关系操作符及其含义如表 2.5-1 所列。

表 2.5-1 关系操作符

指　令	含　义	指　令	含　义
<	小于	>=	大于等于
<=	小于等于	==	等于
>	大于	~=	不等于

〖说明〗

- 标量可以与任何维数组进行比较；比较在此标量与数组每个元素之间进行，因此比较结果将与被比数组同维。
- 当比较量中没有标量时，关系符两端进行比较的数组必须维数相同；比较在两数组相同位置上的元素间进行，因此比较结果将与被比数组同维。

【例 2.5-1】 关系运算示例。本例演示：标量与数组的关系运算；数组与数组的关系运算。

```
A = 1:9,B = 10 - A
r0 = (A<4)          % 给出"对 A 数组每个元素是否小于 4"的情况判断
r1 = (A == B)       % 给出"A,B 两数组对应元素是否相等"的情况判断
A =
     1    2    3    4    5    6    7    8    9
B =
     9    8    7    6    5    4    3    2    1
r0 =
     1    1    1    0    0    0    0    0    0
r1 =
     0    0    0    0    1    0    0    0    0
```

【例 2.5-2】 关系运算应用。本例演示：利用关系运算认定元素为 0 的位置；利用 eps 求近似极限的处理方法；y 数组中的非数 NaN，在图形中表现为"缺口"，如图 2.5-1 所示；采用数组运算编写程序。

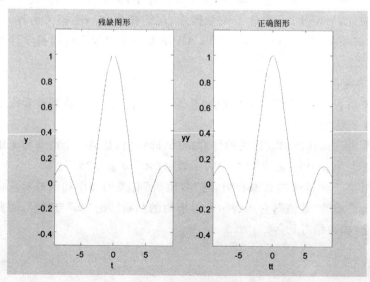

图 2.5-1 采用近似极限处理前后的图形对照

```
t = -3*pi:pi/10:3*pi;        % 该自变量数组中,存在 0 值
y = sin(t)./t;               % 在 t = 0 处,按 IEEE 规则,计算将产生 NaN
tt = t + (t == 0)*eps;       % 逻辑数组参与运算,使 0 元素被一个"机器零"小数代替
yy = sin(tt)./tt;            % 用数值可算的 sin(eps)/eps 近似替代 sin(0)/0 极限
subplot(1,2,1),plot(t,y),axis([-9,9,-0.5,1.2]),
xlabel('t'),ylabel('y'),title('残缺图形')
subplot(1,2,2),plot(tt,yy),axis([-9,9,-0.5,1.2])
xlabel('tt'),ylabel('yy'),title('正确图形')
```

〖说明〗
- 本例近似处理极限的方法具有特殊性,关于"近似数值极限"的使用,请参见第 4.2.1 节。
- 本例也演示了非数 NaN 在绘图中的一个用途:对曲线或曲面进行剪裁。

2.5.2 逻辑操作

上节仅介绍了"简单关系"操作。逻辑操作符如表 2.5-2 所列。它们的引入,将使复杂关系运算成为可能。

表 2.5-2 逻辑操作符

指令	&	|	~	xor
含义	与	或	非	异或

〖说明〗
- 标量可以与任何维数组进行逻辑运算;运算比较在标量与数组每个元素间进行,因此运算结果与参与运算的数组同维。
- 当逻辑运算中没有标量时,参与运算的数组必须维数相同;运算在两数组相同位置上的元素间进行,因此运算结果数组必定和参与运算的数组同维。

【例 2.5-3】 逻辑操作和关系操作。本例演示:逻辑、关系操作的组合;xor 的作用。

(1) 逻辑、关系操作的组合

```
A = [-2,-1,0,0,1,2,3]
L1 = ~(A>1)                  % 判断 A 中,哪些元素不大于 1
L2 = (A>0)&(A<2)             % 判断 A 中,哪些元素大于 0 且小于 2
A =
    -2    -1     0     0     1     2     3
L1 =
     1     1     1     1     1     0     0
L2 =
     0     0     0     0     1     0     0
```

(2) xor 的作用

```
A,B = [0,-1,1,0,1,-2,-3]
C = xor(A,B)      % 当 A,B 数组中,两个对应元素中仅一个为 0 时,给出 1。否则为 0
A =
    -2    -1     0     0     1     2     3
B =
     0    -1     1     0     1    -2    -3
C =
     1     0     1     0     0     0     0
```

【例 2.5-4】 试绘制如图 2.5-2 最下边那幅子图所示的"正弦波 sin t 的削顶半波整流波形",削顶发生在每个周期的 $[60°,120°]$ 之间。本例演示:逻辑、关系运算的组合运用;逐段解析函数的计算和表现。

```
clear,t = linspace(0,3 * pi,500);y = sin(t);        %产生正弦波
%从自变量着手进行逐段处理
z1 = ((t<pi)|(t>2 * pi)). * y;                      %获得整流半波                <3>
w = (t>pi/3&t<2 * pi/3) + (t>7 * pi/3&t<8 * pi/3);  %关系逻辑运算和数值运算      <4>
wn = ~w;                                            %                            <5>
z2 = w * sin(pi/3) + wn. * z1;                      %获得削顶整流半波            <6>
subplot(4,1,1),plot(t,y,':r'),axis([0,10,-1.5,1.5])
ylabel('y'),grid on
subplot(4,1,2),plot(t,z1,':r'),axis([0,10,-0.2,1.5]),ylabel('z1')
subplot(4,1,3),plot(t,wn,':r'),axis([0,10,-0.2,1.5]),ylabel('wn')
subplot(4,1,4),plot(t,z2,'-b'),axis([0,10,-0.2,1.5]),ylabel('z2')
xlabel('t')
```

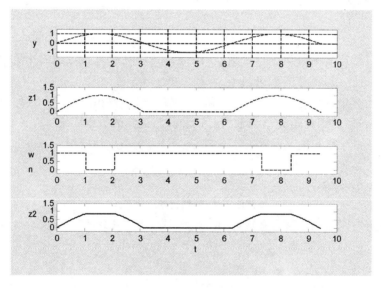

图 2.5-2 逐段解析函数的产生

〖说明〗

- 指令<3>使 $(\pi,2\pi)$ 时间范围内的函数值为 0,削去负半波。
- 指令<4>产生的 w 向量中,除对应时间 $\left(\dfrac{\pi}{3},\dfrac{2\pi}{3}\right),\left(\dfrac{7\pi}{3},\dfrac{8\pi}{3}\right)$ 区间的采样点取 1 外,其余均取 0。而指令<5>产生的 wn 向量中元素的取值恰与 w 向量相反。
- 指令<3>,<4>是利用逻辑数组进行数值运算的范例。从本例可以看到:MATLAB 采用"0、1"表示"真、假"的措施,大大开拓了数值运算的应用范围。

2.5.3 常用逻辑函数

MATLAB 中能给出"逻辑数组"类型计算结果的函数有很多。它们包括:含 0 元素数组

判断函数、逻辑数组创建函数（从 MATLAB 7 起配置）、数据对象判断函数、数据类型判断函数等，详见表 2.5-3。

表 2.5-3 常用逻辑函数

分类		具体描述		
含 0 数组判断	all	数组 A 不含 0 元素，返回 1		
	any	数组 A 不是全 0 元素，返回 1		
生成逻辑数组	false	按指定大小，创建全 0 逻辑数组		
	true	按指定大小，创建全 1 逻辑数组		
	logical	创建逻辑数组：1 对应输入数组中的非 0 元素，其余都为 0		
数据对象判断	isempty	是否空阵	isprime	是否质数
	isfinite	是否有限数	isreal	是否实数
	isinf	是否无穷大	isletter	是否字母（用于字符串）
	isnan	是否非数	isspace	是否空格（用于字符串）
数据类型判断	isa	是否指定类别	ishandle	是否图柄
	ischar	是否字符串	islogical	是否逻辑类型
	isglobal	是否全局变量	isnumeric	是否数值类型

第 3 章 字符串、胞元和构架数组

MATLAB 最常用的数据类型有 6 种(见图 3.1-1 中双线框内容,参见表 3.1-1)。本书已用第 2 章几乎整整一章的篇幅详细阐述了数值类数组的创建、寻访、操作和运算。这样做的原因有两个:一,数值类数据是 MATLAB 数值计算最重要的数据类型,MATLAB 进行科学计算和仿真几乎都是借助这类数据进行的;二,数值类数组的构造和编址寻访规则,也同样适用于异构器类数据(包括胞元数组和构架数组)。

本章将介绍的字符串数组、胞元数组和构架数组,虽然在使用频率上远不如数值数组,但它们的作用不可低估。假如没有这三种数据类型,很难想象 MATLAB 如何能够提供出那么多功能齐全、表达简洁、操作方便的 M 码函数指令,也很难想象 MATLAB 如何能够用简练的图柄属性便捷地勾画出表现力丰富的图形和界面极为友善的 GUI 图形用户界面。

本章的电子文档"ch03_字符串胞元和构架.doc"存放在随书光盘 mbook 目录上。它保存着所有算例中的运作指令。它有助于读者学习和操练。

3.1 MATLAB 的数据类型

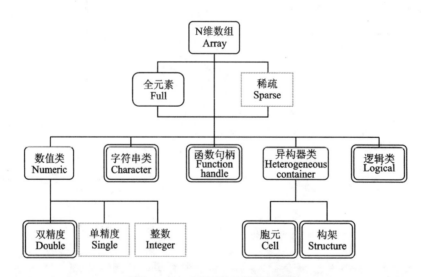

图 3.1-1 MATLAB 的数据类型

表 3.1-1 本书所涉数据类型的特点、用途及相关帮助信息

数据类的 MATLAB 标识名	主要特点和用途	相关章节	帮助关键词
双精度 double	16 位精度浮点数; MATLAB 数值计算的默认数据类型	除第 3、5 章以外,本书都以双精度数据为基础展开	Floating Point Numbers

续表 3.1-1

数据类的 MATLAB标识名	主要特点和用途	相关章节	帮助关键词
逻辑 logical	用 1/0,表示"真"/"假"; 产生于"关系/逻辑"运算; 用于数组元素的寻访	第 2 章专述	Logical Class
字符串 char	任何文本表达所需的字符; 可与数值类相互转换	第 3 章专述	Character and strings
胞元 cell	数组内容采用下标寻访; 用于不同大小或/和不同类数据的保存	第 3 章专述	Cell Arrays
构架 structure	数组内容采用域名寻访; 用于不同大小或/和不同类数据的保存	第 3 章专述	Structures
函数句柄 Function handle	函数识别标注; 用于向泛函指令、GUI 的回调指令传送其所代表的函数	第 7 章专述	Function Handles

【说明】

图 3.1-1 中所有"圆角矩形"所框的数据类型的表述、应用是本书的讲述重点;而"方角矩形"所框的数据类型本书可能只会偶尔提及。

3.2 字符串数组

本节内容集中于字符串数组(以下简称串数组)。与数值数组相比,串数组在 MATLAB 中的重要性较小,但不可缺少。假如没有串数组及相应的操作,那么数据可视化将会遇到困难,构造 MATLAB 的宏指令也将会遇到困难。

既然字符串与数值是两种不同的数据类(Class),那么它们的创建方式也就不同。数值变量是通过在指令窗中数字赋值创建的。而字符变量的创建方式是:在指令窗中,先把待建的字符放在"单引号对"中,再按[Enter]键。注意:"单引号对"必须在英文状态下输入,它是 MAT-LAB 识别送来内容"身份"(是变量名、数字,还是字符串)所必需的。

MATLAB 为数值数组设计了许多运算、函数和操作,但既没对串数组设计那么多运算,也没设计那么多操作。然而正是这些串函数和串操作,为 MATLAB 的文字表达、复杂字符的组织、宏功能的发挥提供了有力的支持。

3.2.1 串数组的属性和标识

在 MATLAB 中,字符采用 Unicode 标准的 UTF-16 编码方式影射为一组整数,即字符值。由此可知,字符串则是"由字符值构成的向量"。

本节以算例形式,表述字符串的创建、标识、保存、以及字符值的获取和转换等。

【例 3.2-1】 本例演示:串的基本属性、标识和简单操作。

(1) 创建串数组

下面指令创建一个由 19 个字符组成的串。这 19 个字符必需被放在"单引号对"内。

```
a = 'This is an example.'
a =
This is an example.
```

(2) 串数组 a 的大小

在以上赋值后，变量 a 就是一个串数组。该串的每个字符（英文字母、空格和标点都是平等的）占据一个元素位。该串数组的大小可用下面指令获得。

```
size(a)
ans =
     1    19
```

(3) 串数组的元素标识

在一维串数组中，MATLAB 按自左至右的次序用自然数数码（1，2，3，…）标识字符的位置。以下是利用标识进行的操作演示。

```
a14 = a(1:4)              % 提出一个子字符串
ra = a(end:-1:1)          % 字符串的倒排
a14 =
This
ra =
.elpmaxe na si sihT
```

(4) 串数组的 Unicode 字符值

字符串的存储是用 Unicode 字符值整数实现的。指令 double 可以用来获取串数组所对应的字符值数组；而指令 char 可把字符值数组转变为串数组。

```
Ua = double(a)            % 把字符串的 Unicode 字符值向量转换为字符值向量
Ua =
  Columns 1 through 13
    84   104   105   115    32   105   115    32    97   110    32   101   120
  Columns 14 through 19
    97   109   112   108   101    46
char(Ua)                  % 把双精度数值向量变回 Unicode 字符值向量,于是又表现为字符串
ans =
This is an example.
```

(5) 字符串的操作

由于字符串在内存中体现为 Unicode 字符值向量，所以第 3 章中所述的各种运算、函数和操作对这种 Unicode 字符值向量都适用。

```
% 使字符串中字母全部大写
w = find(a>='a'&a<='z');  % 找出串数组 a 中,小写字母的元素位置
Ua(w) = Ua(w) - 32;       % 大小写字母的 Unicode 字符值差 32
char(Ua)                  % 把新的 Unicode 字符值翻成字符
ans =
THIS IS AN EXAMPLE.
```

(6) 中文字符串数组

中文字符创建时一定要特别注意：该字符外面的"单引号对"必须在英文状态下输入,而不

能是中文"单引号对"。

与英文字符情况一样,每个中文字符也是占一个元素位置。但注意,中文的 Unicode 字符值大于 256。

```
A = '这是一个算例。';          % 创建中文字符串
A_s = size(A)                % 串数组的大小
A56 = A([5 6])               % 取串的子数组
UCA = double(A)              % 把中文串的 Unicode 字符值向量转换为字符值向量
A_s =
     1     7
A56 =
算例
UCA =
  Columns 1 through 6
       36825       26159       19968       20010       31639       20363
  Column 7
       12290
char(UCA)                    % 把字符值翻译成字符
ans =
这是一个算例。
```

(7) 创建带单引号的字符串

当串中文字包含(英文)单引号时,每个单引号符用"连续的 2 个单引号符"表示。

```
b = 'Example ''3.2-1'''
b =
Example '3.2-1'
```

(8) 由小串构成长串

```
ab = [a(1:7),' ',b,'.']      % 这里第 2 个输入为空格串
ab =
This is  Example '3.2-1'.
```

3.2.2 复杂串数组的创建

1. 多行字符串数组的创建

在直接创建多行串数组时,关键是要保证同一串数组的各行字符数要相等,即保证各行等长。为此,有时不得不通过空格符的增减来调节各行的长度,使它们彼此相等。

【例 3.2-2】 演示:多行串数组的"补空等长"直接输入法;非等长串数组借助 char, str2mat, strvcat 等指令生成多行串数组。

(1) 补空等长直接输入法

```
clear
S = ['This string array '         % 该行的最后一个字符是空格,用以保证与下一行等长
     'has multiple rows.']
size(S)
```

```
S =
This string array
has multiple rows.
ans =
     2    18
```

(2) 借助 char, str2mat, strvcat 等指令把多个"非等长串"组合成一个多行串数组

```
S1 = char('This string array','has two rows.')
size(S1)
S1 =
This string array
has two rows.
ans =
     2    17


S2 = str2mat('这 ','字符 ','串数组 ','','由 4 行组成 ')            %                    <6>
                 % 注意第 4 个输入量是"空串",该空串产生空行
size(S2)
S2 =
这
字符
串数组

由 4 行组成
ans =
     5    5


S3 = strvcat('这 ','字符 ','串数组 ','','由 4 行组成 ')            %                    <8>
                 % 注意第 4 个输入量是"空串",但它不会产生空行
size(S3)
S3 =
这
字符
串数组
由 4 行组成
ans =
     4    5
```

〖说明〗

- 这三个函数创建多行串数组时,不必担心每行字符数是否相等。它们总会按最长行设置第 2 维的长度,其他行的尾部用空格填充。
- 本例第〈6〉〈8〉行指令中各有一个"空串"。注意:"空串"与"空格串"不同,前者在单引号对之间不包含任何内容,后者包含空格符。

2. 利用胞元数组创建复杂字符串

MATLAB 设计的"胞元数组(Cell array)"允许存放、操作各种不同类型和不同大小的数据，但存放和操作复杂字符串是胞元数组的一个主要用途。关于胞元数组的详细阐述在第 3.3 节进行。本节只是通过举例说明，胞元数组在处理字符串上的用途。

【例 3.2-3】 胞元数组在存放和操作字符串上的应用。

(1) 直接输入法生成存放复杂字符串的胞元数组

```
C1 = {'MATLAB201xa includes data types:';
    '◆Double array';
    '◆Character array';
    'and so on'}                    % 注意与指令〈10〉比较输入和输出方式      <4>
C1_c = class(C1)                    % 获知 C1 的数据类别
size(C1)                            % 获知胞元数组的大小                      <6>
C1 =
    'MATLAB201xa includes data types:'
    '◆Double array'
    '◆Character array'
    'and so on'
C1_c =
cell
ans =
     4     1
```

(2) 借助 cellstr 指令生成存放复杂字符串的胞元数组

```
C2 = char('MATLAB201xa includes data types:',...
        '◆Double array',...
        '◆Character array',...
        'and so on')                % 注意与指令〈4〉比较输入和输出方式        <10>
C2_c = class(C2)
size(C2)                            % 注意与指令 <6> 结果比较
C2 =
MATLAB201xa includes data types:
◆Double array
◆Character array
and so on
C2_c =
char
ans =
     4    32

C3 = cellstr(C2)                    % 注意与指令 <4> 运行结果比较
size(C3)
C3 =
```

```
'MATLAB201xa includes new data types:'
'◆Double array'
'◆Character array'
'and so on'
ans =
    4    1
```

【说明】
- 第⟨1⟩到⟨4⟩中使用的"花括号{ }"是胞元数组直接输入时必须的"边界标识符"。
- 注意:多行字符串数组和串胞元数组在显示、数组大小等方面的区别。

3.2.3 串转换函数

MATLAB 中常用的字符串转换函数及其功能如表 3.2-2 所列。

表 3.2-2 字符串转换函数

指令	功能	应用示例
cellstr	据字符串数组创建串胞元数组	例 3.2-3
char	把任何类型数据转换成串	例 3.2-1, 3.2-2, 3.2-3, 3.3-1, 3.3-2
double	给出串的 ASCII 码值; 把任何类数转换成双精度数值	例 3.2-1, 3.2-6, 5.2-2, 5.2-3
fprintf	把格式化数据写到文件或屏幕	例 3.2-5, 3.4-6, 4.12-2
int2str	把整数转换为串	例 3.2-4, 3.4-6
mat2str	把数值矩阵转换为 eval 可调用的格式	例 3.2-4, 3.3-5, 3.4-8
num2str	把数值转换为串	例 3.2-4, 3.2-5, 3.2-7
sprintf	以控制格式把数值转换为串	例 3.2-5, 4.6-7, 4.11-13
sscanf	在格式控制下把串转换为数	例 3.2-5
str2double	把串数字标量转换为双精度数	例 3.2-6
str2num	把串数字数组转换为双精度数组	例 3.2-6

【例 3.2-4】 最常用的数组/字符串转换函数 int2str, num2str, mat2str 示例。

(1) int2str 把整数数组转换成串数组(非整数将被四舍五入圆整后再转换)

```
A = eye(2,4);              %生成一个(2×4)数值数组
A_str1 = int2str(A)        %转换成(2×10)串数组;请读者自己用 size 检验
A_str1 =
1  0  0  0
0  1  0  0
```

(2) num2str 把非整数数组转换为串数组(常用于图形中,数据点的标识)

```
rng(0,'v5uniform')         %为以下结果可重现,参见第 4.6.1-6 小节
B = rand(2,4);             %生成数值矩阵
B3 = num2str(B,3)          %保持 3 位有效数字,转换为串
```

```
B3 =
  0.95      0.607     0.891     0.456
  0.231     0.486     0.762     0.0185
```

(3) mat2str 把数值数组转换成输入形态的串数组（常与 eval 指令配用）

```
B_str = mat2str(B,4)              % 保持 4 位有效数字,转换为"数组输入形式"串
B_str =
[0.9501 0.6068 0.8913 0.4565;0.2311 0.486 0.7621 0.0185]
Expression = ['exp(-',B_str,')'];  % 相当于在指令窗写表达式 exp(-B_str)
eval(Expression)                  % 把 exp(-B_str)送去执行
ans =
    0.3867    0.5451    0.4101    0.6335
    0.7937    0.6151    0.4667    0.9817
```

【例 3.2-5】 fprintf，sprintf，sscanf 的用法示例。

```
rng(0,'v5uniform');a = rand(2,2);  % 产生(2×2)随机阵
s1 = num2str(a)                    % 把数值数组转换为默认格式的串数组
s_s = sprintf('%.10e\n',a)         % 10 数位科学记述串,每写一个元素就换行。
s1 =
0.95013      0.60684
0.23114      0.48598
s_s =
9.5012928515e-001
2.3113851357e-001
6.0684258354e-001
4.8598246871e-001

fprintf('%.5g\\',a)                % 以 5 位数位最短形式显示。不能赋值用
0.95013\0.23114\0.60684\0.48598\

s_str2 = str2num(s_s)              % 把(4×1)串数组转换为(4×1)默认格式的数值数组
s_sscan = sscanf(s_s,'%f',[3,2])   % 浮点格式把串转换成(3×2)数值数组
s_str2 =
    0.9501
    0.2311
    0.6068
    0.4860
s_sscan =
    0.9501    0.4860
    0.2311         0
    0.6068         0
```

〖说明〗

- 与 num2str，mat2str 相比，fprintf，sprintf 的转换格式更灵活。关于 fprintf 指令的应用，请参见例 3.4-6。

- fprintf 与 sprintf 的区别是，前者把转换结果书写于屏幕或指定的文件，而后者则把转换结果存放于变量。
- 与 str2num 相比，sscanf 的转换能力也广泛得多。

【例 3.2-6】 double，str2double，str2num 的异同。

(1) 对于"字符串数"的作用

```
a = '1e-3';
da = double(a)              % 给出每个字符的 ASCII 码值
sda = str2double(a)         % 给出双精度数值
sna = str2num(a)            % 给出双精度数值
da =
    49   101    45    51
sda =
    1.0000e-003
sna =
    1.0000e-003
```

(2) 对于"字符串数组"的作用

```
b = '1,2;3,4';
db = double(b)              % 给出每个字符的 ASCII 码值
sdb = str2double(b)         % 给出"非数"
snb = str2num(b)            % 给出数值数组
db =
    49   44   50   59   51   44   52
sdb =
    NaN
snb =
    1   2
    3   4
```

(3) 对于非"字符串数"的作用

```
c = 'ab+cde';
dc = double(c)              % 给出每个字符的 ASCII 码值
sdc = str2double(c)         % 给出"非数"
snc = str2num(c)            % 给出"空"
dc =
    97   98   43   99  100  101
sdc =
    NaN
snc =
    []
```

(4) 对于"符号数字"的作用

```
d = sym('1/3');
dd = double(d)              % 给出双精度数值
sdd = str2double(d)         % 给出"非数"
```

```
snd = str2num(d)                    % 报错
dd =
    0.3333
sdd =
    NaN
??? Error using ==> str2num at 33
Requires string or character array input.
```

【例 3.2-7】 综合例题：在 MATLAB 计算生成的图形上标出图名和最大值点坐标（参见图 3.2-1）。

```
clear                                    % 清除内存中的所有变量
a = 2;                                   % 设置衰减系数
w = 3;                                   % 设置振荡频率
t = 0:0.01:10;                           % 取自变量采样数组
y = exp(-a*t).*sin(w*t);                 % 计算函数值,产生函数数组
[y_max,i_max] = max(y);                  % 找最大值元素位置
t_text = ['t = ',num2str(t(i_max))];     % 生成最大值点的横坐标字符串       <7>
y_text = ['y = ',num2str(y_max)];        % 生成最大值点的纵坐标字符串       <8>
max_text = char('maximum',t_text,y_text); % 生成标志最大值点的字符串       <9>
% 生成标志图名用的字符串
tit = ['y = exp(-',num2str(a),'t) * sin(',num2str(w),'t)'];            %  <11>
plot(t,zeros(size(t)),'k')               % 画纵坐标为 0 的基准线
hold on                                  % 保持绘制的线不被清除
plot(t,y,'b')                            % 用蓝色画 y(t) 曲线
plot(t(i_max),y_max,'r.','MarkerSize',20) % 用大红点标最大值点
text(t(i_max) + 0.3,y_max + 0.05,max_text) % 在图上书写最大值点的数据值    <16>
title(tit),xlabel('t'),ylabel('y'),hold off % 书写图名、横坐标名、纵坐标名
```

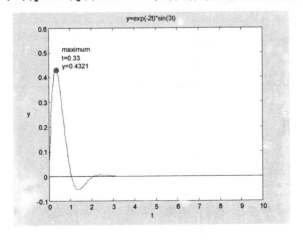

图 3.2-1 字符串运用示意图

〖说明〗

● 本例第〈7〉〈8〉句是 num2str 指令的一种典型运用。由这种方式组成的字符串的特点是：由数值转换而得的那部分字符是可以随计算所产生的数据而变。第〈11〉句也属这

种类型,它使得图名中的衰减系数 a 和振荡频率 w 可随不同的赋值而变(本例 a=2,w=3)。
- 本例第⟨9⟩句把多个字符串变成一个"多行字符串",供第⟨16⟩句调用。

3.2.4 串操作函数

MATLAB 常用字符串操作函数指令及含义如表 3.2-3 所列。

表 3.2-3 字符串操作函数

指令	含义	指令	含义
blanks(n)	创建 n 个空格串	sort	按字符值的升序或降序排列元素
char(s1,s2,…)	把串 s1,s2 等逐个写成行,形成多行数组	str2mat(s1,s2,…)	把串 s1,s2 等逐个写成行,形成多行数组
deblank(s)	删去串尾部的空格符	strcat(s1,s2,…)	把串 s1,s2 等连接成长串
eval(s)	把串 s 当作 MATLAB 指令运行	strcmp(s1,s2)	若串 s1,s2 相同,则判"真"给出逻辑 1
eval(s1,sc)	把串 s1 当作 MATLAB 指令运行;若 s1 运行发生错误,则运行 sc	strjust(s)	字符串的对齐方式:或右对齐,或左对齐,或对中
feval(f,x,y,…)	对输入量 x,y 等计算函数 f	strmatch(s1,s2)	逐行搜索串 s2,给出以 s1 开头的那些行的行号
findstr(s1,s2)	在较长串中,找出短串的起始字符的下标	strncmp(s1,s2,n)	若串 s1,s2 的前 n 个字符相同,则判"真"给出逻辑 1
ischar(s)	s 是字符串,则判"真"给出逻辑 1	strrep(s1,s2,s3)	串 s1 中所有出现 s2 的地方替换为 s3
isletter(s)	以逻辑 1 指示 s 里文字符的位置	strtok(s)	找出第一个间隔符(空格、制表位、回车符)前的内容
isspace(s)	以逻辑 1 指示 s 里空格符的位置	strvcat(s1,s2,…)	把串 s1,s2 等逐个写成行,形成多行数组,并删除全空行
lower(s)	使 s 里的英文字母全部小写	upper(s)	使 s 里的英文字母全部大写

3.3 胞元数组

第 3.2.2-2 中已经提到利用胞元数组创建复杂字符串的方法。本节将对胞元数组做更为系统的介绍。

许多大银行都有一个管理十分完善的保险箱库。这保险箱库的最小单位是箱柜,它可以存放任何东西(如珠宝、债券、现金、文件等)。每个箱柜被编号,一个个编了号的箱柜组合成排,一排排编了号的箱柜排组合成室,一个个编了号的室便组合成该银行的保险箱库。

胞元数组(Cell Array)如同银行保险箱库一样。该数组的基本组分是胞元(Cell)。每个胞元本身在数组中是平等的,只能以下标区分。胞元可以存放任何类型、任何大小的数组(如任意维数值数组、字符串数组、符号对象等)。而且,同一个胞元数组中各胞元中的内容可以不同。

与数值数组一样,胞元数组维数不受限制,可以一维、二维或更高维,不过一维胞元数组用得最多;胞元数组对胞元的编址方法也有单下标编址和全下标编址两种。

以三维胞元数组为例,全下标编址有3个序号组成。编址中的第1序号是"行"号,第2个是"列"号,第3个是"页"号。而单下标编址中,第1行第1列第1页的胞元是序号为1,然后沿第1列往下记号2,3,4等等;直到第1列的胞元全部编完,接下去编第2列的第1行胞元,然后再沿第2列往下编,依次类推。直到这第1页的胞元全部编完,紧接着往下的是第2页上的第1行第1列胞元,再沿列而下,如此进行直到全部编完。

3.3.1 胞元数组的创建和显示

1. 胞元标识寻访和内容编址寻访的不同

无论在数值数组中,还是在字符串数组里,由于同一数组各元素的数据类型都相同,因此对元素的寻访也是直截了当的。比如对于二维数组 A 来说,A(2,3)就表示数组 A 第2行第3列上的元素。

对胞元数组来说,情况就不像那样简单。在胞元数组中,胞元和胞元里的内容是两个不同范畴的东西。因此,寻访胞元和寻访胞元中的内容是两种不同的操作。为此,MATLAB 设计了两种不同的操作:"胞元外标识(Cell Indexing)"和"胞元内编址(Content Addressing)"。

以二维胞元数组 A 为例,A(2,3)是指 A 胞元数组中的第2行第3列胞元元素;而A{2,3}是指 A 胞元数组第2行第3列胞元中所允许存或取的内容。注意,这两者的区别仅在于:所用的括号不同。"外标识的胞元元素"用的是"圆括号",而"编址胞元元素内涵"用的是"花括号"。

2. 胞元数组的创建和显示

【例 3.3-1】 本例演示:(2×2)胞元数组的创建。

```
C_str = char('这是','胞元数组创建算例1');    %产生字符串
R = reshape(1:9,3,3);                        %产生(3×3)实数阵 R
Cn = [1+2i];                                 %产生复数标量
S_sym = sym('sin(-3*t)*exp(-t)');            %产生符号函数量
```

(1) 直接创建法之一:"外标识胞元元素赋值法"

```
A(1,1) = {C_str};A(1,2) = {R};A(2,1) = {Cn};A(2,2) = {S_sym};
A                                            %显示胞元数组                <5>
A =
         [2x10 char]     [3x3 double]
         [1.0000 + 2.0000i]    [1x1 sym]
```

(2) 直接创建法之二:"编址胞元元素内涵的直接赋值法"

```
B{1,1} = C_str;B{1,2} = R;B{2,1} = Cn;B{2,2} = S_sym;
celldisp(B)                                  %显示胞元数组内容            <7>
B{1,1} =
这是
```

```
胞元数组创建算例1
B{2,1} =
    1.0000 + 2.0000i
B{1,2} =
    1    4    7
    2    5    8
    3    6    9
B{2,2} =
-sin(3*t)/exp(t)
```

〖说明〗
- 在"外标识胞元元素赋值法"中,等式左边采用"圆括号"标识胞元元素,等式右边是用"花括号"包围的"子胞元"。
- 在"编址胞元元素内涵的直接赋值法"中,等式左边采用"花括号"编址,直接指向"子胞元"内部,而等式右边是内容本身。
- 若在指令窗中,直接输入胞元数组名(比如 A 或 B),除"单"元素胞元外,一般只能得知胞元所存内容的属性,而不显示胞元数组内容。参见第〈5〉行指令的显示结果。
- 显示胞元数组全部或部分内容的指令可采用 celldisp 指令。参见第〈7〉指令的结果。

3.3.2 胞元数组的扩充、收缩和重组

胞元数组的扩充、收缩和重组的方法大致与数值数组情况相同。本节以算例形式表述。

【例 3.3-2】 胞元数组的扩充,及形象化图示胞元内容指令 cellplot(参见图 3.3-1)。

(1) 利用 cell 指令创建胞元数组

```
C = cell(2);                                      % 预设(2×2)空胞元数组
C(:,1) = {char('Another','text string');10:-1:1}  % 对第一列胞元赋值
C =
    [2x11 char  ]    []
    [1x10 double]    []
```

(2) 胞元数组的"列"扩充和"行"扩充

```
AC = [A C]                    % 空格(或逗号)用来分隔列,A 来自例 3.3-1
A_C = [A;C]                   % 分号用来分隔"行"
AC =
         [2x10 char    ]    [3x3 double]    [2x11 char  ]    []
         [1.0000 + 2.0000i]  [1x1 sym   ]    [1x10 double]    []
A_C =
         [2x10 char    ]    [3x3 double]
         [1.0000 + 2.0000i]  [1x1 sym   ]
         [2x11 char    ]    []
         [1x10 double  ]    []

cellplot(A_C,'legend')        % 形象化图示胞元数组的结构及内容
```

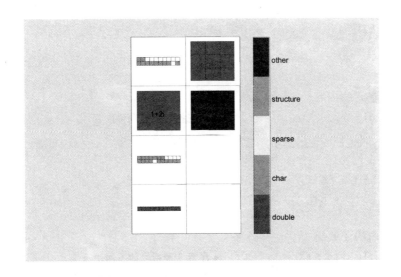

图 3.3-1　胞元数组 A_C 的形象化结构图

【说明】
- 指令 cellplot(A_C,'legend')中的第 2 个输入量是用于显示色彩图例的。该指令用大白方格表示胞元,用小方格表示所存数组的元素,色彩表示数据属性。
- 图 3.3-1 形象地显示胞元数组 A_C 有 8 个胞元,排成 4 行 2 列,其中 A_C(3,2)和 A_C(4,2)是两个空胞元。A_C(1,1)和 A_C(3,1)柜中的小白方格表示空格字符。

【例 3.3-3】　采用"空"对胞元数组进行收缩操作,采用 reshape 对胞元数组进行重组。

(1) 胞元数组的收缩

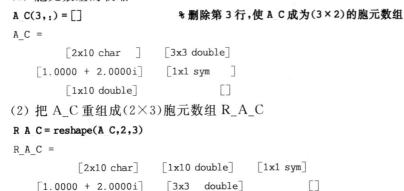

(2) 把 A_C 重组成(2×3)胞元数组 R_A_C

```
R_A_C = reshape(A_C,2,3)
R_A_C =
         [2x10 char    ]    [1x10 double]    [1x1 sym]
         [1.0000 + 2.0000i]    [3x3    double]           []
```

3.3.3　胞元数组内容的获取和配置

在第 3.3.1 节中已经讲过,花括号用于内容编址和寻访。本节将更仔细地例示胞元数组内容的调取方法。

【例 3.3-4】　本例演示:胞元和胞元内容获取的区别;花括号、圆括号的功用;多胞元内容配置的 deal 指令法和直接配置法。

(1) 取一个胞元

```
f1 = R_A_C(1,3)                       % 使用圆括号寻访得到的是胞元,而不仅是内容
class(f1)
```

```
f1 =
    [1x1 sym]
ans =
cell
```

(2) 取一个胞元的内容

```
f2 = R_A_C{1,3}                  %用花括号寻访取得内容
class(f2)
f2 =
sin(-3*t)*exp(-t)
ans =
sym
```

(3) 取胞元内的子数组

```
f3 = R_A_C{1,1}(:,[1 2 5 6])     %注意3种括号的不同用途
                                 %取第1行第1列胞元内容中的第1、2、5、6列
f3 =
这是
胞元创建
```

(4) 运用 deal 指令配置多个胞元内容

```
[f4,f5,f6] = deal(R_A_C{[1,3,4]})    %取3个胞元内容,赋值给3个变量
f4 =
这是
胞元数组创建算例1
f5 =
    10    9    8    7    6    5    4    3    2    1
f6 =
     1    4    7
     2    5    8
     3    6    9
```

(5) 多胞元内容的直接配置

```
[ff4,ff5,ff6] = R_A_C{[1,3,4]}
ff4 =
这是
胞元数组创建算例1
ff5 =
    10    9    8    7    6    5    4    3    2    1
ff6 =
     1    4    7
     2    5    8
     3    6    9
```

【说明】

- deal 可把输入量中各个胞元逐个分配给输出量。

3.3.4 胞元与数值数组之间的转换

C=num2cell(A, dimN)	把 dimN 指定"维号"方向的数组元素存为 C 的一个胞元
	当 dimN 缺省时,默认数组每个元素各存为 C 的一个胞元
C=mat2cell(B,M,N)	把矩阵 B 转换为胞元数组 C;M、N 的元素数分别决定 C 的行数、列数;
	M、N 的元素值分别决定 C 中相应位置胞元的行、列大小
D=cell2mat(C)	把一格适当的胞元数组变换为单一的矩阵

【例 3.3-5】 常用胞元数组转换函示例。

(1) num2cell 把数值数组转换成胞元数组

```
rng(0,'v5uniform')          % 为以下结果可重现,参见第 4.6.1-6 小节
A = rand(2,3)               % 生成(2×3)数值数组 A
C1 = num2cell(A)            % 把数值数组 A 转换成维数大小相同的胞元数组 C1
SC1 = size(C1)              % C1 胞元数组大小
A =
    0.9501    0.6068    0.8913
    0.2311    0.4860    0.7621
C1 =
    [0.9501]  [0.6068]  [0.8913]
    [0.2311]  [0.4860]  [0.7621]
SC1 =
    2    3

C2 = num2cell(A,2)                          % 原 A 阵中每一行的所有元素保存进 C2 的一个胞元
disp(['C2{1,:} = ',mat2str(C2{1,:},4)])     % 显示第 1 个胞元内容
SC2 = size(C2)                              % C2 胞元数组大小
C2 =
    [1x3 double]
    [1x3 double]
C2{1,:} = [0.9501 0.6068 0.8913]
SC2 =
    2    1

C3 = num2cell(A,1)          % 原 A 阵中每一列的所有元素保存进 C3 的一个胞元
SC3 = size(C3)              % C3 胞元数组的大小
C3 =
    [2x1 double]  [2x1 double]  [2x1 double]
SC3 =
    1    3
```

(2) mat2cell 把矩阵分解成胞元数组

```
x = zeros(4,5);x(:) = 1:20      % 生成(4×5)数组 x
C4 = mat2cell(x,[2 2],[3 2])
    % 把数值数组 x 分成 4 个子数组分别存放在(2×2)胞元数组 C4 的每个胞元
    % C4(1,1)胞元存放"x 的前 2 行前 3 列"子数组;C4(1,2)胞元存放"x 的前 2 行后 2 列"子数组
    % C4(2,1)胞元存放"x 的后 2 行前 3 列"子数组;C4(2,2)胞元存放"x 的后 2 行后 2 列"子数组
```

```
celldisp(C4)
x =
     1     5     9    13    17
     2     6    10    14    18
     3     7    11    15    19
     4     8    12    16    20
C4 =
    [2x3 double]    [2x2 double]
    [2x3 double]    [2x2 double]
C4{1,1} =
     1     5     9
     2     6    10
C4{2,1} =
     3     7    11
     4     8    12
C4{1,2} =
    13    17
    14    18
C4{2,2} =
    15    19
    16    20
```

(3) cell2mat 把胞元数组转换成矩阵

```
D1 = cell2mat(C4(1,:))        % C4 的第一行的所有子胞元数组转换成单个矩阵
D2 = [C4{1,1},C4{1,2}]        % 与上一行指令的作用相同
D1 =
     1     5     9    13    17
     2     6    10    14    18
D2 =
     1     5     9    13    17
     2     6    10    14    18
```

【说明】
- 关于 mat2cell 的其他调用格式,请看 MATLAB 帮助文件。
- cell2mat 使用时要注意不同胞元中的内容:是否都是数值数据;是否具有适当的行数(或列数)。

3.3.5 对胞元数组运算的 cellfun 指令

概括地说,胞元数组各胞元所保存的数据,都可以用定义于该数据类型上的 MATLAB 各种指令加以操作和运算。

本节介绍的 cellfun 指令,在某些限制条件下,可以对整个胞元数组进行同一函数操作和

运算。具体指令格式如下:

  A = cellfun(fun,C)   函数 fun 采用一致性输出格式作用于每个子胞元
  A = cellfun(fun,C,'UniformOutput',false)   函数 fun 采用非一致性输出格式作用于每个子胞元

〖说明〗
- fun   实现运算的匿名函数或函数句柄。
- C   被实施运算的胞元数组。
- false   逻辑假,也可以用 0 代替。

【例 3.3 - 6】 演示 cellfun 的两种调用格式。一致性输出调用格式的限制很严格,而非一致性输出的调用格式适应性很强。

（1）一致性输出格式下 cellfun 的作用

```
rng(1)                              % 设置全局随机流种子,详见第 4.6.1 节
x(1) = {1:10};x(2) = {rand(100,1)}; % 生成具有 2 个胞元的数组
xm = cellfun(@mean,x)               % 求各子胞元内含数组的均值
                                    % 每个子胞元产生一个标量输出

class(xm)                           % 检查输出量 xm 的数据类型
xm =
    5.5000    0.4859

ans =
double
```

（2）非一致性输出格式下 cellfun 的作用

```
y(1,1) = {sym('[0,pi/6,pi/3,pi/2]')};    % 以下 4 行指令用于产生(2×2)胞元数组 y
y(1,2) = {0:pi/4:pi};
y(2,1) = {rand(10000,3)};
y(2,2) = {[]};
B = cellfun(@(x)sin(x - pi/6).^2,y,'UniformOutput',false)
                   % 非一致性输出格式下,函数作用于不同类型、不同大小的子胞元数据
B =
    [    1x4 sym    ]    [1x5 double]
    [10000x3 double]     []


B = cellfun(@mean,[y(1,1),y(1,2),y(2,1)],'UniformOutput',false);
                   % 非一致性输出格式下,函数作用于不同类型、大小的子胞元数据
celldisp(B)
B{1} =
pi/4
B{2} =
    1.5708
B{3} =
    0.4986    0.5042    0.4977


C = cellfun(@mean,[y(1,2),y(2,1)])
                   % 一致性输出格式下,函数作用于不同大小的子胞元数据,失败!!
```

```
??? Error using ==> cellfun
Non-scalar in Uniform output, at index 2, output 1.
Set 'UniformOutput' to false.
```

3.3.6 胞元数组的操作函数汇总

本书所涉及的胞元数组的操作函数及其功用如表3.3-1所列。

表3.3-1 胞元数组的操作函数

函数指令	功用	应用示例
cell	创建"以空阵"为内容的胞元数组	例3.3-2
celldisp	显示胞元数组内容	例3.3-1,例3.3-5
cellplot	形象化图示胞元数组内容	例3.3-2
cell2mat	把"以矩阵为内容"的胞元变为单一矩阵	例3.3-5
cell2struct	把胞元数组转换为构架数组	例3.4-6
cellfun	对胞元数组实施运算	例3.3-6
deal	把胞元类输入量分配给相应输出量	例3.3-4
mat2cell	把矩阵分割成块,再保存为胞元数组	例3.3-5
num2cell	把数值数组转换为胞元数组	例3.3-5
struct2cell	把构架数组转换为胞元数组	例3.4-6,例3.4-7

3.4 构架数组

前节所述的胞元数组是以"编号"为寻访手段的,用以存放不同大小的各类数据的异构容器。而本节要介绍的构架数组(Structure array),则是以"名称"为寻访手段的,用以存放不同大小的各类数据的异构容器。

构架数组的基本组分是构架(Structure)。数组中的每个构架是平等的,以下标区分。构架必须在划分"域"后才能使用。数据不能直接存放于构架,而只能存放在域中。构架的域可以存放任何类型、任何大小的数组(如任意维数值数组、字符串数组、符号对象等)。而且,不同构架的同名域中存放的内容可以不同。

与数值数组一样,构架数组维数不受限制,可以是一维、二维,或更高维,不过一维构架数组用得最多;构架数组对构架的编址方法也有单下标编址和全下标编址两种。

为便于比较,表3.4-1给出了构架数组与胞元数组的异同之点。

表3.4-1 构架数组与胞元数组的异同比较

	构架数组 (Structure Array)	胞元数组 (Cell Array)
举 例	(3×4)构架数组B, 它有名为f1,f2的两个域	(3×4)胞元数组A

续表 3.4-1

	构架数组 (Structure Array)	胞元数组 (Cell Array)
基本组分	构架(Structure)	胞元(Cell)
对基本组分的编址	数码下标:全下标、单下标; 如:B(1,2),即 B(4)	数码下标:全下标、单下标; 如:A(1,2),即 A(4)
可存放的数据类型	任何类型(数值、字符、胞元、构架等及其他对象)	任何类型(数值、字符、胞元、构架等及其他对象)
直接存放数据的场所	"域(Field)"; 如构架域 B(1,2).f1	子胞元本身; 如:子胞元 A(1,2)
基本组分的寻访方式	通过"下标编号"寻访元构架;如:元构架 B(1,2)	通过"下标编号"寻访子胞元;如:A(1,2)
具体内容的寻访方式	由"域名"的标识元构架域内容;如:B(1,2).f1	由"花括号内下标编号"标识的子胞元内含;如:A{1,2}
实现胞元数组与构架数组之间转换的指令	struct2cell 把构架数组转换为胞元数组	cell2struct 把胞元数组转换为构架数组

3.4.1 构架数组的创建和显示

1. 直接创建法及显示

构架数组的结构形式与常见的一般数组(如数值数组)不同,为便于理解,本节以算例归纳形式展开。

【例 3.4-1】 本例通过温室数据(包括温室名、容积、温度、湿度等)演示:单构架的创建和显示。

(1) 直接对域赋值法产生"单构架",即(1×1)构架数组

```
GreenHouse.name = '一号房';           % 构架的域由(构架名).(域名)标识。         <1>
GreenHouse.volume = '2000 立方米';                                        % <2>
GreenHouse.parameter.temperature = [31.2    30.4    31.6    28.7
                                    29.7    31.1    30.9    29.6];      % <3>
GreenHouse.parameter.humidity = [62.1    59.5    57.7    61.5
                                 62.0    61.9    59.2    57.5];         % <4>
```

(2) 显示"单构架"结构和内容

```
GreenHouse                            % 显示单构架结构                          <5>
GreenHouse =
        name: '一号房'
      volume: '2000 立方米'
   parameter: [1x1 struct]
GreenHouse.parameter                  % 显示 parameter 域中内容                 <6>
ans =
   temperature: [2x4 double]
```

```
            humidity: [2x4 double]
GreenHouse.parameter.temperature        % 显示 temperature 域中的内容        <7>
ans =
    31.2000    30.4000    31.6000    28.7000
    29.7000    31.1000    30.9000    29.6000
```

〖说明〗
- 在此,GreenHouse 只有一个构架;它有 3 个域:name , volume , parameter;而 parameter 又有 2 个子域:temperature 和 humidity 。
- 如第〈1〉〈2〉〈3〉〈4〉条指令,向域或子域直接赋值是创建构架的最常用方法。
- 如在指令窗中直接键入单构架名(如指令〈5〉),那么通常只能得到该构架的结构信息,而不显示该构架域中的具体内容,除非那构架域中的内容是极为简单的数值变量或单行字符串。
- 当在指令窗中键入(不带子域的)构架域名时(如指令〈6〉),可显示该域中的内容。但当构架域带子域时,则需如指令〈7〉完整地键入构架名、域名、子域名,才能显示域中内容。

【例 3.4-2】 本例演示:构架数组的创建和显示,并利用构架数组保存一个温室群的数据。本例的运行以例 3.4-1 为先导。

(1) 直接对域赋值法生成"构架数组"。
```
GreenHouse(2,3).name = '六号房'      % 生成并显示(2×3)构架数组
                                                                     <1>
GreenHouse =
2x3 struct array with fields:
    name
    volume
    parameter
```

(2) 显示构架数组的结构和构架元素的内容
```
GreenHouse(1,1)                      % 显示第(1,1)元构架的域        <3>
ans =
         name: '一号房'
       volume: '2000 立方米'
    parameter: [1x1 struct]
```

〖说明〗
指令〈1〉向构架数组 green_house 的第 2 行第 3 列元构架 name 域赋值;由此生成(2×3)的构架数组;显示表明,该构架数组具有 3 个域。

2. 利用构造函数创建构架数组

除了上节讲的直接赋值法之外,MATLAB 还有一个专门的构造函数 struct 可以创建构架数组。下面就是该指令的算例。

【例 3.4-3】 利用构造函数 struct,建立温室群的数据库。

(1) struct 预建空构架数组方法之一

```
a = cell(2,3);                         % 创建(2×3)空胞元数组
gh1 = struct('name',a,'volume',a,'parameter',a(1,2))    %            <2>
gh1 =
2x3 struct array with fields:
    name
    volume
    parameter
```

(2) struct 预建空构架数组方法之二

```
gh2 = struct('name',a,'volume',[],'parameter',[])       %            <3>
gh2 =
2x3 struct array with fields:
    name
    volume
    parameter
```

(3) struct 预建空构架数组方法之三

```
gh3(2,3) = struct('name',[],'volume',[],'parameter',[]) %            <4>
gh3 =
2x3 struct array with fields:
    name
    volume
    parameter
```

(4) struct 创建构架数组方法之四

```
a1 = {'六号房'};a2 = {'3200 立方米'};
gh4(2,3) = struct('name',a1,'volume',a2,'parameter',[]);  %          <6>
T6 = [31.2,30.4,31.6,28.7;29.7,31.1,30.9,29.6];          %           <7>
gh4(2,3).parameter.temperature = T6;                     %           <8>
green_house_4
green_house_4 =
2x3 struct array with fields:
    name
    volume
    parameter
```

【说明】

- struct 函数指令中的第 2、4、6 等偶序号输入量必须是胞元数组。这些向不同域赋值的胞元数组,除允许是(1×1)胞元数组(即单个胞元)外,必须有完全相同的维数。如本例的第〈2〉行指令。
- 在任何情况下,空数组"[ ]"总可以用来创建新的空域。本例的第〈3〉〈4〉〈6〉行指令演示了空数组的这种用法。
- struct 指令不能直接创建带子域的构架数组。子域需要另行创建。本例的第〈7〉〈8〉两句就是用来创建子域的。

3.4.2 构架数组域中内容的调取和设置

由于构架数组的域是存放数据的场所,因此调取和设置构架数组中数据的前提是"事先知

道域名"。在前面已经介绍了如何从指令窗里查阅域名、子域名的方法。这些方法虽相当简便,但这样查得的域名却无法被机器执行的程序所识别和使用。为解决这一矛盾,MATLAB 设计了 fieldnames 指令。一旦有了域名,MATLAB 就可以利用 getfield 和 setfield 指令来实现构架数据的调取和设置。

考虑到读者对构架数组概念可能比较生疏,下面将先概括介绍 fieldnames、getfield 和 setfield 指令的基本使用格式,然后再以算例加以说明。

FN = fieldnames(Sn)	获得构架的域名
FC = getfield(Sn, {Sindex}, Fname, {Findex})	获得具体构架域中内容
Sn = setfield(Sn, {Sindex}, Fname, {Findex}, value)	设置具体构架域中的内容

〖说明〗
- fieldnames 函数输出一维胞元数组 FN,它的每个胞元被 Sn 的每个域名赋值。
- getfield 函数输出的 FC 是具体构架域中的内容。
- setfield 函数输出的仍是构架数组自身,只是它的某些域被重置了。
- Sn 可以是构架数组名;或带编址下标的元构架名。
- {Sindex} 当 Sn 为构架数组时,Sindex 用来指定"元构架"的下标;必须取胞元数组形式。
- Fname 指定的域名,必须是字符串。
- {Findex} 用来指定域中数组的下标。{Findex}必须是胞元数组形式。
- value 是设置值。

【例 3.4 - 4】 本例演示:域名获知的 fieldnames 指令法和直接法;构架内容的 getfield 指令法和直接法;构架内容重置的 setfield 指令法和直接法;构架内容的 deal 指令配置法和直接法。

(1) 创建构架

clear
A(1,1).name = 'Wang Pin - pin';A(1,1).phonenumber = 85436789;
A(1,2).name = {'Lin Beng - ming'};A(1,2).phonenumber = 61125568;
A(2,1).name = 'Zhang Qing';A(2,1).phonenumber = 83492567;
A(2,2).name(2) = {'Yu Dong - jin'};A(2,2).phonenumber(2) = 61125569;
A(1,3).name = {'Zhao Zhong - xin'};A(1,3).phonenumber = 54681123;
A(1,3).name(2) = {'Mao Li - xiu'};A(1,3).phonenumber(2) = 54681124;

(2) 得知构架域名及大小信息

disp('域名 '),disp(fieldnames(A))
域名
  'name'
  'phonenumber'

disp('大小 '),disp(size(A))
大小
  2 3

% 域名获知的直接法
A

```
A =
2x3 struct array with fields:
    name
    phonenumber
```

(3) getfield 的功用

```
% getfield 获取第 1 行第 3 列元构架的 name 域第 1、第 2 胞元
B1 = getfield(A,{1,3},'name',{1:2});
disp(class(B1)),disp(B1)
cell
    'Zhao Zhong-xin'    'Mao Li-xiu'


% 功用与 getfield 相同
B2 = A(1,3).name(1:2)
disp(class(B2))
B2 =
    'Zhao Zhong-xin'    'Mao Li-xiu'
cell
```

(4) 构架内容的配置

```
% 借助 deal 把 name 域的两个胞元分配给两个变量
[Bc1,Bc2] = deal(A(1,3).name(1:2))        % 注意 name 后,园括号的作用
disp(class(Bc1))
Bc1 =
    'Zhao Zhong-xin'    'Mao Li-xiu'
Bc2 =
    'Zhao Zhong-xin'    'Mao Li-xiu'
cell


% 借助 deal 把 name 域的内容分配给两个变量
[Bn1,Bn2] = deal(A(1,3).name{1:2})        % 注意 name 后,花括号的作用
disp(class(Bn1))
Bn1 =
Zhao Zhong-xin
Bn2 =
Mao Li-xiu
char


% 与 deal 功用相同的直接配置法
[Bm1,Bm2] = A(1,3).name{1:2}
disp(class(Bm1))
Bm1 =
Zhao Zhong-xin
Bm2 =
Mao Li-xiu
```

char
(5) setfield 的功用
```
% setfield 对第 1 行第 3 列的内容进行赋值
A = setfield(A,{1,3},'name',{1:2},{'兆中欣','茂利修'});
disp(A(1,3).name)
    '兆中欣'    '茂利修'

% 与上功用相同的直接赋值形式
A(1,3).name(1:2) = {'张三','李四'};        % 对第 1 行第 3 列内容再赋值
A(1,3).name                                % 显示重置后的内容
ans =
    '张三'    '李四'
```

〖说明〗

在 MATLAB 中,泛函指令(如积分指令、局域优化指令、微分方程解算指令等)的选项量都采用构架类型。

3.4.3 构架数组的扩缩、域的增删和域名重排

前面讲述了构架数组的创建、寻访和域赋值。本节将以算例形式进一步介绍域的删除和对构架数组的其他操作。

【例 3.4-5】 本例演示:构架数组 Stf 的扩充和收缩;域的增添;借助 orderfields 对构架域名的先后次序进行重排;借助 rmfield 删除构架域名。

(1) 原构架是一个"单构架"
```
gh.name = '一号房'                          % 产生单构架,只有一个域
gh =
    name: '一号房'
```
(2) 构架的扩充和域的增添
```
gh(2,4).volume = '1000 立方米';             % 把构架扩充为(2×4),同时增加一个新的域
gh(2,4).temperature = [33,32,29,31]        % 为构架增添新域
gh =
2x4 struct array with fields:
    name
    volume
    temperature
```
(3) 按字母表次序重排域名
```
ghr = orderfields(gh)                      % 把域名按字母次序重排
ghr =
2x4 struct array with fields:
    name
    temperature
    volume
```
(4) 删除子数组使构架数组收缩

```
ghr(:,[2,3]) = [ ]              % 利用"空"删除构架数组的第 2,3 两列
ghr =
2x2 struct array with fields:
    name
    temperature
    volume
```

(5) 删除构架的域

```
ghr = rmfield(ghr,'name')       % 把整个构架的 name 域删去
ghr =
2x2 struct array with fields:
    temperature
    volume
```

[说明]
- 实际上,在例 3.4 - 2 中,其第⟨1⟩行指令就使用了构架数组的扩充手段,使一个单构架变成的多层构架。从本质上看,构架数组的扩充和收缩方法与其他数据类型的数组没有区别。
- 在默认情况下,构架的域名按其创建的先后排序,而指令 orderfields 可以重排域名的次序。关于 orderfields 的更多信息,可以通过 MATLAB 帮助浏览器查询。

3.4.4 构架数组和胞元数组之间的转换

由于构架数组,和胞元数组一样,具有存放各种类型数据的能力,因此这两种类型的数组之间可以相互转换。实现转换的指令是 struct2cell 和 cell2struct。

struct2cell 在转换时,总把构架数组的"域"转换为胞元数组的"行"。而所得胞元数组的第二、三等维分别是原构架数组的第一、二等维。原构架数组中的子域,将仍被当作子构架存放到新的胞元数组中。

在使用 cell2struct 把胞元数组转换成构架数组前,必须先作一抉择:究竟把哪一"维"转换为"域"? 在抉择确定后,还需要给出域名字符串。下面以算例进行较详细地演示。

【例 3.4 - 6】 指令 struct2cell 和 cell2struct 的使用。

(1) 创建带 2 个域的(1×5)构架数组
```
for k = 1:5
ex(k).s = ['No.' int2str(k)];              % 创建(1*5)构架的 s 域,并赋字符串
ex(k).f = (k-1)*5 + [1:5];                 % 创建(1*5)构架的 f 域,并赋数值值
end
```

(2) 显示构架数组的内容
```
fprintf('%s\n','ex.s 域的内容     ');       % (%s)显示串;(\n)换行
fprintf('%s',blanks(4))                    % 不换行,产生 4 个空格
for k = 1:5
    fprintf('%s\\',[ex(k).s blanks(1)]);   % (\\)用斜杠分隔,不换行
end
fprintf('%s\n',blanks(1))                  % 换行
fprintf('%s\n','ex.f 域的内容     ')        % 显示串;换行
```

```
for k = 1:5
    disp(ex(k).f);              % 采用 disp 固定模式显示
end                             % 显示 ex.f 域内容
ex.s 域的内容
    No.1 \No.2 \No.3 \No.4 \No.5 \
ex.f 域的内容
     1     2     3     4     5
     6     7     8     9    10
    11    12    13    14    15
    16    17    18    19    20
    21    22    23    24    25
```

(3) 把 ex 构架数组转换为胞元数组

```
Cex = struct2cell(ex);          % 将带 2 个域的(1×5)构架数组转换为(2×1×5)胞元数组
size(Cex)                       % 观察所产生的胞元数组大小
fprintf('%s\n',[blanks(4),Cex{1,1,1}])
                                % 显示 Cex 第 1 行第 1 列第 1 页;对应 s 域,属第(1,1)元构架
fprintf('%5g',Cex{2,1,1})
                                % 显示 Cex 第 2 行第 1 列第 1 页;对应 f 域,属第(1,1)元构架
ans =
     2     1     5
    No.1
     1     2     3     4     5
```

(4) 把胞元数组转换为构架数组的"行转域"方式

选定 Cex 的"第 1 维"转换为域。由于第 1 维长度为 2,所以要取 2 个域名。在此取 Schar 和 Fnum。

```
FS = {'Schar';'Fnum'};          % 用胞元数组预建两个域名字符串
EX1 = cell2struct(Cex,FS,1)     % 指定"行转域"方式把胞元数组转换为构架数组
EX1 =
1x5 struct array with fields:
    Schar
    Fnum
EX1(1,3)                        % 观察第(1,3)构架的情况
ans =
    Schar: 'No.3'
     Fnum: [11 12 13 14 15]
```

(5) 把胞元数组转换为构架数组的"列转域"方式

选定 C_ex 的"第 2 维"转换为域。由于第 2 维长度为 1,所以要取 1 个域名。在此取名 xx。

```
EX2 = cell2struct(Cex,'xx',2)   % 采用 xx 作为域名,进行"列转域"
EX2(1,1),EX2(2,1)
EX2 =
2x5 struct array with fields:
```

第 3 章　字符串、胞元和构架数组

```
        xx
ans =
        xx: 'No.1'
ans =
        xx: [1 2 3 4 5]
```

（6）把胞元数组转换为构架数组的"页转域"方式

选定 C_ex 的"第 3 维"转换为域。由于第 3 维长度为 5,所以要取 5 个域名。在此取名 y1,y2,y3,y4,y5。

```
YY = strvcat('y1','y2','y3','y4','y5');        %准备5个域名
EX3 = cell2struct(Cex,YY,3)                    %用 YY 中字符串作域名,实施"页转域"
EX3 =
2x1 struct array with fields:
        y1
        y2
        y3
        y4
        y5
EX3(1,1)                                       %观察第 1 元构架情况
ans =
        y1: 'No.1'
        y2: 'No.2'
        y3: 'No.3'
        y4: 'No.4'
        y5: 'No.5'
EX3(2,1)                                       %观察第 2 元构架情况
ans =
        y1: [1 2 3 4 5]
        y2: [6 7 8 9 10]
        y3: [11 12 13 14 15]
        y4: [16 17 18 19 20]
        y5: [21 22 23 24 25]
```

【例 3.4 - 7】 带子域的构架数组转换为胞元数组。演示:子域的创建;不同元构架的相同域名下,可以有不同的子域;在 struct2cell 作用下,子域将仍被当作单构架存放到新的胞元中。

本例中的 ex 构架数组由例 3.4-6 生成,然后再运行以下程序。

（1）在 s 域上增设子域,并把 ex 构架数组扩充为（3×5）

```
ex(1,1).s.sub = 'SUB 1';      %ex(1,1).s 增设子域 sub,并赋值;原 ex(1,1).s 中的字符串因本指令而消失
ex(3,1).s.sub = 'SUB 3';      %该子域名与 ex(1,1).s.sub 相同
ex(3,1).s.num = 1/3;          %展示不同元构架的 s 域下可具有不同的子域
ex                            %显示 ex 构架信息中不包含子域信息
fprintf('%s',['ex(1,1).s 的子域',blanks(4)]),disp(ex(1,1).s)
fprintf('%s\n',['ex(3,1).s 的子域',blanks(4)]),disp(ex(3,1).s)
```

```
ex =
3x5 struct array with fields:
    s
    f
```
ex(1,1).s 的子域　　　　sub: 'SUB 1'
ex(3,1).s 的子域
　　　sub: 'SUB 3'
　　　num: 0.3333

(2) 采用"域转行"方式把构架数组转换为胞元数组

```
Cexsub = struct2cell(ex);    % 把构架转换为胞元数组
size(Cexsub)                 % 观察新胞元数组的大小
C111 = Cexsub{1,1,1}         % 观察第 1 行第 1 列第 1 页胞元内容；原子域以单构架存放
class(C111)                  % 检查第(1,1,1)胞元内容的类别
C131 = Cexsub{1,3,1}         % 观察第(1,3,1)胞元中的内容；原子域以单构架存放
ans =
     2     3     5
C111 =
    sub: 'SUB 1'
ans =
struct
C131 =
    sub: 'SUB 3'
    num: 0.3333
```

3.4.5　对构架域运算的 structfun 和 arrayfun 指令

与胞元数组情况相似，一般地说，构架数组各域所保存的数据，都可以用定义于该数据类型上的 MATLAB 各种指令加以操作和运算。

本节介绍的 structfun 指令，在某些限制条件下，可以对整个胞元数组进行同一函数操作和运算。具体指令格式如下：

A = structfun(fun,S)　　　对单构架所有域保存数值类数据时适用的调用格式
A = structfun(fun,S,'UniformOutput',false)
　　　　　　　　　　　函数 fun 作用于单构架每个域，其结果以单构架输出
B = arrayfun(fun,S,'UniformOutput',false)
　　　　　　　　　　　函数 fun 作用于构架数组所有元构架的指定域，结果以胞元数组输出

〖说明〗
- fun　　实现运算的匿名函数或函数句柄。
- S　　　被实施运算的构架名。
  ■ 在 structfun 指令中，S 必须是单构架；
  ■ 在 arrayfun 指令中，S 可以是构架数组。
- false　　逻辑假，也可以用 0 代替。

第 3 章　字符串、胞元和构架数组

【例 3.4-8】 本例演示：structfun 和 arrayfun 的调用格式；structfun 和 arrayfun 应用方式的差异。

(1) 创建单构架

```
clear,rng(0,'v5uniform')              % 为计算结果可重现
T.M1(1,:) = 3*rand(1,31) + 3;T.M2(1,:) = rand(1,28) - 0.5;
T.M3(1,:) = 4*rand(1,31) + 4;         % T构架所有域的第1行保存各月的日最低温度
T.M1(2,:) = 3*rand(1,31) + 6;T.M2(2,:) = 3*rand(1,28) - 0.5;
T.M3(2,:) = 9*rand(1,31) + 5;         % T构架所有域的第2行保存各月的日最高温度
S.M1 = 'January';S.M2 = 'February';S.M3 = 'March';
T,S
T =
    M1: [2x31 double]
    M2: [2x28 double]
    M3: [2x31 double]
S =
    M1: 'January'
    M2: 'February'
    M3: 'March'
```

(2) 对 T 单构架进行运算

```
At = structfun(@(x)mean(mean(x)),T)
                                      % 此格式输出必定是数值数组；计算每个月的平均温度
class(At)                             % 检查输出 At 的类别
At =
    5.9214
    0.6013
    7.4110
ans =
double
```

(3) 对 S 单构架进行字符操作

```
As = structfun(@(x)x(1:3),S,'UniformOutput',0);
                                      % 非数值类操作必须用此格式；取月份名的前三个字符
class(As)                             % 检查输出 As 的类别
ans =
struct

disp([' 每月平均温度 ',blanks(3),As.M1,blanks(3),As.M2,blanks(3),As.M3])
disp([blanks(12),mat2str(At',3)])
 每月平均温度    Jan   Feb   Mar
            [5.92 0.601 7.41]
```

(4) arrayfun 指令对构架数组指定域的计算

```
T(2).M2 = 5*rand(3,28) + 60           % 二月份每天湿度，每天3次；生成构架数组
B28 = arrayfun(@(x)mean(x.M2),T,'UniformOutput',false)
```

```
                              %计算二月份,每天的平均温度和湿度
                            %注意:匿名函数中的变量名是 x,代表构架;
                         %     而 mean(x.M2)表示函数是对 x 构架的 M2 域作用
class(B28)
B2 = arrayfun(@(x)mean(mean(x.M2)),T,'UniformOutput',false)
                            %计算二月份全月平均温度和湿度
T =
1x2 struct array with fields:
    M1
    M2
    M3
B28 =
    [1x28 double]    [1x28 double]
ans =
cell
B2 =
    [0.6013]    [62.6611]
```

3.4.6 构架数组的操作函数汇总

本书所涉及的构架数组的操作函数及其功用如表3.4-2所列。

表3.4-2 构架数组的操作函数

函数指令	功用	应用示例
arrayfun	对构架数组的指定域进行运算	例3.4-8
fieldnames	获得构架的域名	第3.4.2节,例3.4-2
getfield	获得具体构架域中内容	第3.4.2节,例3.4-2
cell2struct	把胞元数组转换为构架数组	例3.4-6
orderfields	对构架域名的先后次序进行重排	例3.4-5
rmfield	删除构架域名	例3.4-5
setfield	设置具体构架域中的内容	第3.4.2节,例3.4-2
struct	创建以"空阵"为内容的胞元数组	例3.4-3
structfun	对单构架所有域进行同一运算	例3.4-8
struct2cell	把构架数组转换为胞元数组	例3.4-6,例3.4-7

第 4 章 数值计算

科研和工程计算可分为数值计算和符号计算两类。数值计算具有适应性强、应用广泛的优点。MATLAB 凭借其卓越的数值计算能力而称雄。随着科研领域、工程实践的数字化进程的深入,具有数字化本质的数值计算显得愈益重要。

今天计算机几乎已经普及到每个从事工程和科研的从业人员和每个正在接受理工科培养的学生。计算机软硬件的普及使人们拥有了前所未有的计算潜能,激发了人们质疑旧方法、尝试新算法的欲望,鼓舞了人们用新的计算能力试探解决实际问题的雄心。

本章内容显著不同于常见的数值计算教科书。本章的讨论将围绕 MATLAB 数值计算资源的正确使用展开。在"最低限度自封闭"的原则下,本章以最简明的方式阐述理论数学、数值数学和 MATLAB 计算指令之间的内在联系及区别,并尽可能勾画清问题的来龙去脉,以帮助读者克服由于知识跳跃和交叉引起的困惑。

本章的阐述从数值计算的离散数体系开始,此后各节分别涉及:微积分、矩阵和代数方程、随机数发生和统计、多项式运算和卷积、拟合和最小二乘、插值和样条、Fourier 分析、微分方程和优化计算等。

与本书的旧版本相比,本章在拓宽内容覆盖面和加强内容纵深性两方面都做出了较大努力,如本章新增了随机数的重现及非重现控制、高阶统计、全域寻优等节次。

随书光盘 mbook 目录下的"ch04_数值计算.doc"文件,保存有该章算例的所有彩色图形;mfile 目录上则保存着所有算例中带 exm 前缀文件名的 M 文件、MAT 数据文件、MDL 块图模型文件的电子文档。

4.1 MATLAB 的浮点数体系

利用符号计算进行求导、矩阵分析和解线性方程时,不会遇到经典数学教科书以外的困难。但是,当用数值计算处理这些问题时,就会出现一系列数值问题,如数值导数的精度、矩阵秩的确定、方程条件数等。这些数值问题产生的根源在于:数值计算中数的存储、计算、传送都是在所谓的浮点数体系中进行的。计算机的算术运算总受舍入误差影响。

数字计算机不能表达理论数学中的实数全体,而只能表达实数的一个浮点子集 F,

$$F = \{0 \cup [x = \pm(1+f) \times 2^e]\} \mid f = 0.d_1 d_2 \cdots d_{52}; d_j \in \{0,1\}; -1022 \leqslant e \leqslant 1023\}$$

MATLAB 的双精度浮点数集可具体描述如下:
- 相对精度 eps 实质上是浮点尾数 f 的取值步长,其值为 $2^{-52} = 2.2204 \times 10^{-16}$;
- 最大正数 realmax 等于 $\left(1 + \dfrac{2^{52}-1}{2^{52}}\right) \times 2^{1023} = 1.7977 \times 10^{308}$;
- 最小正数 realmin 等于 $(1+0) 2^{-1022} = 2.2251 \times 10^{-308}$;
- 正无穷大 inf 在内存中的表达方式是 $f=0, (e+1023) = 2047$;

- 非数 NaN 在内存中的表达方式是 $f \neq 0, (e+1023) = 2047$；
- MATLAB 还把其浮点集内取整数值（数值小于 2^{53}）的那类浮点数称为"坚数（Flint）"。在这些坚数之间的"加、减、乘、整除"运算以及"有整数开方根的开方运算"都保证不产生圆整误差。

笼统而言，由"舍去（Chop off）法"或"四舍五入（Round）法"在离散浮点数系中表示数值所引出的误差都称为圆整误差（Round-off Error）（现代计算机中很少采用舍去法）。MATLAB 中，数值采用"四舍五入法"浮点表示数值。

当较难计算的（显式或隐式）数学表达式用较易计算的其他表达式代替时，就产生所谓的截断误差（Truncation Error）。截断误差的影响通常可描写为

$$f(h) = p(h) + O(h^n)$$

式中，$O(h^n)$ 是截断误差。若对于足够小的 h，有 $\dfrac{|f(h)-p(h)|}{|h^n|}$ 小于某正实数 M，则称 $p(h)$ 是 $f(h)$ 的 n 阶小量近似表达式。

浮点集、圆整误差、截断误差等是所有数值计算必须面对的。对于使用 MATLAB 解决科学计算、工程设计等实际问题时，必须注意这三大因素影响。建议：

- MATLAB 所提供的数值计算函数和指令是可信赖的。读者在解题时，应尽量使用 MATLAB 提供的指令。一般地说，假如 MATLAB 中有实现某种算法指令，那么就不要贸然用自己写的 M 码取代。除非是专门为了研究那种算法。
- 在读者自己编写 M 码时，对大数相减、eps 量级附近的计算等要特别小心。

4.2 数值微积分

4.2.1 数值极限

在 MATLAB 数值计算中，没有专门求极限的指令。原因是：在浮点体系中，由于数值精度有限，不能表述无穷小量，不能准确描述数的邻域概念。

设置本小节的目的：一是，提醒不要把 eps 作为"无穷小量"使用；二是，提醒不要冒然用数值法求函数极限；三是，说明在万不得已时，求数值极限的若干注意事项。

【例 4.2-1】 设 $f_1(x) = \dfrac{1-\cos 2x}{2x \sin x}, f_2(x) = \dfrac{\sin x}{x}$，由分析知 $\lim\limits_{x \to 0} f_1(x) = \lim\limits_{x \to 0} f_2(x) = 1$。试用数值法求这两个函数的极限 $\lim\limits_{x \to 0} f_1(x), \lim\limits_{x \to 0} f_2(x)$。本例演示：构造适当的（绝对值）递减自变量序列；数值极限的取定。

(1) 求极限的数值法（慎用！）

```
k = logspace(0,14,15);      %产生[1, 10, 10^2, …, 10^14]数组
x = k * eps;                %构造[eps, 10 * eps, …, 10^14 * eps]自变量序列
f1 = (1 - cos(2. * x))./x./sin(x)/2;
f2 = sin(x)./x;
format short e
disp([blanks(7),'x',blanks(11),'f1',blanks(11),'f2'])
                            %显示自变量及函数名
```

```
disp([x',f1',f2'])            % 显示自变量及函数序列
clf                           % 以下为绘图,结果如图 4.2-1 所示
n1 = sum(f1<10^-10);          % 计算错误区段的最大下标
subplot(2,1,1)
semilogx(x(1:n1),f1(1:n1),'ro','LineWidth',3)        % 画错误点
hold on
semilogx(x(n1+1:end),f1(n1+1:end),'b.-','LineWidth',3)  % 画正确线
hold off
text(10^-14,0.2,'错误区段'),text(10^-6,0.8,'正确区段')
axis([10^-20,1,0,1.1])
grid on
title('f2')
subplot(2,1,2)
semilogx(x,f2,'b.-','LineWidth',3)
axis([10^-20,1,0,1.1])
title('f1')
xlabel('x')
grid on
shg
```

x	f1	f2
2.2204e-016	0	1.0000e+000
2.2204e-015	0	1.0000e+000
2.2204e-014	0	1.0000e+000
2.2204e-013	0	1.0000e+000
2.2204e-012	0	1.0000e+000
2.2204e-011	0	1.0000e+000
2.2204e-010	0	1.0000e+000
2.2204e-009	0	1.0000e+000
2.2204e-008	1.0133e+000	1.0000e+000
2.2204e-007	9.9980e-001	1.0000e+000
2.2204e-006	1.0000e+000	1.0000e+000
2.2204e-005	1.0000e+000	1.0000e+000
2.2204e-004	1.0000e+000	1.0000e+000
2.2204e-003	1.0000e+000	1.0000e+000
2.2204e-002	9.9992e-001	9.9992e-001

（2）求极限的符号法（可信!）

```
syms t
fs1 = (1-cos(2*t))/(t*sin(t))/2;
fs2 = sin(t)/t;
Ls1 = limit(fs1,t,0)
Ls2 = limit(fs2,t,0)
Ls1 =
1
```

```
Ls2 =
    1
```

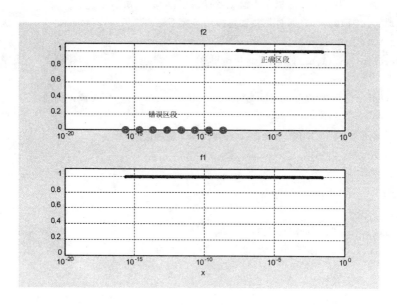

图 4.2-1 自变量大小对数值近似极限正确性的影响

〖说明〗

- 理论分析表明 $f_1(x)=f_2(x)$，且有 $\lim\limits_{x\to 0}f_1(x)=\lim\limits_{x\to 0}f_2(x)=1$。借助符号计算所求的极限值与理论值一致。
- 随自变量递减，首次出现的(在一定精度上)保持不变的函数值可作为"数值极限值"。在本例中，自变量约为 10^{-7} 数量级时，所算得的函数值可认作"x 趋于 0 的函数极限值"。

4.2.2 数值差分

dF＝diff(F)	求一元函数 $f(x)$ 的两点前向差分 $df_n=f_{n+1}-f_n$
gF＝gradient(F)	求一元函数 $f(x)$ 的内点中心差分 $gf_n=\dfrac{f_{n+1}-f_{n-1}}{2}$
[gx,gy]＝gradient(F)	求二元函数的内点中心差分

〖说明〗

- 对 diff 而言，当 F 是向量时，dF＝F(2:n)−F(1:n−1)；当 F 是矩阵时，dF＝F(2:n,:)−F(1:n−1,:)。注意:dF 的长度比 F 的长度短少一个元素。
- 对 gradient 而言，当 F 是向量时，gF 的非端点 gF(2:end−1)＝(F(3:end)−F(1:end−2))/2，而首端 gF(1)＝F(2)−F(1)，末端 gF(end)＝F(end)−F(end−1)。注意：gF 的长度与 F 相同。
- 当在 gradient 中的 F 是矩阵时，gx,gy 是与 F 同样大小的矩阵。gx 的每行给出 F 相应行元素间的"梯度"；gy 的每列给出 F 相应列元素间的"梯度"。

【例 4.2-2】 在区间 [0,3] 内，计算函数 $f=4-(x-2)^2$ 的两点前向差分和内点中心差分，并绘制相应的图形(参见图 4.2-2)。本例演示:前向差分和内点中心差分指令的使用方法;用图形显示它们的不同涵义。

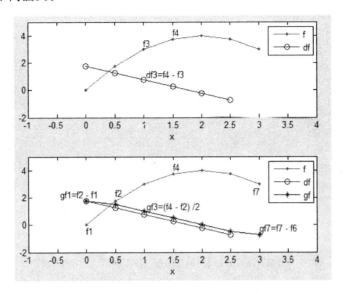

图 4.2-2 前向差分(绿线)和中心差分(红线)比较图

```
clf
h = 0.5;                              % 自变量采样点步长
x = 0:h:3;                            % 采样点集
f = 4 - (x - 2).^2;                   % 函数点集
df = diff(f);                         % 前向差分点集(比原函数少一个采样点)
gf = gradient(f);                     % 内点中心差分点集
subplot(2,1,1)                        % 开启第 1 幅子图
hold on                               % 允许在此子图上多次绘制曲线
plot(x,f,'r.-')                       % 红线绘制函数曲线
x1 = x(1:end - 1);                    % 注意:前向差分比原函数少一个采样点
plot(x1,df,'bo-')                     % 蓝线绘制前向差分曲线
legend('f','df')                      % 标出图例
text(1,3.4,'f3'),text(1.5,4.2,'f4')   % 标识相关说明
text(1.05,1.1,'df3 = f4 - f3')
axis([-1,4,-2,5])                     % 控制坐标轴范围
xlabel('x')                           % 标出横坐标变量
box on                                % 使坐标轴成方框
hold off                              % 释放由 hold on 产生的控制
subplot(2,1,2)                        % 开启第 2 幅子图
hold on
plot(x,f,'r.-')                       % 红线绘制函数曲线
plot(x1,df,'bo-')                     % 蓝线标示前向差分
plot(x,gf,'k*-')                      % 黑线标示内点中心差分
legend('f','df','gf')
text(0,-0.5,'f1'),text(2.9,2.4,'f7')
```

```
text(-0.45,2.2,'gf1 = f2 - f1'),text(3,-0.3,'gf7 = f7 - f6')
text(0.5,2.3,'f2'),text(1.5,4.2,'f4')
text(1.05,1.3,'gf3 = (f4 - f2) /2')
axis([-1,4,-2,5])
xlabel('x')
box on
hold off
shg
```

〖说明〗
- 为了较清晰地图示两种差分的不同执行机理,本例采样步长取得较大。
- 由于导数是建立在连续数邻域上的概念,因此在浮点数集上,要尽量避免数值导数计算。也许正是出于这种考虑,MATLAB 数值计算中,没有提供现成的数值导数计算指令。

4.2.3 数值积分(Numerical Integration)

1. 一元函数积分(Quadrature)

St=trapz(x, y)	采用梯形法沿列方向求函数 y 关于自变量 x 的积分
Sct=cumtrapz(x, y)	采用梯形法沿列方向求函数 y 关于自变量 x 的累计积分
Ss=quad(fun,a,b,tol)	递推自适应辛普松法在[a,b]区间求误差不大于 tol 的函数 fun 的定积分近似值
SL=quadl(fun,a,b,tol)	递推自适应 Lobatto 法在[a,b]区间求误差不大于 tol 的函数 fun 的定积分近似值
Sv= quadv(fun,a,b,tol)	用于解算(被积)函数数组的积分

〖说明〗
- trapz(x,y) 指令
  - 计算离散点(x, y)所连折线下的面积 $S_t = \sum_{k=2}^{N} \frac{y_k + y_{k-1}}{2} \cdot (x_k - x_{k-1})$,该面积可看作 y 在自变量区间$[x_1, x_N]$上的近似积分。注意:自变量数组必须"单调增(或减)"。
  - 该指令使用方法简单。当自变量子区间足够小时,可给出精度相当满意的近似积分,但积分的精度无法预先设定。特别提醒:不要使用 sum 指令去求取积分。
- cumtrapz(x,y)指令
  - Sct 的第 n 个元素值 $S_a(n) = \begin{cases} 0 & n=1 \\ \sum_{k=2}^{n} \frac{y_k + y_{k-1}}{2} \cdot (x_k - x_{k-1}) & n>1 \end{cases}$,即 $\int_{x_1}^{x_n} y(x) dx$ 的近似值。
  - cumtrapz 的计算精度较难预先设定,但便于应用。适于对付复杂被积函数。
  - 特别提醒,不要采用 cumsum 实施积分计算。
- quad 和 quadl 指令

第 4 章 数值计算

- fun，第 1 输入量可以是表达被积函数的"M 文件的函数句柄"，或"匿名函数"，或内联对象，或字符串。像 quad、quad$l$ 这种函数指令，其输入除"数值输入量"外，还包含"函数输入量"，故被称为"泛函函数（Function function）"。注意：不管采用哪种形式表达被积函数，都应该适应"数组运算法则"，采用诸如". *"，"./"，".^"等算符。参见例 4.2-3 的第⟨4⟩⟨8⟩行，例 4.2-4 的第⟨10⟩行指令的写法。
- 若只向 quad,quad$l$ 指令提供前 3 个输入量，那么这两个指令将默认 tol＝1e-6。
- quadv 的被积函数是"多值"函数。即对丁标量白变量，被积函数将以数组形式给出相应的多个函数值。通过一次调用，quadv 就能完成对"多值"函数的积分。

【例 4.2-3】 以 $y(t)=\cos\dfrac{1}{at^2}$ 为被积函数，在 $0.2\leqslant t\leqslant 0.3$ 区间，使用 quad 指令计算积分 $G=\int_{0.2}^{0.3}y(t)\mathrm{d}t$。被积函数中的 a 是可调参数。本例演示：quad 积分指令的各种调用格式。

（1）被积函数的"单行匿名函数"法（当被积函数能用单行 M 码表达时，推荐使用！）

```
clear
format long
a = 1.5;
y1 = @(t)cos(1./(a*t.^2));         % 单行指令匿名函数表达被积函数         <4>
S1 = quad(y1,0.2,0.3)
S1 =
    -0.020233343050626
```

（2）被积函数的"匿名函数句柄"法（在被积函数复杂到不能用单行 M 码时，推荐使用！）

```
y2 = @(t)exm040203_chirp(t,a);     % exm040203_chirp.m 函数文件在随书光盘上
S2 = quad(y2,0.2,0.3)
S2 =
    -0.020233343050626
```

（3）被积函数的"内联对象"法（可以使用，但不优先使用！）

```
y3 = inline('cos(1./(a*t.^2))','t','a');   % 构造内联对象                <8>
S3 = quad(y3,0.2,0.3,[],[],a)
S3 =
    -0.020233343050626
```

（4）被积函数的"直接函数句柄"法（不很推荐！因需要使用即将废弃的调用格式。）

```
y4 = @exm040203_chirp;
S4 = quad(y4,0.2,0.3,[ ],[ ],a)    % quad 的该调用格式已被宣布：准备废弃
S4 =
    -0.020233343050626
```

（5）被积函数的"直接函数名字符串"法（不很推荐！因需要使用即将废弃的调用格式。）

```
S5 = quad('exm040203_chirp',0.2,0.3,[ ],[ ],a)
                                   % quad 的该调用格式已被宣布：准备废弃
S5 =
    -0.020233343050626
```

（6）被积函数的"带待定参数的字符串"法（杜绝使用！它极可能给出错误结果，而用户或浑然不知，或难以找到出错原因。）

```
y6 = 'cos(1./(a*t.^2))';          % 该字符串函数貌似正确,但导致 quad 积分错误
S6 = quad(y6,0.2,0.3,[ ],[ ],a)    % 产生错误积分结果,且很难察觉!!
S6 =
   -0.022369509291986
```

【说明】
- 本例关于 quad 调用方法的讨论也适用于 quad*l*,feval, fzero, fminbnd 等泛函指令。
- 为保证 exm040203_chirp.m 被正确调用,应使这文件位于 MATLAB 搜索路径上。
- 本例第(6)步,使用"带待定参数的字符串"表示被积函数产生错误积分的原因,可以在 Editor/Debugger 中采用调试模式观察到。因为在进入 quad 函数后,首先对被积函数的表达形式进行检查。当发现"被积函数是字符串"时,会调用一个程序把此字符串转换成"内联对象"。转换过程中,按照自左向右的次序,把字符串中的参数认做内联对象的自变量。因此,具体到本例,就把 'cos(1./(a*t.^2))' 中的 a 看作自变量,而 t 看作参数。这就是错误的根源。

【例 4.2-4】 求曲线 $f_1(x)=\sqrt{x}$ 与 $f_2(x)=x^3$ 所夹区域的面积。本例演示:quadv 的用法;单个匿名函数定义多个数学函数;quadv 用以求取两曲线所夹的面积计算。

曲线交点有两个:(0,0)和(1,1),因此积分区间为[0,1]。题解如下。

(1) 利用 quad 指令计算
```
format long
f1 = @(x)sqrt(x);             % 匿名函数表达 f1
f2 = @(x)x.^3;                % 匿名函数表达 f2。注意:".^"是"数组幂"运算     <3>
s1 = quad(f1,0,1);
s2 = quad(f2,0,1);
S = s1 - s2
S =
   0.41665956927202
```

(2) 利用 quadv 指令计算
```
f = @(x)[sqrt(x),x.^3];       % 定义两个一元函数的匿名函数
s = quadv(f,0,1);             % 分别算出 f1 下的面积和 f2 下的面积
Sv = s(1) - s(2)              % 计算 f1 和 f2 曲线之间的面积
Sv =
   0.41665956927202
```

【说明】
- 在有些场合,利用 quadv 算出的结果可能与同一精度控制下 quad 算得的结果稍有差异。
- 关于 quad 指令中被积函数的参数传递,请参看第 7.5 节函数句柄中的相关算例。

【例 4.2-5】 求积分 $s = \int_0^\pi y(x)dx$,其中 $y = \dfrac{\sin(x)}{x}$。本例演示:trapz, quad 指令的用法;处理区间端部奇异点的能力;利用最小浮点数 realmin 替换 0,以避免运算障碍;如何粗略估计 trapz 积分的精度。

(1) 梯形算法
```
format long                   % 为使计算结果显示 16 位数字而设
```

第 4 章 数值计算

```
x1 = linspace(0,pi,100);            % 把积分区间等分成 100 个子区间
x1(1) = realmin;                    % 为避免出现"被零除"和出现 NaN                <3>
y1 = sin(x1)./x1;
S_t1 = trapz(x1,y1),
S_t1 =
    1.85191034030911
```

（2）trapz 积分精度的估计

```
x2 = linspace(0,pi,200);            %                                          <6>
x2(1) = realmin;                    %                                          <7>
y2 = sin(x2)./x2;
S_t2 = trapz(x2,y2)
E_t1 = abs(S_t2 - S_t1)             % 近似积分 S_t1 截断误差的大致估计           <9>
S_t2 =
    1.85193044104299
E_t1 =
    2.010073387803679e - 005
```

（3）辛普松法

```
ys = @(x)(sin(x)./x);               % 匿名函数形式描述的被积函数,用"./"实现"数组除"   <10>
S_simposon = quad(ys,0,pi,1e - 7)
Warning: Divide by zero.
> In @(x)(sin(x)./x)
  In quad at 63
S_simposon =
    1.85193705268094
```

（4）符号积分计算 32 位精度积分值

```
syms x
S_sym = vpa(int(sin(x)/x,0,pi))
S_sym =
1.8519370519824661703610533701580
```

〖说明〗

- 第⟨3⟩⟨7⟩行指令，采用机器最小浮点数 realmin 替换 0，出于两方面考虑：一，假如 0 不被替换，那么函数计算中出现的"被 0 除"将导致 trapz 给出"非数 NaN"；二，因为 realmin 约等于 2×10^{-308}，被积函数在 0 处"有界"，这种替换引起的积分截断误差不会超过 10^{-307}。

- 记 x1 的子区间长度为 h，那么指令⟨6⟩产生的 x2 子区间长度为 $\frac{1}{2}h$。据 trapz 积分截断误差 $E_T[f] \propto f^{(2)}(\xi_T) \cdot h^2$ 可知，S_t2 的截断误差仅为 S_t1 截断误差的 $\frac{1}{4}$。于是差值 E_t1 可用作 S_t1 计算误差的粗略估计。在本例中，由 E_t1 可判断：近似积分 S_t1 有 5 位有效数字。这与事实相符。

2. 样条法求一元数值积分

【例 4.2-6】 运用样条函数求积分 $s=\int_0^\pi y(x)\mathrm{d}x$，其中 $y=\dfrac{\sin(x)}{x}$。本例演示：如何把一般积分问题转化为样条积分；与样条积分相关的指令；realmin 的使用。

```
xx = 0:0.01:pi;
xx(1) = realmin;              % 为避免"被零除"而设
ff = sin(xx)./xx;             % 产生被积函数的"表格"数据
pp = spline(xx,ff);           % 由"表格"数据构成样条函数
int_pp = fnint(pp);           % 求样条积分
format long
Sw = ppval(int_pp,[0,pi])     % 据样条函数计算[0,1]区间的定积分
S_sp = Sw(2) - Sw(1)
E_S_sp = abs(S_sym - S_sp)    % 与符号积分值之间的误差
Sw =
   -0.00000000000000   1.85193705198084
S_sp =
    1.85193705198084
E_S_sp =
   .16310342830681444470e-11
```

【说明】
- 样条求积的步骤：确定积分区间，产生一组样本点；利用样本点构造逼近原函数的样条函数（一组逐段多项式）；利用指令 fnint 求样条函数的不定积分；最后，由逐段多项式求值指令 ppval 求定积分。关于样条函数的更详细内容请参见第 4.9.3 和 4.9.4 节。
- 本例计算中所用的 S_sym 取自例 4.2-5。

3. 用 Simulink 求一元数值积分

【例 4.2-7】 运用 Simulink 求积分 $s=\int_0^\pi y(x)\mathrm{d}x$，其中 $y=\dfrac{\sin(x)}{x}$。本例演示：如何把积分问题转化为一阶微分方程问题；Simulink 模块的选用和参数设置。

（1）根据题意，建立用于求积的一阶微分方程。

$$\frac{\mathrm{d}s}{\mathrm{d}x}=\frac{\sin x}{x},\qquad s(x)\mid_{x=0}=0$$

（2）据微分方程，构建 Simulink 解题模型 exm040207.mdl（见图 4.2-3），其 exm040207.mdl 的参数设置如下：
- 在 Configuration Parameters 对话窗的 Solver 页上，把仿真的起始时间（Start time）设置为 realmin（MATLAB 中最接近 0 的一个正小数），而不能设为 0；仿真终止时间（Stop time）设为 pi；解算器（Solver）采用默认设置 ode45；相对容差（Relative tolerance）取默认值 1e-3。
- MATLAB Function 模块对话窗中的 MATLAB function 栏应填写为 sin(u)./u。
- 在时钟模块对话窗中，应勾选 Display time，以便实时显示仿真时间。

- 在显示模块 Display 对话窗中,格式 Format 栏,应选择 long。

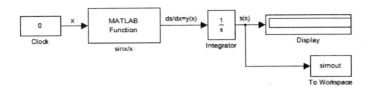

图 4.2-3 解题模型 exm040207.mdl 和解算结果

(3) 比较计算结果

点击 exm040207.mdl 模型窗上的 ▶ 键,就可在模型窗的显示器 Display 中看到积分结果。再运行以下指令,与符号计算结果进行比较。

```
format long
S_simulink = simout(end)          % MATLAB 基本内存空间中 simout 数组的最后一个元素
E_simulink = abs(S_sym - S_simulink)    % 与符号积分值之间的误差
S_simulink =
    1.851937051983002
E_simulink =
   .5356769717903110573e-12
```

〖说明〗
- simout 中保存着 $[0,\pi]$ 间的一系列采样点上的积分值。
- 值得指出:quad 类指令是"求面积"的批处理算法。而 Simulink 求解此题借助 Runge-Kutta 法 ode45,一种递推积分算法。参见第 8.2.1-1 和第 8.8.1 节。

4.2.4 多重数值积分

一元函数积分中存在的问题,对重积分也同样存在。此外,实施积分时的采样点数的急剧增加、"内重"积分上下限非常数等问题,将使多重积分更显困难。

本节只研究形如下式的二重积分。至于三重或更高维积分,其处理方法相同。

$$I = \int g(x,y)\mathrm{d}x\mathrm{d}y = \int_{y_1}^{y_2}\left[\int_{x_1(y)}^{x_2(y)} g(x,y)\mathrm{d}x\right]\mathrm{d}y$$

1. 常限重积分

```
SS = dblquad(fun,xmin,xmax,ymin,ymax,tol,method)              二重(闭型)数值积分指令
SSS = triplequad(fun,xmin,xmax,ymin,ymax,zmin,zmax,tol,method)  三重(闭型)数值积分指令
```

〖说明〗
- 输入宗量 fun 用于表达被积函数 $g(x,y)$。它可以是匿名函数、M 函数文件的函数句柄,内联对象或字符串表达式。
- xmin,xmax 是变量 x 的下限和上限;ymin,ymax 是变量 y 的下限和上限;zmin,zmax 是变量 z 的下限和上限。
- tol 是标量,控制积分绝对误差,其缺省值为 10^{-6}。
- method 是积分方法选项。缺省方法是 @quad。它还可以取 @quadl 或用户自己定义的积分方法函数文件的函数句柄。

- 注意:该指令不适用于内积分区间上限为函数的情况。

【例 4.2-8】 计算 $S_{x01} = \int_1^2 [\int_0^1 x^y \mathrm{d}x] \mathrm{d}y$ 和 $S_{x12} = \int_0^1 [\int_1^2 x^y \mathrm{d}x] \mathrm{d}y$。本例演示:重积分数值计算指令的基本用法;被积函数的"内联对象"表述;提醒读者注意内外积分的次序及积分限。

(1) 符号法
```
syms x y
ssx01 = vpa(int(int(x^y,x,0,1),y,1,2))
ssx12 = vpa(int(int(x^y,x,1,2),y,0,1))
ssx01 =
.40546510810816438197801311546432
ssx12 =
1.2292741343616127837489278679215 + 0.*i
```

(2) 数值法
```
zz = inline('x.^y','x','y');        %"内联对象"表述被积函数,注意其中的"数组算符"
nsx01 = dblquad(zz,0,1,1,2)
nsx12 = dblquad(zz,1,2,0,1)
nsx01 =
    0.4055
nsx12 =
    1.2293
```

〖说明〗
- 在本例中数值法求积分时,应注意:x 作为内积分变量,y 作为外积分变量。
- 被积函数不能写成 'x^y' 形式,而必须写成 'x.^y' "数组运算"形式。这是多重积分指令的要求:当内积分变量 x 为"一维数组",外积分变量 y 为"标量"时,被积函数的表达形式应能输出"与 x 长度相同的一维数组"。
- 对于本例而言,下列三条指令的作用相同。

  nsx01 = dblquad(@(x,y)x.^y,0,1,1,2)   %采用匿名函数表示被积函数
  nsx01 = dblquad('x.^y',0,1,1,2)   %采用字符串表示被积函数
  nsx01 = dblquad(inline('x.^y'),0,1,1,2)   %采用内联对象表示被积函数

- 以上方式也可推广应用于三重积分:当内积分变量 x 为"一维数组",外积分变量 y、z 为"标量"时,被积函数的表达形式应能输出"与 x 长度相同的一维数组"。

2. 变限重积分

[q,errbnd] = quad2d(fun,a,b,c,d,para,val)   内积分上下变限的二重积分的求取

〖说明〗
- 输入量 fun 用于表达被积函数 $g(x,y)$ 或 $g(x,y,z)$。它可以是匿名函数、M 函数文件的函数句柄。
- 输入量 a, b, c, d
  - a, b 是外积分变量(比如 x)的下限和上限。它们都必须是常数。
  - c, b 是内积分变量(比如 y)的下限和上限。它们可以是外积分变量(x)的函数,即 c(x), d(x)。

- c(x)，d(x)可以用匿名函数或函数句柄表达。
● 输入量对 para 和 val
  - para/val 是算法选项参数名/参数值对，必须成对出现。具体名称及取值见表 4.2-1。
  - quad2d 的第 5 个输入量之后，允许出现数目不定的 para/val 对。
● 输出量 q 和 errbnd
  - q 为积分值。
  - errbnd 为积分绝对误差的上界。

表 4.2-1　quad2d 指令的属性名及属性值

属性名 para	可能取值 val	含义
AbsTol	正标量；{1e-5}	绝对误差；errbnd<=max(AbsTol,RelTol * |Q|) Q 是积分值
RelTol	正标量；{100 * eps}	相对误差(控制准确位数)
Singular	'true', {'false'}	对于一些边界奇异的积分问题，采用 'true'，可以消弱奇异性影响，改善积分质量

【说明】

表格第 2 列中，花括号内为属性的缺省值。

【例 4.2-9】 计算抛物截柱(见图 4.2-4)的体积 $I = \int_{1}^{4}[\int_{\sqrt{y}}^{2}(x^2+y^2)dx]dy$。本例演示：变限积分指令 quad2d 的调用格式。

(1) 绘制待求体积的抛物截柱

```
clf,clear
% ------------------画截柱------------------
xa = 1;xb = 2;ya = 1;yb = 4;
x = (xa - 0.5):0.01:(xb + 0.5);        % 设置稍大于截柱横坐标的区间采样点
y = (ya - 0.5):0.01:(yb + 0.5);        % 设置稍大于截柱纵坐标的区间采样点
[X,Y] = meshgrid(x,y);
Z = X.^2 + Y.^2;                       % 被积函数
M = (Y<ya|Y>yb)|(X<sqrt(Y)|X>xb);
Z(M) = 0;                              % 截柱基座之外采样点的纵坐标强制为 0
surf(X,Y,Z),
hold on
% ------------------在 yi = 2 处画截面------------------
x0 = x(1):0.5:x(end);
yi = 2;
y0 = yi * ones(size(x0));
[X0,Y0] = meshgrid(x0,y0);
[n0,m0] = size(X0);
```

```
zup = xb^2 + yi^2;                          % y = 2 截面与截柱的最高交点
z0 = linspace(0,zup,n0)';
Z0 = repmat(z0,1,m0);
surf(X0,Y0,Z0)
% ---------------对 surf 图形的修饰------------------
shading interp
xlabel('x'),ylabel('y')
light('position',[0,0,5])
light('position',[0,5,26])
material metal
lighting gouraud
colormap(jet)
title('待求体积的抛物截柱')
text(2.5,1.9,9,'\fontsize{14}y = yi = 2')
axis([0.5,2.5,0.5,4.5,0,20])
box on
view([-55,40])
shg
```

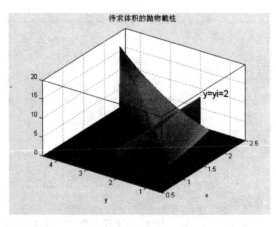

图 4.2-4 待求体积的抛物截柱及其 yi=2 截面

（2）符号计算积分（可供检验其他积分法所得结果用）
```
Ssym = vpa(int(int('x^2 + y^2','x','sqrt(y)',2),'y',1,4))
Ssym =
9.5809523809523809523809523809524
```

（3）利用数值计算指令求变限重积分
```
format long
gxy = @(x,y)(x.^2 + y.^2);                  % 匿名函数表达被积函数
ingy = @(y)sqrt(y);                         % 匿名函数表达内积分下限
[Sq,Eb] = quad2d(gxy,1,4,ingy,2)
Sq =
   9.580952380956605
```

```
Eb =
    7.393502957048358e-010
```

4.3 矩阵分析

4.3.1 矩阵运算和特征参数

如果仅从数据的排列看，矩阵就是二维数组。之所以把有些二维数组称为矩阵，是因为对这些数组规定了特定的运算和意义。

1. 矩阵运算

表 4.3-1　矩阵运算含义及相应符号

术　语	数学含义	MATLAB 表达
矩阵加减	$A_{m\times n}\pm B_{m\times n}=[a_{ij}\pm b_{ij}]_{m\times n}$	A+B, A−B
标量与矩阵加减	$a\pm B_{m\times n}=[a]_{m\times n}\pm[b_{ij}]_{m\times n}=[a\pm b_{ij}]_{m\times n}$	a+B, a−B
矩阵积	$C_{m\times n}=[c_{ij}]_{m\times n}=[a_{ij}]_{m\times l}\cdot[b_{ij}]_{l\times n}=\left[\sum_{k=1}^{l}a_{ik}b_{kj}\right]_{m\times n}=A_{m\times l}B_{l\times n}$	A*B
标量与矩阵相乘	$aB_{m\times n}=[a\cdot b_{ij}]_{m\times n}$	a*B
矩阵的转置	$B=A^H\Leftrightarrow(b_{kj})_R+i\cdot(b_{kj})_I=(a_{jk})_R-i\cdot(a_{jk})_I$	B=A'

〖说明〗

- 在 MATLAB 中，"标量与矩阵加减运算"是一种"行业性"说法，在教科书中没有这种表述。本表格数学含义栏对"标量与矩阵加减运算"给出了完整的定义。
- MATLAB 的矩阵运算是在复数域定义的。在本表所列操作中，矩阵转置可全称为"矩阵的共轭转置(Hermition transpose)"，在数学表述上采用上标 H 表示。

【例 4.3-1】　观察矩阵的转置操作和数组转置操作的差别。本例演示：共轭转置和非共轭转置；有理表示的显示格式。

```
format rat                    % 为简洁,采用有理格式显示
A = magic(2) + j*pascal(2)    % 仅为产生(2*2)复数矩阵
A =
    1    +    1i         3    +    1i
    4    +    1i         2    +    2i


% 注意两种不同的转置
A1 = A'                       % 共轭转置——矩阵操作
A2 = A.'                      % 非共轭转置——数组运算操作
A1 =
    1    -    1i         4    -    1i
    3    -    1i         2    -    2i

A2 =
```

```
                    1     +     1i         4     +     1i
                    3     +     1i         2     +     2i

%注意操作符对结果的影响
B1 = A * A'
B2 = A.* A'
C1 = A * A.'
C2 = A.* A.'
B1 =
                   12                     13     -     1i
                   13    +     1i         25
B2 =
                    2                     13     +     1i
                   13    -     1i          8
C1 =
                    8    +     8i          7     +    13i
                    7    +    13i         15     +    16i
C2 =
                    0    +     2i         11     +     7i
                   11    +     7i          0     +     8i
```

2. 矩阵的标量特征参数

MATLAB 中用来计算(大学教材中涉及的)矩阵特征参数的指令见表 4.3-2。

表 4.3-2 计算矩阵标量特征参数的指令

术语	数学含义	MATLAB 指令
秩 (Rank)	可采用以下任何一种表述： ● 矩阵 A 中线性无关列(或行)向量组中最大向量数； ● 矩阵 A 中最高非零子行列式的阶数； ● 矩阵 A 中最高非奇异子矩阵的维数	rank(A)
迹 (Trace)	$\sum_{i=1}^{\min(m,n)} a_{ii}$，即 矩阵主对角元素之和	trace(A)
行列式 (Determinant)	$\|A_{n\times n}\| = \sum_{j=1}^{n}(-1)^{j+1}a_{1j}\|A_{1j}\|$， 式中 $\|A_{1j}\|$ 是元素 a_{1j} 对应的子行列式	det(A)

【例 4.3-2】 矩阵标量特征参数计算示例。本例演示：rank, det, trace 的使用；子行列式计算。

```
A = reshape(1:9,3,3)        %产生(3*3)矩阵
r = rank(A)                  %求矩阵的秩
d3 = det(A)                  %非满秩矩阵的行列式一定为 0
d2 = det(A(1:2,1:2))         %求矩阵左上角(2*2)子行列式
```

```
t = trace(A)              % 求矩阵的迹
A =
     1     4     7
     2     5     8
     3     6     9
r =
     2
d3 =
     0
d2 =
    -3
t =
    15
```

4.3.2 奇异值分解和矩阵结构

1. 奇异值分解

对于任意复数矩阵 $A \in C^{m \times n}$（不设一般性，可假设 $m \geqslant n$），一定存在分解

$$A = U\Sigma V^{H} = [U_r, \bar{U}] \cdot \begin{bmatrix} \Sigma_r & 0 \\ 0 & \bar{\Sigma}_r \\ 0 & 0 \end{bmatrix}_{m \times n} \cdot \begin{bmatrix} V_r^H \\ \bar{V}^H \end{bmatrix},$$

其中：
$U = [U_r, \bar{U}] = [u_1, u_2, \cdots, u_r, u_{r+1}, \cdots, u_m]$ 是 $(m \times m)$ 的酉阵，被称为左奇异向量阵；
$V = [V_r, \bar{V}] = [v_1, v_2, \cdots, v_r, v_{r+1}, \cdots, v_n]$ 是 $(n \times n)$ 的酉阵，被称为右奇异向量阵；
奇异值 $\sigma_1 \geqslant \sigma_2 \geqslant \cdots \geqslant \sigma_r \geqslant \varepsilon \geqslant \sigma_{r+1} \geqslant \cdots \geqslant \sigma_n \geqslant 0$，$\varepsilon$ 是根据需要人为给定的阈值；
而 $\Sigma_r = \text{diag}(\sigma_1, \sigma_2, \cdots, \sigma_r)$，$\bar{\Sigma}_r = \text{diag}(\sigma_{r+1}, \cdots, \sigma_n)$。

矩阵奇异值分解的指令如下：

s=svd(A)	向量 s 中包含矩阵 A 分解所得的全部奇异值
[U,S,V]=svd(A)	给出矩阵 A 的奇异值分解 3 对组阵，使 $A = uSV^T$
s=svds(A,k)	向量 s 中包含矩阵 A 分解所得的 k 个最大奇异值
[U,S,V]=svds(A,k)	给出 A 的 k 个最大奇异值分解 3 对组阵
s=svds(A,k,0)	向量 s 中包含矩阵 A 分解所得的 k 个最小奇异值
[U,S,V]=svds(A,k,0)	给出 A 的 k 个最小奇异值分解 3 对组阵

2. 与奇异值相关的矩阵结构

r=rank(A,tol)	在指定阈值 tol 下，计算矩阵 A 的"数值秩"
X=null(A)	求取矩阵 A 零空间的酉基阵，满足 $AX = 0$
Z=orth(A)	求取矩阵 A 值空间的酉基阵，满足 $\text{span}(Z) = \text{span}(A)$

An2＝norm(A, 2)　　　　　　　给出矩阵(或向量)的 2 范数
Anf＝norm(A, 'fro')　　　　　　给出矩阵的 Frobenius 范数

Nc＝cond(A)　　　　　　　　基于 2——范数的矩阵 A 条件数(较严格)

theta＝subspace(A, B)　　　　　计算两矩阵所张子空间之间的夹角(以弧度为单位)

A_mppi＝pinv(A, tol)　　　　　在指定阈值 tol 下, 求矩阵 A 的广义逆

〖说明〗
- 矩阵数值秩(Numerical Rank)
    - 在线性代数和矩阵教科书中,矩阵(理论)秩可以通过下面 4 种方法计算:最大线性无关列(或行)向量组中的向量数;最高非零子行列式的阶数;最高非奇异子矩阵的维数;非 0 奇异值个数。
    - 在没有任何计算误差的情况下,上述描述都准确,并给出相同的(理论)秩。
    - 在浮点体系的有限精度计算中,关于秩的前 3 种计算方法失去意义,而只有奇异值定义的数值秩是稳定、可信的。
    - 数值秩的定义为:大于给定阈值 tol 的奇异值数目, 即 $r = \arg \max\limits_{k \in [1,n]} \{\sigma_k > tol\}$。当矩阵元素仅包含计算机引起的圆整误差时,默认 $tol = eps \cdot \sigma_1 \cdot \max(m, n)$。
- 零空间(Null Space)和值空间(Range Space)
    设矩阵 $A_{m \times n}$ 的奇异值 $\sigma_1 \geqslant \sigma_2 \geqslant \cdots \geqslant \sigma_r > tol, tol = eps \cdot \sigma_1 \cdot \max(m, n)$, 则
    - 零空间为 $\mathrm{Null}(A) = \mathrm{span}\{v_{r+1}, \cdots, v_n\}$
    - 值空间为 $\mathrm{Range}(A) = \mathrm{span}\{u_1, \cdots, u_r\}$
- 范数(Norm)
    - norm(A, 2)指令中,若 A 是矩阵,则该指令给出值等于 A 的最大奇异值 $\|A_{m \times n}\|_2 = \sigma_1$;若 A 是向量,则 $\|A_{m \times 1}\|_2 = \sqrt{a_1^2 + \cdots + a_n^2}$。
    - norm(A, 'fro')指令中,若 A 是矩阵,则 $\|A_{m \times n}\|_F = \sqrt{\sigma_1^2 + \cdots + \sigma_r^2}$;若 A 是向量,则 $\|A_{m \times 1}\|_F = \|A_{m \times 1}\|_2$。
- 矩阵条件数(Condition Number)
    - cond(A)指令计算的条件数定义为 $\mathrm{cond}(A) = \sigma_1 / \sigma_n$。
    - 对于条件数,最值得关注的不是"具体的数值",而是"大致的数量级"。条件数愈大(或说"倒条件数"愈小),矩阵愈接近奇异,所求出的解 x 对 A 和 b 元素变化的灵敏度就愈高,解就愈不可靠。
    - MATLAB 还有计算条件数的其他指令,如 condest 用 1 范数估计的条件数;rcond 给出倒条件数估计。
- 子空间夹角(Angle between Two Subspaces)
    夹角定义:$\theta(A, B) = \arccos\{\min[\sigma(U_{Ar}^T U_{Br})]\}$;$U_{Ar}, U_{Br}$ 分别是矩阵 A, B 值空间的酉基阵;A, B 的维数不必相等。
- 广义逆(Moore-Penrose pseudoinverse)

■ $A^+ = V_r S_r^{-1} U_r^T$。其中 $S_r = \text{diag}(\sigma_1, \cdots, \sigma_r)$，$U_r$，$V_r$ 是相应的矩阵 A 的左、右奇异向量阵。广义逆与数值秩关系密切。

■ 指令中 tol 可以缺省。缺省时，$tol = eps \cdot \sigma_1 \cdot \max(m, n)$。

【例 4.3-3】 对光盘数据文件 exm040303_data.mat 中的矩阵 $A_{6 \times 5}$ 进行奇异值分解，研究在不同意义上的数值秩。本例演示：指令 svd，rank，orth，null，norm 的使用；奇异值的分布特征；噪声数据的处理；Frobenius 范数的意义。

(1) 从数据文件获得矩阵 A

```
load exm040303_data
```

(2) 矩阵 A 的奇异值分解

```
format short g
[U,S,V] = svd(A)
```

U =

−0.4137	0.61781	0.34716	0.097102	0.37765	0.41785
−0.61551	−0.030071	−0.046012	−0.54145	0.16137	−0.54673
0.18582	0.028984	−0.70798	−0.16596	0.6295	0.19896
0.48785	−0.17762	0.60197	−0.29915	0.50782	−0.14396
−0.12281	−0.3335	0.068392	−0.5987	−0.24182	0.67238
−0.40299	−0.68832	0.095326	0.47109	0.34455	0.11867

S =

3	0	0	0	0
0	0.5	0	0	0
0	0	0.14	0	0
0	0	0	0.002	0
0	0	0	0	1e−005
0	0	0	0	0

V =

−0.34727	0.44684	−0.52599	−0.63379	0.037052
−0.45724	−0.32954	−0.42741	0.33658	−0.62158
−0.74906	−0.33534	0.33582	−0.07806	0.45562
0.3276	−0.75955	−0.30919	−0.45079	0.13021
−0.043812	−0.048657	0.57644	−0.52509	−0.62267

(3) 奇异值的图形表示（参见图 4.3-1）

```
s = diag(S);
n = length(s);
plot(1:n,s,'-k',1:n,s,'.k','MarkerSize',20)
xlabel('1---->n')
ylabel('Sigular values')
title('Sigular values of matrix A')
```

(4) 假设只考虑矩阵 A 元素的双精度截断误差，求矩阵 A 秩、值空间基、零空间事实上，从前面关于矩阵 A 的奇异值分解，根据相关定义就可以直接得到结论：

● 因为 A 的所有奇异值都远大于 $eps \cdot \sigma_1 \cdot \max(m, n) \approx 4 \times 10^{-15}$，可见 A 列满秩，即秩为 5；

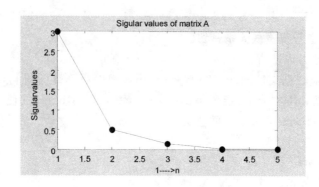

图 4.3-1　矩阵 A 的奇异值分布图

- A 左奇异向量阵的前 5 根列向量构成 A 的值空间；
- 由于列满秩，所以 A 不存在零空间。换句话说，A 的列向量不管怎么线性组合，都不可能成为 0 向量。

下面指令的计算结果将验证以上结论。

```
A_rank0 = rank(A)              % 只考虑双精度截断误差时的矩阵秩
A_null0 = null(A)
A_rank0 =
     5
A_null0 =
   Empty matrix: 5-by-0
```

(5) 假设已知矩阵 A 的元素是在正态加性噪声 $N(0, 0.001^2)$ 影响下获得的数据，又该如何考虑矩阵 A 的秩。

根据正态分布的"3 倍标准差"规则，可知矩阵 A 元素的误差范围为 ± 0.003。对于这种噪声污染的矩阵 A，确定奇异值阈值 $tol = 0.003 \times \sigma_1 \times \max\{m,n\} \approx 0.054$ 也许是比较合理的。

从图 4.3-1 可以看到，矩阵 A 的奇异值折线从第 4 点起，几乎成为水平。这条水平线就是噪声线。由此可以推断，A 的原先未受噪声影响的秩应是 3。

```
dw = 0.001;                                  % A 矩阵元素受"标准差"dw 的正态噪声污染
A_rank_noise = rank(A,3*dw*S(1,1)*length(A))  % 考虑噪声影响时的矩阵秩
A_rank_noise =
     3
```

(6) 与 A 最接近的秩 3 矩阵

记 $A_r = U_r \Sigma_r V_r^T$，那么 $\|A - A_r\|_F^2 = \sum_{i=r+1}^{n} \sigma_i^2$。$A_r$ 是所有秩为 3 的 (6×5) 矩阵中，与 A (Frobenius 范数意义) 距离最近的矩阵。

```
Ar = U(:,1:A_rank_noise)*diag(s(1:A_rank_noise))*V(:,1:A_rank_noise)'
df = S(4,4)^2 + S(5,5)^2          % 矩阵 A 和 Ar 间的 Frobenius 距离
ds = sqrt(df)                     % F 距离的方根
da = max(max(abs(A-Ar)))          % Ar 近似矩阵的元素与 A 原矩阵元素之间的最大差
Ar =
       0.54347    0.44492     0.84239    -0.65624    0.06736
       0.63792    0.85202     1.386      -0.59151    0.077918
```

−0.13498	−0.21731	−0.45571	0.20226	−0.082263
−0.59226	−0.67595	−1.0382	0.52085	−0.011219
0.048393	0.21932	0.3351	0.0030023	0.029774
0.25903	0.6605	1.0255	−0.13877	0.077405

```
df =
    4.0001e-006
ds =
    0.002
da =
    0.00075881
```

〖说明〗

- 图 4.3-1 所示的奇异值分布具有相当的典型性。
- 近似矩阵 A_r 的元素与对应 A 矩阵元素的差不会大于"这两个矩阵间 F 距离的平方根"ds。

4.4 特征值分解和矩阵函数

4.4.1 特征值分解问题

满足 $Ax=\lambda x$ 的向量 x 称特征向量，而 λ 则称为特征值。当特征向量系不完备时，则应对矩阵 A 进行 Jordan 分解。

在数学教科书上，常先根据 $|A-\lambda I|$ 求特征值，然后再由 $Ax=\lambda_i x$ 求对应的特征向量 x_i。应当指出，这种方法只对阶数为 2、3、4 的低阶矩阵适用。求解 $Ax=\lambda x$ 的精良数值计算方法是：先对矩阵 A 施行一系列的 Householder 变换，产生一个准上三角阵（即主对角线下还有一条非零的次对角线），然后再运用著名 QR 法迭代使准上三角阵对角化。

涉及矩阵特征值分解的常用 MATLAB 指令如下：

d=eig(A)	仅计算矩阵 A 的特征值（以向量形式 d 存放）。
[V,D]=eig(A)	计算 A 的特征向量阵 V 和特征值对角阵 D，使 $A*V=V*D$ 成立。
[VR,DR]=cdf2rdf(VC,DC)	把复数对角形转换成实数块对角形。
[VC,DC]=rsf2csf(VR,DR)	把实数块对角形转换成复数对角形。
[V,J] = jordan(A)	Jordan 分解使 $A*V=V*J$，J 是块对角阵。
c=condeig(A)	向量 c 中包含矩阵 A 关于各特征值的条件数。
[V,D,c]=condeig(A)	相当于[V,D]=eig(A)和 c=condeig(A)两条指令的组合。

〖说明〗

- 当仅需计算特征值，那么推荐使用第一条指令。它的机器运算次数大约仅是第二条指令的三分之二，在处理高维矩阵及讲究计算速度的场合尤要注意。
- A 可以是任意方阵。
- 在实现复数对角形与实数块对角形转换的两个指令中，DC、VC 分别是含复数的特征值对角阵和相应的特征向量阵；而 DR、VR 分别是含实"特征值"的块对角阵和相应的实"特征向量"阵。

- 每个特征值各有自己的条件数。特征值条件数愈大就愈接近重根。

【例 4.4-1】 简单实阵的特征值分解及特征值阵的"复/实转换"。

```
A = [1, -3;2,2/3];
[V,D] = eig(A)              % 特征值分解
[VR,DR] = cdf2rdf(V,D)      % 将"复数特征值阵"转换为"实数块对角型式"
V =
      0.7746                 0.7746
      0.043033 -  0.63099i   0.043033 +  0.63099i
D =
      0.83333 +  2.4438i     0
                 0           0.83333 -  2.4438i
VR =
      0.7746                 0
      0.043033              -0.63099
DR =
      0.83333                2.4438
     -2.4438                 0.83333
```

【例 4.4-2】 矩阵的 Jordan 分解。本例演示：特征向量系不完备的矩阵特征根的条件数及 Jordan 分解的必要性。

```
format short g
A = gallery(5)                % 产生特殊矩阵,它具有五重特征值
[V,D,c_eig] = condeig(A);     % 特征值分解,并计算特征值条件数
[VJ,DJ] = jordan(A);          % 求出准确的特征值,使 A*VJ = VJ*D 成立
D,c_eig,DJ
A =
         -9           11          -21           63         -252
         70          -69          141         -421         1684
        -575          575        -1149         3451       -13801
        3891        -3891         7782       -23345        93365
        1024        -1024         2048        -6144        24572
D =
   -0.0408          0                  0                  0                  0
         0     -0.0119 + 0.0386i       0                  0                  0
         0          0            -0.0119 - 0.0386i        0                  0
         0          0                  0            0.0323 + 0.0230i         0
         0          0                  0                  0            0.0323 - 0.0230i
c_eig =
      2.1969e+010
      2.1468e+010
      2.1468e+010
      2.0688e+010
      2.0688e+010
```

```
DJ =
     0     1     0     0     0
     0     0     1     0     0
     0     0     0     1     0
     0     0     0     0     1
     0     0     0     0     0
```

〖说明〗
- gallery(5)是代数重复度为 5、几何重复度为 1 的亏损阵。该阵的特征值条件数都很大。
- eig 指令不能用于亏损阵。在勉强使用下,所得的特征值是不可信的,特征向量阵是接近奇异的。一般说来,特征值非常接近的那种矩阵对截断误差是十分敏感的。这是坏条件特征值问题,处理要小心。

4.4.2 矩阵的谱分解和矩阵函数

(特征根各异的)矩阵 A 的特征值分解可重写为

$$A = V\Lambda V^{-1} = V\Lambda U = [v_1, \cdots, v_n] \begin{bmatrix} \lambda_1 & & \\ & \ddots & \\ & & \lambda_n \end{bmatrix} \begin{bmatrix} u_1 \\ \vdots \\ u_n \end{bmatrix} = \sum_{i=1}^{n} \lambda_i v_i u_i = \sum_{i=1}^{n} \lambda_i E_i$$

(4.4-1)

据此定义矩阵函数 $f(A) = \sum_{i=1}^{n} f(\lambda_i) E_i$。常见矩阵函数的数学定义和指令见表 4.4-1。

表 4.4-1 常见矩阵函数的数学定义和指令表

数学表达式	指令形式及功用	
$A^p = \sum_{i=1}^{n} \lambda_i^p E_i$	A^p	据谱分解,求 A^p
$p^A = \sum_{i=1}^{n} p_i^{\lambda_i} E_i$	p^A	据谱分解,求 p^A
$e^A = \sum_{i=1}^{n} e^{\lambda_i} E_i$	expm(A)	一般常用
	expm1(A)	用 Pade 近似求 e^A
	expm2(A)	用 Taylor 近似求 e^A,适用任何方阵,精度稍差
	expm3(A)	用特征值分解求 e^A,仅对非亏损阵使用
$\sqrt{A} = \sum_{i=1}^{n} \sqrt{\lambda_i} E_i$	sqrtm(A)	据 Schur 分解,求 $\sqrt{A}$,多解时,仅给出一个解
$\ln A = \sum_{i=1}^{n} (\ln \lambda_i) E_i$	logm(A)	据谱分解,求 $\ln A$
$f(A) = \sum_{i=1}^{n} f(\lambda_i) E_i$	funm(A,'FN')	FN 是函数名(如 sin 等)

〖例 4.4-3〗 数组乘方与矩阵乘方的比较。
```
clear,A = [1 2 3;4 5 6;7 8 9];
A_Ap = A.^0.3              % 数组乘方
A_Mp = A^0.3               % 矩阵乘方
```

A_Ap =

1	1.2311	1.3904
1.5157	1.6207	1.7118
1.7928	1.8661	1.9332

A_Mp =

0.69621 + 0.60322i	0.43582 + 0.16364i	0.17546 - 0.27592i
0.63251 + 0.066583i	0.73087 + 0.018084i	0.8292 - 0.03047i
0.56883 - 0.47003i	1.0259 - 0.12752i	1.483 + 0.21501i

【说明】

根据矩阵乘方的定义，读者可用以下两条指令，进行验证。

[V,D] = eig(A);
AAp = V * diag([D(1,1)^0.3,D(2,2)^0.3,D(3,3)^0.3])/V,

【例 4.4-4】 标量的数组乘方和矩阵乘方的比较。(A 取自例 4.2-4)

pA_A = (0.3).^A   % 标量的数组乘方
pA_M = (0.3)^A   % 标量的矩阵乘方

pA_A =

0.3	0.09	0.027
0.0081	0.00243	0.000729
0.0002187	6.561e-005	1.9683e-005

pA_M =

2.9342	0.41746	-1.0993
-0.027814	0.74955	-0.47309
-1.9898	-0.91836	1.1531

【例 4.4-5】 sin 的数组运算和矩阵运算比较。(A 取自例 4.2-4)

A_sinA = sin(A)   % 数组运算
A_sinM = funm(A,'sin') % 矩阵运算

A_sinA =

0.84147	0.9093	0.14112
-0.7568	-0.95892	-0.27942
0.65699	0.98936	0.41212

A_sinM =

-0.69279	-0.23059	0.23161
-0.17243	-0.14335	-0.11427
0.34793	-0.056116	-0.46016

4.5 解线性方程

线性方程组 $Ax=b$ 的求解是科学计算的中心问题之一。从计算速度、节省内存、提高精度、算法稳定等综合考虑出发，以 LAPACK 为基础，MATLAB 设计了大量精良、易用的解方程指令。

4.5.1 求解线性方程的相关指令

x＝A\b （或 b/A）	左除(或右除)解方程 $Ax=b$(或 $xA=b$)
x＝linsolve(A,b,option)	采用指定结构的算法求解方程
[R, ci] ＝ rref(A)	借助初等变换把 A 变换成行阶梯矩阵 R
R＝chol(A)	对称正定阵 A 的 Cholesky 分解，使 $R^H R=A$
[L,U,P]＝lu(A)	矩阵 A 的 LU 分解，使 $LU=PA$，P 是转置阵
[Q,R]＝qr(A)	矩阵 A 的正交三角分解，使 $A=QR$
det(A)	求矩阵 A 的行列式，由 $\det A = \pm \det U = \pm \prod_{i=1}^{n} u_{ij}$ 算得
inv(A)	求矩阵 A 的逆，由 $A^{-1}=U\backslash(L\backslash P)$ 算得

〖说明〗

- 第一条指令中的斜杠"\"是"左除"符号。由于方程 $Ax=b$ 中，A 在变量 x 的左边，所以指令中的 A 必须在"\"的左边，切不可放错位置。(反之，对于 $xA=b$，那么必须使用"右除"，使 x＝b/A。)
- 如果知道矩阵 A 的结构，则采用第二条指令 linsolve 解题，速度更快，因为这避免了程序对矩阵结构的检测。
- 指令 rref 的输出量 ci 是个行数组。它的元素表示了矩阵 A 中线性独立"列"的序号。因此，length(ci)就是矩阵 A 的秩；A(:,ci)的所有列向量构成矩阵 A 的值空间。但 length(ci)法计算矩阵秩远不如 rank(A)准确、可靠；A(:,ci)决定的值空间也不如 orth(A)可靠。

  本指令主要用于教学目的，因为它的结果形式比较接近高校教科书提供的求秩方法。
- 在此再次建议：解方程时，尽量不要使用指令 inv(A)＊b 进行。因为在 MATLAB 中，逆实际上是通过 LU 解 Ax＝I 求得的。当然，这并不意味着 det, inv 完全没有意义，也不意味着 det, inv 完全不可信。对于维数不高、条件较好的矩阵来说，det, inv 还是能给出可信赖的结果的。

4.5.2 线性方程矩阵除解法

在高校线性代数或矩阵理论的教科书中，对于 $A \in R^{m \times m}$ 的 $Ax=b$ 的解，总表示为 $x=A^{-1}b$。其运作过程为：先求逆 A^{-1}，再用逆与向量 b 相乘求得解。应该指出：这种算法很"笨拙"。以著名的标量方程 $7x=21$ 求解为例，人们不会采用 $x=\dfrac{1}{7} \times 21 = (0.142857\cdots) \times 21$ 求解，而是更喜欢 $x=\dfrac{21}{7}=3$ 的精炼简捷"直接除法"。

MATLAB 采用"矩阵左除"求解线性方程的表述，即 x＝A\b。虽至今没有见到该运算符的理论定义。但该表述已经被某些权威的矩阵计算著作所引用(如 G. H. Golub 的 Matrix Computations)。

"除法符"会针对不同的系数阵 A，采用不同的求解过程，具体如下：

- 对称方程的求解执行过程如下。
  R＝chol(A); 　　　　对正定阵 A 进行三角分解
  x＝R \(R' \ b) 　　求得方程 $Ax=b$ 的解
- 非结构恰定方程的求解执行过程如下。
  [L,U,P]＝lu(A); 　　对 A 进行上、下三角分解
  x＝U\(L\(P*b)) 　　求得方程 $Ax=b$ 的解
- 超定方程的求解过程如下。对于超定方程 $A_{m×n}x=x$，在测得 $m>n$ 后，便自动执行如下运算：
  [Q,R,P]＝qr(A); 　　对 A 进行正交三角分解，使 $A*P=Q*R$
  x＝P*(R\(Q'*b)) 　　求得超定方程 $Ax=b$ 的解
  当 A 满列秩时，x 是使 $\|Ax-b\|_2$ 达最小的"最小二乘近似解"，或准确解（当 b 在 A 值空间中时）。当 A 的秩 $r<n$ 时，将给出"秩亏"提示，并给出非零元素个数不超过 r 的最小二乘近似解 x。
- 欠定方程的求解过程
  　　对于欠定方程 $A_{m×n}x=b$，在测得 $m<n$ 后，运用[Q,R,P]＝qr(A);x＝P*(R\(Q'*b))将求出非零元素个数不超过矩阵 A 秩数 r 的一个最小二乘近似解（或准确解）x。

【例 4.5-1】 "求逆"法和"左除"法解恰定方程的性能对比。

(1) 为对比这两种方法的性能，先用以下指令构造一个条件数很大的高阶恰定方程。

```
rng(0, 'v5uniform')
A = gallery('randsvd',100,2e13,2);     % 产生条件数为 2e13 的 100 阶随机矩阵
x = ones(100,1);                       % 指定真解
b = A*x;                               % 为使 Ax=b 方程一致，用 A 和 x 生成 b 向量
cond(A)
ans =
   1.9923e+013
```

(2) "求逆"法解恰定方程的精度、残余量和所用计算时间

```
tic                          % 启动计时器 Stopwatch Timer
xi = inv(A)*b;               % xi 是用"求逆"法解恰定方程所得的解
ti = toc                     % 关闭计时器，并显示解方程所用的时间
eri = norm(x-xi,inf)         % 解的精度（因为真解得元素全 1）
rei = norm(A*xi-b,inf)       % 方程的残余量
ti =
    0.0018
eri =
    0.0111
rei =
    0.0082
```

(3) "左除"法解恰定方程的精度、残余量和所用计算时间

```
tic;xd = A\b;td = toc        % "左除"求方程解，及计时
erd = norm(x-xd,inf)         % 解的精度
red = norm(A*xd-b,inf)       % 方程的残余量
```

```
td =
    0.0010
erd =
    0.0043
red =
   6.4393e-015
```

〖说明〗
- 计算结果表明:除法求解不但速度快,而且精度和残余量指标都比较好。
- 本处所给出的"计算用时"仅供参考。由于用户所用计算机的不同,或所用 MATLAB 版本的不同,计算用时也许都不同。即使在同一机器上,在同一软件版本下,这些指令的运行时间也随本例指令是否"初次"运行而不同。在本例中,所示的"计算用时"是相关指令第 2 次整体运行后的结果。

4.5.3 线性二乘问题的解

对于线性模型 $y=Ax+\eta$,式中 η 为服从正态分布 $N(0,1)$ 的白噪声,求该超定方程最小二乘解有三种常见途径:(1) 正则方程法得解 $x=(A^T A)^{-1}A^T y$;(2) 广义逆法得解 $x=A^+ y$;(3) 矩阵除法得解 $x=A\backslash y$。

应该指出,第一种解法出现在许多数学教科书中。这种表达形式比较容易理解,但数值精度差。该法带有较大的示例性。第二种解法建立在奇异值分解基础上,所得解可靠。即便 A 发生列秩亏损,它也能给出最小范最小二乘解。第三种解法建立在对原超定方程直接进行 Householder 变换的基础上。其可靠性稍逊于奇异值分解,但速度较快。在 A 发生列秩亏损时,它所给出的最小二乘解具有最少非零元素。

【例 4.5-2】 对于超定方程 $y=Ax$,进行三种解法比较。其中 A 取 MATLAB 库中的特殊函数生成。

(1) 生成矩阵 A 及 y,并用三种方法求解

```
A = gallery(5); A(:,1) = [];           % 构造超定方程 y = Ax 中的 A
y = [1.7 7.5 6.3 0.83 -0.082]';        % 构造超定方程 y = Ax 中的 y
x = inv(A'*A)*A'*y                     % 正则方程法解
xx = pinv(A)*y                         % 伪逆法解
xxx = A\y                              % 除法解
Warning: Matrix is close to singular or badly scaled.
         Results may be inaccurate. RCOND = 1.710726e-018.
x =
    3.3897
    5.7774
   -3.2803
   -1.1605
xx =
    3.4759
    5.1948
    0.7121
```

        -0.1101
    Warning: Rank deficient, rank = 3, tol =   1.0829e-010.
    xxx =
        3.4605
        5.2987
             0
        -0.2974

（2）计算三个解的范数

nx = norm(x)   % 正则法解的范数
nxx = norm(xx)   % 伪逆法解的范数
nxxx = norm(xxx)   % 除法解的范数
nx =
    7.5482
nxx =
    6.2918
nxxx =
    6.3356

（3）比较三种解法的方程误差

e = norm(y - A * x)   % 正则法解与真值的误差
ee = norm(y - A * xx)   % 伪逆法解与真值的误差
eee = norm(y - A * xxx)   % 除法解与真值的误差
e =
    1.2678
ee =
    0.0474
eee =
    0.0474

〖说明〗

- 计算表明(A^TA)的"估计条件数"(注意：它并非用奇异值定义。其意义请用 help rcond 查看)很小，表明矩阵很病态。
- 该例表明，MATLAB 在坏条件或奇异情况下，会提醒用户注意结果的可靠性。
- 用广义逆所得的最小二乘解是范数最小。
- 用除法所得结果表明：由于 **A** 阵缺一个列秩，除法给出的最小二乘解就只有 3 个非零元素(见例中 xxx)。并且，此解是只有三个非零元素的所有最小二乘解中范数最小的(读者可以试着验证一下)。它实际上是向量 **y** 在第 1，2，4 列所张空间中的投影。

4.5.4 一般代数方程的解

对于任意函数 $f(x)=0$ 来说，它可能有零点，也可能没零点；可能只有一个零点，也可能有多个甚至无数个零点。因此，很难说出一个通用的解法。一般说来，零点的数值计算过程是：先猜测一个初始零点或该零点所在的区间；然后通过一些计算，使猜测值不断精确化，或使猜测区间不断收缩；直到达到预先指定的精度，终止计算。

第4章 数值计算

解题步骤大致如下。

(1) 利用 MATLAB 作图指令获取初步近似解。具体做法：先确定一个零点可能存在的自变量区间；然后利用 plot 指令画出 $f(x)$ 在该区间中的图形；用眼观察 $f(x)$ 与横轴的交点坐标，或者更细致些，用 zoom 对交点处进行局部放大再读数。借助 ginput 指令获得更精确些的交点坐标值。

(2) 利用 MATLAB 的如下"泛函"指令求精确解。

[x,favl]=fzero(fun,x0)　　　　求一元函数零点指令的最简格式
[x,fval]=fsolve(fun,x0)　　　　解非线性方程组的最简单格式

〖说明〗
- 第 1 输入量 fun
  - fun 可以是匿名函数和 M 函数文件的函数句柄(字符串、内联对象虽可用，但不建议)。
  - fun 用以表述被解函数 $f(x)$；fun 的自变量应是 x，输出量应是 $f(x)$ 的函数值。
- fzero 是根据函数是否穿越横轴来决定零点的，因此该指令无法确定函数曲线仅触及横轴而不穿越的那些零点。如 $|\sin(x)|$ 中的所有零点；$(x-1)^2 \sin x$ 中 $x=1$ 的零点。
- 第 2 输入量 x0
  - 表示对零点的初始猜测。
  - 当 x0 取标量时，该指令将在它两侧寻找一个与之最靠近的零点。
  - 当 x0 取二元向量[a,b]时，该指令将在区间[a,b]内寻找一个零点。
- 输出量 x 是所求零点的自变量值。
- 第 2 输出量 fval 是零点相应的函数值。

【例 4.5-3】 求 $f(t)=(\sin^2 t)\cdot e^{-0.1t}-0.5|t|$ 的零点。本例演示：fzero 指令的用法；如何利用内联对象构造被解函数；作图法在数值求解中的作用；符号计算求非线性函数的零点。

(1) 采用符号计算求解
```
S = solve('sin(t)^2 * exp( - 0.1 * t) - 0.5 * abs(t)','t')
S =
0.
```

(2) 使用匿名函数表示 $f(t)$
```
YC = @(t)(sin(t).^2. * exp( - 0.1 * t) - 0.5 * abs(t));
    % 为利用此函数计算绘图所需的函数值，所以函数表达式采用数组运算
```

(3) 作图法观察函数零点分布(参见图 4.5-1)
```
t = -10:0.01:10;        % 对自变量采样，采样步长不宜太大
Y = YC(t);              % 在采样点上计算函数值
clf,
plot(t,Y,'r');
hold on
plot(t,zeros(size(t)),'k');    % 画坐标横轴
xlabel('t');ylabel('y(t)')
hold off
```

(4) 利用 zoom 和 ginput 指令获得零点的初始近似值

由于 Notebook 中无法实现 zoom、ginput 指令涉及的图形和鼠标交互操作，因此下面指令

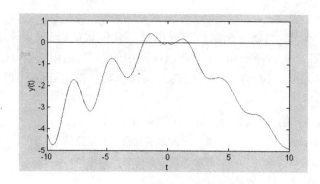

图 4.5-1 函数零点分布观察图

必须在 MATLAB 指令窗中运行,并得到如图 4.5-2 所示的局部放大图及鼠标操作线。

```
zoom on                          % 在 MATLAB 指令窗中运行,获局部放大图
[tt,yy] = ginput(5);zoom off     % 在 MATLAB 指令窗中运行,用鼠标获 5 个零点猜测值
tt                               % 显示所得零点初始猜测值(该指令可在 Notebook 中运行)
tt =

   -2.0039
   -0.5184
   -0.0042
    0.6052
    1.6717
```

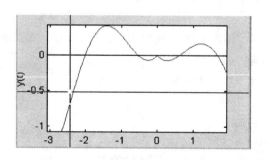

图 4.5-2 局部放大和利用鼠标取值图

(5) 利用 0.1 作为初值求精确零点

```
[t4,y4] = fzero(YC,0.1)          % 以 0.1 位猜测值搜索附近的零点
t4 =
    0.5993
y4 =
    1.1102e-016
```

【说明】

- $f(t)$ 在 $[-10,10]$ 自变量区间有 5 个零点。运用符号计算值能求得 $t=0$ 那个零点。而采用 fzero 无法求得此解。这是因为在 $t=0$ 处,$f(t)$ 没有穿越横轴。
- 图 4.5-2 中的十字标线是 ginput 运行后产生的取值图符。

4.6 随机数的产生及其特征描述

Monte Carlo 试验依赖独立分布随机数，但真正随机数的产生很不容易。Monte Carlo 试验的计算机仿真则简便得多，因为在仿真中依赖的是所谓的伪随机数，一种能通过统计测试的某种确定性序列。本节将花较多篇幅阐述：随机流的产生、重现控制和独立性控制。

对于随机序列、随机数组，如何进行分析，从中提取有用的信息，是统计研究的对象。本节将介绍：几种典型的分布函数（Distribution functions）；如何获得被研究数据的分布"模式（Modes）"；如何计算随机数据的"位置（Location）"、"散度（Dispersion）"、"斜度（Skewness）"、"峭度（Kurtosis）"等特征统计量。

4.6.1 随机数的产生及重现控制

从本质上讲，计算机是个"确定的机器"，因此仅靠计算机自身是不可能产生真正的随机数。计算机只能产生"伪随机数（Pseudorandom Numbers）"，一个本质上"确定的"周期序列。设计精良的伪随机序列具有以下特性：

- 对不知道该伪随机数产生算法的人而言，序列中的数具有"不可预测性"，即序列中的数不能与其前面的若干数之间存在确定的函数关系（也即意味着尽可能长的周期）；
- 能均匀取遍指定集合中的每个数，并能通过各种关于随机性（Randomness）的统计测试（Statistical Test）；
- 随机序列的重现性（Repeatability）可控；
- 占用尽可能少的计算用时和内存资源。

Monte Carlo 计算机仿真建筑在"伪随机性"基础上。对"伪随机性"的应用表现在如下两方面：

- 当希望"一个被重复执行的计算不会因随机数的参与而引出不同的演算结果"时，就需要每次重复计算时所用的伪随机数能够重现。
- 当希望"一个被重复执行的计算在每次执行过程中所用随机序列必须不同"时，就需要确保在每次执行过程中随机序列独立、不重现。

本节内容将围绕以上两种应用展开。

1. 默认全局随机流的简明管理指令

在 MATLAB 启动时，默认地采用梅森绞纽发生器（Mersenne Twister Generator），默认地以 0 为初始种子，产生周期长度为 $(2^{19936}-1)$ 的 $(0,1)$ 区间内均匀分布的伪随机数，即"全局随机流（Global Stream）"。其含义是：在 MATLAB 开启后的整个工作期间，任何分布的随机数组都通过消耗该全局随机流中的顺序数据而产生。

对全局随机流实施管理的最简便指令为：

rng default	恢复 MATLAB 启动时的默认全局随机流
rng shuffle	以时变种子初始化全局随机流
rng(sd)	产生以 sd 为初始种子的全局随机流

s=rng	获取当前所用随机数发生器的设置构架
rng(s)	采用 s 构架设置随机数发生器

〖说明〗
- 在 MATLAB 启动时的默认随机数发生器、初始种子及发生器内部状态，可以通过运行 rng 指令获得。该指令运行后产生一个"默认设置构架"，该构架的各个域名及内容如下：

  Type：'twister'　　　　　类别域：默认发生器的类别名称
  Seed：0　　　　　　　　种子域：发生器默认的初始化种子
  State：[625x1 uint32]　　状态域：默认发生器的当前状态

- 输入量 sd（指定发生器初始化的种子）
  - sd 可取小于 2^{32} 的任何非负整数，如 0，1，2 等。0 是 MATLAB 启动时所用的默认随机种子。
  - 相同的 sd 取值将引出相同的全局随机流；不同随机数则引出独立的全局随机流。
- s=rng 的输出结果 s
  - 它是一个保存当前所用发生器、初始化种子及其当前发生器状态的构架。
  - 当构架 s 用作 rng 指令的输入量时，便可重置为 s 所指定的发生器、初始化种子及状态。
- 全局随机流的两个基本性质
  - 在每次 MATLAB 启动后，只要不另行设置随机发生器，那么任何时候产生的任何分布随机数都起源于、受制于全局随机流。而旧版中，均匀分布随机数、正态分布随机数由不同的随机数发生器产生。
  - 任何分布随机数的获取，都将影响此后具体出现的任何随机数。而在旧版中，均匀分布随机数的产生与否，对正态分布随机数的产生序列没有任何影响；反之亦然。

2. 三种基本随机数发生指令

MATLAB 提供三个基本随机数发生指令：

A=rand(m,n,p)	据全局随机流产生在[0,1]间均匀分布的($m\times n\times p$)随机数组
A=randn(m,n,p)	据全局随机流产生 $N(0,1^2)$ 分布的($m\times n\times p$)随机数组
A=randi([imin,imax],m,n,p)	据全局随机流产生[i_{min},i_{max}]内各整数均布($m\times n\times p$)随机数组
B=rand(RS,m,n,p)	利用 s 指定的随机流产生在[0,1]间均匀分布的($m\times n\times p$)随机数组
B=randn(RS,m,n,p)	利用 s 指定的随机流产生 $N(0,1^2)$ 分布($m\times n\times p$)正态分布随机数组
B=randi(RS,[imin,imax],m,n,p)	利用 s 指定的随机流产生[i_{min},i_{max}]内各整数均布($m\times n\times p$)随机数组

〖说明〗
- 输入量 m, n, p 的含义
  - m，n，p 可以用以指定数组行、列、页的数目。
  - 只有一个输入量 m 时，表示产生($m\times m$)方数组；有二个输入量 m 和 n 时，表示产生($m\times n$)数组；有三个输入量 m，n 和 p 时，则产生($m\times n\times p$)数组。依次类推。
- 输入量[imin, imax]是确定待生成随机整数数组的下、上界整数。

- 输入量 RS 是用户指定的随机流句柄。该输入量缺省时,则使用当前全局随机流产生所需的随机数数组。关于 RS 的更多解说,请见 4.6.1-3 小节。
- 借助变换式 $x=a+(b-a)\cdot rand$,可以产生在 $[a,b]$ 区间均布的随机数。
- 借助变换式 $x=\mu+\sigma\cdot randn$,可以产生服从 $N(\mu,\sigma^2)$ 分布的正态分布随机数。

再次强调指出:由于这三个随机数发生指令都依赖于同一个全局随机流,所以任何一个随机数发生函数的运行,都将影响其他随机数发生指令的运行结果。

【例 4.6-1】 本例演示:三条随机数基本发生指令 rand,randn,randi 的调用格式;三种随机数的产生都依赖全局随机流;任何随机数发生指令的运行,都将影响其他随机数发生指令的运行结果;如何利用 rng 指令恢复默认全局随机流初始态;如何获取当前随机发生器的属性数据;如何利用构架属性数据重置随机数发生器。

(1) 三种随机数指令的基本用法

```
rng default              % 恢复默认全局随机流初始态
r1 = rand(1,3)           % 产生在[0,1]中均匀分布的(1×3)随机数数组
r2 = randn(1,4)          % 产生服从 N(0,1²)分布的(1×4)随机数数组
r3 = randi([-8,8],3,10)  % 产生在-8到8间各整数均布出现的(3×10)随机数数组
r1 =
    0.8147    0.9058    0.1270
r2 =
    0.8622    0.3188   -1.3077   -0.4336
r3 =
    1   -6    0   -1    8    6    4    3   -8   -7
    8    8    5    7    3    7    4   -6   -4    5
    8    8   -6    5   -8    3   -2    4   -8    3
```

(2) 任何随机数的发生都影响其他随机指数发生指令的运行结果

```
s = rng                  % 获取当前随机数发生器的属性数据构架 s           <5>
r2 = rand(1,4)           % 在当前状态下,第一次调用 rand 产生的均匀分布随机数  <6>
rr2 = rand(1,4)          % 紧接着再次调用 rand 产生的均匀分布随机数          <7>
s =
    Type: 'twister'
    Seed: 0
    State: [625x1 uint32]
r2 =
    0.3171    0.9502    0.0344    0.4387
rr2 =
    0.3816    0.7655    0.7952    0.1869

rng(s)                        % 借助构架 s 重置随机数发生器                  <8>
ss = rng                      % 显示重置后随机数发生器的属性,以便与指令 <5> 的结果对比
all(ss.State == s.State)      % 若给出结果为1,表示随机发生器的状态向量相同
r3 = rand(1,4)                % 在重置后,第一次调用 rand 产生均布随机数。可以观察到:
                              % 此指令的运行结果与指令 <6> 的结果相同         <11>
rn = randn(1,2)               % 产生2个正态随机数                            <12>
```

```
    rr3 = rand(1,4)        % 第二次调用 rand 指令产生均布随机数。可以观察到：该指令
                           % 产生的随机数组的前二个元素与指令 <7> 产生的随机数组的后
                           % 二个元素相同；其余则不同                              <13>
ss =
    Type: 'twister'
    Seed: 0
    State: [625x1 uint32]
ans =
     1
r3 =
    0.3171    0.9502    0.0344    0.4387
rn =
   -0.2414    0.3192
rr3 =
    0.7952    0.1869    0.4898    0.4456
```

【说明】
- 指令〈5〉和指令〈8〉的配合使用，是对全局随机流实施重现控制的一种方式。
- 指令〈7〉生成的四元数组的后二个元素值之所以会重现在指令〈13〉产生的四元数组的前二元素位置，是由于指令〈12〉利用全局随机流中的二个均匀分布随机数 0.3816 和 0.7655 经 Ziggurat 算法变换，生成了两个服从正态分布的随机数。（顺便指出：本例不表现一般规律。平均而言，Ziggurat 变换算法需要消耗 2.02 个均匀分布随机数才能生成 1 个正态分布随机数。）

3. 用户随机流的创建和使用

正如前两节所述，MATLAB 所生成的各种随机数都是依赖所谓的默认全局随机流产生的。但是由于伪随机数的"确定性本质"，由于每种伪随机数序列总或多或少的存在"统计测试瑕疵"，因此比较严谨、可信的 Monte Carlo 随机仿真试验、计算，应该采用多种独立的随机数流。

需要生成与默认全局随机流不同的其他随机数流的应用场合大致如下：
- 用户希望产生某些随机数序列，而又不影响默认全局随机流的状态；
- 用户希望产生非默认算法产生全局随机流；
- 用户希望获得若干与默认全局随机流独立的随机数发生源。

为了便于用户设计和创建非默认随机数流，MATLAB 提供了一个随机流生成器（RandStream Constructor）。具体如下，

```
RS = RandStream(GenType)                    利用 GenType 指定的发生器产生孤立的用户随机流
RS = RandStream(GenType, ParameterName, Value)
                                            利用 GenType 指定发生器和附带参数产生孤立的用户随机流
rng(sd, generator)                          利用 generator 指定发生器产生全局用户随机流的简便指令
RandStream.setGlobalStream(RS)              使 RS 随机流成为全局随机流
RandStream.getGlobalStream                  获取全局随机流的属性数据
[RS1, RS2, ..., RSn] = RandStream.Create(GenType, ParameterName, Value, 'NumStreams', n)
```

利用 GenType 指定的发生器生成 n 个平行随机流

〖说明〗
- 随机数发生器调用指令
  - RandStream　　该指令可调用表 4.6-1 所列发生器产生一个孤立的用户随机流。
  - rng　　该指令可调用发生器字符串产生一个全局的用户随机流。
  - RandStream.Create　　该指令用于产生多个平行独立的随机数流；它只能调用 'mlfg6331_64' 和 'mrg32k3a' 两种发生器。
- RS　　由 RandStream 或 RandStream.getGlobalStream 指令产生的随机流句柄。
- GenType　　随机数发生器的类型名字符串。MATLAB 提供的可选类型名见表 4.6-1。
- ParameterName　　设置随机种子或变换算法的参数名字符串，相应关键词见表 4.6-2。
- Value　　对应参数名的可取值见表 4.6-2。
- sd　　随机数发生器的初始种子取值，详细参见表 4.6-2 中 'Seed' 参数名的三种取值。
- generator　　随机数发生器的名称字符串
  - 'twister'　　默认随机数发生器 Mersenne Twister
  - 'v5uniform'　　MATLAB 5.0 版均布随机数发生器
  - 'v5normal'　　MATLAB 5.0 版正态随机数发生
  - 'v4'　　MATLAB 4.0 版随机发生器
  - 'multFibonacci'　　多平行随机流的乘滞后斐波那契发生器
  - 'combRecursive'　　多平行随机流的组合式多重递推发生器
- 特别提醒：
  - rng 指令中输入量 generator 的可选关键词与 RandStream 指令中输入量 GenType 可选关键词不同。
  - 但这两组不同关键词之间存在对应关系，参见表 4.6-1 的说明栏。

表 4.6-1　随机发生器类型表

发生器类型名	说　明
'mt19937ar'	采用梅森绞纽发生器(Mersenne Twister Generator)，生成周期长度为($2^{19936}-1$)的(0,1)区间内均匀分布的伪随机数； 该发生器默认地配用 Ziggurat 变换算法，通过消耗均布随机数产生正态分布随机数； 该发生器被 MATLAB 默认选用
'swb2712'	采用修正型借位减发生器(Modified Subtract-with-Borrow Generator)，产生(0,1)区间内均匀分布的伪随机数的周期约为 2^{1492}；此时，该随机流与 rng('v5uniform')产生的随机流对应； 该发生器默认地配用 Ziggurat 变换算法，通过消耗均布随机数产生正态分布随机数
'shr3cong'	采用马尔萨利亚移位寄存发生器(Marsaglia Shift-Register Generator)，产生(0,1)区间内均匀分布的伪随机数的周期约为 2^{64}； 该发生器默认地配用 Ziggurat 变换算法，通过消耗均布随机数产生正态分布随机数。 该随机流与 rng('v5normal')产生的随机流对应

续表 4.6-1

发生器类型名	说 明
'mcg16807'	采用乘同余发生器(Multiplicative congruential Generator),产生周期长度为($2^{31}-2$)的(0,1)区间内均匀分布的伪随机数; 该发生器默认地配用 Polar Rejection 变换算法,通过消耗均布随机数产生正态分布随机数; 该随机流与 rng('v4')产生的随机流对应
'mlfg6331_64'	采用乘滞后斐波那契发生器(Multiplicative lagged Fibonacci Generator),产生(0,1)区间内均匀分布的伪随机数的周期为 2^{124}; 该发生器默认地配用 Ziggurat 变换算法,通过消耗均布随机数产生正态分布随机数; 该发生器可同时支持 2^{61} 个并行随机流(Parallel Stream)
'mrg32k3a'	采用组合式多重递推发生器(Combined Multiple Recursive Generator),产生(0,1)区间内均匀分布的伪随机数的周期为 2^{127}; 该发生器默认地配用 Ziggurat 变换算法,通过消耗均布随机数产生正态分布随机数; 该发生器可同时支持 2^{63} 个并行随机流

表 4.6-2 随机发生器参数及其可取值

参数名	参数值	说 明
'Seed'	非负整数	以$[0,2^{32}-1]$区间任一整数为初始种子
	'shuffle'	字符串即以当前时间产生的种子
	0	默认取值
'NormalTransform'	'Ziggurat'	生成正态随机数的阶梯塔形舍选采样法; 平均而言,每生成一个正态随机数消耗 2.02 个均布随机数; 该算法变换精度和速度高
	'Polar'	生成正态随机数的极坐标舍选采样法; 平均而言,每生成一个正态随机数消耗 1.27 个均布随机数; 精度和速度次之
	'Inversion'	生成正态随机数的累计概率逆函数法; 每生成一个正态随机数只消耗 1 个均布随机数; 变换效率最差

【例 4.6-2】 本例演示:rng 指令生成全局的用户随机流;RandStream 指令生成孤立(或全局)的用户随机流;不同发生器所产生随机数的独立性;rng(0,'combRecursive')和 RS = RandStream('mrg32k3a','Seed',0)产生的随机流之间的对应关系;reset 如何使用户随机流恢复初始状态;如何用 RandStream.setGlobalStream 把用户随机流设置为全局随机流。

(1) 利用 rng 生成全局的用户随机流

```
clear
rng default;rng          %恢复默认全局随机流起始状态,并显示相应属性数据         <2>
a1 = rand(1,5)           %基于默认全局随机流产生的(1*5)均布随机数组            <3>
aa1 = randn(10000,1);    %基于默认全局随机流产生的(10000*1)正态随机数组        <4>
rng(0,'combRecursive')   %利用组合式多重递推算法生成全局随机流                  <5>
rng                      %显示用户生成随机流的属性数据                          <6>
a2 = rand(1,5)           %基于用户定义全局随机流产生的(1*5)均布随机数组        <7>
```

```
aa2 = randn(10000,1);      % 基于用户定义全局随机流产生的(10000*1)正态随机数组      <8>
C12 = corrcoef([aa1,aa2])  % 计算不同发生器产生的随机数序列的相关系数            <9>
ans =
    Type: 'twister'
    Seed: 0
    State: [625x1 uint32]
a1 =
    0.8147    0.9058    0.1270    0.9134    0.6324
ans =
    Type: 'combRecursive'
    Seed: 0
    State: [12x1 uint32]
a2 =
    0.7270    0.4522    0.9387    0.2360    0.0277
C12 =
    1.0000    0.0112
    0.0112    1.0000
```

(2) 利用 RandSteam 生成孤立的用户随机流

```
rng default               % 恢复默认全局随机流
c1 = rand(1,5)            % 基于默认全局随机流产生(1*5)均布随机数组            <11>
RS = RandStream('mrg32k3a','Seed',0)
                          % 利用组合式多重递推发生器及 0 种子产生用户随机流 RS    <12>
c2 = rand(RS,1,5)         % 基于 RS 随机流产生(1*5)均布随机数组                <13>
cc2 = randn(RS,10000,1);  % 基于 RS 随机流产生(10000*1)正态随机数组           <14>
cc1 = randn(10000,1);     % 基于默认全局随机流生成(10000*1)正态随机数组        <15>
F = all(aa1 == cc1)       % 若结果为 1,说明:aa1 与 cc1 完全相等
                          % 进而说明:RS 随机流和全局随机流在体系上是互不相干的
                          % 尽管指令 <9> 和 <13> 之间运行了 RS 随机数生成指令 <11,12>,
                          % 但指令 <13> 的结果仍等于指令 <4> 的结果               <16>
G = any(aa2~=cc2)         % 若结果为 0,说明:cc2 与 aa2 没有任何不同。这意味着:指令
                          % <5> 生成的随机流是和指令 <10> 相同的;不过指令 <5> 的随机流
                          % 是全局的,而指令 <10> 的随机流是孤立的                <17>
c1 =
    0.8147    0.9058    0.1270    0.9134    0.6324
RS =
  mrg32k3a random stream
              Seed: 0
  NormalTransform: Ziggurat
c2 =
    0.7270    0.4522    0.9387    0.2360    0.0277
F =
    1
G =
```

0

(3) 利用 RandSteam 生成全局的用户随机流

```
reset(RS)                  % 使 RS 随机流恢复初始状态                      <18>
RandStream.setGlobalStream(RS) % 把 RS 随机流设置为全局的用户随机流        <19>
RandStream.getGlobalStream
d2 = rand(1,5)             % 基于 RS 全局随机流产生(1*5)均布随机数组        <21>
dd2 = randn(10000,1);      % 基于 RS 全局随机流产生(10000*1)正态随机数组   <22>
H = all(dd2 == cc2)        % 若结果为 1,说明:dd2 与 cc2 完全相等
ans =
   mrg32k3a random stream (current global stream)
            Seed: 0
   NormalTransform: Ziggurat
d2 =
    0.7270    0.4522    0.9387    0.2360    0.0277
H =
    1
```

〖说明〗
- RandStream 是 MATLAB 提供给用户创建孤立或全局随机流的基本指令;而 rng 是借助 RandStream 指令编写而成的便于用户使用的函数 M 文件。rng 只能生成全局性的用户随机流,而不能生成孤立的用户随机流,参见指令⟨5⟩。
- RandStream 指令的应用场合是:
  - 若用户需要产生某些随机数组,而又不想改变原程序中依赖全局随机流所产生的随机数序列的数值排列次序,那么就应调用 RandStream 指令创建孤立的用户随机流 RS。然后用 rand(Rs,…),randn(RS,…),randi(RS,…)等指令靠消耗 RS 孤立随机流数据生成所需的随机数组。
  - 若用户需要发生机理异于默认全局随机流的某种随机流时,也需要调用 RandStream 指令创建孤立的用户随机流 RS。比如,在神经网络仿真研究中,训练信号若取自默认全局随机流,那么该神经网络的测试信号建议取自"由不同发生器产生的孤立用户随机流"。
- 指令⟨18⟩的功用是,使 RS 随机流恢复到初始状态。注意:reset 指令的输入量必须是由 RandStream 或 RandStream.getGlobalStream 指令产生的随机流句柄。

4. 随机流的重现控制

仿真试验所用的随机数序列,在用户的操控下,能在不同的时空范围内,丝毫不差地重新产生。这就是所谓的重现性(Repeatability)问题。下面以算例形式介绍随机流重现控制指令。

【例 4.6-3】 本例演示:重现控制的种子法和状态法;随机流句柄的操作。

(1) 默认全局随机流的重现控制——方法 1

```
rng(0)                    % 用于重现默认全局随机流                          <1>
a1 = rand(1,5)            % 待重现数组
```

```
randn(327,286);            % 该指令用于模拟"不管经过什么随机数操作"
rng('default')             % 用于重置默认全局随机流                              <4>
aa1 = rand(1,5)            % 结果与 a1 相同
a1 =
    0.8147    0.9058    0.1270    0.9134    0.6324
aa1 =
    0.8147    0.9058    0.1270    0.9134    0.6324
```

(2) 借助初始种子重现全局随机流——方法 2

```
sd = 3;                    % 定义一个种子值
rng(sd, 'v4')              % 采用 MATLAB 4.0 版的发生器产生全局随机流
b1 = rand(1,5)             % 待重现数组
b2 = randn(1,5)            % 待重现数组
rand(200,17);              % 该指令用于模拟"不管经过什么随机数操作"
rng(sd, 'v4')              % 采用相同种子、相同发生器重现全局随机流
bb1 = rand(1,5)            % 结果与 b1 相同
bb2 = randn(1,5)           % 结果与 b2 相同
b1 =
    0.5387    0.3815    0.0512    0.2851    0.3010
b2 =
   -0.8640   -0.2603   -0.8944   -1.9727   -1.2650
bb1 =
    0.5387    0.3815    0.0512    0.2851    0.3010
bb2 =
   -0.8640   -0.2603   -0.8944   -1.9727   -1.2650
```

(3) 借助 reset 重现孤立随机流——方法 3

```
sd = 3;
RS = RandStream('mcg16807', 'Seed', sd);
                           % 以 3 为种子和 MATLAB 4.0 版发生器产生孤立随机流
c1 = rand(RS,1,5)          % 待重现数组
c2 = randn(RS,1,5)         % 待重现数组
for kk = 1:10              % 该循环模拟"不管经过什么随机数操作"
    rand(RS,kk,kk);
end
reset(RS);                 % 利用随机流句柄重置孤立随机流
cc1 = rand(RS,1,5)         % 结果应与 c1 相同
cc2 = randn(RS,1,5)        % 结果应与 c2 相同
c1 =
    0.5387    0.3815    0.0512    0.2851    0.3010
c2 =
   -0.8640   -0.2603   -0.8944   -1.9727   -1.2650
cc1 =
    0.5387    0.3815    0.0512    0.2851    0.3010
cc2 =
```

```
         -0.8640    -0.2603    -0.8944    -1.9727    -1.2650
```

(4) 通过发生器内部状态重现部分全局随机流——方法 4

```
rng default                    % 为读者可重复以下运算结果而设           <23>
GS0 = rng                      % 全局随机流的初始状态                 <24>
class(GS0)                     % 观察 GS0 的数据类型                 <25>
rand(17,19);randn(33,25);      % 模拟"不管经过什么随机数操作"
GS1 = rng;                     % 获取此时全局随机流状态
all(GS0.State == GS1.State)    % 若结果为 0,验证 GS1 与 GS0 状态不同
d1 = randn(1,5)                % 待重现数组
rand(23,41);                   % 模拟"不管经过什么随机数操作"
rng(GS1);                      % 用 GS1 重置全局随机流状态
dd1 = randn(1,5)               % 应与 d1 相同;验证重现
GS0 =
    Type: 'twister'
    Seed: 0
   State: [625x1 uint32]
ans =
struct
ans =
     0
d1 =
   -0.1348   -0.0183    0.4608    1.3623    0.4519
dd1 =
   -0.1348   -0.0183    0.4608    1.3623    0.4519
```

(5) 通过随机流句柄的状态属性重现部分随机流——方法 5

```
RS = RandStream('shr3cong')    % 产生 MATLAB 5.0 版均布随机流 RS      <33>
class(RS)                      % 观察 RS 的数据类型                   <34>
rand(RS,77,88);                % 模拟"不管经过什么随机数操作"
OS = get(RS,'State');          % 获取待重现 e1 产生前 RS 随机流状态    <36>
e1 = rand(RS,1,5)              % 希望重现的数组
rand(RS,13,14);                % 模拟"不管经过什么随机数操作"
set(RS,'State',OS)             % 用 OS 重置 RS 随机流                 <39>
ee1 = rand(RS,1,5)             % 结果应与 e1 相同
RS =
    shr3cong random stream
              Seed: 0
   NormalTransform: Ziggurat
ans =
RandStream
e1 =
    0.4387    0.3689    0.9769    0.9371    0.6036
ee1 =
    0.4387    0.3689    0.9769    0.9371    0.6036
```

第 4 章 数值计算

〖说明〗
- 以下三个指令是等价的,都可用于恢复默认全局随机流,参见指令〈1〉〈4〉〈23〉。
  rng default;   rng('default');   rng(0);
- 获取随机流状态的指令〈34〉可等价地用替换。而重置随机流状态的指令〈37〉可等价地用 RS.State＝OS 替换。
- 特别提醒注意区分 GS0 和 RS,具体如下:
  - 指令〈24〉运行后得到的变量 GS0 是一个构架(见指令〈25〉的结果),它只是保存全局随机流的发生器名称、初始种子值和内部状态数据。该变量只有通过 rng 指令的调用才能发挥作用。
  - 指令〈33〉运行后得到的变量 RS 是随机流对象的句柄(见指令〈34〉的运行结果)。通过对句柄变量"域"的赋值,或通过 set,reset 等指令对句柄的操作,可直接改变随机流的设置。
- 本例展示了如下两类重现控制方法:
  - 种子重现法,参见本例方法 1、2、3 的内容。

    该重现法的特点:控制是借助随机发生器初始种子实施的;重现的是"从头开始的整个随机流"。

    该方法的主要应用场合:如本书中,为向读者可参照的结果,涉及随机数组的算例都采用种子重现法。
  - 状态重现法,参见本例方法 4、5 的内容。

    该方法特点:控制是借助随机发生器的内部状态实施的;重现的是"从那组状态开始的后半段随机流"。

    该方法的主要应用于,需要重现随机数引发的"稍纵即逝"现象的场合。为此,需要在设计程序时,把 OS＝get(RS,'State')或 OS＝RS.State 安放在适当位置,以捕捉奇异现象发生前随机流的状态。

5. 独立随机数序列和随机流的产生

在仿真试验中,常常需要在不同时空、不同试验环节、乃至不同序次的循环过程中,产生统计意义上独立同分布的各种随机序列。MATLAB 提供了产生独立随机序列和随机流的多种工具。本小节将借助算例给与展示。

【例 4.6-4】 本例演示:从不同层次上创建独立同分布随机数组、随机序列、随机流的 6 种方法;借助 corrcoef 指令检验随机序列的独立性;借助频数直方图检查随机序列的分布性质。

(1) 同一随机流引出的统计独立同分布接续随机序列——方法 1

```
rng(2)                               % 为读者能重现以下结果而设
N = 10000;
a = randn(N+2,1);
A = [a(1:N),a(2:N+1),a(3:N+2)];      % 生成各列元素"上移一行"的 Toeplitz 数组
A(1:4,:)                             % 显示 A 数组的前四行,以观察相邻列元素的特殊排列
CA = cov(A)                          % 利用协方差阵,观察 N(0,1)正态分布各列间独立性
nh = 7 * log10(N);                   % 画频数直方图所用子区间数
% 以下指令绘制频数直方图,感受各列元素是否都服从 N(0,1)分布
```

```
subplot(1,3,1),histfit(A(:,1),nh),title('A(:,1)')
subplot(1,3,2),histfit(A(:,2),nh),title('A(:,2)')
subplot(1,3,3),histfit(A(:,3),nh),title('A(:,3)')
ans =
    -0.1242    -2.5415     0.2772
    -2.5415     0.2772    -0.1960
     0.2772    -0.1960    -0.1962
    -0.1960    -0.1962    -0.3057
CA =
     1.0254    -0.0095    -0.0024
    -0.0095     1.0254    -0.0095
    -0.0024    -0.0095     1.0250
```

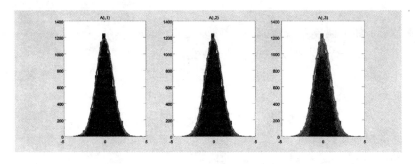

图 4.6-1　A 数组三列元素的频数直方图

(2) 同一随机流不同子段所产生的统计独立同分布随机序列——方法 2

```
clear
rng(5)                          % 为重现如下结果而设
N = 10000;                      % 数据长度
A = rand(N,3);                  % 由随机流不交叉子段构成的均布随机数组
B = randn(N,3);                 % 由随机流不交叉子段构成的正态随机数组
C = randi([-5,5],N,3);          % 由随机流不交叉子段构成的均布整数随机数组
rA = corrcoef(A)                % 结果表明 A 数组各序列间统计独立
rB = corrcoef(B)                % 结果表明 A 数组各序列间统计独立
rC = corrcoef(C)                % 结果表明 A 数组各序列间统计独立
RAB = corrcoef(A(:),B(:))       % 结果表明 A,B 数组列化序列统计独立
RAC = corrcoef(A,C)             % 结果表明 A,C 数组列化序列统计独立
rA
    1.0000    -0.0037    -0.0038
   -0.0037     1.0000    -0.0060
   -0.0038    -0.0060     1.0000
rB =
    1.0000    -0.0084     0.0233
   -0.0084     1.0000     0.0060
    0.0233     0.0060     1.0000
rC =
```

```
     1.0000    -0.0108    0.0174
    -0.0108    1.0000     0.0043
     0.0174    0.0043     1.0000
RAB =
     1.0000    0.0017
     0.0017    1.0000
RAC =
     1.0000    0.0075
     0.0075    1.0000
```

(3) 由不同变换方法生成的统计独立同分布正态随机序列——方法 3

```
clear
N = 10000;
rng(17)
a = randn(1,5)                          % 为观察与 b 的差别而设
A = rand(N,3);
RS = RandStream.getGlobalStream;        % 获取全局随机流的句柄
reset(RS)                               % 重置全局随机流到初始状态
RS.NormalTransform = 'Polar';           % 改变正态随机数变换算法
b = randn(1,5)                          % 为观察与 a 的差别而设
B = randn(N,3);
CAB = corrcoef([A,B])                   % 用相关系数观察不同变换所得随机序列的独立性
a =
    -0.3951    0.1406    -1.5172    -1.8820    0.7965
b =
    -1.8546    0.2763    1.1453    0.6239    1.8866
CAB =
     1.0000   -0.0109    0.0003   -0.0032   -0.0094   -0.0111
    -0.0109    1.0000   -0.0023   -0.0068    0.0086    0.0145
     0.0003   -0.0023    1.0000    0.0031   -0.0007   -0.0026
    -0.0032   -0.0068    0.0031    1.0000   -0.0009   -0.0006
    -0.0094    0.0086   -0.0007   -0.0009    1.0000   -0.0014
    -0.0111    0.0145   -0.0026   -0.0006   -0.0014    1.0000
```

(4) 由同一随机流的子流引出的统计独立同分布随机序列——方法 4

```
clear
RS = RandStream('mlfg6331_64');         % 生成含 2^61 平行子流的随机流
N = 10000;
A1 = zeros(3,5);AA1 = A1;
B = zeros(N,3);
for k = 1:3
    set(RS,'Substream',k)               % 调用第 k 个子随机流
    A1(k,:) = rand(RS,1,5);             % 为观察数值,与 AA1 比较用
    B(:,k) = rand(RS,N,1);              % (a)模拟"不管经过什么随机数操作"
                                        % (b)用以观察"独立同分布"性质
```

```
    end
    for k = 1:3
        set(RS,'Substream',k)
        AA1(k,:) = rand(RS,1,5);
    end
A1,AA1
rA = corrcoef(B)                    % 检查各列的独立性
nh = 5 * log10(N);                  % 画频数直方图所用子区间数
% 以下指令绘制频数直方图,感受各列元素是否都服从在(0,1)区间均匀分布
subplot(1,3,1),hist(B(:,1),nh),title('B(:,1)')
subplot(1,3,2),hist(B(:,2),nh),title('B(:,2)')
subplot(1,3,3),hist(B(:,3),nh),title('B(:,3)')
A1 =
    0.6986    0.7413    0.4239    0.6914    0.7255
    0.9230    0.2489    0.2405    0.0105    0.8775
    0.0261    0.2530    0.0737    0.7119    0.0048
AA1 =
    0.6986    0.7413    0.4239    0.6914    0.7255
    0.9230    0.2489    0.2405    0.0105    0.8775
    0.0261    0.2530    0.0737    0.7119    0.0048
rA =
    1.0000   -0.0021    0.0162
   -0.0021    1.0000   -0.0084
    0.0162   -0.0084    1.0000
```

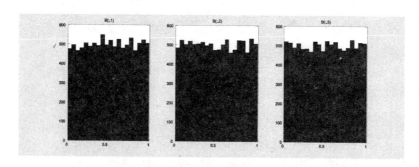

图 4.6-2　B 数组三列元素的频数直方图

(5) 同一发生器由不同初始种子引出的统计独立同分布随机流——方法 5

```
clear
N = 1e4;
rng(0)                  % 初始种子为 0
a = rand(N,1);
rng(31)                 % 初始种子为 321
b = rand(N,1);
Cab = corrcoef(a,b)
Cab =
```

```
    1.0000    0.0006
    0.0006    1.0000
```

（6）由不同发生器生成的统计独立同分布随机流——方法 6

```
clear
N = 1e4;
rng default
RS = RandStream('swb2712');
A = rand(N,3);
B = rand(RS,N,3);
C = [A,B];
CAB = corrcoef(C)
CAB =
    1.0000   -0.0137   -0.0183   -0.0055    0.0045    0.0205
   -0.0137    1.0000   -0.0106    0.0025   -0.0028   -0.0067
   -0.0183   -0.0106    1.0000   -0.0077   -0.0136    0.0123
   -0.0055    0.0025   -0.0077    1.0000   -0.0348    0.0069
    0.0045   -0.0028   -0.0136   -0.0348    1.0000    0.0037
    0.0205   -0.0067    0.0123    0.0069    0.0037    1.0000
```

〖说明〗

- 本例介绍的 6 种方法所产生的随机序列数组和随机流，都具有统计意义上的独立同分布性质。
  - 笼统而言，由于电脑产生的是伪随机数序列，不可能产生真正的随机数。各种随机数发生器虽都能保证所生成随机数的"独立同分布"性质，但都或多或少存在统计测试上的瑕疵。从这个意义上讲，采用不同发生器所产生的随机流，对 Monte Carlo 仿真结论进行测试、检验是必要的、比较慎重的措施。
  - 各种方法的特征、差异和及使用建议归纳在表 4.6-3 中。
- 除本例介绍的 6 种方法外，MATLAB 还提供两个利用时变种子产生独立随机流的指令：

  rng shuffle　　　　　　　　产生时变种子初始化默认发生器所产生的全局随机流

  rng('shuffle', generator)　　以时变种子初始化 generator 发生器所产生的全局随机流
  - shuffle 表示初始种子是根据"当时的计算机时间"产生的。不同时间产生不同的初始种子，从而导致所产生的全局随机流也不同。
  - 除非理由充分，MATLAB 不建议使用 shuffle 频繁地生成不同全局随机流。

表 4.6-3　创建独立同分布随机序列或随机流的不同方法汇总

序 号	创建目标	创建特征	应用建议
1	接续随机序列数组	同一发生器；同一初始种子；时间上接续的内部状态向量	最简便地产生满足统计独立同分布的随机数组；用于数字信号处理中随机的时间序列数组的产生
2	随机数组	同一发生器；同一初始种子；时间上分隔的内部状态向量	最简便地产生满足统计独立同分布的随机数组；用于 Monte Carlo 仿真中随机的非时间序列数组的产生

续表 4.6-3

序号	创建目标	创建特征	应用建议
3	随机数组	同一发生器；同一初始种子；不同的正态随机数变换算法	较简便地统计独立同分布性可能更好的正态随机数组；仅限于使用正态随机数组的场合
4	多个子随机流	同一发生器；同一初始种子；平行并发的子随机流	统计意义上独立性更好的随机数组；用于 Monte Carlo 仿真
5	多个随机流	同一发生器；不同初始种子	统计意义上独立性更好的随机数组；用于 Monte Carlo 仿真
6	多个随机流	不同发生器	统计意义上独立性最好的随机数组；运用于独立同分布要求相同，而随机流生成机理不同的训练集、测试集随机数组的产生和 Monte Carlo 仿真

6. 随机数重现控制旧版指令的使用建议

专辟本小节是基于以下考虑：

- 从 MATLAB R2007a 引入 Mersenne Twister 随机数发生器，MATLAB R2008b 引入 RandStream 类以来，就随机数发生器和重现控制指令而言，MATLAB 的变动和更新比较频繁。MATLAB R2011a 版引进的 rng 指令也许标注着新阶段的开始。
- 那些形式简单的随机数重现控制的旧版指令至今仍被众多 MATLAB 老用户沿用，并存在于按旧版 MATLAB 规则编写的程序中。
- 新版 MATLAB 对随机数重现控制的旧版指令采取不禁用、不推荐的应对措施。
- 本书不仅建议用户采用新版控制指令编写新的 MATLAB 源码程序，也建议用户尽量采用新版指令改造已有的 MATLAB 源码程序。原因是：旧版采用的随机数发生器（除 Mersenne Twister 外）存在较多的统计瑕疵；旧版指令形式容易引起现用随机数发生器的误动作。
- 随机数重现控制的新旧版本替换对照见表 4.6-4。

表 4.6-4 随机数重现控制新旧版本指令替换表

旧版指令	完全等效的新版替换指令	不等效的新版替换指令
不禁用；不推荐	不影响原程序运行结果；不推荐	可能影响源程序运行结果；推荐
rand('seed', sum(100 * clock))	rng(sum(100 * clock), 'v4')	rng('shuffle')
rand('seed', sd)	rng(sd, 'v4')	rng(sd)
randn('seed', sd)		
rand('state', sd)	rng(sd, 'v5uniform')	
randn('state', sd)	rng(sd, 'v5normal')	
rand('twister', tr)	rng(tr, 'twister')	rng('default')

【说明】

表 4.6-4 中 sd, tr 等都是在许可范围内取值的非负整数。

4.6.2 数据样本分布可视化描述

不管对样本是否有经验知识,频数直方图(Histogram)都能方便、形象地表现样本数据的最可能取值位置和分布的分散程度。具体做法是:把样本数据的取值范围分成若干个子区间,然后把落在每个子区间内的数据数目用直方图画出。具体指令如下:

[Ny,Nx]=hist(Y,nx)　　　　　计算或绘制样本 Y 的频数直方图
[Ny,Nbin]=histc(Y,nx)　　　 计算样本 Y 在端点定位区间上的频数直方图
[Tk,Rk]=rose(Theta,nth)　　 计算或绘制样本 theta 的频数扇形图(Angle histogram)

【说明】
- 输入量 Y 是被研究的数据样本。它可以是向量,也可以是矩阵。当它是矩阵时,列被看作同组数据,即指令操作逐列进行。
- 输出量 Ny 是各子区间内的数据数目,即频数,可用作绘制直方图的纵坐标量。
- 在 hist 指令中:
  - 输入量 nx,或是指示区间分段数的"正整数标量";或是指示各子区间的中点"向量";在完全缺省时,默认地把样本数据的取值范围分成 10 个子区间。
  - 输出量 Ny 和 Nx 分别是绘制直方图的纵、横坐标量。再通过诸如 bar(Nx,Ny), stem(Nx,Ny)等指令,可画出表现频数或统计概率密度的图形。
  - hist 指令输出量可以全部缺省。此时,该指令以默认设置直接绘出频数直方图。
- 在 histc 指令中:
  - 输入量 nx,一定是指示各子区间端点的"向量"。输出量 Ny 是各子区间的频数,而 Nbin 给出 X 中每个元素所属的子区间号。
  - 利用 histc 输出量,绘制频数直方图指令应是 bar(nx,Ny,'histc')。
- 在 rose 指令中:
  - 认为输入数据样本 Theta 是以弧度为单位的。
  - 第二个输入量 nth:可取正整数,指定扇形数目;或取角度向量,指定各扇形的角度边界;或缺省,默认分割扇形的数目为 20 个。
  - 输出量 Tk,Rk 分别是勾画每个扇形所须四个点的极坐标。当输出量全部缺省时,该指令直接画出频数扇形图。
- 注意,频数直方图的运用和解释要谨慎。由统计理论可知:频数直方图的形状、最可能值的位置是对于区间分段宽度敏感的。因此,为获得对样本分布形状较为可信的认识,一不要使平均频数小于 5;二要对于不同平均频数进行多次试验。假若在较小平均频数时出现高的尖峰(Spike),而较大平均频数时尖峰被冲失,那么或者应该增加被试数据的数目,或者应该抛弃已得的对分布形状的片面认识。
- 当样本数据有一个以上的最可能取值,即多模时,频数直方图对样本数据的描述能力明显优于数字特征。

【例 4.6-5】 直方条分段数对观察随机数据分布的影响。本例演示:hist 指令的用法;给出两种常用的频数直方图分段数取法(参见图 4.6-3)。

```
Nxy = 1000;
rng(0,'v5normal')           % 为重现以下结果而设
x = randn(Nxy,1);           % 生成正态分布实验样本
% 观察正态数据组的频数直方图 4.6-1 在不同区间分段数时的变化
n1 = 5;
n2 = 7 * log10(Nxy);        % 对数分段法——最常用的分段数取法之一        <6>
n3 = floor(sqrt(Nxy));      % 平方根分段法——最常用的分段数取法二        <5>
n4 = 170;
subplot(2,2,1),histfit(x,n1),title('(a)')    % 分段过少的直方图
subplot(2,2,2),histfit(x,n2),title('(b)')    % 对数分段所得直方图
subplot(2,2,3),histfit(x,n3),title('(c)')    % 平方根分段所得直方图
subplot(2,2,4),histfit(x,n4),title('(d)')    % 分段过多的直方图
```

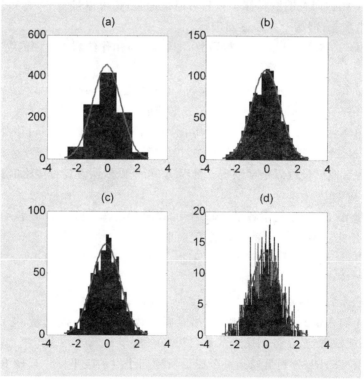

图 4.6-3　正态分布实验数据在不同分段下的频数直方图

【说明】
- 例中 histfit 指令取自 Statistic Toolbox。该指令在画频数直方图的同时，画出拟合的正态"钟"形分布线。
- 图 4.6-3(d)显示的是典型的"由于分段过多产生的"直方图。

4.6.3　随机分布的数字特征及其统计量

1. 随机分布的中心位置统计量

样本数据的中心位置是描写分布特征的最重要参数。从不同测度出发，MATLAB 提供

了多种"描写随机分布中心位置"的统计量计算指令。下面列出最主要的两种。

xbar＝mean(X)　　　给出 X 阵各列的算术平均值(Arithmetic average)
x50＝median(X)　　给出 X 阵各列的样本中位数(Median value)

〖说明〗
- 在 mean 指令中
  - X 为向量时，xbar 为标量；X 为 $(n\times m)$ 矩阵时，xbar 为 $(1\times m)$ 数组。
  - xbar 第 j 个元素的数学定义为 $\bar{x}_j = \dfrac{1}{n}\sum\limits_{i=1}^{n}x_j(i)$。
- 在 median 指令中
  - 关于 X 的约定与 mean 指令相同。
  - x50 第 j 个元素根据以下规则产生：把 X 第 j 列 $\boldsymbol{x}_j$ 的元素自小向大排列后得到的新列记为 $\boldsymbol{y}_j$，于是

  $$x_{50j}=\begin{cases} y_j\left(\dfrac{n+1}{2}\right) & (n \text{ 为奇数})\\ \dfrac{y_j\left(\dfrac{n}{2}\right)+y_j\left(\dfrac{n+1}{2}\right)}{2} & (n \text{ 为偶数})\end{cases}$$

- 样本中的个别游离数据(Outlier)对算术平均值影响较大，但对中位数的影响甚小。
- "对称分布"数据样本的算术平均值与中位数应该比较接近；而"非对称分布"数据样本的平均值与中位数通常相差较大。这个性质常用来判断随机样本所服从分布的对称性。

2. 随机分布的聚散度统计量

样本数据的聚散程度(Measures of dispersion)是描写分布的另一个重要参数。从不同测度出发，MATLAB 提供了多种"数据集散度"统计量的计算指令。下面列出三种常用统计量。

v＝var(X, flag)　　给出 X 阵各列的方差(Variance)
s＝std(X, flag)　　给出 X 阵各列的标准差(Standard deviation)
d＝range(X)　　　给出 X 阵各列的极差(Range of values)

〖说明〗
- 在以上所有指令中，当输入量 X 为向量时，则输出为标量；当 X 为 $(n\times m)$ 矩阵时，则输出为 $(1\times m)$ 数组。
- 在 var 指令中
  - 方差定义为 $v=\sigma^2=E\{(x-\mu)^2\}$。
  - flag 取 1 时，输出量 v 第 j 个元素的数学定义为 $v_{j(1)} = \dfrac{1}{n}\sum\limits_{i=1}^{n}(x_j(i)-\bar{x}_j)^2 = \hat{\sigma}_{(1)}^2$。$\hat{\sigma}_{(1)}^2$ 表示方差 σ^2 的有偏估计。
  - flag 取 0 或省略时，输出量 v 第 j 个元素的数学定义为 $v_{j(0)} = \dfrac{1}{n-1}\sum\limits_{i=1}^{n}(x_j(i)-\bar{x}_j)^2 = \hat{\sigma}_{(0)}^2$。$\hat{\sigma}_{(0)}^2 = \dfrac{n}{n-1}\cdot\hat{\sigma}_{(1)}^2$ 是方差 σ^2 的无偏估计。
- 在 std 指令中

- ■ flag 取 1 时,输出量 s 第 j 个元素的数学定义为 $s_j = (\hat{\sigma}_{(1)}^2)^{\frac{1}{2}}$,给出有偏估计。
- ■ flag 取 0 或省略时,输出量 s 第 j 个元素的数学定义为 $s_j = (\hat{\sigma}_{(0)}^2)^{\frac{1}{2}}$,给出无偏估计。
- ● 在 range 指令中,输出量 d 第 j 个元素的数学定义为 $d_j = \max(\boldsymbol{x}_j) - \min(\boldsymbol{x}_j)$。

3. 斜度和峭度高阶统计量

随机数据的三阶、四阶统计量可对数据所服从的分布进行更细致的描述。最常用的三阶、四阶统计量分别被称为斜度和峭度。MATLAB 提供了计算这些高阶统计量的指令,具体如下:

M＝moment(X, order) 　　　　　计算 order 指定阶数的中心矩(Central moment)
s3＝skewness(X, flag) 　　　　　给出矩阵 X 各列的斜度(Skewness)
k4＝kurtosis(X, flag) 　　　　　给出矩阵 X 各列的峭度(Kurtosis)

〖说明〗
- ● 以上指令中,当输入量 X 为向量时,则输出为标量;当 X 为 $(n \times m)$ 矩阵时,则输出为 $(1 \times m)$ 数组。
- ● 在 moment 指令中:
  - ■ 中心矩定义为 $M = E\{(x-\mu)^k\}$,k 为中心矩的阶,由输入量 order 指定;统计计算公式为 $M_j = \frac{1}{N} \sum_{i=1}^{N} [x_j(i) - \bar{x}_j]^k, \bar{x}_j = \frac{1}{N} \sum_{i=1}^{N} x_j(i), j \in [1, \cdots, m]$。
  - ■ 特别提醒:该指令所给出的"二阶中心矩"统计量是有偏估计。而上一小节中 $\hat{\sigma}_{(0)}^2$ 是"二阶中心矩"的无偏估计。它们之间的关系是 $M_j = \frac{N-1}{N} \hat{\sigma}_{(0)}^2$。
- ● 在 skewness 指令中:
  - ■ 斜度定义 $s_k = \frac{E\{(x-\mu)^3\}}{\sigma^3}$。
  - ■ 当 flag=1 时,给出斜度的有偏估计 $\hat{s}_{k(1)} = \frac{\hat{m}_{3(1)}}{(\hat{\sigma}_{(1)}^2)^{3/2}}$。在此,$\hat{m}_{3(1)} = \frac{1}{n} \sum_{i=1}^{N} (x(i) - \bar{x})^3$ 是 $E\{(x-\mu)^3\}$ 的有偏估计;$\hat{\sigma}_{(1)}^2$ 定义见上一小节。
  - ■ 当 flag=0 或省略时,给出斜度的无偏估计 $\hat{s}_{k(0)} = \frac{n^{\frac{1}{2}}(n-1)^{\frac{1}{2}}}{n-2} \cdot \hat{s}_{k(1)}$。
- ● 在 kurtosis 指令中:
  - ■ 峭度定义 $k_u = \frac{E\{(x-\mu)^4\}}{\sigma^4}$。
  - ■ 当 flag=1 时,给出斜度的有偏估计 $\hat{k}_{u(1)} = \frac{\hat{m}_{4(1)}}{(\hat{\sigma}_{(1)}^2)^2}$。在此,$\hat{m}_{4(1)} = \frac{1}{n} \sum_{i=1}^{N} (x(i) - \bar{x})^4$ 是 $E\{(x-\mu)^4\}$ 的有偏估计;$\hat{\sigma}_{(1)}^2$ 定义见上一小节。
  - ■ 当 flag=0 或省略时,给出斜度的无偏估计 $\hat{k}_{u(0)} = \frac{(n-1)}{(n-2)(n-3)} \cdot [\hat{k}_{u(1)}(n+1) - 3(n-1)] + 3$。

【例 4.6－6】 观察正态、指数、瑞利、均匀四种随机数的统计量特征。本例演示:随机数产生指令 exprnd, raylrnd 的用法;理论均值和方差计算指令 normstat, expstat, raylstat, unifstat

的用法。

(1) 随机数的产生

```
N = 10000;
X = zeros(N,4);
rng(1)                    % 为以下结果可重现而设
X(:,1) = randn(N,1);      % 产生 N(0,1²)正态分布(N×1)随机数组
X(:,2) = exprnd(1,[N,1]); % 产生 μ=1 指数分布(N×1)随机数组
X(:,3) = raylrnd(1,[N,1]);% 产生 b=1 瑞利分布(N×1)随机数组
X(:,4) = rand(N,1);       % 产生[0,1]间均匀分布(N×1)随机数组
```

(2) 四种分布的理论均值及方差

```
[MU(1),S2(1)] = normstat(0,1);  % 计算正态分布的理论均值和方差
[MU(2),S2(2)] = expstat(1);     % 计算指数分布的理论均值和方差
[MU(3),S2(3)] = raylstat(1);    % 计算瑞利分布的理论均值和方差
[MU(4),S2(4)] = unifstat(0,1);  % 计算均匀分布的理论均值和方差
```

(3) 中心位置统计量

```
mu = mean(X);             % 计算统计均值
m50 = median(X);          % 计算中位数
disp(['分布类型',blanks(9),'正态',blanks(9),'指数',blanks(9),'瑞利',blanks(8),'均匀'])
disp(['理论均值',blanks(13),num2str(MU)])
disp(['平均值',blanks(5),num2str(mu)])
disp(['中位数',blanks(7),num2str(m50)])
```

分布类型	正态	指数	瑞利	均匀
理论均值	0	1	1.2533	0.5
平均值	−0.00065501	0.99322	1.2552	0.49921
中位数	−0.016961	0.68482	1.1812	0.49603

(4) 离差统计量

```
s2_0 = std(X,0);
s2_1 = std(X,1);
disp(['分布类型',blanks(7),'正态',blanks(9),'指数',blanks(9),'瑞利',blanks(8),'均匀'])
disp(['理论离差',blanks(11),num2str(sqrt(S2))])
disp(['无偏离差',blanks(5),num2str(s2_0)])
```

分布类型	正态	指数	瑞利	均匀
理论离差	1	1	0.65514	0.28868
无偏离差	0.99618	0.99203	0.6489	0.285144

〖说明〗

由于"正态"和"均匀"两种分布是"关于中心对称"的,所以它们的平均值和中位数十分接近,而"指数"和"瑞利"两种分布是"不对称"的,所以它们的平均值和中位数相差很大。

【例 4.6-7】 本例演示:正态、指数、瑞利、均匀四种随机数的前四阶统计量的不同计算方法;Proakis 定义的矩(Moment)和累(Cumulant),以及相应的"归化斜度和峭度";打印指令 sprintf 的用法。

(1) 编写通用的计算矩和累的函数 M 文件

```matlab
function [c,m]=exm040607_cm(x)
% 计算 x 随机矩阵列向量的炬 m、累 c(1:4,:)及归化 3\4 阶累的有偏估计 c(5:6,:)
%  该函数文件编写的参考文献        J.G.Proakis,etc.,Algorithms for Statistical
%                                  Signal Processing,Prentice-Hall Inc.,2002.
m(1,:)=mean(x);
m(2,:)=mean(x.^2);
m(3,:)=mean(x.^3);
m(4,:)=mean(x.^4);
c(1,:)=m(1,:);
c(2,:)=m(2,:)-m(1,:).^2;
c(3,:)=m(3,:)-3*m(2,:).*m(1,:)+2*m(1,:).^2;
c(4,:)=m(4,:)-4*m(3,:).*m(1,:)-3*m(2,:).^2+12*m(2,:).*m(1,:).^2-6*m(1,:).^4;
c(5,:)=c(3,:)./c(2,:).^1.5;           % 归化斜度
c(6,:)=c(4,:)./c(2,:).^2;             % 归化峭度
```

(2) 四种分布随机数的发生
```matlab
clear
rng default
N = 1e6;
X = zeros(N,4);
X(:,1) = randn(N,1);              %产生 N(0,1^2)正态分布(N×1)随机数组
X(:,2) = exprnd(1,[N,1]);         %产生 μ=1 指数分布(N×1)随机数组
X(:,3) = raylrnd(1,[N,1]);        %产生 b=1 瑞利分布(N×1)随机数组
X(:,4) = rand(N,1) - 0.5;         %产生[-0.5,0.5]间均匀分布(N×1)随机数组
```

(3) 计算 MATLAB 约定的斜度峭度统计量
```matlab
Smatlab(1,:) = mean(X);           %均值
Smatlab(2,:) = var(X,0);          %离差无偏估计
Smatlab(3,:) = skewness(X,0);     %斜度无偏估计
Smatlab(4,:) = kurtosis(X,0);     %峭度无偏估计
```

(4) 借助 exm040607_cm.m 函数文件计算高阶统计量
```matlab
[CU,MO] = exm040607_cm(X);
```

(5) 数据比较
```matlab
%字符串准备
B3 = blanks(3);B4 = blanks(4);B5 = blanks(5);
DSTR = ['正态 ';'指数 ';'瑞利 ';'均匀 '];
MatSTR = ['MATLAB 约定 ',B3,B3,'均值 ',B5,'方差 ',B5,'斜度 ',B5,'峭度 '];
CSTR = ['Proakis 约定 ',B4,'一阶累 ',B4,'二阶累 ',B4,'三阶累 ',B4,'四阶累 ',B4,'归化斜 ',B4,'归化峭 '];
MSTR = ['Proakis 约定 ',B4,'一阶矩 ',B4,'二阶矩 ',B4,'三阶矩 ',B4,'四阶矩 '];

%统计量显示
disp(MatSTR)              %显示:按照 MATLAB 约定计算的不同分布随机数的 1~4 阶统计量
for kk = 1:4
```

```
            disp([DSTR(kk,:),B3,B5,sprintf('% +9.4f',Smatlab(:,kk)')])
end
disp(' ')
disp(CSTR)         % 显示:按照 Proakis 约定计算的不同分布随机数的 1~4 阶累        <11>
for kk = 1:4                                                        %    <12>
            disp([DSTR(kk,:),B3,B5,sprintf('% +9.4f',CU(:,kk)')])    %    <13>
end                                                                 %    <14>
disp(' ')
disp(MSTR)         % 显示:按照 Proakis 约定计算的不同分布随机数的 1~4 阶矩
for kk = 1:4
            disp([DSTR(kk,:),B3,B5,sprintf('% +9.4f',MO(:,kk)')])
end
```

MATLAB 约定	均值	方差	斜度	峭度		
正态	+0.0009	+0.9994	+0.0003	+3.0042		
指数	+1.0000	+1.0004	+1.9947	+8.9419		
瑞利	+1.2526	+0.4296	+0.6338	+3.2456		
均匀	+0.0001	+0.0833	+0.0004	+1.7997		

Proakis 约定	一阶累	二阶累	三阶累	四阶累	归化斜	归化峭
正态	+0.0009	+0.9994	+0.0003	+0.0042	+0.0003	+0.0042
指数	+1.0000	+1.0004	+1.9957	+5.9462	+1.9946	+5.9419
瑞利	+1.2526	+0.4296	-0.6141	+0.0453	-2.1806	+0.2456
均匀	+0.0001	+0.0833	+0.0000	-0.0083	+0.0004	-1.2003

Proakis 约定	一阶矩	二阶矩	三阶矩	四阶矩
正态	+0.0009	+0.9994	+0.0031	+3.0004
指数	+1.0000	+2.0004	+5.9969	+23.9338
瑞利	+1.2526	+1.9986	+3.7581	+7.9993
均匀	+0.0001	+0.0833	+0.0000	+0.0125

〖说明〗

值得指出:关于斜度、峭度的定义随文献而异,读者要留心区别。表 4.6-1 列出了两类常见定义。

● 本例中,归化斜度和归化峭度分别由式(4.6-1)、(4.6-2)定义。

$$d_3 = \frac{c_3}{(c_2)^{3/2}} \tag{4.6-1}$$

$$d_4 = \frac{c_4}{(c_2)^2} \tag{4.6-2}$$

式中,c_2,c_3,c_4 分别是表 4.6-5 中的二阶、三阶、四阶累。

● $N(0,1)$ 正态分布随机数的前四阶统计量的理论值如表 4.6-6 所列。
    ■ 正态分布概率密度函数可以由"均值和方差"完全准确地描述。
    ■ 按照 Proakis 定义,正态分布随机数除前二阶统计量有意义外,其三阶累及更高阶累统计量均为 0。

表 4.6-5　前四阶数字特征的不同定义

MATLAB 定义		Proakis 定义[①]	
		$m_k = E\{x^k\}$　$k=1,2,3,4$	第 k 阶原点矩
均值（Mean）	$c_1 = E\{x\}$	$c_1 = m_1$	一阶累
方差（Variance）	$s^2 = E\{(x-\mu)^2\}$ $= E\{x^2\} - \mu^2$	$c_2 = m_2 - m_1^2$	二阶累
斜度（Skewness）	$s_k = \dfrac{E\{(x-\mu)^3\}}{\sigma^3}$	$c_3 = m_3 - 3m_2 m_1 + 2m_1^3$	斜度三阶累
峭度（Kurtosis）	$k_u = \dfrac{E\{(x-\mu)^4\}}{\sigma^4}$	$c_4 = m_4 - 4m_3 m_1 - 3m_2^2 + 12 m_2 m_1^2 - 6 m_1^4$	峭度四阶累

- 正态分布随机数二阶以上累统计量为 0 的事实，具有以下意义：
  - 可以根据四阶累（峭度）的"正或负"，把概率分布划分为"过高斯"或"欠高斯"。据此可知：均匀分布就是"欠高斯"的，而指数分布是"过高斯"的。参见本算例解算步骤"(5) 数据比较"中指令〈11〉~〈14〉计算后给出的结果比较表（包含累和归化峭度）。
  - 在信号盲处理中，利用该事实把"有用的非正态信号"和"正态噪声干扰信号"加以分离。
  - 在盲信号处理中，归化峭度用得比四阶累更普遍。原因是：归化峭度的数值大小随分布的变化更鲜明；而四阶累则容易被估计误差所掩盖（如本例均匀分布的四阶累是 −0.083，而归化峭度为 −1.2）。

表 4.6-6　$N(0,1)$ 正态分布随机数前四阶统计量理论值

统计量	一阶	二阶		三阶		四阶		归化斜度	归化峭度
	均值	方差	矩 m_2	累 c_2	矩 m_3	累 c_3	矩 m_4	累 c_4		
MATLAB 定义	0	1							$s_k = 0$	$k_u = 3$
Proakis 定义	0		2	1	0	0	3	0	$d_3 = 0$	$d_4 = 0$

- 均匀、指数、瑞利分布随机数的统计量理论值如表 4.6-7 所列。

表 4.6-7　三种分布随机数统计量的理论值

	均值	方差	归化斜度	归化峭度
$[-0.5, 0.5]$ 均匀分布	$\dfrac{a+b}{2} = 0$	$\dfrac{(a-b)^2}{12} = 0.0833$	0	$\dfrac{m_4}{m_2^2} - 3 = -1.2$
$\mu=1$ 指数分布	$\mu = 1$	$\mu^2 = 1$	正	正
$b=1$ 瑞利分布	$b\sqrt{\dfrac{\pi}{2}} = 1.2533$	$b^2\left(2 - \dfrac{\pi}{2}\right) = 0.4292$	负	正

【说明】

表 4.6-7 归化斜度和峭度按照 Proakis 定义。

[①] J. G. Proakis etc, Algorithms for Statistical Signal Processing, Prentice-Hall Inc., 2002.

4.7 多项式运算和卷积

鉴于多项式计算和卷积在理工科中的特殊地位和意义,在此专设一节予以阐述。

4.7.1 多项式的运算函数

1. 多项式表达方式的约定

MATLAB 约定:对于降幂多项式
$$a(x) = a_1 x^n + a_2 x^{n-1} + \cdots + a_n x + a_{n+1}$$
其系数采用如下"行向量"表示
$$a = [a_1, a_2, \cdots, a_n, a_{n+1}]$$
即把多项式的各项系数依降幂次序排放在行向量的元素位置上。在此要提醒读者注意:假如多项式中缺某幂次项,则应认为该幂次项的系数为零。

2. 多项式运算函数

表 4.7-1 多项式运算函数的调用格式及含义

指 令	含 义
c=conv(a,b)	设有多项式 $A(x) = \sum_{i=0}^{N} a_i x^{N-i}$ 和 $B(x) = \sum_{i=0}^{M} b_i x^{M-i}$,则它们的乘积为 $C(x) = A(x)B(x) = \sum_{k=0}^{N+M} c_k x^{N+M-k}$,在此 $c_k = \sum_{i=0}^{N+M} a_i b_{k-i}$
[q,r]=deconv(b,a)	求出 $\dfrac{b(x)}{a(x)} = q(x) + r(x) \cdot \dfrac{1}{a(x)}$ 运算中商多项式 $q(x)$ 和余多项式 $r(x)$ 的系数向量 **q** 和 **r**
[r,p,k]=residue(b,a)	当 $a(s)$ 不含重根时,计算部分分式分解 $$\frac{b(s)}{a(s)} = \frac{r_1}{s-p_1} + \frac{r_2}{s-p_2} + \cdots + \frac{r_n}{s-p_n} + k(s)$$ 中的极点(Poles)、留数(Residues)和直项(Direct term); 输出量 r 是由"各分子"构成的 $[r_1, r_2, \cdots, r_n]$ 一维数组, 输出量 p 是由"各极点"构成的 $[p_1, p_2, \cdots, p_n]$ 一维数组, 输出量 k 是多项式 $k(s)$ 的系数行向量
r=roots(a)	求 $a(x)$ 多项式的根
a=poly(r)	若 r 是一维数组,则该指令实施"据多项式根求多项式各项系数"的运算。此时,输入量 r 的各元素表示多项式的根,输出量 a 表示多项式的系数向量
	若 r 是方阵,则该指令实施"计算方阵特征多项式"的运算。此时,a 表示矩阵 r 所对应的特征多项式的系数向量
V=polyval(p,X)	实现数组多项式求值:按数组运算规则计算多项式值; 具体地说,$v_{ij} = p(x_{ij})$;在此,x_{ij} 是 X 的第 (i,j) 元素,v_{ij} 是 V 的第 (i,j) 元素

续表 4.7 - 1

指 令	含 义
V=polyvalm(p,X)	实现矩阵多项式求值:按矩阵运算规则计算多项式值;p 为多项式,X 为矩阵 具体地说,$V = p_1 X^n + \cdots + p_n X + p_{n+1} I$
polyfit	多项式拟合(详见第 4.8.2 节)

【例 4.7 - 1】 求 $\dfrac{(s^2+2)(s+4)(s+1)}{s^3+s+1}$ 的"商"及"余"多项式。本例演示:多项式系数向量的正确表达;指令 conv, deconv, poly2str 的使用;如何验算。

(1) 求"商"及"余"多项式

```
format rat                                        % 为避免浮点显示
p1 = conv([1,0,2],conv([1,4],[1,1]));             % 计算分子多项式                    <2>
p2 = [1 0 1 1];                                   % 定义分母多项式的系数向量。注意缺项补零
[q,r] = deconv(p1,p2);                            % 求商多项式和余多项式
cq = '商多项式为   '; cr = '余多项式为   ';
disp([cq,poly2str(q,'s')]),disp([cr,poly2str(r,'s')])      %                          <6>
商多项式为     s + 5
余多项式为     5 s^2 + 4 s + 3
```

(2) 利用计算所得"商"和"余"验算分子多项式

```
qp2 = conv(q,p2);                                 % 计算"商"与"分母"的乘积
pp1 = qp2 + [zeros(1,length(qp2) - length(r)),r]; % 重算得到的分子多项式              <8>
pp1 == p1                                         % 对应系数相等,则结果为全 1        <9>
ans =
      1     1     1     1     1
```

〖说明〗
● 指令〈2〉使用了两次 conv,体现了乘法结合律。
● 指令〈6〉中的 poly2str 是一个函数文件,在 MATLAB 的 Control Toolbox 中,它能据多项式系数向量写出比较易读形式的多项式。
● 重算分子多项式中的关键是指令〈8〉。
● 本例中直接借助"=="比较 p1 和 pp1 是由于原多项式系数采用了整数,而且运算极其简单。一般说来,不同算法获得的浮点运算结果是不能借助"=="进行验算的,而必须通过两结果之"差"的"范数"大小加以判断。

【例 4.7 - 2】 矩阵和特征多项式,特征值和多项式根。本例演示:poly, roots 的用法;矩阵特征值与特征多项式根的关系;多项式求根在 MATLAB 中是如何实现的;如何生成多项式的伴随矩阵。

(1) 求矩阵的特征多项式

```
A = [11 12 13;14 15 16;17 18 19];                 % 创建一个试验用的(3 * 3)矩阵
PA = poly(A)                                      % A 的特征多项式                    <2>
PPA = poly2str(PA,'s')                            % 以较习惯的方式显示多项式
PA =
      1        -45        -18         *
```

```
PPA =
    s^3 - 45 s^2 - 18 s + 1.6206e-014
```

（2）方阵特征值和特征多项式根

```
s = eig(A)
r = roots(PA)
s =
        45.397
       -0.39651
     9.0033e-016
r =
        45.397
       -0.39651
     9.0033e-016
```

（3）特征多项式的伴随矩阵

```
n = length(PA);                              % 多项式系数向量的长度
AA = diag(ones(1,n-2,class(PA)),-1);                                    % <7>
AA(1,:) = -PA(2:n) ./ PA(1);                 % 据多项式系数构成伴随阵        <8>
AA
sr = eig(AA)
AA =
         45           18      -1.6206e-014
          1            0             0
          0            1             0
sr =
        45.397
       -0.39651
     9.0033e-016
```

〖说明〗

- n 阶方阵的特征多项式系数向量一定是 $1\times(n+1)$ 的，并且该系数向量第一个元素必是 1。这是因为指令 poly 输出的特征多项式经过"首项系数归一化"处理的缘故。
- 本例通过计算矩阵特征值 s 和特征多项式根 r，验证了"两者相同"的理论结论。
- 事实上，MATLAB 的多项式求根算法是借助所谓的伴随矩阵特征值计算实现的。这是因为该算法在所有多项式求根算法中最稳定、可靠。本例的第（3）部分指令就体现了这种算法思想。
- 指令〈7〉中的 ones(1,n-2,class(PA)) 产生 $[1\times(n-2)]$ 的行数组，且该数组的数据类型与 PA 相同。然后，该数组[1,1]在 diag 指令作用下，被设置在矩阵的"第 1 下次对角线"上，于是生成矩阵 $\begin{bmatrix} 0 & 0 & 0 \\ 1 & 0 & 0 \\ 0 & 1 & 0 \end{bmatrix}$。
- 指令〈8〉在指令〈7〉所生成矩阵基础上，再在该矩阵第 1 行写入多项式的"次最高项以下的所有系数"，构成所谓的伴随矩阵 AA。

- 在此,还可以顺便指出:矩阵的多项式是唯一的,但具有相同特征多项式的矩阵是无限的。就本例而言,可以肯定矩阵 A 和 AA 是相似的。

【例 4.7 – 3】 构造指定特征根的多项式。
```
R = [-0.5, -0.3 + 0.4*i, -0.3 - 0.4*i];      %创建根向量
P = poly(R)                                   %构造与 R 对应的多项式
PPR = poly2str(PR,'x')
P =
              1          1.1         0.55        0.125
PPR =
     x^3 + 1.1 x^2 + 0.55 x + 0.125
```

〖说明〗
- 要形成实系数多项式,则根向量中的复数根必须共轭成对。
- 含复数的根向量所生成的多项式系数向量(如 P)的系数有可能带截断误差数量级的虚部。此时可采用取实部的指令"real"把那很小的虚部滤掉。

【例 4.7 – 4】 多项式求值指令 polyval 与 polyvalm 的本质差别。本例演示:polyval, polyvalm 的计算实质;验证"Caylay-Hamilton"定理。

(1) 给定多项式和(2×2)数组
```
clear
p = [1,2,3];                %多项式系数向量
disp(['给定多项式为 ',poly2str(p,'x')])
X = [1,2;3,4]               %(2*2)数组
给定多项式为    x^2 + 2 x + 3
X =
     1     2
     3     4
```

(2) polyval 求值的本质
```
va = X.^2 + 2*X + 3              %按数组多项式定义求值                        <5>
Va = polyval(p,X)                %利用数组多项式求值指令计算
va =
     6    11
    18    27
Va =
     6    11
    18    27
```

(3) polyvalm 求值的本质
```
vm = X^2 + 2*X + 3*eye(2)        %按矩阵多项式定义求值                        <7>
Vm = polyvalm(p,X)
vm =
    12    14
    21    33
```

```
Vm =
    12    14
    21    33
```

(4) 验证"Caylay-Hamilton"定理

```
cp = poly(X);                    % 求矩阵 X 的特征多项式
disp(['矩阵 X 的特征多项式为 ',poly2str(cp,'x')])
cpXa = polyval(cp,X)             % 数组多项式的值
cpX = polyvalm(cp,X)             % 矩阵特征多项式的值
矩阵 X 的特征多项式为    x^2 - 5 x - 2
cpXa =
    -6    -8
    -8    -6
cpX =
    2.2204e-016          0
           0      2.2204e-016
```

【说明】
- 提醒注意:第⟨5⟩、⟨7⟩两条指令在"平方项"和"常数项"上的差别。
- "Caylay-Hamilton"定理:任何一个矩阵满足它自己的特征多项式方程。这意味着 cpX 理论上应该为零。但由于浮点运算,截断误差使得 cpX 实际上是很小元素构成的阵。

4.7.2 卷 积

1. 两有限长序列的卷积

设有长度有限的两个任意序列

$$A(n) = \begin{cases} a_n & N_1 \leqslant n \leqslant N_2 \\ 0 & \text{else} \end{cases}, \quad B(n) = \begin{cases} b_n & M_1 \leqslant n \leqslant M_2 \\ 0 & \text{else} \end{cases}$$

那么该卷积为

$$C(n) = \begin{cases} \sum_{i=N_1}^{N_2} A(i)B(n-i) = \sum_{i=M_1}^{M_2} A(n-i)B(i) & n \in [N_1+M_1, N_2+M_2] \\ 0 & \text{else} \end{cases}$$

(4.7-1)

把式(4.7-1)与表 4.7-1 第一栏多项式乘积相比较,不难发现:卷积运算的数学结构与多项式乘法完全相同。正因为如此,MATLAB 中的 conv, deconv 指令,不仅可用于多项式的乘除运算,而且可用于有限长序列的卷积和解卷运算。

【例 4.7-5】 有序列 $A(n) = \begin{cases} 1 & n=3,4,\cdots,12 \\ 0 & \text{else} \end{cases}$ 和 $B(n) = \begin{cases} 1 & n=2,3,\cdots,9 \\ 0 & \text{else} \end{cases}$,求这两个序列的卷积。

(1) 解法一:"按卷积式(4.7-7)循环求和法"

```
N1 = 3;N2 = 12;
```

```
A = ones(1,(N2 - N1 + 1));        %生成"非平凡区间"的序列 A
M1 = 2;M2 = 9;
B = ones(1,(M2 - M1 + 1));        %生成"非平凡区间"的序列 B
Nc1 = N1 + M1;Nc2 = N2 + M2;      %确定非平凡区间的自变量端点
kcc = Nc1:Nc2;                    %生成非平凡区间的自变量序列 kcc
%以下根据式(4.4-4)定义,通过循环求卷积
for n = Nc1:Nc2
    w = 0;
    for k = N1:N2
        kk = k - N1 + 1;
        t = n - k;
        if t >= M1&t <= M2
            tt = t - M1 + 1;
            w = w + A(kk) * B(tt);
        end
    end
    nn = n - Nc1 + 1;
    cc(nn) = w;                   %"非平凡区间"的卷积序列 cc
end
kcc,cc
kcc =
  Columns 1 through 13
     5     6     7     8     9    10    11    12    13    14    15    16    17
  Columns 14 through 17
    18    19    20    21
cc =
  Columns 1 through 13
     1     2     3     4     5     6     7     8     8     8     7     6     5
  Columns 14 through 17
     4     3     2     1
```

(2) 解法二:采用 conv 指令的"0 起点序列法"

```
N1 = 3;N2 = 12;
a = ones(1,N2 + 1);a(1:N1) = 0;   %产生以 0 时刻为起点的 a 序列
M1 = 2;M2 = 9;
b = ones(1,M2 + 1);b(1:M1) = 0;   %产生以 0 时刻为起点的 b 序列
c = conv(a,b);                    %得到以 0 时刻为起点的卷积序列 c
kc = 0:(N2 + M2);                 %生成从 0 时刻起的自变量序列 kc
kc,c
kc =
  Columns 1 through 13
     0     1     2     3     4     5     6     7     8     9    10    11    12
  Columns 14 through 22
    13    14    15    16    17    18    19    20    21
```

```
c =
  Columns 1 through 13
     0    0    0    0    0    1    2    3    4    5    6    7    8
  Columns 14 through 22
     8    8    7    6    5    4    3    2    1
```

(3) 解法三:采用 conv 指令的"非平凡区间序列法"

```
N1 = 3;N2 = 12;
M1 = 2;M2 = 9;
A = ones(1,(N2 - N1 + 1));       %生成"非平凡区间"的序列 A
B = ones(1,(M2 - M1 + 1));       %生成"非平凡区间"的序列 B
C = conv(A,B);                   %得到"非平凡区间"的卷积序列 C
Nc1 = N1 + M1;Nc2 = N2 + M2;     %确定非平凡区间的自变量端点
KC = Nc1:Nc2;                    %生成非平凡区间的自变量序列 KC
KC,C
KC =
  Columns 1 through 13
     5    6    7    8    9   10   11   12   13   14   15   16   17
  Columns 14 through 17
    18   19   20   21
C =
  Columns 1 through 13
     1    2    3    4    5    6    7    8    8    8    7    6    5
  Columns 14 through 17
     4    3    2    1
```

(4) 绘图比较

```
subplot(2,1,1),stem(kc,c),text(20,6,'0 起点法')           %画解法二的结果
CC = [zeros(1,KC(1)),C];                                  %补零是为两子图一致
subplot(2,1,2),stem(kc,CC),text(18,6,'非平凡区间法')      %画解法三的结果
xlabel('n')
```

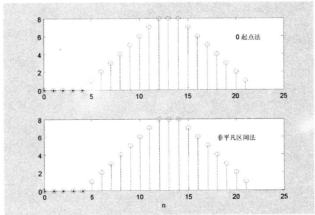

图 4.4 - 3 借助 conv 指令时两种不同序列记述法所得的卷积序列

〖说明〗
- 以上三种解法中优缺点：
  - "解法三"最简洁、通用；
  - "解法二"使用于序列起点时刻 N_1 或（和）M_1 小于 0 的情况，比较困难；
  - "解法一"最繁琐，效率低下。
- conv 指令最适用于两个有限长序列卷积。

2. 有限长序列与无限长序列的卷积

在数字信号处理中，经常会遇到如下 FIR（Finite Impulse Response）滤波器问题：求 FIR 滤波器 $h(z) = \sum_{i=0}^{N} h(i)z^{-i}$ 的输出

$$y(k) = \sum_{i=0}^{N} h(i)u(k-i) \tag{4.7-2}$$

式中，$u(k)$，$k=0,1,\cdots$ 为输入时间序列。下面以算例形式展开讨论。

【例 4.7-6】 设滤波器 $h(z)=0.1z+0.35z^{-1}-0.42z^{-2}-0.05z^{-3}+0.15z^{-4}$，输入 $u(k)$ 是长度为 1000 的 BPSK$\{-1,+1\}$ 随机码，计算滤波器输出 $y(k)$。本例演示：卷积计算的 4 种不同算法。

(1) 编写 4 种计算滤波器输出的 M 文件

```
%exm040707.m
clear
M=4;
h=[0.1,0.35,-0.42,-0.05,0.15];         %滤波器
N=10000;                               %输入序列长度
rng default
u=randsrc(1,N);                        %BPSK 序列
%滤波器算法
tic
y_filter=filter(h,1,u);
t_filter=toc;
%卷积矩阵法
tic
ct=[u(1),zeros(1,M)];
ut=toeplitz(ct,u);
y_toepl=h*ut;
t_toepl=toc;
%卷积指令法
tic
y_conv=conv(h,u);
t_conv=toc;
y_conv(N+1:end)=[];                    %使 y_conv 的长度为 N，以供结果正确性比较用
%据卷积定义的算法
```

```
tic
for k=1:N
    w=0;
    for ii=1:M+1
        if k-ii+1>0&&k-ii+1<=N
            w=w+h(ii)*u(k-ii+1);
        end
    end
    y_0(k)=w;
end
t_0=toc;
disp('   t_filter   t_conv   t_toepl    t_0')
disp([t_filter,t_conv,t_toepl,t_0])
```

(2) 运行 exm040707.m 的结果,即四种算法的耗时比较如表 4.7-2 所列。

表 4.7-2 四种算法的耗时比较

算 法	滤波器算法 t_filter	卷积指令法 t_conv	卷积矩阵法 t_toepl	卷积定义法 t_0
计算耗时	0.0003	0.0004	0.0040	0.0131

〖说明〗
- 表 4.7-2 的数据表明:滤波器算法的计算速度最快。
- 4 种算法的耗时数据,是 exm040707.m 经多次运行后,记录下来的结果。该数据只有相对意义。读者实践时所得数据可能与此不同。
- 从实际应用角度说:在实施卷积的两个序列中,若其中一个序列的长度"远远长于"另一个,则可以把那长序列看作无限长序列。

4.8 多项式拟合和非线性最小二乘

4.8.1 线性拟合和最小二乘

(1) 线性拟合问题的一般性叙述

为在某准则下对给定数据$\{(x_j,y_j),j=1,2,\cdots,N\}$采用如下模型给于最优描述,而对模型参数$\{a_i,i=1,2,\cdots,n\}$进行的估计,称为线性拟合(Lianear Fitting)问题,也称为线性回归(Linear Regression)问题。

$$y(\boldsymbol{a},x) = \sum_{i=1}^{n} a_i f_{n-i}(x) \qquad (4.8-1)$$

式中,$\{f_{n-i}(x)|i=1,2,\cdots,n\}$是一组相互独立的函数。独立函数$f_{n-i}(x)$可以是$x^{n-i}$、$\sin[(n-i)\pi x]$、$e^{\pm(n-i)x}$等。判断最优的准则可以是最小二乘、加权最小二乘、极大似然等。

由于该问题是在$\{(x_j,y_j),j=1,2,\cdots,N\}$已知情况下,求模型参数集$\{a_i,i=1,2,\cdots,n\}$,所以被称为"拟合/回归"问题。而之所以冠以"线性"的定语,是因为$y(x)$与被估参数集$\{a_i,$

$i=1,2,\cdots,n\}$ 之间呈现线性关系的缘故。

(2) 最小二乘准则实现线性拟合

拟合参数是以拟合准则最优为目标算得的。拟合准则多种多样,应视使用场合和计算效率而加以选择。下面介绍最常用的拟合准则——最小二乘准则。

最小二乘(Least Square)准则是最常用的拟合准则。该准则由德国数学家 J.C.F.Gauss (1777—1855)提出并应用。该准则的具体描述如下。

对于给定数据 $\{(x_j,y_j),j=1,2,\cdots,N\}$,以式(4.8-1)为线性拟合模型,估计参数 $\boldsymbol{a}=[a_1,a_2,\cdots,a_n]$ 使下列二乘误差最小。

$$\hat{\boldsymbol{a}}=\arg\min_{\forall \boldsymbol{a}}\left\{\sum_{j=1}^{N}[y_j-f(\boldsymbol{a},x_j)]^2\right\}=\arg\min_{\forall \boldsymbol{a}}J \qquad (4.8-2)$$

据 $\frac{\partial J}{\partial \boldsymbol{a}}=0$ 可知使二乘误差 J 达最小的参数集 $\boldsymbol{a}$ 满足以下方程

$$\boldsymbol{y}=\boldsymbol{X}_f \boldsymbol{a} \qquad (4.8-3)$$

并很容易通过 MATLAB"除法"算出最优参数估计

$$\hat{\boldsymbol{a}}=\boldsymbol{X}_f \backslash \boldsymbol{y} \qquad (4.8-4)$$

在以上两式中:被估参数 $\hat{\boldsymbol{a}}=\begin{bmatrix}\hat{a}_1\\\hat{a}_2\\\vdots\\\hat{a}_n\end{bmatrix}$,设计矩阵 $\boldsymbol{X}_f=\begin{bmatrix}f_{n-1}(x_1)&f_{n-2}(x_1)&\cdots&f_0(x_1)\\f_{n-1}(x_2)&f_{n-2}(x_2)&\cdots&f_0(x_2)\\\vdots&\vdots&&\vdots\\f_{n-1}(x_N)&f_{n-2}(x_N)&\cdots&f_0(x_N)\end{bmatrix}$,原始数据对中的观察值(因变量) $\boldsymbol{y}=\begin{bmatrix}y_1\\y_2\\\vdots\\y_N\end{bmatrix}$。

值得指出的是:
- 经典最小二乘准则最基本应用要求是自变量 $\{x_j,j=1,2,\cdots,N\}$ 不包含误差。在此特别强调指出:有些应用者常在不经意间忽视了该要求,以致获得不恰当结论。
- 经典最小二乘准则本身,对测量数据的随机性并没做任何假设。然而,出于计算"分析所用统计量"的考虑,做以下假设:
  - 假设各个测量数据的随机误差之间独立;
  - 假设测量误差与因变量本身独立。
- 如果希望得到的拟合参数估计是"无偏的",那么还应该假设测量随机误差是"零均值的"。
- 假若测量误差又服从正态分布,那么在最小二乘准则下算得的估计参数也是在"极大似然"意义上最优的,估计是有效的。
- 从实用角度说,只有当自变量的测量误差远远小于因变量的测量误差时,才适宜使用经典最小二乘准则。假如自变量和因变量的测量误差相当,建议使用"总体最小二乘(Total Least Square)准则"。

4.8.2 多项式拟合

当式(4.8-1)线性拟合模型中的 $f_{n-i}(x)$ 具体形式为 x^{n-i},就构成应用最广的"多项式拟

合"问题。在 MATLAB 中,实现多项式拟合的指令调用格式是

[a,S]= polyfit(x,y,n)　　　　拟合参数的"普通求取法"调用格式
[yp,dyp] = polyval(a,xp,S)　　在 xp 指定点上计算拟合函数值 yp 及半带宽 dyp

〖说明〗
- x 和 y 分别是被拟合的原始数据对中的自变量和因变量。
- n 用以指定拟合多项式的阶数。注意:n 阶多项式有(n+1)个系数;且多项式按降幂形式排列,即 $f(a,x)=a_1 x^n+a_2 x^{n-1}+\cdots+a_n x+a_{n+1}$。
- a 是拟合多项式系数向量,其长度为(n+1)。
- S 是一个构架。它包含三个域:
  - S.R　　　　它是拟合模型设计矩阵(Design Matrix)QR 分解产生的三角阵 R;
  - S.df　　　　供拟合分析用的自由度(Degree of Freedom);
  - S.normr　　供拟合分析用的残差(Residual)范数。
- polyfit 运行获得的 S 构架有两种应用场合:
  - S 构架整体用作 polyval 指令的输入量;
  - S 构架各个域的值分别被用于拟合模型的残差分析。

【例 4.8-1】 对一组带噪原始数据,采用"普通"的多项式函数进行拟合。本例演示:供仿真用的原始数据的产生;多项式拟合原理;polyfit 在两输出调用格式下的工作原理;残差曲线的观察。

(1) 多项式拟合原理

假设拟合采用如下 3 阶多项式模型

$$y = a_1 x^3 + a_2 x^2 + a_3 x + a_4 = \begin{bmatrix} x^3 & x^2 & x & 1 \end{bmatrix} \cdot \boldsymbol{a}^\mathrm{T}$$

则据 N 对原始数据,可形成相应的拟合方程

$$\boldsymbol{y} = \boldsymbol{V}_d \boldsymbol{a}^\mathrm{T} \tag{4.8-5}$$

式中 $\boldsymbol{y}=[y_1,y_2,\cdots,y_N]^\mathrm{T}$,$\boldsymbol{a}=[a_1,a_2,a_3,a_4]^\mathrm{T}$ 和设计矩阵

$$\boldsymbol{V}_d = \begin{bmatrix} x_1^3 & x_1^2 & x_1 & 1 \\ x_2^3 & x_2^2 & x_2 & 1 \\ x_N^3 & x_N^2 & x_N & 1 \end{bmatrix}_{N \times n} \tag{4.8-6}$$

- 拟合系数 $\boldsymbol{a}$ 的估计
  - 左除直接计算法

$$\hat{\boldsymbol{a}}^\mathrm{T} = \boldsymbol{V}_d \backslash \boldsymbol{y} \tag{4.8-7}$$

  - QR 计算法

当出于数值计算稳定性考虑,对设计矩阵 $\boldsymbol{V}_d$ 实施如下 QR 分解

$$(\boldsymbol{V}_d)_{N \times 4} = \boldsymbol{Q}_{N \times 4} \boldsymbol{R}_{4 \times 4}$$

于是在获得正交列阵 $\boldsymbol{Q}$ 和三角阵 $\boldsymbol{R}$ 后,拟合系数估计又可通过下式获得

$$\hat{\boldsymbol{a}}^\mathrm{T} = \boldsymbol{R}^{-1} \boldsymbol{Q}^\mathrm{T} \boldsymbol{y} \tag{4.8-8}$$

- 拟合因变量 $\hat{\boldsymbol{y}}$、残差向量 $\boldsymbol{r}$、$\hat{\boldsymbol{y}}$ 的标准差 s

$$\hat{\boldsymbol{y}} = \boldsymbol{V}_d \hat{\boldsymbol{a}}^\mathrm{T}$$

$$\boldsymbol{r} = \boldsymbol{y} - \hat{\boldsymbol{y}}$$

$$s = \sqrt{\frac{\mathbf{r}^{\mathrm{T}}\mathbf{r}}{v}} \qquad (4.8-9)$$

在此,$v = N - 4$ 是统计量的自由度。
- 拟合系数的置信区间
  - 标准差 s_a
  $$s_a = s\sqrt{diag((\mathbf{V}_d^{\mathrm{T}}\mathbf{V}_d)^{-1})} = s\sqrt{diag((\mathbf{R}^{\mathrm{T}}\mathbf{R})^{-1})} = s\sqrt{sum((\mathbf{R}^{-1}).\char`\^2,2)} \qquad (4.8-10)$$
  - 置信区间
  $$\mathbf{a}_c^{\mathrm{T}} = \hat{\mathbf{a}}^{\mathrm{T}} \pm t_{\alpha/2}(v) \cdot s_a \qquad (4.8-11)$$
- 预测 $\mathbf{x}_p = [x_1 \quad x_2 \quad \cdots \quad x_M]^{\mathrm{T}}$ 所对应的因变量 $\mathbf{y}_p = [y_1 \quad y_2 \quad \cdots \quad y_M]^{\mathrm{T}}$
  - 新拟合值 $\hat{\mathbf{y}}_r$
  $$\hat{\mathbf{y}}_r = [(\mathbf{x}_p).\char`\^3 \quad (\mathbf{x}_p).\char`\^2 \quad \mathbf{x}_p \quad 1] \cdot \hat{\mathbf{a}}^{\mathrm{T}} = \mathbf{V}_p \cdot \hat{\mathbf{a}}^{\mathrm{T}}$$
  - 预测的标准差为
  $$\mathbf{s}_p = s\sqrt{1 + diag(\mathbf{V}_p(\mathbf{R}^{\mathrm{T}}\mathbf{R})^{-1}\mathbf{V}_p^{\mathrm{T}})} = s\sqrt{1 + sum((\mathbf{V}_p\mathbf{R}^{-1}).\char`\^2,2)} \qquad (4.8-12)$$
  - 新因变量预测为
  $$\mathbf{y}_p = \hat{\mathbf{y}}_p \pm t_{\alpha/2}(v) \cdot \mathbf{s}_p \qquad (4.8-13)$$

(2) 原始数据的仿真生成

```
rng default                            % 为本书所列数据可重现而设
x = [1:10]';                           % 自变量样点数据
c = [-0.1,1.3,-0.5,2.5];               % 降幂多项式系数行向量
noise = 3 * (rand(size(x)) - 0.5);     % [-0.5,+0.5]间独立零均值均布噪声    <4>
y = polyval(c,x) + noise;              % 带噪因变量样点数据                <5>
```

(3) 构作设计矩阵并计算自由度

```
Vd = [x.^3,x.^2,x,ones(size(x))];      % 生成设计矩阵(Design Matrix)       <6>
N = length(x);                         % 原始数据长度
n = size(Vd,2);                        % 拟合系数总数
df = N - n;                            % 自由度(Degrees of Freedom)
```

(4) 据拟合原理计算拟合系数、拟合函数值和标准差

```
a1 = (Vd\y)'                           % 左除法估计系数行向量              <10>
[Q2,R2] = qr(Vd,0);                    % 对设计矩阵进行 QR 分解            <11>
Rinv = inv(R2);
a2 = (Rinv * Q2' * y)'                 % QR法计算系数行向量
yhat = Vd * a2';                       % 拟合函数值
r = y - yhat;                          % 残差
s = sqrt(r' * r/df);                   % 标准差                          <16>
sa = (s * sqrt(sum((Rinv).^2,2)))'     % 拟合系数标准差                   <17>
s
a1 =
   -0.0901    1.2189   -0.6262    3.6937
a2 =
```

```
         -0.0901    1.2189   -0.6262    3.6937
sa =
          0.0176    0.2941    1.4260    1.9025
s =
          0.9803
```

(5) 运用指令 polyfit 实现的拟合结果
```
[a3,ST] = polyfit(x,y,n-1)        % polyfit 的两输出格式实施"普通拟合法"           <19>
s3 = ST.normr/sqrt(ST.df)          % 利用 ST 域中的值计算标准差                     <20>
a3 =
         -0.0901    1.2189   -0.6262    3.6937
ST =
          R: [4x4 double]
         df: 6
      normr: 2.4011
s3 =
          0.9803
```

(6) 据原理预测新因变量
```
xp = (1:0.2:10)';                  % 给定预测因变量用的"自变量"样点                 <21>
Vp = [xp.^3,xp.^2,xp,ones(size(xp))];
                                    % 新自变量构成的设计矩阵
yp2 = Vp*a2';                       % 新因变量的预测均值
E = Vp/R2;
sp2 = s*sqrt(1+sum(E.^2,2));       % 预测的标准差                                  <25>
```

(8) 由 polyval 预测新因变量
```
[yp3,sp3] = polyval(a3,xp,ST);      % 利用 polyval 计算拟合函数值 yp               <26>
                                    % 利用构架 ST 计算函数估计值标准差
```

(9) 据"原理法"和"polyfit/polyval 指令法"结果比较
```
Ea = norm(a2-a3)                    % QR 原理法和 polyfit 法所算拟合系数之差的范数
Es = abs(s-s3)                      % QR 原理法和 polyfit 法所算拟合标准差之差
Eyp = norm(yp2-yp3)                 % QR 原理法和 polyval 法所算预测拟合值之差的范数
Esp = norm(sp2-sp3)                 % QR 原理法和 polyval 法所算预测标准差之差的范数
Ea =
    3.0930e-015
Es =
    2.2204e-016
Eyp =
    3.2682e-014
Esp =
    1.7902e-015
```

(7) 新因变量的预测区间可视化处理(参见图 4.8-1)
```
plot(x,y,'.k','MarkerSize',5)
hold on
```

```
plot(xp,yp3,'r','LineWidth',1.5)
plot(xp,yp3 + sp3,':b',xp,yp3 - sp3,':b')        % 绘制新因变量的预测带           <34>
legend('原始数据','拟合曲线','上下界','Location','best')
xlabel('x'),ylabel('y')
title('拟合曲线和因变量预测区间')
text(1.5,32,'50% 以上置信度的因变量预测区间')
hold off
```

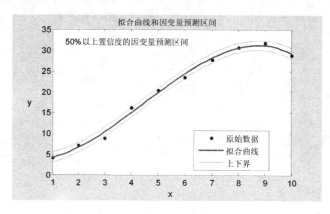

图 4.8-1　多项式拟合

(8) 残差曲线的可视化(参见图 4.8-2)

```
subplot(2,1,1),stem(x,r,'r'),grid on
title('原始数据拟合残差杆图')
subplot(2,1,2)
XP = [xp;flipud(xp);xp(1)];                       % 为画填色图而构成封闭边界的 x 坐标   <42>
SP3 = [sp3;flipud(-sp3);sp3(1)];                  % 为画填色图而构成封闭边界的 y 坐标   <43>
fill(XP,SP3,'b'),alpha(0.3)
title('预测误差带')
xlabel('x')
```

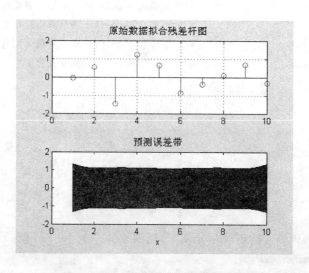

图 4.8-2　拟合残差的随机性图示

〖说明〗
- 本例以 3 阶多项式为依托,完整阐述了多项式拟合的一般性原理。它包括:拟合系数的最小二乘估计;残差及拟合因变量的标准差;拟合系数的置信区间;预测新因变量所在区间等。
- 关于式(4.8-10)和(4.8-12)记述符的说明:
  - $diag(\mathbf{R}^T\mathbf{R})^{-1})$ 是一根由 $(\mathbf{R}^T\mathbf{R})^{-1}$ 矩阵对角元构成的列向量;$\sqrt{diag((\mathbf{R}^T\mathbf{R})^{-1})}$ 也是列向量,它的元素等于 $diag((\mathbf{R}^T\mathbf{R})^{-1})$ 列向量相应元素的平方根。
  - $(\mathbf{R}^{-1}).\wedge 2$ 矩阵的元素等于 $\mathbf{R}^{-1}$ 阵相应元素的平方;$sum((\mathbf{R}^{-1}).\wedge 2,2)$ 生成一根列向量,该列向量的元素等于 $(\mathbf{R}^{-1}).\wedge 2$ 矩阵相应行所有元素之和;$\sqrt{sum((\mathbf{R}^{-1}).\wedge 2,2)}$ 则是对列向量 $sum((\mathbf{R}^{-1}).\wedge 2,2)$ 的每个元素分别求平方根。
  - 本例之所以采用这种表述方式,是为了读者便于读懂下面相应的 M 码。
- 指令⟨4⟩⟨5⟩使用的噪声是"独立零均值均匀分布噪声"。这是为了再次强调指出:最小二乘的适用范围不限于"正态噪声"。
- 指令⟨6⟩生成的设计矩阵 Vd 是著名的范德蒙德(Vandermonde)矩阵。这种矩阵的条件数随阶次升高而迅速变差。正由于这个原因,对 Vd 的分解,采用数值稳定性优良的 QR 分解。此外,在使用高于 6 阶的多项式拟合时,要注意检查矩阵条件数。
- 本例指令⟨10⟩~⟨16⟩原理性地表述了 polyfit 指令在"两输出"调用格式下的内部计算程序。因此,这段 M 码的运行结果与指令⟨19⟩(polyfit 指令)的运行结果从数值计算的角度讲完全相同。
- 本例指令⟨21⟩~⟨25⟩表现了 polyval 指令在"三输入"调用格式下的内部运作机理。因此这段码的运行结果与指令⟨26⟩polyval 的运行结果完全相同。
- 指令⟨34⟩所绘的新因变量预测区间(图 4.8-1 蓝色虚线)的含义:
  - 绘制该预测区间时,指令⟨34⟩中直接使用"预测标准差"绘制上下界。实际上在式(4.8-11)中强制性地取 $t_{a/2}(v)=1$。
  - 据 $t_{0.25}(1)=1$ 可知,当自由度 $v>1$ 时,$t_{0.25}(v)<1$。换句话说,当强制取 $t_{a/2}(v)=1$ 时,而又有自由度 $v>1$,意味着:预测区间的置信度在 $(1-2\times 0.25)$ 以上,即 50% 置信度以上。
  - 在置信度 Alpha 给定、自由度 df 给定的情况下,求"双侧置信因子 t"的 MATLAB 指令是:tinv(1-Aipha/2, df)。有兴趣的读者可以运行以下指令试验:
    tinv(1 - 0.25,1:6)
    ans =
        1.0000   0.8165   0.7649   0.7407   0.7267   0.7176
- 对拟合效果的观察
  - 在全部拟合系数(见 a1,a2,a3 任一个)中,"最大系数绝对值与最小系数绝对值之比"约为 35。这个比例不大,拟合可能较好。
  - 拟合系数的标准差与拟合系数之间的大小比例也是合理的,并没有发生"标准差绝对值大于对应拟合系数"的现象。
  - 观察残差曲线图 4.8-2 可以发现,残差没有明显的系统性趋势,即呈现随机性;可以判断,拟合效果可能不错。

4.8.3 非线性最小二乘拟合

1. 伪线性化处理

当模型中拟合参数与被拟合数据之间呈现为非线性函数关系时,就形成非线性拟合。非线性拟合较难处理,有时甚至连解的存在性和唯一性都难以确定。

有些非线性拟合,在通过对拟合参数或/和原始数据的适当函数变换后,能使"变换后拟合参数"与"变换后原始数据"之间的关系呈现为线性形式;则称这种非线性拟合是"非本质的非线性";而这种变换处理方式称为"伪线性化"。表 4.8-1 列出常见的可进行"伪线性化"的非线性模型。

由于线性拟合方法简单、可靠、快捷。因此,本书建议:即便 MATLAB 中有许多通用的非线性参数拟合、优化指令,哪怕只有部分参数或数据可线性化,尤其是在被拟合参数较多的情况下,也不要轻易用那些非线性处理指令去寻解,而要尽可能进行"伪线性化"处理。

表 4.8-1 可伪线性化的非线性模型

模型形式	变换后形式	数据变量和参数的变化			
		Y	X	α_1	α_2
$y=\dfrac{ax}{1+bx}$	$\dfrac{1}{y}=\dfrac{1}{ax}+\dfrac{b}{a}$	$\dfrac{1}{y}$	$\dfrac{1}{x}$	$\dfrac{1}{a}$	$\dfrac{b}{a}$
$y=\dfrac{a}{x-b}$	$\dfrac{1}{y}=\dfrac{x}{a}-\dfrac{b}{a}$	$\dfrac{1}{y}$	x	$\dfrac{1}{a}$	$-\dfrac{b}{a}$
$y=\dfrac{ax}{b^2-x^2}$	$\dfrac{x}{y}=\dfrac{b^2}{a}-\dfrac{x^2}{a}$	$\dfrac{x}{y}$	x^2	$\dfrac{1}{a}$	$\dfrac{b^2}{a}$
$y=ax^b$	$\ln y=b\ln x+\ln a$	$\ln y$	$\ln x$	$\ln a$	b
$y=ae^{bx}$	$\ln y=\ln a+bx$	$\ln y$	x	$\ln a$	b
$y=ax^{-x^2/b^2}$	$\ln y=-\dfrac{x^2}{b^2}+\ln a$	$\ln y$	x^2	$\ln a$	$-\dfrac{1}{b^2}$
$\dfrac{x^2}{a^2}+\dfrac{y^2}{b^2}=1$	$y^2=b^2-\dfrac{b^2}{a^2}x^2$	y^2	x^2	$-\dfrac{b^2}{a^2}$	b^2

2. 非线性最小二乘拟合

对于非线性模型

$$y = f(x,b)+\varepsilon \tag{4.8-14}$$

式中:x 是 $(1\times p)$ 原始数据的 p 元自变量,b 是模型中的拟合参数向量,ε 是原始数据因变量所包含的(测量)误差,y 是因变量。

非线性拟合是指:在最小二乘或其他准则最优的意义上,求取与原始数据拟合的式(4.8-14)非线性模型中的参数。在 MATLAB 中,以下指令可用于非线性拟合:

    [b,r,J,COVB,msE]=nlinfit(X,y,fun,b0,options)   非线性最小二乘拟合

    ci=nlparci(b,r,'jacobian',J,'alpha',alpha)   非线性拟合参数的置信区间

[ypred,delta] = nlpredci(fun,x,b,r,'jacobian',J,param,val)
非线性拟合的预测区间

options=statset('fieldname',val) 设置 nlinfit 指令中的选项

〖说明〗
- nlinfit 实现多元非线性模型拟合
  - 输入量 X   p 元自变量的原始数据（N*p）；
  - 输入量 y   因变量原始数据（N*1）；
  - 输入量 fun   表述拟合模型的函数句柄或匿名函数；
  - 输入量 b0   拟合参数的初始猜测；
  - 输入量 options   拟合算法控制参数的选项构架；
  - 输出量 b   算得的拟合参数；
  - 输出量 r   拟合残差；
  - 输出量 J   拟合函数关于拟合参数的 Jacobian；
  - 输出量 COVB   拟合参数的协方差估计；
  - 输出量 msE   均方差估计残差。
- nlparci 非线性拟合参数置信区间
  - 输入量 alpha   计算(1-alpha)*100% 置信度的置信区间；
  - 输入量对('jacobian',J)   当 nlinfit 采用 'robust' 选项计算拟合参数时,此参数对应替换为('covar',COVB)；
  - 输出量 ci   拟合参数的置信区间的下界和上界。
- nlpredci 非线性拟合函数的预测
  - 输入量对(param,val)   存在于同一调用指令中的输入量对可以从 0 对到 4 对。它们的取值见表 4.8-2；
  - 输出量 ypred   预测的拟合函数值；
  - 输出量 delta   置信区间宽度之半。
- statset 是统计工具包中使用的选项设置指令
  - 输入量对('fieldname',val)   允许多对输入量对用 statset 同时或分别设置；
  - 关于选项名称和可能取值的详细信息,可通过关键词 statset 在帮助浏览器中找到。

表 4.8-2 输入量对选项表

param	val	
'alpha'	取(0,1)之间数值,使置信度为(1-alpha)*100%。缺省设置取 0.05	
'mse'	msE 使用的两个条件： (A)预报新观察使用； (B)拟合参数由 nlinfit 在 'robust' 选项下算得	
'predopt'	'curve'	预报拟合值置信区间（缺省设置）；
	'observation'	预报新观察的置信区间
'simopt'	'on'	联立预测；
	'off'	非联立预测（缺省设置）

【例 4.8-2】 假设产生数据的原始模型为 $y(x)=3\mathrm{e}^{-0.4x}+12\mathrm{e}^{-3.2x}$，$x$ 在 $[0,4]$ 中取值，y 受到噪声 $0.3*(\mathrm{rand}(n,1)-0.5)$ 的污染。本例演示：如何以 $y=a_1\mathrm{e}^{-a_3x}+a_2\mathrm{e}^{-a_4x}$ 为模型，通过 nlinlfit 从受污染数据中，估计出参数 $a=[a(1),a(2),a(3),a(4)]=[a_1,a_2,a_3,a_4]$；；非线性拟合参数的置信区间；新观察的预报区间。

（1）编写解题的 M 函数文件

为便于向拟合模型函数传递数据，该文件采用嵌套函数编写。具体如下：

```
% exm040802
function [ci,ypred,delta,msE,x,y]=exm040802
%仿真用原始数据的产生
K=0.3;                                          %噪声强度控制
x=[0:0.2:4]';                                   %原始数据自变量
y0=3*exp(-0.4*x)+12*exp(-3.2*x);                %产生无噪因变量原始模型
rng(234)                                        %为计算结果可重复而设
y_noise=K*(rand(size(x))-0.5);
y=y0+y_noise;                                   %原始数据中的含噪因变量
%非线性拟合及置信区间计算
a0=[1 1 1 1];                                   %拟合参数的初始猜测
options=statset('Jacobian','on');               %为输出 Jacobian 而设置      <8>
[a,r,J,~,msE]=nlinfit(x,y,@twoexps,a0,options);                              <9>
ci = nlparci(a,r,'jacobian',J);
[ypred,delta] = nlpredci(@twoexps,x,a,r,'jacobian',J,'predopt','observation','simopt','on');
%被 nlinfit 及 nlpredci 调用的内嵌子函数
function yhat=twoexps(a,x)
x=x(:);
yhat=a(1)*exp(-a(3)*x)+a(2)*exp(-a(4)*x);       %拟合模型
end      %作为内嵌子函数所必须有的函数体结束符
end      %作为嵌套函数主函数所必须有的函数体结束符
```

（2）运行 exm040802 获得拟合结果

在确保 exm040802.m 文件在当前目录或搜索路径上的前提下，运行以下指令。

```
[ci,ypred,delta,msE,x,y] = exm040802;
disp('拟合参数')
disp(mean(ci'))
```

拟合参数
    3.1191   11.7252   0.4129   3.1696

（3）绘制拟合参数置信区间图（参见图 4.8-3）

```
n = size(ci,1);
a0 = mean(ci');
dci = ci' - [1;1]*a0;
errorbar(1:n,a0,dci(1,:),dci(2,:),'*r','LineWidth',3)    %                    <31>
axis([0,5,-inf,inf])                                     %y 轴范围自适应确定
set(gca,'XTickMode','manual','XTick',[1:n])
set(gca,'XTickMode','manual','XTickLabel',[1:n])
```

```
set(gca,'YGrid','on')                          % 仅在 y 轴向画分格线
text(0.5,7.6,['上界 ',mat2str(ci(:,2)',5)])
text(0.5,7,['参数 ','     a(1)      a(2)      a(3)       a(4)'])
text(0.5,6.4,['下界 ',mat2str(ci(:,1)',5)])
xlabel('序号'),ylabel('拟合参数值')
title('95%置信水平下的拟合参数置信区间')
```

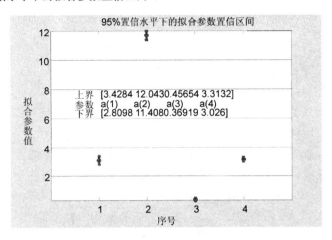

图 4.8-3　非线性拟合参数及其置信区间

(4) 联立新观察的预测区间(参见图 4.8-4)

```
plot(x,[ypred+delta,ypred-delta],'b')
hold on
plot(x,ypred,'r--','LineWidth',2)
plot(x,y,'k.','MarkerSize',5)
hold off
text(2,4,['拟合均方差为  ',num2str(msE)])
legend('新观察/联立预测','','拟合函数值','原始数据','Location','best')
xlabel('x')
title('预测区间图')
```

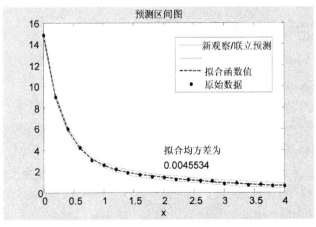

图 4.8-4　非线性拟合的新观察的联立预测区间

【说明】

对于非线性参数估计来说,不能保证所得结果是全局最小二乘残差对应的估计。因此,获得满足要求的不同结果的现象,也并不少见。为使拟合结果更有把握,可改变拟合参数的初始值,通过多次计算结果的比较,再作决定。

4.9 插值和样条

前面讲的曲线拟合,研究如何寻找"平滑"曲线最好地表现带噪声的"测量数据",但并不要求拟合曲线穿过这些"测量数据"点。而插值(Interpolation)就不同,它是在认定所给"基准数据"完全正确的情况下,研究如何"平滑"地估算出"基准数据"之间其他点的函数值。每当基准数据之间其他点上函数值没法获得,或获得的代价很高时,插值就将发挥作用。如,信号和图像处理领域就广泛使用插值技术。

最简单的插值方法是:先根据基准数据,调用 MATLAB 的绘图指令(如 plot,mesh),获得数据图形表现。然后,再估计所需点处的值。事实上,MATLAB 在绘图时,总是通过直线把两个邻近点连接起来,而构成一条完整的曲线。

涉及插值的 MATLAB 指令见表 4.9-1。它们的使用方法大同小异。本节集中介绍一维、二维插值指令。

表 4.9-1 插值指令表

指令	含义	指令	含义
interp1	一维插值	interp3	三维插值
interp1q	一维快速插值	interpn	高维插值
interpft	利用 FFT 的一维插值	griddata	规则化数据和曲面拟合
spline	样条插值	meshgrid	产生"经纬"矩阵
interp2	二维插值	ndgrid	产生高维"经纬"矩阵

【说明】

关于插值、样条的更专业化的处理指令请见 Spline Toolbox。

4.9.1 一维插值

YI = interp1(x, y, XI, method)   一维插值

【说明】

- 输入量 x,y 是已知的基准数据向量对。x 的数据必须以单调(递增或递减)方式排列。
- XI 是插值点的自变量坐标向量,而输出 YI 是 XI 据(x,y)定义函数所得的插值。
  - 当 method 选用 'nearest','linear' 算法时,如果 XI 中的元素 XI(i) 超出 x 定义范围,那么相应的 YI(i) 元素将取 NaN。
  - 当 method 选用 'spline','pchip','cubic' 算法时,如果 XI 中的元素 XI(i) 超出 x 定义范围,那么相应的 YI(i) 元素将采用外推法计算。

- 最后一个输入量 'method' 是用来选择插值算法名的字符串。它可以缺省。缺省时，默认采用线性插值算法。MATLAB 提供五种插值算法，见表 4.9-2。
- 当基准数据 x 是等分刻度向量时，插值速度可提高。此时，填写最后一个输入量时，应在插值算法名前用星号引导，即为 '*linear'，'*cubic'，'*spline' 等形式。

表 4.9-2 一维插值指令中 method 具体取名表

method	含义	特点	用途
'nearest'	最近邻插值	最快，占用内存最少，精度低，不平滑	实时使用；特大数据量处理；需保持基准数据，不增加新函数值的特殊场合
'linear'	线性插值	较快，占用较多内存，连续不光滑，有足够精度	最常用，作为默认设置
'spline'	三次样条插值	最慢，精度高，最平滑，非等距 x 样点下谨慎使用	作平滑用
'pchip'	逐段三次埃米特插值	较慢，精度高，保留原数据的单调性和形态	作平滑用
'cubic'	三次多项式插值	与 pchip 相同	与 pchip 相同

【例 4.9-1】 已知一组原始数据，确定它们所代表函数穿越 $y=0.95$ 线的时刻。本例演示：直接利用 MATLAB 的图形功能插值；interp1 的几种算法；插值结果与 fzero 解算结果的比较。

(1) 为仿真，生成原始基准数据对(t, y)

t = linspace(0,5,100);y = 1 - cos(3 * t). * exp(- t);

(2) 通过图形初步判断穿越时刻

- 先在指令窗中运行以下指令绘图（见图 4.9-1）

plot(t,y,'b')

grid on

hold on

plot(t,0.95 * ones(size(t)),'r')   % 画 y = 0.95 线

hold off

- 点击图形窗上的 放大图标，对第一穿越点附近进行"局部极致放大"。所谓"局部极致放大"是指：不断进行局部放大，直到穿越点邻近的几个纵、横坐标分格线标记分别相同为止，参见图 4.9-2。
- 直接从局部极致放大图 4.9-2 上读取穿越点的坐标，显而易见，第一次穿越 $y=0.95$ 线的时刻为 0.4965。

(3) 利用插值获得较准确的穿越时刻

机理：先确定原始数据中第一次穿越 0.95 的时间 t 元素位置；然后取该元素前后各 3 个元素作为插值的"基准"数据，进行插值；再用所得插值数据确定穿越时刻。

it = min(find(y>0.95));   % 确定原始数据中第一次使 y>0.95 的元素"下标"

T = (it-3):(it+3);   % 在第一穿越点两侧，各取 3 点，作为插值"基准"   <2>

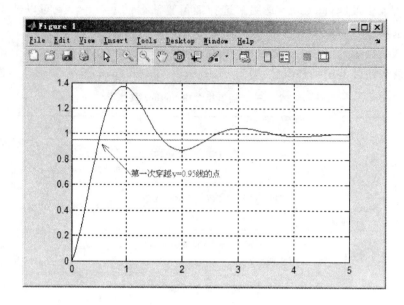

图 4.9-1　根据原始基准数据绘制的函数穿越 y＝0.95 线

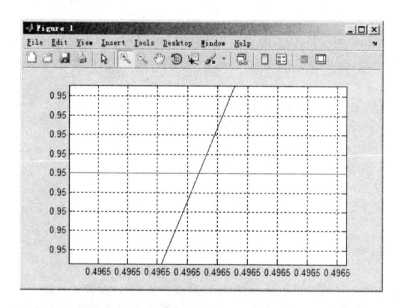

图 4.9-2　据局部极致放大图读取穿越时刻

```
t_nearst = interp1(y(T),t(T),0.95,'nearst');              %     <3>
t_linear = interp1(y(T),t(T),0.95);                       %     <4>
t_spline = interp1(y(T),t(T),0.95,'spline');              %     <5>
t_cubic  = interp1(y(T),t(T),0.95,'cubic');               %     <6>
disp(['  t_nearst   t_linear    t_spline    t_cubic'])
disp([t_nearst t_linear  t_spline  t_cubic])
    t_nearst    t_linear    t_spline    t_cubic
     0.5051      0.4965      0.4962      0.4962
```

(4) 利用 fzero 求穿越时刻,以便比较。
t_zero = fzero('1 - cos(3 * x) . * exp(- x) - 0.95',0.5)
t_zero =
    0.4962

〖说明〗
- 本例使用三种方法求穿越时刻,实践表明:使用图形局部极致放大手段,所得结果与采用 'linear' 算法所得的结果相同,具有相当满意的精度。事实上,plot 指令进行线图绘制时,曲线经过的"非样本点"就是在"样本点"基础上经线性插值确定的。
- 因为本例的目标是求一个给定函数值所对应的自变量。所以在本例第(3)步中的插值指令⟨3⟩~⟨6⟩中,把 y 放在第一输入量位置,而 t 放在第二量位置。但在此再次提醒读者注意:这样做时,一定要保证第一输入量中的元素值是单调变化的。指令⟨2⟩,就是为此而设计的。
- 比较插值计算结果和 fzero 计算结果,会发现:插值结果的精度相当高,且插值算法比 fzero 计算速度快得多。

4.9.2 高维函数的插值

ZI = interp2(X,Y,Z,XI,YI, method)　　　　二维插值

〖说明〗
- X,Y,Z 是进行插值的基准数据。
- X,Y 必须满足:
  - 同维"经纬(Plaid)"格式矩阵。所谓"经纬"格式是指:X 阵每一行的元素依单调次序排列,且都是相同的;Y 阵每一列的元素以单调次序排列,且都是相同的。例如

  $$X = \begin{bmatrix} 1 & 2 & 3 & 4 \\ 1 & 2 & 3 & 4 \\ 1 & 2 & 3 & 4 \end{bmatrix}, Y = \begin{bmatrix} 1 & 1 & 1 & 1 \\ 2 & 2 & 2 & 2 \\ 3 & 3 & 3 & 3 \end{bmatrix}。$$

  - 矩阵中的元素,无论行向还是列向,都必须单调排列。
- XI,YI 是待求插补函数值 ZI 的自变量对组。XI,YI 允许有两种不同的格式:
  - XI,YI 也可以是向量。但 XI 必须取单调增或减的行向量,YI 必须取单调增或减的列向量。
  - XI,YI 是同维"经纬"格式矩阵。
  - 借助 meshgrid 指令得到"经纬"格式矩阵方法是:只要给定两个自变量的分度向量(不管是行向量还是列向量),比如 xi 和 yi,那么通过[XI,YI] = meshgrid(xi,yi)就可以得到符合要求的"经纬"格式矩阵 XI 和 YI。
  - 如果 XI,YI 的数值范围超出 X 和 Y 的范围,那么对应得 ZI 元素将为 NaN。
- method 是插值方法名(见表 4.9-3)。

表 4.9-3　二维插值指令中 method 具体取名表

method	含　义	特　点	用　途
nearest	最近邻插值	最快,占用内存最少,精度低,不平滑	实时使用;特大数据量处理;需保持基准数据,不增加新函数值的特殊场合

续表 4.9-3

method	含义	特点	用途
linear	线性插值	较快,占用较多内存,连续不光滑,有足够精度	最常用,作为默认设置
spline	三次样条插值	最慢,精度高,最平滑,非等距样点下谨慎使用	作平滑用
cubic	三次多项式插值	仅在等距样点下使用	

【说明】

本表的插值算法名,同样适用于其他多维插值指令 interp3,interpn。

【例 4.9-2】 假设有一组海底深度测量数据,采用插值方式绘制海底形状图。本例演示:interp2 的基本调用格式;经纬矩阵的生成。

(1) 为仿真,用以下模型产生一组分度稀疏的"海底深度测量数据"(参见图 4.9-3)

```
rng(2,'v5normal')                    % 为仿真的可重复性而设
x = -5:5;y = -5:5;
[X,Y] = meshgrid(x,y);               % 产生"经纬"矩阵
zz = 1.2 * exp(-((X-1).^2+(Y-2).^2))-0.7 * exp(-((X+2).^2+(Y+1).^2));
Z = -500 + zz + randn(size(X)) * 0.05;  % 使数据带标准差为 0.05 的随机误差
surf(X,Y,Z);view(-25,25)
```

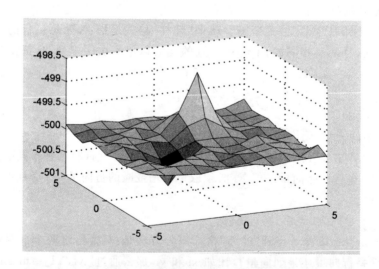

图 4.9-3 据基准数据绘制的曲面图

(2) 通过插值画更细致的海底图(参见图 4.9-4)

```
xi = linspace(-5,5,50);
yi = linspace(-5,5,50);
[XI,YI] = meshgrid(xi,yi);
ZI = interp2(X,Y,Z,XI,YI,'*cubic');
surf(XI,YI,ZI),view(-25,25)
```

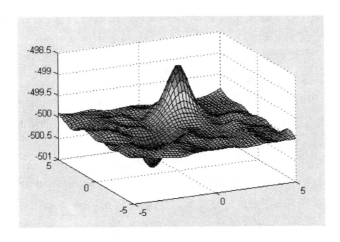

图 4.9-4 由插值数据生成的曲面

4.9.3 样条插值

样条函数产生的基本思想：设有一组已知的数据点，目标是找一组拟合多项式。在拟合过程中，对于此数据组的每相邻样点对（Breakpoints），用三次多项式去拟合样点之间的曲线。为保证拟合的唯一性，对该三次多项式在样点处的一阶、二阶导数加以约束。这样，除被研究区间端点外，所有内样点处保证样条有连续的一阶、二阶导数。

在 MATLAB 的\toolbox\matlab\polyfun 目录下涉及样条的指令见表 4.9-4。

表 4.9-4 基本样条指令

指 令	含 义	指 令	含 义
fnder	对样条函数求导	fnval	求样条函数值
fnint	对样条函数积分	fnzeros	求样条函数的零点
fnmin	求样条函数的最小值	ppval	由逐段多项式数据求插值
fnplt	直接绘制 PP 样条函数曲线	spline	样条插值，或获得构成样条的逐段多项式数据

MATLAB 的 Spline Toolbox 中有更多专门指令。

yy＝spline(x,y,xx) 根据样点数据(x,y)，求 xx 所对应的三次样条插值 yy
pp＝spline(x,y) 从样点数据(x,y)获得逐段多项式样条函数数据 pp
yy＝ppval(pp,xx) 根据逐段多项式样条函数数据 pp,计算 xx 对应的函数值 yy

〖说明〗
- 样点数据(x,y)中的 x 必须是单调排列的(行)向量，而 y 可以是(行)向量，也可以是每行长度与 x 相同的矩阵。例如当 y 是行数为 2 的矩阵时，x 可看作一个单调变化参量，而 y 中的两行可分别看作相应此参量的横、纵坐标方向的变化量。
- 若 xx 是行向量，那么 yy 是列维与 y 相同，而行维与 xx 相同的矩阵。
- pp 是描写样条函数的构架变量。它包含了 6 个域：
  - form   记述函数形式的字符串；
  - breaks 保存区间分隔点的坐标(称为断点序列)，即 x；

- coefs   保存各子区间的 3 阶插值多项式的系数行向量；
- pieces   子区间总数；
- order   3 阶多项式的长度；
- dim   样条函数的变元数。
● ppval 是通过 PP 形式参数指定的样条函数，计算 xx 所对应的函数值。
● 对于同一组样本数据，和相同待求参量 xx，以下两组指令的结果相同。
  - 直接插值法   yy=spline(x,y,xx);
  - 计算插值的 pp 样条函数法 pp=spline(x,y);yy=ppval(pp,xx);
● 值得指出：直接法在每次插值时必须直接调用样点；而一旦 PP 样条函数生成，计算插值时，就不再调用样点，而且可以象解析函数那样进行微分和积分。

【例 4.9-3】 根据连续时间函数 $w(t)=\mathrm{e}^{-|t|}$ 的采样数据，利用 spline 重构该连续函数，并检查重构误差。本例演示：spline 的基本用法（图 4.9-5）。

```
t = -5:0.5:5;w = exp(-abs(t));                  %产生采样数据
N0 = length(t);tt = linspace(t(1),t(end),10*N0); %产生重构函数用的自变量数据
ww = spline(t,w,tt);                            %进行重构
error = max(abs(ww - exp(-abs(tt))))            %检查误差
plot(tt,ww,'b');hold on                         %重构函数曲线
stem(t,w,'filled','r');hold off                 %原采样数据杆图
legend('重构函数','原采样数据')
xlabel('t')
error =
    0.0840
```

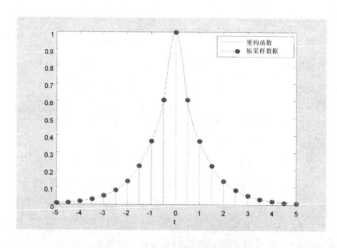

图 4.9-5 样条插值重构信号

【例 4.9-4】 用样条插值产生长、短轴分别在 45°和 135°线上的椭圆（图 4.9-6）。本例演示：spline 插值的端部控制；参数插值法。

```
theta = [0:0.5:2]*pi;                                %产生四个样点
y = [-0.5 1 -0.5 -1 0.5 1 -0.5;0.5 1 0.5 -1 -0.5 1 0.5];  %            <3>
theta2 = linspace(theta(1),theta(end),50*length(theta)); %参量稠密化
yy = spline(theta,y,theta2);                         %求稠密点上的插值
```

```
plot(yy(1,:),yy(2,:),'b');hold on
plot(y(1,:),y(2,:),'or');hold off,axis('image')
```

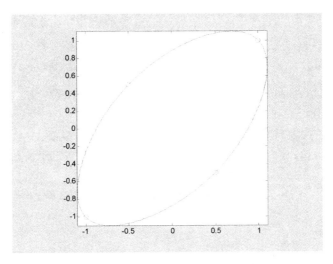

图 4.9-6　利用四个样点产生的椭圆

〖说明〗
- 本例取角度 theta 为独立参量,而 y(1,:),y(2,:) 分别代表横坐标量和纵坐标量。
- theta 长度为 5,而 y 的行长为 7;其中 y(:,1)给出了第一个样点 y(:,2)处横、纵坐标量关于 theta 的斜率;而 y(:,end)给出了最后一个样点 y(:,end-1)处的斜率。这是 spline 允许的一种用法,使端部插值更光滑。

4.9.4　样条函数的应用

1. 样条函数的微积分

对于用"表格"数据描写的函数 $f(x)$,如何求该函数的不定积分和导数呢?下面两个指令可以解决这个问题。

ipp=fnint(pp)	求出 PP 形式样条函数 $f(x)$ 的不定积分 $S(x)=\int_{x_1}^{x}f(x)\mathrm{d}x$
dpp=fnder(pp)	求出 PP 形式样条函数 $f(x)$ 的导数 $f'(x)$
fnplt(pp)	PP 形式样条函数的可视化

〖说明〗
- pp 由 spline 根据样点组产生。关于其结构等相关内容请参见第 4.9.3 节。
- ipp 是 $S(x)=\int_{x_1}^{x}f(x)\mathrm{d}x$ 的 PP 表达形式。这里的积分下限是生成函数 $f(x)$ 时所用样点组中最左端样点的独立自变量值。
- dpp 是 $f'(x)$ 的 PP 表达形式。再次提醒注意:由于微分描写的是函数的微观性状,因此数值微分对于数据噪声、截断误差是很敏感的。换言之,数值微分一般应尽量避免。在无法避免时,数值微分处理也应比较谨慎。采用样条函数所得到的微分,可保证微分的连续和平滑,而不会像简单近似差分那样急剧跳动。
- 无论是样条积分函数 ipp,还是样条导函数 dpp,其自变量的取值范围都不应超出构造原样条函数 PP 所用样点组(x,y)的自变量"基础区间(Basic interval)",即 $[\min(x), \max(x)]$。

【例 4.9-5】 对于函数 $y = \sin x$,其积分函数为 $S(x) = \int_0^x \sin x \, dx = 1 - \cos x$,而导函数为 $y' = \cos x$。本例演示:原函数的样条表达内涵感受;样条积分函数及内涵感受;样条导函数及内涵感受;样条积分函数和导函数的大致精度体验。

(1) 由断点序列(样点)产生的样条函数及子区间 3 阶样条多项式

```
x = (0:0.1:1)*2*pi;        % 定义一组自变量样点,也即样条函数的"断点序列"
y = sin(x);                % 获得样点数据
pp = spline(x,y)           % 求 PP 形式的样条函数 pp,它近似表示 y = sin x         <3>
pp =
       form: 'pp'
     breaks: [1x11 double]
      coefs: [10x4 double]
     pieces: 10
      order: 4
        dim: 1


disp('第 2 子区间的 3 阶多项式')
disp(poly2str(pp.coefs(2,:),'x'))     % 第 2 子区间的样条函数              <5>
disp('第 3 子区间的 3 阶多项式')
disp(poly2str(pp.coefs(3,:),'x'))     % 第 3 子区间的样条函数              <7>
第 2 子区间的 3 阶多项式
   -0.11257 x^3 - 0.28435 x^2 + 0.80127 x + 0.58779
第 3 子区间的 3 阶多项式
   0.0034798 x^3 - 0.49655 x^2 + 0.31062 x + 0.95106
```

(2) 积分样条函数及子区间的积分样条多项式

```
ipp = fnint(pp)                         % 样条函数 pp 的积分函数 ipp       <8>
disp('第 2 子区间的 4 阶积分多项式')
disp(poly2str(ipp.coefs(2,:),'x'))     % 第 2 子区间的样条函数积分         <10>
disp('第 3 子区间的 4 阶积分多项式')
disp(poly2str(ipp.coefs(3,:),'x'))     % 第 3 子区间的样条函数积分
ipp =
       form: 'pp'
     breaks: [1x11 double]
      coefs: [10x5 double]
     pieces: 10
      order: 5
        dim: 1
第 2 子区间的 4 阶积分多项式
```

$-0.028144\ x^4\ -\ 0.094783\ x^3\ +\ 0.40063\ x^2\ +\ 0.58779\ x\ +\ 0.19203$

第 3 子区间的 4 阶积分多项式

$0.00086996\ x^4\ -\ 0.16552\ x^3\ +\ 0.15531\ x^2\ +\ 0.95106\ x\ +\ 0.69161$

(3) 导数样条函数和子区间的导数样条多项式

```
dpp = fnder(pp)                          % 样条函数 pp 的导函数 dpp                    <13>
disp('第 2 子区间的 2 阶导数多项式 ')
disp(poly2str(dpp.coefs(2,:),'x'))       % 第 2 子区间的样条函数导数                    <15>
disp('第 3 子区间的 2 阶导数多项式 ')
disp(poly2str(dpp.coefs(3,:),'x'))       % 第 3 子区间的样条函数导数
dpp = 
      form: 'pp'
    breaks: [1x11 double]
     coefs: [10x3 double]
    pieces: 10
     order: 3
       dim: 1
```

第 2 子区间的 2 阶导数多项式

$-0.33772\ x^2\ -\ 0.5687\ x\ +\ 0.80127$

第 3 子区间的 2 阶导数多项式

$0.01044\ x^2\ -\ 0.9931\ x\ +\ 0.31062$

(4) 样条函数积分和导数计算精度

不定积分样条函数可用来计算基础区间中任何区间上的定积分。导数样条函数可方便地计算基础区间内任何一点的导数。

```
% 计算 y(x)在区间[1,2]上的定积分
DefiniteIntegral.bySpline = ppval(ipp,[1,2]) * [-1;1]; % 求区间定积分                 <16>
DefiniteIntegral.byTheory = (1 - cos(2)) - (1 - cos(1));
DefiniteIntegral
DefiniteIntegral = 
    bySpline: 0.9563
    byTheory: 0.9564


% 计算 x = 3 处的 dy/dx
Derivative.bySpline = fnval(dpp,3);                    %                           <19>
Derivative.byTheory = cos(3);
Derivative
Derivative = 
    bySpline: -0.9895
    byTheory: -0.9900
```

(3) 绘制三个样条函数的图形(图 4.9 - 7)

```
fnplt(pp,'b-')                           % 样条函数可视化                              <22>
hold on
fnplt(ipp,'m:')                          %                                          <24>
```

```
fnplt(dpp,'r- -')                %                                    <25>
hold off
legend('y(x)','\int y dx','y '' _x')
xlabel('x')
title('样条函数及其积分函数、导函数')
```

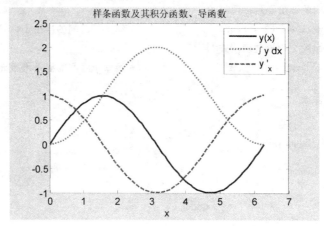

图 4.9-7　样条函数、样条函数的积分函数和导函数

【说明】

- 注意观察本例指令⟨3⟩⟨5⟩⟨7⟩的运行结果，可以感受到：在区间$[0,2\pi]$上，$y=\sin x$可以由一组被"断点序列"分隔的子区间上的 3 阶样条多项式近似表达。
- 观察指令⟨5⟩⟨10⟩⟨15⟩的运行结果，可以看到：样条积分函数和导函数，实际上是由原样条函数在各子区间上的多项式经积分和求导产生的。
- 注意本例指令⟨16⟩的构成。ppval(ipp,[1,2])给出一个行向量，其第一个元素是原函数从 0 到 1 的定积分，第二个元素是原函数从 0 到 2 的定积分。ppval(ipp,[1,2])*[-1;1]就表示第二元素值减去第一元素值，即给出原函数从 1 到 2 的定积分。
- 在本例指令⟨19⟩中，fnval 指令的功能与 ppval 相同。在此使用该指令，仅向读者说明在 Spline Toolbox 中有这样一个指令。
- 本例指令⟨22⟩⟨24⟩⟨25⟩中的 fnplt 指令可以直接根据 PP 形式的样条函数绘制曲线。它在 Spline Toolbox 中。
- 本例表明，从整体上看，所得结果的精度是令人满意的。
- 因积分反映函数的宏观性状，有利于截断误差的相互抵消，所以数值积分的精度会高于原函数近似。而微分对截断误差更敏感，所以精度远低于原函数近似。
- 本例出于演示考虑，选择了十分简单原函数 $y=\sin x$。事实上，本例体现的方法主要是用来对付那些原函数微积分难以直接处理情况。如在区间 $x\in[0,5]$ 求积分函数 $I(x)=\int_0^x e^{-t^2}dt$ 问题，假如对区间上的一组"样点"采用 quad 指令逐个计算积分，那将是比较费时的。

2. 样条函数的零点和最小值

本节将介绍"表格"数据所描写函数 $f(x)$ 的零点和最小值的求取。具体指令如下：

zpp=fnzeros(pp)	求 PP 样条函数 $f(x)=0$ 的自变量位置
minpp=fnmin(pp)	求 PP 样条函数 $f(x)$ 的全局最小值

〖说明〗
- pp 由 spline 根据样点组产生,其结构请参见第 4.9.3 节。
- zpp 给出 pp 所在基本区间上的所有零点。
  - 它是据 pp 内含断点及全部子区间多项式求出的。
  - 它是双精度数值型"2 行数组"。第 1 行给出从子区间左端点出发,据该子区间多项式求得的零点;而第 2 行给出从子区间右端点出发,据该子区间多项式求得的零点。

【例 4.9-6】 求 $f(t)=(\sin^2 t)\cdot e^{-0.1t}-0.5|t|$ 的零点。本例演示:符号算法的局限性;函数可视化在确定函数零点和最大(小)值中的作用;样点函数断点序列恰当性对 PP 样条函数零点的影响。

(1) 采用符号计算求解(相当费时!)

```
syms tp positive
ftp = sin(tp)^2 * exp(-0.1*tp) - 0.5*tp;           % f(t)函数的符号表达式
ftn = sin(-tp)^2 * exp(0.1*tp) - 0.5*tp;
zsp = solve(ftp,tp)                                 % 求 f(t) = 0 符号解              <4>
zsn = - solve(ftn,tp)
maxsp = solve(diff(ftp,tp),tp)                      % 求 df/dt = 0 的符号解            <6>
maxsn = - solve(diff(ftn,tp),tp)
zsp =
matrix([[0]])
zsn =
matrix([[0]])
maxsp =
matrix([[0.27414335682669078173489784260962]])
maxsn =
matrix([[-0.25113921460114505973567301534822]])
```

(2) 指定区间上函数曲线的作图一般视察(图 4.9-8)

在指定区间上绘制函数的曲线,是了解函数性质最基本、最初步又最重要的途径。

```
ft = @(t)(sin(t).^2.*exp(-0.1*t)-0.5*abs(t));      % f(t)的匿名函数                 <7>
t = -10:0.1:10;                                     % 包含 t = 0 的自变量采样点数组    <8>
y = feval(ft,t);                                    % 采样点上函数值                  <9>
plot(t,y,'r');
hold on
plot(t,zeros(size(t)),'k');                         % 画坐标横轴
xlabel('t');ylabel('f(t)')
hold off
grid on
```

(3) 数据探针标识函数曲线的零点和区间最大值

利用数据探针,可以看到各"关注点"的具体坐标数值。该方法,比纯图形增加了数字信

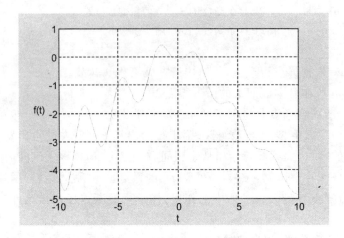

图 4.9-8　函数曲线的一般观察

息,更有利于用户细致了解函数特点。具体操作如下:
- 对此前绘制的曲线图进行局部放大(图 4.9-9)。
- 点击工具条上的 数据探针图标,用鼠标点击曲线和 0 线的交点,便显示出该点的坐标。
- 在现场菜单中选择{Create New Datatip},再用鼠标点击其他某个零点,或区间最大值点。此后重复该步操作,直到所有有关点全部标识为止。

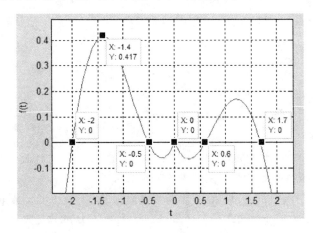

图 4.9-9　函数曲线的一般观察

(4) 用 fzero 计算函数零点

```
t0 = [ - 2.5, - 1.5, - 0.5,0.5,1.5,2.5];        % 搜索起点              <16>
for ii = 1:length(t0)
    [z(ii),fz(ii)] = fzero(ft,t0(ii));          % 搜索零点              <18>
end
z,fz
z =
    - 2.0074    - 2.0074    - 0.5198    0.5993    1.6738    1.6738
fz =
```

```
          1.0e - 015 *
    0.2220    0.2220         0    - 0.0555    0.2220    0.2220
```

(5) 用 fminsearch 计算区间内最大值

```
t0 = [ - 2.5, - 1.5, - 0.5,0.5,1.5,2.5];
gt = @(t)( - sin(t).^2. * exp( - 0.1 * t) + 0.5 * abs(t));    % - f(t)的匿名函数           <22>
for ii = 1:length(t0)
    [za(ii),fa(ii)] = fminsearch(gt,t0(ii));                  % 求 - f(t)极小值点          <24>
end
za
fa = - fa                                                     % f(t)极大值点              <27>
za =
    - 1.3986    - 1.3986    - 1.3985    1.2153    1.2154    1.2153
fa =
    0.4170    0.4170    0.4170    0.1706    0.1706    0.1706
```

(6) 采用恰当样条函数求函数零点和区间最大值

```
pp = spline(t,y);                 % 根据原函数样点求 f(t)的样条函数            <28>
zpp = fnzeros(pp)                 % 根据样条函数求 f(t)的全部零点              <29>
zpp =
    - 2.0074    - 0.5199    - 0.0000    - 0.0000    0.5993    1.6738
    - 2.0074    - 0.5199    - 0.0000    - 0.0000    0.5993    1.6738

gy = feval(gt,t);                 % 计算 - f(t)样点                          <30>
gpp = spline(t,gy);               % 根据{t, - f(t)}样点求 - f(t)的样条函数     <31>
maxpp = - fnmin(gpp)              % 利用求样条函数最小值指令求 f(t)的最大值     <32>
maxpp =
    0.4170
```

(7) 不恰当断点序列生成的不恰当样条函数(参见图 4.9 - 10)

```
tt = linspace( - 10,10,202);      % 不含 t = 0 的新自变量样点                  <33>
yy = feval(ft,tt);                % 新因变量样点
pp2 = spline(tt,yy);              % f(t)的新样条函数                          <35>
fnplt(pp2,'r')                    % 绘制不恰当样条函数图
axis([ - 2.5,2.5, - 0.3,0.45])
grid on
title('不恰当断点序列产生的样条函数')
xlabel('t'),ylabel('f(t)')
```

(8) 采用不恰当样条函数所求得的零点和区间最大值

```
zpp2 = fnzeros(pp2)               % 遗漏零点                                 <41>
zpp2 =
    - 2.0074    - 0.5198    0.5993    1.6738
    - 2.0074    - 0.5198    0.5993    1.6738

gyy = feval(gt,tt);
```

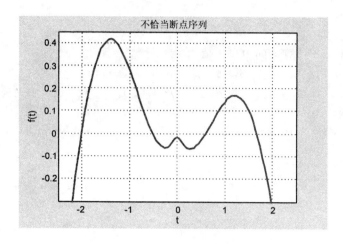

图 4.9-10　生成的不恰当样条函数

```
gpp2 = spline(tt,gyy);            % -f(t)的新样条函数                        <43>
maxpp2 = -fnmin(gpp2)             % 用新样条函数求 f(t)最大值               <44>
maxpp2 =
    0.4170
```

〖说明〗

- 使用符号计算求解本例时,考虑到函数在 t=0 处不可导,而根据自变量的取值,分为"正、负"两部分进行求解。但所得结果表明:这样处理是不成功的。符号计算只是求取了最靠近 $t=0$ 的零点和极值点。
- 在数值求取函数零点和极值点之前,在适当范围内绘制、观察函数图形是推荐选择的明智步骤。本例第(2)中的指令所绘出的图形,有利于用户了解函数的大致形态。
- 而 MATLAB 图形窗所提供的"数据探针",有助于用户读取各"关注点"的大致数值信息,参见本例第(3)中的内容。
- 根据图形,如指令〈16〉那样,适当设置一组搜索起点,对搜索到全部零点有至关重要的影响。由于 fzero 只能搜索穿越 y=0 线的零点,所以不管搜索起点如何设置,都找不到$[f(t)|_{t=0}]$。
- MATLAB 中只有求极小值的指令。因此,对于本例要解的"$f(t)$区间最大值"的问题,可以转化为解"$-f(t)$区间最小值"问题。在处理中注意:
  - 借助 fminsearch 对$-f(t)$求极小值时,fminsearch 的第一输入量,不能使用$-$ft,(ft 是指令〈7〉定义匿名函数);而必须采用指令〈22〉为$-f(t)$定义的匿名函数 gt。
  - 为正确表达极大值,指令〈27〉是必须的。
- 关于指令〈29〉运行结果的说明:
  - 据指令〈8〉可知,t=0 被包含断点序列中,所以 fnzeros 能找到$[f(t)|_{t=0}]$,尽管在$[f(t)|_{t=0}]$处,$f(t)$仅仅是"接触"y=0 线。
  - 也正由于 t=0 是接续两个子区间的端点,而且在那两个子区间中又没有其他零点,所以在 fnzeros 的运行结果中会出现"四个元素为 0 的现象"。
- 值得强调指出:fnzeros 能不能正确地给出"表格数据"的零点,与断点序列的选取关系极大。本例的第(7)和第(8)条目就是本书作者为揭示这种依赖关系而专门设计的。

这两个条目下的指令揭示:
- 指令⟨33⟩产生的断点序列 tt 不包含 t=0,于是由这组样点构造的如图 4.9-10 所示 PP 样条函数,在 t=0 处就与 y=0 线相交、接触。
- 指令⟨41⟩运行结果中不包含 $[f(t)|_{t=0}]$ 处的零点。

● fnmin 给出的不是局部极小值点,而是 PP 样条函数定义区间上的全局最小值点。

4.10 Fourier 分析

Fourier 分析在信号处理中占有重要地位。从时间上看,有连续和离散时间 Fourier 变换之分。快速 Fourier 算法的出现,使 Fourier 分析进入了新的应用阶段。本节着重介绍如何利用快速 Fourier 变换 FFT(Fast Fourier transform)对周期函数的 Fourier 级数(Fourier series)展开和连续时间函数的 Fourier 变换(Continuous fourier transform,CFT)进行数值计算。

在 MATLAB 基本软件中,涉及 Fourier 变换实施的指令如表 4.10-1 所列。

表 4.10-1 与快速 Fourier 变换有关指令表

指令	含义	指令	含义
abs	模(Magnitude)	fftshift	零迟延对中的谱
angle	相角(Phase angle)	ifft	快速离散 Fourier 逆变换
cplxpair	复数共轭成对排列	ifft2	二维快速离散 Fourier 逆变换
fft	快速离散 Fourier 变换	ifftn	高维快速离散 Fourier 逆变换
fft2	二维快速离散 Fourier 变换	nextpow2	较高 2 次幂
fftn	高维快速离散 Fourier 变换	unwrap	自然态相角

〖说明〗

涉及信号滤波、频谱分析等更专业化的指令,请参见 Signal Toolbox。

4.10.1 快速 Fourier 变换和逆变换指令

离散序列 $x(k)$ 的离散 Fourier 变换(Discrete fourier transform,DFT)和逆离散 Fourier 变换(Inverse discrete fourier transform,IDFT)的"教科书"定义为

$$X(n) = \sum_{k=0}^{N-1} x(k) e^{-j(2\pi/N)nk} \qquad n = 0, \cdots, N-1 \qquad (4.10-1)$$

$$x(k) = \frac{1}{N} \sum_{n=0}^{N-1} X(n) e^{j(2\pi/N)nk} \qquad k = 0, \cdots, N-1 \qquad (4.10-2)$$

而 MATLAB 出于软件本身的考虑:序列,或向量元素下标从 1 开始记述,而不是从 0 开始。因此,式(4.10-1)和式(4.10-2)在 MATLAB 的相应表达式为

$$X(n) = \sum_{k}^{N} x(k) e^{-j(2\pi/N)(n-1)(k-1)} \qquad n = 1, \cdots, N \qquad (4.10-3)$$

$$x(k) = \frac{1}{N} \sum_{n}^{N} X(n) e^{j(2\pi/N)(n-1)(k-1)} \qquad k = 1, \cdots, N \qquad (4.10-4)$$

MATLAB 根据以上定义给出了利用 FFT 算法实现 DFT 和 IDFT 的指令如下

Xf=fft(Xt , N , DIM)　　计算 N 点 Xt 序列的 N 点离散 Fourier 变换 Xf
Xt=ifft(Xf , N , DIM)　　计算 N 点 Xf 序列的 N 点离散 Fourier 逆变换 Xt

〖说明〗
- 输入量 N 用以指定输入量 Xt(或 Xf)的序列长度。注意：
  - 使用 N 的目的：使被变换序列的长度恰为 2 的幂，以使指令 fft 较高速地运作。如果 N 不是 2 的幂，fft 算法的运作速度将下降。如果 N 是质数，将不再使用快速算法，而改按定义计算，此时算法的基本操作次数将从 $O(N\log_2 N)$ 迅速增加为 $O(N^2)$，从而使运作时间急剧上升，计算精度大大下降。
  - 当 N 大于被变换序列长度时，原序列的尾部将用 0 填补，使其长度为 N 后，再做变换。
  - N 可以缺省。缺省时，指令算法将以被变换序列的长度为 N。
- 输入量 Xt(或 Xf)可以是向量、矩阵或高维数组。注意：
  - 当为向量时，DIM 可以缺省。
  - 当为矩阵时，DIM 将用来指定变换的实施方向。1 指明变换按列进行；2 指明变换按行进行。缺省时，变换默认按列进行。
  - 当为高维时，DIM 用来指定变换的实施方向。

4.10.2　连续时间函数的 Fourier 级数展开

1. 展开系数的积分求取法

对于周期为 T 的时间函数 $w(t)$，其复数(Complex)形式和正交三角(Quadrature)形式 Fourier 级数展开式为

$$w(t) = \sum_{n=-\infty}^{\infty} c_n e^{jn\omega_0 t} \tag{4.10-5}$$

$$= \sum_{n=0}^{\infty} a_n \cos n\omega_0 t + \sum_{n=1}^{\infty} b_n \sin n\omega_0 t \tag{4.10-6}$$

式中复数 Fourier 系数 c_n 的计算式为

$$c_n = \frac{1}{T}\int_0^{a+T} w(t) e^{-jn\omega_0 t} dt \tag{4.10-7}$$

$$a_n = \begin{cases} \dfrac{1}{T}\int_a^{a+T} w(t) dt \\ \dfrac{2}{T}\int_a^{a+T} w(t)\cos n\omega_0 t\, dt \end{cases} = \begin{cases} c_0 & n=0 \\ 2\mathrm{Re}\{c_n\} & n\geq 1 \end{cases} \tag{4.10-8}$$

$$b_n = \frac{2}{T}\int_a^{a+T} w(t)\sin n\omega_0 t\, dt = -2\mathrm{Im}\{c_n\} \quad n\geq 1 \tag{4.10-9}$$

根据以上定义，通过符号或数值积分求取级数展开系数的方法是直接和显然的（见例 4.10-1 和例 4.10-2）。但应该指出：实际中许多波形并不能解析表达；符号计算花费时间太多；数值积分方法也是比较慢的。于是由此引出如何运用 FFT 计算 Fourier 级数展开系数的问题。

2. Fourier 级数与 DFT 之间的数学联系

为利用数值方法计算 c_n，需对式(4.10-7)进行离散化，即取足够小的 $\Delta t = T/N$，使得在这小区间上的积分可用"矩形"面积 $w(k\Delta t)\mathrm{e}^{-jn\omega_0 \cdot k\Delta t}\Delta t$ 近似，并考虑到 $\omega_0 = 2\pi f_0 = 2\pi/T, t = k \cdot \Delta t$，于是得

$$c_n \approx \frac{1}{T}\int_a^{a+T} w(k\Delta t)\mathrm{e}^{-jn\omega_0 \cdot k\Delta t} \cdot \mathrm{d}t = \Delta t \cdot \frac{1}{T}\sum_{n=0}^{N-1} w(k\Delta t)\mathrm{e}^{-j(2\pi/N)nk} \quad (4.10-10)$$

记 $X(n) = \sum_{k=0}^{N-1} w(k \cdot \Delta t)\mathrm{e}^{-j(2\pi/N)nk}$，于是有

$$c_n = \frac{1}{N}X(n) \quad n=0,\cdots,N-1 \quad (4.10-11)$$

考虑到 $X(n)$ 本身以 N 为周期，于是复数形式 Fourier 级数展开式(4.10-7)中

$$c_n = \begin{cases} \dfrac{1}{N}X(n) & 0 \leqslant n < \dfrac{N}{2} \\ \dfrac{1}{N}X(N+n) & -\dfrac{N}{2} < n < 0 \end{cases} \quad (4.10-12)$$

c_n 是 $w(t)$ 的线谱，因为

$$W(f) = \sum_{n=-\infty}^{\infty} c_n \delta(f - nf_0) \quad (4.10-13)$$

3. MATLAB 算法实现

本节将从三个不同途径，演示求取 Fourier 级数的方法。

【例 4.10-1】 利用符号计算方法求周期函数的 Fourier 级数展开系数，周期函数在 $[0,2]$ 区间上的定义为 $y(t) = \begin{cases} t-0.5 & 0.5 \leqslant t \leqslant 1.5 \\ 0 & 0 \leqslant t < 0.5 \text{ or } 1.5 \leqslant t < 2 \end{cases}$。本例演示：符号法求解周期函数的 Fourier 级数系数；符号函数的 M 文件表达法；符号周期函数的表达。

(1) 待解函数的符号表达和图示（参见图 4.10-1）

```
syms ts
T = 2;
ys = heaviside(ts-0.5)'*(ts-0.5)-heaviside(ts-1.5)'*((ts-1.5)+1);  %         <3>
ezplot(ys,[0,2])             % 把绘图的横坐标控制在[0,2]之间              <4>
title('一个周期中的三角波形')
```

(2) 编写求 Fourier 级数各项系数符号解的函数文件

```
function [A0s,As,Bs]=exm041001_fzzysym(y,t,T)
% exm0410001_fzzysym.m    采用符号计算求以 T 为周期的 yy 函数的 Fourier 展开
%  y          在[0,T]内定义的符号函数
%  t          定义 y 时所用的符号自变量
%  T          函数的周期
%  A0         是直流项
%  As         是 n 次谐波 cos 项展开系数
%  Bs         是 n 次谐波 sin 项展开系数
```

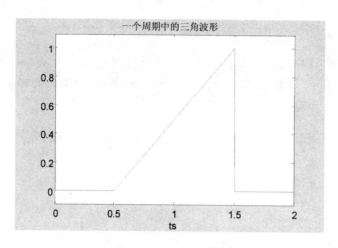

图 4.10-1 待解函数图形

```
syms n
A0s=int(y,t,0,T)/T;
As=int(y*cos(2*pi*n*t/T),t,0,T);
Bs=int(y*sin(2*pi*n*t/T),t,0,T);
```

(3) 求 ys 函数 Fourier 级数展开各项系数的符号表达

```
[A0s,As,Bs] = exm041001_fzzysym(ys,ts,T)        % 谐波系数的符号表达        <6>
A0s =
conj(1)/4 - conj(0)/4
As =
(cos((3*pi*n)/2) - cos(1/2*n*pi) + pi*n*sin((3*pi*n)/2))/(pi^2*n^2)
Bs =
-(sin((pi*n)/2) - sin(3/2*n*pi) + pi*n*cos((3*pi*n)/2))/(pi^2*n^2)
```

(4) 7 次以下各谐波项系数的双精度数值表达

```
A0d = double(vpa(A0s))                          % 常数项                    <7>
Asd = double(vpa(subs(As,'n',1:6)))             % 谐波项 cos 系数           <8>
Bsd = double(vpa(subs(Bs,'n',1:6)))             % 谐波项 sin 系数           <9>
A0d =
    0.2500
Asd =
   -0.3183    0.0000    0.1061   -0.0000   -0.0637    0.0000
Bsd =
   -0.2026    0.1592    0.0225   -0.0796   -0.0081    0.0531
```

(5) 待解函数的周期化表达和图示(参见图 4.10-2)

```
tp = ts - floor(ts/T)*T;                        % 自变量的周期化            <10>
ysp = subs(ys,ts,tp);                           % 三角波的周期化符号表达    <11>
ezplot(ysp,[-4,4])
title('三角波的周期化图示')
```

(6) 求周期化函数 ysp 的 Fourier 级数各谐波项符号系数

```
[A0p,Asp,Bsp] = exm041001_fzzysym(ysp,ts,T)     % 算周期函数的各项系数      <14>
```

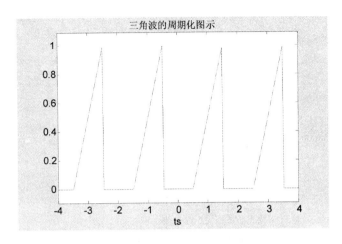

图 4.10-2 待解函数的周期化图形

```
Warning: Explicit integral could not be found.
Warning: Explicit integral could not be found.
A0p =
conj(1)/4 - conj(0)/4
Asp =
int( - cos(pi * n * ts) * (conj(heaviside(ts - 2 * floor(ts/2) - 1/2)) * (2 * floor(ts/2) - ts +
1/2) - conj(heaviside(ts - 2 * floor(ts/2) - 3/2)) * (2 * floor(ts/2) - ts + 1/2)), ts = 0..2)
Bsp =
int( - sin(pi * n * ts) * (conj(heaviside(ts - 2 * floor(ts/2) - 1/2)) * (2 * floor(ts/2) - ts +
1/2) - conj(heaviside(ts - 2 * floor(ts/2) - 3/2)) * (2 * floor(ts/2) - ts + 1/2)), ts = 0..2)
```

(7) 求 ysp 个谐波项系数的双精度数值

```
A0pd = double(vpa(A0p))                    %                              <15>
Aspd = double(vpa(subs(Asp,n,1:6)))        %                              <16>
Bspd = double(vpa(subs(Bsp,n,1:6)))        %                              <17>
A0pd =
    0.2500
Aspd =
   -0.3183   -0.0000    0.1061    0.0000   -0.0637    0.0000
Bspd =
   -0.2026    0.1592    0.0225   -0.0796   -0.0081    0.0531
```

〖说明〗
- 本例的指令⟨3⟩和⟨11⟩分别给出了题给函数的"单周期符号表达式"和"周期化符号表达式"。这两种符号表达式的图示分别见图 4.10-1 和图 4.10-2。前图表现了在一个周期内的函数曲线,而后一张图很好地展示了函数曲线的周期重复。
- 对于非连续周期函数而言,其各谐波项系数的求取宜采用如本例指令⟨6⟩那样的"单周期符号表达式"实施。这样做,不仅实现的 M 码简单,而且所得系数的符号表达式也可能比较简洁。
- 计算周期函数谐波系数,若借助"周期化符号表达式"进行,那么不仅周期函数 M 码编

- 写比较麻烦,而且计算所得的谐波系数符号解可能难以阅读和理解。如本例指令⟨14⟩的运行结果读起来就很艰涩。
- 不难看出:本例指令⟨7⟩⟨8⟩⟨9⟩的运行结果与指令⟨15⟩⟨16⟩⟨17⟩运行结果相同。
- 本例指令⟨10⟩⟨11⟩是"周期函数"M 码的一种典型编写方式。

【例 4.10-2】 运用数值积分法,按式(4.10-8)和(4.10-9),求例 4.10-1 中周期函数的 Fourier 级数展开系数。

(1) 编写数值法级数展开系数的函数文件 fzzyquad.m

```
function [t,y,S,a0,A,B]=exm041002_fzzyquad(a,T,Nf,K)
% 用数值积分求 Fourier 级数展开系数 A,B 和近似波形 S;如调用本指令时,没有任何
% 输出量,那么将自动随积分进程动态地画出原波形和各阶近似波形
%     a          是被展开函数的时间区间的左端
%     T          是被展开函数的周期
%     Nf         是所需展开的最高谐波阶次
%     K          绘波形图所采用的数据长度
%     t,y        是被展开的时间函数数据
%     S          是一个矩阵,且每行的长度与 t,y 相同
%                它的第(n+1)行是由 0 到 n 次谐波迭加生成的近似波形
%     a0         直流项
%     A,B        是展开系数向量;A(n),B(n)分别存放 cos,sin 项 n 次谐波的展开系数
%
if nargin<4;K=200;end
if (nargin<3|isempty(Nf));Nf=15;end
k=1:K;
t=a+k*T/K;
y=time_fun(t);          %调用函数文件,产生被展开函数
a0=mean(y);
A0=a0;
A=zeros(1,Nf);B=zeros(1,Nf);
S=zeros(Nf+1,K);
S(1,:)=a0*ones(1,K);
for n = 1:Nf
    A(n) = quadl(@cos_y,a,a+T,[ ],[ ],n,T)/T*2;
    B(n) = quadl(@sin_y,a,a+T,[ ],[ ],n,T)/T*2;
    S(n+1,:)=S(n,:)+A(n)*cos(2*n*pi*t/T)+B(n)*sin(2*n*pi*t/T);
end
%-------------------------- cos_y.m --------------------------
function wcos=cos_y(t,n,T)
% 生成求 cos 项展开系数的被积函数。
y=time_fun(t);
wcos=cos(2*n*pi*t/T).*y;
%-------------------------- sin_y.m --------------------------
function wsin=sin_y(t,n,T)
```

```
%  生成求 sin 项展开系数的被积函数。
y=time_fun(t);
wsin=sin(2*n*pi*t/T).*y;
%------------------------ time_fun.m ------------------------
function y=time_fun(t)
%  这是需要用户自己编写的待展开的时间函数
%  编写程序时,一定要注意使表达式适于数组运算
%     t         是时间数组
%     T         是周期
y=zeros(size(t));
ii=find(t>=0.5 & t<=1.5);
y(ii)=ones(size(ii)).*(t(ii)-0.5);
```

(2) 数值法计算 Fourier 级数的 0 到 6 次谐波的系数

```
[t,y,S,a0,aquad,bquad] = exm041002_fzzyquad(0,2,15);
                            % 计算 0 到 15 次谐波                            <1>
a0
A_quad = aquad(1:6)         % 数值计算所得偶函数分量系数
B_quad = bquad(1:6)         % 数值计算所得奇函数分量系数
a0 =
    0.2500
A_quad =
   -0.3183   -0.0000    0.1061    0.0000   -0.0637   -0.0000
B_quad =
   -0.2026    0.1592    0.0225   -0.0796   -0.0081    0.0531
```

(3) 图形显示截断余项后三角展开近似波形

为观察截断余项后三角展开波形的近似程度,以下采用彩带绘图指令,分别绘出 1 阶、2 阶、…、16 阶余项截断时的近似波形,如图 4.10-3 所示。

```
SS=[S;y]';
ribbon(t,SS)                          % 把原始波形列在图形最前方
xlabel('谐波次数\rightarrow'),ylabel('t\rightarrow')
title('1 到 16 次谐波截断的近似波形和原三角波')
view([46,38]),colormap(jet)
shading flat,light,lighting gouraud
```

〖说明〗

- 运用 quadl 积分指令求取的展开系数是相当精确的。(在本例中,若用 quad 代替 quadl,所算得的奇次分量系数可能出错。这与 quad 本身的设计有关。)
- 本例中的函数文件有一定的通用性。用户只要把待展开的时间波形编写在 time_fun.m 文件中,再运行本例的 exm041002_fzzyquad.m 就可获得结果。
- 本例 time_fun.m 文件构造时间波形的方法有参考价值。
- 本例指令〈1〉M 码的第 3 个输入量之所以填写 15 而不填写 6,是为了计算包含 15 次谐波的近似波形。
- 本例的谐波系数数值计算结果在指定精度上与例 4.10-1 相同。

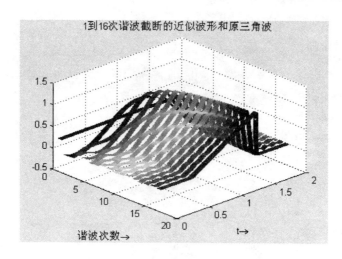

图 4.10 - 3　近似波形和原三角波形

【例 4.10 - 3】　运用 FFT,按式(4.10 - 11)和(4.10 - 12),求例 4.10 - 1 中时间函数的 Fourier 级数展开系数。本例演示:如何利用 FFT 计算周期函数的谐波系数;采样点的多少对计算结果精度的影响。

(1) 编写函数文件 exm041003_fzzyfft.m

```
function [A0,A,B,C,fn,t,w]=exm041003_fzzyfft(T,M,Nf)
%  利用 FFT,计算[0,T]区间上定义的时间波形的 Fourier 级数展开系数 A,B 和频谱 C,fn
%   T         时间波形周期
%   M         用作 2 的幂次
%   Nf        输出谐波的阶次,决定 A,B 的长度为(Nf+1);Nf 不要超 2^(M-1)
%   A0        是直流量
%   A,B       分别是 Fourier 级数中 cos,sin 展开项的系数
%   C         是定义在[-fs/2,fs/2]上的频谱
%   t,w       是原时间波形数据对
if (nargin<2 | isempty(M));M=14;end                        %          <10>
if nargin<3;Nf=6;end                                       %          <11>
N=2^M;                      %使总采样点是 2 的整数倍
f=1/T;                      %被变换函数的频率
dt=T/N;                     %时间分辨率
n=0:1:(N-1);                %采样点序列
t=n*dt;                     %采样时间序列
w=time_fun(t);              %被变换时间函数的采样序列
%
W=fft(w);                   %给出 n=0,1,…,N-1 上的 DFT 数据值
cn=W/N;                     %据式(4.10-11)计算 n=0,1,…,N-1 上的 FS 系数
%
z_cn=find(abs(cn)<1.0e-10); %寻找有限字长运算而产生(原应为 0)的"小"复数
cn(z_cn)=zeros(length(z_cn),1); %强制那些"小"复数为 0                  <23>
cn_SH=fftshift(cn);         %据式(4.10-12)计算                        <24>
```

第 4 章　数值计算

```
                                %n=-N/2,...,-1,0,1,...,(N/2)-1 上的 FS 系数
C=[cn_SH cn_SH(1)];             %形成关于 0 对称的(N+1)个 FS 系数
A0=C(N/2+1);
A(1:N/2)=2*real(C((N/2+2):end));
B(1:N/2)=-2*imag(C((N/2+2):end));
if Nf>N/2;error(['第三输入量 Nf 应小于 ' int2str(N/2-1)]);end
A(Nf+1:end)=[];
B(Nf+1:end)=[];
n1=-N/2:1:N/2;                  %产生总点数为(N+1)关于 0 对称的序列
fn=n1*f;                        %关于 0 对称的频率分度序列
%-------------------------- time_fun --------------------------
function y=time_fun(t)
%  这是需要用户自己编写的待展开的时间函数
%  编写程序时,一定注意要使表达式适于数组运算
%     t            是时间数组
%     T            是周期
y=zeros(size(t));
ii=find(t>=0.5 & t<=1.5);
y(ii)=ones(size(ii)).*(t(ii)-0.5);
```

(2) 计算谐波系数

```
[A08,A8,B8] = exm041003_fzzyfft(2,8)          % 较低采样频率              <1>
[A017,A17,B17] = exm041003_fzzyfft(2,17)      % 较高采样频率              <2>
A08 =
    0.2520
A8 =
   -0.3183   -0.0039    0.1061    0.0039   -0.0636   -0.0039
B8 =
   -0.2066    0.1591    0.0264   -0.0795   -0.0120    0.0530
A017 =
    0.2500
A17 =
   -0.3183   -0.0000    0.1061    0.0000   -0.0637   -0.0000
B17 =
   -0.2026    0.1592    0.0225   -0.0796   -0.0081    0.0531
```

(3) FFT 所得谐波系数的相对误差

```
a08 = abs((A0d - A08)/A08)                    % 较低采样频率下的误差      <3>
a8 = abs((Asd - A8)./A8)                      %                          <4>
b8 = abs((Bsd - B8)./B8)                      %
a08 =
    0.0078
a8 =
    0.0001    1.0000    0.0005    1.0000    0.0013    1.0000
b8 =
```

0.0190	0.0002	0.1482	0.0008	0.3258	0.0018

```
a017 = abs((A0d - A017)/A017)              % 较高采样频率下的误差    <6>
a17 = abs((Asd - A17)./A17)                %                        <7>
b17 = abs((Bsd - B17)./B17)
a017 =
   1.5259e - 005
a17 =
   0.0000    1.0000    0.0000    1.0000    0.0000    1.0000
b17 =
   1.0e - 003 *
   0.0376    0.0000    0.3387    0.0000    0.9404    0.0000
```

〖说明〗

- 本例 exm041003_fzzyfft.m 有一定通用性：
  - 用户只要根据自己需要改写子函数 time_fun，就可用于求指定函数的 Fourier 级数谐波系数。
  - 注意：指定函数是在 [0, T] 内定义的周期函数。
- 本节的三个算例算法的特点：
  - 符号法最准，速度最慢。有些场合，往往得不到封闭解。
  - 数值积分法比较准，速度较慢，适应任何波形。
  - FFT 法很快，对"光滑"波形非常有效。但对"非光滑"、"不连续"波形存在"频率混迭"。
- 关于"频率混迭"效应的说明：
  - 被采样信号的最高频率称为奈奎斯特频率(Nyquist Frequency)或频带(Frequency Band)。而奈奎斯特频率的 2 倍称为奈奎斯特速率(Nyquist Rate)。当采样频率小于奈奎斯特速率或 2 倍频带时，就会产生"频率混迭(Aliasing)"。
  - 对于存在间断点的时间波形来说，因为间断处体现无穷高频率的存在，所以"频率混迭"现象不可避免。
  - 在本例中，"混迭"的影响表现为"算得的谐波系数误差"。
  - 提高采样频率，可以削弱"混迭"影响，可以减小谐波系数的计算误差。本例指令〈2〉中取 M=17，而第〈1〉行指令中 M 仅取 8。换句话说指令〈2〉的采样频率是指令〈1〉的 $2^9=512$ 倍。它们运行后的结果清楚表明：指令〈2〉算得的谐波系数具有较小的相对误差。
  - 计算结果 a8 和 a17 中的 cos 各偶次项的 1，表示：这些偶次项系数本应为 0；但 FFT 算得的偶次项 cos 谐波系数却不为零。
- 在 exm041003_fzzyfft.m 中，指令〈23〉所采取的措施是必须的。由于计算机字长有限，那些本应是 0 的数将在机器上表现为幅值很小的复数。它们虽对幅频几乎没有影响，但会严重扰乱相频。因此，计算中要注意处理。
- 关于 exm041003_fzzyfft.m 中指令〈24〉fftshift 的作用如表 4.10-2 所列。

表 4.10-2 fftshift 指令使用范例

		A	Ash
向量 长度为 N	N 为偶数	[1 2 3 4 5 6 7 8]	[5 6 7 8 1 2 3 4]
	N 为奇数	[1 2 3 4 5 6 7 8 9]	[6 7 8 9 1 2 3 4 5]
(N×M) 维矩阵	M 为偶数 N 为偶数	$\begin{bmatrix} 1 & 5 & 9 & 13 \\ 2 & 6 & 10 & 14 \\ 3 & 7 & 11 & 15 \\ 4 & 8 & 12 & 16 \end{bmatrix}$	$\begin{bmatrix} 11 & 15 & 3 & 7 \\ 12 & 16 & 4 & 8 \\ 9 & 13 & 1 & 5 \\ 10 & 14 & 2 & 6 \end{bmatrix}$
	N 为奇数	$\begin{bmatrix} 1 & 4 & 7 & 10 \\ 2 & 5 & 8 & 11 \\ 3 & 6 & 9 & 12 \end{bmatrix}$	$\begin{bmatrix} 9 & 12 & 3 & 6 \\ 7 & 10 & 1 & 4 \\ 8 & 11 & 2 & 5 \end{bmatrix}$
	M 为奇数	做类似处理	

4.10.3 利用 DFT 计算连续函数 Fourier 变换 CFT

1. CFT 与 DFT 之间的数学联系

当 CFT 借助 DFT 计算时,涉及三个重要概念:窗口化、采样、采样序列周期化。

(1) 窗口化(windowing)

无限长时间函数 $w(t)$ 在计算机上表示时,必须先限定所描写的时间区段,比如 $(0,T)$,然后研究这区段时间上的函数,即窗口化函数 $w_w(t)$

$$w_w(t) = w(t) \cdot \prod\left(\frac{t-\frac{T}{2}}{T}\right) = \begin{cases} w(t) & 0 \leqslant t \leqslant T \\ 0 & \text{else} \end{cases} \quad (4.10-14)$$

该窗口化函数 $w_w(t)$ 的 Fourier 变换为

$$W_w(t) = \int_{-\infty}^{\infty} w_w(t) \cdot e^{-j2\pi ft} dt = \int_0^T w(t) \cdot e^{-j2\pi ft} dt \quad (4.10-15)$$

(2) 采样(Sampling)

连续时间的量只有通过采样才能在计算机上进行数值表示。设在 $(0,T)$ 的总采样点数为 N。于是可记 $\Delta t = \frac{T}{N}, t = k \cdot \Delta t, w_{sw}(k) = w_w(k \cdot \Delta t)$ 以及 $f = \frac{n}{T}$。若又承认积分式中的 $dt = \Delta t$,就有

$$W_w(f)\Big|_{f=\frac{n}{T}} = \Delta t \cdot \sum_{k=0}^{N-1} w_{sw}(k) \cdot e^{-j(2\pi/N)nk} = \Delta t \cdot W_{sw}(n) \quad (4.10-16)$$

式中 $w_{sk}(k)$ 是 $w_w(t)$ 的采样序列,而

$$W_{sw}(n) = \sum_{k=0}^{N-1} w_{sw}(k) \cdot e^{-j(2\pi/N)nk} \quad (4.10-17)$$

(3) 采样序列周期化(Periodic sample)

式(4.10-7)与 DFT 定义式(4.10-1)形式上完全一致。因此,当用式(4.10-7)进行计算时,实际上已经把采样序列 $w_{sw}(k)$ 看作是式(4.10-1)中的以 N 为周期的序列 $x(k)$;而得

到的 $W_{sw}(n)$ 就是式(4.10-1)中以 N 为周期的序列 $X(n)$。于是有

$$W_w\left(f \mid f = \frac{n}{T}\right) = \Delta t \cdot X(n) \qquad 0 \leqslant n \leqslant N-1 \qquad (4.10-18)$$

式中，$W_w\left(f \mid f = \frac{n}{T}\right)$ 以 $\frac{N}{T} = f_s$ 为周期。因此，关于 0 对称的频谱是

$$W_w\left(f \mid f = \frac{n}{T}\right) = \begin{cases} \Delta t \cdot X(n) & 0 \leqslant n < \frac{N}{2} \\ \Delta t \cdot X(n+N) & -\frac{N}{2} \leqslant n < 0 \end{cases} \qquad (4.10-19)$$

2. MATLAB 算法实现

【例 4.10-4】 运用 FFT 求取矩形脉冲 $w(t) = \begin{cases} 1 & -0.5 \leqslant t \leqslant 0.5 \\ 0 & \text{else} \end{cases}$ 的谱。本例演示：函数的 Fourier 变换符号解；如何定义数值类窗口函数；如何利用 FFT 计算连续时间函数的 Fourier 变换的频谱；采样频率高低对混迭的影响；窗口宽度的栅栏效应。

(1) 矩形脉冲的符号 Fourier 变换（参见图 4.10-4）

```
syms ts w fs
ys = heaviside(ts + 0.5) – heaviside(ts – 0.5);      % 矩形脉冲的符号表达
Yw = simple(fourier(ys,ts,w));                       % Fourier 符号变换；simple 必须
Yf = subs(Yw,w,2 * pi * fs)                          % w 是圆频率
subplot(2,1,1)
hys = ezplot(ys,[-5,5]);                             % 在此格式中,只能设定 x 坐标范围
axis([-5,5,-0.1,1.1])                                % 设定 y 坐标范围
set(hys,'LineWidth',3)                               % 利用图柄设置线的粗细
subplot(2,1,2)
ezplot(Yf,[-5,5]),grid on
Yf =
sin(pi * fs)/(pi * fs)
```

(2) 编写供数值计算用的矩形脉冲窗口函数的 M 生成文件

```
function [y,t]=exm041004_RectanglePulse(Tn,Tw,M)
%   本程序用以产生描述矩形脉冲的数值采样序列 y(t)
%   输入量 Tn 是一个定义脉冲"非平凡取值"的自变量区间的左右端"二元数组"
%   输入量 Tw 是限定矩形脉冲的窗口自变量区间的左右两端"二元数组"
%   M 取正整数,定义采样序列的点数为 2^M
N=2^M;
n=(0:N-1)';
dt=(Tw(2)-Tw(1))/N;                                  %时间分辨率
t=n*dt+Tw(1);
y=zeros(size(t));
ii=(t>=Tn(1) & t<=Tn(2));                            %确定非平凡取值的自变量下标
y(ii)=ones(sum(ii),1);                               %在非平凡区间上赋值
```

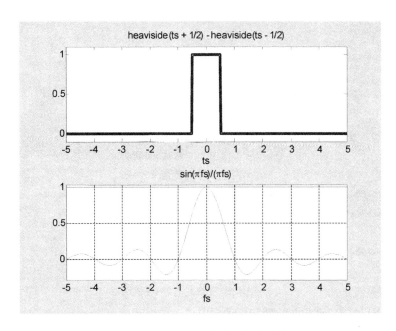

图 4.10-4 矩形脉冲和频率特性

(3) 用 FFT 计算 Fourier 变换的幅频特性函数文件

```
function [AW,f]=exm041004_cftbyfft(wt,t,flag)
%本程序采用 FFT 计算连续时间 Fourier 变换。输出幅频谱数据对(f,AW)
%    输入量(wt,t)为已经窗口化了的时间函数 wt(t),它们分别是长度为 N 的向量。
%    对于"非平凡"取值时段有限的情况,应使该时段与窗口长度相比足够小,以
%    提高频率分辨率。
%    对于"非平凡"取值时段无限的情况,窗口长度的选取应使窗口外的函数值小
%    到可忽略,以提高近似精度。
%    输入量 flag 控制输出 CFT 的频率范围。
%        flag 取非 0 时(默认使用),频率范围在[0,fs);
%        flag 取 0 时,频率范围在[-fs/2,fs/2)。
if nargin==2;flag=1;end
N=length(t);                    %采样点数,应为 2 的幂次,以求快速
T=t(length(t))-t(1);            %窗口长度
dt=T/N;                         %时间分辨率
W0=fft(wt);                     %施行 FFT 变换
W=dt*W0;                        %算得[0,fs)上的 N 点 CFT 值
df=1/T;                         %频率分辨率                              <18>
n=0:1:(N-1);
%把以上计算结果改写到[-fs/2,fs/2)范围
if flag==0
    n=-N/2:(N/2-1);
    W=fftshift(W);              %产生满足式(4.10-19)的频谱;fftshift 的作用见表 4.10-2
end
f=n*df;                         %频率分度向量
```

```
AW=abs(W);                    %福频谱数据向量
if nargout==0
    plot(f,AW);grid,xlabel('频率 f');ylabel('|w(f)|')
end
```

(4) 运行以下指令,绘制时域波形和幅频谱(图 4.10-5)

```
clf
Tn = [-0.5,0.5];              % 设定非平凡区间左右端
Tw5 = [-5,5];                 % 设定窗口左右端;窗宽为 10
M5 = 5;                       % 设定采样点数为 2^5 = 32
[y,t] = exm041004_RectanglePulse(Tn,Tw5,M5);
[AW5,f5] = exm041004_cftbyfft(y,t,0);
M10 = 10;                     % 设定采样点数为 2^10 = 1024
[y,t] = exm041004_RectanglePulse(Tn,Tw5,M10);
[AW10,f10] = exm041004_cftbyfft(y,t,0);
Tw1 = [-1.5,1.5];             % 设定窗口左右端;窗宽为 3
[y,t] = exm041004_RectanglePulse(Tn,Tw1,M10);
[AW1,f1] = exm041004_cftbyfft(y,t,0);
fsd = -2:0.1:2;               % 为求符号解的双精度值而设的自变量序列
fsd(find(fsd == 0)) = eps;    % 为防止 0/0
Yfd = subs(Yf,fs,fsd);        % 符号解的双精度值
plot(f10,AW10,'g--','LineWidth',6)
axis([-2,2,-0.1,1.1])
hold on,grid on
plot(f5,AW5,'b-.','LineWidth',4)
plot(f1,AW1,'r:','LineWidth',4)
plot(fsd,abs(Yfd),'k','LineWidth',2)
hold off
legend('1024 点/窗宽 10','32 点/窗宽 10','1024 点/窗宽为 4','符号解')
xlabel('f(Hz)')
ylabel('幅频')
title('幅频曲线不同算法比较')
```

〖说明〗

- 对于本例的矩形脉冲而言,其 Fourier 变换为 $W(f) = \dfrac{\sin \pi f}{\pi f}$。当 $f > 7.5$ 时,$|W(f)| < 5\%$,因此可粗略地认为该矩形脉冲的频带为 7.5。

- 混叠现象

  - 在采样点数 $N = 2^{10} = 1024$,矩形脉冲窗宽 $T = 10$ 的设置下,采样频率为 $f_s = \dfrac{N}{T} > 100$,从而使采样频率远大于 2 倍频带(即 15)。所以在图 4.10-5 上,此时粗绿虚线的 FFT 计算结果较好地与细黑实线的理论结果吻合。

  - 而在采样点数 $N = 2^5 = 32$、矩形脉冲窗宽 $T = 10$ 的设置下,采样频率为 $f_s = \dfrac{N}{T} =$

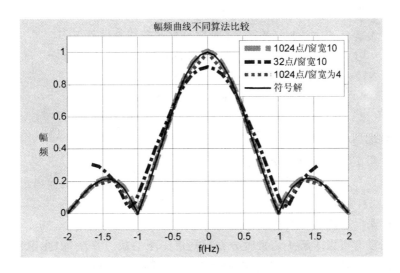

图 4.10 - 5　采样点数及窗口宽度对混迭的影响

3.2。此时,采样频率小于频带(即 7.5),所以,此时混迭严重。在图 4.10 - 5 上,蓝色点划线的 FFT 的结果表现出严重的失真。

- exm041004_RectanglePulse 函数文件输入量 Tw 决定窗口宽度。该 Tw 将决定频谱的频率分辨率(见 exm041004_cftbyfft.m 文件中指令〈18〉)。假如,保持采样总点数不变,而使 T 变小,这样所得的频谱将变得粗糙(见图 4.10 - 5 中的红点线)。这就是所谓的栅栏(Picket-fence)效应。

4.11　常微分方程

只包含一个自变量的微分方程是常微分方程(Ordinary differential equations, ODE)。在科学研究和工程计算中遇到的许多常微分方程,或者没有解析解,或者求取解析解的代价无法忍受。在这种情况下,只得借助数值计算。

常微分方程的求解问题可分为:初值问题(Initial value problem, IVP)和边值问题(Boundary value problem, BVP)。两者比较,解决边值问题的难度更大,且类型繁多,必须具体分析、具体解决。有相当一部分边值问题,最终转化成初值问题解决。

4.11.1　常微分方程初值问题的解算

1. 求解初值问题的思路

利用 MATLAB 指令解算初值问题的一般步骤是:

(1) 根据各具体学科的规律、定理、公式列出微分方程和相应的初始条件。

$$F(\bm{y}, \bm{y}', \bm{y}'', \cdots, \bm{y}^{(n)}, t) = 0 \tag{4.11 - 1}$$

$$\bm{y}(0) = \bm{y}_0, \bm{y}'(0) = \bm{y}'_0, \cdots, \bm{y}^{n-1}(0) = \bm{y}_0^{n-1} \tag{4.11 - 2}$$

在此,$\bm{y}$ 本身可以是一个($m \times 1$)的列向量。

(2) 把高阶方程改写成一阶微分方程组

通常令 $y_1 = y, y_2 = y', \cdots, y_n = y^{n-1}$，于是原方程及初始条件改写为

$$Y' = [(y_1')^T \quad (y_2')^T \quad \cdots \quad (y_n')^T]^T = [(f_1(t,Y))^T \quad (f_2(t,Y))^T \quad \cdots \quad (f_n(t,Y))^T]^T$$
(4.11-3)

$$Y_0 = [(y_1'(0))^T \quad (y_2'(0))^T \quad \cdots \quad (y_3'(0))^T]^T = [(y_0')^T \quad (y_0')^T \quad \cdots \quad (y_0^{n-1})^T]^T$$
(4.11-4)

这里的 Y_0, Y', Y 都是 $((m \times n) \times 1)$ 列向量。

(3) 编写计算导数的 M 码函数文件

按照式(4.11-3)编写计算导数的 M 码函数。具体地说：该函数的输出量是"一阶导数向量 Y'"；输入量是"自变量 t"和"函数量 Y"；函数体则描述式(4.11-3)等号右边表达式。

(4) 运用解算指令 Solver 解初值问题

由于迄今尚没有可以求解一切常微分方程初值问题的数值算法，因此用户因根据问题性质或初步解算的经验从表 4.11-1 中选择适当的解算指令（通称为 Solver）。然后，按照那 Solver 的调用格式，进行适当的配置，进行解算。

表 4.11-1　各种 solver 解算指令的特点

解算指令 Solver	解题类型	特　点	适用场合
ode45	非刚性	一步法；采用 4、5 阶 Runge-Kutta 方程；累计截断误差达 $(\Delta x)^5$	大多数场合的首选算法
ode23	非刚性	一步法；采用 2、3 阶 Runge-Kutta 方程；累计截断误差达 $(\Delta x)^3$	较低精度(10^{-3})场合
ode113	非刚性	多步法；采用 Adams 算法；高低精度均可 ($10^{-3} \sim 10^{-6}$)	ode45 计算时间太长时，取代 ode45；误差要求较高的问题
ode15s	刚性	多步法；采用 Gear's 反向数值微分；精度中等	当 ode45 失败时使用；或存在质量矩阵时
ode23s	刚性	一步法；采用 2 阶 Rosenbrock 算式；低精度	低精度时，比 ode15s 有效，或存在定常质量矩阵时
ode23t	适度刚性	采用梯形法则算法	适度刚性；或存在质量矩阵时
ode23tb	刚性	采用梯形法则—反向数值微分两阶段算法；低精度	低精度时，比 ode15s 有效，或存在质量矩阵时
ode15i	隐式微分方程		

2. 解算指令的调用格式

MATLAB 设计 Solver 解算指令时，采用了大致相同的调用格式。因此，为叙述方便，在下面调用格式介绍中，表 4.11-1 中的解算指令名称都用 solver 代替。注意：实际使用时，那 solver 应是表 4.11-1 中的具体指令名（如 ode45 等）。

　　[t, YY] = solver(OdeFH, tspan, Y0) 　　　　　　　解算的三输入两输出格式
　　[t, YY, Te, Ye, Ie] = solver(OdeFH, tspan, Y0, options) 　　解算的四输入五输出格式

S＝solver(OdeFH,tspan,Y0,options)　　　　　　　　解算的单输出格式

〖说明〗
- 关于输入量 OdeFH 的说明
  - OdeFH 可以是普通 M 码函数、内嵌子函数、匿名子函数的句柄,也可以直接是匿名函数。该函数在本节简称为"导数计算(子)函数"。
  - OdeFH"导数计算函数"的输出量是"每个时点上的导数 Y'",而输入量是"自变量 t"和"待解函数变量 Y"。
- 关于输入量 tspan 的说明
  - 当 tspan 被赋予二元数组 $[t_0, t_f]$ 时,tspan 用来定义求数值解的时间区间。
  - 当 tspan 被赋予多元数组 $[t_0, t_1, \cdots, t_f]$ 时,在 tspan 指定的时间序列上求数值解。此时 tspan 中的元素必须按单调升或降的次序排列。
- 输入量 Y0 是按式(4.11-4)格式构成的列向量。
- 关于第四输入量 options 的说明
  - 该输入量可以省缺,即解算指令的三输入格式。此时,解算过程的各项属性设置(如误差、最大步长、Jacobian 计算等)都采用 MATLAB 所给的默认值。顺便指出:这些默认设置,通常是首次仿真的最好选择。
- 输出量 t 是所得数值解的"长度为 N 的时点序列"
  - 在 tspan 采用二元数组的情况下,则时点序列 t 由解算指令在 $[t_0, t_f]$ 中自动生成。
  - 在 tspan 采用多元数组的情况下,则时点序列 t 就是 tspan 指定的数组。
- 输出量 YY
  - 当式(4.11-1)表示的 n 阶微分方程中所解因变量 Y 本身是标量,就意味着其对应的式(4.11-3)所示的一阶微分方程组中的 Y 是 $(n \times 1)$ 列向量,而此时解算指令的输出量 YY 应是 $(N \times n)$ 的矩阵。该 YY 矩阵第 k 列,就是式(4.11-3)Y 第 k 分量对应的数值解序列。
  - 当式(4.11-1)表示的 n 阶微分方程中所解因变量 y 本身是 $(m \times 1)$ 列向量时,其对应的式(4.11-3)所示的一阶微分方程组中的 Y 就是 $(m \times n)$ 列向量,而此时解算指令的输出量 YY 应是 $(N \times (m \times n))$ 的矩阵。该 YY 矩阵第 k 列,就是式(4.11-3)Y 第 k 分量对应的数值解序列。
- 输出量中的 Te,Ye,Ie 是在设置"事件(Event)属性"后,才有的输出数据。关于它的讨论在例 4.11-3 进行。
- 关于单输出 S 的说明
  - 输出量 S 是一个构架。该构架有许多域,各个域存放着涉及微分方程解的各种相关信息。如其中的 S.x,S.y 域就存放着"二输出格式下 t 和 YY 输出量"的全部数据。
  - 单输出量 S 是专供 deval, odextend 等指令调用的。利用输出量 S,可以更快捷地计算原微分方程在任意区间中的解。

3. 解算指令的属性及其设置

options 是微分方程解算指令(如 ode45)中一个控制解算行为、显示解算中间过程和输出

解算结果的重要变量,其形式为构架。MATLAB 为用户方便,设计了专门的属性设置指令 odeset。其一般形式是

options = odeset('PropertyName', 'Value')
  把 options 属性构架中的 PropertyName 属性重新赋值为 Value

options_new = odeset(options_old, 'PropertyName', 'Value')
  把 options_old 属性构架中的 PropertyName 属性重新赋值后生成 options_new

〖说明〗

- 输入量 'PropertyName' 和 'Value',称为"属性/属性值对"。在以上两种调用格式中,允许同时存在多对。
- 值得指出:odeset 的作用就是改变 options 属性构架中某些指定的"属性域"所保存的"值"。因此,构架中那些没被修改的"属性域"中保存的"值"不变,其作用也不变。解算指令属性构架中的常见属性及可能取值见表 4.11-2。

表 4.11-2 解算指令 options 的属性域名及用途

属性域名	可能取值	用途
AbsTol	正标量或向量;{1e-6}	绝对误差:标量应用于解向量的所有元素;向量则分别应用于解向量的各元素
Events	函数句柄; @events	定义事件发生的函数
Jacobian	函数句柄, 或常数矩阵	计算 Jacobian 的函数,或常数矩阵
Mass	矩阵; 或函数句柄	质量矩阵; 或计算质量矩阵的函数
MaxStep	正标量; {0.1 * abs(t0-tf)}	解算指令的最大步长
NormControl	字符串; ['on' | {'off'}]	取 'on' 时,控制解向量范数的相对误差,使每积分步中,norm(e) <= max(RelTol * norm(y), AbsTol)

OutputFcn	函数句柄
	[{@odeplot} |
	  @odephas2 |
	  @odephas3 |
	  @odeprint]
	或其他自编函数句柄
		绘出解向量各元素随时间变化曲线;
		绘出解向量中前两个元素序列构成的相平面图;
		绘出解向量中前三个元素序列构成的三维相空间图;
		随积分进程,显示解

OutputSel	正整数构成的下标数组, 或{[ ]}	OutputFcn 所表现的将是那些正整数指定解向量中元素的曲线或数据
RelTol	正标量;{1e-3}	相对误差(控制准确位数):应用于解向量的所有元素;每积分步中,估计误差: e(i) <= max(RelTol * abs(y(i)), AbsTol(i))

〖说明〗

- 表 4.11-2 第二列中,花括号内为属性的缺省值。

- options 还有其他属性,如 InitialStep,Jconstant,MassConstant,Stats 等。更详细的信息,可用 odeset 为关键词在 MATLAB 帮助浏览器中搜索获得。
- 若微分方程解算指令(如 ode45)被调用时,没有输出量,那么 OutputFcn 就会被启动,或绘制解的曲线,或显示解数据。

4. 嵌套函数法传递解算参数

在微分方程数值计算编程中,"导数计算函数"的编写是重点。而在"导数计算函数"编写过程中,如何传递计算所需的参数(如下例 dydt 子函数中的参数 G 和 ME)又是关键所在。

"嵌套函数法"和"匿名函数法"是值得推荐的两种解算参数传递法。它们在本节和下节以算例形式给以具体的表述。

【例 4.11-1】 通过微分方程解算围绕地球旋转的卫星轨道(图 4.11-1)。本例演示:"导数计算函数"的编写;解算指令运行时,所需参数(如 G 和 ME)的嵌套(Nested)函数传送法;解算指令(如 ode45)的四输入调用格式;解算指令属性 Refine,OutputFcn 和 OutputSel 的作用; odeset,odephas2 的使用;自动生成的变步长解点;tspan 二元数组和多元数组格式对输出解点的影响。

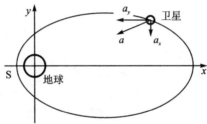

图 4.11-1 地球轨道卫星运动加速度

(1) 问题的形成

轨道上运动的卫星,在 Newton 第二定律 $F = ma = m\dfrac{\mathrm{d}^2 \vec{r}}{\mathrm{d}t^2}$,和万有引力定律 $F = -G\dfrac{mM_E}{r^3}\vec{r}$ 作用下,有 $a = \dfrac{\mathrm{d}^2 \vec{r}}{\mathrm{d}t^2} = -G\dfrac{mM_E}{r^3}\vec{r}$。即 $a_x = -GM_E\dfrac{x}{r^3}$,$a_y = -GM_E\dfrac{y}{r^3}$,而 $r = \sqrt{x^2 + y^2}$。这里 $G = 6.672 \times 10^{11}$ N·m²/kg² 是引力常数,$M_E = 5.97 \times 10^{24}$ kg 是地球的质量。又假定卫星以初速度 $v_x(0) = 0$,$v_y(0) = 4000$ m/s,在 $x(0) = -4.2 \times 10^7$ m,$y(0) = 0$ 处进入轨道。

(2) 构成一阶微分方程组

把以上对问题的描述改写成式(4.11-3)和式(4.11-4)的格式。具体如下:

令

$$\boldsymbol{y} = \begin{bmatrix} y_1 & y_2 & y_3 & y_4 \end{bmatrix}^{\mathrm{T}} = \begin{bmatrix} x & y & v_x & v_y \end{bmatrix}^{\mathrm{T}} = \begin{bmatrix} x & y & x' & y' \end{bmatrix}^{\mathrm{T}} \quad (4.11-5)$$

则

$$\boldsymbol{y}'(t) = \begin{bmatrix} y_1' \\ y_2' \\ y_3' \\ y_4' \end{bmatrix} = \begin{bmatrix} y_3 \\ y_4 \\ -GM_E \cdot \dfrac{y_1}{(y_1^2 + y_2^2)^{3/2}} \\ -GM_E \cdot \dfrac{y_2}{(y_1^1 + y_2^2)^{3/2}} \end{bmatrix} \quad (4.11-6)$$

初始条件为
$$y(0) = \begin{bmatrix} x(0) & 0 & 0 & v_y(0) \end{bmatrix}^T \quad (4.11-7)$$

(3) 编写解算程序 exm041101.m

```
%exm041101.m          解算微分方程的嵌套函数文件
function [t,X,Y]=exm041101(tspan,flag)
% tspan     若取二元数组,则该数组的元素决定解算的时间区间
%           若是长度大于2的单调增或减数组,则该数组决定解算时间点
% flag      取0,则仅输出数值解;取非0,则还绘制轨迹图及演示解点的运动
G=6.672e-11;ME=5.97e24;
vy0=4000;x0=-4.2e7;
Y0=[x0;0;0;vy0];                        %初始向量。指令依据是式(4.11-7)       <4>
opts=odeset('Refine',1);                %                                    <5>
if flag~=0
opts=odeset(opts,'OutputFcn',@odephas2,'OutputSel',[1,2]);  %                <7>
end
[t,YY]=ode45(@dydt,tspan,Y0,opts);      %四输入量调用格式                    <9>
X=YY(:,1);                              %取出 x 方向位移
Y=YY(:,2);                              %取出 y 方向位移
%------------------------- 嵌套子函数 -------------------------
function yd=dydt(t,y)
% dydt      计算导函数用的子函数。编写依据是式(4.11-6)
% t         标量形式的自变量。不管下面程序中是否用到 t,此输入量必须存在
% y         列向量。前两个元素是"位移量",后两个是"速度量"
r=sqrt(sum(y(1:2).^2));
yd=[y(3:4);-G*ME*y(1:2)/r3];            %G 和 ME 借助嵌套函数结构传递
                                                                             <14>
end     %嵌套子函数封闭需要
end     %嵌套主函数封闭需要                                                   <16>
```

(4) 采用 tspan 二元数组运行 exm041101

```
t0 = 0;tf = 60*60*24*5.68;
tspan = [t0,tf];                        % 采用二元数组指定"解"的区间
[t,X,Y] = exm041101(tspan,1);           % 求解同时,划出解点轨迹(参见图 4.11-27)
```

(5) 变步长观察(参见图 4.11-3)

由于本例 ode45 解算时的 Refine 精良因子属性被设置为 1,即解算指令输出全有"算点"构成,所以可以更清晰地表现 ode45 的变步长形态。为此,运行以下指令:

```
dt = diff(t);           % 计算相邻时间点间隔
plot(dt,'b+','MarkerSize',3)
title('ode45 的步长变化 ')
xlabel('The number of time step')
ylabel('Time Step')
```

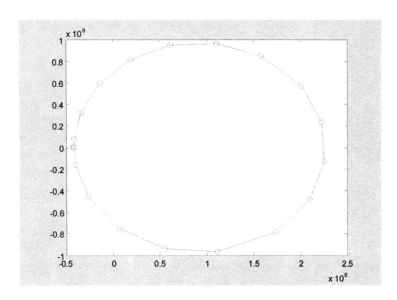

图 4.11-2 运用 odephas2 绘制的自动生成变步长解点轨线

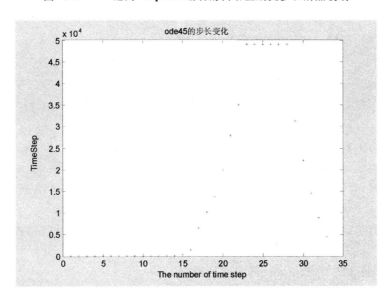

图 4.11-3 精良因子为 1 情况下 ode45 输出解点反映步长变化

(6) tspan 数组指定解点(参见图 4.11-4)

```
tspan = linspace(t0,tf,120);          % 指定解点的位置
[t,X,Y] = exm041101(tspan,1);
```

〖说明〗
- 关于嵌套函数特点的说明
  - exn041101.m 是嵌套主函数。它与一般函数的主要区别是:该主函数具有 end 结尾行(见 exm041101.m 的指令⟨16⟩)。
  - dydt 是嵌套子函数。它也具有 end 结尾行,即 exm041101.m 的指令⟨15⟩。
  - 嵌套子函数体内可以调用主函数体内定义的任何参数。关于嵌套函数的详细说明

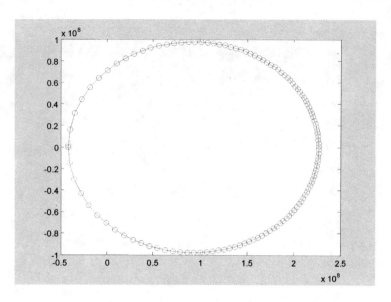

图 4.11-4 运用 odephas2 绘制的 tspan 指定解点轨线

请见第 7.4.3 节。
- ■ 推荐使用解算参数的"嵌套函数传递法"。
- ● 关于 ode45 第二输出量的说明

  在函数 exm041101 的指令〈9〉中，ode45 中输出量 YY 是一个二维数组。本例中，由于该函数的指令〈4〉定义的 Y0 长度为 4，所以输出量 YY 有 4 列。各列依次是 $[x(t) \quad y(t) \quad v_x(t) \quad v_y(t)]$。各列都与 t 列向量的长度相同。
- ● 关于输出函数 OutputFcn 属性的说明
  - ■ 该属性值是函数句柄。现成的可视化函数为 odeplot，odephas2，odephas3；而计算结果显示函数是 odeprint。本例为绘制平面轨迹，所以取属性值@odephas2。见 exm041101 函数的指令〈7〉。
  - ■ 该属性值还可以是用户根据需要而编写的函数。但这种函数的格式必须为：
    status = myfun(t,y,flag)
- ● 关于输出元素下标 OutputSel 属性的说明
  - ■ 本属性依从于 OutputFcn 属性；即仅在 OutputFcn 属性被设置的前提下，OutputSel 才需要设置。
  - ■ OutputSel 的属性值是 OutputFcn 属性值所要图示或显示的向量元素的下标。在本例中，OutputSel 属性值取[1,2]，它指定 odephas2 绘制式 4.11-5 定义的 *y* 向量前 2 个元素"横坐标位移 *x*"和"纵坐标位移 *y*"。见 exm041101 函数的指令〈7〉。
- ● 关于精良因子 Refine 属性的说明
  - ■ 本例为了清晰展示变步长（见图 4.11-3），刻意地把 Refine 精良因子设为 1。见 exm041101 函数的指令〈5〉。
  - ■ 对解算指令 ode45 而言，该属性的默认设置值为 4。在默认设置下，把每两个"算点（Solution Component）"间的时间间隔等分成 4 份，由此将新增 3 个时间点。这 3 个新增点处的函数值采用插值方法计算。ode45 的输出解就是由"算点"及"新增插值点"共同组成的。图 4.11-5 就揭示了这种解点结构。

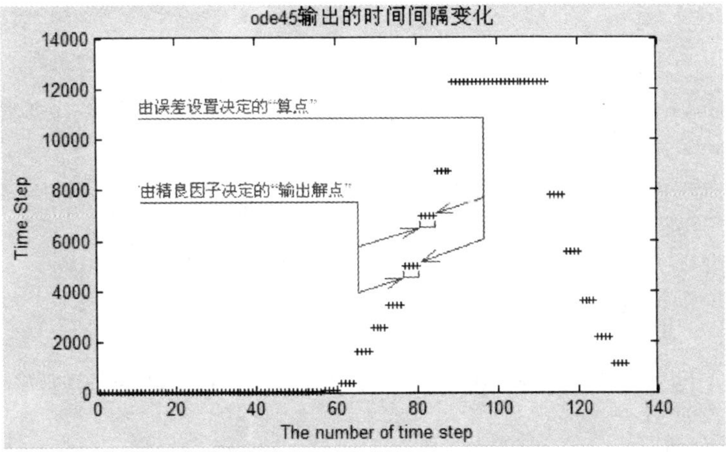

图 4.11-5　精良因子为 4 情况下 ode45 输出解点时间间隔变化

5. 匿名函数法传递解算参数

本小节将再以算例形式推荐一种经常采用的解算参数的"匿名函数传递法"。

【例 4.11-2】 在初始条件 $x(0)=1, \dfrac{\mathrm{d}x(0)}{\mathrm{d}t}=0$ 情况下,求解著名的 van der Pol 微分方程 $\dfrac{\mathrm{d}^2 x}{\mathrm{d}t^2} - \mu(1-x^2)\dfrac{\mathrm{d}x}{\mathrm{d}t} + x = 0$。在 $\mu=1\,000$ 时,该方程是典型的刚性(Stiff)方程。本例演示:如何把高阶微分方程改写为一阶微分方程组;导数计算、Jacobian 计算所需参数的"匿名(Anonymous)函数"传递法;解析 Jacobian 属性的设置;解算刚性方程的推荐指令 ode15s。

(1) 把高阶微分方程改写成一阶微分方程组

令 $y_1=x, y_2=\dfrac{\mathrm{d}x}{\mathrm{d}t}$,于是原二阶方程可改写成一阶方程组

$$\begin{bmatrix} \dfrac{\mathrm{d}y_1}{\mathrm{d}t} \\ \dfrac{\mathrm{d}y_2}{\mathrm{d}t} \end{bmatrix} = \begin{bmatrix} y_2 \\ \mu(1-y_1^2)y_2 - y_1 \end{bmatrix} = f(y) \tag{4.11-8}$$

该微分方程的初始值为 $\begin{bmatrix} y_1(0) \\ y_2(0) \end{bmatrix} = \begin{bmatrix} 1 \\ 0 \end{bmatrix}$。

解析 Jacobian 为

$$\dfrac{\partial f}{\partial \boldsymbol{y}} = \begin{bmatrix} 0 & 1 \\ -2\mu y_1 y_2 - 1 & \mu(1-y_1^2) \end{bmatrix} \tag{4.11-9}$$

(2) 根据上述解析表达编写 M 函数文件

```
function  S=exm041102_vdp(mu,y0,flag)
%  mu      刚度系数
%  y0      初始(列)向量
%  flag    flag 取 1 时,画 y(1) 的时间序列;flag 取 2 时,画相轨迹
```

```
tspan = [0; max(20,4 * mu)];                %大致几个周期的跨度              <2>
opts = odeset('Jacobian',@(t,y)Jb(t,y,mu)); %属性值为匿名函数                <3>
switch flag
case 1
        opts=odeset(opts,'OutputFcn',@odeplot,'OutputSel',[1]);    %画位移曲线,见图 4.11-9
case 2
        opts=odeset(opts,'OutputFcn',@odephas2,'OutputSel',[1;2]); %画相轨迹,见图 4.11-8
end
S= ode15s(@(t,y)f(t,y,mu),tspan,y0,options);   %第一输入量是匿名函数         <10>
function dydt = f(t,y,mu)                      %计算导数的子函数             <11>
dydt = [              y(2)
          mu * (1-y(1)^2) * y(2)-y(1) ];       %该表达式中 mu 的传递依赖匿名函数
                                                                            <13>
function dfdy= Jb(t,y,mu)                      %计算瞬时 Jacobian 的子函数   <14>
dfdy = [          0                  1
         -2 * mu * y(1) * y(2)-1    mu * (1-y(1)^2) ];  %该表达式中 mu 的传递依赖匿名函数
                                                                            <16>
```

(3) 绘制 $\mu=1000$ 的位移曲线(图 4.11-6)

```
mu = 1000;                          % 高度刚性方程
y0 = [1; 0];flag = 1;
S1000 = exm041102_vdp(mu,y0,flag);  % 解算并绘图 4.11-6
xlabel('t')
title(['mu = ',int2str(mu),'时的位移曲线 '])
```

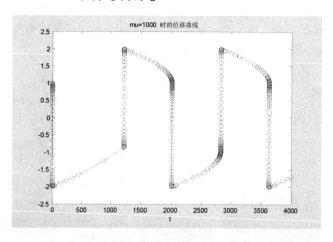

图 4.11-6 ode15s 解高度刚性方程所得位移曲线

(4) 绘制 $\mu=1$ 的位移曲线(图 4.11-7)

```
mu = 1;                            % 非刚性微分方程
y0 = [1; 0];flag = 1;
S1 = exm041102_vdp(mu,y0,flag);
xlabel('t')
title(['mu = ',int2str(mu),'时的位移曲线 '])
```

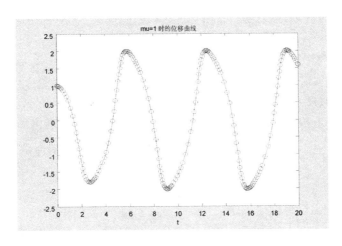

图 4.11-7 ode15s 解非刚性方程所得位移曲线

〖说明〗
- 关于匿名函数句柄和其对应子函数的说明
  - exm041102_vdp.m 文件指令⟨3⟩中的@(t,y)Jb(t,y,mu)和指令⟨10⟩中的@(t,y)f(t,y,mu),都是"以 M 函数文件为依托的匿名函数表达形式"。
  - 以@(t,y)Jb(t,y,mu)为例,@号后的(t,y)表示匿名函数的变量,而 Jb(t,y,mu)是句柄对应的子函数名及其输入量列表。mu 就是通过这种形式传递进子函数的。
  - 关于匿名函数更详细的说明,请见第 4.7.3 节。
- 关于刚性方程的说明
  - 假如微分方程包含变化速度快慢极为悬殊的两个"模式(Mode)",那么这个方程就是刚性(Stiff)方程。
  - 没有哪个指令可以有效解算各类微分方程初值问题。MATLAB 建议:ode45 可以作为解算一般微分方程问题的首选;而 ode15s 可以作为解算刚性方程的首选。观察它们在使用中的表现,再从表 4.11-1 中选择更合适的指令。
  - 关于刚性方程解算指令的更多叙述,请见第 8.8.1-4 小节。
- 关于解析 Jacobian 属性设置的说明
  - 解析 Jacobian 属性设置,并非必需。事实上,在该属性不设置的情况下,MATLAB 设计的 ode15s 指令,在解算过程中会自动计算"近似的数值 Jacobian"。
  - MATLAB 建议:对于刚性方程,设置解析 Jacobian 属性,有利于提高解算积分的快速性和可靠性。

6. 带事件设置的微分方程解算

本小节主要演示解算指令的事件属性设置。在 MATLAB 中,事件借助状态变量的代数方程式描述。比如,在求解一个球在地面上的弹跳运动轨迹时,就可以用"垂直位移等于 0"描述"球触地面的事件"。在许多微分方程应用场合,常常需要确定事件发生的时刻,以及事件发生时刻的具体状态,此时就可借助 MATLAB 为解算指令设计的"事件(Event)属性"。

【例 4.11-3】 在利用微分方程解算指令 ode45 解算例 4.11-1 卫星轨迹同时,确定轨迹"远地点"和"近地点"的发生时间、位置。此外,还要求卫星在第一次穿越远地点,再次到达近地点时,终止解算。本例演示:ode45事件属性的设置和事件函数的设计;odephas2所绘图形的再修饰;odeset的两种调用格式。

(1) 事件的定义

因为在本例中,假设卫星以初速度 $v_x(0)=0, v_y(0)=4000(\text{m/s})$,在 $x(0)=-4.2\times10^7(\text{m})$,$y(0)=0$ 处进入轨道。然后,随时间增长,卫星按顺时针方向运动,画出如图4.11-8的轨迹。卫星到地球的距离 $r=\sqrt{x^2+y^2}$,卫星经过近地点和远地点的必要条件是

$$\frac{dr(x,y)}{dt} = \frac{xx'+yy'}{\sqrt{x^2+y^2}} = 0 \qquad (4.11-10)$$

对远地点和近地点事件做如下定义:

- 远地点事件
    - 满足式(4.11-10)的必要条件;
    - 卫星在经过远地点时,$\frac{dr(x,y)}{dt}$ 不断变小;
    - 卫星到达远地点时,计算继续进行。
- 近地点事件
    - 满足式(4.11-10)的必要条件;
    - 卫星在穿越近地点时,$\frac{dr(x,y)}{dt}$ 不断变大;
    - 卫星在穿越一次远地点后,再到达近地点时,计算终止。

(2) 编写解题程序

```
%exm041103_odevent.m         带事件设置的解题程序
function [t,X,Y,tev,Yev]=exm041103_odevent(tspan,flag)
% tspan     若取二元数组,则该数组的元素给定允许解算的时间区间
%           若是长度大于2的单调增或减数组,则该数组决定允许解算时间点
% flag      取0,则仅输出数值解;取非0,则还绘制轨迹图及演示解点的运动
% t         解点自变量序列
% X         解点的横坐标
% Y         解点的纵坐标
% tev       事件发生时间
% Yev       事件发生时刻的状态向量
G=6.672e-11;ME=5.97e24;
vy0=4000;x0=-4.2e7;
Y0=[x0;0;0;vy0];
opts=odeset('RelTol',1e-5,'Event',@events);        %提高精度和事件设置        <5>
if flag~=0
    opts=odeset(opts,'OutputFcn',@odephas2,'OutputSel',[1,2]);     %           <7>
end
[t,YY,tev,Yev,~]=ode45(@dydt,tspan,Y0,opts);       %输出事件参数              <9>
X=YY(:,1);
```

```
        Y = YY(:,2);

    function yd = dydt(t,y)
        % dydt       计算导函数用的子函数
        % t          标量形式的自变量。不管下面程序中是否用到 t,此输入量必须存在
        % y          列向量。前两个元素是"位移量",后两个是"速度量"
        % yd         导数向量
        r = sqrt(sum(y(1:2).^2));
        yd = [y(3:4);-G * ME * y(1:2)/r^3];
    end                  %子函数 dydt 嵌套封闭需要

    function [value,isterminal,direction] = events(t,y)
        % events        事件子函数
        % t             标量形式的自变量。不管下面程序中是否用到 t,此输入量必须存在
        % y             列向量。前两个元素是"位移量",后两个是"速度量"
        % value         事件表达式。表达式为 0 时,事件发生
        % isterminal    决定事件发生时,是否终止计算;0,继续计算;1,终止计算
        % direction     0,所有事件均记录;
        %               +1,仅渐增表达式的事件被记录;
        %               -1,仅渐减表达式的事件被记录;
        if t>100 * eps                                 %为防止起点作为事件         <1>
            drdt=y(1:2)' * y(3:4)/sqrt(y(1:2)' * y(1:2));  %事件必要条件
            value=[drdt ;drdt];
        else
            value=[1;1];                               %非事件设置值              <5>
        end
        direction=[-1;+1];
        isterminal=[0;1];                              %远地点继续计算,此后到近地点,则终止
    end              %子函数 events 嵌套封闭需要
end                  %嵌套主函数封闭需要
```

(2) 运行程序绘制图形(图 4.11-8)

```
t0 = 0;tf = 1e8;
tspan = [t0,tf];
flag = 1;                                              % 绘图标志
[t,X,Y,tev,Yev] = exm041103_odevent(tspan,flag);
hh = get(gca,'Children');                              % 获取图中原解点的句柄
set(hh(1),'Marker','.','Color','b')                    % 改变原解点的形状颜色
set(hh(2),'Marker','.')                                % 改变原解点颜色
text(0,6e7,'轨道','Color','b')                          % 产生蓝色文字注释
hold on
plot(Yev(1,1),Yev(1,2),'rs','MarkerSize',10)           % 远地点
plot(Yev(2,1),Yev(2,2),'rs','MarkerSize',10)           % 近地点
```

```
s1 = {' 远地点 ';['t = ', sprintf('%6.0f',tev(1))]};    %注释用字符串胞元
s2 = {' 近地点 ';['t = ', sprintf('%6.0f',tev(2))]};    %注释用字符串胞元
text(0.82 * Yev(1,1),0,s1,'Color','r')                 %红色文字注释
text(0.88 * Yev(2,1), -1e7,s2,'Color','r')             %红色文字注释
[XE,YE,ZE] = sphere(10);
RE = 0.64e7;XE = RE * XE;YE = RE * YE;ZE = 0 * ZE;
mesh(XE,YE,ZE)                                          %在x-y坐标上画地球
text(1e7,0,'地球','Color','g')                          %绿色文字注释
hold off
axis image                                              %x、y等长刻度,坐标框恰包容图形
```

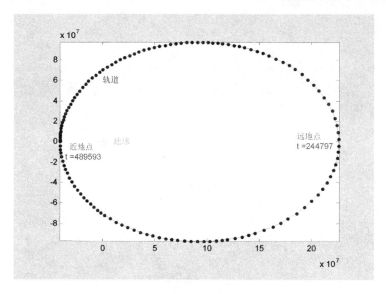

图4.11-8 带事件标注的卫星轨道图

【说明】

- 强调指出:在函数exm041103_odevent中,导数计算子函数dydt和事件子函数events的函数名称、输入变量名称、输出变量名称都是不可改变的。
- 本例exm041103_odevent函数的指令⟨5⟩⟨7⟩展示了odeset的两种调用格式。
- 本例events子函数的指令⟨1⟩⟨5⟩配合,避免把"起始点"作为"事件发生点"。
- 本例的exm041103_odevent采用嵌套函数,以便参数G和ME在函数间传递。

4.11.2 常微分方程的边值问题解

一般说来,微分方程边值问题(Boundary Value Problems for Ordinary Differential Equations)可能有解或无解、可能有唯一解或多解、甚至可能有无数解。在假定解唯一的前提下,边值问题有三种基本解法:

- 迭加法(Superposition)
   假如微分方程和边界条件是线性的,那么问题可转化为运用ode45等指令求解的初值问题。对于线性问题优先使用迭加法,但为此要作些"绕道"的解析准备。
- 试射法(Shooting)

也可称为"一点边值问题"。即从一个边界点出发,参照"初值问题解法"计算积分,检查解是否通过"另一边界点"。一旦找到某个解满足题给的两点边值,问题就得以解决。试射法可用来求解所有的边值问题。但该方法有两个缺陷:一,原先稳定的边值问题有可能转化为不稳定的初值问题;二,该算法对截断误差敏感。因此,在需要较高精度解时,不宜采用此法。

- 有限差分法(Finite Differences)

与试射法的"单向性积分方法"不同。有限差分法,把求解区间分成有限个子区间,或称网点(Mesh)。然后根据各子区间提供的信息,计算导数和函数。有限差分法的实现又有两大类:隐式 Runge-Kutta 法和配置(Collocation)法;bvp4c 采用配置法。

1. bvp4c 求解边值问题的思路

$$\begin{cases} y' = f(x, y, p) \\ g(y(a), y(b), p) = 0 \end{cases} \quad a \leqslant x \leqslant b \tag{4.11-11}$$

这是两点边值问题的一种标准描述形式。在式中,$y' = f(x, y, p)$ 是一阶微分方程组,而 $g(y(a), y(b), p) = 0$ 是求取确定解的一组边界条件。其中,y 一般是 $(m \times 1)$ 的向量,a, b 是自变量区间的边界;p 是可能存在的未知参数。

MATLAB 采用有限差分法求解边值问题。其基本思路和步骤如下:

- 把待解的问题转化成式(4.11-11)所示的边值问题标准描述形式,并据此编写"导数计算函数"和"边界条件残差函数"。
- 人工创建三对组 (x, y, p) 的初始猜测
  - 在 $[a, b]$ 区间上,给出一列长度为 $(N_0 \times 1)$ 的递增(或递减)的自变量数组 x0;
  - 该自变量数组所对应的 $(N_0 \times m)$ 解初始猜测 Y0;
  - 关于未知参数的初始猜测 p0。
- 借助 bvpinit 指令把人工初始猜测转换成适于 bvp4c 解题使用的初始猜测构架 solinit。
  - 该指令会帮助检查自变量网点是否单调增或减;
  - 会检查是否"多点边界"、是否存在未知参数等。
- bvp4c 从初始猜测出发采用配置法求解边值问题
  - 采用"逐段光滑的三次样条插值(Piecewise-Smooth Cubic Spline Interpolant)函数" $S(x)$ 近似表达待解函数 $y(x)$。在各网点上,$S(x)$ 的值应与该点处的函数值相等;在每个子区间内给定的"配置点"上,$S'(x)$ 应与该点处的导函数值相等。即

$$S(x_i) = y_i$$
$$S'(x_i + c_k h_i) = f(x_i + c_k h_i, S(x_i + c_k h_i))$$
$$i = 1, 2, \cdots, N; \quad k = 1, 2, \cdots, s$$

式中,h_i 是第 i 子区间内的配置点间隔;c_k 是第 k 个配置系数。
  - 为估计和控制近似精度,构造残差函数

$$r(x) = S'(x) - f(x, S(x)) \tag{4.11-12}$$

  - 在每个子区间用 5 点罗巴托积分公式(Lobatto Quadrature Formula)计算如下的残差的积分范:

$$\|r(x)\|_i = \left(\int_{x_i}^{x_{i+1}} \|r(x)\|_2^2 \, dx \right)^{1/2}$$

- ■ 若残差不小于指定的误差限，bvp4c 则在此子区间内再引入新的附加网点；若残差远低于误差限，bvp4c 就会用 2 个新划分的子区间替代原先的 3 个子区间，以便减少网点数目。这就是 bvp4c 对网点的自适应调整机制。
- ■ 然后，进行下一次迭代，直到每个子区间残差满足要求，或网点数到达允许的最大数。
- 由于在计算过程中 bvp4c 对网点进行自适应配置，所以 bvp4c 给出的解点，未必是用户所需要的。MATLAB 提供的 deval 指令，能帮助用户计算所需解点。

2. 求解边值问题的配套指令

solinit＝bvpinit(xinit,yinit,parameters)	生成供 bvp4c 使用的"初始猜测构架"
solinit＝bvpinit(sol,[anew bnew],parameters)	据已有解生成更大区间的新猜测构架
sol ＝ bvp4c(OdeFH,BcFH,solinit,options)	求解边值问题
sol ＝ bvp5c(OdeFH,BcFH,solinit,options)	以较高精度求解边值问题
yin＝deval(sol,xin)	据解构架计算原区间内任何点的解
options＝bvpset('PropertyName','Value')	对 PropertyName 属性赋值
options_new＝bvpset(options_old,'PropertyName','Value')	基于原属性构架生成新属性构架

〖说明〗
- 关于自变量网点数组 xinit 取值格式的说明
  - ■ 格式一：$[a,b]$ 区间上单调增（或减）数组，此格式用于 $[a,b]$ 区间的两点边值问题。如 xinit＝linspace(a,b,N0)，它指定 $(1 \times N_0)$ 等距网点数组。通常 N_0 不宜太大，取 10 即可。
  - ■ 格式二：$[a,b]$ 区间上的单调非减（或非增）数组，此格式用于 $[a,b]$ 区间的多点边值问题。如 xinit＝[0, 1, 2, 3, 3, 4, 5]设置下，$\{0, 3, 5\}$ 都被看作边界。
- 关于解点初始猜测 yinit 设置的说明
  - ■ yinit 用于设置式(4.11－11)中的 y 向量的初始猜测。
  - ■ yinit 赋值为 $(1 \times m)$ 常数向量时，yinit(i) 表示解分量 y_i 在所有初始网点上都取此值。
  - ■ yinit 取函数向量 $y_{init} = q(x)$ 时，表示解向量在 x_j 处的猜测值为 $q(x_j)$。
- parameters 用于设置未知参数向量 p 的初始猜测。
- 关于 bvpinit 第二种调用格式的说明
  - ■ 主要用于：据已有解，产生更大区间内的初始解猜测。
  - ■ 输入量 sol 必须是 bvp4 或 bvp5c 的输出构架。
  - ■ [anew, bnew]所指定的区间必须包含原区间。
- 关于 bvpinit 指令输出 solinit 的说明

- solinit 是专供 bvp4c 使用的一个构架。它总包含 x, y, parameters 三个域。
- 域 solinit.x, 是初始网格的 $(1 \times N_0)$ 有序节点数组。
- 域 solinit.y, 是初始解点的 $(m \times N_0)$ 数组。
● 关于 bvp4c 和 bvp5c 第一输入量 OdeFH 的说明
- OdeFH 可以是普通 M 码函数、内嵌子函数、匿名子函数的句柄, 也可以直接是匿名函数。
- OdeFH 函数或 OdeFH 对应的函数, 专门用于根据 $y' = f(x, y, p)$ 计算"每个网点上的导数向量 y'"。该函数在本节简称为"导数计算(子)函数"。
- 这种"导数计算函数"的输出量一定是 y', 而输入量至少包含式 $y' = f(x, y, p)$ 中的"自变量 x"和"待解函数变量 y"。
● 关于 bvp4c 和 bvp5c 第二输入量 BcFH 的说明
- BcFH 可以是普通 M 码函数、内嵌子函数、匿名子函数的句柄, 也可以直接是匿名函数。
- BcFH 函数或 BcFH 对应的函数, 专门用于计算 $g(y(a), y(b), p) = 0$ 等号左边的残数向量。该函数在本节简称为"边界残数计算(子)函数"。
- 这种"边界残数计算函数"的输出量为 0, 表示边界条件得以满足。
● bvp4c 和 bvp5c 第三输入量 solinit 必须是 bvpinit 指令产生的初始猜测构架。
● 关于 bvp4c 和 bvp5c 第四输入量 options 的说明
- 该输入量允许缺省。缺省时, 表示解算指令采用默认设置的解算参数。
- 用户若需使用自己的解算参数, 则该输入量必需存在。
- options 的设置需由 bvpset 指令实施。
● 关于 bvp4c 和 bvp5c 输出量 sol 的说明
- sol 是一个包含完整解题信息的构架。它有 x, y, yp, parameters, solver, stats 这 6 个域。
- sol.x, sol.y, sol.yp 等 3 个域分别存放自变量网点数组、y 解数组和 y' 导数数组。
- sol.parameters 存放未知参数的解。
- sol.solver 域存放解算器名称, 如 bvp4c。
- sol.stats 存放解算统计数字, 包括以下域名:
    nmeshpoints   网点数
    maxres   最大残差
    nODEevals   导数计算次数
    nBCevals   边界计算次数。
● 关于 deval 指令的说明
- 输入量 sol 必须是 bvp4 或 bvp5c 的输出构架。
- 输入量 xin 必须在解 sol 的自变量区间 $[a, b]$ 内。
● 关于 bvpset 指令调用格式的说明
- 无论在哪种格式中, "属性/属性值对" 'PropertyName' 和 'Value', 允许同时存在多对。
- 值得指出的是: odeset 的作用就是改变 options 属性构架中某些指定的"属性域"所

保存的"值"。因此，构架中那些没被修改的"属性域"中保存的"值"不变，其作用也不变。解算指令属性构架中的常见属性及可能取值如表 4.11-3 所列。

表 4.11-3　bvp4c 和 bvp5c 解算指令 options 的属性域名及用途

属性域名	可能取值	用　途
AbsTol	正标量或向量；{1e-6}	绝对误差，控制(4.11-40)式表示的残差大小。 标量应用于解向量的所有元素；向量则分别应用于解向量的各元素。
BCJacobian	函数句柄，或常数矩阵	该 M 码函数输出 $g(y(a),y(b),p)$ 的 $\partial g/\partial ya, \partial g/\partial yb$ 和 $\partial g/\partial p$；常数阵时，采用胞元数组 $\{\partial g/\partial ya, \partial g/\partial yb, \partial g/\partial p\}$
FJacobian	函数句柄，或常数矩阵	该 M 码函数输出 $f(x,y,p)$ 的 $\partial f/\partial y$ 和 $\partial f/\partial p$；或常数阵时，采用胞元数组 $\{\partial f/\partial y, \partial f/\partial p\}$
NMax	正整数 {floor(1000/n)} n 微分方程数	许可的最大网点数
RelTol	正标量 {1e-3}	控制准则为 $\|r(i)/\max(\|f(i)\|, AbsTol(i)/RelTol)\| \leqslant RelTol$
Stats	on|{off}	决定是否输出计算代价统计数字
Vectorized	on|{off}	on 选项时，导数计算函数按"数组运算规则"执行； off 选项时，导数计算函数按"标量运算规则"执行。

〖说明〗

表 4.11-3 第二列中，花括号内为属性的缺省值。

3. 求解含未知参数的边值问题

【例 4.11-4】　求解马蒂厄方程(Mathieu's Equation)

$$z'' + (\lambda - 2q\cos 2x)z = 0 \quad (4.11-13)$$

该问题的边界条件为

$$\begin{cases} z(0) = 1 \\ z'(0) = 0 \\ z'(\pi) = 0 \end{cases} \quad (4.11-14)$$

在式(4.11-13)中，$q=5$ 已知，而 λ 是待求的未知参数。本例演示：如何把"高阶微分方程边值问题"转换为"bvp4c 可解的规范型一阶微分方程组边值问题"；如何进行初始猜测；如何借助 bvpinit 生成规范的 bvp4c 所需的初始猜测构架；如何利用嵌套函数传递 bvp4c 计算中所需的参数；如何在解方程同时估计未知参数（参见图 4.11-9）。

(1) 把待解方程和边界条件转化为标准形式

为把二阶微分方程转化为一阶微分方程组，在 $y_1 = z, y_2 = z'$ 设定下，式(4.11-13)可写为

$$\begin{bmatrix} y_1' \\ y_2' \end{bmatrix} = \begin{bmatrix} y_2 \\ (2q\cos 2x - \lambda)y_1 \end{bmatrix} \quad (4.11-15)$$

同时边界条件可零化为

$$\boldsymbol{r} = \begin{bmatrix} 0 \\ 0 \\ 0 \end{bmatrix} = \begin{bmatrix} y_1(0) - 1 \\ y_2(0) \\ y_2(\pi) \end{bmatrix} \quad (4.11-16)$$

(2) 人工给出初始猜测(参见图 4.11-9)

观察式(4.11-15)中的 $y_2' = (2q\cos 2x - \lambda)y_1$，也许能产生如下大致猜测：

- 根据"余弦函数的各阶导函数均为正弦/余弦函数,且函数频率不变"的知识,可以猜测 y_2 为 $\sin 2x$，那么据 $y_1' = y_2$ 可知，y_1 可能像 $\cos 2x$ 或 $\cos 4x$ 等。
- 现假如 y_2 为 $\sin 2x$，那么在 $x=0,\pi$ 处，y_2 都取 0 值。这与题给边界条件吻合。
- 而假如 y_1 像 $\cos 2x$，那么在 $x=0$ 处，y_1 取 1。这也与题给边界条件吻合。

(3) 为指令 bvp4c 编写调用程序

计算导数和边界残差的 M 码函数为便于参数传递,本例拟采用"嵌套函数"编写计算导数和边界残差的 M 码函数。具体如下:

```
function sol=exm041104_solve(s0,lam,q)
% s0        由 bvpinit 产生的初始猜测构架
% lam       对待解方程(4.11-15)中参数 λ 的初始猜测
% q         待解方程(4.11-15)中已知的 q 参数值
sol=bvp4c(@ode,@bc,s0);
% 导数计算子函数
function dydx=ode(x,y,lam)
dydx=[y(2)
       (2*q*cos(2*x)-lam)*y(1)];
end         %嵌套子函数 ode 需要此关键词
function res=bc(ya,yb,lam)    %子函数体内计算虽不需要 lam,但输入量中必须包含 lam  <7>
% 边界残数计算子函数
res=[ya(1)-1
     ya(2)
     yb(2)];
end         %嵌套子函数 bc 需要此关键词
end         %嵌套母函数需要此关键词
```

(4) 编写完整解算程序

```
clear
lam0 = 1;                           %对参数 λ 的初始猜测
q = 5;                              %参数 q 的已知值
x0 = linspace(0,pi,5);              %自变量初始网点数组
s0 = bvpinit(x0,@(x)([cos(2*x);sin(2*x)]),lam0)
                                    %产生初始猜测构架;第二输入量为"匿名函数"   <5>
S = exm041104_solve(s0,lam0,q)      %获得边值问题解
S.stats                             %
lam = S.parameters                  %求解获得的参数 λ
plot(S.x,S.y(1,:),'b*-')            %图 4.11-9
hold on
```

```
        plot(x0,s0.y(1,:),'ro:')              % 图 4.11-9
        hold off
        axis([0,pi,-inf,inf])                 % 纵坐标范围由样点最大、最小纵坐标值决定
        legend('解函数','猜测函数','Location','North')
        xlabel('x')
        ylabel('z')
s0 =
          solver: 'bvpinit'
               x: [0 0.7854 1.5708 2.3562 3.1416]
               y: [2x5 double]
      parameters: 1
           yinit: @(x)([cos(2*x);sin(2*x)])
S =
          solver: 'bvp4c'
               x: [1x35 double]
               y: [2x35 double]
              yp: [2x35 double]
      parameters: 7.4495
           stats: [1x1 struct]
ans =
    nmeshpoints: 35
         maxres: 9.4616e-004
      nODEevals: 1491
       nBCevals: 83
lam =
    7.4495
```

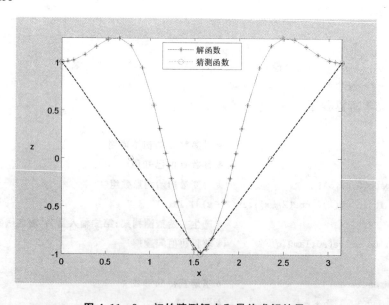

图 4.11-9 初始猜测解点和最终求解结果

【说明】

- 最原始的"人为"初始猜测与用户本人对所解问题的本质了解有关。而这"人为"初始猜测对解题结果的影响,随问题本质不同而异。有时影响甚微,有时则影响至关严重(见例 4.11-5)。
- 本例第(4)步中的"指令⟨5⟩中,bvpinit 的第一输入量 x0 自变量初始网点不必取得太多太密,通常 5 到 10 点即可。这是因为,bvp4c 在解算过程中会不断自适应地调整网点密度和取点位置。
- 本例第(4)步中的指令⟨5⟩中,bvpinit 的第二输入量采用匿名函数的理由是:因为通常初始猜测函数比较简单,而匿名函数又非常便于表达简单函数。
- 由图 4.11-9 可以看到:
  - 解曲线的两端符合边界条件;
  - 解曲线关于 $x=\pi/2$ 对称——这是由 $y_2'=(2q\cos 2x-\lambda)y_1$ 关于 $x=\pi/2$ 对称决定的。
- 注意:函数文件 exm041104_solve 指令⟨7⟩,即嵌套子函数"首行"function res=bc(ya,yb,lam)的输入量列表。在该函数列表中,尽管 lam 参数并不参与该子函数的计算,但根据 bvp4c 指令调用格式规定,lam 必须出现在输入量列表中。

【例 4.11-5】 采用不同初始猜测求解例 4.11-4 中的马蒂厄方程(Mathieu's Equation)(图 4.11-10)。本例演示:边值问题的解不一定唯一;匿名函数在 bvp4c 指令调用中的使用方法。

(1) 人为初始猜测

- 在例 4.11-4 中,采用的初始猜测函数是

$$\begin{bmatrix} y_1 \\ y_2 \end{bmatrix} = \begin{bmatrix} \cos 2x \\ \sin 2x \end{bmatrix} \qquad (4.11-17)$$

该猜测函数满足如下题给的边界条件

$$\begin{bmatrix} 0 \\ 0 \\ 0 \end{bmatrix} = \begin{bmatrix} y_1(0)-1 \\ y_2(0) \\ y_2(\pi) \end{bmatrix} \qquad (4.11-18)$$

值得指出:仅仅根据边界条件(4.11-18)满足与否,是不能把式(4.11-17)认定为唯一可能猜测的。事实上,满足边界条件(4.11-18)的函数很多。

- 本例将采用如下初始猜测函数

$$\begin{bmatrix} y_1 \\ y_2 \end{bmatrix} = \begin{bmatrix} \cos \omega x \\ \sin \omega x \end{bmatrix}, \qquad \omega=1,2,3,4 \qquad (4.11-19)$$

显然,该函数满足边界条件(4.11-18)。

(2) 利用匿名函数编写 bvp4c 指令求解边值问题的函数文件

在例 4.11-4 中,bvp4c 指令求解边值问题的 exm041104_solve 函数文件是借助嵌套函数传递计算参数的。本例将向读者展示另一种函数间计算参数传递的方法——匿名函数法。

```
function sol=exm041105_solve(s0,lam,q)
%  s0      由 bvpinit 产生的初始猜测构架
%  lam     对待解方程(4.11-15)中参数 λ 的初始猜测
%  q       待解方程(4.11-15)中已知的 q 参数值
```

```
sol=bvp4c(@(x,y,lam)ode(x,y,lam,q),@(ya,yb,lam)bc(ya,yb,lam),s0);
                                                          %    <2>
% 导数计算子函数
function dydx=ode(x,y,lam,q)
dydx=[y(2)
      (2*q*cos(2*x)-lam)*y(1)];
function res=bc(ya,yb,lam)
% 边界残数计算子函数
res=[ya(1)-1
     ya(2)
     yb(2)];
```

(3) 编写完整解算程序

```
clear
lam0 = 1;                      % 对参数 λ 的初始猜测
q = 5;                         % 参数 q 的已知值
x0 = linspace(0,pi,5);         % 自变量初始网点数组
for w = 1:4                    % 频率 ω 猜测值
    s0 = bvpinit(x0,@(x)([cos(w*x);sin(w*x)]),lam0);
    S = exm041105_solve(s0,lam0,q);
    X{w} = S.x;                                           %    <8>
    Y{w} = S.y(1,:);                                      %    <9>
    lam(w) = S.parameters;     % 求解获得的参数 λ
subplot(2,2,w)
plot(X{w},Y{w})
axis([0,pi,-inf,inf])          % 纵坐标范围由样点最大、最小纵坐标值决定
title(['{\omega} = ',int2str(w),' ; ','{\lambda} = ',num2str(lam(w))])
xlabel('x')
    ylabel('z')
end
```

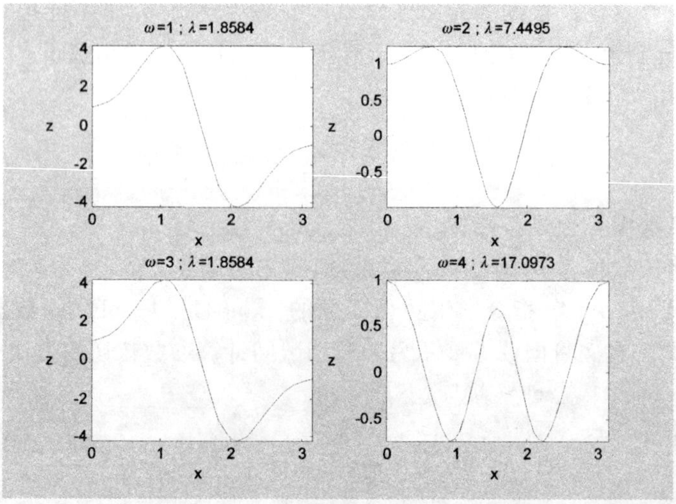

图 4.11 - 10 不同猜测所对应的解函数

〖说明〗
- 本例是为展示"微分方程边界问题不一定唯一"而专门设计的。读者从图 4.11-10 可以看到不同 ω 猜测所产生的影响。
- 本例的 exm041105_solve 函数文件采用匿名函数编写,目的是展示函数间参数传递的另一种途径。
- 本例第(3)步的指令⟨8⟩⟨9⟩,借助"胞元数组保存不同解函数曲线数据"是必须的,因为不同猜测下解的网点数据长度不一定相同。

4.12 最小值优化问题

在高等数学教科书曾给出一个求函数 $f(x)$ 极值点的方法:先求出导函数 $f'(x)$;然后求解满足方程 $f'(x)=0$ 的 x_0;进而通过分析 $f(x)$ 在 x_0 邻域内凹凸性,确定 x_0 是 $f(x)$ 的极小值点还是极大值点。这种方法看起来虽概念十分清晰,但除少数简单场合能用外,却难于处理大多数实际问题。

这种方法的应用障碍是:待解目标函数未必处处解析;即使解析,$f'(x)=0$ 的求解本身就是难题;在目标函数带约束时,难以解析处理。对于大多数优化问题而言,即使借助符号计算软件也往往无能为力。解决优化问题的最有效方法是数值计算法。

4.12.1 MATLAB 最小值优化指令概述

(1) 最小值问题的域分类

优化可以看作是寻找函数最小值点的过程,因为 $f(x)$ 的最大值问题等价于 $[-f(x)]$ 的最小值问题。最小值点可分为以下两类:
- 函数的局域最小(Local Minimun)点

  若某点处的函数值小于或等于该点邻域里其他点处的函数值,则称为函数的局域最小点。应当指出:局域最小点处的函数值可能大于离该点较远的某些点处的函数值。
- 函数的全域最小(Global Minimun)点

  若某点处的函数值小于或等于函数可行域中的所有点,那么该点就是函数的全域最小点。

(2) 解决不同域最小问题的优化工具

现在的 MATLAB 有两个专门的优化工具包:
- 局域优化工具包(Optimization Toolbox)

  该工具包针对不同优化问题,提供了"寻找某起始点吸引域(Basin of Attraction)里最小点,即局域最小点"的相应优化指令,见表 4.12-1。
- 全域优化工具包(Global Optimization Toolbox)

  该工具包提供的优化指令或对象,用于寻找一个或多个全域最小点。但值得提醒:那些优化指令或对象只是"力图搜索"而非"确保找到"全域最小点。指令列表见表 4.12-2。

表 4.12-1 求局域最小的常用优化指令

优化问题类型	数学描述(Formulation)	优化指令(Solver)
单变量最小值优化 Scalar minimization	$\min_x f(x)$ s.t. $l < x < u$	fminbnd
无约束最小值优化 Unconstrained minimization	$\min_x f(x)$	fminunc, fminsearch
线性规划 Linear programming	$\min_x f^T x$ s.t. $Ax \leq b, A_{eq}x = b_{eq}, l_b \leq x \leq u_b$	linprog
二次规划 Quadratic programming	$\min_x \left(\frac{1}{2}x^T H x + c^T x\right)$ s.t. $Ax \leq b, A_{eq}x = b_{eq}, l_b \leq x \leq u_b$	quadprog
约束最小值优化 Constrained minimization	$\min_x f(x)$ s.t. $Ax \leq b, A_{eq}x = b_{eq}, l_b \leq x \leq u_b$ $c(x) \leq 0, c_{eq}(x) = 0$	fmincon

表 4.12-2 求全域最小的优化指令/对象

算法类型	适用条件	优化指令/对象
遗传算法 Genetic Algorithm	任意目标函数和约束 Smooth /Nonsmooth Objective or Constraints	ga
全域搜索 Search for a Global Minimum	光滑目标函数和约束 Smooth Objective and Constraints	GlobalSearch
多起点搜索	光滑目标函数和约束 Smooth Objective and Constraints	MultiStart
模式搜索法 Pattern Search Algorithm	任意目标函数和约束 Smooth /Nonsmooth Objective or Constraints	patternsearch
模拟退火法 Simulated Annealing	任意目标函数和约束 Smooth /Nonsmooth Objective or Constraints	simulannealbnd

4.12.2 单变量局域优化指令 fminbnd

(1) 基本调用格式

[x,fval,exitflag,output] = fminbnd(fun,x1,x2,options)

求无约束单变量目标函数在区间(x1，x2)中(局域)最小值

〖说明〗
- fminbnd 用于求式(4.12-1)所表述的优化问题。

$$\min_x f(x)$$
$$l_b < x < u_b \qquad (4.12-1)$$

式中：x 是标量，$f(x)$ 必须在区间(l_b, u_b)连续；不能完全保证，所得解是区间内的最小点。

- 输入量
  - fun 是待解目标函数，该目标函数采用匿名函数或和嵌套函数的函数句柄表达。
  - x1，x2 分别对应式(4.12-1)中自变量所在区间的下界 l_b 和上界 u_b。
  - options 是算法的属性构架。该输入量可以缺省，也可采用 optimset 设置(见本节第(3)段内容)。缺省时，算法采用 options 的默认设置。

- 输出量
  - x，fval 分别给出局域最小值点和目标函数 $f(x)$ 的最小值。该最小值点往往就是全区间内的最小值点，但不能绝对保证。
  - exitflag 算法终止分类标注，用整数表示。对所有算法适用的整数含义如下：
    - 1 标志寻优成功。此时，一阶优化测度小于 options.TolFun，并且最大违约量小于 optopns.TolCon；
    - 0 迭代次数超出 options.MaxIter，或目标函数计算次数超出 options.FunEvals；
    - −1 由 output 输出函数结束算法；
    - −2 没有可行(Feasible)解。
  - output 一个包含优化信息的构架。该构架的主要域为：

iterations	迭代次数
funcCount	目标函数计算次数
constrviolation	约束函数最大值(Maximum of Constraint Functions)
algorithm	所用的优化算法
firstorderopt	一阶最优性测度(Measure of First-Order optimality)
message	说明算法退出的信息

(2) fminbnd 的基本工作机理

fminbnd 指令采用 Brent 算法寻优。Brent 算法由黄金分割搜索(Gloden Section Search)和抛物线插值(Parabolic Interpolation)两种方法巧妙组合而成。

在程序起始步，先采用黄金分割比 0.618，寻得包含最小值的更小子区间。然后利用三点函数值，进行抛物线内插，以该抛物线最小值点为"真最小值点的猜测"。假若，该最小值点猜测位于子区间内，则此点被接受为"新更小子区间的边界点"；否则，放弃该内插结果，转而采用黄金分割法，继续使搜索区间减小。此外，Brent 算法还精巧地设计了若干监测、判断准则，以保证较高的收敛速度。

在双精度环境中，Brent 算法的求解绝对精确度，约为 $\sqrt{\mathrm{eps}}|\hat{x}| + (\mathrm{TolX})/3$。该 TolX 是终止计算的解点容差选项参数，默认值为 10^{-4}。

（3）fminbnd 指令的 optimset 选项参数设置

optimset SolverName
　　　　　　引出 SolverName 所指定的具体优化指令的全部参数的默认值列表
options=optimset('Param','Value')
　　　　　　把 options 参数构架中的 Param 参数重新赋值为 Value
options_new=optimset(options_old,'Param','Value')
　　　　　　把 options_old 构架中的 Param 参数重新赋值后生成 options_new

〖说明〗
- SolverName 代表具体的指令名。比如，用户若想知道 fminbnd 指令的参数默认值，就应该在 MATLAB 指令窗中，运行 optimset fminbnd。
- 输入量 'Param' 和 'Value'，称为"参数域名/参数值对"。在以上两种调用格式中，允许同时存在多个对。
- 值得指出：optimset 的作用就是改变 options 选项构架中某些指定的"参数域"所保存的"值"。因此，构架中那些没被修改的"参数域"中保存的"值"不变，其作用也不变。
- 注意：不同的优化指令有不同的参数域名和参数值列表。为让读者对参数域名和参数值感性认识，下面借助表 4.12-3 给出 fminbnd 指令的部分常用参数域名及可能取值。

表 4.12-3　优化指令 fmincon 常见参数、可能取值及用途

参数名	可能取值	用途
MaxFunEvals	正整数|{500}	允许的目标函数计算最多次数
MaxIter	正整数|{500}	允许的最多迭代次数
TolX	正标量|{10^{-4}}	终止计算的解点容差

〖说明〗
- 表 4.12-3 第二列中，花括号内为缺省参数值。
- options 还有其他属性，如 Display, OutputFcn, PlotFcns 等，请参看表 4.12-2，或用 fminbnd 为关键词在 MATLAB 帮助浏览器中搜索获得。

【例 4.12-1】　已知 $y=[|x|+\cos(x)]\cdot e^{|\sin x+1|}$，在 $-10\leqslant x\leqslant 10$ 区间，求函数的极小值。本例演示一元函数最小值优化的三种常用方法：fminbnd 指令在指定区间求最小值的基本用法；采用符号计算导数为 0 法找最小值的方法（本例失败）；采用图形法求区间最小值。

（1）采用高等数学教科书方法求极小值失败

```
syms x
y = (abs(x) + cos(x)) * exp(abs(sin(x) + 1));
yd = diff(y,x);                     % 求导函数
xs0 = solve(yd)                     % 求导函数为 0 的自变量值 xs0
dy_xs0 = vpa(subs(yd,x,xs0),6)      % 验算用：导函数在 xs0 处为 0 吗？
y_xs0 = vpa(subs(y,x,xs0),6)        % 计算 y(xs0)，发现它大于左右边界点函数值
y_m_pi = vpa(subs(y,x,-10),6)       % 计算左边界点函数值 y(-pi/2)
y_p_pi = vpa(subs(y,x,10),6)        % 计算右边界点函数值 y(pi/2)
xs0 =
matrix([[ -227.76546738526000978854164528776]])
```

```
dy_xs0 =
0.0
y_xs0 =
227.76546738526000978854164528776
y_m_pi =
42.9042
y_p_pi =
14.4534
```

(2) 采用优化算法求极小值

```
x1 = -10;x2 = 10;                    % 搜索区间的边界
yx = @(x)(abs(x) + cos(x)).*exp(abs(sin(x) + 1));
                                     % 采用匿名函数形式定义被求极小值的函数 y(x)
[xn0,fval,exitflag,output] = fminbnd(yx,x1,x2)
                                     % xn0,fval 分别是极值点和函数极小值
xn0 =
   -1.5708
fval =
    1.5708
exitflag =
    1
output =
    iterations: 12
     funcCount: 13
     algorithm: [1x46 char]
       message: [1x112 char]
```

(3) 图形法求极小值

● 在区间[−10,10]中绘制函数曲线(图 4.12−1)

```
xx = -10:1/200:10;                   % 采样点应足够密
yxx = yx(xx);
plot(xx,yxx)
xlabel('x')
ylabel('y')
grid on
```

● 据视察对图形最小值点邻域进行"充分"局部放大后直接读出最小值点数据为(−1.57,1.5708),如图 4.12−2 所示。

〖说明〗

● 本例目标函数的特点是:导函数不连续;有多个导数为 0 的点;极小值有多个。
● 本例采用符号计算求最小值时,没有得到正确解。应当指出:除比较简单的目标函数外,符号计算常常难以胜任最小值问题的求解。
● 虽然本例目标函数在区间内存在 3 个局域最小值点,但借助 fminbnd 依然可以有效地求出指定区间内的最小值点。

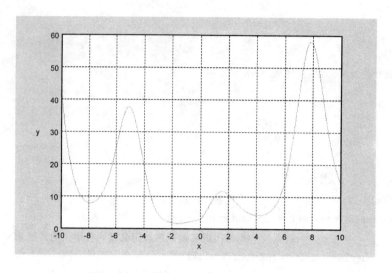

图 4.12-1 [-10,10]区间中的函数曲线

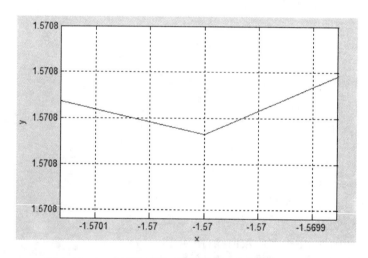

图 4.12-2 函数极值点附近的局部放大和交互式取值

- 借助 MATLAB 图形窗的交互能力,可以相当准确地求解一元函数的极值问题。再次提醒:为了使解具有较好的精度,绘制曲线时采样点要足够密,局部放大要足够充分。此外,假如作图法的精度不满足需要,那么可以把图解近似解作为优化指令搜索更精确解的初始值。

4.12.3 多变量无约束局域优化指令 fminsearch

(1) 调用格式

[x,fval,exitflag,output]=fminsearch(fun,x0,options)

求无约束多变量非线性目标函数的局域最小值

〖说明〗

- fminsearch 用于式(4.12-2)表述的优化问题。

$$\min_{x} f(x) \tag{4.12-2}$$

- 式中:x 是$(n×1)$向量;$f(x)$是标量函数,允许不连续;所得解为局域最小点。
- 当待寻优函数为 $g(x,y,z,\cdots)$ 表达的多元函数时,必须先把 $g(x,y,z,\cdots)$ 转换为 $f(x)$ 形式。
- 该指令采用 Nelder-Mead 单纯形算法(Simplex Algorithm)。该算法不需要目标函数的梯度信息。

● 输入量
- fun 是待解目标函数,该目标函数采用匿名函数或和嵌套函数的函数句柄表达。
- x0 是算法的搜索起点。它可以是
  $(1×1)$标量　　　$f(x)$中 x 为标量,且采用"单起点"搜索;
  $(1×m)$行向量　　$f(x)$中 x 为标量,且采用"m 个起点"搜索;
  $(n×1)$列向量　　$f(x)$中 x 是$(n×1)$向量,且采用"单起点"搜索;
  $(n×m)$矩阵　　　$f(x)$中 x 是$(n×1)$向量,且采用"m 个起点"搜索。
- options 是算法的属性构架。该输入量可以缺省,也可采用 optimset 设置(见本节第(3)段内容)(缺省时,算法采用 options 的默认设置)。

● 输出量
- 当 x0 采用"单起点"时,x 给出一个局域最小值点;
- 当 x0 采用"m 个起点"时,x 给出 m 个局域最小点。注意:这 m 局域最小点是按它们相应目标值由小到大排列的。输出 x 中最小点的排列次序,与输入 x0 起点的排列次序无关。
- fval 总是标量,它只给出目标函数的局域最小值。换句话说,fval 给出输出 x 的第一列 x(:,1)所对应的目标函数值。
- exitflag,output 的涵义见 4.12.2 节第(1)段的相应说明。

(2) fminsearch 的基本工作机理

fminsearch 指令采用修改的 Nelder-Mead 下山单纯形(Downhill Simplex)法搜索局域最小值点。基本思路是:利用$(n+1)$个顶点构成的凸多面体,具有最大目标值的顶点关于其余 n 个顶点所构"超平面质心(Centroid)"的反射方向通常指向较小目标值。据此认识,再配以反射、延伸、压缩、收缩等技巧,最终搜索到局域极小值点。

(3) fminsearch 的选项参数设置

fminsearch 算法的 options 选项参数可采用 optimset 进行设置。关于 optimset 的调用格式请参见第 4.12.2 节第(3)段内容。与 fminsearch 相关的重要参数及默认值,见表 4.12-4。

表 4.12-4　优化指令 fminsearch 常见参数、可能取值及用途

参数名	可能取值	用　途
MaxFunEvals	正整数|{200 * 变量数}	允许的目标函数计算最多次数
MaxIter	正整数|{200 * 变量数}	允许的最多迭代次数
TolFcn	正标量|{10^{-4}}	终止计算的目标函数值容差
TolX	正标量|{10^{-4}}	终止计算的解点容差

〖说明〗
- 表 4.12-4 第 2 列中,花括号内为缺省参数值。
- options 还有其他属性,如 Display, OutputFcn, PlotFcns 等,请参看表 4.12-2,或用 fminseach 为关键词在 MATLAB 帮助浏览器中搜索获得。

【例 4.12-2】 如下 Rosenbrock's Banana Function 有唯一的理论最小值点 $x=a, y=a^2$。
$$f(x,y) = 100(y-x^2)^2 + (a-x)^2 \qquad (4.12-3)$$

本例演示:如何把多自变量名函数改写为单向量自变量函数;指令 fminsearch 的"单起点"寻优、"多起点"寻优的输入格式和输出涵义;待赋值参数的两种传递方法;优化选项 'PlotFcns' 属性应用;指定格式打印指令 fprintf 的用法。

(1) 把目标函数的"多标量自变量"改写成"单向量自变量"

MATLAB 设计的优化指令不接受采用"多个标量自变量"写成的目标函数,为此必须把目标函数改写为"单向量自变量"的形式。具体如下
$$f(\boldsymbol{x}) = 100(x_2 - x_1^2)^2 + (a-x_1)^2 \qquad (4.12-4)$$

(2) 参数的匿名函数传递法(图 4.12-3)

```
a = sqrt(3);
fx = @(x)(100*(x(2)-x(1).^2).^2+(a-x(1)).^2);    %含 a 参数的匿名函数
x0 = [0;0];                                       %向量表示"单"搜索起点
opts = optimset('Plotfcns',@optimplotfval);       %显示迭代过程中的目标函数值曲线    <4>
[sx1,sfval1] = fminsearch(fx,x0,opts)             %第一输入量为匿名函数            <5>
sx1 =
    1.7321
    3.0000
sfval1 =
  1.8800e-010
```

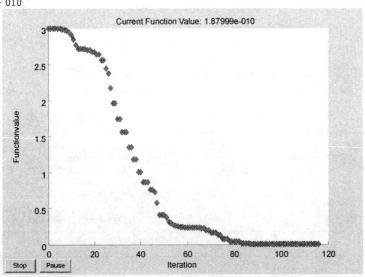

图 4.12-3 属性值采用 @optimplotfval 所绘制的寻优收敛曲线

(3) 参数的嵌套函数传递法
● 采用嵌套函数编写优化程序

```
function [xs,fval,Fun]=exm041202_nested(a,x0)
[xs,fval]=fminsearch(@fx,x0);                %第一输入量为嵌套子函数句柄    <2>
Fun=100*(xs(2,:)-xs(1,:).^2).^2+(a-xs(1,:)).^2; %计算搜索结果对应的目标函数值
    function f=fx(x)                          %嵌套子函数首端              <4>
    f=(100*(x(2)-x(1)^2)^2+(a-x(1))^2);
    end                                       %必须有的嵌套子函数尾端       <6>
end                                           %必须有的嵌套母函数尾端
```

● 运行 exm041202_nested

```
a = sqrt(3);
x0 = [-15,-5,0,2,6;-15,5,0,-2,6];             %(2*5)矩阵表示"5个"搜索起点    <2>
[xs,fval,Fun] = exm041202_nested(a,x0);
disp('搜索到的最小值候选点')
fprintf('%14.6g',xs(1,:))                     %每数14位空间,显示6位有效数字(无效0省略) <5>
fprintf('\n')                                 %另起一行
fprintf('%14.6g',xs(2,:))                     %                                        <7>
fprintf('\r')                                 %回车换行
disp('候选点对应的目标函数值')
fprintf('%14.6g',Fun)
fprintf('\r\r')                               %二次回车换行                              <11>
disp('注意:fminsearch 指令的第二输出量 fval 只给出最小目标值!')
disp(fval)                                    %                                        <13>
```

搜索到的最小值候选点
  1.73204 -14.378 0.00320991 2.88095 6.60621
  2.99995 7.64957 0.000537177 -2.59445 4.04368
候选点对应的目标函数值
  1.77495e-010 3.96346e+006 2.98892 11869.9 156826

注意:fminsearch 指令的第二输出量 fval 只给出最小目标值!
  1.7750e-010

〖说明〗
● 注意:在编写本例目标函数时,自变量不能采用 x, y 表示,而必须采用一个名为 x 的 "二元向量"表示。
● 本例的图 4.12-3 是通过把优化指令的 'PlotFcns' 属性设置为 @optimplotfval 画出的。也就是本例第(2)步中的指令⟨4⟩⟨5⟩作用下产生的。
● 在多起点调用格式下,指令 fminsearch 的输出量 xs 给出一组极小值点坐标。这组极小值点是按其目标值的递增次序排列的。而第一列给出的是:使目标值最小的自变量值。请参见本例第(3)步中的指令⟨5⟩⟨7⟩产生的显示结果。
● 不管是"单起点"还是"多起点",指令 fminsearch 的第二输出量 fval 总是给出一个最小目标值。请参看本例第(3)步中指令⟨13⟩产生的显示结果。

- Rosenbrock's Banana Function 是著名的优化程序的测试函数之一，许多不适当的优化算法对其进行计算时，会因收敛速度太慢而失败。该函数之所以称为"香蕉(Banana)函数"，是因为该函数曲面围绕 $[a \quad a^2]^T$ 弯成香蕉形状。
- 关于优化指令中目标函数/约束函数所含"待赋值参数"的传递。
  - 本例展示了两种最常用的"待赋值参数"传递方法：嵌套函数法和匿名函数法。应该指出：这两种方法不但适用于其他最小值优化指令，也适用于所有"泛函指令"。所谓"泛函指令"是指：指令输入量列表中，不仅包含"确定的数值量"，而且包含"不确定的函数或函数句柄"的一类指令，如 quad, fzero, fsolve, ode45, bvp4c, fminbnd, fmincon 等。
  - 关于"待赋值参数"传递的更详细描述和演示，请参阅第 4.11.1 的第 4、5、6 小节。

4.12.4 多变量约束局域优化指令 fmincon

(1) fmincon 的调用格式

$[x, fval, exitflag, output, lambda, grad, hessian] = \mathbf{fmincon(fun, x0, A, b, Aeq, beq, lb, ub, nonlcon, options)}$

求带约束多变量非线性目标函数的局域最小值

〖说明〗

- fmincon 用于求式(4.12-5)所表述的最小值优化问题。

$$\min_{x} f(\boldsymbol{x})$$
$$\text{s.t.} \quad \boldsymbol{Ax} \leqslant \boldsymbol{b}, \boldsymbol{A}_{eq}\boldsymbol{x} = \boldsymbol{b}_{eq}, \boldsymbol{l}_b \leqslant \boldsymbol{x} \leqslant \boldsymbol{u}_b; \boldsymbol{c}(\boldsymbol{x}) \leqslant 0, \quad \text{or} \quad \boldsymbol{c}_{eq}(\boldsymbol{x}) = 0 \quad (4.12-5)$$

  - 式中：x 是向量；$f(x)$ 是标量函数，并且要求该函数及其一阶导函数连续；所得解为局域最小点。
  - fmincon 指令中输入量 A，b，Aeq，beq，lb，ub 分别体现式(4.12-5)约束中的相应符号的常数矩阵或向量。
  - fmincon 指令中输入量 nonlcon 为非线性约束函数句柄。该函数的输入量 x 必须取向量形式，而输出量必须包含两个：
    - 第 1 输出量是不等式函数 $c(x)$ 的计算(向)量；
    - 第 2 输出量是等式函数 $c_{eq}(x)$ 的计算(向)量；
    - 在没有实质性输出的情况下，相应量赋"空"；
    - 假如优化指令属性 GradConstr 设置为 'on'，非线性约束函数应包含第 3, 4 输出量：
    - 第 3 输出量是 gradc，它是不等式约束 $c(x)$ 的梯度列向量组成的矩阵；
    - 第 4 输出量是 gradceq，它是等式约束 $c_{eq}(x)$ 的梯度列向量组成的矩阵。
  - 注意：在 fmincon 设计时，就规定该指令只能用于求解"带约束的优化问题"。因此，假若优化问题本身不包含任何约束，则该问题不能直接使用 fmincon 寻优。然而，在不影响原问题性质的前提下，可人为地设置一个约束(如认为 $l_b = -\infty$)，使之成为 fmincon 可适用的带约束优化问题。
- 输入量
  - fun 是待解目标函数，该目标函数采用匿名函数或和嵌套函数的函数句柄表达。
  - x0 是算法的搜索起点。它可以是标量、向量或矩阵。当采用单个搜索起点时，输出量 x 也是一个单点(向量)；当采用多个搜索起点(矩阵)时，输出量 x 就给出多个搜索结果(矩阵),该矩阵的每一列代表一个候选极值点。这些搜索到的候选极值点按目标函数值递增次序排列。极值点 x(:,1)对应的目标函数极小值由 fval 给出。
- options 是算法的属性构架。该输入量可以缺省,也可采用 optimset 设置(见 4.12.2 节第(3)段内容)。缺省时,算法采用 options 的默认设置。
- 输出量
  - x 是局域最小值点。
  - fval 是目标函数的局域最小值。
  - exitflag,output 的涵义见第 2 小节的相应说明。
- 输出量 lambda
  - 包含各个域,它们分类表述"6 类可能约束"在解 x 处的 Lagrange 因子值。
  - 6 类可能约束的域名为:

    lower　　　　下界约束
    upper　　　　上界约束
    ineqlin　　　　线性不等式约束
    eqlin　　　　线性等式约束
    ineqnonlin　　非线性不等式约束
    eqnonlin　　　线性等式约束
- fmincon 的第 6、7 输出量 grad 和 hessian
  - grad　　　　给出最小值点 x 处的梯度(Gradient)。
  - hessian　　　给出最小值点 x 处的海森(Hessian)矩阵。

(2) fmincon 四种内含算法及其选用

fmincon 是用于解决非线性多变量函数约束优化问题的重要指令。它内含应对不同优化问题的四种算法:active-set 作用集法;interior-point 内点法;sqp 序贯二次规划法;trust-region-reflective 信赖域法。

在使用 fmincon 解算优化问题时,MATLAB 有如下建议:

- 首先使用 'interior-point' 内点法解算。
- 对于中、小规模的约束优化问题,为提高计算速度,可用 'sqp' 再进行尝试;此后,再建议使用 'active-set'。
- 在只有边界约束,或线性等式约束的情况下,无论对大规模稀疏优化问题,还是小规模密集优化问题,'trust-region-reflective' 信赖域法会工作得更有效,MATLAB 也因此而把 'trust-region-reflective' 信赖域法作为第一默认算法。但若被解优化问题,既没有边界约束,又没有线性等式约束,那么 'trust-region-reflective' 信赖域法完全不能用,此时 MATLAB 默认地采用 active-set 作用集法。
- 关于其他指令所含算法的选用,读者可使用"Choosing the Algorithm"关键词组在 MATLAB 的帮助浏览器中搜索获得。

(3) 优化指令的属性设置指令 optimset

fmincon 算法的 options 选项参数可采用 optimset 进行设置。关于 optimset 的调用格式,请参见第 4.12.2 节的第(3)段内容。与 fmincon 相关的重要参数及默认值,见表 4.12 - 5。

表 4.12-5 优化指令 fmincon 常见参数、可能取值及用途

参数名	可能取值	用途
Algorithm	'active-set'; 'interior-point'; 'sqp'; {'trust-region-reflective'}	作用集算法; 内点法; 序贯二次规划法; 信赖域法
Display	'off'; 'iter'; {'final'}; 'notify'	无输出显示; 每次迭代中显示输出; 在计算结束后显示输出; 只在目标函数不收敛时,显示输出
GradConstr	'on'; {'off'}	非线性约束函数的梯度由用户提供; 非线性约束的梯度采用有限差分估算
GradObj	'on'; {'off'}	在用户编写的目标函数中,应包含目标函数的梯度计算并输出; 目标函数梯度采用有限差分估算
MaxFunEvals	正整数; {100 * numberOfVariables}; {3000}	允许的目标函数计算最多次数: 除 'interior-point' 内点法外的其他三种算法; 'interior-point' 内点法
MaxIter	正整数; {400}; {1000}	允许的最多迭代次数: 除 'interior-point' 内点法外的其他三种算法; 'interior-point' 内点法
OutputFcn	function | {[ ]}	在每次迭代中,供目标函数调用的函数;该函数用户编写
TolCon	正标量 | {10^{-6}}	违约量容差
TolFun	正标量 | {10^{-6}}	终止计算的目标函数容差
TolX	正标量 {10^{-6}} {10^{-6}}	终止计算的解点容差: 除 'interior-point' 内点法外的其他三种算法; 'interior-point' 内点法

【说明】
- 表格第二列中,花括号内为缺省参数值。
- options 还有其他属性,如 FinDiffType, FunValCheck, Hessian 等。更详细的信息,可用 fmincon 为关键词在 MATLAB 帮助浏览器中搜索获得。

【例 4.12-3】 在(4.12-8, 4.12-9)约束下,求(4.12-7)目标函数的最小值解。

$$f(x) = e^{x_1}(4x_1^2 + 2x_2^2 + 4x_1x_2 + 2x_2 + 1) \quad (4.12-7)$$

$$x_2\sqrt{x_1+20} - x_1 \leqslant x_1 + 11 \quad (4.12-8)$$

$$x_2|0.1x_1 + 1.8| + x_1 \geqslant -11 \quad (4.12-9)$$

本例演示:约束的规范化;目标函数和约束的 M 码表达;多搜索起点的 fmincon 简洁调用格式;单搜索起点的 fmincon 全输出调用格式;fmincon 各输出量内涵的展示和理解;待解目标函数和可行域的可视化观察的实用性展示。

(1) 题给约束的规范化

按 fmincon 指令所解优化问题的规范式(4.12-5)把本例所给的两个非线性不等式约束

(4.12-8)和(4.12-9)改写成如下向量不等式。

$$\begin{bmatrix} -x_1+x_2\sqrt{x_1+20}-11 \\ -x_1-x_2|0.1x_1+1.8|-11 \end{bmatrix} \leqslant \begin{bmatrix} 0 \\ 0 \end{bmatrix} \qquad (4.12-10)$$

（2）目标函数和可行域的可视化观察

运行以下 M 码，采用图形化手段直观感受可行域、搜索曲面、最小值点、起点的涵义和影响（图 4.12-4）。

```
clf
x1 = -15:0.5:-8; x2 = -15:0.5:15;
[X1,X2] = meshgrid(x1,x2);
FX = @(X1,X2)exp(X1).*(4*X1.^2 + 2*X2.^2 + 4*X1.*X2 + 2*X2 + 1);
surf(X1,X2,FX(X1,X2))                    % 目标函数曲面
shading interp
alpha(0.4)                                % 曲面透明化处理
view([-140,26])
hold on
% 以下勾画第 1 约束
xx2 = (x1 + 11)./sqrt(x1 + 20);
plot3(x1,xx2,FX(x1,xx2),'r')              % 曲面上的第 1 约束边界
plot3(x1,xx2,zeros(size(x1)),'b')         % 自变量平面上可行域的第 1 约束边界
x1e = x1(end); xx2e = xx2(end);
plot3([x1e;x1e],[xx2e;xx2e],[0;FX(x1e,xx2e)],'b')
% 以下勾画第 2 约束
xxx2 = -(11 + x1)./abs(0.1*x1 + 1.8);
plot3(x1,xxx2,FX(x1,xxx2),'r')            % 曲面上的第 2 约束边界
plot3(x1,xxx2,zeros(size(x1)),'b')        % 自变量平面上可行域的第 2 边界
xxx2e = xxx2(end);
plot3([x1e;x1e],[xxx2e;xxx2e],[0;FX(x1e,xxx2e)],'b')
xlabel('x1'),ylabel('x2'),zlabel('fx')
hold off
```

（3）编写 fmincon 第 9 输入量 nonlcon 的执行函数文件
- 注意输入量 nonlcon 的执行函数必须有两个输出量。一个是"式(4.12-10)不等号左边的向量"；另一个是"非线性等号左边的向量"，对本例而言，为"空"。
- 具体的函数文件如下

```
function [cx,ceqx] = exm041203_nonlcon(x)
cx = [(-x(1)+x(2)*sqrt(x(1)+20)-11); (-x(1)-x(2)*abs(0.1*x(1)+1.8)-11)];
ceqx = [];            %必须向本函数的第 2 输出量赋值
```

（4）利用 fmincon 简洁输出形式求最小值优化解

```
fx = @(x)(exp(x(1))*(4*x(1)^2 + 2*x(2)^2 + 4*x(1)*x(2) + 2*x(2) + 1));
x0 = [-16,-12,-8;10,4,-2];              % 多起点搜索
opts = optimset('Algorithm','active-set');                          % <3>
[x,fval] = fmincon(fx,x0,[],[],[],[],[],[],@exm041203_nonlcon,opts)
```

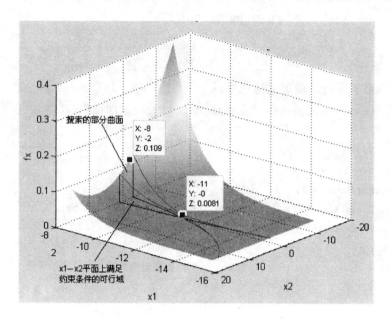

图 4.12 - 4 在约束下的目标函数搜索曲面

% 两输出量格式

Local minimum found that satisfies the constraints.

Optimization completed because the objective function is non-decreasing in feasible directions, to within the default value of the function tolerance, and constraints were satisfied to within the default value of the constraint tolerance.
Active inequalities (to within options.TolCon = 1e - 006):
  lower   upper   ineqlin   ineqnonlin
                                      1
                                      2
x =
  -11.0000   -12.0000   -8.0000
    0.0000   4.0000   -2.0000
fval =
    0.0081

(5) fmincon 的全输出形式求最小值优化解

[x,fval,exitflag,output,lambda,grad,hessian] = fmincon(fx,x0,[ ],[ ],[ ],[ ],[ ],[ ],@ exm041203_nonlcon,opts)

Local minimum found that satisfies the constraints.

Optimization completed because the objective function is non-decreasing in feasible directions, to within the default value of the function tolerance, and constraints were satisfied to within the default value of the constraint tolerance.
Active inequalities (to within options.TolCon = 1e - 006):
  lower   upper   ineqlin   ineqnonlin

```
                       1
                       2
x =
   -11    0
fval =
    0.0081
exitflag =
    1
output =
          iterations: 2
           funcCount: 6
        lssteplength: 1
            stepsize: 0
           algorithm: [1x44 char]
       firstorderopt: 0
       constrviolation: 0
             message: [1x788 char]
lambda =
          lower: [2x1 double]
          upper: [2x1 double]
          eqlin: [0x1 double]
        eqnonlin: [0x1 double]
         ineqlin: [0x1 double]
       ineqnonlin: [2x1 double]
grad =
    0.0066
   -0.0007
hessian =
  1.0e+010 *
    2.7561   -1.8512
   -1.8512    1.2434
```

(6) 输出量 lambda 包含的信息

lambda.lower
```
ans =
    0
    0
```

lambda.upper
```
ans =
    0
    0
```

lambda.ineqnonlin

```
ans =
    0.0014
    0.0052
```

(7) 所得解除的非线性不等式约束检验

cx1 = exm041203_nonlcon(x)

```
cx1 =
   1.0e - 009 *
    0.4029
   -0.2446
```

〖说明〗
- 在低维情况下,应尽量使用目标函数及约束可视化手段。它对目标函数最小值点的判断十分有用。
- 本例第(4)步指令⟨3⟩把 fmincon 的 Algorithm 算法选项设置为 'active-set'。
    - 这样设置的目的是:"避免出现警告信息"。
    - 事实上,即使不对算法选项进行人工设置,fmincon 也将自动地使用 'active-set' 算法执行。这是因为:在 fmincon 运行过程中,若发现被解优化问题,既没有边界约束,又没有线性等式约束,那么不采用第一默认算法 'trust-region-reflective',而切换为第二默认算法 'active-set'。

4.12.5 GlobalSearch 实施的全域优化

GlobalSearch 的全域粗搜索(Coarse Search)能力依赖分散搜索(Scatter Search)算法,而其在各吸引域中搜索局域极值点的能力则借助于 fmincon 局域选优指令。

分散搜索算法是一种"种群式元启发算法(Population-Based Meta-Heuristic Algorithm)"。它是一种智能搜索算法。但它不同于遗传算法(Genetic Algorithm)等种群类进化算法(Population-Based Evolutionary Algorithm)。分散搜索算法中种子的选择、淘汰不是借助随机操作进行的,而是通过确定性的某些组合方法实施的。在迭代过程中,局域指令 fmincon 的搜索起点不断地由分散搜索算法提供。

本小节围绕 GlobalSearch 的使用步骤、调用格式和各输出量内涵展开。

(1) GlobalSearch 的使用步骤

寻求全局最优的操作步骤如下:
- 待解问题和局域优化指令的 M 码表述
    - 目标函数的 M 码表述,应符合具体采用的局域优化指令(如 fmincon)的规则。它可以采用 M 函数、嵌套函数、匿名函数等表述形式。
    - 约束的 M 码表述,应符合具体采用的局域优化指令(如 fmincon)的规则。
    - 采用 optimset 指令对局域优化指令的选项参数进行设置。
- 优化问题构架的生成

    由于全域寻优构成中,需要多次调用局域优化指令对待解问题进行寻优搜索。为迭代方便,MATLAB 特意设计了一个专门的 createOptimProblem 指令。该指令能基于前一步中对"待解问题和局域优化指令"的描述,生成一个特殊的构架(Structure)。该构架包含了待解问题和局域优化指令的全部信息。

- 创建全域寻优解算对象

  全域解算对象由 GlobalSearch 或 MultiStart 指令创建。
- 全域寻优运作

  借助 run 指令利用创建的"全域解算对象"对"待解问题"进行全域寻优运算。

(2) 待优化问题构架的创建指令的调用格式

$$problem = createOptimProblem('SolverName', 'ParaName', ParaValue, \dots)$$

创建待解优化问题的构架(以供优化指令使用)

〖说明〗

- 指令的第 1 输入量——"局域优化指令名"SolverName
  - 'SolverName' 代表局域优化指令名字符串。
  - 若创建的 Problem 采用 GlobalSearch 寻优,则 SolverName 应用 fmincon 替代。
  - 若创建的 Problem 采用 MultiStart 寻优,则 SolverName 可选用下列指令中的任何一个:fmincon, fminunc, lsqcurvefit, lsqnonlin。
- 指令的第(2,3)输入量——"待优化问题的描述对"
  - createOptimProblem 可以容纳数量不定的多个描述对。
  - 'ParaName' 和 ParaValue 构成优化问题描述对。它们的具体名称及内容见表 4.12-5。
- 指令的输出量 problem
  - problem 是一个描述"待优化问题及拟用局域优化指令"的数据构架,供 GlobalSearch 或 MultiStart 对象的 run 运行指令调用。
  - problem 所包含的各域的域名,列在表 4.12-6 的第一列。

表 4.12-6 createOptimProblem 指令输入量中的待优化问题描述对

参数名 (ParaName)	可能取值 (ParaValue)	说　明
Objective	目标函数句柄	除 lsqnonlin 和 lsqcurvefit 外,其他局域优化指令都要求:目标函数的输入量 x 应采用向量形式,输出量为标量;若 GradObj 属性置 'on',则该向量应以第 2 输出量外送
Aeq	等式系数矩阵 A_{eq}	线性等式约束形式为 $A_{eq}x = b_{eq}$
Aineq	不等式系数矩阵 A_{ineq}	线性不等式约束形式为 $A_{ineq}x \leqslant b_{ineq}$
beq	等式约束向量 b_{eq}	线性等式约束形式为 $A_{eq}x = b_{eq}$
bineq	不等式约束向量 b_{ineq}	线性不等式约束形式为 $A_{ineq}x \leqslant b_{ineq}$
lb	下界约束向量 l_b	下界约束形式为 $l_b \leqslant x$
nonlcon	非线性约束函数句柄	该函数的输入量 x 必须为向量形式,而输出量必须包含两个:第 1 输出量是不等式函数 $c(x)$ 的计算(向)量;第 2 输出量是等式函数 $c_{eq}(x)$ 的计算(向)量;在没有实质性输出的情况下,相应量赋"空"
options	局域优化指令的选项构架	借助 optimset 设置。关于 optimset 参见第 4.12.4-2 节
ub	上界约束向量 u_b	上界约束形式为 $x \leqslant u_b$
x0	起点向量 x_b	该向量的作用:一,决定自变(向)量的尺度;二,可能用作搜索起点
xdata	自变向量	仅 lsqcurvefit 指令需要:被拟合数据点的自变量
ydata	因变向量	仅 lsqcurvefit 指令需要:被拟合数据点的因变量

〖说明〗

本表所有描述对的内容都与相应的"局域优化指令调用格式"的输入量内容一致。因此，读者可以针对具体采用的局域优化指令，从 MATLAB 的帮助文件中获得更详细的信息。

（3）创建全域解算对象及运作指令的调用格式

gs = GlobalSearch('ParaName', ParaValue, …)
创建具体的 GlobalSearch 类的对象（用以操控 run 指令）

[x, fval, exitflag, output, solutions] = run(gs, problem)
根据 gs 对象的设定运用相应方法对待解问题进行全域寻优

〖说明〗

- GlobalSearch 的第(1, 2)输入量——外赋的待建对象描述对。
  - GlobalSearch 可以没有任何外赋描述对，而完全采用默认设置。
  - GlobalSearch 也可以接受数目不定的外赋描述对。描述对的参数名称及可能取值见表 4.12-5。
- run 指令的第 1 输入量 gs，必须是由 GlobalSearch 或 MultiStart 建立的对象。
  run 指令的第 2 输入量 problem，必须是由 createOptimProblem 指令创建的构架。
- run 指令的输出量含义为：
  - x   目标函数最小化的解点
  - fval   目标函数最小值
  - exitflag 全域搜索终止的分类标注，用整数表示。主要表征整数的含义如下：
    - 2   至少找到一个局域最小；有些局域搜索未收敛。
    - 1   至少找到一个局域最小；所有局域搜索收敛。
    - 0   没找到局域最小；至少调用过一次局域优化指令，但搜索超时。
    - 负整数 由于各种原因，搜索失败。
  - output 迭代过程的信息数据构架，主要域的含义如下：
    - funccount   目标函数值计算次数
    - localSolverIncomplete 局域优化指令以 0 退出的次数
    - localSolverNoSolution 局域优化指令以"负数"退出的次数
    - localSolverSuccess   局域优化指令以"正数"退出的次数
    - localSolverTotal   局域优化指令被调用的总次数
    - message   全域优化退出信息
- solutions 全域优化解对象向量。该向量的每个元素包含以下各域：
  - x   局域优化指令给出的解点
  - fval   局域优化指令给出的解点目标值
  - Exitflag 局域优化指令算法终止的分类标注
  - Output   局域优化指令给出的输出构架
  - x0   所得局域解所对应的起点（存放在胞元中）

【例 4.12-4】 求式(4.12-11)所示目标函数的全域最小值。

$$f(x, y) = g(r)h(t) \tag{4.12-11}$$

$$g(r) = \left(\sin r - \frac{\sin 2r}{2} + \frac{\sin 3r}{3} - \frac{\sin 4r}{4} + 4\right)\frac{r^2}{r+1} \tag{4.12-12}$$

$$h(t) = 2 + \cos t + \frac{\cos(2t - 0.5)}{2} \qquad (4.12-13)$$

式中,$x = r\cos t$;$y = r\sin t$。本例演示:实施全域搜索的完整操作步骤及所有相关指令的具体使用;M 码函数形式表达目标函数的注意事项;展示 run 指令各输出量的含义;图形表现低维目标函数搜索曲面形态;等位线图与极值点;数据探针标志极值点;随机数的操控。

(1) 编写计算目标函数值的 M 码函数

目标函数的编写注意:最好把目标函数的输入变量写成"单变量名的向量形式"。在本例中,就是把(x,y)替换为$x = [x_1, x_2]$。顺便提醒,该生成的函数文件应该处于"当前目录",或处于 MATLAB 搜索路径上。

```
function f = exm041204_sawtooth(x)
[t,r]=cart2pol(x(:,1),x(:,2));  %把直角坐标转换为极坐标;输入量形式为适于绘图数据计算  <2>
h=cos(2*t-1/2)/2+cos(t)+2;
g=(sin(r)-sin(2*r)/2+sin(3*r)/3-sin(4*r)/4+4).*r.^2./(r+1);  %采用了"数组运算符"  <4>
f=g.*h;                                                      %采用了"数组运算符"  <5>
```

(2) 搜索曲面在较大范围内的可视化(图 4.12-5)

```
% 目标函数在较大范围内的三维曲面表现
% 让读者感受:高低不平的非凸搜索曲面
x = -20:0.2:20;                    % 定义较大的表现范围
y = x;
[X,Y] = meshgrid(x,y);
XX = [X(:),Y(:)];                  % 因函数 exm041204_sawtooth 对输入的要求   <4>
FXYv = exm041204_sawtooth(XX);
FXY = reshape(FXYv,size(X,1),size(X,2)); % 把 FXYv 变换成与 X 同样大小的矩阵  <6>
surf(X,Y,FXY)
colormap(flipud(jet))
shading interp
view([-35,44])
xlabel('x'),ylabel('y'),zlabel('FXY')
```

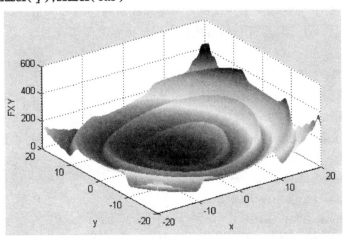

图 4.12-5 有唯一全域最小和多局域最小的搜索曲面

(3) 搜索曲面在较小范围内的等位线图及极小值点的标识(图 4.12-6)

● 首先在指令窗中运行一下指令

```
% 目标函数在较小范围内的等位线图形
% 更好地表现局域最小点的位置
xc = -5:0.1:5;                          % 定义较小的表现范围
yc = xc;
[Xc,Yc] = meshgrid(xc,yc);
XXc = [Xc(:),Yc(:)];                    % 因函数 exm041204_sawtooth 对输入的要求    <15>
FXYvc = exm041204_sawtooth(XXc);
FXYc = reshape(FXYvc,size(Xc,1),size(Xc,2));                                    %    <17>
contour(Xc,Yc,FXYc,30)
colorbar
xlabel('x'),ylabel('y')
```

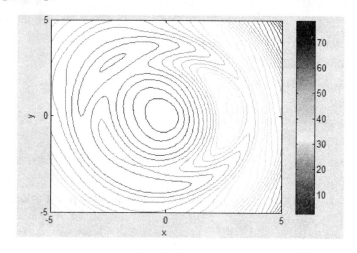

图 4.12-6　多局域最小点的等位线表现图

● 机制的目测和标识

利用"数据探针"在等位线图上寻找被封闭等位线包围的局部极值点。经过探针操作后,就得到图 4.12-6 所示的图形。注意,借助数据探针很容易得知,$x=2.7, y=0.5$ 不是极小值点,而是极大值点。

(4) 创建供全域优化搜索调用的"问题构架"

为全域优化准备"待解问题的构架"。该问题构架包含内容有:选定的局域优化指令、目标函数、搜索起点、优化问题的约束、局域优化指令的参数设置等。注意:指令 createOptimProblem 的输入量中,除第 1 输入量外,其余的"待优化问题的描述对"次序可以任意改动。具体的体现请见下面指令。

```
problem = createOptimProblem('fmincon',...
    'options',optimset('Algorithm','sqp'),...
    'objective',@exm041204_sawtooth,'x0',[5,-5],'lb',-inf);           %    <21>
% 该指令最后的"输入量对"特意引入边界约束,是为符合 fmincon 的适用要求
```

(5) fmincon 指令调用 problem 构架

本例运行下面指令有三个意图:一,利用比较简单的局域指令检验生成的 problem 构架是否可用,以便尽早发现 problem 的构建问题,并加以更正;二,为了展示包括 fmincon 在内的局域优化指令的另一种调用格式;三,也借此说明局域优化指令只能找到"局域最小点",而缺乏全域寻优能力。

```
[xL,fval] = fmincon(problem)        % 局域寻优,所给解不是全域最小
xL =
    -2.3363    2.8292
fval =
    7.5734
```

(6) 实施全域寻优

```
% 以下两行指令并非"全域寻优"所必须
% 它们的作用:A,让读者重现本例搜索结果;B,使 run 指令各输出量有典型表现形式
load exm041204 randState     % 载入"随机发生器状态变量 sss"                    <23>
rng(sss)                     % 把默认全局随机发生器的状态设置为 sss           <24>

% 实施全域寻优
gs = GlobalSearch;           % 采用默认设置的 GlobalSearch 对象的创建
[x,fval,exitflag,output,solutions] = run(gs,problem);  % 全域寻优              <26>

GlobalSearch stopped because it analyzed all the trial points.

All 5 local solver runs converged with a positive local solver exit flag.
```

(7) run 输出结果的观察

为让读者感受 run 指令各输出量的含义,下面逐个展示 run 指令的输出结果。

```
x                     % 最小值点
fval                  % 目标最小值
x =
   1.0e-007 *
    0.0414    0.1298
fval =
    1.5467e-015

exitflag              % 全域搜索效果标注。1 表示所有局域搜索收敛,至少找到 1 个局域最小
exitflag =
    1

output                % 全域搜索迭代过程的信息数据构架
output.message        % 全域优化退出信息
output =
               funcCount: 2581
         localSolverTotal: 5
       localSolverSuccess: 5
    localSolverIncomplete: 0
    localSolverNoSolution: 0
                  message: [1x137 char]
```

```
ans =
GlobalSearch stopped because it analyzed all the trial points.

All 5 local solver runs converged with a positive local solver exit flag.

solutions              %"全域优化解对象"向量
solutions =
  1x3 GlobalOptimSolution

  Properties:
    X
    Fval
    Exitflag
    Output
    X0

solutions(1)           % 解的第一个元素：最小目标值的解信息
                       % 注意下面结果中：X0 列出了到达同一最小点的两个不同搜索起点
ans =
  GlobalOptimSolution

  Properties:
           X: [4.1365e-009  1.2976e-008]
        Fval: 1.5467e-015
    Exitflag: 1
      Output: [1x1 struct]
          X0: {[1 1]  [-184.7338  75.1540]}

solutions(2)           % 解的第二个元素：次小目标值的解信息
                       % 注意下面结果中：X0 列出了到达同一最小点的两个不同搜索起点
ans =
  GlobalOptimSolution

  Properties:
           X: [-2.3363  2.8292]
        Fval: 7.5734
    Exitflag: 1
      Output: [1x1 struct]
          X0: {[5 -5]  [-137.6152  -70.7332]}

solutions(3)           % 解的第三个元素：较大目标值的解信息
ans =
  GlobalOptimSolution

  Properties:
           X: [-170.4493  206.3740]
```

```
      Fval: 688.9910
   Exitflag: 2
     Output: [1x1 struct]
         X0: {[-250.2947  94.5424]}
```

〖说明〗

- 本例第(1)步 exm041204_sawtooth 函数的指令〈2〉中[t,r]=cart2pol(x(:,1),x(:,2))中的 x(:,1)和 x(:,2),分别表示 x 矩阵的第 1 列和第 2 列。采用这种写法目的是:绘图数据 FXY 和 FXYc 的计算也能借助 exm041204_sawtooth 函数实现。
- 假如 exm041204_sawtooth 函数仅作为第(4)步创建供全域优化搜索调用的"问题构架"目标函数用,那么 exm041204_sawtooth 函数的第〈2〉行,写成[t,r]=cart2pol(x(1),x(2))即可。
- 第(3)步搜索曲面可视化的意义和应用:
  - 搜索曲面的可视化对寻找极值点、最优点都有重要意义。再次诚恳地提醒用户,一定要重视"可视化"在优化计算中的作用。
  - 本例图 4.12-6 中标出了三个可能的极值点,且其中 $x=2.7, y=0.5$ 不是极小值点,而是极大值点。此后的计算结果表明:$x=0, y=0$ 是最小值点;$x=-2.3, y=2.8$ 是次最小值点。
- 要特别注意:在本例第(4)步的指令〈21〉中,"初始起点 x0"取值的书写形式至关重要。比如,本例把初始起点写成[5,-5],是"(1×2)行向量"。其影响如下:
  - exm041204_sawtooth 函数第〈2〉行必须写成[t,r]=cart2pol(x(:,1),x(:,2))形式;
  - 第(5)步中 fmincon 的输出的 xL 呈现行向量形式;
  - 第(7)步中 run 输出的最小值点 x 呈现行向量形式;
  - 第(7)步中 run 输出 solutions 各构架元素的 X 域都采用行向量;
  - 第(7)步中 run 输出 solutions 各构架元素的 X0 域的胞元数组的所有元素都采用行向量。
- 关于本例第(6)步中指令〈23〉~〈24〉的说明:
  - 这 4 行指令是用来控制"MATLAB 当前使用的随机数串",并进而控制 run 指令中随机搜索点的位置。这样做的目的,是让读者可重复本例的全域解的结果。
  - 假若没有本书的特定目的,则这 4 行指令不需要。
  - 在实际应用中,由于所用随机数串不同,run 指令的运行结果也不一定相同。
- 再次强调指出:对于低维优化问题,先采用可视化手段观察搜索曲面,将大大有助于优化程序的适当有效的设计。
- 顺便指出:MultiStart 是 MATLAB 提供的另一个全域优化指令。由于它的操作步骤、调用及输出信息,大抵与 GlobalSearch 相似且相对简单,因此不另述。提醒注意:
  - GlobalSearch 和 MultiStart 指令和其他实施全域优化的算法一样,只是尽力地寻找全域最优解,但并不能保证一定找到全域最优解。
  - GlobalSearch 和 MultiStart 指令适用于带约束的光滑目标函数的寻优。

第 5 章 符号计算

符号计算的优点：凭借恒等式、数学定理，通过推理和演绎，给出具有"无限尺度"描写能力的解析结果。当没有封闭解时，符号计算则妥协地给出任意精度数值解。所谓"无限尺度"是相对数值计算的"有限精度、有限空间"而言的。

MATLAB 本身由数值计算引擎驱动，而没有符号演绎能力。2008 年以前，MATLAB 的符号计算能力借助于 Maple。现在，MATLAB 默认安装的符号计算引擎是 MuPAD。虽然MATLAB 形式上尽力地保持着向前兼容，但引擎换装确实导致 MATLAB 符号计算环境发生了根本改变。本章内容完全针对 MuPAD 引擎的符号计算展开，分三个层面：

- 无需任何 MuPAD 知识，仅使用 MATLAB 符号数学工具包(Symbolic math toolbox)提供的(前台)函数实施的符号计算及仿真。本章第 1 节比较完整地描述了符号计算的机理、规则和帮助系统。第 2～6 节所涉内容包括微积分、微分方程、积分变换、矩阵分析和代数方程。第 7 节代数状态方程和第 8 节数据探索的内容，用以呈现现代计算能力对传统方法或技巧的冲击。对于那些在 MATLAB 中仍选择 Maple 符号计算引擎的读者来说，本层面的内容仍可借鉴。
- 需要少量 MuPAD 知识，拓展符号计算应用范围的内容安排在第 9 节。在这一节中不仅讲述特殊函数计算，而且还介绍了如何利用符号函数产生 M 函数文件，如何利用符号函数制作用户所需的 Simulink 模块。
- 需要较多 MuPAD 知识，借助 evalin 和 feval 指令进入 MuPAD 空间完成符号计算。

随书光盘 mbook 目录上的"ch05_符号计算.doc"保存有本章全部算例的运作指令、计算结果和图形；mfile 目录上则保存有本章算例中所有带 exm 前缀文件名的 M 文件和 MEX 文件。

5.1 符号对象的产生和识别

从经典教科书可知，数学表达式和方程的基本组成是：数字、参数、变量；运算符号(加减乘除等)；数学函数(如三角函数、指数函数等)。作为面向对象的科学计算语言，MATLAB 产生符号对象的规则是：

- 借助专门指令 sym 或 syms 定义符号数字、基本符号变量、元符号表达式等基本符号对象；
- 任何利用基本符号对象，经由运算符及一些预定义函数构造或衍生而得的更复杂的表达式和方程，也都是符号对象。

5.1.1 基本符号对象的创建

1. 定义符号数字和符号常数

众所周知，一般说来，有限字长数字计算机在记述数字时，不能保证完全准确。但在符号计算中，需要参与计算的数字完全准确。为了区别于数字的一般有限字长记录，MATLAB 符号计算时采用的数字是所谓的符号(类)数字。它的定义格式为：

sym('Num')	创建一个符号数字 Num(在符号表达式中使用)
sc=sym('Num')	创建一个符号常数 sc,该常数值准确等于 Num

〖说明〗
- 在此,Num 代表一个具体的数字。
- Num 必须处于(英文状态下的)单引号内,构成字符串。

2. 定义基本符号变量

在经典教科书里,常把表达式 $e^{-ax}\sin bx$ 中的 a,b 称谓参数,而把 x 称作变量。在 MATLAB 的符号计算中,a,b,x 都统称为"基本符号变量"。而当对符号表达式进行求解、绘图等操作时,假如不做专门设定,那么 x 总被默认为"待解符号变量"或称"自由符号变量",而其他的基本符号变量被作为"符号参数"处理。

下面介绍几种定义基本符号变量的指令格式:

para=sym('para')	定义单个复数域符号变量 para
para=sym('para','Flag')	定义单个 Flag 指定域符号变量 para
syms para	定义单个复数域符号变量 para(的另一种方式)
syms para Flag	定义单个 Flag 指定域符号变量 para(的另一种方式)
syms para1 para2 paraN	定义多个复数域符号变量 para1,para2,paraN
syms para1 para2 paraN Flag	定义多个 Flag 指定域符号变量 para1,para2,paraN

〖说明〗
- para,para1,para2,paraN 分别代表(基本)符号变量名。在没有 Flag 指定具体域名的情况下,MATLAB 把它们默认为"复数域符号变量"。
- Flag 代表数域的限定性假设。它可具体取以下关键词:real 表示"实数域";positive 表示"正实数域"。关于变量限定性假设的更详细描述,请参见第 5.1.4-2 节。
- 在利用 syms 定义多个(基本)符号变量时,各变量名和变量名之间、变量名和数域限定词之间只能用"空格"分隔。

3. 定义元符号表达式

sym('expression')	定义"元符号表达式"
y=sym('expression')	把"元符号表达式"赋给变量 y

〖说明〗
- 'expression' 是字符串表达式。注意:单引号必须在英文状态下输入的。元符号表达式也是构成其他衍生符号对象的基本元素之一。
- 本书中为区分不同类型的符号表达式而定义使用如下术语:
  - 元符号表达式,指由字符串表达式直接经 sym 指令定义生成的表达式。在元符号表达式中出现的变量名不会自动出现于内存之中(用 who 可以观察),除非人为地对那些变量另作定义。
  - 衍生符号表达式,指由基本符号对象经算符、函数作用后构成的符号表达式。
  - 这两种符号表达式的差别可以由 whos 观察。(请比较观察例 5.1-2 和例 5.1-3

中的相应指令的结果显示。)
- 当 diff，int，subs 等指令作用于元符号表达式时，对表达式中变量名的指定要通过"字符串"形式进行；而对于衍生符号表达式来说，可以直接通过变量名实施。(请参见例 5.4-2 指令〈7〉及相关说明。)

5.1.2 符号计算中的算符和函数指令

1. 符号计算中的算符

由于 MATLAB 采用了重载技术，使得用来构成符号计算表达式的算符，无论在形状、名称上，还是在使用方法上，都与数值计算中的算符完全相同。下面就符号计算中的基本算符作简扼归纳。

(1) 基本运算符

算符"+"、"−"、"*"、"\"、"/"、"^"分别表示"符合矩阵运算法则"的加、减、乘、左除、右除、求幂运算。

算符".*"、"./"、".\"、".^"分别表示"数组对应元素间"的乘、除、求幂。

算符"'"、".'"分别实现矩阵的共轭转置、非共轭转置。

(2) 关系运算符

在符号对象的比较中，没有"大于"、"大于等于"、"小于"、"小于等于"的概念，而只有"是否等于"的概念。

算符"=="，"~="分别对算符两边的对象进行"相等"、"不等"的比较。当事实为"真"时，比较结果用 1 表示；当事实为"假"时，比较结果则用 0 表示。

2. 符号计算中的函数指令

MATLAB 提供的是面向对象的软件环境。对于不同的数据对象(如双精度数值类和符号类)，它借助重载(Overload)技术，把具有相同函数计算功能的文件采用同一个函数名加以保存。这样处理后，虽然不同类型数据的处理方法不同，但从形式上看，用于数值计算的函数与用于符号计算的函数却没有什么区别。至于运算中是调用数值计算文件还是符号计算文件，完全由所计算的对象属性(双精度数值类还是符号类)决定。用于符号计算的具体函数名称见表 5.1-1。

表 5.1-1 MATLAB 中可调用的符号计算函数指令

类别	情况描述	与数值计算对应关系
基本函数	三角函数、双曲函数及反函数；除 atan2 外	名称和使用方法相同
	指数、对数函数(如 exp, expm)	名称和使用方法相同
	复数函数(注意：没有幅角函数 angle)	名称和使用方法相同
	矩阵分解函数(如 eig, svd)	名称和使用方法相同
	方程求解函数 solve	不同
	微积分函数(如 diff, int)	不完全相同
	积分变换和反变换函数(如 laplace, ilaplace)	只有离散 Fourier 变换
	绘图函数(如 ezplot, ezsurf)	数值绘图指令更丰富

〖说明〗 虽然数值计算与符号计算中有许多同名函数,但是读者在使用函数时,还是要十分注意函数对数据类型的要求,否则容易出错。举例来说,就数字而言,有双精度数字和符号类数字之分。这两种数字,显示形式有时非常相似。但假如把符号类数字输入到某个只接受数值数据的函数(如 plot)中,就会产生错误。

5.1.3 符号对象、变量、自由变量的识别

1. 符号对象的识别

在 MATLAB 中,函数指令很多。有的函数指令适用于多种数据对象(如数值、符号等),但也有的函数指令只对某种数据对象适用。在数值计算和符号计算混合使用的情况下,容易发生由于函数指令与数据对象不适配引起的错误。为了避免这种错误,MATLAB 提供了用于识别数据对象属性的指令:

  class(var)   给出变量 var 的数据类别(如 double, sym 等)
  isa(var,'Obj')   若变量 var 是 Obj 代表的类别,给出 1,表示"真"
  whos   给出所有 MATLAB 内存变量的属性

【**例 5.1-1**】 数据对象及其识别指令的使用。本例演示:不同数据对象在创建、显示形式、大小性质、内存占用上的差异;演示 class, isa, whos 的具体使用。

(1) 生成三种不同类型的矩阵,给出不同的显示形式

```
clear
a = 1;b = 2;c = 3;d = 4;        % 产生四个双精度数值变量
Mn = [a,b;c,d]                  % 利用已赋值变量构成双精度数值矩阵;显示结果缩进!
Mc = '[a,b;c,d]'                % 字符串中的 a,b,c,d 与前面输入的数值变量无关;显示结果不缩进!
Ms = sym(Mc)                    % Ms 是一个符号矩阵,与前面各变量无关;显示结果不缩进!
Mn =
     1     2
     3     4
Mc =
[a,b;c,d]
Ms =
[ a, b]
[ c, d]
```

(2) 三种矩阵的大小不同

```
SizeMn = size(Mn)       % 可反映出双精度数组 Mn 的规模大小是(2 * 2)
SizeMc = size(Mc)       % 可反映字符串数组 Mc 的规模大小是(1 * 9)
SizeMs = size(Ms)       % 可反映符号矩阵 Ms 的规模大小是(2 * 2)
SizeMn =
     2     2
SizeMc =
     1     9
SizeMs =
     2     2
```

(3) 用 class 获得每种矩阵的类别

```
CMn = class(Mn)
CMc = class(Mc)
CMs = class(Ms)
CMn =
double
CMc =
char
CMs =
sym
```

(4) 用 isa 判断每种矩阵的类别(若返回 1,表示判断正确)

```
isa(Mn,'double')
isa(Mc,'char')
isa(Ms,'sym')
ans =
     1
ans =
     1
ans =
     1
```

(5) 利用 whos 观察内存变量的类别和其它属性

```
whos Mn Mc Ms            %观察三个变量的类别和属性
  Name      Size       Bytes  Class     Attributes

  Mc        1x9           18  char
  Mn        2x2           32  double
  Ms        2x2           60  sym
```

2. 符号变量及自由变量的认定

在 MATLAB 采用 MuPAD 作为默认符号计算引擎之前,对符号表达式中符号变量和自由变量的辨认由 findsym 实现。而现在,MATLAB 则推荐使用 symvar 指令辨认符号表达式中的符号变量和自由变量。具体调用格式:

| symvar(expression) | 找出符号表达式中的所有符号变量(现推荐) |
| symvar(expression, n) | 在符号表达式中认定 n 个自由(符号)变量(现推荐) |

〖说明〗
- 关于符号变量和自由变量术语的说明
  - "符号变量"术语是指一个符号表达式中,除运算符、函数关键词、已定义符号常数名、已定义符号表达式名以外,那一个个被运算符和函数关键词分隔开的"连续英文字母段"。一个表达式中的"符号变量集"大于等于该表达式的"基本符号变量集"。请参见例 5.1-2 的第〈6〉条指令及第 2 条说明。
  - "自由变量"术语是指符号表达式或方程中,那些允许"独立、自由变化"的符号变量。

简单地说,相当于经典教科书中函数的自变量。
- 在输入量数目不同的情况下,symvar 所运行结果的涵义有根本性差别:
  - 在单输入量的情况下,symvar 指令运行后,检出的是符号表达式中的所有符号变量;
  - 在双输入量情况下,symvar 指令运行后,检出的是符号表达式中的 n 个被机器认定的自由(符号)变量。
- 在单输入情况下,指令 symvar 所检出符号变量的排列规则是:
  - 所有变量自左向右排列;
  - 所有"第一个字母是大写的变量"排列在"第一字母是小写的变量"的左边,(参见例 5.1-2 指令⟨6⟩运行结果);
  - "大写字母集"或"小写字母集"中的字母按照字母表中次序自左向右排列,(参见例 5.1-2 指令⟨6⟩运行结果)。
- 在双输入量情况下,指令 symvar 辨认和显示自由变量的规则是:
  - 小写字母 x 是最优先的自由变量,(参见例 5.1-2 指令⟨8⟩运行结果);
  - 按"与小写字母 x 的距离"辨认自由变量,近者优先被认定为自由变量。同距离情况下,按字母表逆序优先规则辨认自由变量,(参见例 5.1-2 指令⟨8⟩运行结果);
  - 任何大写字母比任何小写字母距离小写 x 更远,(参见例 5.1-2 指令⟨8⟩运行结果);
  - 比方说,符号表达式中有符号变量 X, ax, w, x, y, z,则在机器认定下,这些变量被认作自由变量的优先次序为 x, y, w, z, ax, X;
  - 最后强调:以上所述都是 MATLAB 设计的所谓"自由变量的机器认定规则",这些规则在"人为定义自由变量"的情况下都将失去作用,(参见例 5.1-2 指令⟨11⟩⟨12⟩及运行结果)。

【例 5.1-2】 基本符号变量和衍生符号表达式的定义、符号变量、自由符号变量的机器辨认。本例目的:体验定义基本符号变量的指令格式,体验衍生符号表达式的创建;感受运行结果的显示形式;符号表达式中检出符号变量的指令格式,及机器所检出的符号变量的排列次序;符号表达式中自由变量的机器认定。

(1) 构成衍生符号表达式

```
clear                              % 清空内存
syms a b k t w x y z X A           % 定义 10 个基本符号变量
c = sym('22');                     % 定义符号常数
f = sym('M * N');                  % 定义元符号表达式(含 2 个符号变量)
ex1 = c + f + (exp(-a*t)*sin(w*t) + b*y + k*x + A*X + log(z))    % 构成衍生符号表达式
ex1 =
log(z) + b*y + k*x + sin(t*w)/exp(a*t) + A*X + M*N + 22
```

(2) 检出表达式 ex1 中的所有符号变量

```
symvar(ex1)        % 注意:12 个符号变量排列次序;显示结果中没有 f 和 c           ⟨6⟩
ans =
[ A, M, N, X, a, b, k, t, w, x, y, z]

findsym(ex1)       % 与 symvar 运行结果比较:排列次序相同,显示形式不同
```

```
ans =
A,M,N,X,a,b,k,t,w,x,y,z
```

（3）机器认定自由变量的优先次序

```
symvar(ex1,20)        %注意：自由变量排列次序与符号变量不同；也没有 f 和 c          <8>
ans =
[ x, y, w, z, t, k, b, a, X, N, M, A]


findsym(ex1,13)       %与 symvar 运行结果比较：排列次序相同，显示形式不同
ans =
x,y,w,z,t,k,b,a,X,N,M,A
```

（4）内存中的变量

```
who                   %列出内存中所有变量名                                        <10>
                      %注意：列表中没有 M 和 N


Your variables are:

A   X   a   ans   b   c   ex1   f   k   t   w   x   y   z
```

（5）对自由变量的操作

```
dex1dx = diff(ex1,z)  %求 ex1 表达式对指定自由变量 z 的导数                         <11>
iex1db = int(ex1,b)   %求 ex1 对指定自由变量 b 的不定积分                          <12>
dex1dx =
1/z
iex1db =
(y*b^2)/2 + (log(z) + k*x + sin(t*w)/exp(a*t) + A*X + M*N + 22)*b
```

【说明】
- ex1 是由"名为 c 的符号常数"，"名为 f 的元符号表达式"，及其他"基本符号变量"组成的衍生表达式。
- 第〈6〉条指令运行后，列出了符号表达式 ex1 中的所有符号变量：10 个事先定义的基本符号变量；2 个包含在元符号表达式内的 M 和 N。但是在符号变量列表中，没有元符号表达式名 f 和符号常数名 c。
- 第〈8〉条指令的作用是：把 ex1 表达式中的所有符号变量，按优先权由大到小的次序，被机器认定为自由变量。
- 借助 who 指令可以看到内存中保存有 14 个变量：10 个基本符号变量名，1 个符号常数 c，1 个元符号表达式 f，1 个衍生符号表达式 ex1，另外，还有一个缺省变量名 ans，它是 findsym 指令运行产生的。注意：列表中，没有 M 和 N。
- 由本例可以看出：与基本符号变量不同，符号变量不一定真实存在于内存中。

【例 5.1-3】 元符号表达式的定义、符号变量、自由符号变量的机器辨认。本例目的：体验元符号表达式的创建；认识元符号表达式与衍生符号表达式创建方式的不同，在内存中保存信息的不同。

（1）构成元符号表达式

```
clear                 %清空内存
```

```
c = sym('22');
f = sym('M*N');
ex2 = c + f + sym('exp(-a*t)*sin(w*t)+b*y+k*x+A*X+log(z)')
                        % 由符号常数和两个元符号表达式构成新的衍生符号表达式
ex2 =
log(z) + b*y + k*x + sin(t*w)/exp(a*t) + A*X + M*N + 22
```

(2) 检出表达式 ex2 中的所有符号变量

```
symvar(ex2)        % 所得符号变量列表,与例 5.1-2 的相同                  <5>
ans =
[ A, M, N, X, a, b, k, t, w, x, y, z]
```

(3) 机器认定的自由变量

```
symvar(ex2,20) % 所得自由变量表,也与例 5.1-2 相似                      <6>
ans =
[ x, y, w, z, t, k, b, a, X, N, M, A]
```

(4) 内存中的变量

```
who                                                          %         <7>

Your variables are:

ans    c    ex2    f
```

(5) 对自由变量的操作

```
dex1dx = diff(ex2,z)          % 求 ex2 表达式对指定自由变量 z 的导数     <8>
??? Undefined function or variable 'z'.


dex1db = int(ex2,b)            % 求 ex2 对指定自由变量 b 的不定积分     <9>
??? Undefined function or variable 'b'.
```

(6) 在利用 sym 创建元符号表达式时应回避 MATLAB 自身的关键词

```
E3 = sym('a*sqrt(theta)')       % theta 作为 sqrt 函数唯一输入量引起问题
??? Error using ==> sym.sym>convertExpression at 2547
Error: argument must be of 'Type::Arithmetical' [sqrt]

Error in ==> sym.sym>convertChar at 2458
    s = convertExpression(x);

Error in ==> sym.sym>convertCharWithOption at 2441
      s = convertChar(x);

Error in ==> sym.sym>tomupad at 2195
      S = convertCharWithOption(x,a);

Error in ==> sym.sym>sym.sym at 111
          S.s = tomupad(x,'');
```

```
E4 = sym('a * sqrt(theta123)')            %尽可能回避关键词
E4 =
a * theta123^(1/2)


E5 = sym('a * sqrt(theta * t)')           % sqrt 函数中不仅仅包含 theta 时,运行正确
E5 =
a * (t * theta)^(1/2)
```

【说明】
- 由第⟨6⟩条指令运行结果,可以看出:symvar 指令仍然可以检出构成 ex2 的两个元符号表达式中的所有符号变量和自由变量;形式上,与例 5.1-2 似乎相同,但那些 symvar 指令检出的符号变量,在内存中完全不存在(见指令⟨7⟩的结果)。
- 由于 ex2 与上例的 ex1 采用不同的构造方式,因而它们具有不同性质。尽管两个表达式的外形很相似,且由 symvar 检测到的表达式所含符号变量也一样。但由于 ex2 中那些检测到的符号变量在内存中都不存在,因此若用诸如 subs,diff,int 等指令对 ex2 中的符号变量操作时,就可能导致失败(参见本例指令⟨8⟩⟨9⟩的运行结果)。
- 注意:在利用 sym 创建符号表达式时,注意尽可能避免把"MATLAB 的自用关键词"用作各种符号函数的变量。

【例 5.1-4】 symvar 确定自由变量是对整个数组进行的。本例演示:符号数组的一种创建方法;辨认数组的自由变量;认定自由变量时所遵循的优先规则。

(1) 创建符号数组
```
clear
syms a b t v w x y z
A = [a+b*x,y*sin(t)+w;x*exp(-t),log(z)+v]    %创建衍生符号数组
A =
[  a + b*x,  w + y*sin(t)]
[  x/exp(t),    v + log(z)]
```

(2) 由机器辨认该数组的自由变量
```
symvar(A,1)                %只辨认一个自由变量
ans =
x


symvar(A,3)                %要辨认三个自由变量。注意:不是 x,y,z
ans =
[ x, y, w]


symvar(A,10)               %充当自由变量的优先次序
ans =
[ x, y, w, z, v, t, b, a]
```

【说明】
当把 symvar 指令作用于数组时,由它确定的自由变量是对整个数组而言的,而不是对一个个数组元素而言的。

5.1.4 符号运算机理和变量假设

1. 符号运算的工作机理

在 MATLAB 的默认安装下,MATLAB 的符号计算由 MuPAD 引擎在其专有的内存工作空间中执行,只把计算结果送回到 MATLAB 的内存空间。

在 MATLAB 环境中,每当借助 sym 或 syms 指令定义一个带限定性假设的符号变量时,就发生以下过程:
- 启动 MuPAD 引擎,并开启一个专供 MuPAD 使用的内存空间。
- 所定义符号变量本身被保存在 MATLAB 内存空间中。(这是因为,在 MATLAB 空间中的变量仅仅是承接或转运计算结果的保留空间。)
- 对该定义的符号变量的限定性假设(Assumption),则被保存在 MuPAD 的内存空间中,并对此后的 MuPAD 的工作方式进行约束。
  - 如果该定义变量不带任何约束,则 MuPAD 默认地在复数域里工作;
  - 如果该定义变量带 real 约束,则 MuPAD 只在实数域里工作,如此等等。

2. 对符号变量的限定性假设

在不对符号变量进行专门设置的情况下,MuPAD 符号计算总把变量默认为"复数变量"。在实际应用中,常常需要对符号变量进行各种假设(Assumptions for symbolic variables),如实数、正数、是否不等于 0 等。对符号变量进行限定性假设有两条途径:借助 sym 或 syms 指令对符号变量进行假设;借助 evalin 指令对符号变量进行假设。

(1) 作简单限定性假设的 sym 和 syms 指令格式

sym 和 syms 指令只能对符号变量做实数、正数两种限定性假设,格式、含义如表 5.1-2 所列。

表 5.1-2 sym 和 syms 指令可作的限定性假设

指令格式	含 义	备 注
x=sym('x')	定义"复数"符号标量 x	复数域是默认设置的数域
x=sym('x', 'real')	定义"实数"符号标量 x	
x=sym('x', 'positive')	定义"正数"符号标量 x	
syms x y z	定义"复数"符号标量 x, y, z	复数域是默认设置的数域
syms x y z real	定义"实数"符号标量 x, y, z	
syms x y z positive	定义"正数"符号标量 x, y, z	

〖说明〗

由以上格式可知,sym 或 syms 定义的变量只有三种:复数、实数、正数。

(2) 作复杂限定性假设的 evalin 指令

syms x   先创建(复数)符号变量 x
evalin(symengine,'StringAssume') 再对创建变量 x 进行限定性假设

〖说明〗
- evalin 指令直接进入 MuPAD 内存对变量施加限定性假设；使用该指令格式，可以限定得更加细致。
- evalin 的第二个输入量 'StringAssume' 是字符串，其内容应是 MuPAD 允许的"假设指令"。表 5.1-3 列出了一些常用可由 evalin 驱动的 MuPAD"假设指令"的格式。
- evalin 能做的限定性假设比 sym(或 syms)丰富得多。

表 5.1-3　MuPAD 的典型"假设指令"列表

StringAssume 的可取形式	含 义	参 考
assume(x, Type::Complex);	设 x 为复数	例 5.1-6
assume(x, Type::Real);	设 x 为实数	
assume(x, Type::Positive);	设 x 为正数	
assume(x, Type::Integer);	设 x 为整数	例 5.1-6
assume(x, Type::Even);	设 x 为偶数	
assume(x, Type::Interval([-1], [1]))	设 x 在[-1,1]区间中	
assume(x > 0);	设 x 为正数	例 5.5-5
assume(x >= 0);	设 x 为非负	
assume(x < 0);	设 x 为负数	
assumeAlso(x <= 0);	又设 x 为非正	例 5.1-6,例 5.5-5

〖说明〗
- 每条 assume 指令作用时，会把此前关于那变量的假设删除。
- assumeAlso 的作用是，在保留此前假设的基础上，再增加新的假设。

3. 清除变量和撤销假设

由于符号变量和其假设存放在不同的内存空间，因此删除符号变量和撤销关于变量的假设是两件需要分别处理的事。具体执行指令如下：

```
clear x                       清除 MATLAB 内存中的 x 变量
syms x clear                  撤销 MuPAD 内存中对变量 x 的任何假设
evalin(symengine,'delete x;') 作用同 syms x clear
```

〖说明〗
- clear x 指令仅仅删除 MATLAB 内存中的 x，并不改变 MuPAD 内存中可能已有"关于 x 的假设"。换句话说，如果以后运算中又重新出现 x 符号变量，那么"已有关于 x 的假设"仍将强制约束新出现的 x 变量。
- sym x clear 指令只是撤销 MuPAD 中关于变量 x 的假设，并没有删除 MATLAB 内存中的变量 x，也不改变 x 所保存的内容。

【例 5.1-5】 syms 对变量所作限定性假设的影响。本例目的：符号变量的默认数域是复数域；限定性假设的设置方法及影响；如何观察当前对符号变量有何假设；撤销假设的方法。

(1) 在默认的复数域求根

```
syms x clear
```

```
f = x^3 + 4.75 * x + 2.5;
rf = solve(f,x)                                 % 求出 f = 0 的全部根
rf =
                       -1/2
  1/4 - (79^(1/2)*i)/4
  1/4 + (79^(1/2)*i)/4

evalin(symengine,'getprop(x)')                  % 获悉 MuPAD 内存中关于 x 的假设        <4>
ans =
C_

evalin(symengine,'property::showprops(x);')
                                                % 因 x 是一般复数,没任何限定,所以为空   <5>
ans =
[ empty sym ]
```

(2) 求实数根

```
syms x real                                     % 设 x 是实数
rfr = solve(f,x)                                % 求出 f = 0 的实根
rfr =
  -1/2

evalin(symengine,'getprop(x)')                  % 获悉 MuPAD 内存中关于 x 的假设        <8>
ans =
R_

evalin(symengine,'property::showprops(x);')
                                                % 该指令能正确指示"限定性质"           <9>
ans =
[ x in R_ ]
```

(3) 仅在 MATLAB 内存中删除 x, 再解新方程 $x^2+x+5=0$

```
clear x                                         % 仅清除 MATLAB 内存中的 x 变量
syms x
g = x^2 + x + 5;
rg = solve(g,x)                                 % 此前 x 为实数的假设仍起作用,导致无解
Warning: Explicit solution could not be found.
> In solve at 81
rg =
[ empty sym ]
```

(4) 须在 MuPAD 解除 x 为实数的假设再解

```
syms x clear                                    % 重新假设 x 为复数
rg = solve(g,x)                                 % 可得到一对共轭根
rg =
```

```
- 1/2 - (19^(1/2)*i)/2
- 1/2 + (19^(1/2)*i)/2
```

【例 5.1-6】 借助 evalin 对符号变量进行假设的设定和撤销。本例目的：对符号变量的精细、多重假设，以及撤销假设的方法；feval 和 evalin 在符号计算中的应用；syms 可罗列 MATLAB 内存中的符号变量。

(1) 在复域中解方程
```
clear
syms x
f = x^3 - 5.25*x - 2.5;
rf = feval(symengine,'solve',f,'x')           % 在默认假设下求解           <4>
rf =
[ -1/2, 5/2, -2]
```

(2) 在 x>0 假设下解方程
```
x = sym(x,'positive');                         % 设 x 为正
rf = feval(symengine,'solve',f,'x')           % 只给出正数解              <6>
rf =
5/2

rfs = solve(f,x)                               % 用 solve 求解
rfs =
5/2

evalin(symengine,'getprop(x)')                 % 观察关于 x 的假设          <8>
ans =
Dom::Interval(0, Inf)

evalin(symengine,'delete x')                   % 解除对 x 的限制
evalin(symengine,'getprop(x)')                 % 再观察关于 x 的假设        <10>
ans =
C_
```

(3) 在多重假设下解方程
```
evalin(symengine,'assume(x,Type::Integer);')   % 限定 x 是整数              <11>
rf = feval(symengine,'solve',f,'x')           % 给出符合要求的解           <12>
rf =
-2

evalin(symengine,'assumeAlso(x>0)')            % 再加限定；要求 x 是正整数   <13>
rf_ev = evalin(symengine,'solve(x^3 - 5.25*x - 2.5);')
                % 对字符串方程求解的正确格式之一                            <14>
rf_evc = evalin(symengine,['solve(',char(f),')'])
                % 对"符号方程"变换而得的字符串方程求解的正确格式之二         <15>
rf_f = feval(symengine,'solve',f,'x')
```

```
                        % 对符号方程求解的正确格式                              <16>
rf_ev =
[ empty sym ]
rf_evc =
[ empty sym ]
rf_f =
[ empty sym ]

evalin(symengine,'assume(x, Type::Complex);')    % 重设 x 为复数            <17>
rf = feval(symengine,'solve',f,'x')              % 获得全部解                <18>
rf =
[ -1/2, 5/2, -2 ]
```

(4) 列出 MATLAB 内存中的符号变量

```
syms               % 用来罗列当前 MATLAB 内存中的符号变量名                   <19>

 'ans'   'f'   'rf'   'rf_ev'   'rf_evc'   'rf_f'   'rfs'   'x'
```

【说明】

- 与 sym 指令对符号所作的假设类型相比,通过 evalin 能对符号变量做更加细致的假设。
- MATLAB 旧版本中 solve 函数的设计有缺陷,它只能正确识别"real"代表的"实数"假设。因此,本书作者建议,在求解带限定性假设的符号方程时,最好借助 evalin,或借助 feval,直接调动 MuPAD 中的 solve 指令进行。参见本例指令⟨6⟩⟨12⟩⟨14⟩⟨15⟩⟨16⟩⟨18⟩。
- 本例为比较 evalin 和 feval 调用格式上的区别,专门设计了三条对照指令⟨14⟩⟨15⟩⟨16⟩。

5.1.5 符号帮助及其他常用指令

1. 符号运作的帮助体系

现在的符号运作帮助体系由如表 5.1-4 所示的"三个层次"的求助方式:

表 5.1-4 符号运作的帮助体系

层次	指　令	含义及功用	参考节次及例题
1	help SymName	在此 SymName 代表待求助的符号计算指令名(如 laplace 等)	本节;例 5.1-7
2	doc mfunlist	在 MATLAB 的帮助浏览器中,展现"所有可调用的特殊函数及其调用格式"	本节;例 5.1-7
3	doc(symengine)	引出 MuPAD 的帮助浏览器;在此环境中,可搜索 MuPAD 的任何函数、指令及其调用格式	本节;例 5.1-7
	doc(symengine, StringName)	引出 MuPAD 帮助浏览器,并找到字符串 StringName 相关内容	指令第二个输入量是 MuPAD 中的"关键词"

(1) "直接调用符号计算指令"的求助
- 可求助的符号指令范围

  不依赖 mfun, evalin, feval 等指令调用,而可在 MATLAB 环境中直接运作的符号计算指令,如 sin, inv, eig, solve, dsolve, laplace 等,都可采用这种求助方式。

  欲获得此类全部指令的列表,可按如下操作步骤进行:在 MATLAB 的帮助浏览器的 Contents 页,展开 Symbolic Math Toolbox 节点,再点击其下的 Function Reference 节点即可。

- 求助方式
  - 和 MATLAB 普通指令一样,在 MATLAB 指令窗中借助 help 指令获得帮助。如在指令窗中,运行以下指令,可获得关于 lapalce 指令的使用说明。

    help laplace
  - 和 MATLAB 普通指令一样,可利用 MATLAB 帮助浏览器获得相应的帮助。

(2) 借助 mfun 调用的"特殊函数指令"的求助
- 可求助的符号指令范围

  凡依赖 mfun 指令调用才能被执行的"特殊函数指令"。

- 求助方式
  - 在 MATLAB 指令窗中运行 doc mfunlist,或利用 MATLAB 帮助浏览器搜索栏对 mfunlist 搜索,都可得到关于特殊函数指令调用格式的较完整帮助信息。假如想更深入地了解特殊函数的使用要领,就必须进入 MuPAD 帮助浏览器(见第(3)种求助方式相关叙述)。
  - 在 MATLAB 指令窗中直接运行 help mfunlist,只能得到关于函数名、输入量等的简单列表,而关于调用格式的信息很少。

(3) 借助 evalin 或 feval 调用的"MuPAD 指令"的求助
- 可求助的符号指令范围

  所有 MuPAD 提供的计算函数、指令。注意:在 MATLAB 环境中,服务于符号计算的有些指令(如 sym 等)并不属于 MuPAD,而仅存在于 MATLAB 环境中。因此,这类指令不能在 MuPAD 中获得帮助。

- 求助步骤
  - 首先,在指令窗中,运行 doc(symengine),引出 MuPAD 专用帮助浏览器。
  - 在 MuPAD 帮助浏览器中,搜索所需求助的函数或指令名。

【例 5.1-7】 关于 laplace, erfc, rec 三个指令的求助过程。本例目的:通过具体指令表述求助的步骤。

(1) 检查指令是否"可直接调用的符号计算指令"
- 搜索法(此法适于指令名已知情况)
  - 方法一:在 MATLAB 帮助浏览器左上方的搜索栏中输入待查询函数名 laplace,就可见到如图 5.1-1 所示的界面。
  - 方法二:在 MATLAB 指令窗中,直接运行 doc laplace 或 help laplace,也能得到很好的帮助信息。
- 函数表法(此法适于通览)

在 MATLAB 帮助浏览器左侧 Contents 页，点击＜Symbolic Math Toolbox/Functions＞节点。

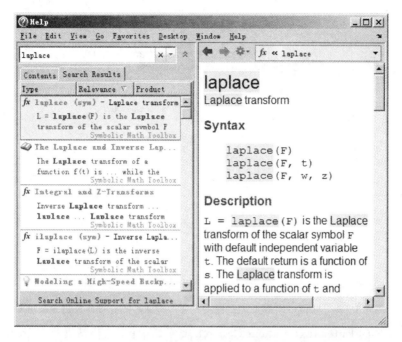

图 5.1-1　"可直接调用的符号计算指令"的帮助信息搜索

(2) 检查指令是否"借助 mfun 调用的符号计算指令"
- 搜索法（适于指令名已知情况）
  具体方法：在 MATLAB 帮助浏览器左上方的搜索栏中输入待查询函数名 erfc（或 Ei），就可见到如图 5.1-2 所示的界面。注意：不要误把数值计算指令 erfc 当成符号计算指令，因为这两种指令都存在。
- 函数表法（适于查阅和通览）
  ■ 方法一：在 MATLAB 帮助浏览器左侧 Contents 页，点击＜Symbolic Math Toolbox/Functions/Special Functions＞节点，就能引出如图 5.1-2 所示的全部特殊函数列表。这已经是 MATLAB 帮助浏览器中可提供的全部信息，假如读者需要详细的信息，则要借助 MuPAD 帮助浏览器才能实现。
  ■ 方法二：在 MATLAB 帮助浏览器的搜索栏中输入 mfunlist 关键词，也能引出如图 5.1-2 所示的全部特殊函数列表。
  ■ 方法三：在 MATLAB 指令窗中，运行 help mfunlist，只能得到最简单的特殊函数名列表。

(3) 借助 MuPAD 帮助浏览器获得帮助信息
既不属于"直接调用符号计算指令"，又不属于"借助 mfun 调用的符号计算指令"的那些符号计算指令，就只可能从 MuPAD 帮助浏览器获得帮助信息。如求解递推方程的 rec 就是这种指令。求助的具体操作步骤如下：
- 先在 MATLAB 指令窗中运行指令 doc(symengine)，引出如图 5.1-3 所示的 MuPAD 帮助浏览器。

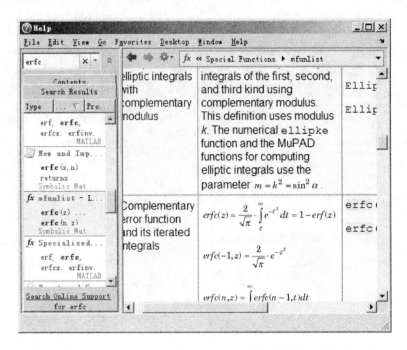

图 5.1-2　MATLAB 帮助浏览器展示全部特殊函数符号计算指令及用法

- Search 页的 Enter text and click Search 搜索栏中键入"待帮助指令"rec。
- 点击该栏右下方的 Search 搜索键，就展现出如图 5.1-3 右侧的内容。

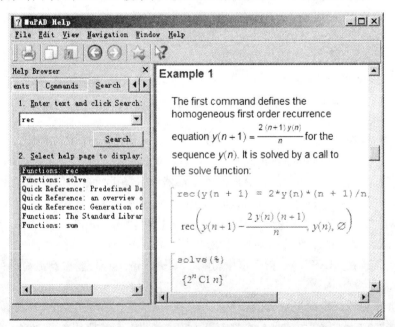

图 5.1-3　MuPAD 帮助浏览器展示的 rec 指令帮助信息

〖说明〗

关于特殊函数 erfc 等更细致的描述可以从 MuPAD 帮助浏览器查取。但是，在此提醒读者：假若直接使用"指令名"搜索不到相关内容，那么建议读者采用该指令的英文名称进行尝试。比如指令 Ei，无法直接搜索到，但若使用 mfunlist 列表中关于 Ei 所给的函数名 Exponential integrals，就可找到相关帮助信息。

2. 服务于符号运算的其他指令

在符号环境中常用的服务指令及其含义、功用与参考内容如表 5.1-4 所列。

表 5.1-4 符号环境中的常用服务指令

指 令	含义及功用	参考节次及例题
evalin(symengine,'getprop(x)')	获知 MuPAD 内存中保存的关于"符号变量 x"的任何限定	例 5.1-5, 5.1-6
evalin (symengine, 'property::showprops(x);')	当变量 x 已被限定为非复数时，该指令可获知 MuPAD 内存中保存的关于"符号变量 x"的假设	例 5.1-5
evalin(symengine,'anames(Properties)')	获知 MuPAD 内存中"所有带限定性假设的变量名"	例 5.1-8
reset(symengine)	重启 MuPAD 引擎，清空 MuPAD 内存	例 5.1-8
syms	列出 MATLAB 内存中的所有符号变量	5.1.1,5.1.4,5.1.5,例 5.1-6
whos	列出 MATLAB 内存中的所有变量	例 5.1-8

〖说明〗

特别提醒：此表中 evalin 的三条指令的设计尚不完善，有时可能给出错误信息。

【例 5.1-8】 各种帮助指令、符号变量罗列指令

（1）双精度变量、一般符号变量、带限定符号变量的创建

```
clear all                      % 清空 MATLAB 内存空间
reset(symengine)               % 重启 MuPAD 引擎，清空 MuPAD 内存          <2>
Da = 1.2;Dw = 1/3;             % 定义双精度变量
syms sa sw sx sy sz            % 定义一般符号变量
syms A B positive              % 定义限定变量 A 和 B                       <5>
syms C real                    % 定义限定变量 C                            <6>
```

（2）MATLAB 内存中的变量及数据类型

```
whos                                                                       %   <7>
  Name      Size         Bytes  Class     Attributes

  A         1x1             60  sym
  B         1x1             60  sym
  C         1x1             60  sym
  Da        1x1              8  double
  Dw        1x1              8  double
  sa        1x1             60  sym
  sw        1x1             60  sym
  sx        1x1             60  sym
  sy        1x1             60  sym
```

```
sz          1x1                     60      sym
```

(3) MATLAB 内存中的全部符号变量

```
syms                    % 显示当前 MATLAB 内存中的全部符号变量              <8>

    'A'   'B'   'C'   'sa'   'sw'   'sx'   'sy'   'sz'
```

(4) MuPAD 内存中所有带"限定性假设"的符号变量

```
evalin(symengine,'anames(Properties)')                                 % <9>
                        % 显示 MuPAD 内存中被限定属性的变量名
ans =
[ A, B, C ]
```

(5) 清除"变量"操作的影响

```
clear A         % 在 MATLAB 内存中清除"带限定的符号变量 A"
syms            % 显示当前 MATLAB 内存中的全部符号变量,可发现 A 已消失      <11>

    'B'   'C'   'ans'   'sa'   'sw'   'sx'   'sy'   'sz'


evalin(symengine,'anames(Properties)')                                 % <12>
                        % 显示 MuPAD 内存中被限定属性的变量名,发现 A 的限定假设并没有清除
ans =
[ A, B, C ]
```

(6) 清除"限定假设"操作的影响

```
syms B clear        % 清除关于 B 的"限定假设"                            <13>
syms                % 显示当前 MATLAB 内存中的全部符号变量,可见 B 的存在未受影响

    'B'   'C'   'ans'   'sa'   'sw'   'sx'   'sy'   'sz'


evalin(symengine,'anames(Properties)')                                 % <15>
                        % 显示当前 MuPAD 内存中被限定属性的变量名,关于 B 的限定假设已消失
ans =
[ A, C ]
```

5.2 数字类型转换及符号表达式操作

5.2.1 数字类型及转换

1. 三种数字类型及转换指令

在 MATLAB 中,有三种主要的数据类型:双精度、符号、字符串。MATLAB 为每种数据类型提供了各自特定的生成指令和操作指令。为实现不同数据类型的交互,MATLAB 向用

户提供了一系列的转换指令。为使读者对这些指令有较全面的了解,在此把各类型数据及计算码之间的转换关系归纳成关系图 5.2-1 及相应的指令查阅表 5.2-1。

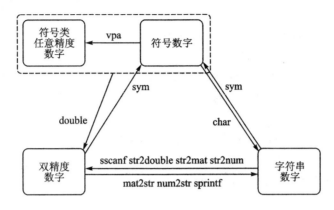

图 5.2-1 符号、字符、数值间的相互转换

表 5.2-1 各指令的参考节次及算例表

指　　令	参考节次及算例	指　　令	参考节次及算例
char	3.1.2, 4.8.3,5.2.5,7.6.3 例 3.2-2, 5.9-4	str2mat	3.2.2, 3.2.4; 例 3.2-2,
double	3.2.1, 3.2.3, 5.2.1; 例 3.2-1,3.2-6, 5.2-2, 5.2-3	str2num	3.2.3 例 3.2-6
mat2str	3.2.3, 3.3.4, 3.4.5; 例 3.2-4, 3.3-5, 3.4-8	str2double	3.2.3 例 3.2-6, 5.2-2
num2str	3.2.3 例 3.2-4, 3.2-5, 3.2-7	sym	5.1.1, 5.2.1,例 5.2-1,例 5.2-2,例 5.2-3
sprintf	3.2.3; 例 3.2-5	vpa	5.2.1,例 5.2-1,例 5.2-2,例 5.2-3
sscanf	3.2.3; 例 3.2-5		

2. 双精度数字向符号数字转换

假如需要借助 sym 函数把数值类数字转换为符号数字,那么有以下 5 种形式可供选择:

sym(Num,'r')　　　　双精度数字 Num 的"有理分数"表达的符号数字

sym(Num)　　　　　sym(Num,'r')的简略形式

sym(Num,'f')　　　　双精度数字 Num 的"两个二进制数"近似表达符号数字

sym(Num,'e')　　　　数值类数字 Num 的带估计误差的"广义有理表达"符号数字

sym(Num,'d')　　　　数值类数字 Num 的"十进制浮点"近似表达符号数字

〖说明〗
- 以上 5 种调用格式中,第一个输入量 Num 是"双精度数字"。
- sym(Num,'r')的输出是有理分数表达的符号数字。即通过 p/q,p*2^q, n^(p/q)

形式表示的符号数,在此,n,p,q 都是整数)。
- sym(Num,'f')给出形如 $\pm[2^e+N\times 2^{(-52+3)}]$ 表示的符号数。其中 e 为整数,N 为非负整数。
- sym(Num,'e')给出两项:一项为广义有理表达;另一项为 Num 理论有理表达与 Num 实际机器浮点表达之间的估计误差。
- sym(Num,'d')给出"十进制浮点"近似表示的有效数字位数,受 digits 指令控制。在默认情况下,即在 digits(32)控制下,sym(Num,'d')给出 Num 的 32 位"十进制浮点"近似表达。
- 顺便提醒读者注意以上 5 条指令的第一输入量 Num 的形式与第 5.1.1 节 sym('Num')指令输入 'Num' 的差别。
  - 'Num' 是字符串数字。当 'Num' 用作符号计算函数的输入量时,它体现数字的理论真值。
  - Num 的字面表示数字。在 MATLAB 环境中,实际上是以双精度(16 位相对精度)的近似方式保存的。换句话说,当 Num 用作符号计算函数的输入量时,它体现的是字面理论数字的双精度近似。
- 事实上,在符号运算中,"双精度数字"都会自动地按 sym(Num,'r')格式转换为符号数字。

【例 5.2-1】 本例目的:准确符号数字的产生;双精度数字转换成符号数字的各种格式;由双精度数字转换而得符号数的误差;vpa 的用法;数字类别的判断。

(1) 定义符号数字

```
clear                          %清空内存
sa = sym('1/3')                %定义符号数,完全准确的!           <2>
sb = sym('pi + sqrt(5)')       %定义符号数,完全准确的!           <3>
sa =
1/3
sb =
pi + 5^(1/2)
```

(2) 双精度数字的定义及精度

```
format long                    %采用 16 位数字显示双精度数
a = 1/3                        %定义双精度数,16 位有效           <5>
b = pi + sqrt(5)               %产生双精度数,16 位有效           <6>
sa_a = vpa(sa - a)             %32 位精度符号数字显示;注意:误差为 0    <7>
sb_b = vpa(sb - b)             %32 位精度符号数字显示;注意:有误差      <8>
a =
   0.333333333333333
b =
   5.377660631089583
sa_a =
0.0
sb_b =
0.00000000000000001382237584108520004859354256418
```

(3) 双精度数转换而得的"有理分数表达符号数"及精度

```
asr = sym(a)                % 把双精度数转换为有理分数表达符号数
bsr = sym(b)                % 同上,注意显示形式不同
sa_asr = vpa(sa - asr)
sb_bsr = vpa(sb - bsr)
asr =
1/3
bsr =
189209612611719/35184372088832
sa_asr =
0.0
sb_bsr =
0.00000000000000001382237584108520004859354256418
```

(4) 双精度数转换而得的"带误差估计的有理分数表达符号数"及精度

```
ase = sym(a,'e')            % 带误差估计的有理分数表达符号数
bse = sym(b,'e')            % 同上,注意显示形式的不同
sa_ase = vpa(sa - ase)
sb_bse = vpa(sb - bse)
ase =
1/3 - eps/12
bse =
189209612611719/35184372088832
sa_ase =
0.08333333333333333333333333333333333 * eps
sb_bse =
0.00000000000000001382237584108520004859354256418
```

(5) 双精度数转换而得的"两个二进制数的和表达符号数"及精度

```
asf = sym(a,'f')            % "二进制数和表达的符号数
bsf = sym(b,'f')            % 同上
sa_asf = vpa(sa - asf)
sb_bsf = vpa(sb - bsf)
asf =
6004799503160661/18014398509481984
bsf =
189209612611719/35184372088832
sa_asf =
0.00000000000000001850371707708594234039386113484
sb_bsf =
0.00000000000000001382237584108520004859354256418
```

(6) 双精度数转换而得的"32位十进制表达符号数"及精度

```
asd = sym(a,'d')            % 32位十进制表达的符号数
bsd = sym(b,'d')            % 同上
```

```
sa_asd = vpa(sa - asd)
sb_bsd = vpa(sb - bsd)
asd =
0.33333333333333331482961625624739
bsd =
5.37766063108958292104944412109256
sa_asd =
0.0000000000000000185037170770859433333333327037792
sb_bsd =
0.00000000000000001382237584108517911963845317316
```

（7）用 class 判断数据类型

```
class(sa)
ans =
sym


disp('a 的类别    asr 的类别    sa_a 的类别')
disp([class(a),blanks(4),class(asr),blanks(7),class(sa_a)])
a 的类别    asr 的类别    sa_a 的类别
double      sym          sym
```

【说明】
- 字符串数字经 sym 指令作用而产生的符号类数字，即产生于 sym('Num')的符号类数字，一定是准确的。参见本例第⟨2⟩⟨3⟩条指令。
- 总体而言，MATLAB 保存的双精度数字只保证 16 位有效数字，相对精度保证为 eps。但对于有理分数而言，尽管显示形式是近似的，但内存所保存的双精度数字却是完全准确的。参见本例第⟨5⟩⟨7⟩条指令及其相应的显示结果。
- 总体而言，不管双精度数采用何种格式转换为符号数字，这种符号数字也只具有 16 位有效数字。
- 若要保证符号运算在完全准确的情况下进行，就要避免在不经意间把"双精度环境下的数字、数值表达式"转换为符号数字。
- 提醒：由 vpa 产生的"任意位十进制数"是"符号数字"，尽管其外形有时与双精度数十分相似。

【例 5.2-2】 本例目的：揭露字符串数字在不同计算引擎中的不同表现；指令 format 的用法；double 与 str2double 的区别。

（1）定义三类数字

```
clear
format long              % 双精度长显示格式，小数点后 14 或 15 位有效数            ⟨2⟩
ad = 1/2 + 3^(2/3)       % 定义双精度数
astr = '1/2 + 3^(2/3)'   % 定义字符串数字
asym = sym(astr)         % 把串变成准确符号数字
ad =
    2.580083823051904
```

```
astr =
1/2 + 3^(2/3)
asym =
3^(2/3) + 1/2
```

(2) 三种数字类型的观察

```
disp('  ad      astr    asym')
disp([blanks(6),'    的数据类别 '])
disp([class(ad),blanks(3),class(astr),blanks(4),class(asym)])
   ad      astr    asym
        的数据类别
double   char    sym
```

(3) 双精度数字与符号数字的混合运算

```
asymPLUSad = asym + sym(0.1)      % 形式上的纯符号运算                        <9>
asymPLUSda2 = asym + 0.1          % 形式上的双精度和符合混合运算,结果与上同    <10>
asymPLUSad =
3^(2/3) + 3/5
asymPLUSda2 =
3^(2/3) + 3/5
```

(4) 字符串数字在 MuPAD 引擎中与符号数字进行混合运算时表现为"准确符号数字"

```
astr == asym              % 比较在符号引擎中进行,结果表明:串数字等同符号数字
ans =
    1
asym2 = asym + sym('0.1')      % 形式上的纯符号数字运算                      <12>
astr2 = asym + '0.1'           % 形式上的字符串与符号数混合运算,结果与上同    <13>
asym2 =
3^(2/3) + 0.6
astr2 =
3^(2/3) + 0.6
```

(5) 字符串数字在 MATLAB 引擎中与双精度数进行混合运算时表现为:ASCII 码值数组

```
get(0,'format')              % 获取当前双精度数字的显示格式                  <14>
format                       % 把双精度数显示格式设置回 MATLAB 默认格式       <15>
format compact               % 使显示结果格式比较紧凑                        <16>
disp('字符串 ''0.1'' 的 ASCII 码值数组 ')
disp(double('0.1'))          % 字符串的 ASCII 码值
ad                           % 显示双精度数字 ad
ans =
long
字符串 '0.1' 的 ASCII 码值数组
    48    46    49
ad =
```

```
        2.5801
```

```
ad3 = ad + double('0.1')        %形式上的纯双精度运算                    <20>
astr3 = ad + '0.1'              %形式上的字符串和双精度数混合运算,结果与上同   <21>
ad3 =
    50.5801    48.5801    51.5801
astr3 =
    50.5801    48.5801    51.5801
```

(6) 三种类型数字的混合运算

```
asym + sym(ad) + sym('0.1')     %形式上的纯符号运算结果                  <22>
asym_ad_str = asym + ad + '0.1' %形式上的三种类型数字混合运算,结果与上同   <23>
ans =
3^(2/3) + 3.1800838230519040905619476689026
asym_ad_str =
3^(2/3) + 3.1800838230519040905619476689026
```

(7) double 与 str2double 区别

```
da = double('a')         %给出字母 a 的 ASCII 码值
sda = str2double('a')    %不是串数字,因此将给出非数 NaN
d3 = double('3')         %给出串数字 3 的 ASCII 码值 51
sd3 = str2double('3')    %把串数字 3 转换成双精度数字 3
da =
    97
sda =
    NaN
d3 =
    51
sd3 =
    3
```

〖说明〗
- 三种类型数字混合运算时
  - 只要有符号数字存在,就执行符号运算。此时,双精度数字按 sym(Num) 格式转换为符号数;字符串数字按 sym('Num') 格式转换为准确符号数。
  - 在不存在符号数字的情况下,只要双精度数字存在,就执行双精度运算。
  - 特别注意 str2double 和 double 的区别。double('Num') 格式把字符串数字转换为字符串的 ASCII 码值。
- 为保证程序运行可靠,为增加程序的可读性,本书作者建议:尽量不用混合格式运算,而像本例的指令⟨9⟩⟨12⟩⟨20⟩⟨22⟩那样采用单一类型数字的表达式进行运算。
- 请读者注意本例指令⟨2⟩⟨14⟩⟨15⟩⟨16⟩关于 format 指令的使用说明。

3. 符号数字向双精度数字转换

MATLAB 的数值计算和可视化指令(如泛函指令 quad,绘图指令 plot)不接受符号数字,而只接受双精度等数值类数字。在此情况下,就必须采用以下指令进行数据类型转换。

double(Num_sym) 　　　　把符号数字 Num_sym 转换为双精度数字

〖说明〗
- 符号数字有时与双精度数字在外观上相似。此时可以借助 class 辨别数据类型。
- 提醒注意:指令格式 double('Num')将把字符串数字'Num'转换为字符的 ASCII 码值数组

【例 5.2-3】 double 指令的不同作用。

(1) 产生三种数字:双精度、符号、字符串数字

```
clear
format long                    % 双精度长显示格式,小数点后 14 或 15 位有效数
ad = 1/2 + sqrt(2)             % 定义双精度数
astr = '1/2 + sqrt(2)'         % 定义字符串数字
asym = sym(astr)               % 把串变成准确符号数字
ad =
    1.914213562373095
astr =
1/2 + sqrt(2)
asym =
2^(1/2) + 1/2
```

(2) double 作用于符号数字时产生双精度数

```
double_asym = double(asym)     % double 把符号数字变成双精度数
double_asym == ad              % 比较结果为 1,表明:与直接定义的双精度数 ad 相等
double_asym =
    1.914213562373095
ans =
     1
```

(3) double 作用于字符串数字时产生字符串的 ASCII 码值数组

```
format                         % 使显示采用 MATLAB 默认设置格式
format compact                 % 使显示结果格式比较紧凑
double(astr)                   % 字符串的 ASCII 码值
ad                             % 显示双精度数
ans =
    49    47    50    43   115   113   114   116    40    50    41
ad =
    1.9142
```

4. 符号数字的任意精度表达形式

数值计算与符号计算间的最重要区别在于:数值计算一定存在截断误差,且在计算过程中不断传播,而产生累积误差;符号计算,其运算过程是在完全准确情况下进行的,不产生累积误差。符号计算的这种准确性是以降低计算速度和增加内存需求为代价的。借助符号数、符号表达式等的"任意精度符号数表达"可把纯符号计算变为所谓的"变精度算法"。这种算法有两

大优点：一，兼顾计算精度和速度；二，使某些无法用"封闭解析式"表达的计算结果以简洁的"任意精度符号数"表达。

控制符号数字或表达式数值精度的指令如下：

digits　　　　　　　　显示当前环境下十进制符号数字的有效位数
digits(n)　　　　　　　把十进制符号数字有效位数设定为 n
xs=vpa(x)　　　　　　据表达式 x 得到 digits 指定精度下的符号数字 xs
xs=vpa(x,n)　　　　　据表达式 x 得到 n 位有效数字的符号数字 xs

〖说明〗
- 变精度函数 vpa(x)的运算精度受它之前运行的 digits(n)控制。MATLAB 对 digits 指令的默认精度设置是 32 位。
- vpa(x, n)只在运行的当时起作用。
- x 可以是符号对象、数值对象和字符串对象，但指令运作后所得结果 xs 一定是符号数字。
- 当 x 中包含数值对象时，即便设定 n 大于 16，即便显示的数位看起来超过 16 位，该被转换得到的 xs 的精度也不可能高于 16 位有效数字。

【例 5.2-4】　本例演示：digits 的用法及影响；vpa 指定符号数字有效位的影响和含义；符号计算引擎的重置指令 reset(symengine)。

(1) 重置符号计算引擎，产生准确符号数字

```
reset(symengine)                    %重新启动符号计算引擎              <1>
sa = sym('1/3 + sqrt(2)')           %定义准确符号数
sa =
2^(1/2) + 1/3
```

(2) 采用默认设置"变精度算法"的计算结果，及有效数位的含义

```
digits                              %观察当前"变精度算法"的有效数位    <3>
Digits = 32

format long
a = 1/3 + sqrt(2)                   %定义双精度数
sa_Plus_a = vpa(sa+a,20)            %给出 20 位有效数字结果             <6>
sa_Minus_a = vpa(sa-a,20)           %指定 20 位有效数字,但显示出 36 位数字,  <7>
a =                                 %因为小数点后的 16 个 0 不是有效位
   1.747546895706428
sa_Plus_a =
3.4950937914128567869
sa_Minus_a =
 -0.00000000000000002265806482633997366 9
```

(3) digits 设置"数位"和 vpa 中指定"数位"的不同影响

```
sa32 = vpa(sa)                      %                                  <8>
digits(48)                          %把其后的"变精度运算"设置为 48 位有效数字  <9>
sa5 = vpa(sa,5)                     %该设定仅影响 sa5 数位,对其后无影响  <10>
sa48 = vpa(sa)                      %仍产生由 48 位有效数字的十进制符号数  <11>
```

```
sa32 =
1.74754689570642838213502205754 3
sa5 =
1.7475
sa48 =
1.747546895706428382135022057543031411903005 20871
```

(4) 避免进行符号数字的"比较"运算

```
a
b = a + 1/10^12                    % b 的前 12 位数字与 a 相同
a =
    1.747546895706428
b =
    1.747546895707429


a5 = vpa(a,5),b5 = vpa(b,5)        % 分别取 a,b 的前 5 位              <14>
a5 =
1.7475
b5 =
1.7475


a5 == b5                           % 2 个符号数字看起来相同,但比较结果却表明"不等"    <15>
ans =
     0
```

【说明】
- 指令⟨1⟩的作用是重置符号计算引擎,可彻底消除所有关于符号变量已作假设的影响。
- 指令⟨6⟩⟨7⟩的运行结果有利于理解 digits 和 vpa 所指定的有效数字位数的含义。
- 本例中指令⟨3⟩和指令⟨6⟩～⟨11⟩对 digits 和 vpa 进行了交叉设置,以表现它们各自对有效数位的不同影响。
- 由 vpa 产生的数字应尽量避免进行诸如"=="的比较运算。在本例中,指令⟨14⟩给出的两个结果 a5 和 b5 从数字上看完全相同,但"相等比较"运算却给出"两者不等"的结论。

5.2.2 符号表达式的简化操作

MATLAB 为适应符号计算、结果显示的不同需要,提供了对表达式进行诸如分解、展开、合并同类项等不同操作的指令。具体见表 5.2-2。

表 5.2-2 符号表达式的简化操作指令

指令格式	作 用	算 例
coeffs(EX) coeffs(EX,ex)	获取多项式 EX 关于变量的系数数组; 从 EX 中关于表达式 ex 的系数数组	例 5.2-5
collect(EX,ex)	对 EX 中的指定因子 ex 进行同类项合并	例 5.2-5

续表 5.2-2

指令格式	作用	算例
expand(EX)	函数或多项式 EX 的展开	例 5.2-5, 5.7-1, 5.7-2
factor(EX)	对 EX 进行因式或因子分解	例 5.2-5
horner(EX)	对 EX 进行嵌套式分解	例 5.2-5
[Num, Den]=numden(EX)	获取 EX 的分子和分母	例 5.2-5, 5.7-2
simplify(EX)	利用恒等式对 EX 进行简化	例 5.5-2, 5.8-3
simple(EX)	获 EX 的最短表达形式	例 5.2-5, 5.3-8, 5.3-10, 5.5-1, 5.5-2, 5.5-3, 5.5-5, 5.5-7, 5.7-2, 5.7-3

〖说明〗

EX 可以是符号表达式或矩阵。在 EX 是矩阵的情况下,这些指令将对该矩阵的元素逐个进行操作。

【例 5.2-5】 各种简化指令的使用示例。

（1）定义基本符号变量

```
syms x y
```

（2）多项式系数、嵌套式分解

```
p = x^4 - 6*x^3 + 6*x^2 - 6*x + 5;
cp = coeffs(p)           % 获取符号多项式各项的系数;系数以升幂项排列
hp = horner(p)           % 嵌套式分解
sp = simple(p)           % 最短表达式
cp =
[ 5, -6, 6, -6, 1]
hp =
x*(x*(x*(x - 6) + 6) - 6) + 5
sp =
(x^2 + 1)*(x - 1)*(x - 5)
```

（3）因式分解

```
q = x^4 - 2*x^3 - 16*x^2 + 2*x + 15;
pq = p/q                 % 有理分式
fpq = factor(pq)         % 有理分式的因式分解
pq =
(x^4 - 6*x^3 + 6*x^2 - 6*x + 5)/(x^4 - 2*x^3 - 16*x^2 + 2*x + 15)
fpq =
(x^2 + 1)/((x + 3)*(x + 1))
```

（4）数的质数分解

```
np = factor(3366438)     % 质数因子分解
prod(np)                 % 结果检验
np =
```

```
                    2          3          131         4283
ans =
    3366438
```

(5) 有理分式展开

```
f = (x - 3) * (x - 2)/((x - 7) * (x - 5))
[Num,Den] = numden(f)              % 获得分式的分子和分母
ef = expand(f)                     % 第一次展开
eef = expand(ef)                   % 第二次展开
f =
((x - 2)*(x - 3))/((x - 5)*(x - 7))
Num =
(x - 2)*(x - 3)
Den =
(x - 5)*(x - 7)
ef =
(x^2 - 5*x + 6)/(x^2 - 12*x + 35)
eef =
6/(x^2 - 12*x + 35) - (5*x)/(x^2 - 12*x + 35) + x^2/(x^2 - 12*x + 35)
```

(6) 三角函数简化

```
trif = (tan(x) + tan(y))/(tan(x) * tan(y) - 1)
strif = simple(trif)               % 获最短表达式
trif =
(tan(x) + tan(y))/(tan(x)*tan(y) - 1)
strif =
-tan(x + y)
```

(7) 同类项合并

```
s = exp( - x) * x * y + exp(x) * y + exp( - x) * x^2 + x * y * sin(y)
csx = collect(s)                   % 合并 x 因子同类项
csy = collect(s,y)                 % 合并 y 因子同类项
csexp = collect(s,exp( - x))       % 合并 1/exp(x)因子同类项
s =
x^2/exp(x) + y*exp(x) + x*y*sin(y) + (x*y)/exp(x)
csx =
x^2/exp(x) + (y/exp(x) + y*sin(y))*x + y*exp(x)
csy =
(exp(x) + x/exp(x) + x*sin(y))*y + x^2/exp(x)
csexp =
(x^2 + y*x)/exp(x) + y*exp(x) + x*y*sin(y)
```

(8) 简化指令对符号表达式数组的作用

```
A = [3/2,(x^2+3)/(2*x-1) + 3*x/(x-1);4/x^2 + 3/x,(x^2-3*x+4)]
fA = factor(A)
[NA,DA] = numden(fA)     % numden 对数组元素表达式分别作用
```

```
B = NA./DA            % 结果应与 fA 相同,以检验 numden 作用。注意:NA/DA 则完全不同
A =
[           3/2, (3*x)/(x - 1) + (x^2 + 3)/(2*x - 1)]
[ 3/x + 4/x^2,                          x^2 - 3*x + 4]
fA =
[        3*2^(-1), (x^3 + 5*x^2 - 3)/((2*x - 1)*(x - 1))]
[ (3*x + 4)/x^2,                          x^2 - 3*x + 4]
NA =
[           3, x^3 + 5*x^2 - 3]
[ 3*x + 4,    x^2 - 3*x + 4]
DA =
[   2, (2*x - 1)*(x - 1)]
[ x^2,                 1]
B =
[           3/2, (x^3 + 5*x^2 - 3)/((2*x - 1)*(x - 1))]
[ (3*x + 4)/x^2,                          x^2 - 3*x + 4]
```

5.2.3 表达式中的置换操作

1. 公因子法简化表达

符号计算结果显得繁冗的一个重要原因是:有些子表达式会多次出现在不同地方。为了使表达式简洁易读,MATLAB 提供了如下指令。

RS=subexpr(S) 从 S 中自动提取公因子 sigma,并把采用 sigma 重写的 S 赋给 RS

RS=subexpr(S,'w') 从 S 中自动提取公因子,记它为 w,并把采用 w 重写的 S 赋给 RS

[RS,w]=subexpr(S,'w') 该调用格式的效果与 RS=subexpr(S,'w')相同。

〖说明〗

S 可以是符号表达式,也可以是符号表达式矩阵。当 S 是符号表达式矩阵时,subexpr 所提取的公因子是对整个符号矩阵而言的,而不是对矩阵中一个个元素表达式给出的。

【例 5.2-6】 对符号矩阵 $A=\begin{bmatrix}a & b \\ c & d\end{bmatrix}$ 进行特征向量分解。本例演示:复杂符号矩阵的公因子法简化表达;指令 subexpr 的正确使用格式。

(1) 符号矩阵的特征值和特征向量分解

```
clear                   % 清空所有内存变量
A = sym('[a b;c d]')    % 经字符串直接定义符号矩阵
[V,D] = eig(A)          % 符号矩阵的特征值、特征向量分解
A =
[ a, b]
[ c, d]
V =
[ (a/2 + d/2 - (a^2 - 2*a*d + d^2 + 4*b*c)^(1/2)/2)/c - d/c, (a/2 + d/2 + (a^2 - 2*a
```

```
              *d + d^2 + 4*b*c)^(1/2)/2)/c - d/c]
  [                                  1,                                   1]
D =
  [a/2 + d/2 - (a^2 - 2*a*d + d^2 + 4*b*c)^(1/2)/2,                        0]
  [                       0, a/2 + d/2 + (a^2 - 2*a*d + d^2 + 4*b*c)^(1/2)/2]
```

（2）表达式中公因式的自动识别

```
subexpr([V;D])      % 由 subexpr 的最简单调用格式，可得到公因式                     <4>
who                 % 由此指令结果可知：subexpr([V;D])运行后产生 sigma 和 ans
sigma =
(a^2 - 2*a*d + d^2 + 4*b*c)^(1/2)
ans =
[ (a/2 + d/2 - sigma/2)/c - d/c, (a/2 + d/2 + sigma/2)/c - d/c]
[                   1,                                       1]
[       a/2 + d/2 - sigma/2,                                  0]
[                   0,                       a/2 + d/2 + sigma/2]


Your variables are：

A       D       V       ans     sigma
```

（3）对 D 进行简化，而"自动提取的公因式"的名称是指定的

```
Dw = subexpr(D,'w')    % 把自动提取的公因式记为 w，而 Dw 是用 w 重记 D 后的表达
w =
(a^2 - 2*a*d + d^2 + 4*b*c)^(1/2)
Dw =
[ a/2 + d/2 - w/2,           0]
[          0, a/2 + d/2 + w/2]
```

（4）对 V，D 同时简化，而"自动提取的公因式"的名称是指定的

```
[RVD,w] = simple(subexpr([V;D],'w'));   % 给出合成矩阵[V;D]的替换表达；自动显示公因式 w   <7>
RVD
w =
(a^2 - 2*a*d + d^2 + 4*b*c)^(1/2)
RVD =
[ -(d - a + w)/(2*c), (a - d + w)/(2*c)]
[            1,                     1]
[    a/2 + d/2 - w/2,                 0]
[            0,        a/2 + d/2 + w/2]
```

【说明】

- 在 subexpr 指令的所有调用格式中，公因式是自动寻找而不能指定的。
- 由于指令〈4〉和指令〈7〉中被重写的是[V;D]，因此所得的重写结果 ans 及 RVD 需要正确阅读：重写结果 ans 或 RVD 的上 2 行子阵是特征向量阵；下 2 行是特征值阵。

2. 通用置换指令

RES＝subs(ES,old,new)　　用 new 置换 ES 中的 old 后产生 RES
RES＝subs(ES,new)　　　　用 new 置换 ES 中的自由变量后产生 RES

〖说明〗
- ES 可以是符号表达式、符号数组，old 可以是表达式、变量或变量胞元数组，new 可以是变量、数字或胞元数组等。
- subs 指令的输出结果的属性取决于 new 的属性。只要 ES 中有符号对象没被置换，所得结果就保持"符号类型"不变。

【例 5.2－7】　本例目的：用简单算例演示 subs 的各种置换方式；演示符号计算与数值计算之间的一种转换途径。

（1）产生符号函数
```
clear
syms a b x;
f = a * sin(x) + b
f =
b + a * sin(x)
```

（2）符号表达式置换，得到新的符号表达式
```
f1 = subs(f,sin(x),'log(y)')      % subs 的第三输入量可以是"字符串"           <4>
class(f1)                         % 为观察结果的类型而设
f1 =
b + a * log(y)
ans =
sym
```

（3）单个变量被双精度数字置换，结果依然是符号对象
```
f2 = subs(f,a,3.11)               % 双精度数字 3.11 先被 sym(3.11)处理后再代入
class(f2)                         % 为观察结果的类型
f2 =
b + (311 * sin(x))/100
ans =
sym
f2 =
b + (311 * sin(x))/100
ans =
sym
```

（4）所有变量被数字（至少含一个符号数字）置换，结果依然是符号对象
```
f3 = subs(f,{a,b,x},{2,5,sym('pi/3')})     % 注意胞元数组的用法               <8>
class(f3)
f3 =
3^(1/2) + 5
```

ans =
sym

（5）所有变量被双精度数值置换，结果是双精度数字

```
format                            % 为恢复对双精度数字显示的默认设置
format compact                    % 为使在 Notebook 中显示紧凑
f4 = subs(f,{a,b,x},{2,5,pi/3})   % 注意胞元数组的用法              <12>
class(f4)
```

f4 =

  6.7321

ans =

double

（6）一个变量被双精度数组置换，得到符号数组

```
f5 = subs(f,x,{0:pi/2:pi})
class(f5)
```

f5 =

[b, a + b, (4967757600021511 * a)/4056481920730333408478945025720032 + b]

ans =

sym

（7）所有变量被双精度数（其中一个是数组）置换，得到双精度数组，生成如图 5.2-2 所示单根曲线

```
t = 0:pi/10:2 * pi;
f6 = subs(f,{a,b,x},{2,3,t})      % 注意胞元数组的用法              <17>
plot(t,f6)
```

f6 =

 Columns 1 through 7

  3.0000 3.6180 4.1756 4.6180 4.9021 5.0000 4.9021

 Columns 8 through 14

  4.6180 4.1756 3.6180 3.0000 2.3820 1.8244 1.3820

 Columns 15 through 21

  1.0979 1.0000 1.0979 1.3820 1.8244 2.3820 3.0000

（8）通过两次置换获得双精度数组，如图 5.2-3 所示产生多根曲线

```
k = (0.5:0.1:1)';
f6 = subs(subs(f,{a,b},{k,2}),x,t);   % 注意两次置换                <20>
size(f6)                               % 观察 f6 数组大小
plot(t,f6)
```

ans =

  6 21

〖说明〗

 ● 指令 subs(ES,old,new) 中的 old 可以取：串表达式（见指令〈4〉）；符号变量（见指令

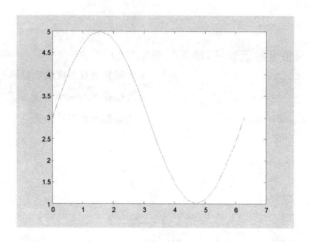

图 5.2-2　利用符号表达式变量置换产生的单根曲线

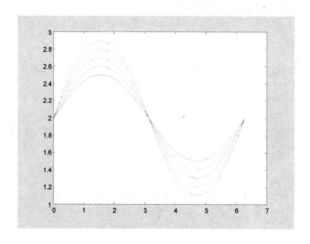

图 5.2-3　利用两次 subs 置换产生的多根曲线

〈8〉);胞元数组(见指令〈8〉〈12〉〈17〉〈20〉中花括号的使用)。关于胞元数组,详见第 3.3 节。

- 值得指出:指令〈17〉〈20〉演示了 subs 指令在符号表达式向双精度数值计算转换中的功用。

【例 5.2-8】　借助 subs,对符号矩阵 $A = \begin{bmatrix} a & b \\ c & d \end{bmatrix}$ 特征值、特征相量进行简化。本例演示:subs 和 subexpr 两条指令的不同功用。

(1) 符号矩阵的特征值和特征向量中的公因子获取

```
clear                         %清空所有内存变量
A = sym('[a b;c d]');         %经字符串直接定义符号矩阵
[V,D] = eig(A);               %符号矩阵的特征值、特征向量分解
subexpr([V;D]);               %该格式只显示公因子                          〈4〉
sigma =
(a^2 - 2*a*d + d^2 + 4*b*c)^(1/2)
```

(2) 利用指定公因子简化

```
Q = sigma^2;                        % 特别定义的一个公因子
VDq = simple(subs([V;D],Q,'Q'));    % 把[V;D]符号中的 Q 公因子用字符 'Q' 代替      <6>
Vq = VDq(1:size(V,1),:)             % 取出替换后的特征向量阵 Vq                  <7>
Dq = VDq(size(V,1)+1:end,:)         % 取出替换后的特征值阵 Dq
Vq =
[ -(d - a + Q^(1/2))/(2*c), (a - d + Q^(1/2))/(2*c)]
[                        1,                       1]
Dq =
[ a/2 + d/2 - Q^(1/2)/2,                         0]
[                     0,     a/2 + d/2 + Q^(1/2)/2]
```

〖说明〗
- 本例是本书作者为展示 subs 置换功能而特别设计的。本例的置换不能借助 subexpr 实现。
- 指令〈4〉后的"分号"抑制了[V;D]置换后的表达式，但公因子依旧显示。
- 注意第〈6〉条指令中第 2、第 3 输入量的写法，以及该指令后的注释。
- 显示 Vq,Dq 有许多方法,本例指令〈7〉〈8〉形式只是出于演示目的而采用的一种方法。

5.3 符号微积分

可以毫不夸张地说，大学本科高等数学中的大多数微积分问题，都能用符号计算解决，手工笔算演绎的烦劳可以由计算机完成。

5.3.1 极限和导数的符号计算

limit(f,x,a)	求极限 $\lim\limits_{x \to a} f(x)$
limit(f,x,a,'right')	求右极限 $\lim\limits_{x \to a^+} f(x)$
limit(f,x,a,'left')	求左极限 $\lim\limits_{x \to a^-} f(x)$
dfdvn = diff(f,x,n)	求 $\dfrac{d^n f(x)}{dx^n}$
fjac = jacobian(f,v)	求向量多元函数 $f(v)$ 的 Jacobian 矩阵
r = taylor(f,n,x,a)	标量多元函数 $f(x)$ 在 $x=a$ 处展开为 $\sum\limits_{k=0}^{n-1} \dfrac{f^{(k)}(a)}{k!}(x-a)^k$

〖说明〗
- f 是矩阵时,求极限和求导操作对元素逐个进行,但自变量定义在整个矩阵上。
- x 省缺时,自变量会自动由 symvar 确认；n 省缺时,默认 n=1。
- 注意：在数值计算中,指令 diff 是用来求差分的。
- 在 jacobian(f,v) 指令中,v 由函数 f 的所有自变量构成,且以列（或行）向量形式出现。
- 向量多元函数 $f(x):R^m \to R^n$ 在 x_0 的线性近似展开可记为
$$f(x) \approx f(x_0) + J(x_0)(x - x_0)$$

式中，$f(x) = \begin{bmatrix} f_1(x) \\ \vdots \\ f_n(x) \end{bmatrix}$, $x = [x_1, \cdots, x_m]$; $J(x) = \begin{bmatrix} \dfrac{\partial f_1}{\partial x_1} & \cdots & \dfrac{\partial f_1}{\partial x_m} \\ \vdots & & \vdots \\ \dfrac{\partial f_n}{\partial x_1} & \cdots & \dfrac{\partial f_n}{\partial x_m} \end{bmatrix}$，称为 Jacobian 矩阵。

【例 5.3-1】 两种重要极限 $\lim\limits_{t \to 0} \dfrac{\sin kt}{kt}$ 和 $\lim\limits_{x \to \infty} \left(1 - \dfrac{1}{x}\right)^{kx}$。本例演示：求极限指令的使用；subs，vpa 的配合使用。

```
syms t x k
s = sin(k*t)/(k*t);
f = (1-1/x)^(k*x);
Lsk = limit(s,0)                        %机器确定自由变量 t 趋于 0 时函数 s 的极限
Ls1 = subs(Lsk,k,1)                     %给出 Sa(t)|t=0 的值
Lf = limit(f,x,inf)                     %指定自由变量 x 趋于"正无穷"时 f 函数的极限
Lf1 = vpa(subs(Lf,k,sym('-1')),48)      %给出 48 位精度的自然数
Lsk =
1
Ls1 =
     1
Lf =
1/exp(k)
Lf1 =
2.71828182845904523536028747135266249775572470937
```

〖说明〗

- 在数学上，$\sin c_\pi = \dfrac{\sin \pi x}{\pi x}$ 是著名的归一化 Sinc 函数。$\mathrm{sinc}_\pi(t-k)$ 可在 $L^2(R)$ 函数空间中构成带限函数的正交基，因此在数字信号处理和通信理论中常见此函数。
- 在数学上，$\mathrm{sinc}(x) = \dfrac{\sin x}{x}$ 称为"非归一化 Sinc 函数"。而它在"信号与系统"等教科书中，又常记为 $Sa(t) \hat{=} \dfrac{\sin t}{t}$，称为抽样函数。

【例 5.3-2】 对 $f = \begin{bmatrix} a & t^3 \\ t\cos x & \ln x \end{bmatrix}$ 求 $\dfrac{\mathrm{d}f}{\mathrm{d}x}, \dfrac{\mathrm{d}^2 f}{\mathrm{d}t^2}, \dfrac{\mathrm{d}^2 f}{\mathrm{d}t \mathrm{d}x}$。本例演示：求导运算是对矩阵元素逐个进行的；求一阶导数、高阶导数、混合导数。

```
syms a t x;
f = [a,t^3;t*cos(x), log(x)];
df = diff(f)                        %求矩阵 f 对 x 的导数
dfdt2 = diff(f,t,2)                 %求矩阵 f 对 t 的二阶导数
dfdxdt = diff(diff(f,x),t)          %求二阶混合导数
df =
[      0,   0]
```

```
[ -t*sin(x), 1/x]
dfdt2 =
[ 0, 6*t]
[ 0,   0]
dfdxdt =
[       0, 0]
[ -sin(x), 0]
```

【例 5.3-3】 求 $f(x_1,x_2)=\begin{bmatrix} x_1\mathrm{e}^{x_2} \\ x_2 \\ \cos(x_1)\sin(x_2) \end{bmatrix}$ 的 Jacobian 矩阵 $\begin{bmatrix} \dfrac{\partial f_1}{\partial x1} & \dfrac{\partial f_1}{\partial x_2} \\ \dfrac{\partial f_2}{\partial x1} & \dfrac{\partial f_f}{\partial x_2} \\ \dfrac{\partial f_3}{\partial x1} & \dfrac{\partial f_3}{\partial x_2} \end{bmatrix}$。本例演示：jacobian 指令的用法。

```
syms x1 x2;
f = [x1*exp(x2);x2;cos(x1)*sin(x2)];   %(3*1)向量函数
v = [x1;x2];                           %(2*1)自变量,即便写成 v=[x1,x2],结果也一样
                                                                        <3>
Jf = jacobian(f,v)                     %(3*2)的 Jacobian 矩阵
Jf =
[           exp(x2),      x1*exp(x2)]
[                 0,               1]
[ -sin(x1)*sin(x2), cos(x1)*cos(x2)]
```

〖说明〗
- 指令〈3〉把自变量 x1 和 x2 写成列向量 v。若写成 v=[x1,x2]，所得 Jacobian 矩阵也完全一样。

【例 5.3-4】 $f(x)=\sin|x|$，求 $f'_x(0), f'_x(x)$。本例演示：(A)在理论层面上：对问题本身的分析；导数的极限定义；区间端点处的导数。(B)在符号计算层面上：subs 的变量置换用法；limit 的左极限、右极限用法；diff, legend, char 的用法。(C)数值绘图指令如何用符号计算结果绘制曲线。观察 $f(x)$ 可知：除 $x=0$ 处存疑外，$f(x)$ 是处处光滑可导的。

(1) 对于 $x\geqslant 0$，据导数定义求右导数

```
clear
syms x
syms d positive
f_p = sin(x);                                      %据 x≥0,由 sin|x|改写而成
df_p = limit((subs(f_p,x,x+d)-f_p)/d,d,0)          %求 x>0 区间的导数          <5>
df_p0 = limit((subs(f_p,x,d)-subs(f_p,x,0))/d,d,0) %x=0⁺ 的右导数              <6>
df_p =
cos(x)
df_p0 =
1
```

(2) 对于 $x\leqslant 0$，据导数定义求左导数

```
f_n = sin(-x);                                          % 据 x≤0,由 sin|x|改写而成
df_n = limit((f_n - subs(f_n,x,x-d))/d,d,0)             % 求 x<0 区间的导数          <8>
df_n0 = limit((subs(f_n,x,0) - subs(f_n,x,-d))/d,d,0)   % x = 0⁻ 的左导数            <9>
df_n =
-cos(x)
df_n0 =
-1
```

(3) 直接利用 diff 求导数

```
f = sin(abs(x));
dfdx = diff(f,x)                                        %                            <11>
dfdx0 = subs(dfdx,x,0)                                  % x = 0 处给出错误的导数值   <12>
dfdx =
cos(abs(x)) * sign(x)
dfdx0 =
    0
```

(4) 图形观察(如图 5.3 - 1 所示)

```
xn = -3/2*pi:pi/50:0;xp = 0:pi/50:3/2*pi;xnp = [xn,xp(2:end)];
hold on
plot(xnp,subs(f,x,xnp),'k','LineWidth',3)                                  %   <14>
plot(xn,subs(df_n,x,xn),'--r','LineWidth',3)
plot(xp,subs(df_p,x,xp),':r','LineWidth',3)
legend(char(f),char(df_n),char(df_p),'Location','NorthEast')               %   <17>
grid on
xlabel('x')
hold off
```

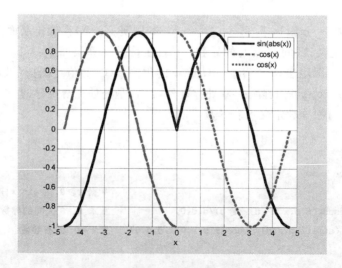

图 5.3 - 1 函数及其导函数

【说明】

● 通过分区间求左右导数,可知导函数是处处光滑可导的。具体的导函数如下

第 5 章 符号计算

$$f'_x = \begin{cases} \cos x & x > 0 \\ -\cos x & x < 0 \end{cases} \quad \text{或写为} \quad f'_x = sign(x) \cdot \cos x \quad x \neq 0$$

- 注意：指令⟨11⟩直接求导，给出了 $f'_x = sign(x) \cdot \cos x$ 结果，而没有指明该式的成立条件，这是软件设计缺陷。
- 指令⟨5⟩⟨6⟩⟨8⟩⟨9⟩⟨14⟩⟨15⟩⟨16⟩演示了 subs 的三种典型用法：表达式置换；数值标量置换；数值数组置换。
- 指令⟨17⟩中，使用了 char 指令把符号对象转变成字符串，这是 legend 指令所要求的。

【例 5.3-5】 设 $\cos(x+\sin y)=\sin y$，求 $\dfrac{dy}{dx}$。本例演示：如何实现隐函数求导。

(1) 对方程（即隐函数）求导

```
clear
syms x
g = sym('cos(x + sin(y(x))) = sin(y(x))')                    %    <3>
dgdx = diff(g,x)                      % 对方程求导              <4>
g =
cos(x + sin(y(x))) = sin(y(x))
dgdx =
-sin(x + sin(y(x)))*(cos(y(x))*diff(y(x), x) + 1) = cos(y(x))*diff(y(x), x)
```

(2) 用符合规则的新变量名 dydx 替代 dgdx 中的 diff(y(x),x)

```
dgdx1 = subs(dgdx,'diff(y(x),x)','dydx')    % 必须采取的步骤      <5>
dgdx1 =
-sin(x + sin(y(x)))*(dydx*cos(y(x)) + 1) = dydx*cos(y(x))
```

(3) 对变量 dgdx1 代表的符号方程关于 dydx 的求解，使 $\dfrac{dy}{dx}$ 通过 x, y 表达出来

```
dydx = solve(dgdx1,'dydx')
dydx =
-sin(x + sin(y(x)))/(cos(y(x)) + cos(y(x))*sin(x + sin(y(x))))
```

〖说明〗

- 指令⟨3⟩中的 y 必须写成 y(x)，表明 y 是 x 的函数。
- 指令⟨5⟩把 dgdx 变量所包含的 diff(y(x),x) 字符串替换为 dydx，这是必须的步骤，因为 diff(y(x),x) 不能作为求解的变量名使用。

【例 5.3-6】 求 $f(x)=xe^x$ 在 $x=0$ 处展开的 8 阶 Maclaurin 级数。本例演示：一元函数的 Taylor 级数展开。

(1) 用符号工具包提供的 taylor 指令解算

```
syms x
r = taylor(x*exp(x),9,x,0)            % 忽略 9 阶及 9 阶以上小量的展开   <2>
pretty(r)                             % 展开多项式的易读格式
r =
x^8/5040 + x^7/720 + x^6/120 + x^5/24 + x^4/6 + x^3/2 + x^2 + x
```

$$\frac{x^8}{5040} + \frac{x^7}{720} + \frac{x^6}{120} + \frac{x^5}{24} + \frac{x^4}{6} + \frac{x^3}{2} + x^2 + x$$

(2) 直接调用 MuPAD 引擎解算

```
R = evalin(symengine,'series(x*exp(x),x=0,8)')                          %  <4>
pretty(R)                          % 展开多项式的易读格式
R =
x + x^2 + x^3/2 + x^4/6 + x^5/24 + x^6/120 + x^7/720 + x^8/5040 + O(x^9)
```

$$x + x^2 + \frac{x^3}{2} + \frac{x^4}{6} + \frac{x^5}{24} + \frac{x^6}{120} + \frac{x^7}{720} + \frac{x^8}{5040} + O(x^9)$$

〖说明〗
- 本例列出 Taylor 级数展开的两个不同指令。关于指令〈4〉使用方法的更详细说明和多变量函数的 Taylor 展开，请看第 5.8.4 节。
- pretty 指令把"通常在一个物理行里显示的表达式"扩展成"用多个物理行显示的表达式"。为的是便于阅读。

5.3.2 序列/级数的符号求和

对于数学上用通式表达的级数（Series）求和问题，即 $\sum_{v=a}^{b} f(v)$，可用 MATLAB 的求和指令解决。具体如下：

  s=symsum(f,v,a,b)   求通式 f 在指定变量 v 取遍[a,b]中所有整数时的和。

〖说明〗
- f 是矩阵时，求和对元素逐个进行，但自变量定义在整个矩阵上。
- v 省缺时，f 中的自变量由 symvar 自动辨认；b 可以取有限整数，也可以取无穷大。
- a，b 可同时省缺，此时默认求和的自变量区间为 [0,v−1]。

【例 5.3-7】 求 $\sum_{k=1}^{n} \frac{1}{k(k+1)}$，$\sum_{k=1}^{\infty} \frac{x^{2k-1}}{2k-1}$，$\sum_{k=1}^{\infty} \left[\frac{1}{(2k-1)^2}, \frac{(-1)^k}{k} \right]$。本例演示：symsum 的用法。

(1) 有限项级数之和
```
syms n k
f1 = 1/(k*(k+1));
s1 = simple(symsum(f1,k,1,n))
s1 =
n/(n + 1)
```

(2) 无限项级数之和
```
f2 = x^(2*k-1)/(2*k-1);
s2 = symsum(f2,k,1,inf)
s2 =
```

piecewise([abs(x) < 1, atanh(x)])

(3) 符号通式数组求级数和

```
f3 = [1/(2*k-1)^2,(-1)^k/k];
s3 = symsum(f3,k,1,inf)
s3 =
[ pi^2/8, -log(2)]
```

〖说明〗
- 通式中的自变量只取整数值。
- 求和指令中的 f 可以是符号数组,此时求和操作将对数组中的"元素通式"逐个进行。但通式数组的自变量及其取值区间对各"元素通式"是相同的。

5.3.3 符号积分

积分 $F(x) = \int f(x)\mathrm{d}x$,就是要找 $f(x)$ 的原函数(Antiderivative)$F(x)$,使 $\dfrac{\mathrm{d}F(x)}{\mathrm{d}x} = f(x)$。一般说来,无论哪种积分(不定积分、定积分等)都比微分更难求取。

与数值积分相比,符号积分的优点是:指令简单,适应性强。缺点是:计算用时可能很长,给出的符号积分结果可能是冗长而生疏的"闭"符号表达式,甚至完全不能给出"封闭"解。

在相当多的情况下,当参数积分限用具体数值替代时,符号积分将能给出具有"任意精度"的定积分值。

求积分指令的具体使用格式如下:

intf = int(f,v)   给出 f 对指定变量 v 的(不带积分常数的)不定积分
intf = int(f,v,a,b)   给出 f 对指定变量 v 的定积分。

〖说明〗
- 与 symsum,diff 指令一样,当 f 是矩阵时,积分将对元素逐个进行。
- v 省缺时,积分对 symvar 确认的变量进行。
- a,b 分别是积分的下、上限,允许它们取任何值或符号表达式。

【例 5.3-8】 本例演示:符号积分指令的使用;对符号积分的理解;符号参数的限定假设的影响;Beta 函数和 Gamma 函数。

(1) 求不定积分 $\int (x\ln x)\mathrm{d}x$

```
clear
syms a b x
f1 = x*log(x)
s1 = int(f1,x)
s1 = simple(s1)              % 对积分结果简化                              <5>
f1 =
x*log(x)
s1 =
(x^2*(log(x) - 1/2))/2
s1 =
x^2*log(x)/2 - 1/4
```

(2) 求数组不定积分 $\int \begin{bmatrix} ax & bx^2 \\ \dfrac{1}{x} & \sin x \end{bmatrix} \cdot \mathrm{d}x$

```
f2 = [a*x,b*x^2;1/x,sin(x)]
disp(' ')
disp('The integral of f is')
pretty(int(f2))
f2 =
[ a*x,   b*x^2]
[ 1/x,   sin(x)]


The integral of f is

   +-            -+
   |    2      3  |
   |  a x     b x |
   |  ----,   ----|
   |   2       3  |
   |              |
   | log(x), -cos(x)|
   +-            -+
```

(3) 求定积分 $\int_0^1 (\ln x)\ln(1-x)\,\mathrm{d}x$

```
f3 = log(x)*log(1-x);
s3 = int(f3,x,0,1)
s3 =
2 - pi^2/6
```

(4) 符号定积分 $\int_0^{\pi/2} \sin^n(x)\,\mathrm{d}x$ 中的参数 n 的限定假设

```
syms x n                        %对n没做限定
f41 = sin(x)^n;
s41 = int(f41,x,0,pi/2)         %给出的结果是分段函数,比较复杂!           <4>
Warning: Explicit integral could not be found.
s41 =
piecewise([-1 < Re(n), beta(1/2, n/2 + 1/2)/2], [Re(n) <= -1, int(x^n/(1 - x^2)^(1/2), x = 0..1)])


syms n positive                 %限定n取正值                          <15>
f42 = sin(x)^n;
s42 = int(f42,x,0,pi/2)         %给出比较生疏的封闭解                  <17>
s42 =
beta(1/2, n/2 + 1/2)/2
```

```
s42n4 = subs(s42,n,'4')           % 当 n = 4 时的定积分值                    <18>
s42n4vpa = vpa(s42n4)
s42n4 =
(3 * pi)/16
s42n4vpa =
0.58904862254808623221174563436490679078696926238
```

(5) n=4,根据 Beta 函数定义计算指令⟨17⟩所给符号表达式,以作验证比较

```
format long
g1 = gamma(0.5)              % Γ(1/2)
g2 = gamma(2.5)              % Γ(2 + 1/2)
g3 = gamma(0.5 + 2.5)        % Γ(1/2 + (2 + 1/2))
s4_nn = g1 * g2/g3/2
g1 =
   1.772453850905516
g2 =
   1.329340388179137
g3 =
     2
s4_nn =
   0.589048622548086
```

〖说明〗
- 本例(1)~(3)积分的结果比较容易理解。
- 第(4)个积分结果的理解需要较多的数学积累。对于符号积分来说,类似这样的情况并不罕见。
- 由指令⟨17⟩运行结果知:当令 $n>0$ 时,
$$\int_0^{\pi/2} \sin^n(x) dx = \frac{1}{2} \cdot B\left(\frac{1}{2}, \frac{n+1}{2}\right) \qquad n>0$$
在此,$B(\cdot,\cdot)$ 是 Beta 函数,其数学定义是
$$B(a,b) = \int_0^1 t^{a-1}(1-t)^{b-1} dt = \frac{\Gamma(a)\Gamma(b)}{\Gamma(a+b)}$$
式中 $\Gamma(a) = \int_0^\infty e^{-t} t^{a-1} dt$,又称为 Gamma 函数。
- 关于 Gamma 函数 $\Gamma(z) = \int_0^\infty e^{-t} t^{a-1} dt$ 的说明:当 a 为正整数$(n+1)$ 时:
$$\Gamma(n+1) = n! = \prod_{k=1}^n k$$

【例 5.3-9】 求三重积分 $\int_1^2 \int_{\sqrt{x}}^{x^2} \int_{\sqrt{xy}}^{x^2 y} (x^2 + y^2 + z^2) dz dy dx$。本例演示:内积分上下限都是函数的情况。

```
syms x positive
syms y z
F2 = int(int(int(x^2 + y^2 + z^2,z,sqrt(x * y),x^2 * y),y,sqrt(x),x^2),x,1,2)
```

```
VF2 = vpa(F2)                   % 积分结果用 32 位数字表示
F2 =
(14912 * 2^(1/4))/4641 - (6072064 * 2^(1/2))/348075 + (64 * 2^(3/4))/225 +
1610027357/6563700
VF2 =
224.92153573331143159790710032804675767707 1376012
```

〖说明〗

对于内积分上下限为函数的多重积分,如若采用数值方法求取,其数值计算的编程将很不轻松。

【例 5.3-10】 求阿基米德(Archimedes)螺线 $r=a\cdot\theta,(a>0)$ 在 $\theta=0$ 到 φ 间的曲线长度函数,并求出 $a=1,\varphi=2\pi$ 时的曲线长度。本例演示:如何进行曲线积分;符号变量的属性限定; subs, diff, int, vpa 的综合使用;绘图指令 ezplot 的参变量绘图法,及改变曲线色彩的方法。

据数学分析知, $x=r\cos\theta, y=r\sin\theta, \mathrm{d}l=\sqrt{(x'_\theta)^2+(y'_\theta)^2}\mathrm{d}\theta$ 为弧长元素,而曲线长度 $L(\varphi)=\int_0^\varphi \sqrt{(x'_\theta)^2+(y'_\theta)^2}\mathrm{d}\theta$。

(1) 求曲线长度函数

```
syms a r theta phi
r = a * theta;                          % 螺线定义
x = r * cos(theta);                     % x 的极坐标
y = r * sin(theta);                     % y 的极坐标
dLdth = sqrt(diff(x,theta)^2 + diff(y,theta)^2);
warning off                             % 为抑制提示性警告而设         <5>
L = simple(int(dLdth,theta,0,phi))      %                           <6>
L =
((asinh(phi) + phi*(phi^2 + 1)^(1/2))*(a^2)^(1/2))/2
```

(2) $a=1,\varphi=2\pi$ 时的曲线长度

```
L_2pi = subs(L,[a,phi],sym('[1,2*pi]'))    % 获得完全准确值
L_2pi_vpa = vpa(L_2pi)                     % 计算 32 精度近似值
L_2pi =
asinh(2*pi)/2 + pi*(4*pi^2 + 1)^(1/2)
L_2pi_vpa =
21.256294148209098800702512272566
```

(3) 螺线 $r=a\cdot\theta$ 和螺线长度函数 $L=L(\varphi)$ 的绘制(图 2.3-2)

```
L1 = subs(L,a,sym('1'));                % 使螺线长度函数中,参数 a 数字化
ezplot(L1*cos(phi),L1*sin(phi),[0,2*pi])  % 画螺线长度函数曲线
grid on                                 % 给坐标纸打方格线
hold on                                 % 在上述图形窗内,可继续画图
x1 = subs(x,a,sym('1'));                % 使螺线 x 坐标参数 a 数字化
y1 = subs(y,a,sym('1'));                % 使螺线 y 坐标参数 a 数字化
h1 = ezplot(x1,y1,[0,2*pi]);            % 画螺线,并产生图柄              <14>
set(h1,'Color','r','LineWidth',5)       % 通过图柄,改变曲线图形对象属性
title(' ')                              % 消除自动写出的图名              <16>
```

```
legend('螺线长度-幅角曲线','阿基米德螺线')
hold off                                    %在上述图形窗中,不再允许画任何图形
```

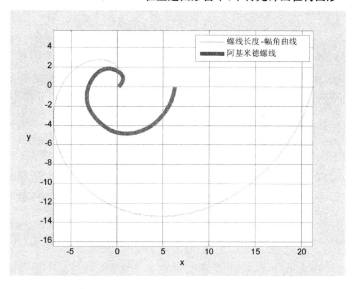

图 5.3-2 阿基米德螺线(粗红)和螺线长度函数(细蓝)

【说明】
- 与使用 Maple 引擎相比,MuPAD 引擎执行指令⟨6⟩需要的时间可能较长,实践时要有耐心。
- 假如没有指令⟨5⟩,运行过程中会给出警告信息。
- 在 $L=L(\varphi)$ 函数中,L 是角度为 φ 时螺线的长度,在极坐标上用"幅值"表示。
- 第⟨16⟩条指令用来消除 ezplot 自动写出的图名。这样做的原因是:在本例中,由第⟨14⟩条指令写出的图名,不能准确表达该图上的两条曲线。

5.4 微分方程的符号解法

5.4.1 符号解法和数值解法的互补作用

从数值计算角度看,与初值问题求解相比,微分方程边值问题的求解显得复杂和困难。对于运用数学工具去解决实际问题的科研人员来说,此时,不妨通过符号计算指令进行求解尝试。因为,对于符号计算来说,不论是初值问题,还是边值问题,其求解微分方程的指令形式相同,且相当简单。

当然,符号计算可能花费较长的时间,可能得不到简单的解析解,也可能得不到封闭形式的解,甚至可能无法求解。

不管怎样,既然没有万能的微分方程一般解法,那么要记住:求解微分方程的符号法和数值法有很好的互补作用。

5.4.2 求微分方程符号解的一般指令

求解符号微分方程最常用的指令格式为如下两种:

```
S=dsolve('eq1, eq2, …, eqn', 'cond1, cond2, …, condn', 'v')
S=dsolve('eq1', 'eq2', …, 'eqn', 'cond1', 'cond2', …, 'condn', 'v')
```

【说明】
- 输入量包括三部分:微分方程、初始条件、指定独立变量。其中微分方程是必不可少的输入内容,其余部分的有无视需要而定。输入量必须以字符串形式编写。
- 若不对独立变量加以专门的定义,则默认小写英文字母 t 为独立变量。
  微分方程的记述规定:当 y 是"因变量"时,用"Dny"表示"y 的 n 阶导数"。在 t 为默认独立变量时,Dy 表示 $\frac{dy}{dt}$;Dny 表示 $\frac{dy}{dt^n}$。
- 对初始条件或边界条件的规定:应写成 y(a)=b ,Dy(c)=d 等。a,b,c,d 可以是变量使用符以外的其他字符。当初始条件少于微分方程数时,在所得解中将出现任意常数符 C1,C2,……解中任意常数符的数目等于所缺少的初始条件数。关于任意常数的进一步说明,请参见例 5.4-1、例 5.4-2 中的指令⟨1⟩及说明。
- 在本调用格式中,输出量 S 是"构架对象"。如果 y 是应变量,那么关于它的解在 S.y 中。
- dsolve 的调用格式不止以上所介绍的一种。但本书认为,只有当读者对微分方程组默认独立变量及其次序充分理解时,才适于使用其他调用格式,否则容易引起混乱。
- 在既找不到"显式解"又找不到"隐式解"的情况下,会发布警告信息,并且 S 为空符号对象。

5.4.3 微分方程符号解示例

【例 5.4-1】 求 $\frac{dx}{dt}=y,\frac{dy}{dt}=-x$ 的解。本例演示:t 为默认独立变量时的最简单调用;输出量的格式;clear all 对微分方程解中任意常数序号的影响。

```
clear all                        %为读者运行该例所得结果中任意常数序号与本书一致 ⟨1⟩
S = dsolve('Dx = y,Dy = - x')    %从它的输出,只能看到 2 个"域":S.x 和 S.y
disp(' ')
disp(['微分方程的解 ',blanks(8),'x',blanks(28),'y'])
disp([S.x,S.y])
S =
    y: [1x1 sym]
    x: [1x1 sym]

微分方程的解          x                              y
[ C2 * cos(t) + C1 * sin(t), C1 * cos(t) - C2 * sin(t)]
```

【说明】
- 这是 dsolve 一种较简略的调用格式。由 symvar 自动确定输出"应变量"为 x 和 y,默认独立变量是 t。C1,C2 是任意常数。
- 微分方程解中任意常数 C 的序号,并不总是以 1,2,3 等依次出现的。它的编号与此前 MATLAB 解算其他微分方程的运行历程有关。
- 指令⟨1⟩的存在与否,对微分方程解的正确性没有任何影响。但是,在任何 MATLAB

运行历程后,读者若希望解中任意常数序号与本书一致,那么指令〈1〉是有用的。
- 顺便指出:假如此前解算过同类问题的话,clear all 的使用,会降低计算速度。
- 在写微分方程时,最好遵循"导数在前函数在后,导数阶数降阶"的次序。否则有可能运行出错。

【例 5.4-2】 图示微分方程 $y=xy'-(y')^2$ 的通解和奇解的关系。本例演示:微分方程的书写规则;独立变量的特别指定;存在多解时的输出量形式;绘图指令 ezplot, set, legend, title 的配套使用及字体控制。

(1) 解微分方程

```
clear all                              %为方程解中任意常数与本书一致而设    <1>
y = dsolve('(Dy)^2 - x*Dy + y = 0','x')  %注意书写规则                   <2>
y =
     x^2/4
  C3*x - C3^2
```

(2) 画"解"曲线(图 5.4-1)

```
clf,hold on                            %允许在同一图轴上画多条曲线
hy1 = ezplot(y(1),[-6,6,-4,8],1);      %画奇解 y(1) = x^2/4,并记录图柄 hy1   <4>
set(hy1,'Color','r','LineWidth',5)     %把奇解画成粗红线
for k = -2:0.5:2                       %画通解 y(2) = C3*x - C3^2         <6>
    y2 = subs(y(2),'C3',k);            %为画一组线,对不定常数 C3 赋不同值 k   <7>
    ezplot(y2,[-6,6,-4,8],1)
end                                    %                               <9>
hold off                               %不再在此图轴上绘画
box on                                 %产生封闭型图轴框
legend('奇解','通解','Location','Best')
ylabel('y')
title(['\fontsize{14}微分方程',' (y'')^2  - xy'' + y = 0 ','的解'])
```

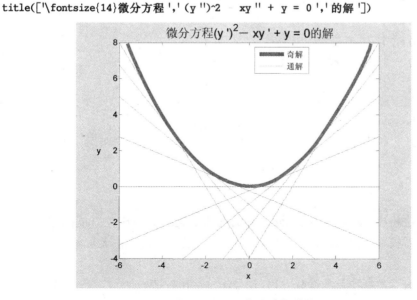

图 5.4-1 通解和奇解曲线

〖说明〗
- dsolve 有求通解和奇解的能力。本例奇解是通解直线族的包络抛物线。
- ezplot 对线没有色彩、线型控制力,但可通过 get, set 对图柄的操作实现。如本例指令〈4〉产生图柄 hy1,然后再由 set 指令对线色、线粗加以修饰。
- ezplot 不能同时画多条曲线,而必须用循环解决。如指令〈6〉到〈9〉就为多条线。
- 关于本例指令〈7〉的两点特别说明:
    - 指令〈7〉中被替换常数之所以写 'C3',是通过观察指令〈2〉计算结果而知的。
    - 指令〈7〉的 subs 指令中,被替换的变量之所以采用"字符串"形式 'C3' 定义,是因为 y 是一个"元符号表达式"。也就是说,y 表达式中的所有变量名(包括 C3 在内)并非真实地存在于内存中。
    - 指令〈7〉可用以下两条指令取代
      syms C3;y2=subs(y(2),C3,k);

【例 5.4-3】 求解两点边值问题:$xy'' - 3y' = x^2, y(1)=0, y(5)=0$。本例演示:dsolve 解边值问题;可视化微分方程的解;ezplot 和 plot 的混合使用。

(1) 求解边值问题
```
y = dsolve('x*D2y - 3*Dy = x^2','y(1) = 0,y(5) = 0','x')
y =
(31*x^4)/468 - x^3/3 + 125/468
```
(2) 观察"解"的图形(图 5.4-2)
```
xn = -1:6;
yn = subs(y,'x',xn)          % 自变量 x 用数组替代(这组数字供不同算例比较用)
ezplot(y,[-1,6])
hold on
plot([1,5],[0,0],'.r','MarkerSize',20)
text(1,1,'y(1) = 0')
text(4,1,'y(5) = 0')
title(['x*D2y - 3*Dy = x^2',',   y(1) = 0,y(5) = 0'])
hold off
yn =
  Columns 1 through 7
    0.6667    0.2671         0   -1.3397   -3.3675   -4.1090    0.0000
  Column 8
   14.1132
```

〖说明〗
- 与数值解法相比,符号法求解微分方程的优点是程序编写比较简单;缺点是对微分方程的适应性较差。换句话说,有许多微分方程,也许是符号法无法解决的或求解时间过长的。
- 对于本科数学教材涉及的微分方程,符号法也许比较适当。
- 有兴趣的读者,可把本例与例 5.9-1、例 5.9-2 进行比较。

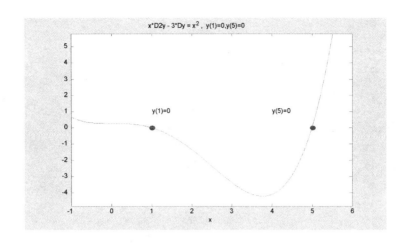

图 5.4-2　两点边值问题的解曲线

5.5　符号变换和符号卷积

Fourier 变换、Laplace 变换、Z 变换和卷积在信号处理和系统动态特性研究中起着重要作用。本节将讨论这些变换和卷积符号算法实现。

5.5.1　Fourier 变换及其反变换

时域中的 $f(t)$ 与它在频域中的 Fourier 变换 $F(\omega)$ 之间存在如下关系

$$F(\omega)=\int_{-\infty}^{\infty}f(t)\mathrm{e}^{-j\omega t}\mathrm{d}t \qquad (5.5-1)$$

$$f(t)=\frac{1}{2\pi}\int_{-\infty}^{\infty}F(\omega)e^{j\omega t}\mathrm{d}\omega \qquad (5.5-2)$$

由计算机完成这种变换的途径有两条:一是,直接调用指令 fourier 和 ifourier 进行;二是,根据式(5.5-1)和(5.5-2)定义,利用积分指令 int 实现。下面只介绍指令 fourier 和 ifourier 的使用及注意事项。至于据定义求变换,请读者自己尝试,想必不会有什么困难。

　　Fw＝fourier(ft,t,w)　　　　　求"时域"函数 ft 的 Fourier 变换 Fw

　　ft＝ifourier(Fw,w,t)　　　　　求"频域"函数 Fw 的 Fourier 反变换 ft

〖说明〗

- ft 是以 t 为自变量的"时域"函数;Fw 是以圆频率 w 为自变量的"频域"函数。
- 在此给出的是 fourier,ifourier 指令的完整调用格式。虽然它们都有默认调用格式,但建议:在版本特性不清楚的情况下,用户应慎用默认调用格式,以免出错。
- Fourier 变换(Fourier Transformation)以法国数学、物理学家 Jean Baptiste Joseph Fourier(1768—1830)命名。

【例 5.5-1】　求单位阶跃函数的 Fourier 变换。本例演示:fourier 指令能正确执行"广义 Fourier 变换";fourier,ifourier 指令的正确使用;MATLAB 中单位阶跃函数 heaviside(t)的具体定义;阶跃函数曲线中间断点的绘制。

(1) 求 Fourier 变换
```
syms t w
ut = heaviside(t);
UT = fourier(ut)
UT =
pi*dirac(w) - i/w
```
(2) 求 Fourier 反变换进行验算
```
Ut = ifourier(UT,w,t)              % 反变换验算
SUt = simple(Ut)                    % 进一步简化                               <5>
Ut =
(pi + pi*(2*heaviside(t) - 1))/(2*pi)
SUt =
heaviside(t)
```
(3) 单位阶跃函数曲线(图 5.5-1)
```
t = -2:0.01:2;
ut = heaviside(t);
kk = find(t == 0);                          % t = 0 的元素下标                <8>
plot(t(kk),ut(kk),'.r','MarkerSize',30)     % t = 0 处画点
hold on
ut(kk) = NaN;                               % 为使 t = 0 处画线断开          <10>
plot(t,ut,'-r','LineWidth',3)
plot([t(kk),t(kk)],[ut(kk-1),ut(kk+1)],'or','MarkerSize',10)
                                            % 画下连线右端和上连线左端
hold off
grid on
axis([-2,2,-0.2,1.2])
xlabel('\fontsize{14}t'),ylabel('\fontsize{14}ut')
title('\fontsize{14}Heaviside(t)')
```

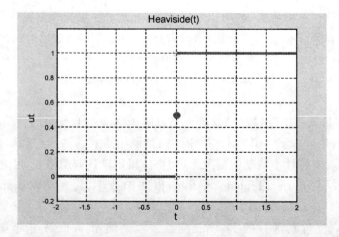

图 5.5-1　Heaviside(t)定义的单位阶跃函数

〖说明〗
- 指令⟨5⟩的使用得当。
- 在本例曲线间断点绘制中,指令⟨8⟩⟨10⟩是关键。
- 在 MATLAB 中,单位阶跃函数 heavisideh(x)的数学定义是

$$H(x) = \begin{cases} 0 & x < 0 \\ 0.5 & x = 0 \\ 1 & x > 0 \end{cases}$$

- 单位阶跃函数是由英国电气工程师、数学物理学家 Oliver Heaviside(1850—1925)首先提出并应用的。

【例 5.5-2】 利用 Heaviside 函数构成矩形脉冲 $y = \begin{cases} A & |x| < \tau/2 \\ 0 & |t| > \tau/2 \end{cases}$ 的 Fourier 变换。本例演示:heaviside 的调用;变换、反变换;simplify 和 simple 指令的适当运用;绘图指令的配用。

(1) 求 Fourier 变换

```
syms A t w tao
yt = A * (heaviside(t + tao/2) – heaviside(t – tao/2));    % 定义矩形脉冲
Yw = fourier(yt,t,w)                                        % Fourier 变换
Yw_fy = simplify(Yw)                                        % 恒等式法简化
Yw_fy_e = simple(Yw_fy)                                     % 最短式简化指令相当
Yw =
A*((sin((tao*w)/2) + cos((tao*w)/2)*i)/w – (– sin((tao*w)/2) + cos((tao*w)/2)*i)/w)
Yw_fy =
(2*A*sin((tao*w)/2))/w
Yw_fy_e =
(2*A*sin((tao*w)/2))/w
```

(2) 用反变换验算

```
Yt = ifourier(Yw_fy_e,w,t)        % 反变换
Yt_e = simple(Yt)                  % 最短式简化
Yt_fy = simplify(Yt)               % 恒等变换成功得到易读的显式
Yt =
–(A*(pi*heaviside(t – tao/2) – pi*heaviside(t + tao/2)))/pi
Yt_e =
A*heaviside(t + tao/2) – A*heaviside(t – tao/2)
Yt_fy =
–A*(heaviside(t – tao/2) – heaviside(t + tao/2))
```

(3) 时域曲线绘制(设 A=1,tao=3;图 5.5-2)

```
t3 = 3;
tn = – 3:0.1:3;
yt13 = subs(yt,{A,tao},{1,t3})
yt13n = subs(yt13,'t',tn);
kk = find(tn == – t3/2|tn == t3/2);    % 找到 t 等于"正负 tao/2"的元素下标    ⟨13⟩
```

```
plot(tn(kk),yt13n(kk),'.r','MarkerSize',30)      % 画间断点
yt13n(kk) = NaN;                                  % 目的是使连线在"正负 tao/2"处断开      <15>
hold on
plot(tn,yt13n,'-r','LineWidth',3)
hold off
grid on
axis([-3,3,-0.5,1.5])
yt13 =
heaviside(t + 3/2) - heaviside(t - 3/2)
```

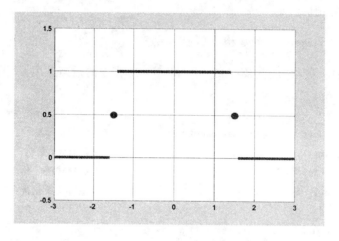

图 5.5-2 由 Heaviside(t)构造的矩形波

(4) 频域曲线绘制(图 5.5-3)

```
Yw13 = subs(Yw_fy_e,{A,tao},{1,t3});
subplot(2,1,1),ezplot(Yw13),grid on
subplot(2,1,2),ezplot(abs(Yw13)),grid on
```

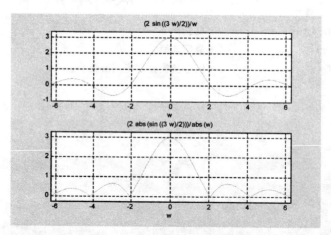

图 5.5-3 矩形脉冲的频率曲线和幅度频谱

〖说明〗

● simplify 和 simple 指令运用是否恰当,无一般规律可循,只能通过尝试解决。

- 指令⟨13⟩find 指令的用法具有典范性。
- 本例和前一例都展示了绘制间断曲线应采取的措施。这些处理方法具有典范性。
- 根据定义,直接通过积分求本例矩形脉冲的 Fourier 变换,将是十分费时的。在使用 MuPAD 引擎时,感觉尤其明显。

【例 5.5-3】 求 $f(t)=\begin{cases} e^{-(t-x)} & t \geqslant x \\ 0 & t < x \end{cases}$ 的 Fourier 变换,在此 x 是参数,t 是时间变量。本例演示:借助 Heaviside 函数正确定义因果函数;使用 fourier 的不完整调用格式要十分谨慎;在被变换函数中包含多个符号变量的情况下,指明被变换的自变量,可保证计算结果正确。

(1) 正确定义被变换的函数

```
clear
syms t x w
ft = exp(-(t-x))*heaviside(t-x);    %构造因果函数 f(t)                    <3>
gt = exp(-(t-x));                    %是非因果函数                        <4>
```

(2) fourier 指令完整调用格式

```
F1 = simple(fourier(ft,t,w))         %对因果函数变换,给出题目所需结果
G1 = simple(fourier(gt,t,w))         %产生不同结果
F1 =
(1/exp(w*x*i))/(1 + w*i)
G1 =
exp(x)*transform::fourier(1/exp(t), t, -w)
```

(2) fourier 指令不完整的调用格式产生错误

```
F2 = simple(fourier(ft,t))           %误把 x 当作时间变量,又误把 t 当作频率变量
F3 = simple(fourier(ft))             %误把 x 当作时间变量
F2 =
-exp(t^2*i)/(-1 + t*i)
F3 =
-(1/exp(t*w*i))/(-1 + w*i)
```

〖说明〗
- 在此,因果函数是指:在某时刻前,时间函数值一直为零的函数。
- 本例指令⟨3⟩构造的函数符合题意。而指令⟨4⟩产生的函数是非因果的。

5.5.2 Laplace 变换及其反变换

Laplace 变换和反变换的定义为

$$F(s) = \int_0^\infty f(t) e^{-st} dt \tag{5.5-3}$$

$$f(t) = \frac{1}{2\pi j} \int_{c-j\infty}^{c+j\infty} F(s) e^{st} ds \tag{5.5-4}$$

与 Fourier 变换的机器实现相似,Laplace 变换与反变换的机器实现也有两条途径:直接调用指令 laplace 和 ilaplace;根据式(5.5-3)和(5.5-4)定义,利用积分指令 int 实现。比较而言,直接使用 laplace 和 ilaplace 指令实现机器变换显得较为简洁。具体如下:

Fs = laplace(ft,t,s)   求"时域"函数 ft 的 Laplace 变换 Fs

ft = ilaplace(Fs,s,t)　　　　求"频域"函数 Fs 的 Laplace 反变换 ft

【说明】
- ft 是以 t 为自变量的"时域"函数；Fs 是以复频率 s 为自变量的"频域"函数。
- 在此给出的是 laplace，ilaplace 指令的完整调用格式。虽然它们都有默认调用格式，但建议用户慎用或不用默认调用格式，以免出错。
- Laplace 变换由法国数学家、天文学家 Pierre-Simon, marquis de Laplace(1749—1827)发明并应用。

【例 5.5-4】 分别求 $e^{-at}\sin bt, u(t-a), \delta(t-b), t^n$ 的 Laplace 变换。本例演示：符号参数的属性限定；dirac, heaviside 的调用；Laplace 变换是对矩阵元素逐个实施的。

(1) Laplace 变换指令的简单运用
```
syms t s a b
f1 = exp(-a*t)*sin(b*t)        %据变换定义知,被变换函数不必乘 Heavivide 函数        <2>
F1 = laplace(f1,t,s)
f1 =
sin(b*t)/exp(a*t)
F1 =
b/((a + s)^2 + b^2)
```

(2) $u(t-a)$ 中参数 a 对 Laplace 变换的影响
```
sym a clear                    %清除对 a 的任何限制性假设                              <4>
f2 = heaviside(t-a)
F2 = laplace(f2,t,s)           %由于 a 的正负不确定,使得变换失败
ans =
a
f2 =
heaviside(t - a)
F2 =
laplace(heaviside(t - a), t, s)

syms a positive                %把 a 限制为正数                                      <7>
F3 = laplace(f2)               %变换成功
F3 =
1/(s*exp(a*s))
```

(3) $\delta(t-b)$ 中参数 b 对 Laplace 变换的影响
```
f4 = dirac(t-b);               %式中 b 的正负没有限定
F4 = laplace(f4,t,s)           %给出两种可能结果
F4 =
piecewise([b < 0, 0], [0 <= b, 1/exp(b*s)])


f5 = dirac(t-a);               %式中 a 是被限定为正数的                              <11>
F5 = laplace(f5,t,s)           %给出正确结果
ft_F5 = ilaplace(F5,s,t)       %反变换验算
F5 =
```

```
1/exp(a*s)
ft_F5 =
dirac(a - t)
```

(4) t^n 参数 n 对 Laplace 变换的影响

```
n = sym('n','clear');        % 定义不带任何限制性假设的符号变量 n           <14>
F6 = laplace(t^n,t,s)        % t^n 的 Laplace 变换给出分段表达式
F6 =
piecewise([-1 < Re(n), gamma(n + 1)/s^(n + 1)])

n = sym('n','positive')      % 把 n 定义为"正数"符号变量                    <16>
F6 = laplace(t^n,t,s)        % 得到正确变换结果                             <17>
n =
n
F6 =
gamma(n + 1)/s^(n + 1)
```

【说明】
- 由于 Laplace 变换是对 $t \geqslant 0$ 定义的函数实施的，所以被变换函数不必再专门用 Heviside 进行"因果处理"(参见指令⟨2⟩)。
- 本例中指令⟨7⟩⟨16⟩是对符号变量进行限制性假设的两种不同方式。
- 要清除已经对符号变量所做的限制性假设，必须采用如指令⟨4⟩或⟨14⟩那样的方式进行。关于符号变量限制性假的清除更详细的说明，请见第 5.1.4-3 节。
- 指令⟨11⟩定义的函数是连续域里的单位脉冲函数，也称 Dirac delta 函数。它的一种比较浅显而常见的定义是

$$\delta(t) = \begin{cases} 0 & t \neq 0 \\ \infty & t = 0 \end{cases}$$

$$\int_{-\infty}^{\infty} \delta(t) \mathrm{d}t = 1$$

Dirac delta 函数由英国理论物理学家 Paul Adrien Maurice Dirac(1902—1984) 首先提出并应用。
- 关于 Gamma 函数，请参见例 5.3-8 的说明。

5.5.3 Z 变换及其反变换

一个离散因果序列的 Z 变换及其反变换的定义为

$$F(z) = \sum_{n=0}^{\infty} f(n) z^{-n} \tag{5.5-5}$$

$$f(n) = Z^{-1}\{F(z)\} \tag{5.5-6}$$

涉及 Z 反变换具体计算的方法，最常见的有三种：幂级数展开法、部分分式展开法和围线积分法。MATLAB 的 Symbolic Toolbox 采用围线积分法设计了求取 Z 反变换的 iztrans 指令，相应的数学表达式是 $f(n) = \dfrac{1}{2\pi j} \oint_{\Gamma} F(z) z^{n-1} \mathrm{d}z$。以下是具体指令

FZ = ztrans(fn,n,z)   求"时域"序列 fn 的 Z 变换 FZ

fn = iztrans(FZ,z,n)   求"频域"序列 FZ 的 Z 反变换 fn

【说明】
- 这两个指令的调用格式及注意事项，与前两节指令情况相同。
- Z 变换最先由 Zadeh 和 Ragazzini 于 1952 年提出。Lotfali Askar-Zadeh 是美国数学家、计算机科学家(1921—)，模糊数学创始人。

【例 5.5-5】 一组 Z 变换、反变换算例。本例演示：ztrans 及 iztrans 的使用方法；变量的限定性假设；限定性假设的解除；Kronecker Delta 离散单位脉冲函数；离散单位阶跃函数；evalin 指令的应用。

(1) $6\left(1-\left(\frac{1}{2}\right)^n\right)$ 序列的 Z 变换。简单的指令应用

```
clear
syms n z clear              % 删除关于 n,z 的限定性假设           <2>
gn = 6*(1-(1/2)^n)          % 定义时间序列
G = simple(ztrans(gn,n,z)); % 实施变换，并简化
pretty(G)                   % 易读形式显示
gn =
6 - 6*(1/2)^n


       6 z
    ---------------
          2
       2 z  - 3 z + 1
```

(2) 采样周期为 T 的 $\sin(\omega \cdot nT)$ 序列的 Z 变换及反变换

```
syms n w T z clear          % 删除限定性假设                      <6>
fwn = sin(w*n*T);           % 定义时间序列
FW = ztrans(fwn,n,z);       % Z 变换
pretty(FW),disp(' ')
inv_FW = iztrans(FW,z,n)    % 实施 Z 反变换


         z sin(T w)
    ---------------------
         2
       z  - 2 cos(T w) z + 1


inv_FW =
sin(T*n*w)
```

(3) 单位阶跃序列 $f(n)=1$ 的 Z 变换及反变换

```
syms n z clear              % 删除限定性假设                      <11>
f1 = 1;
F1 = ztrans(f1,n,z);
pretty(F1)
inv_F1 = iztrans(F1,z,n)
```

```
      z
    -----
    z - 1
inv_F1 =
1
```

(4) 单位脉冲序列 $\delta(n) = \begin{cases} 1 & n = 0 \\ 0 & \text{else} \end{cases}$ 的 Z 变换及反变换

```
clear
syms n z clear                           %删除限定性假设                        <16>
delta = sym('kroneckerDelta(n, 0)');     %定义单位脉冲                         <17>
KD = ztrans(delta,n,z)
inv_KD = iztrans(KD)
KD =
1
inv_KD =
kroneckerDelta(n, 0)
```

(5) $f(n)\delta(n-k)$ 序列的 Z 变换及反变换

```
syms n z clear                           %删除限定性假设                        <20>
k = sym('k','positive');                 %对 k 最多只能做"正数"假设  <21>
fd = sym('f(n) * kroneckerDelta(n-k, 0)');
FD = ztrans(fd,n,z)
inv_FD = iztrans(FD,z,n)
FD =
piecewise([k in Z_, f(k)/z^k], [Otherwise, 0])
inv_FD =
piecewise([k in Z_, f(k) * kroneckerDelta(k - n, 0)], [Otherwise, 0])
```

(6) 利用 evalin 在 MuPAD 中对 $f(n)\delta(n-k)$ 进行变换

```
FD_evalin = evalin(symengine,'assume(k>0); assumeAlso(k in Z_):
    transform::ztrans(f(n) * kroneckerDelta(n, k), n, z);')
                                         %可对 k 做"正整数"假设              <25>
FD_evalin =
f(k)/z^k
```

(7) Z 表达式 $g(z) = e^{-a/z}$ 的反变换

```
syms a z n clear
GZ = exp(-a/z);                          %定义表达式
gn = iztrans(GZ,z,n)                     %进行反变换                           <28>
gn =
(-a)^n/factorial(n)
```

〖说明〗

- 指令⟨2⟩⟨6⟩⟨11⟩⟨16⟩⟨20⟩清除限定性假设。这些指令的设置,使为了防止读者因操作各段程序的次序不同而引出错误结果。

- 注意:指令⟨25⟩assumeAlso(k in Z_)的 Z 字母后应跟"英文下划线"。假如指令⟨25⟩运行发生错误,有可能该下划线"在无意中异化了"。应对措施:删去已存在的下划线,重新从键盘输入。
- kroneckerDelta(n-k, 0)是 MuPAD 定义的单位脉冲。其数学表达式为

$$\delta_{ij} = \begin{cases} 1 & i=j \\ 0 & i \neq j \end{cases}$$

  对于 kroneckerDelta(n-k, 0)而言,仅当 n-k=0 时,函数值为 1,其他地方均为 0。
- Kronecher Delta 函数由德国数学家、逻辑学家 Leopold Kronecker (1823—1891) 提出并应用。
- 指令⟨28⟩运行结果中的 factorial(n)是 MuPAD 的定义函数"n 的阶乘",其数学表达为

$$n! = \begin{cases} 1 & n=0 \\ n(n-1)! & n>0 \end{cases}$$

- 顺便介绍:如何获得关于 kroneckerDelta, factorial 等的信息?
  - 在 MATLAB 指令窗中运行 doc(symengine,'delta')就能引出 MuPAD 的帮助浏览窗,并从中找到 kroneckerDelta 的相关解释。寻找 factorial 的方法类似。

5.5.4 符号卷积

由于卷积在信号处理和系统动态特性中占有特殊的地位,本书在此专辟一节以算例方式讨论符号卷积的机器实现。

【例 5.5-6】 已知系统冲激响应 $h(t) = \frac{1}{T}e^{-t/T}U(t)$,求 $u(t) = e^{-t}U(t)$ 输入下的输出响应。本例演示:卷积的时域积分法;simple 的反复简化。

由系统分析可知,输出响应等于卷积 $y(t) = \int_0^t u(\tau)h(t-\tau)\mathrm{d}\tau$。据此,可推出该题的理论计算结果是 $y(t) = \frac{1}{T-1}(e^{-\frac{t}{T}} - e^{-t})U(t)$。下面是计算机实现的指令。

```
syms T t tao
ut = exp(-t);                          %定义系统输入
ht = exp(-(t)/T)/T;                    %定义系统冲激响应
yt = int(subs(ut,t,tao)*subs(ht,t,t-tao),tao,0,t)        %实施卷积
yt =
-(1/exp(t) - 1/exp(t/T))/(T - 1)
```

【例 5.5-7】 采用 Laplace 变换和反变换求例 5.5.6 的输出响应。本例演示:通过变换法求卷积,即系统冲激响应。

对式 $y(t) = \int_0^t u(\tau)h(t-\tau)\mathrm{d}t$ 两边进行 Laplace 变换得 $L[y(t)] = L[u(t)] * [h(t)]$,因此有 $y(t) = L^{-1}\{L[y(t)]\} = L^{-1}\{L[u(t)] * L[h(t)]\}$。于是用以下指令可得结果。

```
syms s
yt = laplace(ut,t,s)*laplace(ht,t,s)
yt = simple(ilaplace(yt,s,t))
yt =
```

```
1/(T*(s + 1/T)*(s + 1))
yt =
-(1/exp(t) - 1/exp(t/T))/(T - 1)
```

5.6 符号矩阵分析和代数方程解

5.6.1 符号矩阵分析

表 5.6-1 符号矩阵分析和解算指令汇总表

指令	含义	算例
colspace(A)	矩阵的列空间基	
det(A)	行列式 $\|A\|$	例 5.6-1
diag(A)	取对角元构成向量,或据向量构成对角阵	
[V, D]=eig(A)	特征值分解,使 $AV=VD$	例 5.2-6,例 5.6-1
expm(A)	矩阵指数 e^A	例 5.9-4
inv(A)	矩阵逆 A^{-1}	例 5.6-1,例 5.6-2
[V, J]=jordan(A)	准确阵 A 的 Jordan 分解,使 $AV=VJ$	
null(A)	零空间的基	
poly(A)	矩阵的特征多项式	
rank(A)	矩阵秩	
rref(A)	A 的行阶梯形式	
s=svd(A) [U,S,V]=svd(vpa(A))	奇异值分解	
tril(A)	A 的下三角形式	
triu(A)	A 的上三角形式	

〖说明〗
- 以下矩阵比较适于进行符号分析和计算:
  - 规模很小的非数字矩阵;
  - 元素是整数或小数字有理分数构成的矩阵;
  - 借助 vpa 指令产生的任意精度矩阵;
  - 高等学校教科书上的矩阵。
- Jordan 分解对矩阵元素及其敏感,因此建议:需进行 Jordan 分解的矩阵应采用准确数字构成。

【例 5.6-1】 求矩阵 $A = \begin{bmatrix} a_{11} & a_{12} \\ a_{21} & a_{22} \end{bmatrix}$ 的行列式、逆和特征根。本例演示:符号矩阵的输入方式;符号矩阵运算结果的准确性和烦琐。

(1) 很小规模的参数矩阵的符号分析

```
syms a11 a12 a21 a22
```

```
A = [a11,a12;a21,a22]
DA = det(A)
IA = inv(A)
A =
[ a11, a12]
[ a21, a22]
DA =
a11 * a22 - a12 * a21
IA =
[ a22/(a11 * a22 - a12 * a21), -a12/(a11 * a22 - a12 * a21)]
[ -a21/(a11 * a22 - a12 * a21),  a11/(a11 * a22 - a12 * a21)]
```

（2）借助公因子表达的参数矩阵特征值分析

```
EA = subexpr(eig(A),'D')
D =
(a11^2 - 2 * a11 * a22 + a22^2 + 4 * a12 * a21)^(1/2)
EA =
 a11/2 + a22/2 - D/2
 a11/2 + a22/2 + D/2
```

5.6.2 线性方程组的符号解

矩阵计算是求解线性方程组最简便有效的方法。在 MATLAB 中，不管数据对象是数值还是符号，实现矩阵运算的指令形式几乎完全相同。因此，关于求解线性方程组符号解的问题，读者可套用求数值解的方法进行，请参看第 4.2 节，在此不多冗述。

【例 5.6-2】 求 $d+\dfrac{n}{2}+\dfrac{p}{2}=q, n+d+q-p=10, q+d-\dfrac{n}{4}=p, q+p-n-8d=1$ 线性方程组的解。本例演示，符号线性方程组的矩阵除求解法；solve 求代数方程解。

（1）采用矩阵除的线性方程解法

该方程组的矩阵形式是 $\begin{bmatrix} 1 & \dfrac{1}{2} & \dfrac{1}{2} & -1 \\ 1 & 1 & -1 & 1 \\ 1 & -\dfrac{1}{4} & -1 & 1 \\ -8 & -1 & 1 & 1 \end{bmatrix} \cdot \begin{bmatrix} d \\ n \\ p \\ q \end{bmatrix} = \begin{bmatrix} 0 \\ 10 \\ 0 \\ 1 \end{bmatrix}$。该式简记为 $AX = b$。

求符号解的指令如下

```
A = sym([1 1/2 1/2 -1;1 1 -1 1;1 -1/4 -1 1;-8 -1 1 1]);
b = sym([0;10;0;1]);
X1 = A\b                        % 与 inv(A) * b 相当,但更有效
X1 =
 1
 8
 8
 9
```

(2) 采用 solve 指令的一般代数方程解法

```
eq1 = sym('d+n/2+p/2-q');              %用符号表达式表示 d+n/2+p/2-q=0   <4>
eq2 = sym('d+n-p+q-10');               %含义同上
eq3 = sym('d-n/4-p+q');                %含义同上
eq4 = sym('-8*d-n+p+q-1');             %含义同上
S = solve(eq1,eq2,eq3,eq4,'d','n','p','q');   %采用符号表达式的格式       <8>
disp(['  d','  n','  p','  q'])
disp([S.d,S.n,S.p,S.q])                %未知量在构架 S 中               <10>
   d  n  p  q
[ 1, 8, 8, 9]
```

〖说明〗
- 在 MATLAB 中,不管是符号矩阵,还是数值矩阵,都用"+, −, *, /"定义了矩阵的加、减、乘、除。
- solve 是解线性或非线性代数方程的通用指令。详细说明见 5.6.3 节。

5.6.3 一般代数方程组的解

这里所讲的一般代数方程包括线性(Linear)、非线性(Nonlinear)和超越方程(Transcedental equation)等,求解指令是 solve。当方程组不存在符号解时,若又无其他自由参数,则 solve 将给出数值解。该指令最清晰的使用格式如下:

```
S=solve('eq1', 'eq2',…, 'eqn', 'v1', 'v2',…, 'vn')    求方程组关于指定变量的解(推荐)
S=solve(exp1, exp2,…, expn, v1, v2,…, vn)            求方程组关于指定变量的解(可用)
```

〖说明〗
- 'eq1', 'eq2',…, 'eqn' 或是字符串表达的方程,或是字符串表达式; 'v1', 'v2',…, 'vn' 是字符串表达的求解变量名。
- exp1, exp2,…, expn 只能是符号表达式; v1, v2,…, vn 是求解的符号变量。
- 如 eq1, eq2,…, eqn 是不含"等号"的表达式,则指令认定为是对 eq1=0, eq2=0,…, eqn=0 求解。
- S 是一个构架数组。如要显示求解结果,必须采用 S.v1, S.v2,…, S.vn 的援引方式。
- 指令 solve 在默认规则下,还有一些形式更为简单的调用方式。但本书认为,只有当读者对方程组默认变量及其次序充分理解时,才适宜使用,否则容易引起混乱。那时,变量次序是按 symvar 所执行的规律认定的。
- 在得不到"封闭型解析解"时,如果又不存在其他不确定参数,那么给出数值解。

【例 5.6-3】 求方程组 $uy^2+vz+w=0, y+z+w=0$ 关于 y,z 的解。本例演示:指令调用格式的正确使用。

```
S = solve('u*y^2+v*z+w=0','y+z+w=0','y','z')    %采用字符串方程的格式      <1>
disp('S.y'),disp(S.y),disp('S.z'),disp(S.z)     %未知量在 S 构架中         <2>
S =
    y: [2x1 sym]
    z: [2x1 sym]
S.y
```

```
 (v + 2*u*w + (v^2 + 4*u*w*v - 4*u*w)^(1/2))/(2*u) - w
 (v + 2*u*w - (v^2 + 4*u*w*v - 4*u*w)^(1/2))/(2*u) - w
S.z
 -(v + 2*u*w + (v^2 + 4*u*w*v - 4*u*w)^(1/2))/(2*u)
 -(v + 2*u*w - (v^2 + 4*u*w*v - 4*u*w)^(1/2))/(2*u)
```

〖说明〗

- 以下格式的指令都能给出关于 y, z 的正确解。
  S=solve('u*y^2+v*z+w=0','y+z+w=0','z','y')。在此，指定变量次序对结果没影响。
  S=solve('u*y^2+v*z+w','y+z+w','z,y')。注意：'z,y' 中，y 前不能有空格。
  syms y z u v w, S=solve(u*y^2+v*z+w, y+z+w, y, z)
  [y,z]=solve('u*y^2+v*z+w=0','y+z+w=0','y','z')。输出宗量次序正确，解才正确。

- 由于没指定变量，symvar 把 y, w 依次认作独立变量。所以，以下格式的指令不能给出关于 y, z 的正确解。
  [y,z]=solve('u*y^2+v*z+w=0','y+z+w=0') 实际上给出的是关于 y, w 的解。
  S=solve('u*y^2+v*z+w=0','y+z+w=0') 给出的是关于 y, w 的解 S.y, S.w。在此，S 是构架，y 和 w 分别是构架 S 的域。

- 以下指令求解时，总是按字母排列解的次序。因此一旦指令中输出宗量名的字母次序混乱，结果就错。如
  [z,y]=solve('u*y^2+v*z+w=0','y+z+w=0','y,z') 由于 y, z 分赋于 z, y, 造成混乱。
  [z,y]=solve('u*y^2+v*z+w=0','y+z+w=0','z','y') 由于 y, z 分赋于 z, y, 造成混乱。

  - 以下格式中包含的是符号方程，而不是符号表达式，因此无法运行。
    syms y z u v w, S=solve(u*y^2+v*z+w=0, y+z+w=0, y, z)

【例 5.6-4】 solve 指令求 $d+\frac{n}{2}+\frac{p}{2}=q, n+d+q-p=10, q+d-\frac{n}{4}=p$ 构成的"欠定"方程组解。本例演示：solve 指令的输出格式；含自由变量的欠定方程解。

```
syms d n p q
eq1 = d+n/2+p/2-q;eq2 = n+d+q-p-10;eq3 = q+d-n/4-p;       %  <2>
S = solve(eq1,eq2,eq3,d,n,p,q);                            %  <3>
disp(['   S.d','    S.n','    S.p','        S.q'])
disp([S.d,S.n,S.p,S.q])
    S.d      S.n     S.p        S.q
 [ z/3 - 2, 8, (4*z)/3 - 4, z]
```

〖说明〗

当方程数少于独立变量数时，解中一定含有不定参数。在本例中所给的解中，z 表示不定参数。

【例 5.6 – 5】 求 $(x+2)^x = 2$ 的解。本例演示：无解析解时，给出 32 位有效数字解。

```
s = solve('(x + 2)^x = 2','x')                                    % <1>
s =
0.69829942170241042826920133106081
```

【例 5.6 – 6】 求解带限定性假设的代数方程的解。本例目的：演示限定性假设的影响；feval，evalin 在解这类问题时比较稳健。

（1）在默认的复数域求解

```
syms x clear                    % 解除所有限定性假设                <1>
Eq = x^4 - 16;
X1 = solve(Eq,x)
X1 =
    2
   -2
  2*i
 -2*i
```

（2）在指定的实数域求解

```
syms x real                     % 求方程的实数解                   <4>
X2 = solve(Eq,x)
X2 =
   2
  -2
```

（3）利用 feval 指令求 x>0 的解

```
syms x positive                 % 限定 x>0                        <6>
X3 = feval(symengine,'solve',x^4 - 16,x)                          %     <7>
X3 =
2
```

（4）利用 evalin 指令求 x>0 的解

```
X4 = evalin(symengine,'solve(x^4 - 16 = 0,x) assuming x>0;')      %     <8>
X4 =
2
```

〖说明〗

在有些场合下，利用符号工具包指令 solve 解带 positive 限定性假设的问题可能得不到正确解，并不是 MuPAD 的问题。在遇到这类问题时，本书作者建议：

- 利用 evalin，或 feval 解算（参见例 5.1 – 6）。
- 直接在 MuPAD 环境中解算（参见第 5.11 节）。

5.7 符号算法的综合应用

5.7.1 三维根轨迹和数据探索

经典控制理论中的根轨迹法是：以系统开环特征根为基础，借助一系列的规则勾画出闭环特征根的方法。根轨迹法发明于数字计算机尚在襁褓中的 1948 年,发明人是美国控制理论家 Walter Richard Evans(1920—1999)。发明该方法的时代背景是:分析系统动态性能需要和手工解析研究变参数多项式根的困难。

基于根轨迹法的历史地位、研究积累,迄今仍是高校经典控制理论教学中的重要内容。但随着计算机和 MATLAB 的普及,根轨迹愈来愈少地采用手工绘制,而更多采用控制工具包中的 rlocus 函数绘制。

作为符号计算的一种应用展示,本节将以算例形式介绍"变参数方程根"的符号解法及其根轨迹的绘制。

【例 5.7-1】 增益放大系数 k 变化时,研究如图 5.7-1 所示闭环系统的根轨迹。图中 $G(s) = \dfrac{1}{s(s+3)(s^2+2s+2)}$。本例演示:标准根轨迹问题的符号解法。

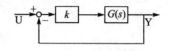

图 5.7-1 具有变增益系数 k 的单位负反馈系统

(1) 理论分析

对图 5.7-1 写出闭环传递函数

$$\frac{Y}{U} = \frac{kG(s)}{1 + kG(s)}$$

又据题给条件可写出系统的闭环特征方程为

$$k + s(s+3)(s^2 + 2s + 2) = 0$$

(2) 用符号法解算闭环特征方程

```
clear
syms s
syms k positive              %该限定,既符合物理真实,又便于方程求解          <2>
EC = k+s*(s+3)*(s^2+2*s+2);  %定义闭环表达式
EEC = expand(EC);            %把表达式展开成降幂符号多项式                  <5>
```

(3) 定义一组增益系数 kk,计算相应的数值根

```
kk = [0:0.2:4,4.2:0.001:4.4,4.6:0.2:7.8,8:0.01:8.2,9:12]';
                             %变步长增益数组                              <6>
nk = length(kk);Rk = zeros(nk,4);
for ii = 1:nk
    SE = subs(EEC,k,kk(ii)); %增益数值化,以便转换                          <9>
    PE = sym2poly(SE);       %转换成数值多项式系数数组                      <10>
    Rk(ii,:) = roots(PE)';   %数值法求根                                  <11>
end
Rreal = real(Rk);Rimag = imag(Rk);  %供绘制数据关联曲线用                  <13>
```

(4) "经典教科书常规根轨迹"的绘制(图 5.7-2)

在指令窗中运行以下指令:

```
figure(1)                    %经典教科书上的常规根轨迹
plot(Rreal,Rimag,'.')        %关联曲线的绘制必须用变量名,而不能表达式      <15>
legend('R1','R2','R3','R4','Location','North')
hold on
x00 = [-3,0.5];plot(x00,zeros(size(x00)),'k-')       %画 y = 0 线
```

```
y00 = [-1.5,1.5];plot(zeros(size(y00)),y00,'k-')        % 画 x=0 线
plot([-2.3,0],[0,1.1],'ro','MarkerSize',15)              % 画 A,B 点标记
text(-2.25,0.1,'A'),text(0.05,1,'B')                     % 标 A,B 名称
hold off
xlabel('根的实部'),ylabel('根的虚部')
title('常规根轨迹')
```

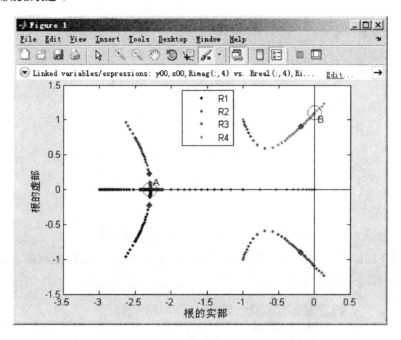

图 5.7-2 处于数据关联状态的常规根轨迹

（5）三维根轨迹的绘制（图 5.7-3）

在指令窗中运行以下指令：

```
figure(2)                                                % 反映增益大小的三维根轨迹
plot3(Rreal,Rimag,[kk,kk,kk,kk],'.')                     % 画三维根轨迹                                          <26>
box on,grid on
legend('R1','R2','R3','R4','Location','NorthWest')
view([63,68])
xlabel('根的实部'),ylabel('根的虚部'),zlabel('增益系数')
title('三维根轨迹')
```

（6）进行数据"数据关联"操作

● 对第一个图形窗进行数据关联操作

■ 点击 figure(1)图形窗上的"数据关联"图标，在工具条下方，出现白底的"图形关联信息条"（参见图 5.7-2）；

■ 为确保数据正确关联，点击上方"关联信息条"右侧的 Edit 超链接（参见图 5.7-2），引出"指定数据源（Specify Data Source Properties）"的对话窗，如图 5.7-4 所示；

■ 由于本例中绘图指令〈9〉使用的是内存中确实存在的变量名，所以由 MATLAB 自动执行的关联正确，而不用再进行人工修整，参看图 5.7-4。但由于种种原因，

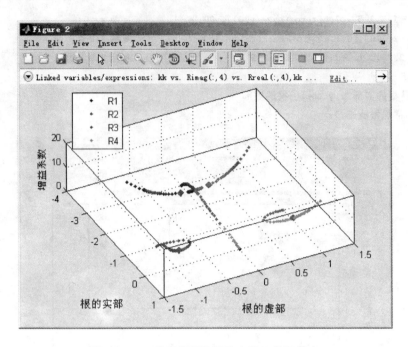

图 5.7-3　处于数据关联状态的三维根轨迹

MATLAB 不能保证自动执行的关联始终正确，因此对指定数据源对话窗中的关联数据检查是必须的。

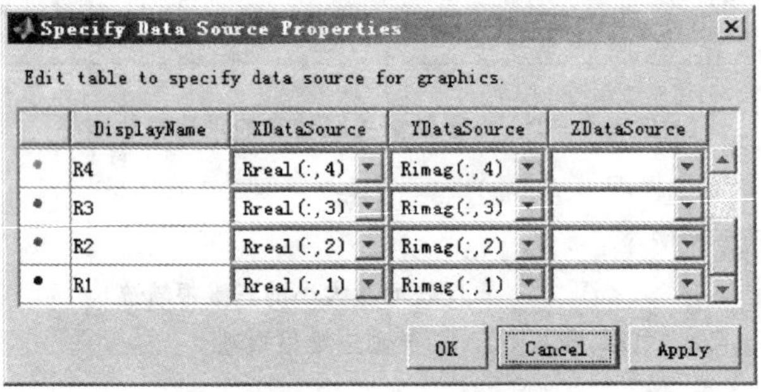

图 5.7-4　figure(1)的指定数据源对话窗

- 对第二个图形窗进行数据关联操作

　　参照前面对 figure(1) 的操作，对 figure(2) 图形窗进行类似的操作，要确认在第二图形窗的"指定数据源(Specify Data Source Properties)"的对话窗有如图 5.7-5 所示的配置。

（7）对内存关联数据启动"数据刷"

- 在 MATLAB 操作平台的工作空间浏览器（参见图 5.7-6）中，分别点击内存变量图标 ⊞kk，⊞Rreal 和 ⊞Rimg，引出各自的变量编辑器。
- 点击变量编辑器右上方的"分栏格式图标"，使变量编辑器形如图 5.7-7。
- 在分别点击变量 kk，Rreal，Rimag 的编辑器，依次点击工具条上的数据刷图标，使各变量处于"可刷取"状态。

第5章 符号计算

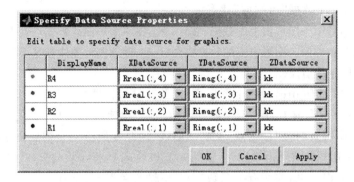

图 5.7-5 figure(2)的指定数据源对话窗

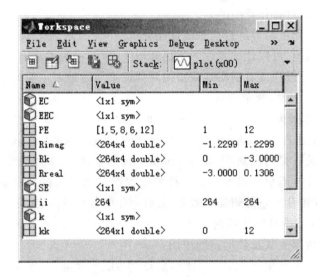

图 5.7-6 工作空间的内存变量

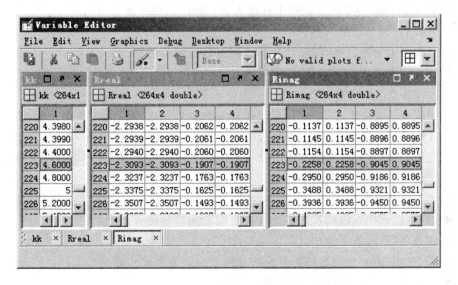

图 5.7-7 处于数据关联状态的内存变量

(8) 使图形窗处于数据"可刷取"状态
- 点击 figure(1) 第一图形窗上的数据刷图标 ✎，使该图形曲线数据点处于"可刷取"状态。
- 再点击 figure(2) 第二图形窗上的数据刷图标 ✎，使该图形曲线数据点处于"可刷取"状态。

(9) 数据刷取得联动操作
- 使 figure(1) 和 figure(2) 两个图形窗，以及变量编辑器同时处于屏幕的前台。
- 在 figure(2) 图形窗上，用"十字形"鼠标在三维根轨迹的任何一支上进行"点选"或"拉刷"，就会使所有与该"被选点"关联的曲线、内存变量的元素被颜色标记。
  比如，由于用鼠标在 figure(2) 上的第一支根轨迹上进行了点选，就出现如图 5.7-8 那样的连锁标识效果，即所有关联数据点都被"红色"醒目地标识。
  顺便指出：本书图 5.7-2 和图 5.7-3 中的"红色大标点"；图 5.7-7 中的"红色标记元素"都是进行这种操作产生的。

(10) 借助数据联动机制可进行的系统性能分析
- 二维常规根轨迹，可以让读者在熟悉的环境下，了解根轨迹与闭环系统性能的关系。
- 三维根轨迹，可以让读者清晰地获得闭环特征根与增益大小的关系：$z=0$ 平面，对应着 $kk=0$，随增益变大，两个实根沿着 $y=0$ 平面向上且相向运动，直到成为重根；增益进一步加大，实根消失，成为共轭复根；增益再增大时，复根的虚部变大，并且其中一对复根的实部不断减小，向 0 靠近，导致系统振荡加剧；当那对实根穿越虚轴后，系统不再稳定。
- 从数据关联及数据刷机制，可很容易地从曲线形态、特征根几何位置、特征根数值和增益放大倍数几方面交互式地获取各种关键数据。比如当在二维根轨迹上选中那实心小红点时，就可从变量编辑器中看到：被红色化的增益系数 kk 为 4.6（参见图 5.7-8）；Rreal 和 Rimag 中被红化的两组复根：-2.3093 ± 0.2258 和 -0.1907 ± 0.9045。
- 再注意以下数据关联及数据刷的应用：
  - 刷红 Rreal 为 0 的元素，就可读得刷红的 kk 元素值 8.16，就是"临界增益放大倍数"，并同时在根轨迹图联动地标出红点。
  - 刷红 Rimag 为 0 的元素中下标最大者，即可得到"导致重根的增益倍数" 4.33。

【说明】
- 本例涉及的主要内容：符号法计算绘制根轨迹所需的 kk 和 Rk 数组；三维根轨迹的绘制；利用"数据联动"和"数据刷"机制进行根轨迹数据探索。这三部分内容具有相对独立性和各自应用的普适性。
- 本例产生三维根轨迹的方法，不仅适用于增益为可变参数的单位负反馈系统，也适用于其他单可变参数的非最小相位系统，适用于研究状态矩阵中任何元素变化时根轨迹的变化。换句话说，与控制传统教科书上的根轨迹法相比，这种研究单参数对特征方程根影响的"计算机直接求根法"有独特的优势。
- 本例为提高求根速度，采用符号和数值混合算法。具体如下：
  - 指令〈1〉到〈5〉，借助符号算法求含参数 k 的降幂符号多项式；
  - 指令〈9〉将参数 k 数值化；
  - 指令〈10〉将不含参数的符号多项式转变为数值多项式的系数数组；
  - 指令〈11〉采用数值法快速求根。
- 指令〈6〉用于设定的增益数组 kk。该数组采用非等距采样，以便"临界增益系数"和

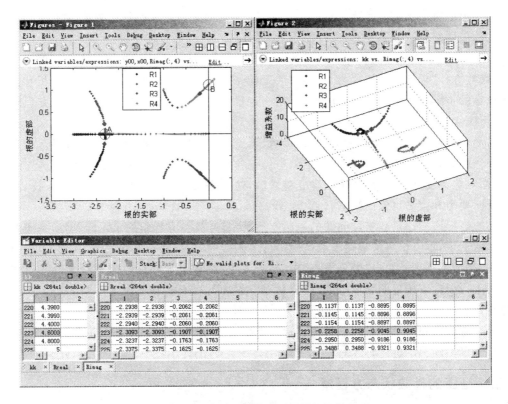

图 5.7-8 关联数据被同时自动标识的效果

"重根对应增益系数"的图形获取更精确。

- 在第〈15〉〈26〉条指令中，x 和 y 坐标数据之所以用变量 Rreal 和 Rimag 提供，而不用看似简化的表达式 real(Rk) 及 imag(Rk) 提供，是为了数据联动。关于数据联动和数据刷的应用细节，请参阅第 6.8 节。
- 对于 5 阶及 5 阶以上的多项式方程，没有一般的求根公式。这个结论是由挪威数学家 Niels Henrik Abel(1802—1829)经严格证明后于 1824 年给出的。
- 由于本例特征根方程阶数为 4，所以在指令〈4〉中用 solve 对特征方程求解析解。这种以 k 为参数的特征根解析解，可直接用来计算绘制根轨迹的采样数据。

5.7.2 代数状态方程求符号传递函数

在"信号和系统"或"自动控制原理"教科书中，几乎都有专门章节用于讲授"梅逊算法"和"结构框图算法"。实现这些算法依靠的是一些特定"规则"或"技巧"，完成这些算法需要的只是"一张纸"和"一支笔"。

利用信号流图(Signal-flow graphs)求解系统传递函数的原始思想由 S. J. Mason(1921—1974)在 1953 年提出。经其对代数方程 Cramer 求解法的长期深入研究，于 1960 年归纳成著名的梅逊增益公式(Mason gain formula)

$$\frac{Y}{U} = \frac{1}{\Delta} \cdot \sum_{k=1}^{n} p_k \Delta_k$$

式中：Y、U 分别是信流图的输出、输入；Δ 是信流图的特征式(即状态矩阵的行列式)；p_k 是从

输入到输出的第 k 条前向通路增益;Δ_k 是与第 k 条前向通路对应的信流图余因式;n 是输入输出间的前向通路总数。

这两种产生 20 世纪的"50、60 年代的"梅逊算法"和"结构框图算法",一方面高度巧妙地把"高阶代数方程"求解问题转化为一系列"手工计算规则",为控制系统建模、电路分析和设计作出了卓越的贡献;另一方面,它们的产生,在一定意义上,也是出于"缺乏高阶线性方程解算工具"的历史无奈。

时至今日,虽然由于文献积淀、知识传承、历史惯性和算法本身的"手工可算性",现在使用的相当一些教科书、工程文件和科研文献中仍包含"结构框图算法"和"梅逊算法"这方面的内容;但面对愈益复杂的系统,特别是多变量系统,这些手工算法暴露出了过于繁琐、技巧性高、特别费时费力和容易出错的缺陷。

系统(符号)传递函数求取问题的原始本质是"符号代数方程组的求解问题"。基于对这原始本质的认识,本节将集中描述求取(符号)传递函数的"代数状态方程法"。在此,冠以"代数"修饰词,是为了区别于源自"微分方程"或"差分方程"的状态方程。但该方法无论从形式上还是本质上,都与 S-传递函数求取的"微分状态方程法"、Z-传递函数求取的"差分状态方程法"十分相似。

为节省篇幅和易于读者理解,"代数状态方程法"求取符号传递函数的步骤和 M 码实现分为 3 小节以不同算例进行。

1. 结构框图的代数状态方程解法

【例 5.7-1】 求图 5.7-9 所示某三环系统的传递函数。本例演示:系统"代数状态方程"的建立;根据代数状态方程求系统的传递函数;编写 M 码时,系统矩阵的输入采用"全元素赋值法"。

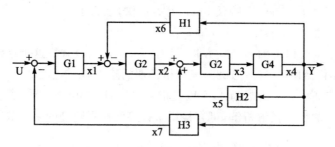

图 5.7-9 三环系统的结构框图

(1) 在结构框图上标识状态变量

参照箭头流向,把结构框图中各方块的输出量依次标识为状态变量 $x_1, x_2, \cdots, x_7$。

(2) 建立代数状态方程

$$\begin{cases} x = Ax + bU \\ Y = cx \end{cases} \tag{5.7-1}$$

根据结构框图,填写式(2.7-1)中矩阵 A, b, c 的各元素。即把式(2.7-1)具体化为

$$\begin{bmatrix} x_1 \\ x_2 \\ x_3 \\ x_4 \\ x_5 \\ x_6 \\ x_7 \end{bmatrix} = \begin{bmatrix} 0 & 0 & 0 & 0 & 0 & 0 & -G_1 \\ G_2 & 0 & 0 & 0 & 0 & -G_2 & 0 \\ 0 & G_3 & 0 & 0 & G_3 & 0 & 0 \\ 0 & 0 & G_4 & 0 & 0 & 0 & 0 \\ 0 & 0 & 0 & H_2 & 0 & 0 & 0 \\ 0 & 0 & 0 & H_1 & 0 & 0 & 0 \\ 0 & 0 & 0 & H_3 & 0 & 0 & 0 \end{bmatrix} \cdot \begin{bmatrix} x_1 \\ x_2 \\ x_3 \\ x_4 \\ x_5 \\ x_6 \\ x_7 \end{bmatrix} + \begin{bmatrix} G_1 \\ 0 \\ 0 \\ 0 \\ 0 \\ 0 \\ 0 \end{bmatrix} \cdot U$$

$$Y = \begin{bmatrix} 0 & 0 & 0 & 1 & 0 & 0 & 0 \end{bmatrix} \cdot \begin{bmatrix} x_1 \\ x_2 \\ x_3 \\ x_4 \\ x_5 \\ x_6 \\ x_7 \end{bmatrix}$$

(5.7-2)

(3) 据代数状态方程求传递函数的理论演绎

对式(2.7-1)的第一个方程进行整理,可以写出

$$\boldsymbol{x} = (\boldsymbol{I} - \boldsymbol{A})^{-1} \boldsymbol{b} U \tag{5.7-3}$$

再把此式代入式(2.7-1)的第二个方程,即输出方程,可得

$$Y = \boldsymbol{c}(\boldsymbol{I} - \boldsymbol{A})^{-1} \boldsymbol{b} U$$

进而可得传递函数

$$G = \frac{Y}{U} = \boldsymbol{c}(\boldsymbol{I} - \boldsymbol{A})^{-1} \boldsymbol{b} \tag{5.7-4}$$

(4) 代数状态方程法计算传递函数的 M 码

当系统矩阵 $\boldsymbol{A}, \boldsymbol{b}, \boldsymbol{c}$ 的规模较小时,采用"全元素赋值法"进行编码也许是直观和适当的。具体如下:

```
syms G1 G2 G3 G4 H1 H2 H3
A = [   0,    0,    0,    0,    0,    0, -G1;
       G2,    0,    0,    0,    0,  -G2,   0;
        0,   G3,    0,    0,   G3,    0,   0;
        0,    0,   G4,    0,    0,    0,   0;
        0,    0,    0,   H2,    0,    0,   0;
        0,    0,    0,   H1,    0,    0,   0;
        0,    0,    0,   H3,    0,    0,   0];
b = [ G1;  0;  0;  0;  0;  0;  0];
c = [  0,   0,   0,   1,   0,   0,   0];
Y2Ua = c * ((eye(size(A)) - A)\b);     %利用"左除"取代"求逆",计算传递函数
disp([blanks(5),'传递函数 Y2Ua 为 '])
pretty(Y2Ua)
```

传递函数 Y2Ua 为

```
                            G1 G2 G3 G4
―――――――――――――――――――――――――――――――――
G2 G3 G4 H1 − G3 G4 H2 + G1 G2 G3 G4 H3 + 1
```

【说明】
- 本例所演示的算法，对更为复杂的结构框图也适用。换句话说，代数状态方程的建立方法、根据状态方程求取传递函数的"程式"、具体算法的 M 码等，都具有通用性。
- 图 5.7-1 所示结构框图是许多"自动控制原理"及"信号和系统"教科书中的典型例题。有兴趣的读者可以进行比较对照。
- 在编写程序时，(10×10)以下规模矩阵的输入，可以采用"全元素赋值法"因为这种输入法比较直观。

2. 信号流图的代数状态方程解法

【例 5.7-2】 作为比较，画出图 5.7-1 所示结构框图的等价信号流图，并据此信号流图运用"代数状态方程"求系统的传递函数。本例演示：信号流图的代数状态方程的建立；根据代数状态方程求传递函数；在 $G_1=\dfrac{100}{s+10}, G_2=\dfrac{1}{s+1}, G_3=\dfrac{s+1}{s^2+4s+4}, G_4=\dfrac{s+1}{s+6}, H_1=\dfrac{2s+12}{s+1}$，$H_2=\dfrac{s+1}{s+2}, H_3=1$ 的情况下，求取参数具体化的传递函数。

(1) 根据图 5.7-1 画出相应的信号流图 5.7-10

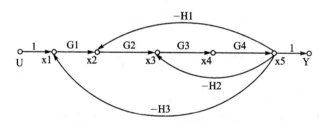

图 5.7-10 三环系统的信号流图

(2) 代数状态方程法求取信号流图传递函数的数学原理

首先对信号流图的节点进行如图 5.7-2 所示的状态变量 $x_1, x_2, \cdots, x_5$ 标识，然后根据信号流向写出如下状态代数方程。

$$\begin{bmatrix} x_1 \\ x_2 \\ x_3 \\ x_4 \\ x_5 \end{bmatrix} = \begin{bmatrix} 0 & 0 & 0 & 0 & -H_3 \\ G_1 & 0 & 0 & 0 & -H_1 \\ 0 & G_2 & 0 & 0 & H_2 \\ 0 & 0 & G_3 & 0 & 0 \\ 0 & 0 & 0 & G_4 & 0 \end{bmatrix} \cdot \begin{bmatrix} x_1 \\ x_2 \\ x_3 \\ x_4 \\ x_5 \end{bmatrix} + \begin{bmatrix} 1 \\ 0 \\ 0 \\ 0 \\ 0 \end{bmatrix} \cdot U$$

$$Y = \begin{bmatrix} 0 & 0 & 0 & 0 & 1 \end{bmatrix} \begin{bmatrix} x_1 \\ x_2 \\ x_3 \\ x_4 \\ x_5 \end{bmatrix}$$

(5.7-5)

此式可简记为

$$\begin{cases} x = Ax + bU \\ Y = cx \end{cases}$$

并据此写出传递函数

$$G = \frac{Y}{U} = c(I - A)^{-1}b \qquad (5.7-6)$$

（3）实现以上算法的 M 码

```
syms G1 G2 G3 G4 H1 H2 H3
A = [     0,    0,    0,    0, -H3;
         G1,    0,    0,    0, -H1;
          0,   G2,    0,    0,  H2;
          0,    0,   G3,    0,   0;
          0,    0,    0,   G4,   0];
b = [     1;    0;    0;    0;   0];
c = [     0,    0,    0,    0,   1];
Y2Ub = c * ((eye(size(A)) - A)\b);       %求传递函数
disp([blanks(5),'传递函数 Y2Ub 为'])
pretty(Y2Ub)
```

传递函数 Y2Ub 为

```
              G1 G2 G3 G4
    -----------------------------
    G2 G3 G4 H1 - G3 G4 H2 + G1 G2 G3 G4 H3 + 1
```

（4）方块参数具体化时的传递函数

```
syms s
Sblock = {100/(s+10),1/(s+1),(s+1)/(s^2+4*s+4),(s+1)/(s+6),(2*s+12)/(s+1),(s+
1)/(s+2),1};            %模块的传递函数                                    <9>
Y2Uc = simple(subs(Y2Ub,{G1,G2,G3,G4,H1,H2,H3},Sblock));             %      <10>
[NN,DD] = numden(Y2Uc);        %分离出分子、分母多项式
NN = expand(NN);               %分子多项式展开
disp('参数具体化的传递函数 Y2Uc 为')
pretty(NN/DD)
```

参数具体化的传递函数 Y2Uc 为

```
                    2
          100 s  + 300 s + 200
    ---------------------------------
     5       4       3       2
    s  + 21 s + 157 s + 663 s + 1301 s + 910
```

〖说明〗

- 把本例计算结果 Y2Ub 与例 5.7-1 的计算结果 Y2Ua 进行比较,显然,两者完全相同。

- 本例指令〈9〉〈10〉实施变量置换。请注意：指令中"花括号"的用法。
- 本例所得的"参数具体化传递函数 Y2Uc"与例 8.8-7 结果相同。
- 本例方法可以推广应用于复杂的多输入多输出系统。

3. 多输入、多输出系统传递矩阵的求取

无论结构框图算法，还是梅逊算法，都难以直接运用于多输入多输出系统传递函数的求取。然而，本节建议的代数状态方程法，可以轻而易举地解决复杂系统传递函数的求取问题。

【例 5.7-3】 运用"代数状态方程法"求图 5.7-11 所示"2 输入 2 输出"系统的传递矩阵。本例演示多输入多输出系统传递矩阵的"代数状态方程"求取法；在书写 M 码时，系统状态矩阵创建的"关联元素赋值法"；对于复杂符号表达式，如何采用公因式简化表达；所求复杂系统传递函数的正确性检验。

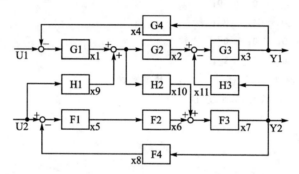

图 5.7-11　某 2 输入 2 输出系统的结构框图

（1）多输入多输出系统的数学描述

对系统中各方块输出口的状态变量依次进行如图 2.7-3 所示编号。

根据框图结构和信号流向，写出如下状态代数方程。

$$\begin{cases} x = Ax + Bu \\ y = Cx \end{cases} \tag{5.7-7}$$

其中 $x = [x_1, x_2, \cdots, x_{10}]^T, u = [U_1, U_2]^T, y = [Y_1, Y_2]^T$。而矩阵 A, B, C 都是非零元素很少的稀疏矩阵。据式(5.5-5)可写出输入输出关系及传递矩阵

$$y = Gu \tag{5.7-8}$$

$$G = C(I-A)^{-1}B \tag{5.7-9}$$

（2）求取传递矩阵的状态方程法的 M 码实现

由于矩阵 A, B, C 是稀疏型矩阵，所以当矩阵规模较大时，采用"关联元素赋值法"编码较为简便。以状态变量 x_1 为例，由结构框图和状态方程可直接写出

$$x_1 = G_1(U_1 - x_4) = -G_1 x_4 + G_1 U_1 = a_{14} x_4 + b_{11} U_1 \tag{5.7-10}$$

因此，状态变量 x_1 的矩阵关联元素

$$a_{14} = -G_1, b_{11} = G_1 \tag{5.7-11}$$

其他状态变量和输出变量的关联元素赋值方法与此类似。具体编码如下：

```
% 建立状态方程 A,B,C
clear
syms G1 G2 G3 G4 H1 H2 H3
```

```
syms F1 F2 F3 F4
syms W                                  % 供简洁化表达式用的符号参数
A = sym(zeros(11,11));B = sym(zeros(11,2));C = sym(zeros(2,11));
                % 根据11个状态数、2输入2输出数生成相应大小的全零矩阵 A,B,C
A(1,4) = -G1;B(1,1) = G1;               % 对第1状态变量的关联元素赋值
A(2,1) = G2;A(2,9) = G2;                % 对第2状态变量的关联元素赋值
A(3,2) = G3;A(3,11) = -G3;
A(4,3) = G4;
A(5,8) = -F1;B(5,2) = F1;
A(6,5) = F2;
A(7,6) = F3;A(7,10) = F3;
A(8,7) = F4;
B(9,2) = H1;
A(10,1) = H2;A(10,9) = H2;
A(11,7) = H3;
C(1,3) = 1;                             % 对第1输出量的关联元素赋值
C(2,7) = 1;                             % 对第2输出量的关联元素赋值

% 状态方程法求传递矩阵
G = C * ((eye(size(A)) - A)\B);         % 据式(5.7-9)写 M 码              <19>

% 为简洁表达
[GG,W] = subexpr(G,W);                  % 为表达简洁,进行公因式 w 抽取    <20>
disp('GG(1,1) = '),disp(simple(GG(1,1))),disp(' ')
disp('GG(1,2) = '),disp(simple(GG(1,2))),disp(' ')
disp('GG(2,1) = '),disp(simple(GG(2,1))),disp(' ')
disp('GG(2,2) = '),disp(simple(simple((GG(2,2))))),disp(' ')
disp('W = '),disp(simple(W))
GG(1,1) =
G1*G3*W*(G2 - F3*H2*H3 + F1*F2*F3*F4*G2)


GG(1,2) =
G3*W*(G2*H1 - F1*F2*F3*H3 - F3*H1*H2*H3 + F1*F2*F3*F4*G2*H1)


GG(2,1) =
F3*G1*H2*W


GG(2,2) =
F3*W*(F1*F2 + H1*H2 + F1*F2*G1*G2*G3*G4)


W =
1/(F1*F2*F3*F4 + G1*G2*G3*G4 - F3*G1*G3*G4*H2*H3 + F1*F2*F3*F4*G1*G2*G3*G4 + 1)
```

(3) 正确性验算

由于系统复杂,进行全面的人工验算相当困难。下面进行局部性验算。

```
G_1to1 = simple(subs(G(1,1),[H1,H2,H3],[0,0,0]));                    % <26>
                                % 计算 H1,H2,H3 被切断时的(Y1/U1)传递函数
disp('当 H1 = 0,H2 = 0,H3 = 0 时,(Y1/U1)的传递函数为 ')
pretty(G_1to1)
```

当 H1 = 0,H2 = 0,H3 = 0 时,(Y1/U1)的传递函数为

$$\frac{G1\ G2\ G3}{G1\ G2\ G3\ G4\ +\ 1}$$

```
G_2to2 = simple(subs(G(2,2),[H1,H2,H3],[0,0,0]));                    % <29>
                                % 计算 G5,G6 被切断时的(Y2/U2)传递函数
disp('当 H1 = 0,H2 = 0,H3 = 0 时,(Y2/U2)的传递函数为 ')
pretty(G_2to2)
```

当 H1 = 0,H2 = 0,H3 = 0 时,(Y2/U2)的传递函数为

$$\frac{F1\ F2\ F3}{F1\ F2\ F3\ F4\ +\ 1}$$

〖说明〗
- 对于规模较大的稀疏矩阵,采用"关联元素赋值法"比较适宜。
- 在"关联元素赋值法"中,对各状态变量表达式的认识一定要清晰、准确。比较谨慎的做法是:先根据结构框图(或信号流图),写出如本例中的式(5.7 - 10)和(5.7 - 11)那样的各状态变量的"关联元素"解析表达式;然后,再编写相应的 M 码。
- 复杂系统传递函数的正确性检验比较困难。在本例中,采用"切断"某些连接,把复杂系统分割成若干较小、较易手算的子系统;然后,检验子系统传递函数的正确性。应该指出:这种方法,比较容易执行,但不是"终极验证法"。
- 复杂系统传递函数的符号表达式往往比较繁冗,因此采用"公因式"简化表达式常常是必须的。参见本例的指令〈20〉。
- 顺便指出:指令〈19〉,涉及(11×11)矩阵除法,需要费些计算时间,对 MuPAD 尤其如此,运行时要有些耐心。

5.8 符号计算结果的可视化

符号计算结果的可视化有两条途径:一,利用计算获得的符号表达式直接绘图;二,根据获得的符号表达式或符号数值结果,进而转换得到数值数据,再利用 MATLAB 的数值绘图指令绘制所需的图形。

5.8.1 直接可视化符号表达式

MALTAB 中有一组专门实现函数可视化的指令,其名称特点是:名称前两个字符都是

"ez",其含义为"Easy to"。表 5.8-1 列出了这些指令的名称。这组指令适用于多种类型函数：符号函数、字符串函数、M 文件函数和句柄函数等。

表 5.8-1 简捷作图指令汇总

指令名	含义	可执行示例
ezcontour	画等位线	ezcontour('cos(x+sin(y))−sin(y)'),colormap(jet)
ezcontourf	画填色等位线	colormap(flipud(cool)),ezmesh('sin(x)*sin(y)') hidden off,hold on, ezcontourf('sin(x)*sin(y)'),view([34,62]) ,hold off
ezmesh	画网线图	ezmesh('exp(−s)*cos(t)','exp(−s)*sin(t)','t',[0,8,0,4*pi])
ezmeshc	画带等位线的网线图	ezmeshc('y/(1 + x^2 + y^2)',[−5,5,−2*pi,2*pi])
ezplot	画二维曲线	ezplot('1/y−log(y)+log(−1+y)+x − 1')
ezplot3	画三维曲线	ezplot3('sin(3*t)*cos(t)','sin(3*t)*sin(t)','t','animate')
ezpolar	画极坐标曲线	ezpolar('sin(tan(t))')
ezsurf	画曲面图	ezsurf('(x+8)*((y)^2)/((x+8)^2 + (y)^4+eps)','circ') shading interp,colormap(flipud(hot)),view([83,84])
ezsurfc	画带等位线的曲面图	ezsurfc('sin(x)*sin(y)')

1. 单独立变量符号函数的可视化

ezplot(Fx,[xmin,xmax,ymin,ymax])
    在指定 x 和 y 范围内,绘制 $y=f(x)$ 描写的平面曲线
ezplot(Fxy,[xmin,xmax,ymin,ymax])
    在指定 x 和 y 范围内,绘制 $f(x,y)=0$ 描写的平面曲线
ezplot(xt,yt,[tmin,tmax])
    在指定 t 范围内,绘制 $x=x(t),y=y(t)$ 描写的平面曲线
ezplot3(xt,yt,zt,[tmin,tmax])
    在指定 t 范围内,绘制[x(t),y(t),z(t)]描写的三维空间曲线

〖说明〗
- 平面曲线指令 ezplot 的第一(和第二)输入量可以有三种形式：Fx；Fxy；xt,yt。它们表示的数学含义分别是：$y=f(x)$；$f(x,y)=0$；$x=x(t),y=y(t)$。但不管何种表达方式,它们都应是描写具有一个独立变量的曲线的适当形式(见例 5.8-1、例 2.3-12)。
- 空间曲线指令 ezplot3 的前三个输入量 xt, yt, zt, 都采用参数表达形式。注意：空间曲线也只有一个独立变量。
- 函数输入量 Fx；Fxy；xt, yt, zt 的程序表现可以是：符号函数、字符表达函数、函数 M 文件句柄、匿名函数句柄。
- ezplot 会自动把被绘函数和自变量分别标写为图名和横轴名。但用户也可以根据需要,使用 title, xlabel 指令重写图名(见例 5.8-1)和横轴名。
- ezplot 指令不能制定所绘曲线的线型和色彩,也不允许同时绘制多条曲线；但采取一些辅助措施,仍可实现色彩控制和重绘(见例 2.3-12)。

- text, gtext, grid, zoom, ginput 等指令可用于 ezplot 绘制的图形。

【例 5.8 - 1】 绘制 $y = \frac{2}{3}\mathrm{e}^{-\frac{t}{2}}\cos\frac{\sqrt{3}}{2}t$ 和它的积分 $s(t) = \int_0^t y(t)\mathrm{d}t$ 在 $[0, 4\pi]$ 间的图形 (图 5.8 - 1)。本例演示:单一的"一元符号函数"的直接可视化;多子图图形窗;图名的自动标注和重写。

```
syms t tao
y = 2/3 * exp( - t/2) * cos(sqrt(3)/2 * t)      %定义符号函数 y(t)
s = subs(int(y,t,0,tao),tao,t)                  %获得积分函数 s(t)
subplot(2,1,1)                                  %指定分上下子图中的"上子图"
ezplot(y,[0,4 * pi]),ylim([ - 0.2,0.7])
grid on                                         %坐标纸上打网格
subplot(2,1,2)                                  %指定"下子图"
ezplot(s,[0,4 * pi])
grid on
title('s = \int y(t)dt')                        %重写下子图图名
y =
(2 * cos((3^(1/2) * t)/2))/(3 * exp(t/2))
s =
1/3 - (2 * (cos((3^(1/2) * t)/2)/2 - (3^(1/2) * sin((3^(1/2) * t)/2))/2))/(3 * exp(t/2))
```

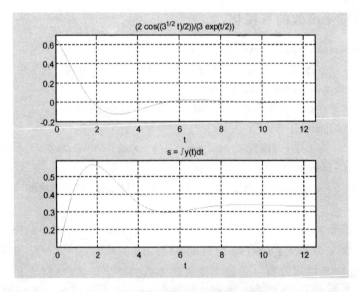

图 5.8 - 1 ezplot 使用示例

〖说明〗

- 本例 ezplot 中的待画函数是"单一的符号表达式",MATLAB 自动识别出变量 t 是"独立自由变量"。体现 ezplot 这种用法的算例还有例 5.3 - 10、例 5.4 - 2、例 5.4 - 3 和例 5.5 - 2。
- 不管在二维平面上,还是在三维空间中,使用参变量画曲线时,每个"维度"变量都应表达为"单参变量"的函数。

- 函数绘图指令 ezplot 和数值绘图指令 plot 可以混合使用(见例 5.4-3)。

2. 双独立变量符号函数的可视化

ezsurf(Fxyz,dom_f)	在指定矩形域上画二元函数 $F(x,y,z)=0$ 曲面
ezsurf(Fxyz,dom_f,'circ')	在圆形域上画二元函数 $F(x,y,z)=0$ 曲面
ezsurf(x,y,z,dom_st,ngrid)	在指定矩形域上画 $x=x(s,t),y=y(s,t),z=z(s,t)$ 曲面
ezsurf(x,y,z,dom_st,'circ')	在圆形域上画 $x=x(s,t),y=y(s,t),z=z(s,t)$ 曲面

〖说明〗
- 曲面指令 ezsurf 的第一(和第二、三)输入量可以有两种形式:Fxyz; x, y, z。它们分别表示的数学含义是:$F(x,y,z)=0$;$x=x(s,t),y=y(s,t),z=z(s,t)$。但不管何种表达方式,这些输入量描写的曲面一定有两个独立变量。
- 函数输入量 Fxyz; x, y, z 的程序表现可以是:符号函数、字符表达函数、函数 M 文件句柄、匿名函数句柄。
- dom_f 取二元数组[a, b] 时,自变量范围是 $a \leqslant x \leqslant b, a \leqslant y \leqslant b$;
  dom_f 取四元数组[a,b,c,d] 时,自变量范围是 $a \leqslant x \leqslant b, c \leqslant y \leqslant d$。
- dom_st 取二元数组[a, b] 时,自变量范围是 $a \leqslant s \leqslant b, a \leqslant t \leqslant b$(假设参量是 s, t);
  dom_st 取四元数组[a,b,c,d] 时,自变量范围是 $a \leqslant s \leqslant b, c \leqslant t \leqslant d$(假设参量是 s, t)。
- ngrid 是用来指定绘图"格点"数的。格点愈多,曲面表现愈细腻。默认时,ngrid=60。
- 输入宗量 'circ' 指定图形在"圆域"上绘制。圆域为极坐标系,其中心在 $\left[\dfrac{a+b}{2}, \dfrac{c+d}{2}\right]$ 处,半径 $r_m = \sqrt{\left(\dfrac{b-a}{2}\right)^2 + \left(\dfrac{d-c}{2}\right)^2}$。
- ezsurf 绘图时会自动标识图名、轴名。但用户也可用 title,xlabel 等指令重写所需的名称。
- 所有修饰指令,如 text, colormap, shading, light 等都可以用于 ezsurf 所画的图形。
- 其他在三维空间中绘制曲面的指令 ezmesh,ezcontour 等的使用方法,与 ezsurf 相似。

【例 5.8-2】 使用球坐标参量画部分球壳(图 5.8-2)。

```
clf
x = 'cos(s) * cos(t)';              % 两个独立参量描写 x
y = 'cos(s) * sin(t)';              % 两个独立参量描写 y
z = 'sin(s)';                       % 两个独立参量描写 z
ezsurf(x,y,z,[0,pi/2,0,3 * pi/2])   % 0≤s≤0.5π,0≤t≤1.5π
view(17,40)                         % 观察视角控制
shading interp
colormap(spring)                    % 绘制图形所用色图的设置
light('position',[0,0, - 10],'style','local')     % 灯光控制
light('position',[ - 1, - 0.5,2],'style','local')
material([0.5,0.5,0.5,10,0.3])      % 曲面质感控制
```

〖说明〗
- 与 ezsurf 参变量调用格式相似的指令还有 ezmesh, ezmeshc, ezsurfc 等,(见例 5.8-2)。
- 在三维空间中,使用参变量画曲面时,每个"维度"变量都应表达为"两个参变量"的函数。

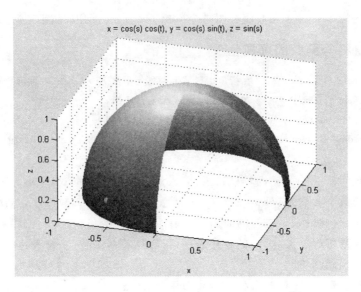

图 5.8-2　ezsurf 在参变量格式下绘制的图形

5.8.2　符号计算结果的数值化绘图

先把符号计算结果数值化,然后再利用 MATLAB 丰富的绘图指令实现可视化,也是比较常用的一种方法。以下通过算例进行演示。

【**例 5.8-3**】　符号法求函数 $y=f(x)=1-\dfrac{2}{1+\mathrm{e}^x}$ 的积分,用 plot 指令绘制函数及其积分函数的曲线(图 5.8-3);对反函数积分的两种算法进行可视化比较(图 5.8-4)。本例演示:从符号计算结果产生双精度数值化数据;了解反函数性质;计算反函数积分的互补法。

(1) 函数 $y=f(x)=1-\dfrac{2}{1+\mathrm{e}^x}$ 及其积分函数 $\int_0^x f(x)\mathrm{d}x$

```
clear
syms x y real              %假设在实数域中
fx = 1 - 2/(1 + exp(x));   %创建函数
disp('f(x) = ')
pretty(fx)
disp(' ')
fxint = int(fx,x,0,x)      %计算积分函数
f(x) =

          2
 1 -  ----------
      exp(x) + 1


fxint =
2 * log(exp(x) + 1) - log(4) - x
```

(2) 从符号结果获得数值绘图数据(参见图 5.8-3)

```
xk = 0:0.1:2;                  % 指定自变量 x 的双精度数值采样点数组 xk
fxk = subs(fx,x,xk);           % 获得对应的 f(x) 双精度数组
fxintk = subs(fxint,x,xk);     % 对应 xk 数求"f(x)关于 x 的积分数组"
plot(xk,fxk,'g',xk,fxintk,'r + -','LineWidth',2.5)
                               % 用双精度数组绘制曲线,注意:plot 只接受数值数据
title('函数及其积分函数')
xlabel('x')
legend('f(x)','\int^x_0 f(x) dx','Location','best')
```

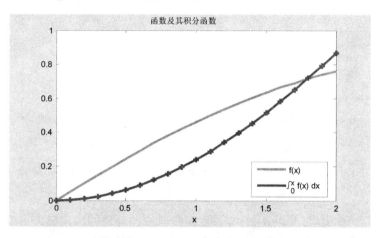

图 5.8-3 用双精度数据绘曲线

(3) 求反函数 $x=g(y)$

```
gy = subs(finverse(fx),x,y)    % 求 f(x) 的反函数 g(y)
gyint = int(gy,y,0,y)          % 求 g(y) 的积分函数
gy =
log(-(y + 1)/(y - 1))
gyint =
piecewise([y < 1, log(1 - y^2) + y*log(y + 1) - y*log(1 - y)], [1 <= y, log(y^2 - 1) +
y*log(-(y + 1)/(y - 1)) - pi*i])
```

(4) 关系一:函数和反函数的互反性 $g(f(x))=x, f(g(y))=y$

```
gf = simplify(subs(gy,y,fx))   % 检验
gf =
x
```

(5) 关系二:函数积分 $\int_a^x f(t)\mathrm{d}t$ 与反函数积分 $\int_{f(a)}^{f(x)} g(y)\mathrm{d}y$ 是关于"自变量与函数值所围矩形面积" $xf(x)$ 互补的,即 $\int_a^x f(t)\mathrm{d}t + \int_{f(a)}^{f(x)} g(y)\mathrm{d}y = xf(x)$

```
yk = subs(fx,x,xk);            % 对应 xk 的 yk 数组
gyintk = subs(gyint,y,yk);     % 直接法求"g(y)关于 y 的积分数组"
GYintk = xk.*fxk - fxintk;     % 借助互补关系计算反函数积分
plot(yk,gyintk,'r','LineWidth',5)
hold on
```

```
plot(yk,GYintk,'*k','MarkerSize',15)
hold off
xlabel('y')
legend('直接法计算反函数积分','互补法求反函数积分','location','best')
```

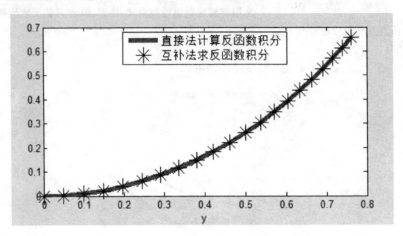

图 5.8-4　反函数积分两种算法结果比较

〖说明〗

- 在 MATLAB 中，与 ezplot 相比，plot 指令对绘图对象的操控能力更强。因此，利用符号计算结果产生 plot 所需的双精度数据绘图是较常遇到的一种操作。在本书中，类似处理的还有例。
- 本例介绍的"反函数求积的互补法"是解决"隐式反函数积分"的一种有效途径。比如，$f(x)=2-\dfrac{1}{1+\mathrm{e}^{-x}}-\dfrac{1}{1+\mathrm{e}^{-(x-1)}}$ 反函数的积分，若不用互补法求，恐怕会有点麻烦。

5.8.3　可视化与数据探索

【例 5.8-4】　借助可视化手段，加深 Taylor 展开的邻域近似概念。借助图形研究函数 $f(x,y)=\sin(x^2+y)$ 在 $x=0,y=0$ 处的截断 9 阶小量的 Taylor 展开。本例演示：通过对较大范围内的原函数图形（图 5.8-5）和展开式图形（图 5.8-6）观察，感受两者完全不同的形态；通过在 $x=0,y=0$ 小范围内原函数图形（图 5.8-7）和展开式图形（图 5.8-8）观察，感受两者形态之间的接近；通过 $x=0,y=0$ 处的误差函数图形，观察 Taylor 展开在"邻域"内的近似性能；小字符串合并成大字符串；ezsurf 的"圆域"绘图格式。

(1) 计算 Taylor 展开

```
TL1 = evalin(symengine,'mtaylor(sin(x^2+y),[x,y],8)')  % 字符串类型计算结果
TL1 =
(x^6*y^2)/12 - x^6/6 + (x^4*y^3)/12 - (x^4*y)/2 - (x^2*y^6)/720 + (x^2*y^4)/24 - (x^2*y^2)/2 + x^2 - y^7/5040 + y^5/120 - y^3/6 + y
```

(2) 构造原函数和误差函数

```
Fxy = sym('sin(x^2+y)')

Fxy_TL1 = Fxy - TL1             % 误差

Fxy =
```

sin(x^2 + y)
Fxy_TL1 =
sin(x^2 + y) - y + (x^2*y^2)/2 - (x^2*y^4)/24 - (x^4*y^3)/12 + (x^2*y^6)/720 - (x^6*y^2)/12 + (x^4*y)/2 - x^2 + x^6/6 + y^3/6 - y^5/120 + y^7/5040

(3) 在 $-4 \leqslant x \leqslant 4, -6 \leqslant y \leqslant 6$ 范围内的原函数曲面(图 5.8-5)

```
figure(1)                                    % 清图形窗
ezsurf(Fxy,[-2,2,-3,3])                      % 在矩形域里,画原函数曲面
shading interp                               % 对曲面进行"插补"形式的浓淡处理
view([-63,52])                               % 控制对图形的观察角
colormap(spring)
light,light('position',[-10,4,50],'style','local','color','r')
```

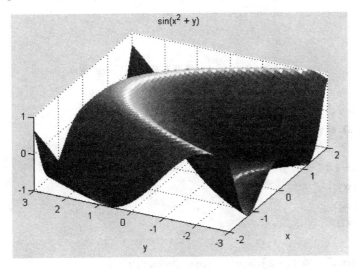

图 5.8-5 原函数在较大范围内的图形

(4) 在 $-4 \leqslant x \leqslant 4, -6 \leqslant y \leqslant 6$ 范围内的 Taylor 展开曲面(图 5.8-6)

```
figure(2)
ezsurf(TL1,[-2,2,-3,3])
shading interp
view([-43,54])
colormap(spring)
light
light('position',[-10,2,2],'style','local','color',[0.8,0.3,0.3])
light('position',[-2,-10,2],'style','local','color',[0.4,0.5,0.7])
```

(5) 在 $-0.5 \leqslant x \leqslant 0.5, -0.5 \leqslant y \leqslant 0.5$ 范围内的原函数和 Taylor 展开近似函数曲面(图 5.8-7 的两子图)

```
figure(3)
subplot(1,2,1),ezsurf(Fxy,[-0.5,0.5,-0.5,0.5],'circ')  % 圆形域上原函数
axis([-1,1,-1,1,-2,2])
shading interp
view([-49,17])
```

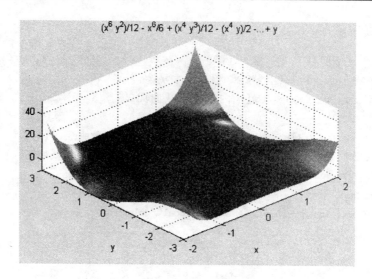

图 5.8-6 Taylor 展开在较大范围内的图形

```
light
light('position',[-30,0,-2],'style','local','color','r')
subplot(1,2,2),ezsurf(TL1,[-0.5,0.5,-0.5,0.5],'circ')
                           % 圆形域上 Taylor 近似函数
axis([-1,1,-1,1,-2,2])
shading interp
colormap(spring)
view([-49,17])
light
light('position',[-30,0,-2],'style','local','color','r')
```

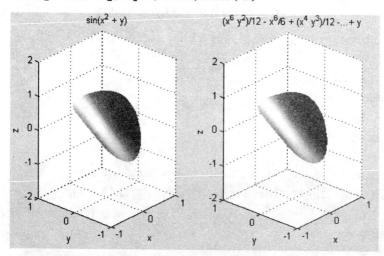

图 5.8-7 原函数和 Taylor 展开近似函数在小范围内的图形

(6) 在 $-0.5 \leqslant x \leqslant 0.5$，$-0.5 \leqslant y \leqslant 0.5$ 范围内的误差曲面（图 5.8-8）

figure(4)

```
ezsurf(Fxy_TL1,[-0.5,0.5],'circ')
shading interp
colormap(spring)
view([-53,34])
light
light('position',[-10,15,0],'style','local','color',[0.8,0.3,0.3])
```

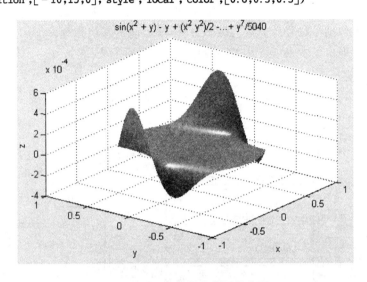

图 5.8-8 小范围内的误差曲面

〖说明〗
- 通过图 5.8-5～图 5.8-8,可以直观地感受到 Taylor 展开仅在"邻域"有较好的近似性能。
- 通过图 5.8-8,可以清晰地看到:只有在展开点附近的很小范围内,近似是比较准确的。邻域半径大约是 0.5 左右。当邻域半径增大时,误差会迅速增大。值得指出的是:这种定性判断,有时很难通过解析表达式获得。
- 关于 $f(x,y)=\sin(x^2+y)$ 在 $x=0,y=0$ 处的截断 9 阶小量的 Taylor 展开,还可参见例 5.10-4。

5.9 符号计算资源的数值环境应用

科技工作者很喜欢符号计算简洁、明了、亲和力强的特点,也常常希望能通过符号计算途径写出适于数值计算的 M 码,甚至产生出适于 Simulink 环境的模块。为满足这种需求,MATLAB 专门设计了指令 matlabFunction 和 emlBlock,使符号表达式向 M 码和 Simulink 模块的转换更加简便。

5.9.1 符号表达式、串操作及数值计算 M 码间的转换

MATLAB 引擎是其执行数值计算的原动力和核心资源,其本身不具备符号计算能力。在开启的 MATLAB 环境中,当定义第一个符号对象时,MuPAD 引擎就自动启动并承担符号

计算的工作。

MathWorks 公司借助"符号对象及重载的计算方法"构成了符号工具包(Symbolic Math Toolbox)。该工具包让 MATLAB 用户能在熟悉的环境中进行许多符号计算。本章前 8 节介绍了相关内容。为进一步发挥 MuPAD 的符号计算能力,本章将在第 5.9 和 5.10 节中更深入地介绍 MATLAB 与 MuPAD 两大引擎间的交互,而这种交互又离不开"字符串操作"。为此,本小节归纳性地展示"符号计算、串操作、数值 M 码"间的相互联系如下:
- 图 5.9-1 勾画了符号计算码与数值计算 M 码间的转换指令。
- 表 5.9-1 列出了本书所涉相关指令的节次和算例序号。

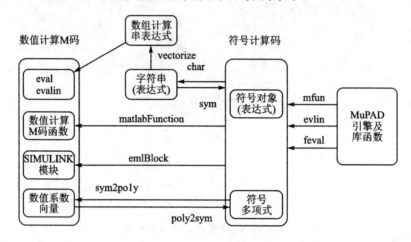

图 5.9-1　符号计算码与数值计算 M 码之间的转换指令

表 5.9-1　各指令的参考节次表

指令	参考节次、算例	指令	参考节次、算例
char	3.1.2, 3.2.2, 3.2.3, 3.2.4, 4.8.3, 5.2.1, 5.2.5, 5.10.2, 7.6.3; 例 5.1-6, 5.10-2	mfun	5.1.5, 5.10.1; 例 5.10-1
emlBlock	5.9.3;例 5.9-6	poly2sym	
eval	3.2.4, 7.6.1, 7.6.2, 9.2.3; 例 5.10-2	sym	5.1.1, 5.1.4, 5.2.1, 5.9.1
evalin	5.1.4, 5.1.5, 5.5.3, 5.6.3, 5.8.1, 5.9.1, 5.10.2; 例 5.1-5, 5.1-6, 5.1-8, 5.3-6, 5.5-5, 5.6-6, 5.8-4, 5.9-5	sym2poly	例 5.7-1
feval	5.1.4, 5.6.3, 5.9.1, 5.10.2; 例 5.1-6, 5.6-6, 5.10-3, 5.10-4	vectorize	2.2.3, 5.10.2, 7.6.3; 例 5.10-2, 7.6-5
matlabFunction	5.9.2; 例 5.9-1, 5.9-2, 5.9-3, 5.9-4, 5.9-5		

5.9.2 符号工具包资源表达式转换成 M 码函数

在科学研究和工程应用中,若希望在数值计算环境中利用符号计算的结果表达式,那么最简捷的途径之一就是:借助 matlabFunction 指令把符号计算结果转换成 M 码匿名函数或 M 函数文件。

1. 转换指令 matlabFunction

　　　　Hmf ＝ matlabFunction (f , param1, value1, ...)
　　　　　　　　把符号表达式转换成"函数句柄"、"匿名函数"或 M 函数文件

〖说明〗

- 这是最通用的转换格式,"param-value 输入量对"最多可以有三对,但每对都可以省缺;输出量 Hmf 也可以省缺。它们省缺时的意义见表 5.9-2。注意:第一输入量 f 是必不可少的。
- 第一输入量 f 必须是符号类表达式或代表符号表达式的符号变量。该表达式可能的来源是:
  - 由基本符号变量构成的"衍生"符号表达式;
  - 由 sym 指令作用于字符串表达式形成的符号表达式;
  - 被赋以符号表达式的符号变量;
  - 由 evalin 或 feval 运行 MuPAD 函数后获得的符号表达式。
- 第二输入量 param1 和第三输入量 value1 构成所谓的"param-value 输入对"。param 必须是字符串,它们可以是三个关键词中的一个;而 value 的书写必须与所取关键词相应(详见表 5.9-2)。
- Hmf 将是生成的 M 函数文件或匿名函数的"函数句柄"。假如 matlabFunction 调用时,不向 Hmf 赋值,则生成的函数句柄用缺省名 ans。当然,ans 是临时的,一旦其后再次运行别的"M 码表达式指令",ans 就将被改写。
- matlabFunction 函数的工作机制是:先借助 char 把"符号表达式"变为"字符串",再由 vectorize 把"字符串"变为"符合数组运算规则"的 M 码表达式。值得指出的是:理解这个工作机制,对正确使用 matlabFunction 指令大有好处。

表 5.9-2　matlabFunction 的"param-value 输入对"的关键词及可能取值

param 可取得关键词及含义		value 的可能形式及举例	
'file'	生成 M 函数文件	用带路径的文件名字符串,在指定目录上生成指定名的 M 文件	'C:\Work\myfile' 在 C 盘 Work 目录上生成 myfile.m
		不带路径的文件名字符串,在当前目录上生成指定名 M 文件	'myfile' 在当前目录上生成 myfile.m
	没有关键词 'file' 构成的"param-value 输入对",则生成匿名函数		
'vars'	指定生成文件或匿名函数中输入量的次序	符号变量数组 或符号变量的胞元数组	[z, y, x] 注意:z,y,x 必须是已定义的符号变量
		字符串胞元数组	{'y', 'x', 'z'} 可以是事先未定义变量名
	没有关键词 'vars' 构成的"param-value 输入对",则按字母表次序排列变量名		

续表 5.9-2

param 可取得关键词及含义		value 的可能形式及举例
'outputs'	指定生成文件或匿名函数中输出量的次序	字符串胞元数组 — {'v1', 'v2', 'v3'}
	没有关键词 'outputs' 构成的 "param-value 输入对"	若第一输入量是被赋以符号表达式的符号变量,则生成的 M 码文件以此符号变量名作为输出量名 — 如 f 是 matlabFunction 的第一输入量,则生成的 M 文件的输出量名就是 f
		若第一输入量为符号表达式,则生成的 M 函数文件的输出量名为 out1

2. 把符号包资源转换成 M 码函数的示例

本小节将通过 4 个算例具体描述,使用 matlabFunction 创建 M 函数文件和匿名函数的基本步骤和注意事项。

【例 5.9-1】 试写出能对于任意给出(具体数值)的边界条件,计算微分方程 $xy'' - 3y' = x^2$ 数值解的 M 码。本例目的:演示 matlabFunction 的"完善"调用格式;由 matlabFunction 所生成的 M 文件及其必须进行的注释完善化。

(1) 求微分方程两点边值问题的解

已知两点边值分别为 $y(a) = y_L$ 和 $y(b) = y_R$,用符号法解微分方程。

```
clear all                    % 为保证以下自动生成文件中所用变量名的可重现性而设
s = dsolve('x*D2y - 3*Dy = x^2','y(a) = yL,y(b) = yR','x')
s =
(a^4*b^3 + 3*yR*a^4 - a^3*b^4 - 3*yL*b^4)/(3*(a^4 - b^4)) - x^3/3 + (x^4*(a^3 - b^3
   + 3*yL - 3*yR))/(3*(a^4 - b^4))
```

(2) 创建"在任意给定的 a, b, y_L, y_R 下计算微分方程数值解"的 M 函数文件

```
Hs = matlabFunction(s,'file','exm050901_ZZY','vars',{'x','a','b','yL','yR'},'outputs',{'y'})
                                                                              % <2>
Hs =
   @exm050901_ZZY
```

(3) 验证文件的正确性

为与例 5.4-3 比较,设边界条件为 $y(1) = 0, y(5) = 0$,画出方程在 $-1 \leq x \leq 6$ 区间的解曲线(图 5.9-2)。

```
a = 1;b = 5;yL = 0;yR = 0;
xn = -1:6;yn = Hs(xn,a,b,yL,yR)          % 专供数值比较而算              <4>
x = -1:0.2:6;y = Hs(x,a,b,yL,yR);        % 为把解曲线画得较光滑而算       <5>
plot(x,y,'b-'),hold on
plot([1,5],[0,0],'.r','MarkerSize',20),hold off
title(['xy{\prime\prime} - 3y{\prime} = x^2',' ','y(1) = 0, y(5) = 0'])
text(1,1,'y(1) = 0'),text(4,1,'y(5) = 0')
xlabel('x'),ylabel('y')
```

```
yn =
  Columns 1 through 7
    0.6667    0.2671   -0.0000   -1.3397   -3.3675   -4.1090         0
  Column 8
   14.1132
```

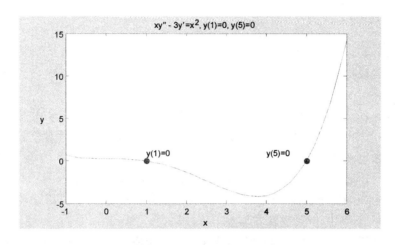

图 5.9-2　两点边值问题的解曲线

(4) 完善所建文件的注释

由 matlabFunction 所创建的 M 文件的注释过于简单,连关于函数数学性质、输入输出量的起码说明都没有。为 M 文件今后使用的方便,应该对自动生成的 M 文件的注释及时地进行完善。下面列出"注释经完善后的"M 文件。注释区中的文字是本书作者手工加入的。

```
function y = exm050901_ZZY(x,a,b,yL,yR)
%EXM050901_ZZY
%     Y = EXM050901_ZZY(X,A,B,YL,YR)          两点边值问题的数值解
%     该两点边值问题是    x*(D2y)^2-3*(Dy)=x^2, y(a)=yL, y(b)=yR
%     x              自变量数值数组
%     a, b           分别是左、右边值的 x 坐标
%     yL, yR         分别是左、右边值的 y 坐标


t2 = a.^2;
t3 = b.^2;
t4 = t2.^2;
t5 = t3.^2;
t6 = x.^2;
t7 = t4-t5;
t8 = 1.0./t7;
y = t8.*(t5.*yL.*3.0-t4.*yR.*3.0+a.*t2.*t5-b.*t3.*t4).*(-1.0./3.0)-t6.*x.*(1.0./3.0)+t6.^2.*t8.*(yL.*3.0-yR.*3.0+a.*t2-b.*t3).*(1.0./3.0);
```

(5) 直接利用 M 函数文件名计算两点边值问题的数值解

```
ym = exm050901_ZZY(xn,a,b,yL,yR)                                          % <12>
ym =
   Columns 1 through 7
      0.6667      0.2671     -0.0000     -1.3397     -3.3675     -4.1090          0
   Column 8
     14.1132
```

〖说明〗

- 本例采用了 matlabFunction 的完整调用格式。
  - 文件名被指定为 exm050901_ZZY。因为没有指定路径,所以文件建立在当前目录上。
  - 所创建的文件中的自变量名称和次序都是由 matlabFunction 中 'vars' 参数的值{ 'x', 'a', 'b', 'yL', 'yR' }指定的。注意:由于在本例中,符号对象 s 中的各变量、参数都未定义过,所以必须采用这种格式。
  - 文件的输出变量 y,则是由 'outputs' 的值 { ' y ' }指定的。
  - 本例中,matlabFunction 运行后产生的函数句柄赋给了 Hs。因此,在第〈4〉〈5〉条指令中可以调用 Hs 计算函数值 y。
- "函数句柄"(指令〈4〉〈5〉)和"M 函数文件名"(指令〈12〉)都可以用于计算函数 y 的数值解。但请注意:
  - 函数句柄并不永久存在。一旦 MATLAB 内存被 clear 清除,或 MATLAB 被关闭后再次启动,原先建立的函数句柄不再存在。
  - M 函数文件是永久驻留在硬盘上的,除非故意将它删除。

【例 5.9-2】 编写一个通用的求解微分方程两点边值问题数值解的 M 函数文件。本例目的:演示如何综合运用符号计算和数值计算,编写带某种通用性的微分方程两点边值问题解算程序;演示 matlabFunction"产生匿名函数"的调用格式。

(1) 编写文件

```
function y = exm050902_ZZY(de,x,a,b,yL,yR,flag)
%EXM050902_ZZY
% y = exm050902_ZZY(de,x,a,b,yL,yR) 计算两点边值问题的数值解
% de          必须是以 x 为自变量、y 为从变量的微分方程字符串
% x           自变量数值数组
% a,b         分别是左、右边值的 x 坐标
% yL,yR       分别是左、右边值的 y 坐标
% flag        flag 取 0,不画解曲线;flag 取 1,则画解曲线

if nargin~=7
    error('输入量数目应有 7 个!')
s=dsolve(de,'y(a)=yL,y(b)=yR','x');
Hs=matlabFunction(s,'vars',{'x','a','b','yL','yR'});            % <14>
y=Hs(x,a,b,yL,yR);
if flag==1end
```

```
        plot(x,y,'-b',[a,b],[yL,yR],'*r','MarkerSize',15)
        title(de)
        xlabel('x'),ylabel('y')
        shg
end
```

(2) 验证性计算

采用例 5.9-1 的微分方程和边值条件,调用本例提供的 M 文件 exm050902_ZZY.m,进行如下验证性计算。

```
x = -1:6;
a = 1;b = 5;yL = 0;yR = 0;
de1 = 'x*D2y - 3*Dy = x^2';
y = exm050902_ZZY(de1,x,a,b,yL,yR,0)
y =
  Columns 1 through 7
    0.6667    0.2671         0   -1.3397   -3.3675   -4.1090         0
  Column 8
   14.1132
```

(3) 对其他微分方程的应用

用 exm050902_ZZY.m 文件试求 $y(3)=-2, y(6)=10$ 条件下微分方程 $xy''-3y'=3x^2+x$ 的解(图 5.9-3)。

```
de2 = 'x*D2y - 3*Dy = 3*x^2 + x';
x = -1:0.2:6;
y = exm050902_ZZY(de2,x,3,6,-2,10,1);
```

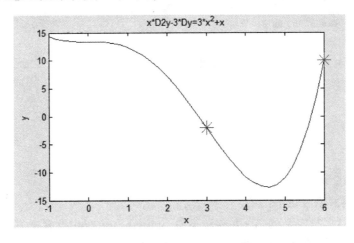

图 5.9-3　用 exm050902_ZZY 求解另一微分方程所得解

【说明】

● 对解算微分方程边值问题来说,符号解法显得比数值解法简洁明了;但是,数值解法的适应性要比符号法强得多。相当多的微分方程,如若用符号法求解,或因找不到"封闭解"而失败,或因计算时间过长而不得不放弃。

- 本例演示的是:当需要对某类微分方程求解时,如何编写带某种通用性的程序。
- exm050902_ZZY.m 文件指令⟨14⟩,由于没有 'file' 选项及其相应的值,所以 matlabFunction 运行后就生成匿名函数,并把该匿名函数的句柄存放在变量 Hs 中。

【例 5.9-3】 借助"符号表达式/matlabFunction"途径,将矩阵符号运算 $c=Ab$ 转换成相应的 M 函数文件,并进行正确性验证。本例目的:正确理解 $c=A*b$ 指令的含义;揭示 matlabFunction 总是把符号表达式"翻译"成"服从数组运算规则"的 M 码;演示 matlabFunction 的"不指定函数句柄变量"时的调用格式。

(1) 创建转换而得的 exm050903.m 文件

以下程序的目的是:把矩阵乘法符号运算表达式 $c=A*b$ 转换成相应 M 函数文件。

```
syms A b                                              %              <1>
c = A * b;                                            %              <2>
matlabFunction(c,'file','exm050903','vars',[A,b]);    % 创建 M 文件   <3>
which exm050903                                       % 文件位置      <4>
D:\NewBook\Master20101204\Ch05_符号\exm050903.m
```

(2) 运行 M 文件出现的错误

下面这段程序的目标是:当 A 为 3 阶魔方阵、b 为 $(3×1)$ 全 1 向量时,借助生成的 exm050903.m 计算向量 c。可是,这段程序运行后给出的是"出错警告信息"。

```
A = magic(3);         % 3 阶魔方阵
b = [1;1;1];;
c = exm050903(A,b)
??? Error using ==> times
Matrix dimensions must agree.

Error in ==> exm050903 at 8
c = A.*b;
```

(3) 直接进行矩阵乘法运算的正确结果

```
c = A * b
c =
    15
    15
    15
```

(4) 出错原因分析

造成这种错误的原因在于:
- 本例指令⟨1⟩⟨2⟩定义的 $A*b$ 乘法运算,matlabFunction 没有把它"翻译"成"矩阵运算",而只是(默认地)把它看作"两个普通变量"之间的乘法运算。公正地说,这不是 matlabFunction 的过失,而是编程者没"明确定义 A 为矩阵、b 为向量"所犯的错误。
- 正是基于上述认识,matlabFunction 把符号运算中的 $A*b$"翻译"成 $A.*b$,即 A 与 b 之间的"数组乘"运算。
- 在这种 M 码作用下,$(3×3)$矩阵与$(3×1)$向量相乘,就必然得到"出错警告信息"。

【例 5.9-4】 写出适应解一般 2 阶齐次状态微分方程的 M 函数文件。本例目的:演示如何通过"符号表达式/matlabFunction"途径产生"符合矩阵运算规则"的 M 函数文件;如何使产生的 M 文件的输入量为指定参数构成的矩阵或向量。

(1) 状态方程齐次解的原理性说明

状态方程 $\dot{x}(t)=Ax(t)$ 的齐次解为 $x(t)=e^{At}x(0)$。

(2) 采用"符号表达式/matlabFunction"途径产生计算数值齐次解的 M 函数文件

下面 M 码用于产生计算 $A=\begin{bmatrix}a_{11}&a_{12}\\a_{21}&a_{22}\end{bmatrix},x=\begin{bmatrix}x_1(0)\\x_2(0)\end{bmatrix}$ 前提下齐次解的 M 函数文件。

```
clear all
syms t a11 a12 a21 a22 x10 x20
A = [a11,a12;a21,a22];x0 = [x10;x20];
                %A,b分别被明确地定义为(2×2)矩阵及(2×1)向量            <2>
xt = expm(A*t)*x0;    %只有在A,b明确是矩阵的情况下,此行指令才按矩阵规则执行    <3>
matlabFunction(xt,'file','exm050904','vars',{t,[a11,a12;a21,a22],[x10;x20]});  %   <4>
```

(3) 利用生成的 exm050904.m 绘制状态响应曲线(图 5.9-4)

设 $A=\begin{bmatrix}0&1\\-2&-3\end{bmatrix},x(0)=\begin{bmatrix}0\\1\end{bmatrix}$,计算响应。

```
t = 0:0.1:6;
An = [0,1;-2,-3];x0n = [0;1];
xt = exm050904(t,An,x0n);      %第2、3输入量分别为矩阵、向量          <8>
plot(t,xt(1,:),'-b',t,xt(2,:),'.r')
legend('x1(t)','x2(t)')
xlabel('t'),ylabel('x(t)')
```

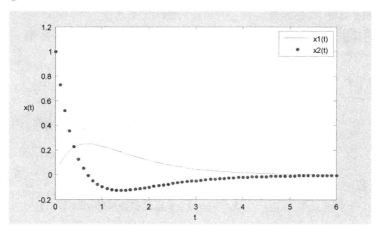

图 5.9-4 状态方程的齐次解曲线

〖说明〗

● 在符号计算中,只有在明确定义矩阵、向量的前提下,MATLAB 才能正确认识"由它们参与的矩阵运算"。在本例中,因为指令〈2〉明确定义了矩阵 A 及向量 x0,所以指令〈3〉中的 expm(A*t) 才被正确认识为"矩阵指数函数",expm(A*t)*x0 才被认定为"矩阵与向量相乘"。假如不是这样,expm(A*t)*x0 将仍被默认为标量运算,有兴趣的读者可以通过运行以下指令观察到这种默认设置。

```
syms t A x0
xt = expm(A*t)*x0;
xtc = char(xt)
xtc =
x0*exp(A*t)
```

从这段程序的运行结果可以看到，符号表达式 expm(A*t)*x0 被 char 默认为标量运算 x0*exp(A*t)。

- 请注意：本例第〈4〉条指令对输入量参数 'vars' 的定义方式{t,[a11,a12;a21,a22],[x10;x20]}。在此定义下，生成的 exm050904.m 文件的函数定义形式为

  `function xt = exm050904(t,in2,in3)`

  ■ 该函数的第一个输入量 t 是"标量"，
  ■ 第二输入量 in2 应该是"(2×2)矩阵"，它的元素变量由[a11,a12;a21,a22]定义。
  ■ 第三输入量 in3 应该是"(2×1)向量"，它的元素变量由[x10;x20]定义。
  ■ 由于以上原因，所以本例第〈8〉条调用指令，可以接受数值矩阵 A 及数值向量 x0 为输入量。

- 本例借助"符号表达式/matlabFunction"途径构造了计算 $x(t)=e^{At}x(0)$ 的 M 函数文件。采用这种编程思路的一个原因是本书示例的需要。客观地说，这并不是数值计算 $x(t)=e^{At}x(0)$ 的最好编程思想。

3. 把 MuPAD 资源转换为 M 码函数的示例

matlabFunction 不但可以把符号工具包中的计算资源转换成 M 函数，而且可以把更深层的 MuPAD 资源转换成 M 码函数。本小节仍以算例形式展开。

【例 5.9-5】 把递推方程 $f(n)=-3f(n-1)-2f(n-2)$ 的通解转换为 M 码函数文件，以便今后在不同初始条件下，计算符合上述递推方程的序列。

(1) 借助 evalin 运行 MuPAD 解算递推方程

```
cm = 'solve(rec(f(n) = -3*f(n-1)-2*f(n-2),f(n),{f(0) = y0,f(1) = y1}))';
y = evalin(symengine,cm)            %启动 MuPAD 引擎，解算递推方程         <2>
y =
(-1)^n*(2*y0 + y1) - (-2)^n*(y0 + y1)
```

(2) 递推方程的前 10 个解点

```
y10 = subs(y,{'n','y0','y1'},{1:10,1.5,-1.6})   %设定初始条件 y0 = 1.5,y1 = -1.6
y10 =
  Columns 1 through 7
   -1.6000    1.8000   -2.2000    3.0000   -4.6000    7.8000  -14.2000
  Columns 8 through 10
   27.0000   -52.6000  103.8000
```

(3) 把计算结果 y 转换为 M 码函数文件

利用计算结果，在当前目录上生成 M 函数文件的具体指令如下

```
matlabFunction(y, 'file', 'exm050905');
```
(4) 对生成的 M 文件进行验证
```
y0 = 1.5;y1 = -1.6;          %设定初始值
k = 10;
ymfile = zeros(1,k);
for ii = 1:k
    ymfile(ii) = exm050905(ii,y0,y1);    %用 M 文件计算递推方程的前 10 个解点
end
ymfile
ymfile =
  Columns 1 through 7
   -1.6000    1.8000   -2.2000    3.0000   -4.6000    7.8000   -14.2000
  Columns 8 through 10
   27.0000  -52.6000  103.8000
```

〖说明〗
- 本例指令〈2〉中，由 evalin 动用 MuPAD 资源对 cm 所表示的计算任务进行计算。应该指出：除 evalin 外，指令 feval 也可以启动 MuPAD 引擎完成类似计算。本例第〈2〉条指令的替代指令如下：
  rf = feval(symengine,'rec','f(n) = -3 * f(n-1)-2 * f(n-2),f(n), {f(0) = y0, f(1) = y1}')
  yf = feval(symengine,'solve',rf)
- evalin 和 feval 都可以启动 MuPAD 引擎，获得符号计算结果。在大多数情况下，这些符号计算结果都可以转换为 M 码函数文件。但是，由于 MATLAB 与 MuPAD 语法的不一致，在某些情况下有可能在毫无提示信息的情况下给出错误的 M 文件。为确保转换文件今后能被放心使用，对转换文件进行验证是必须的。

5.9.3 用符号表达式创建 Simulink 用户模块

进行 Simulink 建模的方法之一是：根据数学表达式，选用 Simulink 库中基本模块，经过各模块间信号线的适当连接创建模型。这样建立的 Simulink 模型的内部细节清晰，但外观整体性差，步骤也略显烦杂。

本节将介绍 Simulink 建模的另一个方法——emlBlock 建模法。该方法所建的 Simulink 模型外观整体性好，且操作步骤比较简便，其依据是符号表达式与文献数学表达式的高度相似。

1. 转换指令 emlBlock

    emlBlock(block, f1, f2, ..., param1, value1, ...)
                      把符号表达式转换为 Simulink 环境使用的"内嵌式 MATLAB 函数模块"

〖说明〗
- emlBlock 指令运行须知：
  - 在该指令前，应该先创建一个赋有名称的空白模型窗，或打开一个已存在的模型窗。
  - 该指令在 MATLAB 环境中运行。

- 假若被指定的 block 模块名已经存在,那么在该指令运行后,原有的模块内容和外观都将被新产生的模块内容和外观所取代。
- f1, f2,…是被转换的符号表达式。该符号表达式可以来自符号工具包资源,也可以来自 MuPAD 资源。但需要提醒:借助 evalin 或 feval 从 MuPAD 资源获得的符号计算结果,被转换成的"内嵌式 MATLAB 函数模块"可能不一定正确。产生这种现象的原因是 MATLAB 和 MuPAD 语法差异。因此,用户必须对所创建的模块进行正确性验证。
- block 被转换成的模块名字符串。该模块名应该带所在模型窗的名称。
- param1-value1 是一个输入对。它们的可能取值如表 5.9 - 3 所列。

表 5.9 - 3 emlBlock"param-value 输入对"的关键词及可能取值

param 可取得关键词及含义		value 的可能形式及举例
'functionName'	设置(模块)函数名称	字符串
	该"param-value"输入对缺省时,函数名与模块名一致	
'vars'	指定生成模块上输入口的名称和次序	符号变量数组或符号变量的胞元数组	[z, y, x] 注意:z, y, x 必须是已定义的符号变量
		字符串胞元数组	{'y', 'x', 'z'} 可以是事先未定义变量名
	该"param-value"输入对缺省时,则按字母表次序排列输入口名	
'outputs'	指定生成模块上输出口的名称和次序	字符串胞元数组	{'v1', 'v2', 'v3'}
	该"param-value"输入对缺省时,输出口名称按 out 后接序号加以区分	

2. 把符号包资源转换为 Simulink 模块的示例

本小节通过具体算例,说明"把符号表达式转换成模块"的具体操作过程。

【例 5.9 - 6】 在图 5.9 - 5 所示的系统中,已知质量 $m=1$ kg,阻尼 $b=2$ N·s/m,弹簧系数 $k=100$ N/m,且质量块的初始位移 $x(0)=0.05$ m,其初始速度 $x'(0)=0$ m/s,要求创建该系统的 Simulink 模型,并进行仿真运行。本例演示:据物理定理建立微分方程,并以此微分方程创建 Simulink 模型的完整步骤;微分方程的整理;模块的复制;信号线的构画;模块参数设置;示波器的调整;仿真参数设置。

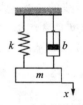

图 5.9 - 5 弹簧—质量—阻尼系统

(1) 理论数学模型

对于无外力作用的"弹簧—质量—阻尼"系统,据牛顿定律可写出

$$m\frac{d^2x}{dt^2} + b\frac{dx}{dt} + kx = 0 \qquad (5.9-1)$$

记 $v = \dfrac{dx}{dt}$,于是上式可写为

$$\frac{\mathrm{d}v}{\mathrm{d}t} = -\frac{b}{m}v - \frac{k}{m}x \qquad (5.9-2)$$

(2) 创建描写系统动力学的模块
- 开启空白的 Simulink 模型窗 exm050906。
- 运行以下程序在此空白模型窗中创建系统动力学模块 SMD，如图 5.9-6 所示。

```
syms x v m d k
dvdt = -v*d/m-x*k/m;
emlBlock('exm050906/SMD',dvdt,'vars',[k m d x v])
```

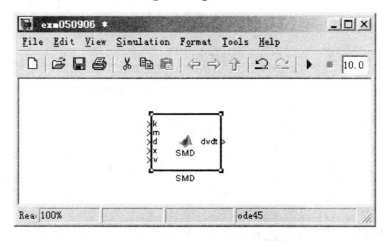

图 5.9-6 据式(5.9-2)创建的系统模块

(3) 信号 v 和 x 的产生

据 $v = \int \dfrac{\mathrm{d}v}{\mathrm{d}t}\mathrm{d}t, x = \int v\mathrm{d}t$，从 SMD 输出口 dvdt 出发，经两个积分模块的作用，可依次得到信号 v 和 x。具体操作步骤是：

- 在 MATLAB 工作界面(Desktop)的工具条上，点击窗口左上角图标▣；或在 MATLAB 指令窗中运行 Simulink，打开 Simulink 模块库浏览器。
- 把连续模块子库中的积分器＜Simulink\Continuous\Integrator＞"拖入"exm050906 模型窗。
- 并用鼠标完成如图 5.9-7 所示的信号线连接。

(4) 参数 k，m，d 的数值具体化
- 为能对 SMD 系统模块的参数 k，m，d 进行设置，把信源子库中的常数模块＜Simulink\Sources\Constant＞拖入 exm050905 模型窗。
- 为观察该系统"位移"x 的变化曲线，把信号接收子库中的示波器模块＜Simulink\Sinks\Scope＞拖入 exm050906 模型窗。
- 用鼠标完成如图 5.9-8 所示的相应连接；并对模块名、信号名作如图 5.9-8 那样的标识。

(5) 积分器初值、常数模块参数、示波器参数和仿真参数的设置
- 根据题给已知条件：初始速度 $v(0)=0$ 和初始位移 $x(0)=0.05$，分别在积分器 Integrator 和 Integrator1 的 Initial condition 栏中填写 0 和 0.05。

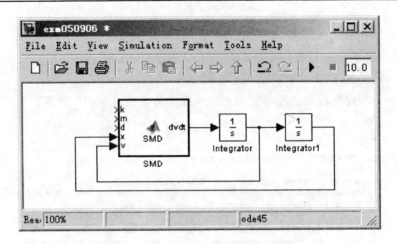

图 5.9-7 信号 v 和 x 的产生及向 SMD 模块反馈

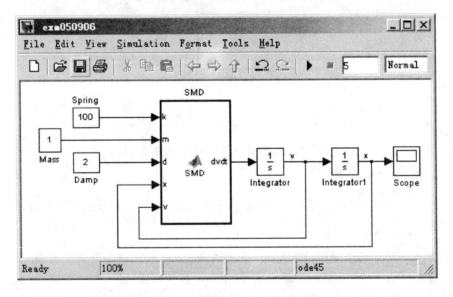

图 5.9-8 已建立的完整模型

- 根据题给要求,分别在 Spring 弹簧模块、Mass 质量模块、Damp 阻尼模块的 Constant value 栏中填写 100、1、2。
- 把示波器的纵坐标范围设置为 [−0.06, 0.06],在示波器的 Time range 栏中填写 5。
- 在 exm050906 模型窗工具条中,在"仿真终止时间"栏中,将默认值 10 改为 5(参见图 5.9-8 右上方)。
- 为使示波器中显示曲线光滑而进行的设置:选中 exm050906 模型窗的下拉菜单项 Simulation\Cofiguration Parameters,引出仿真参数配置窗;在该窗左侧的 Select 选择栏中,选中 Data Import/Export 项,与之相应的参数设置栏便出现在窗口的右侧;把右半窗下方 Save options 区中 Refine factor 栏中的默认值 1 改为 10;点击 [OK] 键,完成设置。

(6) 仿真结果显示

点击 exm050906 模型窗上的"仿真启动图标",实施仿真,在示波器中位移曲线如图 5.9-9

所示。

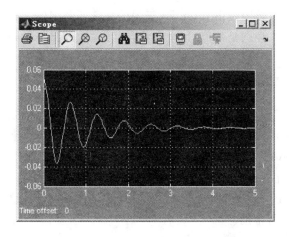

图 5.9-9 仿真所得的位移变化曲线

〖说明〗
- 本例和例 8.2-1 体现了两种不同的建模思路，它们各有所长。从构图角度看，借助 emlBlock 产生的模型似乎更简洁。
- 不要采用以"位移 x"为"基础信号"，通过求导模块得到"一阶导数"，再得到"二阶导数"。在 Simulink 中，求导模块的使用要特别谨慎。
- 本例描述的建模过程虽是对"无外力的弹簧—质量—阻尼系统"而言的，但本例勾画的建模程式对更复杂的动态系统（包括机械系统、电路系统等）也都适用。

5.10 MuPAD 资源的深层利用

本章前面 9 节的内容是围绕 MATLAB 的符号工具包展开的。尽管符号运算的后台执行者是 MuPAD 引擎（或 Maple 引擎，假如它被专门安装的话），但符号运算所使用的语法、关键词、标点等都没让 MATLAB 用户感到陌生。可是，符号工具包毕竟只动用了 MuPAD（或 Maple）的部分能力，如何更多运用符号计算引擎资源的问题，正是本节讨论的内容。

本节内容有两部分组成：一是，借助 MATLAB 指令 mfun 调用 MuPAD 的部分特殊函数资源；二是，借助 MATLAB 指令 evalin 或 feval 直接调用更广泛的资源。这两部分内容都会涉及到一点与 MATLAB 不同的 MuPAD 语法或关键词，而后一部分涉及 MuPAD 语境更多。

5.10.1 借助 mfun 调用 MuPAD 特殊函数

出于科学研究和工程应用需要和 MATLAB 数值计算基础库中"短缺"的原因，在 MATLAB 的符号计算包（Symbolic Math Toolbox）中专门设计了 mfun 接口文件，以实现在 MATLAB 中直接利用 MuPAD 特殊函数完成数值计算。

关于 MuPAD 特殊函数的列表可用 mfunlist 获得，而更详细的关于各特殊函数指令的调用格式可以用 mfunlist 在 MATLAB 帮助浏览器中搜索得到（参见第 5.1-5 节）。下面介绍借助 mfun 调用特殊函数指令的格式。

fx＝mfun(Fname，par1，…，par4) 调用特殊函数进行数值计算

【说明】
- Fname　　　　必须是由 mfunlist 查得的特殊函数名的字符串。
- par1,…,par4　必须是数值；每个参数含义、参数的具体数目和次序必须与 mfunlist 列表一致。
- 计算所得结果 fx 是 16 位数字精度的数值。

【例 5.10-1】 已知 $f(x)=\int_0^x \dfrac{1}{\ln t}dt$，试画出 $f(x)$ 在 $0\leqslant x\leqslant 0.9$ 的曲线。本例演示：用特殊函数表示的计算结果的判读；mfun 指令的调用格式及注意事项；计算前的准备性评估和计算后的验证性判断；MATLAB 函数 expint 与 MuPAD 函数 Ei(x) 的异同。

(1) 检查被积函数在 $t=0^+$ 处的极限

考虑被积函数中 $\ln t$ 在 $t=0$ 处无定义，出于谨慎，先计算被积函数在积分下限处的极限，以对积分可行性判断有所帮助。

```
syms t x
gt = 1/log(t);
gt_0 = limit(gt,t,0,'right')    %考虑右极限是由题目决定的
gt_0 =
0
```

(2) 利用图形观察在 [0,1) 区间的被积函数（图 5.10-1）

该步骤也是出于谨慎考虑。它有利于判断积分的可行性；便于粗略估计积分结果。

```
ezplot(gt,[0,1])                %据题目要求把自变量区间限定在[0,1]
grid on
legend('gt')
```

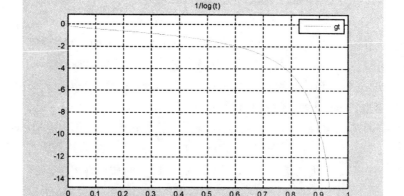

图 5.10-1　在关心区间内的被积函数

(3) 求被积函数的原函数

```
fx = int(gt,t,0,x)                                              %  <7>
Warning: Explicit integral could not be found.
fx =
piecewise([x < 1, Li(x)], [Otherwise, int(1/log(t), t = 0..x)])
```

(4) 利用 mfun 指令计算 x 不同取值时的定积分

```
x = 0:0.05:0.9;              % X定义为数值数组,才能保证log(x)是数值数组          <8>
fxMfun = mfun('Li',x)                                                %      <9>
                             % 借助mfun调用MuPAD的Ei函数计算定积分
fxMfun =
  Columns 1 through 7
        NaN    - 0.0131    - 0.0324    - 0.0564    - 0.0851    - 0.1187    - 0.1574
  Columns 8 through 14
     - 0.2019    - 0.2529    - 0.3114    - 0.3787    - 0.4564    - 0.5469    - 0.6534
  Columns 15 through 19
     - 0.7809    - 0.9369    - 1.1340    - 1.3959    - 1.7758
```

(5) 在被积函数图上画积分曲线(图 5.10-2)

```
hold on
plot(x,fxMfun,'- - r','LineWidth',3)
legend('gt','fxMfun','Location','Best')
title(' ')                   % 为了删除ezplot自动产生的图名
hold off
```

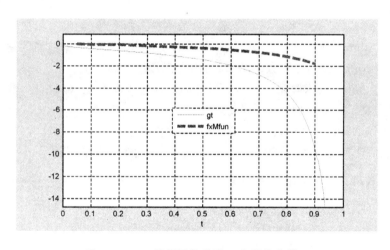

图 5.10-2 被积函数曲线 gt 和积分曲线 fx

(6) 调用 toolbox\matlab\specfun 文件夹上的 expint 指令计算本例积分

```
fx_matlab = - expint( - log(x))                                      %      <15>
                             % 利用MATLAB自己的数值计算函数计算指数积分
fx_matlab =
  Columns 1 through 7
        NaN    - 0.0131    - 0.0324    - 0.0564    - 0.0851    - 0.1187    - 0.1574
  Columns 8 through 14
     - 0.2019    - 0.2529    - 0.3114    - 0.3787    - 0.4564    - 0.5469    - 0.6534
  Columns 15 through 19
     - 0.7809    - 0.9369    - 1.1340    - 1.3959    - 1.7758
```

(7) 为了揭露不同算法所得 Li(0)不一致的现象,运行以下指令

```
Li_expint = - expint( - log(0))         % 用MATLAB函数算                    <16>
Li_mfun = mfun('Li',0)                  % 用mfun调用特殊函数Li(x)算
```

```
Li_Ei = mfun('Ei',log(0))              % 用mfun调用特殊函数Ei(x)算
Li_mupud = evalin(symengine,'Li(0)')   % 直接到MuPAD中计算              <19>
Li_expint =
    NaN
Li_mfun =
    NaN
Li_Ei =
    0
Li_mupud =
0
```

【说明】

- 第⟨7⟩行指令给出的计算结果 piecewise([x<1, Li(x)], [Otherwise, int(1/log(t), t=0..x)]) 是 MuPAD 表达格式。它表示：积分结果是分段函数；在 $x<1$ 区间，积分可用"对数积分函数(Logarithmic integral)" $Li(x)$ 表达。在 mfunlist 函数列表中，$Li(x) = PV\left\{\int_0^x \frac{1}{\ln t}dt\right\} = Ei(\ln x)$。在此 PV 表示复数中的"主值"。

- 本例指令⟨8⟩⟨9⟩是用来计算若干定积分数值的。指令⟨9⟩的编写依据是：
  - 因为 mfun 的第一个输入量要求"函数名字符串"，所以根据前面的输出结果中的 [x<1, Li(x)]，为计算数值结果，写出指令⟨9⟩。
  - 又因为 mfun 要求除第一个输入量外的其他输入参数是"(双精度)数值"，所以指令⟨8⟩定义了一个(双精度)数值数组 x。

- 在 MATLAB 的 toolbox\matlab\specfun 文件夹上也有一些计算特殊函数值的文件。其中包括计算"指数积分"的 expint 指令。写出指令⟨15⟩的根据是：
  - 在 MATLAB 中，expint 指令对指数积分的定义是 $E_1(x) = \int_x^\infty \frac{e^{-t}}{t}dt$。而 MuPAD 中定义 $Ei(x) = -\int_{-\infty}^x \frac{e^t}{t}dt$。
  - MATLAB 中指数积分的定义与 MuPAD 中指数积分的关系是
    $$Ei(x) = -E_1(-x), x>0$$
  - $Li(x) = PV\left\{\int_0^x \frac{1}{\ln t}dt\right\} = Ei(\ln x) = -E_1(-\ln x)$

- 有兴趣地读者可以尝试并发现：采用不同计算途径，计算 $\left\{\int_0^x \frac{1}{\ln x}dx\right\}_{x=0}$ 的结果并不一致，甚至这些计算结果与 MuPAD 帮助浏览器所写的 Li 函数说明中对 Li(0) 的定义 (Li(0)=1) 也不同。本书之所以写出第⟨16⟩~⟨19⟩指令，把计算结果汇总比较，是为了提醒读者，对 MATLAB 应具有"审视"计算结果的仿真素养，尽管 MATLAB 是公认的优秀计算软件。

5.10.2 直接调用 MuPAD 的函数

mfun 所能调用的 MuPAD 函数比较有限。如果需要调用 mfunlist 以外的其他函数，就要借助本节将介绍的 evalin 和 feval 指令。

1. 非 mfunlist 列表 MuPAD 函数的调用步骤

- 根据待解问题抽象出相应的数学类别、英文关键词等。
- 借助 MuPAD 帮助界面,通过不同的方式,进行搜索。搜索范围应由大到小,由泛到专,由一般到具体。
- 仔细研读相关帮助信息,理解函数的调用条件、格式、数据类型等。尤其要仔细阅读帮助文件所给的算例。尽可能地在 MuPAD Notebook 环境中,运行这些算例指令。
- 理解 MATLAB 指令 evalin 和 feval 的调用格式。

2. 借助 evalin 运行 MuPAD 函数

在 MATLAB 指令窗中,可遵照如下格式实现对 MuPAD 函数的调用。

y＝evalin(symengine,'MuPAD_Expression')　　调用 MuPAD 引擎实现 MuPAD 表达式计算

〖说明〗

- evalin 是 MATLAB 的跨空间演算指令。它是立足于 MATLAB 内存空间调动 MuPAD 引擎在 MuPAD 内存空间中,用 MuPAD 程序语言对 MuPAD_Expression 所代表的表达式进行解算。
- evalin 的第一个输入量是一个不可更改的关键词 symengine。在默认设置下,意味着计算将在 MuPAD 环境中进行。
- evalin 的第二个输入量是字符串。MuPAD_Expression 是用 MuPAD 程序语言写成的完整计算表达式。强调指出:所有运算是在新开启的 MuPAD 空间中进行的,运算结果与 MATLAB 内存空间完全无关。
- 输出结果 y 是符号类数据,保存在 MATLAB 内存空间中。
- 相关算例见例 5.5－5 指令〈25〉,例 5.10－2。

【例 5.10－2】 求递推方程 $f(n)=-3f(n-1)-2f(n-2)$ 的通解,并画出初始条件 $f(0)=1.5, f(1)=-1.6$ 时,$n=0,1,\cdots,10$ 时刻的序列数据图。本例演示:详细演示如何借助 evalin 调用 MuPAD 引擎进行计算;evalin 的具体调用格式;在 MATLAB 空间中,如何利用由 MuPAD 送回的计算结果进行后续的计算。

(1) 把递推方程的英文关键词 Recurrence Equation 输入到 MuPAD 帮助平台的搜索栏,进行搜索可找到"描写序列间关系的递推方程的指令"。

(2) 研究 MuPAD 帮助信息

rec(eq, y(n), <cond>)　　表示在<cond>条件下,以 y(n) 为自变量的递推方程 eq

在此:eq　　　　是 MUPAD 语言写的表达式(它将被认为等于 0)或方程;
　　　y　　　　待解的序列变量,且 eq 中只能用 y 作变量;
　　　n　　　　整数移位符,时间序号;
　　　<cond>　初始或边界条件,形式可如 {y(0)=y0, y(1)=y1},{y(0)=3, y(1)=7},{ }等。

(3) 借助 MuPAD Notebook 体会 rec 指令解题

- 在 MuPAD Help 帮助平台上,选中菜单项{File＞New Notebook},引出如图 5.10－3 所示计算环境窗。

- 把 rec 条目帮助内容中的 Example 3 指令复制到新开的 MuPAD 计算环境窗中,如图 5.10-3 中"红色文字部分"。
- 再点击 MuPAD 计算环境窗的工具图标,"蓝色的计算结果"就会显示在"红色文字"下方。

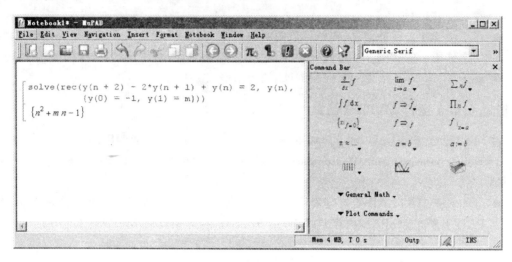

图 5.10-3　实践 MuPAD 关于递推方程求解所给的算例

(4) 解算本题(图 5.10-4)

根据题目要求,在 MATLAB 环境中,编写并运行以下指令。

```
y0 = 1.5;y1 = -1.6;                                              %         <1>
cm = 'solve(rec(f(n) = -3*f(n-1) -2*f(n-2),f(n),{f(0) = y0,f(1) = y1)))';
                 %注意:所定义的字符串必须是"完整的 MuPAD 格式的解算指令"    <2>
y = evalin(symengine,cm)
                 %注意:计算中 y0 和 y1 并未用具体数值替代,结果仍含 y0,y1   <3>
y =
(-1)^n*(2*y0 + y1) - (-2)^n*(y0 + y1)
```

(5) 利用 y 计算给定初始条件下序列的途径之一

```
warning('off','all')         %抑制不影响计算结果的警告信息                <4>
syms n y0 y1                 %定义 y 中所含的符号变量名                    <5>
ys010 = subs(y,{y0,y1,n},{1.5,-1.6,0:1:10})            %              <6>
class(ys010)                 %观察 ys010 的数据类型                        <7>
ys010 =
  Columns 1 through 7
    1.5000   -1.6000    1.8000   -2.2000    3.0000   -4.6000    7.8000
  Columns 8 through 11
  -14.2000   27.0000  -52.6000  103.8000
ans =
double
```

(6) 利用 y 计算给定初始条件下序列的途径之二

```
yc = char(y)                 %把符号类数据变成字符串                      <8>
```

```
ycv = vectorize(yc)              % 考虑幂指数运算,须把字符串进行向量化处理    <9>
y0 = 1.5;y1 = -1.6;              % 对变量赋值
n = 0:10;                        % 时刻数组
y010 = eval(ycv)                 % 计算向量化字符串的数值结果              <12>
plot(n,y010,'*b','MarkerSize',8) % 解点可视化,参见图 5.10-4
xlabel('n'),ylabel('y(n)')
yc =
(-1)^n*(2*y0 + y1) - (-2)^n*(y0 + y1)
ycv =
(-1).^n.*(2.*y0 + y1) - (-2).^n.*(y0 + y1)
y010 =
  Columns 1 through 7
    1.5000   -1.6000    1.8000   -2.2000    3.0000   -4.6000    7.8000
  Columns 8 through 11
  -14.2000   27.0000  -52.6000  103.8000
```

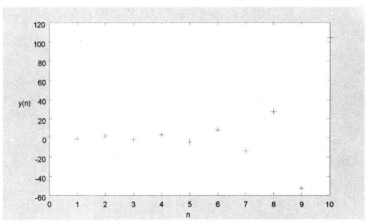

图 5.10-4 递推方程的前 10 个时刻的解

〖说明〗

- 对 y0 和 y1 的赋值是在指令〈1〉中进行的。这样特意的程序设计意在向读者展现:利用 evalin 解算递推方程时,不会调用 MATLAB 内存空间中已经存在的 y0 及 y1。这表明,调用 MuPAD 引擎进行的计算是在 MuPAD 新建的独立内存空间中进行的,计算过程中不与 MATLAB 内存空间发生任何数据交换。
- 在本例中,指令〈3〉给出的结果 y 是"元符号表达式"。在此式中,n,y0,y1 并不被认为是独立的符号变量。(相关叙述见第 5.1.1-3 小节。)
- 在"计算途径一"中,指令〈5〉是必须的。假如没有该指令指令〈6〉运行将出错。
- "计算途径二"的程序编写思路如下:
    - 指令〈8〉把 y 转换成字符串 yc;
    - 因为所显示的 yc 表达式中,有幂指数变量 n.。为进行数组运算,所以必须经第〈9〉条指令把 yc 字符串表达式改造得适应"数组运算"。
    - 在本例指令的具体执行情况下,指令〈10〉〈11〉对 n,y0,y1 重新赋值是必须的。

- 假如没有指令〈4〉,在运行指令〈5〉〈6〉时,有可能出现一些不影响计算结果的警告信息。
- 值得指出:本例中的"计算途径二"的程序思路也正是 MATLAB 所提供的转换程序 matlabfunction 的工作思路。关于 matlabfunction 的使用请参阅第 5.9.2 节。

3. 借助 feval 运行 MuPAD 函数

y = feval(symengine,'MuPAD_Function',x1,...,xn)　　调用 MuPAD 引擎实现 MuPAD 函数计算

〖说明〗
- feval 是 MATLAB 的函数演算指令。在本指令格式中,它是立足于 MATLAB 内存空间调动 MuPAD 引擎在 MuPAD 内存空间中,用 MuPAD 程序语言对 MuPAD_Function 所代表的函数进行解算。
- evalin 的第 1 个输入量是一个不可更改的关键词 symengine。在默认设置下,意味着计算将在 MuPAD 环境中进行。
- evalin 的第 2 个输入量是字符串。MuPAD_Expression 只能是 MuPAD 函数名。
- 从第 3 个起的输入量可以是存在于 MATLAB 空间内的符号量、双精度数值及字符串。
- 输出结果 y 属于符号类(但不一定符合 MATLAB 语法)。它保存在 MATLAB 内存空间中。
- 关于 feval 的算例有见例 5.1-6,例 6.6-6,例 5.10-3,例 5.10-4 等

【例 5.10-3】 求 $f=xyz$ 的 Hessian 矩阵。本例目的:展示 feval 指令的基本用法;了解 MuPAD 语言中变量列表。

(1) 把英文关键词 Hessian 输入到 MuPAD 帮助平台的搜索栏,进行搜索可找到相关条目:Hessian matrix of a scalar function。点击此条目,可得到所需信息。

(2) 观察帮助文件所给算例,并把它复制到新开的 MuPAD Notebook 中运行,如图 5.10-5 所示。

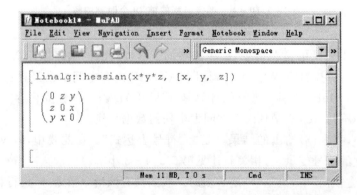

图 5.10-5　实践 MuPAD 关于求解不等式所给的算例

(3) 解算本题

根据题目要求,在 MATLAB 环境中,编写并运行以下指令。

```
syms x y z
```

```
FH = feval(symengine,'linalg::hessian',x*y*z,'[x,y,z]')                                    % <2>
FH =
[ 0, z, y]
[ z, 0, x]
[ y, x, 0]
```

〖说明〗
- 关于指令〈2〉中各输入量的说明:
  - 第 2 个输入量必须采用字符串。可以是 'linalg::hessian' 或 'hessian'。
  - 第 3 个输入量还可以采用字符串 'x*y*z'。本例采用符号表达式是故意所为。因为这个符号表达式是根据已经存在于 MATLAB 内存空间中的符号变量 x,y,z 获得的,所以由此展示了,feval 指令允许从第三个输入量起,可调用 MATLAB 空间中已经存在的变量。
  - 第 4 个输入量,对于本例而言,只能如指令〈2〉那样采用字符串形式,任何其它形式都会失败。原因是:在 MuPAD 语言中(参见图 5.10-5),[x,y,z]是一种格式性变量列表,不能变更形式。

【例 5.10-4】 求 $f(x,y) = \sin(ax^2 + y)$,在 $x = \dfrac{\pi}{2}$, $y=0$ 处的前 8 阶泰勒(Taylor)近似展开式。

(1) 把泰勒的英文关键词 Taylor 输入到 MuPAD 帮助平台的搜索栏,进行搜索可找到相关条目:compute a multivariate Taylor series expansion。点击此条目,可得到切题的帮助信息。

(2) 观察帮助文件所给算例,并把它复制到新开的 MuPAD Notebook 中运行,如图 5.10-6 所示。

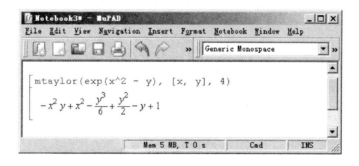

图 5.10-6 实践 MuPAD 关于求解不等式所给的算例

(3) 解算本题

根据题目要求,在 MATLAB 环境中,编写并运行以下指令。

```
syms x y
a = 1;
mt0 = feval(symengine,'mtaylor',sin(a*x^2 + y^2),'[x,y]',8)                                % <3>
mt1 = feval(symengine,'mtaylor',sin(a*x^2 + y^2),'[x = 0,y = 0]',8)                        % <4>
mt2 = feval(symengine,'mtaylor','sin(a*x^2 + y^2)','[x,y]',8)                              % <5>
```

```
mt0 =
- x^6/6 - (x^4*y^2)/2 - (x^2*y^4)/2 + x^2 - y^6/6 + y^2
mt1 =
- x^6/6 - (x^4*y^2)/2 - (x^2*y^4)/2 + x^2 - y^6/6 + y^2
mt2 =
- (a^3*x^6)/6 - (a^2*x^4*y^2)/2 - (a*x^2*y^4)/2 + a*x^2 - y^6/6 + y^2
```

〖说明〗

- 指令⟨3⟩⟨4⟩与指令⟨5⟩的差异在于第 3 个输入量。在指令⟨3⟩⟨4⟩中，使用的是符号表达式。而因为符号表达式是调用 MATLAB 内存变量构成的，所以 a 当然被调用。而在指令⟨5⟩中，第 3 个输入量用的是字符串。由于字符串表达式是一个整体，因此那串表达式中的 a, x, y 与 MATLAB 内存变量无关。
- 指令⟨3⟩⟨4⟩⟨5⟩的第 4 个输入量都是字符串。这是 MuPAD 语言的列表格式所要求的。
- 对于 mtaylor 而言，[x, y]默认为 [x=0, y=0]。

第 6 章 数据可视及探索

视觉是人们感受世界、认识自然的最重要依靠。数据可视化的目的:借助几何、色彩媒质表现一堆貌似杂乱的离散数据集合的形态,暴露数据内在关系和总体趋势,进而揭示出数据所传递的内在本质。随着计算机软硬件的发展,能力越来越强的图形表现,反过来对科学计算方法本身也产生了越来越大的影响。

针对符号计算和数值计算,MATLAB 配置了两套形式上不同的绘图指令:"图形易绘指令"和"数值绘图指令"。前者配合符号计算,已安排在第 5.8 节中讲述;而本章内容将完全围绕数值绘图展开。

本章将系统地阐述:离散数据表示成图形的基本机理;曲线、曲面绘制的基本技法和指令;特殊图形的生成和使用示例;如何使用线型、色彩、数据点标记凸现不同数据的特征;如何利用着色、灯光照明、反射效果、材质体现和透明度处理渲染、烘托表现高维函数的性状;如何生成和运用标识,画龙点睛地注释图形;如何表现变址、灰度、真彩图像;如何制作动画等。

随着 MATLAB 版本的升级,现今的 MATLAB 图形窗不再是"单向性的图形显示工具",而已成为进行"双向性探索的图形交互界面"。为此,占本章四分之一篇幅的第 6.8 节将专门叙述全交互式绘图、图形对象属性的交互式设置、绘图用 M 函数文件的自动生成以及用于数据探索的数据探针、数据刷和数据链。

整章内容安排遵循由浅入深、由基本到高级、由算例带归纳的原则。所有算例都是可运行实例,易于读者实践试验,并从中掌握一般规律。

顺便指出:由于纸质印刷版无法表现图形色彩,因此,阅读本章时,最好能同时参阅对应的电子文档"ch06_数据可视及探索.doc"。该文档存放在随书光盘 mbook 目录上。此外,算例中带 exm 前缀文件名的 M 文件电子文档则保存在随书光盘的 mfile 目录上。

6.1 引 导

6.1.1 离散数据和离散函数的可视化

众所周知:一对实数标量 (x,y) 可表示为平面上的一个点;进而,一对实数"向量" (x,y) 可表现为平面上的一组点。MATLAB 就是利用这种几何比拟法实现了离散数据可视化。

离散函数可视化的步骤是:先根据离散函数特征选定一组自变量 $x=[x_1,x_2,\cdots,x_N]^T$;再根据所给离散函数 $y_n=f(x_n)$ 算得相应的 $y=[y_1,y_2,\cdots,y_N]^T$,然后在平面上几何地表现这组向量对 (x,y)。

注意:离散序列所反映的只是某确定的有限区间内的函数关系。因此,离散序列可视化不能表现无限区间上的函数关系。

【例 6.1-1】 图形表示离散函数 $y=|n|$。本例演示:自变量的适当选取;图形的适当比例;再次表现数组运算的简便有效;可视化只能表现有限区间(图 6.1-1)。

```
n = (-10:10)';          % 产生一组自变量数据
y = abs(n);             % 函数的数组算法计算相应点的函数值
plot(n,y,'r.','MarkerSize',20)
axis equal
grid on                 % 画坐标格
xlabel('n')
```

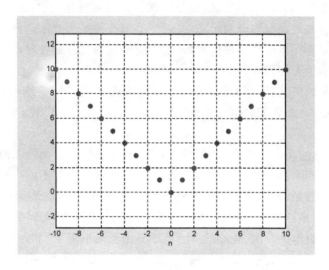

图 6.1-1　离散函数的可视化

〖说明〗

- 自变量取值关于 0 对称,是为了表现函数的对称性,表现函数变化趋势在 0 处发生突然转折。
- 若自变量取为-20:0,那么画出的图形显然不能很好地反映 $y=|n|$ 的本质,因为 $y=-x$ 在这段自变量区间,也可画出相同的图形。
- 为显示"离散点序列"与横、纵坐标的夹角相等,采用了指令 axis equal。
- 函数完整地表现"自变量与因变量之间的关系",可视化图形所表现的函数关系通常是局部的、非完整的。

6.1.2　连续函数的可视化

连续函数可视化包含三个重要环节:一,从连续函数获得一组采样数据,即选定一组自变量采样点(包括采样的起点、终点和采样步长),并计算相应的函数值;二,离散数据的可视化;三,图形上离散点的连续化。

显然,图形上的离散点不能很好地表现函数连续性。为了进一步表示离散点之间的函数性状,有两种处理方法:

(1) 对区间进行更细的分割,计算更多的点,以近似表现函数的连续变化。这种方法的优点是:所画的每个点都反映真实的函数关系;缺点是:为了使图形上离散点密集到产生"连续感",所需离散点的数量很大,从而大大增加计算负担。因此,在实际应用中,这种依靠增加离散点数量去获得"连续感"的方法较少采用。

(2) 在离散采样点的基础上,采用"线性插值"迅速算出离散点间连线上所经过的每个像素,从而获得"连续"曲线的效果。这种方法的优点是:曲线有良好的连续感,并且计算量小,绘图速度快。缺点是:除离散采样点外,所有连线都只是真实曲线的近似。此外,还需提醒:采用"插值连线"画图时,自变量采样点必须按单调增或单调减次序排列。

MATLAB 绘制连续曲线时,会根据用户指定的离散采样点,自动地进行插值计算,进而绘制出连续的曲线。值得指出:倘若自变量的采样点数不足够多,则无论哪种方法都不能真实地反映原函数。

【例 6.1-2】 用图形表示连续调制波形 $y = \sin(t)\sin(9t)$。本例演示:增加图形"连续感"的两种方法;MATLAB 具有自动"线性插值"绘制连续曲线的能力;采样点数不够多会造成对所表现函数的误解(图 6.1-2)。

```
t1 = (0:11)/11 * pi;                    %12 个采样点偏少
t2 = (0:400)/400 * pi;                  %401 个采样点密集
t3 = (0:50)/50 * pi;                    %51 个采样点已够
y1 = sin(t1). * sin(9 * t1);            %数组运算
y2 = sin(t2). * sin(9 * t2);
y3 = sin(t3). * sin(9 * t3);
subplot(2,2,1),plot(t1,y1,'r.')         %画离散点                      <7>
axis([0,pi,-1,1]),title('(1)点过少的离散图形')
subplot(2,2,2),plot(t1,y1,t1,y1,'r.')   %画离散点及期间的连线          <9>
axis([0,pi,-1,1]),title('(2)点过少的连续图形')
subplot(2,2,3),plot(t2,y2,'r.')         %画离散点                      <11>
axis([0,pi,-1,1]),title('(3)点密集的离散图形')
subplot(2,2,4),plot(t3,y3)              %画连续曲线                    <13>
axis([0,pi,-1,1]),title('(4)点足够的连续图形')
```

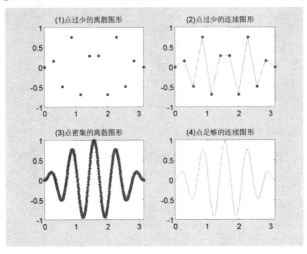

图 6.1-2 连续函数的图形表现方法

〖说明〗
- 图 6.1-2 中,子图(1)和(3)都是画离散点图形。显然,子图(1)由于 12 个采样点太少,看不出函数的性质。而子图(3),虽然采样点有 401 个,但仍未点点相连。
- 从子图(2)可以观察到两个事实:一,采样点只有 12 个,显然不足以反映函数的本来面貌；二，反映出 MATLAB 采用"线性插值"的实质，各采样点相连而成的"折线"。
- 子图(4)，采样点数仅有 51 个，各采样点之间由直线连接。视觉上已感觉所画"折线"大致光滑地近似表现真实曲线。（假如觉得所画折线不够光滑，还可适当增加采样点数。）

【例 6.1-3】 绘制奇数正多边形及圆。本例演示：自变量单调排列对正确绘制连续曲线的重要性；如何画正多边形（图 6.1-3）。

```
N = 9;                              % 多边形的边数
t = 0:2 * pi/N:2 * pi;              % 递增排列的自变量
x = sin(t);y = cos(t);              % 参数方程,绘"奇数正多边形及圆"
tt = reshape(t,2,(N + 1)/2);        % 把行向量重排成"二维数组"
tt = flipud(tt);                    % 把"二维数组"的上下两行调换
tt = tt(:);                         % 获得变序排列的自变量
xx = sin(tt);yy = cos(tt);
subplot(1,2,1),plot(x,y)            % 正常排序下的图形
title('(1) 正常排序图形 '),axis equal off,shg
subplot(1,2,2),plot(xx,yy)          % 非正常排序下的图形
title('(2) 非正常排序图形 '),axis equal off,shg
```

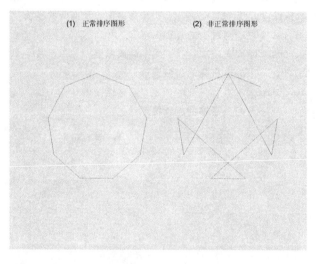

图 6.1-3　自变量排列次序对连续曲线图形的影响

〖说明〗
绘制连续曲线时，自变量必须按照递增或递减的次序排列，否则所画的曲线将发生异常。

6.1.3　可视化的一般步骤

本节旨在介绍一般步骤，其目的是让读者对图形制备过程有一个较宏观的了解。至于具体细节将在以后各节展开。

1. 绘制二维图形的一般步骤

绘制二维图形的一般步骤及其典型指令，如表 6.1-1 所列。

表 6.1-1 绘制二维图形的一般步骤

	步　　骤	典型指令
1	数据准备： ● 选定所要表现的范围 ● 产生自变量采样向量 ● 计算相应的函数值向量	t＝pi＊(0:100)/100; y＝sin(t).＊sin(9＊t);
2	选定图形窗及子图位置： ● 缺省时,打开 Figure No.1,或当前窗、当前子图； ● 可用指令指定图形窗号和子图号	figure(1)　　　　　　　%指定 1 号图形窗(可省) subplot(2,2,3)　　　　%指定 3 号子图
3	调用(高层)绘图指令： 线型、色彩、数据点形	plot(t,y,'b-')　　　　%用蓝色实线画曲线
4	设置轴的范围与刻度、坐标分格线	axis([0, pi, -1, 1])　　%设置轴的范围 grid on　　　　　　　%画坐标分格线
5	图形注释： 图名、坐标名、图例、文字说明	title('调制波形')　　　　　　　　　　　%图名 xlabel('t');ylabel('y')　　　　　　　　%轴名 legend('sin(t)','sin(t)sin(9t)')　　　　%图例 text(2,0.5,'y＝sin(t)sin(9t)')　　　　%文字说明
6	图形的精细修饰(图柄操作)： ● 利用对象属性值设置 ● 利用图形窗工具条进行	set(h,'MarkerSize',10)　　　%设置数据点大小
7	打印 ● 图形窗上的直接打印选项或按键 ● 利用图形后处理软件打印	%采用图形窗选项或按键打印最简捷

〖说明〗

- 步骤 1、3 是最基本的绘图步骤。一般说来,由这两步所画出的图形已经具备足够的表现力。至于其他步骤,并不完全必须。
- 本表步骤 4、5、6 的前后次序是按指令的常用程度和复杂程度编排的。用户根据自己需要可以改变前后次序。
- 步骤 2,一般在图形较多的情况下使用。那时,需要指定图形窗或子图的序号。
- 步骤 6 涉及图柄操作,需要对图形对象进行属性设置。相对高层指令而言,进行图柄操作的低层指令较为复杂。
- MATLAB 图形窗备有许多图柄操作的工具图标和菜单,使图形精细修饰更直观、方便。

2. 绘制三维图形的一般步骤

通常三维图形的制作要比二维图形复杂得多；但在 MATLAB 中,三维图形的制备并不困难。尤其是,当利用 MATLAB 缺省设置时,两个基本步骤就能画出相当满意的彩色三维图形。至于绘制比较精细的、带个性设置的三维图形所需的步骤,如表 6.1-2 所列。

表 6.1-2 绘制三维图形的一般步骤

步骤		典型指令
1	(a) 三维曲线数据准备 ● 先取一个参变量采样向量 ● 然后计算各坐标数据向量	t=pi*(0:100)/100; x=f1(t);y=f2(t);z=f3(t);

	(b) 三维曲面数据
	● 产生两个自变量采样向量
	● 由自变量向量产生自变量"格点"矩阵
	● 计算自变量"格点"矩阵相应的函数值矩阵
		x=x1:dx:x2;
		y=y1:dy:y2;
		[X,Y]=meshgrid(x,y);
		Z=f(x,y);

2	选定图形窗及子图位置	与表 6.1-1 相同
3	(a) 调用三维曲线绘图指令 线型、色彩、数据点形	plot3(x,y,z,'b-') %用兰色实线画曲线
	(b) 调用三维曲面绘图指令	mesh(X,Y,Z)
4	设置轴的范围、坐标分格线	axis([x1,x2,y1,y2,z1,z2]) grid on
5	图形注释:图名、坐标名、图例、文字说明	title, xlabel, ylabel, zlabel, legend, text
6	着色、明暗、灯光、材质处理	colormap, shading, light, material
7	视点、三度(横、纵、高)比	view, aspect
8	图形的精细修饰(图柄操作): ● 利用对象属性值设置 ● 利用图形窗工具条进行	get, set
9	打印	与表 6.1-1 相同

〖说明〗

- 不管是在二维平面还是三维空间,曲线函数只有一个自变量或参数是独立的,而其余维度的变量都是因变量。
- 不管是采用单个"二元函数"形式还是采用三个"参数方程"形式,三维曲面函数一定有两个自变量或参数是独立的。
- 步骤 1、3 是最基本的必要步骤。其余,随对图的要求,可适当使用。它们的前后次序也可调整。
- MATLAB 图形窗备有许多图柄操作的工具图标和菜单,使图形精细修饰更直观、方便。对图形对象的精细修饰涉及图柄操作比较复杂。
- 关于三维图形绘制的详细叙述,请看第 6.3 及以后各节。

6.2 二维线图及修饰操作

MATLAB 的二维绘图指令很多。但其中,最重要、最基本的指令是 plot。其他许多特殊绘图指令,或以它为基础而形成,或有相似的调用格式和修饰手段。因此,本节将围绕 plot 指令及二维线图的各种修饰(包括点形、色彩、线型、粗细、文字标识等)展开。

6.2.1 基本指令 plot 的调用格式

1. 基本调用格式

  plot(x,y,'s')   采用双坐标绘制带点形、线型、色彩修饰的单根曲线

〖说明〗
- x,y 是长度相同的一维数组。x,y 分别指定采样点的横坐标和纵坐标。
- 第三个输入量 's' 是字符串。它可以由表 6.2-1 "离散点形"、表 6.2-2 "连续线型"、表 6.2-3 "点线色彩"的每个表中任选一个字符组合而成。
- 假如 plot 指令没有第三个输入量,即 's' 不加指定,那么 plot 将使用默认设置——"不标采样点的蓝色细实线"绘制曲线。
- 值得指出:
  - plot(x,y,'s') 是最典型、最基本的调用格式。(x,y,'s') 被称为平面绘线三元组。它们分别指定平面曲线的几何位置、点形、线型和色彩。
  - plot 指令一次可以接受多个 (x,y,'s') 三元组。详见 6.2.1-2 小节。

表 6.2-1 离散数据点形允许设置值

符号	含义	符号	含义	符号	含义
d	菱形符 diamond	x	叉字符	∧	朝上三角符
h	六角星符 hexagram			<	朝左三角符
o	空心圆圈	.	实心黑点	>	朝右三角符
p	五角星符 pentagram	+	十字符	V	朝下三角符
s	方块符 square	*	米字符		

表 6.2-2 连续线型允许设置值

符号	含义	符号	含义
-	细实线	-.	点划线
:	虚点线	--	虚划线

表 6.2-3 点线色彩允许设置值

符号	b	g	r	c	m	y	k	w
含义	蓝	绿	红	青	品红	黄	黑	白

〖说明〗
- 本表自左至右是 MATLAB 厂家设置的默认用色顺序(除白色以外)。
- 在 MATLAB 指令窗中运行 get(gca,'ColorOrder'),可以得知当前轴的用色次序。

  【例 6.2-1】 本例演示:plot 的最基本调用格式;绘图的基本步骤和方法;"三元组"的含义;plot 的单输入调用格式,以及它所产生图形与"三元组"图形的区别。

  x = 0:0.05 * pi:2 * pi;   % 设置自变量采样数组;采样的疏密要适当

```
y = exp(-x/3).*cos(2*x);    % 采用"数组运算"方式计算与自变量对应的"函数值点"
subplot(2,1,1)              % 出于比较需要,为以下绘图开设两个子图窗的第1个子图
plot(x,y,'o-r')             % 典型的绘图三元组调用格式;第三输入量含三个字符 'o-r'
                            % 字母 o 表示采样点的点形;短划线-表示细实线;r表示红色
axis([0,2*pi,-1,1])         % 控制坐标范围
subplot(2,1,2)              % 第2子图
plot(y)                     % 默认的细蓝线绘图的单输入格式;
                            % 此时绘图所用的横坐标是 y 数组的元素下标
axis([1,length(y),-1,1])
```

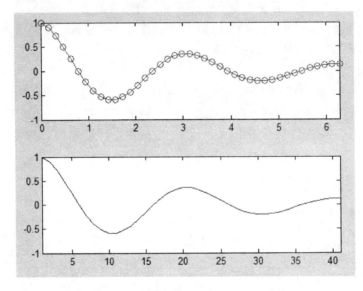

图 6.2-1 三元组调用格式与单输入格式图形的区别

〖说明〗
- 三元组输入格式下,横坐标标识自变量数组 x 元素值:本例是 0 到 2π。
- 在单输入格式下,横坐标标识因变量数组 y 的元素下标值:本例是 1 到 length(y)。

2. 衍生调用格式

plot(X,Y)	采用默认的色彩次序用细实线绘制多条曲线
plot(X,Y,'s')	用 s 指定的点形线型色彩绘制多条曲线
plot(x1,y1,'s1',x2,y2,'s2',…,xn,yn,'sn')	多三元组调用格式绘制多条曲线
plot(Y)	单因变量输入调用格式

〖说明〗
- 在 plot(X,Y) 及 plot(X,Y,'s') 格式中:
  ■ 当 X,Y 可以均为 $(m \times n)$ 数组时,将绘制出 n 条曲线。每条曲线的几何位置由 X,Y 对应的列确定。
  ■ X,Y 两个输入量中有一个是一维数组时,且该数组的长度与另一个输入量的"行数"(或"列数")相等,那么将绘制出"列数"(或"行数")条曲线。
  ■ plot(X,Y,'s') 只能用 s 指定的同一色彩绘制多条曲线。

■ plot(X,Y)指令绘线采用细实线,并按照表6.2-3所列次序(除白色外)给线上色,以提高"可观察性"。
- 在 plot(x1,y1,'s1',x2,y2,'s2',…,xn,yn,'sn')格式中,可接受任意多个"三元组"(xn,yn,'sn');每个三元组是独立的,它的工作方式与plot(x,y,'s')完全相同。
- 在 plot(Y)格式中,采用Y数组的元素下标为横坐标,而元素值本身为纵坐标。

【例6.2-2】 本例演示:因变量为多列数组的 plot 调用格式;plot(t,Y)和 plot(Y)所绘曲线的区别;"线宽"属性的设置。(图6.2-2)

```
clf                          %因前例为双子图;为避免下面图形被画在子图上,故清空图形窗
t = (0:pi/20:2*pi)';         %生成(41*1)的自变量列数组
k = 0.4:0.1:1;               %余弦的幅值数组是(1*7)的行数组
Y = cos(t)*k;                %运算产生(41*7)的二维因变量数组
plot(t,Y,'LineWidth',2)      %t长度,与Y数组的行数相等;Y的7列对应7条曲线
                             %绘制的曲线采用厂家设置的默认色彩次序(见表6.2-3)
                             %每条线的线宽为2
axis tight                   %保证坐标框与所画曲线的上下限一致。(见表6.2-6)
```

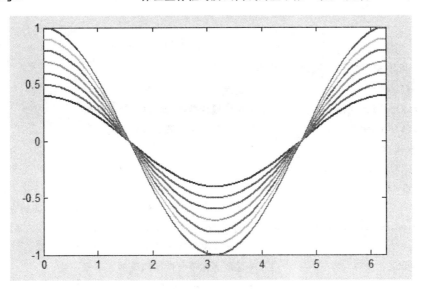

图6.2-2 采用矩阵因变量和默认色彩绘制多条曲线

〖说明〗

由于本书采用"黑白"印刷,读者无法从纸质书上看到色彩。为此,建议读者:从本书配套光盘上查看此图。

3. 带属性设置的调用格式

  plot(x, y, 's', 'PropertyName', PropertyValue, …)   带属性设置的调用格式

〖说明〗
- 该指令的第3输入量 's' 的含义和使用方法与 plot 基本格式完全相同。
- 第4和第5输入量构成所谓的"属性名/属性值(PropertyName/PropertyValue)对"允许多对同时存在;最常用的属性名/属性值对见表6.2-4。

表 6.2-4 线对象的常用属性名和属性值

含义	属性名	属性值	说明
点、线色彩	Color	$[v_r, v_g, v_b]$，RGB 三元组中每个元素可在$[0,1]$取任意值	● 最常用的色彩可通过表 6.2-3 中的字母表示； ● 常用色彩可通过 's' 设置。蓝色为默认色彩
线型	LineStyle	4 种线型见表 6.2-2	● 可通过 's' 设置； ● 细实线为默认线型
线宽	LineWidth	正实数	默认线宽为 0.5
数据点形	Marker	14 种点形见表 6.2-1	可通过 's' 设置
点的大小	MarkerSize	正实数	默认大小为 6.0
点边界色彩	MarkerEdgeColor	$[v_r, v_g, v_b]$，RGB 三元组中每个元素可在$[0,1]$取任意值	
点域色彩	MarkerFaceColor	$[v_r, v_g, v_b]$，RGB 三元组中每个元素可在$[0,1]$取任意值	

【例 6.2-3】 用图形表示连续调制波形 $y=\sin(t)\sin(9t)$ 及其包络线。本例演示：多三元组绘多线的 plot 调用格式；进行属性设置的 plot 调用格式（图 6.2-3）。

```
t = (0:pi/100:pi)';            % 长度为 101 的时间采样列数组                    <1>
y1 = sin(t) * [1, -1];         % 包络线函数值,是(101x2)的数组                  <2>
y2 = sin(t) .* sin(9 * t);     % 长度为 101 的调制波列数组                     <3>
t3 = pi * (0:9)/9;             %                                              <4>
y3 = sin(t3) .* sin(9 * t3);   %                                              <5>
plot(t,y1,'r:',t,y2,'-bo')     % 2 个"三元组"绘制 3 条曲线                    <6>
hold on                        % 为使新指令所绘图形发生在已有的同一张图上,此指令必须
plot(t3,y3,'s','MarkerSize',10,'MarkerEdgeColor',[0,1,0],'MarkerFaceColor',[1,0.8,0])
                               % 波形线穿越横轴点的形状、大小、色彩设置        <8>
axis tight                     % 保证坐标框与所画曲线的上下限一致              <9>
hold off                       % 与 hold on 配对使用,放弃对图纸控制           <10>
% 以下指令供读者比较用。使用时,指令前的 % 号要去除
% 属性影响该指令中的所有线对象中的离散点
% plot (t, y1, 'r:', t, y2, '-bo', t3, y3, 's', 'MarkerSize', 10, 'MarkerEdgeColor', [0, 1, 0],
'MarkerFaceColor',[1,0.8,0])                                                   %  <11>
```

〖说明〗
● 产生自变量采样向量的方法很多。指令〈1〉、〈4〉，是两种常用方法。其中,指令〈1〉表示：自变量取值范围是$[0,\pi]$,采样间隔是 0.01π。
● 注意：指令〈1〉中,采用了转置操作。请尝试在该指令中不用转置操作符,那么本例指令组运行结果是什么？如何修改其他指令,以得到图 6.2-3 的图形？
● 指令〈3〉和〈5〉中,采用了"数组乘"运算符。这大大简化和加速了函数值向量 y2 的计算。这是 MATLAB 专门设计数组运算的目的之一。如果不用"数组乘",就不得不依

第 6 章 数据可视及探索

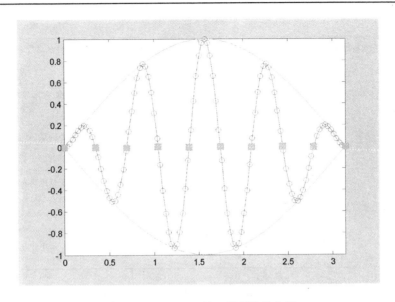

图 6.2-3 采用属性设置所绘的曲线

靠费时低效的"循环"过程去计算函数值向量 y2。
- 指令〈6〉包含两个绘线"三元组"。第一个"三元组"画出两根红虚线。第二个"三元组"画一根带小圆点的蓝实线（小圆点标注数据点），并请读者注意指令书写方式。
- 由于曲线的过零点要进行较多的属性设置，为不与前面所画线对象冲突，所以用另一条 plot 指令执行。
- 指令〈9〉设置了图形坐标轴的范围。请尝试把最后的这条指令删去，观察运行后的图形有什么不同？
- 指令〈11〉提供给读者体验"属性设置"对所有曲线的影响。

6.2.2 坐标控制和图形标识

MATLAB 对图形风格的控制比较完备、友善。一方面，在最通用的层面上，它采用了一系列考虑周全的默认设置，因此在绘制图形时，无须人工干预，它就能根据所给数据自动地确定坐标取向、范围、刻度、高宽比，并给出相当令人满意的画面。另一方面，在适应用户的层面上，它又给出了一系列便于使用的指令，可让用户根据需要和喜欢去改变默认设置。

1. 坐标轴的控制

坐标控制指令 axis 使用比较简单，它用于控制坐标轴的可视、取向、取值范围和轴的高宽比等。常用的指令形式及功能见表 6.2-5。

表 6.2-5 常用的坐标控制指令

坐标轴控制方式、取向和范围		坐标轴的高宽比	
指 令	含 义	指 令	含 义
axis auto	使用默认设置	axis equal	纵、横轴采用等长刻度
axis manual	使当前坐标范围不变	axis fill	在 manual 方式下起作用，使坐标充满整个绘图区

续表 6.2-5

坐标轴控制方式、取向和范围		坐标轴的高宽比	
指　令	含　义	指　令	含　义
axis off	取消轴背景	axis image	纵、横轴采用等长刻度,且坐标框紧贴数据范围
axis on	使用轴背景	axis normal	矩形坐标系(默认)
axis ij	矩阵式坐标,原点在左上方	axis square	产生正方形坐标系
axis xy	普通直角坐标,原点在左下方	axis tight	把数据范围直接设为坐标范围(例 6.2-3)
axis(V) V=[x1,x2,y1,y2]; V=[x1,x2,y1,y2,z1,z2];	人工设定坐标范围。设定值:二维,4个;三维,6个。	axis vis3d	保持高宽比不变,用于三维旋转时避免图形大小变化

〖说明〗

坐标范围设定向量 V 中的元素必须服从:$x1<x2, y1<y2, z1<z2$。V 的元素允许取 inf 或 -inf,意味着上限或下限是自动产生的,即坐标范围"半自动"确定。

【例 6.2-4】 观察各种轴控制指令的影响。演示采用长轴为 3.25,短轴为 1.15 的椭圆。注意:采用多子图(图 6.2-4)表现时,图形形状不仅受"控制指令"影响,而且受整个图面"宽高比"及"子图数目"的影响。本书这样处理,是出于篇幅考虑。想准确体会控制指令的影响,请在全图状态下进行观察。

```
t = 0:2*pi/99:2*pi;
x = 1.15*cos(t);y = 3.25*sin(t);       %y 为长轴,x 为短轴
subplot(2,3,1)                          %分割为(2*3)幅子图
plot(x,y)
axis normal                             %使用当前图形窗的默认设置绘制子图坐标
grid on                                 %坐标上画分格线
title('Normal and Grid on')
subplot(2,3,2),plot(x,y)
axis equal                              %纵横坐标分度相等
grid on,title('Equal')
subplot(2,3,3),plot(x,y)
axis square                             %纵横坐标的极限范围的几何大小相等
grid on,title('Square')
subplot(2,3,4),plot(x,y)
axis image                              %保持原图形比例不变,且坐标框紧贴图形
box off                                 %坐标框不封闭
title('Image and Box off')
subplot(2,3,5),plot(x,y)
axis image fill                         %图形比例不变,使图形尽量地充满坐标范围
box off,title('Image and Fill')
subplot(2,3,6),plot(x,y)
```

```
axis tight              % 保证坐标框与所画曲线的上下限一致
box off,title('Tight')
```

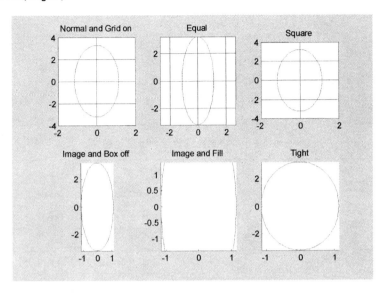

图 6.2-4   各种轴控制指令的不同影响

2. 分格线和坐标框

grid	是否画分格线的双向切换指令（使当前分格线状态翻转）
grid on	画出分格线
grid off	不画分格线
box	坐标形式在封闭式和开启式之间切换指令
box on	使当前坐标呈封闭形式
box off	使当前坐标呈开启形式

〖说明〗
- 不画分格线是 MATLAB 的默认设置。
- 分格线的疏密取决于坐标刻度。如想改变分格线的疏密，必须先定义坐标刻度。
- 默认情况下，所画坐标呈封闭形式。

3. 图形标识指令

title(S)	书写图名
xlabel(S)	横坐标轴名
ylabel(S)	纵坐标轴名
text(xt,yt,S)	在图面(xt,yt)坐标处书写字符注释
legend(S1,S2,…)	在右上角标识图例
legend(S1,S2,…,'Location','LocationString')	在 LocationString 指定的地方标出图例

〖说明〗

- S, S1, S2 为字符串。它可以是英文、中文、或 Tex 定义的各种特殊字符（见表 6.2-7～表 6.2-10）。再次提醒：作为字符串标记的单引号，必须在英文状态下输入。
- 关于 legend 指令的说明
  - 最前面的输入量都是字符串；字符串的数目与图例所标曲线等图形的数目相等；字符串的次序应与不同曲线绘制的次序一致。
  - 在没有指定图例位置的情况下，图例标识的默认位置在图形窗的右上角。
  - 指令的最后两个输入量用于指定图例位置。LocationString 可取表 6.2-6 中的关键词。如 legend(S1,S2,'Location','SouthEast')将把图例设置在图形窗的右下角。

表 6.2-6　指定图例位置的可选关键词

LocationString	含义	LocationString	含义
North	坐标轴正上方	NorthEast	坐标轴右上方
South	坐标轴正下方	NorthWest	坐标轴左上方
East	坐标轴中右方	SouthEast	坐标轴右下方
West	坐标轴中左方	SouthWest	坐标轴左下方
Best	自动确定与图形最少冲突的位置		
以上关键词+Outside	图例放在坐标框外的相应方位；如 NorthOutside 表示"坐标轴外、正上方"		

4. 标识字符的精细控制

如果想在图上标识希腊字、数学符等特殊字符，那么必须使用表 6.2-7、6.2-8 中的指令。如果想设置上下标，或想对字体或大小进行控制，那么必须在被控制字符前，先使用表 6.2-9、6.2-10 中的指令和设置值。

表 6.2-7　图形标识用的希腊字母

指令	字符	指令	字符	指令	字符	指令	字符
\alpha	α	\eta	η	\Nu	ν	\upsilon	υ
						\Upsilon	Y
\beta	β	\theta	θ	\xi	ξ	\phi	φ
		\Theta	Θ	\Xi	E	\Phi	Φ
\gamma	γ	\iota	ι	\pi	π	\chi	χ
\Gamma	Γ			\Pi	Π		
\delta	δ	\kappa	κ	\rho	ρ	\psi	ψ
\Delta	Δ					\Psi	Ψ
\epsilon	ε	\lambda	λ	\sigma	σ	\omega	ω
		\Lambda	Λ	\Sigma	Σ	\Omega	Ω
\zeta	ζ	\mu	μ	\tau	τ		
使用示例							
指令	效果	指令	效果	指令		效果	
'sin\beta'	$\sin\beta$	'\zeta\omega'	$\zeta\omega$	'\itA{\in}R^{m\timesn}'		$A\in R^{m\times n}$	

表 6.2-8 图形标识用的其他特殊字符

指令	符号	指令	符号	指令	符号	指令	符号	指令	符号
\approx	≈	\propto	∝	\exists	∃	\cap	∩	\downarrow	↓
\cong	≅	\sim	∼	\forall	∀	\cup	∪	\leftarrow	←
\div	÷	\times	×	\in	∈	\subset	⊂	\leftrightarrow	↔
\equiv	≡	\oplus	⊕	\infty	∞	\subseteq	⊆	\rightarrow	→
\geq	≥	\oslash	⊘	\perp	⊥	\supset	⊃	\uparrow	↑
\leq	≤	\otimes	⊗	\prime	′	\supseteq	⊇	\circ	∘
\neq	≠	\int	∫	\cdot	·	\Im	ℑ	\bullet	•
\pm	±	\partial	∂	\ldots	...	\Re	ℜ	\copyright	©

表 6.2-9 上下标的控制指令

指令	arg 取值	举例	
		示例指令	效果
上标	^{arg}	任何合法字符	'\ite^{-t}sint'	$e^{-t}\sin t$
下标	_{arg}	任何合法字符	'x~{\chi}_{\alpha}^{2}(3)'	$x \sim \chi_\alpha^2(3)$

表 6.2-10 字体式样设置规则

字体	指令	arg 取值	举例	
			示例指令	效果
名称	\fontname{arg}	arial; courier; roman; 宋体; 隶书; 黑体……	'\fontname{courier}Example 1' '\fontname{隶书}范例 2'	Example 1 范例 2
风格	\arg	bf （黑体） it （斜体一） sl （斜体二） rm （正体）	'\bfExample 3' '\itExample 4'	**Example 3** *Example 4*
大小	\fontsize{arg}	正整数。 默认值为 10 (Points 磅)。	'\fontsize{14}Example 5' '\fontsize{6}Example 6'	Example 5 <small>Example 6</small>

〖说明〗

- 凡 Windows 字库中有的字体,都可以通过设置字体名称实现调用。
- 对中文进行字体选择是允许的;见例 5.2-4 的第〈5〉条指令。
- Notebook 和指令窗之间交叉操作时,中文字体的设置有时会引起图形注释混乱。
- 1 Point(磅)＝1/72 inch＝0.35 mm。

【例 6.2-5】 通过绘制二阶系统阶跃响应,综合演示图形标识。本例比较综合,涉及的指令较广。请耐心读,实际做,再看例后说明,定会有更多收益(图 6.2-5)。

```
clf;t = 6*pi*(0:100)/100;
y = 1 - exp(-0.3*t).*cos(0.7*t);
plot(t,y,'r-','LineWidth',3)                    %用3磅红实线画曲线                      <3>
hold on                                         %以下绘图指令仍作用于当前图形窗
tt = t(find(abs(y-1)>0.05));ts = max(tt);       %寻找进入5%误差带的最大时间            <5>
plot(ts,0.95,'bo','MarkerSize',10)              %用蓝色圆圈标镇定点位置                 <6>
hold off                                        %不再在当前图形窗上绘图
axis([-inf,6*pi,0.6,inf])                       %横坐标下限及纵坐标上限自动生成
set(gca,'Xtick',[2*pi,4*pi,6*pi],'Ytick',[0.95,1,1.05,max(y)])
                                                %对横、纵轴重新进行人工分度设置        <9>
set(gca,'XtickLabel',{'2*pi';'4*pi';'6*pi'})
                                                %横轴分度的数字标识                     <10>
set(gca,'YtickLabel',{'0.95';'1';'1.05';'max(y)'})
                                                %纵轴分度的数字标识                     <11>
grid on
text(13.5,1.2,'\fontsize{12}{\alpha} = 0.3')    %12号字体小写希腊字母                  <13>
text(13.5,1.1,'\fontsize{12}{\omega} = 0.7')    %12号字体小写希腊字母                  <14>
cell_string{1} = '\fontsize{12}\uparrow';       %构造胞元字符串数组                    <15>
cell_string{2} = '\fontsize{16} \fontname{隶书}镇定时间 ';
cell_string{3} = '\fontsize{6}  ';
cell_string{4} = ['\fontsize{14}\rmt_{s} = ' num2str(ts)];                              % <18>
text(ts,0.85,cell_string,'Color','b','HorizontalAlignment','Center')
                                                %运用胞元数组进行字符标识              <19>
title('\fontsize{14}\it y = 1 - e^{ -\alpha t}cos{\omega t}')
                                                %14号斜体写图名表达式                   <20>
xlabel('\fontsize{14} \bft \rightarrow')        %横坐标标识
ylabel('\fontsize{14} \bfy \rightarrow')        %纵坐标标识                             <22>
```

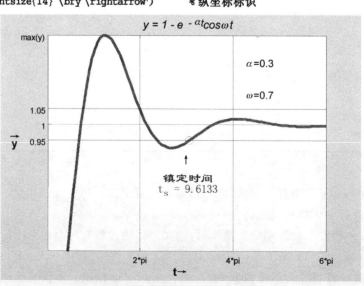

图 6.2-5 二阶阶跃响应图的标识

〖说明〗
- 指令〈5〉旨在寻找镇定时间;即从那以后,响应与1的距离再也不会超过0.05。
- 指令〈10〉〈11〉通过手工设置,分别对 x, y 轴的分度线进行标识。x 轴采用 π 的偶倍数标识,以增强可读性。注意指令中的"花括号及其中的分号"。
- 指令〈13〉〈14〉采用12磅字体书写 $\alpha=0.3$ 和 $\omega=0.7$。
- 指令〈15〉到〈18〉构成一个字符串"胞元(Cell)"数组。它将用于指令〈19〉的"多行注释"。
- 指令〈19〉对镇定点采用"蓝色"和"中心对准"的方式进行"多行注释"。
- 指令〈22〉中,注意使用的是 rightarrow,而不是 uparrow。

6.2.3 多次叠绘、双纵坐标和多子图

1. 多次叠绘

hold on	使当前轴及图形保持而不被刷新,准备接受此后绘制的新图
hold off	使当前轴及图形不再保持,而具备可刷新性质
hold	当前图形是否具备刷新性质的双向切换开关

【例 6.2-6】 利用 hold 绘制离散信号通过零阶保持器后产生的波形。(图 6.2-6)

```
t = 2*pi*(0:20)/20;
y = cos(t).*exp(-0.4*t);
stem(t,y,'g','Color','k');           %画杆图
hold on
stairs(t,y,':r','LineWidth',3)       %画阶梯图
hold off
legend('\fontsize{14}\it stem','\fontsize{14}\it stairs')
                                     %对字符精细控制的图例
box on                               %采用封闭坐标框
```

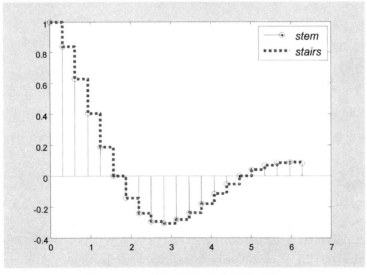

图 6.2-6　两类不同曲线绘于同一图布

【说明】

同一图布上画多条曲线的方法归纳。
- 采用 plot(X,Y)指令画多条曲线的局限在于:只能画同类曲线,且各线的线型、色彩不易控制。
- 采用"多三元组格式的 plot"指令也较难表达不同类型的图形(如本例的杆图、阶梯图)。
- 在 hold 指令作用下画多类曲线或图形的方法,适宜于把多种不同类型、不同属性的图形、曲线绘制于同一画布。

2. 双纵坐标图

在实际应用中常常有这样的需求:把同一自变量的两个不同量纲、不同数量级的函数量的变化绘制在同一张图上。如希望在同一张图上表现温度、湿度随时间的变化;温度、压力的响应曲线;人口数量、GDP 的变化曲线;放大器输入、输出电流变化曲线等。为满足这种需求,MATLAB 提供了以下指令。

plotyy(X1,Y1,X2,Y2)
　　以左、右不同纵轴绘制 X1 - Y1、X2 - Y2 两条曲线

plotyy(X1,Y1,X2,Y2,'FUN')
　　以左、右不同纵轴把 X1 - Y1、X2 - Y2 绘制成 FUN 指定形式的两条曲线

plotyy(X1,Y1,X2,Y2,'FUN1','FUN2')
　　以左、右不同纵轴把 X1 - Y1、X2 - Y2 绘制成 FUN1、FUN2 指定的不同形式的两条曲线

[ax,h1,h2]=plotyy(X1,Y1,X2,Y2,'FUN1','FUN2')
　　输出图形轴和曲线句柄的双纵轴绘图指令

【说明】
- 左纵轴用于 X1 - Y1 数据对,右纵轴用于 X2 - Y2 数据对。
- 轴的范围、刻度都自动产生。如果想人工设置,那必须使用图柄和低层绘图指令。
- FUN、FUN1、FUN2 可以是 MATLAB 中所有接收 X - Y 数据对的二维绘图指令关键词。
- 输出量的含义:
  - ax(1),ax(2)分别给出左、右纵轴的句柄。
  - h1,h2 分别给出 X1 - Y1,X2 - Y2 所产生的两条曲线的句柄。
  - 借助指令 set 就可以对指定"句柄"的图形对象进行色彩、线型、点形等属性设置。
  - 关于此格式调用的算例,请参看例 7.7 - 1 指令<48>。

【例 6.2 - 7】 画出函数 $y = x\sin x$ 和积分 $s = \int_0^x (x\sin x)dx$ 在区间[0,4]上的曲线(图 6.2 - 7)。

```
clf;dx = 0.1;x = 0:dx:4;y = x.*sin(x);
s = cumtrapz(y)*dx;                      % 梯形法求累计积分           <2>
a = plotyy(x,y,x,s,'stem','plot');                                  % <3>
text(0.5,1.5,'\fontsize{14}\ity = xsinx')  % 对被积函数加注          <4>
sint = '{\fontsize{16}\int_{\fontsize{8}0}^{ x}}';                  % <5>
ss = ['\fontsize{14}\its = ',sint,'\fontsize{14}\itxsinxdx'];       % <6>
text(2.5,3.5,ss)                         % 对积分得到的原函数加注     <7>
```

```
set(get(a(1),'Ylabel'),'String','被积函数 \ity = xsinx')          % <8>
set(get(a(2),'Ylabel'),'String',ss)                              % <9>
xlabel('x')
```

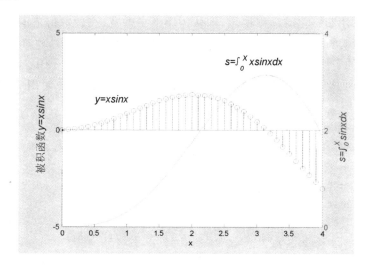

图 6.2-7 函数和积分

〖说明〗

- 指令⟨2⟩中，cumtrapz 用于求累计积分（参见第 4.2.3 节）。
- 指令⟨3⟩分别采用"杆图"、"线图"绘制被积函数、原函数，并把重合在一起的两张图的"轴对象句柄"赋给 a，以供指令⟨8⟩⟨9⟩使用。
- 指令⟨4⟩对被积函数的图形加注。
- 指令⟨5⟩⟨6⟩用于合成供指令⟨7⟩使用的 $s=\int_0^x x\sin x \mathrm{d}x$ 字符串。这样做的目的是，避免一条指令写得太长。
- 关于指令⟨7⟩，要特别说明：在 plotyy 生成的图形中，使用 text 指令加注标识文字的位置是根据左纵轴决定的。
- 指令⟨8⟩中的 a(1)是包含左纵轴的那个"轴对象句柄"；get(a(1),'Ylabel')用来获得该轴上的"纵坐标名句柄"。通过该指令⟨7⟩把左纵轴名称写成"被积函数 $y=x\sin x$"。
- 指令⟨9⟩用于右纵轴名的书写。
- 本例使用到的图形修饰指令有特色，有兴趣的读者可仔细阅读。
- legend 指令不能正常使用于此双纵坐标。
- plotyy 的深入应用，请看例 7.7-1 指令⟨48⟩～⟨55⟩。

3. 多子图

MATLAB 允许用户在同一个图形窗里布置几幅独立的子图。具体指令是

```
subplot(m,n,k)                              使(m×n)幅子图中的第 k 幅成为当前图
subplot('position',[left bottom width height])    在指定位置上开辟子图，并成为当前图。
```

〖说明〗

- subplot(m,n,k)的含义是：图形窗中将有(m×n)幅子图。k 是子图的编号。子图的序

号编排原则是:左上方为第 1 幅,向右向下依次排号。该指令形式产生的子图分割完全按默认值自动进行。
- subplot('position',[left bottom width height])产生的子图位置由人工指定。指定位置的四元组采用归一化的标称单位,即认为图形窗的宽、高的取值范围都是[0,1],而左下角为(0,0)坐标。该指令格式是 MATLA B5.x 版起用的。
- subplot 产生的子图彼此之间独立。所有的绘图指令都可以在子图中运用。
- 在使用 subplot 之后,如果再想画整图形窗的独幅图,那么应先使用 clf 指令清空图形窗。

【例 6.2-8】 演示 subplot 指令对图形窗的分割(图 6.2-8)。

```
clf;t = (pi * (0:1000)/1000)';
y1 = sin(t);y2 = sin(10 * t);y12 = sin(t). * sin(10 * t);
subplot(2,2,1),plot(t,y1);axis([0,pi, -1,1])      % 左上子图
subplot(2,2,2),plot(t,y2);axis([0,pi, -1,1])      % 右上子图
subplot('Position',[0.2,0.1,0.6,0.40])            % 下子图
plot(t,y12,'b -',t,[y1, -y1],'r:')
axis([0,pi, -1,1])
```

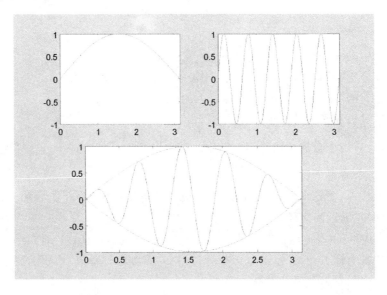

图 6.2-8 多子图的布置

6.3 三维绘图及修饰操作

6.3.1 三维线图指令 plot3

在三维图形指令中,plot3 最易于理解,它使用格式与 plot 十分相似。具体如下:

plot3(X,Y,Z,'s')   单"四元组"调用格式
plot3(X1,Y1,Z1,'s1',X2,Y2,Z2,'s2', ...) 多"四元组"调用格式

【说明】

- X、Y、Z 是同维向量时,则绘制以 X、Y、Z 元素为 x,y,z 坐标的三维曲线。
- X、Y、Z 是同维矩阵时,则以 X、Y、Z 对应列元素为 x,y,z 坐标分别绘制曲线,曲线条数等于矩阵的列数。
- s,s1,s2 的意义与二维情况完全相同。它们用来指定线型、色彩、数据点形的选项字符串。它们的合法取值请看第 6.2.2 节。它们可以缺省,缺省时线型、色彩将由 MATLAB 的默认设置确定。
- 绘线"四元组"(X1,Y1,Z1,'s1')、(X2,Y2,Z2,'s2')的结构和作用,与(X,Y,Z,'s')相同。不同"四元组"之间没有约束关系。
- 三维线图指令 plot3 主要用来表现单参数的三维曲线。

【例 6.3-1】 本例演示:三维线图的"四元组"调用格式;表现线函数的参数方程。

```
t = (0:0.02:2) * pi;                    % 独立变化的自变量
x = sin(t);y = cos(t);z = cos(2 * t);   % 以 t 为参量的三个坐标的因变量
plot3(x,y,z,'b-',x,y,z,'bd')            % 2 个"四元组"绘制图形
view([-82,58])                          % 控制视角
box on                                  % 封闭坐标框
legend('链','宝石','Location','Best')   % 自动选择图例位置
```

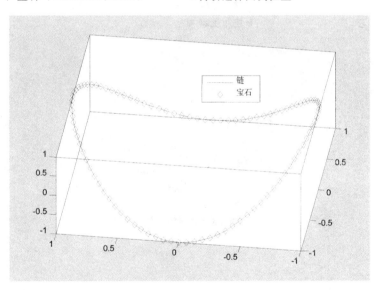

图 6.3-1 宝石项链

6.3.2 三维曲面/网线图指令

1. 基本调用格式

```
mesh(X,Y,Z)         最常用的网线图调用格式
surf(X,Y,Z)         最常用的曲面图调用格式
```

〖说明〗
- X,Y 是描写自变量取值矩形域的"格点"坐标数组;Z 是格点上的函数数组。

- X,Y 具有固定格式,生成它们的最常用、最简便途径是:
  - 定义自变量的一维分格数组 x=x1:dx:x2;y=y1:dy:y2;
  - 借助指令[X,Y]=meshgrid(x,y)生成矩形域格点坐标数组 X 和 Y。

【例 6.3-2】 用曲面图表现函数 $z=x^2+y^2$。本例演示:三维空间中曲面图的绘制步骤和成图原理;x-y 平面上的采样数据"格点"(图 6.3-2)。

```
clf
x = -4:4;                        %生成 x 维分格数组
y = x;                           %令 y 维分格数组与 x 维相同(也允许不同)
[X,Y] = meshgrid(x,y);           %生成 x-y 平面上的自变量取值矩形域"格点"数组
Z = X.^2 + Y.^2;                 %计算格点上的函数值
surf(X,Y,Z);                     %绘制曲面图
colormap(hot)                    %采用 hot 色图                              <7>
hold on                          %在图布上继续绘图
stem3(X,Y,Z,'bo')                %3 维杆图:用来表现 x-y 平面格点及对应的函数值
hold off                         %不准在图布上继续绘图
xlabel('x'),ylabel('y'),zlabel('z')
axis([-5,5,-5,5,0,inf])          %设置坐标范围
view([-84,21])                   %控制观察视角
```

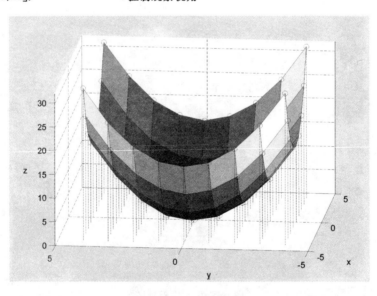

图 6.3-2 曲面图和格点

2. 衍生调用格式

mesh(X,Y,Z,C)	最完整调用格式,画由 C 指定用色的网线图
surf(X,Y,Z,C)	最完整调用格式,画由 C 指定用色的曲面图
mesh(Z)	以 Z 数组列、行下标为 x,y 轴自变量,画网线图
surf(Z)	以 Z 数组列、行下标为 x,y 轴自变量,画曲面图

〖说明〗

- 指令中，X，Y，Z 分别是曲面和网线图的坐标数组，其生成方法见 6.3.2-1 小节。
- C 是指定各点用色的矩阵。C 缺省时，默认用色矩阵是 Z，即认为 C=Z。使用细节，请通过 MATLAB 帮助浏览器查阅。
- 在单输入量调用格式中，绘图时把 Z 矩阵的列下标当作 x 坐标轴的"自变量"，把 Z 的行下标当作 y 坐标轴的"自变量"。

3. 色图 colormap

在绘制曲面、网线图、图像和块对象时，即使用户对如何着色没有主动意识，MATLAB 也会自动地按照厂家设定的"色图（Color Map）"给所画图形上色，使之绚丽醒目。用户假如希望图形的色彩能体现自己的意图，那么可以使用以下指令实现。

colormap(CM)　　　设置当前图形窗的着色色图为 CM

〖说明〗
- 不管图形窗有多少个子图，每个图形窗只能定义一个色图。
- 色图 CM 为 $(m\times 3)$ 矩阵，它的每一行是 RGB 三元组。色图既可通过矩阵元素的直接赋值定义，也可按某种数学规律生成。
- MATLAB 提供了一组对不同曲面/网线图、图像进行着色的常用色图矩阵（见表 6.3-1）。这些预定义色图矩阵是由 $[0,1]$ 区间数据组成的 (64×3) 矩阵。
- 若想体验不同色图的效果，用户可以通过修改例 6.3-2 指令〈7〉中的色图关键词来试验。具体地说，先选用表 6.3-1 中的关键词（如 cool）取代指令中的 hot；然后再单独运行指令〈7〉。

表 6.3-1　MATLAB 的预定义色图矩阵 CM

CM	含　义	CM	含　义
autumn	红、黄浓淡色	jet	蓝头红尾饱和值色（默认色图）
bone	蓝色调浓淡色	lines	采用 plot 绘线色
colorcube	三浓淡多彩交错色	pink	淡粉红色图
cool	青、品红浓淡色	prism	光谱交错色
copper	纯铜色调线性浓淡色	spring	青、黄浓淡色
flag	红-白-蓝-黑交错色	summer	绿、黄浓淡色
gray	灰色调线性浓淡色	winter	蓝、绿浓淡色
hot	黑、红、黄、白浓淡色	white	全白色
hsv	两端为红的饱和值色		

4. 浓淡处理 shading

shading options　　　图形对象着色的浓淡处理

〖说明〗
- colormap 决定着色所用的颜色，而 shading 决定着色的方式。更具体地说，mesh、surf、pcolor、fill 和 fill3 等所创建图形非数据点处的着色由 shading 指令决定。
- options 选项可取以下关键词：

- **flat** 网线图的整条线段、曲面图的整个贴片都着一种颜色。颜色取自线段两端,或贴片四顶点数据点中下标最小一点的颜色。
- **interp** 网线图线段,或曲面图贴片上各点的颜色由该线段两端,或该贴片四顶点处的颜色经线性插值而得。这种方法的用色比较细腻,但最费时。
- **faceted** 在 flat 用色基础上,再在贴片的四周勾画黑色网线。这种方法对立体的表现力最强,因此 MATLAB 把它作为默认设置。

● shading 是设置当前轴上"面"对象的 EdgeColor 和 FaceColor 属性的高层指令。

【例 6.3-3】 三种浓淡处理方式比较。本例演示:shading 的功用;图形窗底色的设置。(图 6.3-3)

```
clf                                  % 清空图形窗
x = -4:4;y = x;
[X,Y] = meshgrid(x,y);
Z = X.^2 + Y.^2;
surf(X,Y,Z)
colormap(jet)
subplot(1,3,1),surf(Z),axis off
subplot(1,3,2),surf(Z),axis off,shading flat
subplot(1,3,3),surf(Z),axis off,shading interp
set(gcf,'Color','w')                 % 设置图形窗的底色为白
```

图 6.3-3 三种浓淡处理方式 faceted/flat/interp 的效果比较

【说明】

运行 set(gcf,'Color','default'),就可恢复图形窗的默认底色。

6.3.3 视点控制和图形的旋动

为了获得三维图形的最佳视觉效果,MATLAB 提供了两条控制指令。一条是 view,用来改变观察点;另一条是 rotate,直接旋动图形。

1. 视点控制 view

| view([az,el]) | 通过 az 方位角、el 俯视角设置视点(参见图 6.3-4) |
| view([vx,vy,vz]) | 通过直角坐标设置视点 |

【说明】

● 指令中,az 是方位角(Azimuth),el 是俯视角(Elevation)。它们的单位是"度"。
● vx, vy, vz 是视点的直角坐标。
● 倘若绘制三维图形时,没有使用 view 指令,那么 MATLAB 将使用图 6.3-4 所示的视

点缺省设置：az=-37.5°, el=30°。
- 最佳视觉效果的设置方法：用户先在图形窗中画出图形，然后通过图形窗界面提供的交互工具，用鼠标调整视点，获取视觉最佳的[az, el]值，再把这组数值赋给 view，以固定最佳视点。

2. 图形旋动 rotate

    rotate(h, direction, alpha, origin)   使图柄为 h 的对象绕方向轴旋转 alpha 角度

〖说明〗
- rotate 各输入量的含义（参看图 6.3-5）：
  - 输入量 h 是被旋转的对象（如线、面等）句柄。
  - direction 有两种设置法：
    球坐标法 $[\theta, \varphi]$，即 direction 取 [theta, phi]，单位是"度"；
    直角坐标法 $[x, y, z]$，即 direction 取 [x, y, z]。
  - alpha 是绕方向轴遵循右手法则旋转的角度。
  - origin 是方向轴的"支点"坐标。可以缺省，此时默认坐标原点是"支点"。
- 与 view、rotate3d 仅改变视点不同，rotate 通过旋转变换改变了原图形对象的数据。

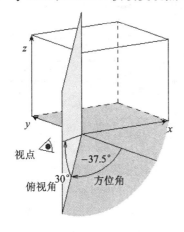
图 6.3-4 视点设置参数示意

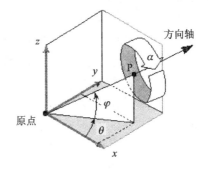
图 6.3-5 旋转图形对象的右手螺旋法则

【例 6.3-4】 本例演示：surf 指令的四元组调用法；用 colorbar 色轴标注数值大小；colorbar 所产生色轴的位置控制；旋转指令 rotate 的调用格式（图 6.3-6）。

```
clf;[X,Y] = meshgrid([-2:.2:2]);
Z = 4 * X. * exp(-X.^2-Y.^2);                  % 描写曲面的二元函数
G = gradient(Z);                               % 曲面的梯度函数
subplot(1,2,1),surf(X,Y,Z,G)                   % 用梯度大小着色
colorbar('Location','North','Position',[0.37,0.90,0.295,0.015])
                        % 画色轴：用颜色标注数值大小。色轴放置在用户的特定位置
subplot(1,2,2),h = surf(X,Y,Z,G);              % 旋转前曲面图柄
rotate(h,[-2,-2,0],30,[2,2,0]),                % 旋转曲面
colormap(jet)                                  % 采用 jet 色图着色
```

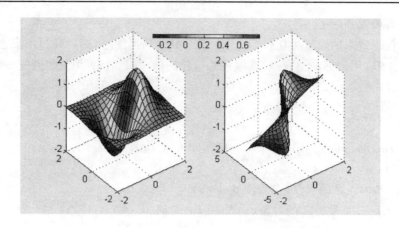

图 6.3-6 图形对象的旋转

6.3.4 光照、材质和透视

1. 光照 light

light('color',option1,'style',option2,'position',option3)　　灯光设置
lighting options　　设置照明模式

【说明】
- 关于 light 指令的说明
  - option1 可采用 RGB 三元组或相应的色彩字符。如[1 0 0],或 'r',都代表红光。
  - option2 有两个取值：'infinite',表示无穷远光；'local',表示近光。
  - option3 总为直角坐标的三元数组形式。对远光,它表示光线穿过该点射向原点；对近光,它表示光源所在位置。
  - 该指令的任何"一组输入量对"都可以空缺,空缺对采用默认设置替代。
  - 该指令不包含任何输入量时,默认：白光、无穷远、穿过[1,0,1]射向坐标原点。
  - 应该指出：在 light 使用前,图形各处采用相等强度漫射光。一旦 light 被执行,图形的"面"等对象所有与"光"有关的属性(如背景光、边缘光)都将被激活,但光源本身并不出现在图形窗中。
- 关于 lighting 的说明
  - lighting 仅在 light 指令执行后才起作用。
  - options 有以下四种模式取值：
    - flat　　入射光均匀洒落于图形每个面,与 facted 配用,它是默认模式；
    - gouraud　　先对顶点颜色插补,再对四顶所框面色进行插补,用于曲面表现；
    - phong　　对顶点处法线插值,再计算各像素反光,表现效果最好,但费时较多；
    - none　　使所有光源关闭。

2. 材质处理 material

material options　　使用预定义反射模式
material([ka kd ks n sc])　　对五大反射要素进行设置

〖说明〗
- 预定义选项 options 可取以下四个关键词：
  shiny   使对象比较明亮,镜反射较多,反射光颜色仅取决于光源；
  dull   使对象比较暗淡,漫反射较多,无镜面亮点,反射光颜色取决于光源；
  metal   使对象带金属光泽,镜反射较多,背景光和漫反射较少；
           反射光颜色由光源和图形表面颜色共同决定,该模式为默认设置；
  default 返回默认设置模式。
- 关于反射五要素的说明：
  ka   设置无方向均匀背景光(Ambient light)的强度；
  kd   设置无方向软反射、漫反射光(Diffuse reflection)的强度；
  ks   设置有向硬反射光(Specular reflection)的强度；
  n   设置控制镜面亮点大小的镜面指数(Specular exponent)；
  sc   控制镜面颜色的反射系数(Specular color reflectance)。

【例 6.3-5】 灯光、照明、材质指令所表现的图形。本例演示：sphere 指令的应用；同一图形窗只允许定义一个色图；每个子图可以定义自己的光照 light、光照模式 lighting 及材质 material；每个子图可以设置任意多个光源（图 6.3-7）。

```
clf;
[X,Y,Z] = sphere(40);                                   % 获得40等分经纬分度的球面数据坐标
colormap(jet)                                           % <3>
subplot(1,2,1),surf(X,Y,Z),axis equal off,shading interp % <4>
light ('position',[0 -10 1.5],'style','infinite')       % <5>
lighting   phong                                        % <6>
material shiny                                          % <7>
subplot(1,2,2),surf(X,Y,Z,-Z),axis equal off,shading flat % <8>
light;lighting flat                                     % <9>
light('position',[-1,-1,-2],'color','y')                % <10>
light('position',[-1,0.5,1],'style','local','color','w') % <11>
set(gcf,'Color','w')                                    % 设置图形窗的底色为白
```

图 6.3-7 灯光、照明、材质指令所表现的图形

〖说明〗
- 色图是图形窗的属性,每个图形窗只有一个色图,见本例指令〈3〉。
- 每个子图可以定义自己的浓淡处理模式、照明模式、材质,但它们都只能定义一次;如本例左子图,相关定义指令〈4〉~〈7〉;而右子图,相关定义指令〈8〉~〈11〉。

- 每个子图上可以设置多个光源。本例左子图,只使用了 1 个默认设置光源。而右子图使用了包括默认设置光源在内的 3 个形式、方向、颜色不同的光源。

3. 透明处理

　　MATLAB 的透明(Transparency)处理指令,采用透明化技术揭示复杂图形(如曲面、图像)的内部结构;与几何三维、色彩一样,透明化能以"独立维"的形式提供数据可视化手段。与色彩一样,透明是面(Surface)、块(Patch)、像(Image)等图形对象的属性。假如用户不对透明属性进行专门设置,那么 MATLAB 绘制的曲面、多面体块、图像都采用"不透明"的默认设置。

　　MATLAB 把透明度量化为 Alpha 轴上的连续实数。Alpha 透明轴的上下限可以通过 alim 指令设置。默认情况下,该透明轴的下限为 0(全透明),上限为 1(不透明)。

　　与色图一样,每个图形窗也只允许有一张"透明度处理表(AlphaMap)"。在默认设置下,该透明度标是一个(1×64)的数组,其元素在[0, 1]中取值,第一个元素是 0,最后一个元素是 1,其他元素按均匀递增方式排列。

　　为对图形对象进行透明程度和方式的控制,MATLAB 提供如下三个高层指令:

　　alpha(ops1)　　　　透明度设置
　　alim(ops2)　　　　透明轴设置
　　alphamap(ops3)　　透明度处理表选择

〖说明〗

- alpha 是集透明化数据、透明映射模式、面透明方式于一体的指令。它的功能由选项 ops1 所取(表 6.3-2)关键词而定。

表 6.3-2　透明度设置指令 **alpha** 的选项表

所涉属性	ops1 可取关键词	功用	算例
透明度数据设置 AlphaData	[0, 1]间的实数标量	各点透明度都由数值指定	
	'x',或 'y',或 'z'	透明度随轴向数值变化	
	'color'	按色彩方式处理透明度	
	'rand'	随机决定各点透明度	
透明度映射模式 AlphaDataMapping	'direct'	AlphaData 数据直接用作下标查阅透明度处理表,决定透明度	
	{'none'}	直接由 AlphaData 数值决定透明度	
	'scaled'	AlphaData 映射为 Alim 透明轴数据,决定透明度	
贴面的透明处理模式 FaceAlpha	[0, 1]间的实数标量。 默认选项	各点透明度都由数值指定	
	'clear',或 'opaque'	全透明,或不透明	
	'flat'	类似色彩 flat 方式,处理透明度	
	'interp'	类似色彩 interp 方式,处理透明度	
	'texture'	按纹理处理透明度	

- alim 指令有两个功能:
  - 用于设置透明轴的上下限,ops2 具体为:
    [Amin, Amax]　　二元数组,决定透明轴下限和上限
    'auto',或 'manual'　　决定透明轴范围的方式,默认选项是 'auto'
  - 查询现有透明轴的性质,ops2 具体取值如下:
    无任何输入量　　查询当前透明轴的上下限
    'mode'　　查询当前透明轴范围决定方式
- alphamap 透明度处理表(该指令工作方式与 colormap 类似)。该指令的选项 ops3 可以取表 6.3-3 中的关键词。
- 在 Notebook 环境中,涉及透明处理的 MATLAB 指令都不能产生正确的透视效果。

〖说明〗

只有透明度数据"非标量"时,才能使用透明处理模式 alpha('flat') 或 alpha('interp')。

表 6.3-3　透明度处理表选择

分　类	Ops3 可取关键词	含　义	算　例
典型 透明度处理表	'rampup'	上斜线型透明度表	
	'rampdown'	下斜线型透明度表	
	'vup'	倒 V 字型透明度表	
	'vdown'	V 字型透明度表	
	(1×m)矩阵	自定义	
修正 当前透明度表	'decrease', d	截取原透明表中[0,1−d]段构成新透明表	
	'increase', d	截取原透明表中[d,1]段构成新透明表	
	'spin', int_d	使透明表周期延伸,int_d 取正整数	

〖说明〗

- 透明度表缺省为(1×64)的数组,其元素为[0,1]内的数,按序线性递增(或递减)。
- 图示透明度表的简便指令是　　plot(get(gcf,'alphamap'))。
- 恢复厂家设置的默认透明度处理表,使用 alphamap('default')。

【例 6.3-6】　本例演示:alpha, alim, alphamap 的多种调用格式及其它们的配用。

(1) 实数标量决定透明度

```
figure(close)          % 为保证图形窗具有缺省透明表
[X,Y,Z] = peaks(20);   % 获取 MATLAB 提供的二元高斯曲面(20*20)格点坐标数据
surf(X,Y,Z);xlabel('x'),ylabel('y'),zlabel('z')
shading flat           % 该指令只对着色起作用,而对透明度没有影响
alpha(0.5)             % 整个曲面半透明,见图 6.3-8                              <5>
```

(2) 沿轴向改变透明度

```
alpha('x')    % 曲面上各点的透明度随 x 值的增大而变差,见图 6.3-9                <6>
```

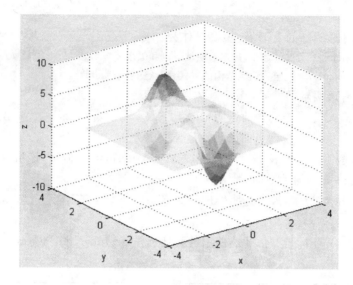

图 6.3-8　透明度相同的曲面

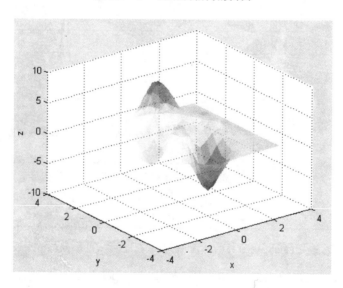

图 6.3-9　随 x 坐标增加而变得愈不透明

(3) 透明轴设定和贴面的透明处理模式

alpha(Z)	%该指令效果与选项 'z' 相同	<7>
alim([-3,3])	%设置透明轴上下限	<8>
alpha('scaled')	%Z 小于 -3 处全透明,Z 大于 3 处全不透明	<9>
alpha('interp')	%各点透明度由插补产生	<10>

(4) 透明度处理表的使用

```
shading interp
alpha(Z)             %该指令效果与"输入量为 'z' 时"相同
alpha('interp')      %各点透明度由插补产生
alphamap('vdown')    %V字型透明度表:z方向上,中部最透明,上下两端最不透明
```

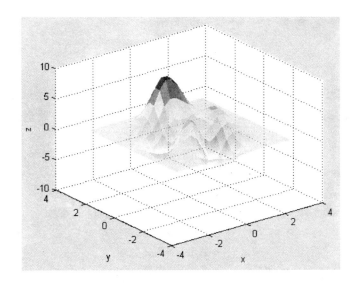

图 6.3-10　透明轴设定并采用插补产生透明度

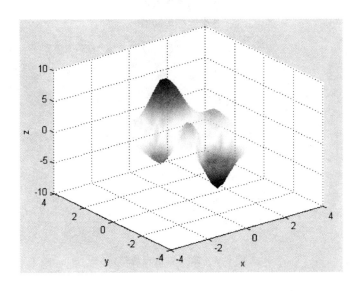

图 6.3-11　中部最透明而上下端最不透明的曲面

(5) 当前透明轴的性质查询

```
Alimit = alim                %查询当前图形所采用的 Alpha 轴的上下限
alim_mode = alim('mode')     %查询上下限的界定模式

Alimit =
    -3     3
alim_mode =
manual
```

6.3.5 消隐、镂空和裁切

1. 网线的消隐

MATLAB 采用默认设置画 mesh 网线图时,对叠压在后面的图形采取了消隐措施。当取消消隐时,网线图就呈现出透视效果。为此,MATLAB 提供了一个控制消隐的指令如下。

    hidden off   透视被叠压的图形(仅使用于 mesh 图形)
    hidden on   消隐被叠压的图形(仅使用于 mesh 图形)

【例 6.3 - 7】 透视演示(图 6.3 - 12)。

```
[X0,Y0,Z0] = sphere(30);              % 产生单位球面的三维坐标
X = 2 * X0;Y = 2 * Y0;Z = 2 * Z0;      % 产生半径为 2 的球面的三维坐标
surf(X0,Y0,Z0);                        % 画单位球面
shading interp                         % 采用插补明暗处理
hold on,mesh(X,Y,Z),colormap(hot)      % 采用 hot 色图
hold off
hidden off                             % 产生透视效果
axis equal,axis off                    % 不显示坐标轴
```

图 6.3 - 12 剔透玲珑球

〖说明〗
- hidden 指令对 surf 指令绘制的表面图不产生任何影响。
- alpha 指令可对透明度进行更细致的控制。

2. 图形的镂空

【例 6.3 - 8】 演示:如何利用"非数"NaN,对图形进行镂空处理(图 6.3 - 13)。

```
P = peaks(30);                         % 产生(30 * 30)二元高斯曲面数据
P(18:20,9:15) = NaN;                   % 镂空矩形域赋 NaN
surfc(P);colormap(summer)
light('position',[50, - 10,5]),lighting flat
material([0.9,0.9,0.6,15,0.4])         % 材质控制
```

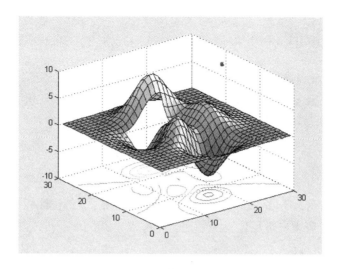

图 6.3-13 镂空方孔的曲面

3. 图形的裁切

由 NaN 处理的图形不会产生切面。如果为了看清图形而需要表现切面,那么应该把被切部分强制为零。

【例 6.3-9】 表现切面(图 6.3-14)。

```
clf,x = [-8:0.1:8];y = x;[X,Y] = meshgrid(x,y);ZZ = X.^2 - Y.^2;
ii = find(abs(X)>6|abs(Y)>6);    % 确定超出[-6,6]范围的格点下标
ZZ(ii) = zeros(size(ii));         % 强制为 0
surf(X,Y,ZZ),shading interp;colormap(copper)
light('position',[0,-15,1]);lighting phong
material([0.8,0.8,0.5,10,0.5])
```

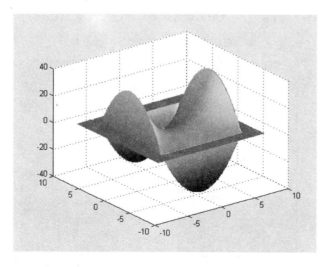

图 6.3-14 经裁切处理后的图形

6.4 高维可视化

人对自然界的理解和思维是多维的。人的感官不仅善于接受一维、二维、三维的几何信息，而且对几何物体的运动，对颜色、声音、气味、触感等反应灵敏。从这意义上讲，MATLAB 色彩控制、动画等指令为四维或更高维表现提供了手段。本节集中介绍利用色彩、等位线所给的四维表现。

6.4.1 二维半图线

【例 6.4-1】 本例演示：pcolor, contour, contourf 的调用格式；等位线标高指令 clabel 的配合使用和区别；colorbar 在用户指定位置上创建着色标尺；subplot 子图位置的控制；图形窗背景底色的设置（图 6.4-1）。

```
clf;clear
[X,Y,Z] = peaks(30);              % 获得二元高斯曲面数据
n = 6;                            % 等高线分级数
subplot('Position',[0.13,0.11,0.335,0.75])
                                  % 该子图高度稍矮于默认的两列子图
pcolor(X,Y,Z)                     % 伪彩图：由 X,Y 在平面上确定位置,据 Z 的大小着色
shading interp
zmax = max(max(Z));               % 获取 Z 的最大元素值
zmin = min(min(Z));               % 获取 Z 最最小元素值
caxis([zmin,zmax])                % 决定色标尺的范围
colorbar('Location','North','Position',[0.25,0.92,0.515,0.025])
                                  % 把色轴置于两子图的正中顶部
hold on
C = contour(X,Y,Z,n,'k:');        % 用黑虚线画等位线,并给出标识数据
```

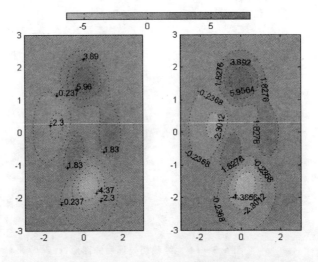

图 6.4-1 "二维半"指令的演示

```
clabel(C)                              % 把"等位值"沿等位线随机标识
hold off
subplot('Position',[0.57,0.11,0.335,0.75])
[C,h] = contourf(X,Y,Z,n,'k:');        % 计算等位线矩阵 C 和等位线图柄
clabel(C,h)                            % 沿线标识法
colormap(cool)                         % 使用 cool 色图
set(gcf,'Color','w')                   % 设置图形窗的底色为白
```

6.4.2 准四维表现

【例 6.4-2】 用颜色表现 $z=f(x,y)$ 函数的梯度、曲率等特征。本例演示：当 surf, mesh 等指令的第四个输入量取一些特殊矩阵时,该三维图形的色彩将能表现或加强函数的某特征(如梯度和曲率);colorbar 的使用(图 6.4-2)。

```
clf
x = 3*pi*(-1:1/15:1);y = x;[X,Y] = meshgrid(x,y);
R = sqrt(X.^2 + Y.^2);
R(R == 0) = eps;                       % 把 R 数组中 0 改写为 eps
Z = sin(R)./R;
[dzdx,dzdy] = gradient(Z);             % 计算曲面的 x,y 轴向梯度        <5>
dzdr = sqrt(dzdx.^2 + dzdy.^2);        % 计算曲面径向梯度              <6>
subplot('Position',[0.13,0.21,0.335,0.65])    %                       <7>
                                       % 该子图位置高于默认的两列子图
surf(X,Y,Z,abs(dzdr))                  % 据径向梯度数据给曲面着色      <8>
shading interp;
colorbar('Location','North','Position',[0.25,0.12,0.515,0.025])
                                       % 把色轴置于两子图的正中底部    <10>
brighten(0.6);                         % 增加曲面亮度
colormap jet
alphamap('rampup')                     % 采用"下斜线型"透明度表
alpha('color')                         % 透明度随色轴值增加而变差      <14>
alpha('interp')
title('No. 1    surf(X,Y,Z,abs(dzdr))')
dz2 = del2(Z);                         % 计算曲面的曲率                <17>
subplot('Position',[0.57,0.21,0.335,0.65])    %                       <18>
surf(X,Y,Z,abs(dz2))                   % 据曲率数据给曲面着色          <19>
shading interp
title('No. 2    surf(X,Y,Z,abs(dz2))')
```

〖说明〗
- 本例指令〈5〉〈6〉计算径向导数。图 6.4-2 的左图根据曲面径向导数大小着色(见指令〈8〉),并决定不透明度(见指令〈14〉)。右图根据表面曲率大小着色(见指令〈19〉)。
- 本例之所以采用指令〈7〉〈18〉中 subplot 调用格式,是为了留出"画色轴的空间"。
- 本例指令〈10〉中,色轴 colorbar 调用格式,适于用户灵活安排色轴。

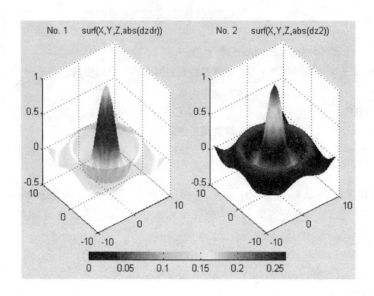

图 6.4-2 准四维表现曲面的径向导数和曲率特征

6.4.3 四维切片及等位线

前小节所介绍的仅是用色彩表现三维函数的某些特征,还不是真正意义上的四维表现。下面两个指令能真正实现四维描述。

    [X,Y,Z]=meshgrid(x,y,z)　　　　　由采样向量产生三维自变量"格点"数组
    slice(X,Y,Z,V,sx,sy,sz)　　　　　　三元函数切片图
    contourslice(X,Y,Z,V,sx,sy,sz,cvalue)　　三元函数切面等位线图

〖说明〗

- x,y,z 是各自变量的采样分度数组。各数组长度可以不同,如可分别是 n,m,p。而 X,Y,Z 是维数为 ($m \times n \times p$) 的自变量"格点"数组。(注意:维数的次序。)
- V 是与 X,Y,Z 同维的函数值数组。
- sx,sy,sz 是决定切片位置的一维数组。假如取"空阵",就表示不取切片。
- cvalue 是决定等位 V 线的采样值数组。

【例 6.4-3】 利用 slice 和 contourslice 表现 MATLAB 提供的无限大水体中水下射流速度数据 flow。flow 是一组定义在三维空间上的函数数据。本例将动用切片、视角、色彩和透明度等综合手段观察定义在三维空间上的函数。

在本例中,从图中的色标尺可知,深红色表示"正速度"(向图的左方),深蓝表示"负速度"(向图的右方)。

(1) 使用切片图表现水体中的射流速度

```
figure(1);clf
[X,Y,Z,V] = flow;              % 取 4 个(50×25×25)的射流数据矩阵,V 是射流速度
x1 = min(min(min(X)));x2 = max(max(max(X)));    % 取 x 坐标上下限
y1 = min(min(min(Y)));y2 = max(max(max(Y)));    % 取 y 坐标上下限
z1 = min(min(min(Z)));z2 = max(max(max(Z)));    % 取 z 坐标上下限
```

```
sx = linspace(x1 + 1.2,x2,5);        % 确定 5 个垂直 x 轴的切面坐标
sy = 0;                              % 在 y = 0 处,取垂直 y 轴的切面
sz = 0;                              % 在 z = 0 处,取垂直 z 轴的切面
slice(X,Y,Z,V,sx,sy,sz);             % 画切片图
view([-33,36]);shading interp;
colormap jet;
alpha('color')                       % 采用色轴数据处理透明度
alphamap('rampdown')                 % 采用下斜线型透明度表
colorbar                             % 画色轴
axis off                             % 隐去坐标轴
u = caxis;                           % 获取当前色轴的范围
```

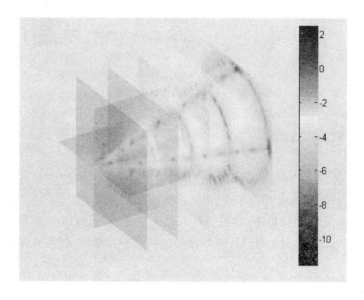

图 6.4-3 切片图

(2) 采用切片等位线图表现水体中的射流速度

```
figure(2);clf
v1 = min(min(min(V)));v2 = max(max(max(V)));    % 射流速度上下限
cv = linspace(v1,v2,15);                        % 速度上下限之间取 15 条等位线
contourslice(X,Y,Z,V,sx,sy,sz,cv)
view([-12,30])
colormap jet
colorbar
caxis(u)                                        % 保证色轴范围与切片图相同
box on
```

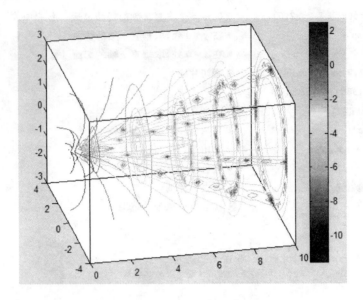

图 6.4-4 切片等位线图

6.5 动态图形

在 MATLAB 的"高层"图形指令中的彗星轨线指令、色图变幻指令、影片动画指令,能很方便地使图形及色彩产生动态变化效果。

由于在 Notebook 和硬拷贝下,动态变化效果无法表现,因此本节所有例题只提供静态示意图,及相关指令。读者在 MATLAB 指令窗中运作这些指令后,便可在图形窗中看到相应的动态图形。

6.5.1 高层指令生成动态图形

1. 彗星状轨迹图

    comet(x,y,p)　　　　　　二维彗星轨线
    comet3(x,y,z,p)　　　　　三维彗星轨线

〖说明〗
- 彗星轨线指令能动态地展示质点的运动轨迹。
- p 是决定彗星长度的参量。默认值为 0.1,此时二维图形中彗长 p * length(y);三维图形中,彗长为 p * length(z)。

【例 6.5-1】 卫星返回地球的运动轨线示意。(请读者自己在指令窗中运行以下指令。)

```
shg;R0 = 1;                  % 以地球半径为一个单位
a = 12 * R0;b = 9 * R0;      % 假设椭圆轴
T0 = 2 * pi;                 % T0 是假设轨道周期
T = 5 * T0;dt = pi/100;t = [0:dt:T]';
f = sqrt(a^2 - b^2);         % 地球与另一焦点的距离
th = 12.5 * pi/180;          % 卫星轨道与 x-y 平面的倾角
```

```
E = exp(-t/20);                            % 轨道收缩率
x = E.*(a*cos(t)-f);y = E.*(b*cos(th)*sin(t));z = E.*(b*sin(th)*sin(t));
plot3(x,y,z,'g')                           % 画全程轨线
[X,Y,Z] = sphere(30);X = R0*X;Y = R0*Y;Z = R0*Z;    % 获得单位球坐标
grid on,hold on
surf(X,Y,Z)                                % 画地球
shading interp
x1 = -18*R0;x2 = 6*R0;y1 = -12*R0;y2 = 12*R0;z1 = -6*R0;z2 = 6*R0;
axis([x1 x2 y1 y2 z1 z2])                  % 确定坐标轴范围
view([133 65])                             % 控制视角
comet3(x,y,z,0.02)                         % 画运动轨线
hold off
```

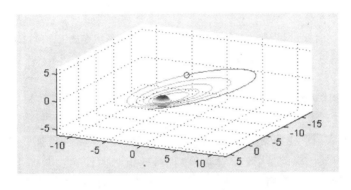

图 6.5-1 卫星返回地球轨线示意

2. 色图的变幻

MATLAB 为颜色的动态变化提供了一个指令 spinmap。它的功能是使当前图形的色图做循环变化,以产生动画效果。与前面的动态轨迹线不同,该指令不涉及图形对象特性的操作,而只限于对色图的操作。格式如下:

  spinmap(t,inc)   分别用 t,inc(默认值为 2)控制色图旋转的时间和快慢

【例 6.5-2】 指令 spinmap 的应用。本例演示:色图变幻;色图矩阵的可操作性。(图 6.5-2)

```
ezsurf('x*y','circ');shading flat;view([-18,28])    % 画双曲面
C = summer;                                % summer 色图矩阵赋给 C
CC = [C;flipud(C)];                        % 为使色彩不产生突变,而构造本能例专用的 CC 色图
colormap(CC)
spinmap(30,4)                              % 色彩变幻 30 秒,每次变 4 行
```

〖说明〗
- 本例指令必须在指令窗中运行。
- 在运行本例指令后,色图矩阵的行数会成倍增加。

3. 影片动画

MATLAB 支持影片动画(movie):先把一组二维或三维图形储存起来,然后再把这组图形回放。由于人的视觉有短暂滞留,于是产生动画效果。这图形变化构成了人们观察空间的

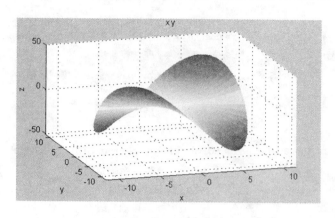

图 6.5-2　用于色图变幻演示的图形

一个独立"维"。

  M(i) = getframe　　　　对当前图形拍照后产生的数据向量依次存放于画面构架数组中
  movie(M, k)　　　　　　以不超过每秒 12 帧的速度把 M 中的画面播放 k 次

〖说明〗

- 由 M(i) = getframe 所产生的 M(i) 是一个构架数组，有两个域：M(i).cdata 和 M(i).colormap。
- 动画的几个典型产生方法：一是，改变某参数，获得一组画面，如驻波、行波的产生；二是，对产生的某三维图形，改变观察角，获得一组画面；三是，对产生的某三维图形，运用 rotate 旋转指令，获得一组画面。具体参见例 5.4-6。

【例 6.5-3】　三维图形的影片动画。因印刷版无法表现，请读者自己在指令窗中运行以下指令。

（1）影片动画制作

```
clf
x = 3 * pi * ( -1:0.05:1);y = x;[X,Y] = meshgrid(x,y);
R = sqrt(X.^2 + Y.^2) + eps;    Z = sin(R)./R;
h = surf(X,Y,Z);colormap(jet);axis off
n = 12;
for i = 1:n
    rotate(h,[0 0 1],25);       %使图形绕 z 轴旋转 25 度/每次
    mmm(i) = getframe;          %捕获画面
end
close
```

（2）影片动画的播放

```
shg,axis off
movie(mmm,5,10)                 %以每秒 10 帧速度，重复播放 5 次
```

6.5.2　低层指令生成实时动画

  所谓实时动画通常是指：保持图形窗中绝大部分的像素颜色不变，而只更新部分像素的颜色构成运动图像。这种动画适用于每次变化较少、图形精度要求不很高的场合。制作实时动画的基本步骤：

- 绘制活动对象的初始位置或/和运动轨迹图形；
- 计算活动对象的新位置；
- 在新位置上将活动对象显示出来，并将其擦除属性 'EraseMode' 设置为异或模式 'xor'；
- 依靠指令 drawnow，擦除原位置上原有对象，刷新屏幕；
- 重复执行以上的"位置计算、擦除、刷新"操作。

【例 6.5-4】 制作红色小球沿一条带封闭路径的下旋螺线运动的实时动画（图 6.5-3）。

（1）创建函数文件 exm060504_anim.m

编写 exm060504_anim.m 函数文件，并将其存放在 MATLAB 的 work 文件夹上。

```
function f=exm060504_anim(K,ki)
% exm060504_anim.m     演示红色小球沿一条封闭螺线运动的实时动画
% 仅演示实时动画的调用格式为      exm060504_anim(K),此时默认 ki=n/2
% 既演示实时动画又拍摄照片的调用格式为      f=exm060504_anim(K,ki)
% K              红球运动的循环数(不小于 1)
% ki             指定拍摄照片的瞬间,取 1 到"自变量采样总点数 n"间的任意整数
% f              存储拍摄的照片数据,可用 image(f.cdata)观察照片

% 产生封闭的运动轨线
t1=(0:1000)/1000*10*pi;x1=cos(t1);y1=sin(t1);z1=-t1;
t2=(0:10)/10;x2=x1(end)*(1-t2);y2=y1(end)*(1-t2);z2=z1(end)*ones(size(x2));
t3=t2;z3=(1-t3)*z1(end);x3=zeros(size(z3));y3=x3;
t4=t2;x4=t4;y4=zeros(size(x4));z4=y4;
x=[x1 x2 x3 x4];
n=length(x);
if nargin<2                              % 假如 ki 不指定,则 ki 默认为 n/2
    ki=fix(n/2);
end
y=[y1 y2 y3 y4];z=[z1 z2 z3 z4];
shg
plot3(x,y,z,'Color',[1,0.6,0.4],'LineWidth',2.5)    % 绘制轨迹曲线
axis off
% 定义活动对象的颜色、点形、大小、和擦除方式
h = line ('xdata', x(1), 'ydata', y(1), 'zdata', z(1), 'Color', 'r', 'Marker', '.', 'MarkerSize', 40,
'EraseMode','xor');
KK=K*n;
text(-1,-0.85,-36,'倒计数')                % 倒计数文字标注
KK=KK-1;
htext=text(-1,-1,-40,int2str(KK));
% 使小球运动
i=2;j=1;
```

```
while 1                                              % 无穷循环
    set(h,'xdata',x(i),'ydata',y(i),'zdata',z(i));   % 小球位置取轨迹数据
    drawnow;                                         % 刷新屏幕                    <23>
    pause(0.0005)                                    % 控制球速                    <24>
    i=i+1;
    KK=KK-1;
    set(htext,'string',int2str(KK))                  % 动态倒计数                  <27>
    if nargin==2 && nargout==1    % 仅当输入宗量为2,输出宗量为1时,才拍摄照片
        if(i==ki&&j==1);f=getframe(gcf);end          % 拍摄 i=ki 时的照片           <29>
    end
    if i>n
        i=1;j=j+1;
        if j>K;break;end
    end
end
```

(2) 在指令窗中运行以下指令,就可看到实时动画图形

shg

f = exm060504_anim(1,254);

(3) 显示拍摄的照片

image(f.cdata),axis off

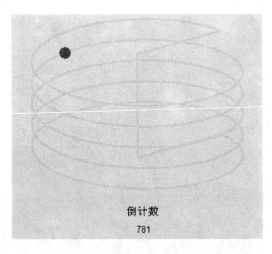

图 6.5-3　红球沿下旋螺线运动的瞬间照片

〖说明〗

- 采用 xor 擦除模式可保证螺线的色彩正确。
- 在动画演示中,红球的运动速度,受计算机的主频、一个循环中数据点数影响。本例在数据点不变情况下,为降低速度,调用了 pause 指令。
- 本例 exm060504_anim.m 程序中,由于指令〈24〉pause 的存在,屏幕一定会得到及时更新。因此,实际上指令〈23〉drawnow 在这种情况下是多余的。
- 动态倒计数由指令〈27〉实现。

第6章 数据可视及探索

- 一般说来,在实时动画中,为更新屏幕,drawnow 是必须的。
- 瞬间拍摄在指令〈29〉中实现。

6.6 特殊图形指令

出于篇幅考虑,本节将仅对一些典型的,或格式特殊的绘图指令给以算例形式的说明。

6.6.1 彩色份额图

1. 面域图 area

【例 6.6-1】 面域图指令 area 的用法（图 6.6-1）。

```
x = -2:2                              %单调变化的变化的(1*5)数组
Y = [3,5,2,4,1;3,4,5,2,1;5,4,3,2,5]   %(3*5)的 Y 数组的
CS = flipud(cumsum(Y))                %该计算结果对应"面域图上三条线的样点函数值"
area(x',Y',0)                         %注意:x'列的长度与 Y'的行数相等。
                                      %第三输入量必须是标量,是绘图的纵坐标基准;取 0 时,可以省缺
legend('因素 A','因素 B','因素 C')
grid on,colormap(spring)

x =
    -2    -1     0     1     2
Y =
     3     5     2     4     1
     3     4     5     2     1
     5     4     3     2     5
CS =
    11    13    10     8     7
     6     9     7     6     2
     3     5     2     4     1
```

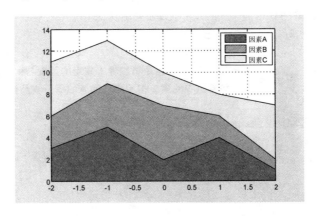

图 6.6-1 面域图表现各分量的贡献

2. 直方图 bar, barh, bar3, bar3h

【例 6.6-2】 本例演示：二维、三维直方图绘制指令 bar 和 bar3 的基本用法（图 6.6-2）。每种直方图都有两种类型：垂直直方图（bar，bar3）和水平直方图（barh，bar3h）。而每种类型又有两种表现模式：累计式（对应关键词为 stacked）；分组式（对应关键词为 grouped）。

```
x = -2:2;                              % 单调变化的(1*5)x数组
Y = [3,5,2,4,1;3,4,5,2,1;5,4,3,2,5];   % 各因素的相对贡献份额
subplot(1,2,1)
bar(x',Y','stacked')      % 二维、垂直、累计式直方图；注意 x,Y 的转置作用
xlabel('x'),ylabel('\Sigma y'),colormap(cool) % 控制直方图的用色
legend('因素 A','因素 B','因素 C')
subplot(1,2,2)
bar3h(x',Y','grouped')    % 三维、水平、分组式直方图；注意 x,Y 的转置作用
ylabel('y'),zlabel('x')
```

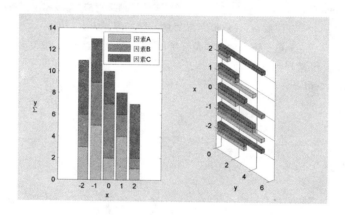

图 6.6-2　二维、三维直方图

3. 饼图 pie, pie3

【例 6.6-3】 饼图指令 pie，pie3 用来表示各元素占总和的百分数（图 6.6-3）。该指令第二输入宗量是与第一宗量同长的 0-1 向量，1 使对应扇块突出。

```
a = [1,1.6,1.2,0.8,2.1];          % 各分块的绝对量
subplot(1,2,1)
pie(a,[1 0 1 0 0])                % 二维饼图；该指令第二输入数组的尺度与 a 相同
                                  % 该数组中元素 1 指示相应的 a 的那分块凸出,0 则不凸
axis equal
legend({'1','2','3','4','5'},'Location','EastOutside')
subplot(1,2,2)
pie3(a,double(a==min(a)))         % 三维饼图；指示份额最小的那分块凸出
colormap(cool)
```

6.6.2 有向线图

【例 6.6-4】 本例演示：compass 和 feather 指令要求输入量是"直角坐标系"数据；把极坐标

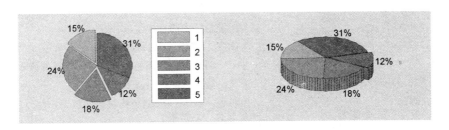

图 6.6-3　饼形统计图

变换为直角坐标的指令 pol2cart。(图 6.6-4)

```
t = -pi/2:pi/12:pi/2;            % 在[-90°,90°]区间,每15°取一点
r = ones(size(t));                % 单位半径
[x,y] = pol2cart(t,r);            % 极坐标转化为直角坐标
subplot(1,2,1),compass(x,y),title('Compass')
subplot(1,2,2),feather(x,y),title('Feather')
```

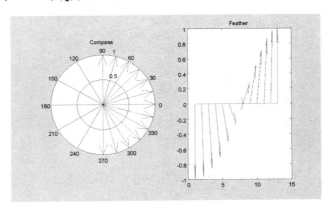

图 6.6-4　compass 和 feather 指令的区别

6.6.3　多面体异形图

1. 德洛奈三角剖分和 Voronoi 图

【例 6.6-5】　本例演示:德洛奈三角剖分(Delaunay Triangulation)指令 delaunay 和 Voronoi 多边形(Voronoi Polygon)指令 voronoi 的调用格式;fill 采用色图色彩填色;借助图柄设置线宽属性(图 6.6-5)。

```
clf;
rng(111,'v5uniform')      % 为保证本书图形可重现而设
n = 30;                    % 随机点的数目
X = rand(n,1) - 0.5;
Y = rand(n,1) - 0.5;       % 以上两行产生30个随机点的x,y坐标
T = delaunay(X,Y);         % 求构成德洛奈三角形的"相邻三点"的(X,Y)的下标数组(48*3)
Tc = [T T(:,1)];           % (48*4)数组。每行表示一个首尾重合的三角形
                           % 该行指令的作用是:fill只能对封闭三角形填色
```

```
hold on;axis square
ism = 1:length(T);                    % 指定色图中的行序号
fh = fill(X(Tc'),Y(Tc'),ism);         % (X(Tc'),Y(Tc'))的每列对应一个三角形
                                      % 每个剖分三角形用相应行序号的色彩着色
set(fh([28,37]),'LineWidth',5)        % 突出显示两个德洛奈三角形
voronoi(X,Y,'r')                      % 后画 Voronoi 图,避免线被覆盖
colormap(summer)
hold off
```

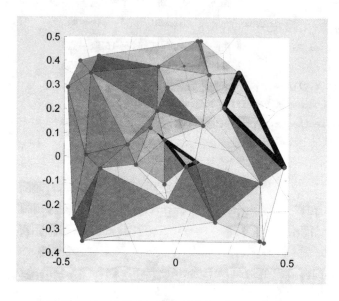

图 6.6 - 5　Delaubay 三角剖分和 Voronoi 多边形

【说明】

- 德洛奈三角剖分是指:在"点集"中,使"每三个相邻点"构成一个三角形,又使各三角形之间有且只有一条公共边。
- Voronoi 图由一组"连接两邻点直线的垂直平分线"组成的连续多边形。该图勾画了"平面上 N 个不同点的最近邻范围"。
- Voronoi 多边形与德洛奈三角形对偶。德洛奈三角形的重心一定是 Voronoi 多边形的顶点。

2. 填色图 fill,fill3

【例 6.6 - 6】　本例演示:表示 fill 指令所填色多边形的数组必须首尾数据重合(见指令〈4〉);fill 或 fill3 输入量构造的多边形都必须是封闭的(见指令〈9〉〈10〉〈11〉);任意位置图例的生成(见指令〈14〉〈15〉)(图 6.6 - 6)。

```
clf
subplot('Position',[0.10,0.16,0.205,0.75])   % 指定左子图位置
n = 10;dt = 2 * pi/n;t = 0:dt:2 * pi;         % 产生十边形的自变量数据
t = [t,t(1)];                                 % fill 要求数组的首尾数据重合,使图形封闭    〈4〉
x = sin(t);y = cos(t);
```

```
    fill(x,y,'c')                              % 二维填色
    axis equal off                             % 横、纵轴等刻度;隐去坐标轴
    subplot('Position',[0.44,0.16,0.335,0.75]) % 指定右子图位置
    X = [0.5 0.5 0.5 0.5;0.5 0.5 0.5 0.5;0 1 1 0];           %                           <9>
    Y = [0.5 0.5 0.5 0.5;0.5 0.5 0.5 0.5;0 0 1 1];           %                           <10>
    Z = [1 1 1 1;0 0 0 0;0 0 0 0];             % 以上 X,Y,Z 联合构成 4 个三角形            <11>
    C = [1,10,20,30];                          % C 的元素值作为色图矩阵的下标,指定用色
    fill3(X,Y,Z,C)
    LH = legend('1','2','3','4','Location','SouthWest');     % 生成图例                   <14>
    set(LH,'Position',[0.291,0.122,0.121,0.136])             % 再重置图例的位置
    view([-16 74]),colormap cool
    xlabel('x'),ylabel('y'),box on;grid on
```

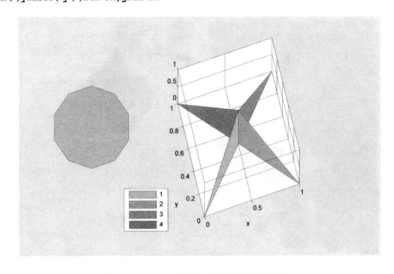

图 6.6-6　用 fiil 和 fill3 对多边形填色

3. 不规则数据的网线图和曲面图

前面讲述的网线图、曲面图的数据都是在规则的"格点"上计算的。但对于数据分布本质是不规则的情况,就必须使用本节介绍的 trimesh 和 trisurf。

　　trimesh(tri,X,Y,Z,C)　　　　　　三角网线图
　　trisurf(tri,X,Y,Z,C)　　　　　　三角曲面图

〖说明〗
- 输入量 X,Y 是维数相同的自变量矩阵。Z 是与 X,Y 同维的函数值矩阵。
- tri 是由 delaunay 产生的 $(M \times 3)$ 维三角剖分矩阵。该矩阵每个元素指示的是 X,Y 矩阵中某数据对的下标,它代表着 x-y 平面上的一个点。tri 每行的 3 个元素表示了 X,Y 数据在 x-y 平面上最近邻的三个点,而这三个点构成了剖分三角形。这三个点所对应的函数值,就构成了空间的一个三角网孔(mesh)或三角面(surface)。
- C 与 Z 同维,决定绘图用色,可以缺省,缺省时,认为 C=Z。

【**例 6.6-7**】　用三角网线、曲面图表现函数 $z = \dfrac{\sin R}{R}, R = \sqrt{x^2 + y^2}$。本例演示:trimesh, trisurf 指令在 delaunay 三角剖分指令支持下的功用(图 6.6-7)。

```
rng(10)                              % 为本例可重现而设
X = 6 * pi * (rand(120,1) - 0.5);
Y = 6 * pi * (rand(120,1) - 0.5);    % 以上两行产生[-3*pi,3*pi]间的 120 个随机点
R = sqrt(X.^2 + Y.^2);
R(R == 0) = eps;Z = sin(R)./R;
tri = delaunay(X,Y);                 % 计算德洛奈相邻点三角形下标
subplot(1,2,1),trimesh(tri,X,Y,Z)    % 画三角网线图
subplot(1,2,2),trisurf(tri,X,Y,Z)    % 画三角曲面图
colormap(jet);brighten(0.5)          % 增强亮度
```

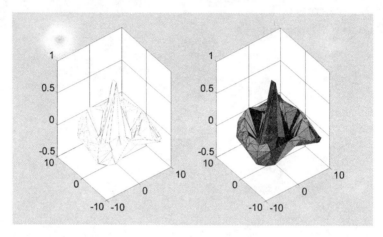

图 6.6-7　不规则数据的三维表现

4. 彩带图 ribbon

【例 6.6-8】 用彩带绘图指令 ribbon,绘制归化二阶系统 $G = \dfrac{1}{s^2 + 2\zeta s + 1}$ 在不同 ζ 值时的阶跃响应(见图 6.6-8)。本例演示:ribbon 的调用格式;Control Toolbox 工具包中的 tf 和 step 指令应用;彩带图的视角、明暗、色图、光照控制;legend 采用胞元数组输入。

```
clear
zeta2 = [0.1 0.2 0.3 0.4 0.5 0.6 0.8 1.0];    % 阻尼比数组 <2>
n = length(zeta2);
for k = 1:n;Num{k,1} = 1;Den{k,1} = [1 2*zeta2(k) 1];end
S = tf(Num,Den);                     % 构成单输入 8 输出系统
t = (0:0.4:30)';                     % 时间采样点
[Y,~] = step(S,t);                   % 单输入 8 输出系统的(76*8)的响应数组
tt = t * ones(size(zeta2));          % 为画彩带图,生成与 Y 尺度相同的(76*8)时间数组
ribbon(tt,Y,0.4)                     % 画带宽为 0.4 的彩带图
% 至此彩带图已经生成;以下指令都是为了使图形效果更好、标识更清楚而用
view([150,50]),shading interp,colormap(jet)   % 设置视角、明暗、色图
light,lighting phong,box on          % 设置光源、照射模式、坐标框
for k = 1:n;str_lgd{k,1} = num2str(zeta2(k));end
```

```
legend(str_lgd)                      % 图例指令使用字符串胞元数组作为输入
str1 = '\itG = (s^{2} + 2\zetas + 1)^{-1}';
str2 = '\fontsize{14}\fontname{隶书}取不同 ';
str3 = '{\fontsize{10}\it \zeta }';
str4 = '\fontsize{14}\fontname{隶书}时的阶跃响应 ';
title([str1,str2,str3,str4])
ylabel('t')
zlabel('\ity(\zeta,t) \rightarrow')
```

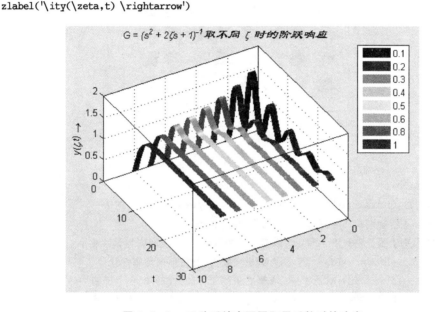

图 6.6-8　二阶系统在不同阻尼系数时的响应

6.6.4　散点图 scatter 和 plotmatrix

【例 6.6-9】 模拟性地表现受噪声污染的 64QAM 星座信号。本例演示：scatter 指令的调用格式和应用场合；randrsc 的调用格式（图 6.6-9）。

```
rng(2)                               % 为本例图形可重现而设
S = randsrc(10000,2,[-7,-5,-3,-1,1,3,5,7]);   % 产生 64QAM 的实、虚部
Sn = S + 0.3 * randn(size(S));       % 受加性白噪声干扰
scatter(Sn(:,1),Sn(:,2),'.')         % 64QAM 的星座图
grid on,box on,axis equal
axis([-9,9,-9,9])
xlabel('实部'),ylabel('虚部')
```

【例 6.6-10】 本例演示：plotmatrix 的三种调用格式；$(p \times n)$ 的 X 数组和 $(p \times m)$ 的 Y 数组，在 plotmatrix(X,Y) 作用下，画出 $(m \times n)$ 个小子图，其中第 (i,j) 个小子图是根据 Y 第 i 列和 X 第 j 列数据画出的；plotmatrix(X) 作用与 plotmatrix(X,X) 相同；由同列相互作用产生的小子图位置画出频数直方图。（图 6.6-10）

```
rng default                          % 为重现本例图形而设
X = randn(1000,2);                   % 生成 (1000 * 2) 的正态分布数组
```

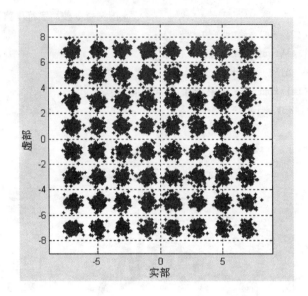

图 6.6-9　含噪声 64QAM 信号的二维散点图

```
Y = rand(1000,1);                    % 生成(1000 * 1)的均匀分布数组
subplot(1,3,1),plotmatrix(X)         % 最左子图又分(2 * 2)个小子图——
     % 对角小子图分别画 X 两列的频数直方图;呈现正态分布
     % 斜对角小子图分别画以 X 两列为纵横坐标的散点图;呈现两列相关性很小
subplot(1,3,2),plotmatrix(Y)         % 画出频数直方图;呈现均布性状
subplot(1,3,3),plotmatrix(X,Y)       % 最右子图又分画出(1 * 2)个小子图——
     % 左小子图数据点的横、纵坐标由 Y 和 X(:,1)提供;纵轴呈[0,1]均布,横轴呈正态。
     % 右小子图数据点的横、纵坐标由 Y 和 X(:,2)提供;呈现方式同上
```

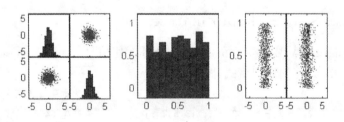

图 6.6-10　plotmatrix 表现数据统计特性

6.6.5　泛函绘图指令 fplot

　　fplot(fname, lims, tol, Linespec)　　　　直接绘图用的泛函绘图指令调用格式
　　[x,Y]=fplot(fname, lims, tol, Linespec)　送回数据用的泛函绘图指令调用格式

〖说明〗

- 该指令绘图数据点自适应产生。函数变化剧烈处,所取数据点较密;反之,则较疏。因此,对导数变化较大的函数,fplot 所绘曲线比等分取点更接近真实(见图 6.6-11 最右子图)。代价是化费时间较多。
- fname 可以是函数名称字符串,或匿名函数,或函数句柄。fname 可以是多个分量函数构成的函数行向量。

- lims 取数值行向量形式。取二元向量[xmin,xmax]时,被认为确定 x 轴的范围;取四元向量[xmin,xmax,ymin,ymax]时,确定 x,y 范围。
- tol 用来确定绘图精度。它用于控制逐段线性延长与真实函数值之间的相对误差,缺省值为 2e-3。
- Linespec 指定绘图所用线型、色彩和数据点形,方法与 plot 一样。

【例 6.6-11】 本例演示:fplot 与 ezplot,plot 等线图指令的绘图效果比较(图 6.6-11)。

```
fun = @(t)(sin(1./t));                      %采用匿名函数形式表示
subplot(1,3,1),ezplot(fun,[0.01,0.1])       %简易绘图指令不能自适应地取样点
title('\fontsize{10}\fontname{隶书}ezplot绘图效果')
t = linspace(0.01,0.1,50);
subplot(1,3,2),plot(t,fun(t))               %即使取较密均分样点,也不能满意
axis([0.01,0.1,-1.23,1.23]),xlabel('t')
title('\fontsize{10}\fontname{隶书}plot绘图效果')
subplot(1,3,3),fplot(fun,[0.01,0.1],1e-3)   %采用误差控制,绘图样点自适应
axis([0.01,0.1,-1.23,1.23]),xlabel('t')
title('\fontsize{10}\fontname{隶书}fplot绘图效果')
```

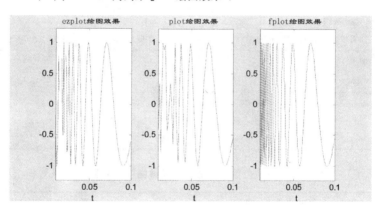

图 6.6-11　fplot 自适应绘图的优点体现

〖说明〗

ezplot 是 MATLAB 提供的所谓"易用绘图指令"之一。这种指令可以直接利用符号函数、字符串、匿名函数绘制图形,详细方法请见第 5.8 节。

6.7　图　像

作为 MATLAB 基本数据类型的数值数组,其本身十分适于表达图像,矩阵的元素和图像的像素之间有着十分自然的对应关系。根据图像数据矩阵解释方法的不同,MATLAB 把其处理的图像分为三类:变址图像(Indexed image)、灰度图像(Intensity image)、真彩或 RGB 图像(Truecolor or RGB image)。

在这节以前,所谈及的数值数组都属于"双精度(Double)"类型。这种数组的每个元素采用 64 位浮点数表示。当用这种数组表达($m \times n$)个像素的图像时,所需内存为[$64 \times (m \times n)$]

×k]。为减少内存消耗，MATLAB又提供了另外两种专用于图像存储的数据类型："8 位整数 (Unit8)"类和"16 位整数(Unit16)"类。它们存放图像所需的内存仅是"双精度"数组的 $\frac{1}{8}$ 和 $\frac{1}{4}$。而由它们所得到的图形分别称为 8 位图像和 16 位图像。

6.7.1 图像的类别和显示

显示图像的指令及调用格式与(变址、灰度、真彩等)图像类型有关，而与存放图像的数据类型(double、unit8、unit16 等)无关。这是由于 MATLAB 采用面向对象技术，所以在显示函数指令内部会自动识别存放图像的数据类型，采用相应算法进行正确的表现；而显示指令的外部形式呈现得与数据类型无关。具体请看表 6.7－1、表 6.7－2、表 6.7－3。

表 6.7－1 变址图像存放的不同数据类型和显示指令

数据类型	双精度类(Double)	整数类(Unit8 或 Unit16)
图像矩阵	X 数组大小：$m\times n$ 元素取值：$[1,p]$间的整数	X 数组大小：$m\times n$ 元素取值：$[0,p-1]$间的整数
色图矩阵	Cmap 数组大小：$p\times 3$ 元素取值范围：$[0,1]$间的浮点数	Cmap 数组大小：$p\times 3$ 元素取值范围：$[0,255]$或$[0.65535]$间的浮点数
成图方式	像素 P_{ij} 的颜色为 Cmap$(X.(i,j),:)$	同左
图像显示指令	image(X)；colormap(Cmap)；axis image off 在特殊场合，可以使用伴随色图 Cmap 以外的任何其他色图 cmapk image(X)；colormap(cmapk)；axis image off	

表 6.7－2 灰度图像存放的不同数据类型和显示指令

数据类型	双精度类(Double)	整数类(Unit8 或 Unit16)
图像矩阵	X 数组大小：$m\times n$； 元素取$[0,1]$间的线性量化浮点数，用以映射产生色图行下标	X 数组大小：$m\times n$； 元素取值：$[0,255]$或$[0,65535]$间的整数，用以映射产生色图行下标
色图矩阵	Cmap 数组大小：$p\times 3$； 元素取$[0,1]$间的浮点数。注意：灰色色图是标准的，所以一般在显示图像时，临时生成供使用	同左
成图方式	像素 P_{ij} 的颜色为 Cmap$(r,:)$； 在此，r 由下式决定 $r = fix\left(\dfrac{x_{ij}-x_{\min}}{x_{\max}-x_{\max}}\times m\right)+1$ $x_{\min} \leqslant x_{ij} \leqslant x_{\max}$ 式中 $m = length(Cmap)-1$	同左
图像显示指令	imagesc(X)；colormap(gray)；axis image off imagesc(X,[0 1])；colormap(gray)；axis image off	

表 6.7-3　真彩图像存放的不同数据类型和显示指令

数据类型	双精度类（Double）	整数类（Unit8 或 Unit16）
图像矩阵	X 数组大小：$(m \times n) \times 3$ 元素取值：[0,1]间的线性量化浮点数，直接决定色彩的强度	X 数组大小：$(m \times n) \times 3$ 元素取值：[0,255]或[0,65535]间的整数，用以映射产生色图行下标
色图矩阵	无	无
成图方式	像素 P_{ij} 的颜色有以下三色合成： $X(i,j,1)$ 决定红色强度； $X(i,j,2)$ 决定绿色强度； $X(i,j,3)$ 决定蓝色强度	像素 P_{ij} 的颜色有以下三色合成： $[X(i,j,1)/Nb]$ 决定红色强度； $[X(i,j,2)/Nb]$ 决定绿色强度； $[X(i,j,3)/Nb]$ 决定蓝色强度。 Unit8,Nb=255；Unit16,Nb=65535
图像显示指令	image(X)；axis image off	

6.7.2　图像的读写

虽然表现图像的图像数据矩阵和色图矩阵与一般数值矩阵没有什么区别，但图像数据并不直接以这些矩阵保存，而是采用专门的（包含指定格式的头、图像数据流等的）图形文件格式储存。正由于此，图像数据就不用 save 和 load 指令存取，而采用专门的 imread 和 imwrite 进行图像文件的读写。

MATLAB 读写各种标准图像文件的高层指令如下：

imfinfo('FileName', 'fmt')　　　　　　　　显示或获取图像文件的特征数据
[X, cmap] = imread('FileName', 'fmt')　　从文件读取图像的数据数组和伴随色图
imwrite(X, cmap, 'FNE', Parameter, Value)　把变址图像写入文件
imwrite(X, 'FNE', Parameter, Value)　　　把强度图像或真彩图像写入文件

〖说明〗

- 关于 FileName 和 fmt 的说明：
  - 'FileName' 是不带扩展名的文件名字符串；'fmt' 是扩展名字符串。fmt 可以是：bmp, cur, hdf, ico, jpg(或 jpeg), pcx, png, tif(或 tiff), xwd 等。更详细可在指令窗中运行 imformats 得知。
  - 被操作文件所在目录应在搜索路径上或在当前目录上。
- 指令中 X 是图像数据数组；cmap 是伴随色图数组。
- 关于 imread 指令的说明：
  - 该指令对任何图像类型都适用。X 是图像数据数组，总是非空；cmap 可能空。
  - 能够从任何"位深度"的各类格式文件中读取图像。所谓"位深度（Bit depth）"是指每个像素所占用的 bit 数。
- 关于 imwrite 指令说明：
  - 'FNE' 是带扩展名的字符串。
  - 若不带 Parameter/Value 输入量对，就意味着采用默认的 unit8 保存图像。

■ Parameter/Value 用来修改对象属性。常用的 Parameter/Value 随图像格式不同而不同,具体见表 6.7 - 4。

表 6.7 - 4　常用的 Parameter/Value 对

格 式	Parameter	Value	缺省值
JPEG	'Quality'	[0,100]之间任何数	75
TIFF	'Compression'	'none', 'packbits'。对二位图可选 'ccitt'。	二位图像 'ccitt';其余用 'packbits'
	'Description'	任何字符串	空串
HDF	'Compression'	'none','rle','jpeg'	'rle'
	'WriteMode'	'overwrite','append'	'overwrite'
	'Quality'	[0,100]之间任何数	75

【例 6.7 - 1】 图像文件的读取和图像的显示。

(1) 变址图像的读取和显示(图 6.7 - 1)

```
clear
im1 = imfinfo('trees','tif');         % 查看 trees.tif 图像文件特征信息
disp(['原图像文件格式 ',blanks(5),'图像类型 '])
disp([im1(1).Format,blanks(14),im1(1).ColorType])    % 仅显示第 1 构架 2 个域
[X,cmap] = imread('trees.tif');       % 从 tree.tiff 读取数据数组 X 和色图 cmap
image(X);colormap(cmap)               % 运用原色图显示图像
axis image off                        % 使显示图像保持宽高比,并消隐坐标轴。
title('变址图像')
原图像文件格式     图像类型
tif               indexed
```

图 6.7 - 1　变址图像

(2) 灰度图像的读取和显示(图 6.7 - 2)

```
imbody = imfinfo('liftingbody','png');    % 查看 liftingbody.png 特征信息
disp(['原图像文件格式 ',blanks(5),'图像类型 '])
```

```
disp([imbody.Format,blanks(14),imbody.ColorType])
X = imread('liftingbody.png');      % 读取 MATLAB 自带的图像文件
imagesc(X);colormap(gray)           % 应用标准灰色色图,显示图像
axis image off                       % 保持原图像的宽高比
title('灰度图像')
```

原图像文件格式　　　图像类型
png　　　　　　　　grayscale

图 6.7-2　灰度图像

(3) 真彩图像的读取、变换格式及显示(图 6.7-3)

```
imold = imfinfo('office_4','jpg');   % 查看 office_4.jpg 特征信息
disp(['原图像文件格式 ',blanks(5),'图像类型 '])
disp([imold.Format,blanks(14),imold.ColorType])
X = imread('office_4.jpg');          % 读取 MATLAB 自带的图像文件
imwrite(X,'ffzzy.tiff')              % 把图像以 TIFF 格式文件保存
image(imread('ffzzy.tiff'))          % 读取并显示 ffzzy.tiff 文件
axis image off                        % 保持宽高比和隐去坐标
title('真彩图像')
```

原图像文件格式　　　图像类型
jpg　　　　　　　　truecolor

〖说明〗

- 本例所用的三个原始 TIFF 格式图像文件都在 MATLAB Image toolbox 的"\images\imdemos"目录上。这样选择的目的是:便于读者实践本例指令。
- 本例处理方法适用于 BMP,HPF,JPG,JPEG,PCX,TIF,TIFF,XWD 中的任何一种图像格式,而不管图像文件是通过"扫描"、"数字摄像"而得,还是其他方法而得。
- axis image 一般是必须的,其作用是保持图像原来的宽高比。而 axis off 的使用是为了消隐坐标轴。
- 假如事先不知道图像类别,为了正确使用显示指令,可以先用 imfinfo 指令查询图像特征信息。

图 6.7-3 真彩图像

6.8 图形窗的编辑探索功能

本章此前的节次主要介绍,如何借助指令绘制各种函数或数据的图形。而 6.8 节将集中介绍图形窗的交互编辑和数据探索功用。

MATLAB 图形窗不是一个简单的图形显示窗,而是一个可对各种图形对象属性进行交互式编辑的操作界面。除图形数据不能产生外,图形窗不仅具备"此前所述的所有指令执行的绘图能力",而且具备对"各类对象各种属性"进行设置的能力。更可贵的是:该图形经交互操作的产生过程,能被自动地转换为 M 码表达绘图指令文件。

MATLAB 的图形窗也不仅仅是一个"单向性数据可视化工具",而是一个可用于"对数据进行去粗取精、去伪存真、趋势勾勒"的"双向性探索交互界面"。

本节的内容包括:
- 图形窗结构的简扼而系统的介绍;
- 在指令和图形窗中的鼠标操作共同作用下,如何绘制比较精细的图形,并生成相应的M 文件;
- 数据探针(Datatips)、数据刷(Data Brush)、数据链(Data Link)等三个数据探索工具。

6.8.1 图形窗的结构

1. 图形窗的功能分区

- 图形窗进入编辑状态:点击默认图形窗的 "绘图工具显示图标",就呈现出如图 6.8-1 所示的编辑态图形窗。
- 该图形窗的主要功能区:
  ■ 图形对象编辑、显示窗   用鼠标选择图形对象;显示编辑后的效果
  ■ 子图、坐标选配窗(Figure Palette)   2D/3D 坐标选定;子图铺排

- 图形对象浏览列表(Plot Browser)　　图形对象的依从关系；选择图形对象
- 对象属性编辑器(Property Editor)　　图形对象属性的显示和编辑

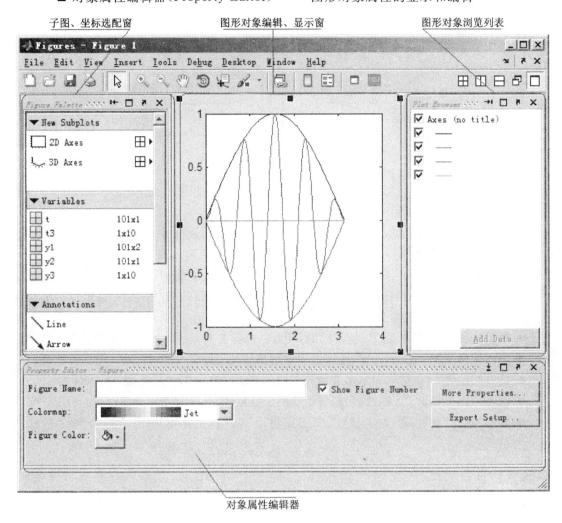

图 6.8 - 1　编辑状态的图形窗

2. 图形窗工具条

图形窗的工具条排列如图 6.8 - 2 所示。除 Windows 标准工具图标外，下面对 MATLAB 图形窗的专用工具图标给予逐一介绍。

- 图形对象编辑使能键：按动该键后，用鼠标双击图形对象，便进入相应的编辑状态。
- 放大键：当按下此键后，可以用鼠标左键点击或拖拉的方法，对全图或局部加以放大。若按鼠标右键，则缩小图形。
- 缩小键：其作用与放大键相反。
- 坐标系移动键：按下此键拖动鼠标可以移动图形。
- 坐标系旋转键：一旦按下此键，光标变成带箭头的圆圈，按住鼠标左键，此时图形将随鼠标的移动而转动。注意：在旋转过程中，图形窗左下角将用方位角、俯视角数据对

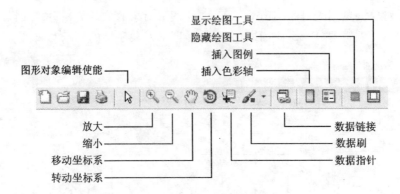

图 6.8-2 图形窗工具条专用按键

(az, el)实时地显示当前的观察位置。据此,用户可以再通过指令 view([az, el]),使最佳观察重现。

- 数据指针 Data Cursor 键：按下此键,在图形上点击鼠标左键可以显示"与之最临近的数据点"的数据。
- 数据刷 Data brush 键：在数据链接键按下后,再按下此键,若用鼠标在图形上选中某些区域的曲线或曲面,便引起图形对象颜色变得醒目,同时在变量编辑器中的相应数据也被用相应色彩亮化;反之亦然。
- 数据链接 Data link 键：按下此键,使数据图形与变量编辑器相链接。
- 插入色彩轴键：按下此键,在图形窗中增添色轴。
- 插入图例键：此键作用是用来加入不同的图例以区分不同参数在图形上的表示。
- 隐藏绘图工具键：该按键与"显示绘图工具栏键"是一对互逆操作键。
- 显示绘图工具键：点击该键,图形窗将由默认形式转换为图 6.8-1 所示的编辑形式。

3. 主要构件与对应菜单

- 子图坐标选配窗（Figure Pelatte）

无论是刚打开的空白图形窗,还是已经存在图形的图形窗,都可以通过"子图坐标选配窗"对现有图形窗进行子图和坐标的重新选配。该选配窗的功能分区见图 6.8-3,而各区的功用见表 6.8-1。

表 6.8-1 子图坐标选配窗的功能分区和对应菜单

分 区	功 用	同功能的下拉菜单
子图选择窗 （New Subplots）	可以任意选配子图编排及子图坐标系	{Insert > Axes}
基空间变量窗 （Variables）	显示基空间中所有变量,供绘图选用	
符号及文字标识窗 （Annotation）	图形窗插入标识字符的功能点选	{Insert > Line, Arrow, …}

第 6 章 数据可视及探索

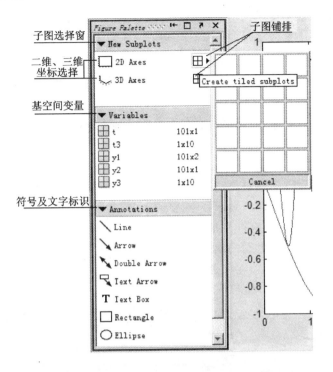

图 6.8-3 子图坐标选配窗的功能分区

● 图形对象浏览列表(Plot Browser)(图 6.8-4)

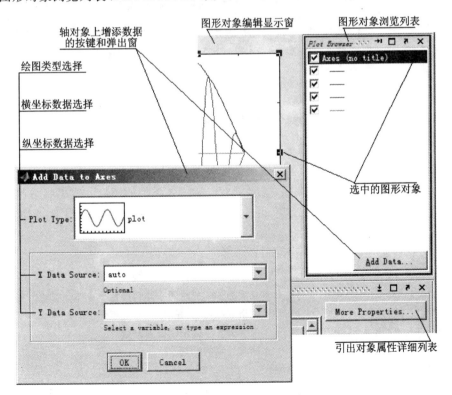

图 6.8-4 图形对象浏览列表的功能

- 该表按照依从关系列出图形窗中所有的对象。
- 当在该列表中选定某对象(如 Axes)时,图形显示窗所对应的对象将被"黑色图柄小方块"标识。此时,该浏览表中的[Add Data]键被"使能",点击该键,可引出"轴对象增添数据对话窗(Add Data to Axes)"。从该对话窗,可选择图形的类型、数据变量名称等。
- 在选定图形对象后,点击浏览表右下方的[More Properties]键可引出那对象的详细属性列表。

● 对象属性编辑器
- 对于每个选定的图形对象,都会呈现出一个相应的对象属性编辑器。图 6.8-5 就是选定轴对象的属性编辑器。
- 在这属性编辑器上,有许多常用属性的对话框,以便于设置。
- 若需要得知或设置更细的属性,需要点击该编辑器右上方的[More Properties]键,引出详细属性列表后,在那表中进行设置。

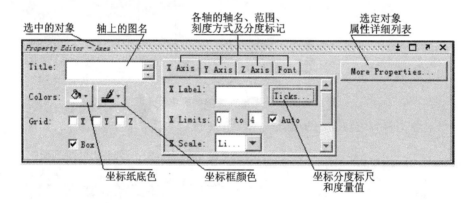

图 6.8-5　图形对象属性编辑器

6.8.2　指令鼠标混合操作生成绘图文件

【例 6.8-1】 本例演示:简单线图如何在图形窗编辑下转变成图 6.8-6 所示的图形;图形窗的属性编辑功能;如何从图形窗产生绘图函数文件;如何修改自动生成文件。

在例 6.2-3 中,完全依靠指令操作绘制与图 6.8-6 类似的图形。本例将采用"指令—图形窗交互方式"实现图 6.8-6 的绘制,并进而形成一个绘制图 6.8-6 图形的 M 函数文件。具体步骤如下:

(1) 运行指令绘出简图

利用例 6.2-3 中前 6 行指令,在图形窗中画出最简单的线图(图 6.8-7)。

```
t = (0:pi/100:pi)';              % 长度为101的时间采样列向量
y1 = sin(t) * [1, -1];           % 包络线函数值,是(101x2)的矩阵
y2 = sin(t). * sin(9 * t);       % 长度为101的调制波列向量
t3 = pi * (0:9)/9;               % 曲线过零的时刻
y3 = zeros(size(t3));
plot(t,y1,t,y2,t3,y3)
```

(2) 使图形窗工作在编辑状态

第 6 章 数据可视及探索　　419

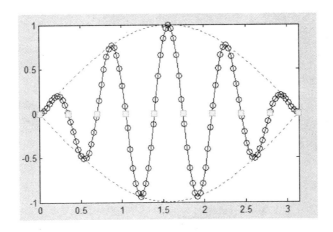

图 6.8-6　精细修饰的图形

点击"显示绘图工具栏键▭",图形窗转变为如图 6.8-7 所示的编辑模式。(图 6.8-7 上的中文注释是本书作者为说明本例而添加的。)

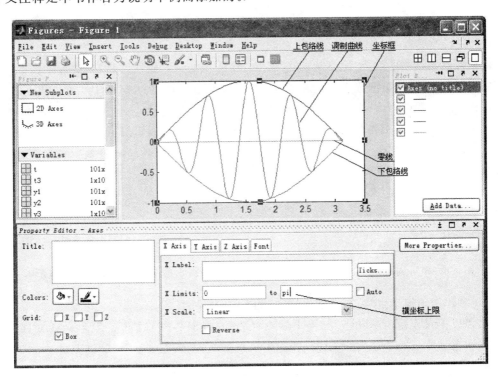

图 6.8-7　编辑工作模式下的图形窗界面

(3) 进行改变坐标范围的操作

用鼠标点击图形的坐标框,坐标框上就出现小黑方块"图柄"(参见图 6.8-7)。与此同时,属性编辑器的"款头名"为"Property Editor—Axes"。在"X Limits"栏中,将横坐标上限值改为 pi(参见图 6.8-7);按下"回车"键;于是,"X Limits"栏变为图 6.8-8 所示形式;原先所绘曲线就充满整个横轴区间。

图 6.8-8 横坐标上限设置示例

(4) 进行改变包络线线型和颜色的操作

用鼠标点击上包络线,引出"Property Editor—Lineseries"属性编辑窗,如图 6.8-9 所示;在相应栏中选定线型、粗细、颜色;上包络线就变成所需的"红色细虚线"。

对下包络线进行同样的操作。

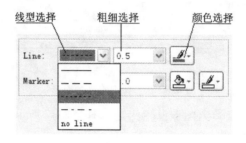

图 6.8-9 包络线的设置示例

(5) 进行改变调制曲线线型、点形、色彩的操作

用鼠标点击调制曲线,引出"Property Editor—Lineseries"属性编辑窗,进行如图 6.8-10 所示的设置:"Line"的粗细选 1.5,色彩为蓝;"Marker"点形选空心小圆圈,大小为 6。

(6) 进行过零点的点形和色彩设置

用鼠标点击零线,引出"Property Editor—Lineseries"属性编辑窗,进行如图 6.8-11 所示的设置:"Line"线型为"no line";"Marker"点形选择小方块,大小为 6,方块内色设置为黄,方块边线颜色选择黑。至此,题目所要求的曲线绘制完成。

图 6.8-10 调制曲线的设置示例　　　　图 6.8-11 调制曲线的设置示例

(7) 利用图形窗产生"绘制精细修饰图"的 M 函数文件

● 经以上操作后,点选图形窗的〈File > Generate M—File〉菜单,就会在 M 文件编辑器中自动生成一个名为 createfigure 的 M 函数文件,参见表 6.8-2 的左栏。

● 把原文件名修改为 exm060801_2;并且删去整个输入量列表。

● 把本例第(1)步中的指令⟨1⟩～⟨5⟩复制到原文件函数体的最前端,形成如表 6.8-2 右栏所示的指令⟨1⟩～⟨5⟩。

● 仔细阅读原文件最后倒数第三、二行指令,可知:它们绘制 2 根包络线和 1 根调制线。因此,应在"新修改文件"的第⟨6⟩行写入 X1＝t; YMatrix1＝[y1, y2];

● 仔细阅读原文件最后一行,可知:该指令绘制"调制线过零点"标记。因此,应在"新修改文件"的第⟨7⟩行编写 X2＝t3; Y1＝y3;

● 仔细阅读原文件中(表 6.8-2 第 4 行左栏)注释,可知:应把 xlim(axes1,[0 3.1416]);

从注释状态转换为可执行指令,即"新修改文件"的第〈10〉行。
- 重新"新修改文件"的最前端的注释,见表 6.8-2 第 1 行右栏。
- 对修改文件保存为 exm060801_2。
- 在 MATLAB 指令窗中,运行 exm060801_2,就得到如图 6.8-6 所示图形。

表 6.8-2　自动产生文件和新修改文件的对照

MATLAB 自动产生的"图形修饰文件"	经作者修改文件名和注释的"图形修饰文件"

function createfigure(X1, YMatrix1, X2, Y1)
%CREATEFIGURE(X1,YMATRIX1,X2,Y1)
%　X1：　vector of x data
%　YMATRIX1：　matrix of y data
%　X2：　vector of x data
%　Y1：　vector of y data
 	
% Auto-generated by MATLAB
	function exm060801_2
	%　X1 横坐标列数组
	%　YMatrix1 是 3 列与 X1 等长列构成的数组;
	%　列次序为 2 条包络线、1 条调制线
	%　X2　与 Y1 配对绘制曲线过零点
	
	%由本书作者修改文件名和注释
	t=(0:pi/100:pi)';　　　　　　　%　　　　〈1〉
	y1=sin(t)*[1,-1];
	y2=sin(t).*sin(9*t);
	t3=pi*(0:9)/9;
	y3=zeros(size(t3));　　　　　　%　　　　〈5〉
	X1=t;YMatrix1=[y1,y2];　　　　%　　　　〈6〉
	X2=t3;Y1=y3;　　　　　　　　　%　　　　〈7〉

% Create figure
figure1 = figure;
% Create axes
axes1 = axes('Parent',figure1);	

% Uncomment the following line to preserve the X-limits of the axes %　xlim(axes1,[0 3.1416]);	xlim(axes1,[0 3.1416]);　　　%　　　　〈10〉

box(axes1,'on');
hold(axes1,'all');
% Create multiple lines using matrix input to plot
plot1 = plot(X1,YMatrix1,'LineStyle',':','Color',[1 0 0],'Parent',axes1);
set(plot1(3),'Marker','o','Color',[0 0 1],'LineStyle','-');
% Create plot
plot(X2,Y1,'MarkerFaceColor',[1 1 0],...
　　'MarkerEdgeColor',[0 0.5 0],...
　　'Marker','square',...
　　'LineStyle','none');	

6.8.3 数据探针

从图形获取数据有以下两种工具：
- ginput 指令
  - 它只能获取二维图形数据。
  - 其使用方法，可见例 4.5-3，不再赘述。
- 数据探针(Data Cursor/Datatip)
  - 它既能获取二维图形数据，也能获取三维图形数据。
  - 点击图形窗工具图标，或勾选图形窗下拉菜单项{Tools: Data Cusor}都可以启动数据探针。
  - 数据探针的使用方法，以算例形式叙述。

【**例 6.8-2**】 本例演示：数据探针激活的指令方式；数据探针标识单个和多个图形点；数据构图点和任意图形点的获取；探针获取数据的保存(图 6.8-12)。

(1) 在指令窗中运行以下指令产生一个三维曲面

```
surf(peaks(10))         %生成网格较稀的曲面
datacursormode on       %激活数据探针                                <2>
```

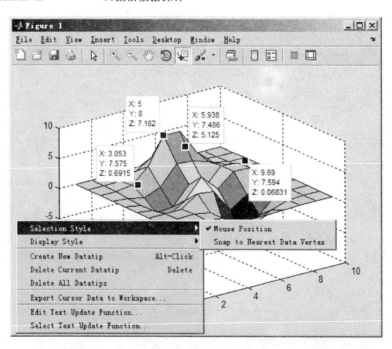

图 6.8-12 数据探针标识的曲面数据及其现场菜单

(2) 数据探针标识数据的典型操作步骤
- 点击图形窗工具图标，激活探针(本例此操作省略，数据探针已由指令〈2〉激活)。
- 设定探针取点模式
  - 在图形窗中点击右键，引出图 6.8-12 左下方所示的探针现场菜单；
  - 再选中菜单{Selection Style＞Mouse Position}，使探针获取鼠标所在位置的数据。

（注意：默认情况下，探针获取鼠标最近邻构图点的数据。）
- 数据探针标识单个图形数据的操作方法
  - 把"双十字"光标移到曲面"小方块"顶点处，单击左键，就可得到关于顶点的坐标。3维坐标显示在一个小框中（见图 6.8-12）。
    - 把光标放在坐标数据小框上，按住左键，可把该小窗放置在"小黑方块对角射线"的任何方位上（见图 6.8-12）。
- 数据探针标识多个图形数据操作方法
  当图形上已经存在数据探针显示窗的情况下，若想标识新的数据点，而又不擦除已有的标识数据，就必须执行以下操作。
  - 在图形窗内，单击鼠标右键，弹出探针现场菜单。
  - 选中菜单项{Create New Datatip}。
  - 然后再将鼠标移至适当位置，点击左键，给出新的数据点显示窗。

(3) 把数据指针所获取的数据保存为变量
- 点击右键，在弹出的探针现场菜单中，选中{Export Cursor Data to Workspace}菜单项；在弹出的"新生变量名"输入框中，用户指定适当的变量名，按确认键即可。本例题使用程序自动产生的缺省名 cursor_info。
- cursor_info 是(1×4)的构架数组，保存在 MATLAB 的基本工作空间里。双击 MATLAB 工作内存空间窗中的 cursor_info 变量图标，弹出变量编辑器如图 6.8-13。该窗口显示 cursor_info 包含 4 个构架。

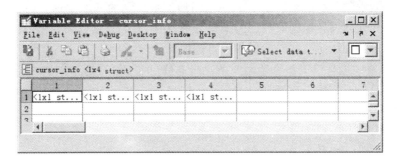

图 6.8-13 由变量编辑器所显示的新生变量 cursor_info

- 若再双击 cursor_info 变量显示窗中处于第(1,1)位置的构架，就会引出如图 6.8-14 的窗口。该窗显示其两个域(Field)：Target 和 Position。Target 保存了数据点所在图形对象的句柄；而 Position 保存着"被标曲面数据点的三维坐标 x,y,z"。
- cursor_info 中构架元素按照"数据点获取的先后逆序"排列，即最先获取的数据被安置在最后一个构架元素中，而最后获取的数据被保存在第一个构架元素中。

〖说明〗
在操作过程中，若图形被 axis 重定义过，那么数据指针有可能发生工作不正常的可能。特别是运行 axis([-inf,10,2,inf])这样的半自动定义轴范围的指令后，用户使用数据探针时，要注意检验。

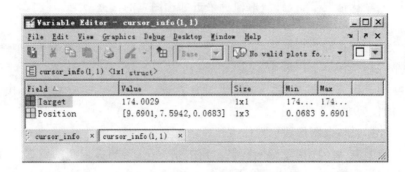

图 6.8 - 14 变量编辑器所显示的新生变量 cursor_info(1,1)的内容

6.8.4 数据刷

数据刷取(Data brushing)是一种工作模式,可以对图形窗或/和变量编辑窗里的图形数据或变量数据用任意选定的颜色标识进行标识。

在 MATLAB 中,图形窗(参见图 6.8 - 15)和变量编辑窗(参见图 6.8 - 17)都配置有数据刷。默认情况下,这两个窗口中的数据刷图标呈现为 ▰ ▾。这表示:数据刷处于非激活态;且所用刷色为"红"。数据刷图标 ▰ ▾ 的结构和功用如下:

● 数据刷图标的左半边:可点击,以便控制数据刷的激活与否。
● 数据刷图标的右半边:可点击,引出数据刷用色的选择界面。

【例 6.8 - 3】 本例借助多条 2 维曲线图,演示图形窗数据刷的基本使用方法:数据刷的激活;单点及成片数据的刷取;接续刷取数据的操作方法;用刷取数据创建新变量;被刷数据的镂空。此外,本例还演示了 line 所绘曲线数据的不可刷取性。

(1) 在指令窗中运行以下指令绘制四条二维曲线(图 6.8 - 15)

```
clear,clf
rng(0,'v5normal')                    % 为重现图形数据而设
x = linspace(0,2*pi,100);
yr = 0.3*randn(size(x));
yes = exp(-x/3).*sin(3*x);
ye = exp(-x/3);
plot(x,yr,'b-',x,yes,'g-','LineWidth',2)   % 用"高层指令"画蓝色噪声线和绿色衰减正弦线
line(x,ye,'Color','k')               % 用"低层指令"画黑色上包络线
line(x,-ye,'Color','k')              % 用"低层指令"画黑色下包络线
grid on,shg
```

(2) 数据刷的激活

点击图形窗数据刷图标的左半侧,将数据刷激活(图标的激活态见图 6.8 - 15)。数据刷激活后,图形窗光标变为"细十字"。

(3) 单点数据的刷取

用光标指向(超出上包络线的那个)单数据点,单击鼠标左键,该点颜色就变为设定的红色。

(4) 继续刷取成片数据

将鼠标移到所需位置(如图 6.8-15 那样),按住[Shift]键和左键,移动鼠标,就在图上拉出一个黑线矩形框,该框的坐标由下方蓝字标出。此时,框中绿线和蓝线上的数据点被"刷成红色"。(注意:黑色下包络线并没有刷红。)

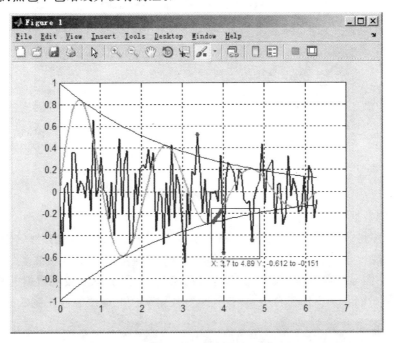

图 6.8-15　图形数据的刷取

(5) 把刷取数据保存为新变量
- 把光标放在需要后处理的被刷数据点上,点击鼠标右键,引出数据刷现场菜单。
- 选中弹出数据刷现场菜单的{Create Variable}菜单项,引出如图 6.8-16 所示的被刷数据鉴别窗(Identify Brushed Graphic)。该窗显示所有被刷数据的"身世"。

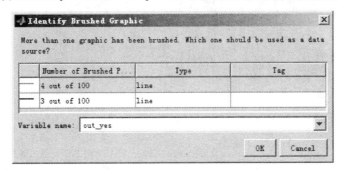

图 6.8-16　被刷图形数据的鉴别窗

- 若须保存绿线四个被刷数据点,那么进行下列操作
  - 先点选鉴别窗中的"绿线所在行"(见图 6.8-16);
  - 在鉴别窗的 Variable name 栏中填写 Gbrush,点击[OK]键,就把变量保存到 MATLAB 的基本工作空间 Workspace。(注意:每开启一次鉴别窗,只能保存一个变量。)

- Gbrush 变量的内涵
  - 双击 Workspace 中的 Gbrush 图标,就引出如图 6.8-17 所示的变量编辑窗。窗中第 1 列是被刷数据点的横坐标,第 2 列是被刷数据的纵坐标。

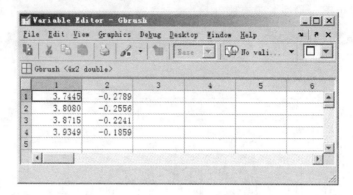

图 6.8-17 被刷图形数据的保存

(6) 将被刷数据重置为非数
- 把鼠标移到(如图 6.8-16 所示的)被刷数据点上,点击右键引出"数据后处理现场菜单";
- 选中该现场菜单项{Replace:NaNs},那么图上所有被刷数据点都会被镂空(图 6.8-18)。
- 注意:在图形数据与内存数据没有链接的状态下,图形窗上被刷数据的镂空操作不会改变 Workspace 中的保存变量"蓝线噪声数据 yr"和"绿线衰减正弦数据 yes"。

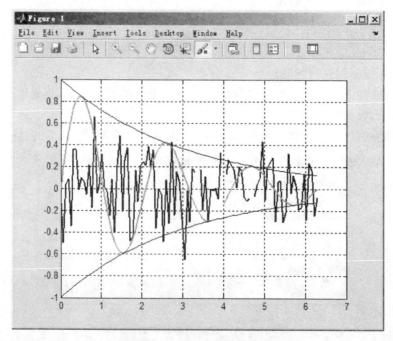

图 6.8-18 被刷数据删除后的图形

〖说明〗
- 在图形窗已经存在"被刷数据点"的情况下,鼠标操作的三种不同方式将产生三种不同后果:

- 在坐标框空白处点击鼠标,将使所有"此前被刷数据的颜色"恢复为原色。
  - 在其他数据点上点击鼠标,将使所有"此前被刷数据的颜色"恢复为原色,而只当前被点数据改变为"被刷色"。
  - 只有在"按住[Shift]键"的状态下,才能刷取新数据的同时,保持"此前被刷数据的颜色"不变。
- 图形数据的可刷性
  - 大多数由"高层绘图"指令所画曲线、曲面、图像的数据可以被刷取。
  - 用 line,contour 等指令画的图形数据则不能刷取。更详细情况,请在 MATLAB 的 Help 导航器的 Search for 栏中输入"Plot Types You Cannot Brush"搜索获得。
- 当图形窗切换到图形编辑(Edit)、放大缩小(Zoom)、移动(Pan)、旋转(Rotate)、数据探针(Datatips)等模式时,被刷数据的状态不变。

6.8.5 数据链和数据联动

数据联动(Data Linking)是一种图形窗的工作模式,以实现数据图形与内存变量之间的"联动"。这是 MATLAB 7.0 以来,图形窗新增的一种工作机制。在这种工作机制中,图形窗和变量编辑器成为"观察、操作"关联内存变量的交互界面。

- 变量编辑器:反映内存变量数据的数值化面貌。在该窗与内存之间始终保持着联动机制。换句话说,内存中变量数据的任何变化都直接在编辑窗体现;反之,编辑窗的任何变动,也立即引起内存数据的变化。
- 图形窗:反映内存变量数据的图形化性状。当图形窗启动"联动"机制后,窗中的图形就直接与内存变量相关联。即,内存变量数据的改变将立即体现为图形的变化;反之,对窗中图形数据的操作也直接引起内存数据的变化。

在每次启动后的 MATLAB 中,变量编辑窗始终被设置为"数据联动状态",而图形窗被缺省地设置为"数据非联动"状态。用户可以通过以下任何一种便捷操作,使图形窗实现"数据联动":

- 单击图形窗的数据链(Data Link)图标 ;
- 勾选图形窗下拉菜单{Tools>Link}。

【例 6.8-4】 本例演示:数据链和图形关联;关联图形的自动配置和手工检验;数据刷和数据联动。

(1) 运行以下指令生成三条曲线(见图 6.8-19)

```
clear
N = 100;
t = (linspace(0,2 * pi,N))';
x = sin(t);
y = cos(t);
subplot(2,1,1),plot(t,x,'c')
axis([0,2 * pi, -1.2,1.2])
hold on
stairs(t,sin(t. * t),'b')
hold off
```

```
subplot(2,1,2),stem(t,y,'k')
axis([0,2*pi,-1.2,1.2])
```

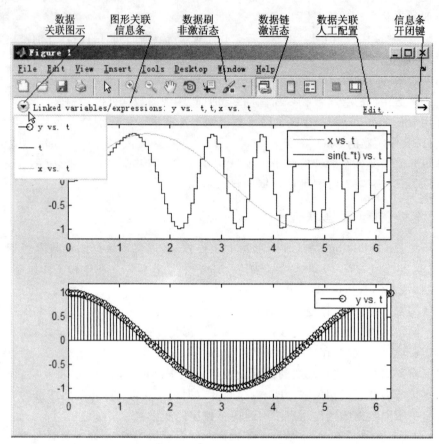

图 6.8-19　经自动关联后的图形窗

(2) 图形关联的自动和手工配置
- 数据联动态的激活
  - 在绘有三条曲线的图形窗上,点击数据链图标,激活数据联动。
  - 此时,图形窗工具条下方会出现如图 6.8-19 所示的"图形关联信息条(Linked Plot information bar)",用文字说明当前的链接状况。
- 图形关联信息条的文字说明判读
  - 假如出现"No graphics have data source. Cannot link plot：Edit",则表明自动寻找数据源失败。在这种情况下,需要通过点击 Edit 超链接,进行手工配置。
  - 仔细阅读本例出现的"Linked variables/expressions：y vs. t, t, x vs. t"文字说明,可发现：y vs. t, t, x vs. t 三组数据中,中间一组仅是孤立的 t。这表明：自动关联不完全成功。
  - 再用鼠标点击"数据关联图示"键,就可会在其下方看到：当前曲线线色线型与数据关联的图示表现。从该图示,可清晰地看到：蓝线缺少纵坐标数据。
  - 在这种情况下,仍需通过点击 Edit 超链接,进行手工配置。

- 关联数据的手工配置
    - 点击超链接 Edit，弹出的如图 6.8-20 所示的"指定数据源（Specify Data Source Properties）"的对话窗。
    - 在指定数据源对话窗的第 2 行第 4 列，即"蓝线—YDataSource"空白栏中填写 sin(t.*t)，以明确此蓝线纵坐标的函数关系。
    - 在指定数据源对话窗的第 2 行第 2 列，即"蓝线—DisplayName"中，把原文字修改为 sin(t.*t) vs. t，以供图例显示使用。
    - 完成以上操作后，点击指定数据源对话窗的[OK]键，完成数据关联。

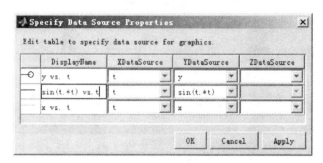

图 6.8-20 手工设定曲线对应数据源的对话窗

(3) 变量编辑器的编排

为便于观察图形与变量的联动关系，对变量编辑器进行如下操作（参见图 6.8-21）：

- 在 MATLAB 工作界面的基空间 Workspace 窗里，双击变量 t 的图标⊞，引出变量编辑器。
- 点击编辑器右侧的变量铺放按键，引出变量列表铺排格式，选择⊞图标，又引出排列选择表，选定"三列"铺放方式。
- 在基空间 Workspace 窗中依次点击 x，y 变量图标，就得到如图 6.8-21 所示的变量排列表。

(4) 数据刷的激活

- 图形窗数据刷的激活

  在同一个图形窗内，不管有多少个子图，只要点击该图形窗上的数据刷图标，就使该图形窗中的所有图形都处于数据可刷取状态。

- 变量编辑器数据刷的激活

  在变量编辑器中，变量显示窗的数据刷取状态，必须逐个激活。

(5) 数据联动状态

在数据联动状态下，就数据刷取效果而言，应分两类讨论。一，在变量编辑器中，进行数据的主动刷取所产生的联动效果；二，在图形窗中，进行数据主动刷取所产生的联动效果。

- 变量编辑器中主动数据刷取的联动
    - 使变量编辑器的主动数据刷取引发图形联动的前提：

      一，图形窗已经处于数据联动状态；

      二，图形窗的"图形关联信息条"已经正确显示出形成每条曲线（或曲面）的纵横坐标变量名；

三,显示所有曲线(或曲面)的变量编辑器显示子窗都已经处于"数据可刷取状态",不管图形窗是否处于"数据能刷取状态",对联动效果没有影响。

- t 变量子窗主动刷取数据的影响

用鼠标点选或框选 t 的一个或多个数据,使被选元素呈现红色(图 6.8-21);

此时,图形窗中三条曲线的对应点也会"联动地"被刷成红色(图 6.8-22)。这是因为每条曲线都包含 t 数据。

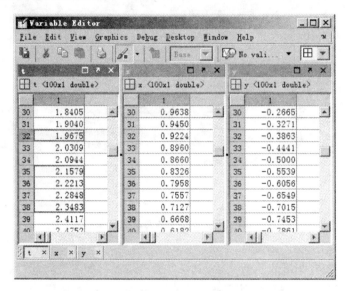

图 6.8-21　在 t 变量子窗中主动刷取的数据

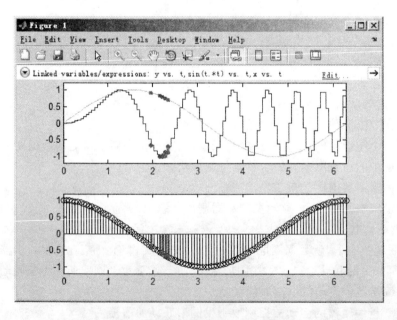

图 6.8-22　图形窗中被联动刷红的线段

- x 变量子窗主动刷取数据的影响

用鼠标点选或框选 t 的一个或多个数据,使被选元素呈现红色;

此时,图形窗中只有"青线(x vs. t)"的对应点被"联动地"刷红。这是因为另两条曲线不包含 x 数据。
- y 变量子窗主动刷取数据只能联动地刷红"黑杆线(y vs. t)"。
● 图形窗中主动数据刷取的联动
  - 使变量编辑器的主动数据刷取引发图形联动的前提:
    一,图形窗已经处于数据联动状态;
    二,图形窗的"图形关联信息条"已经正确显示出形成每条曲线(或曲面)的纵横坐标变量名;
    三,图形窗已经处于"数据能刷取状态",不管变量编辑器是否处于"数据能刷取状态",对联动效果没有影响。
  - 数据刷取在图形窗中的联动效果——不管刷取那条曲线的哪个线段,该图形窗所有子图上的所有曲线对应线段都将被刷红。
  - "蓝阶梯线(sin(t.*t) vs. t)"上刷取数据引发的变量编辑器联动效果——只刷红 t 变量子窗中的相应元素,因为蓝阶梯线只包含 t 数据。
  - "青线(x vs. t)"上刷取数据引发的变量编辑器联动效果——t 变量子窗和 x 变量子窗中的相应元素被刷红,因为该青线由 t 数据和 x 数据构成。
  - "黑杆线(y vs. t)"上刷取数据引发变量编辑器联动效果——t 变量子窗和 y 变量子窗中的相应元素被刷红,因为该黑杆线由 t 数据和 y 数据构成。
● 变量编辑器与图形窗的联动关系表
  针对本例,变量编辑器与图形窗的联动关系汇总于表 6.8-3。

表 6.8-3 例 6.8-4 中变量编辑器与图形窗曲线间的联动关系汇总

主动刷取的对象		被动关联的对象	在变量编辑器中			在图形窗中		
						上子图		下子图
			t	x	y	青线 x vs. t	蓝阶梯线 sin(t.*t) vs. t	黑杆线 y vs. t
在变量编辑器中		t	√			√	√	√
		x		√		√		
		y			√			√
在图形窗中	上子图	青线 x vs. t	√	√		√	√	√
		蓝阶梯线 sin(t.*t) vs. t	√			√	√	√
	下子图	黑杆线 y vs. t	√		√	√	√	√

第7章 M文件和函数句柄

除极简单的问题外,大多数实际问题不可能仅仅依靠MATLAB指令窗中一条条零碎的指令解决,而需要编程。本章内容就是编写解决实际问题的程序文件。

本章的前3节介绍MATLAB程序文件的编写基础,包括程序的基本构件、数据流控制、M文件的基本类型等。

第7.4～7.7节,由浅入深地用4节的篇幅分别叙述了编写复杂程序所必需的组件和技术:
- 各类函数、子函数及对象:主函数、子函数、匿名函数和嵌套函数,内联对象;
- 直接句柄和匿名句柄;
- 构成泛函计算能力的eval和feval指令;
- 变量的使用域和跨内存调用和赋值。

7.8节系统介绍提高程序质量、编程效率和动态调试能力的辅助工具:词串彩化和定界符匹配提示、M-Lint代码分析器、交互式调试器和性能剖析器。

本章提供了许多精心设计的算例。这些算例是完整的,可直接演练的。注意:算例中凡带exm前缀文件名的M文件、P文件在随书光盘上都有相应的电子文档。通过这些算例,可真切感受到抽象概念的内涵、各指令间的协调,将从感知上领悟到编程的要领。

7.1 M码编程的基本构件

MATLAB是一个语言完备的程序环境。在这个环境中,为实现某个应用目的,需要编写用户自己的M码程序。这些M码程序由以下一些基本构件组成。

1. 变 量

- 变量(Variables)是最基本的识别性名称,它可赋值,可读取。变量的命名(Naming Variables)要有唯一性。
- 因作用域和寿命不同,变量分为三类:局域(Local)变量、全域(Global)变量、持存(Persistent)变量(参见第7.7.3节)。更详细信息,可在帮助浏览器的搜索栏中,输入"Types of Variables"(注意:英文双引号)获得。

2. 运算及运算符

- 算术运算(Arithmetic Operators)指:执行数值运算,如表示加、减、乘、除、求幂等,相应的算符是+,−,*,/,^。
- 关系运算(Relational Operators)是:对参与量进行诸如大于(>)、等于(==)的比较,运算结果是"真"或"假"的表述值1或0(参见第2.5节)。
- 逻辑运算(Logical Operators)指:对参与量进行"与(&)"、"或(|)"等运算,结果的"真"或"假"以1或0表述(参见第2.5节)。

- 就运算的优先级别而言,算术运算级别最高,关系运算次之,逻辑运算最低。
- 在帮助浏览器搜索栏中,输入 operators,就可以获得运算符的在线帮助。

3. 标点符号

- 标点符号(Symbol)如逗号(Comma)、分号(Semicolon)、冒号(Colon)、圆括号(Parentheses)、方括号(Square Brackets)、@号(At)等在 M 码的编写和运行中起着十分重要的作用。特别提醒:这些标点符号一定要在"英文"状态下输入,否则将运行出错。
- 在帮助浏览器搜索栏中,输入"Symbol Reference",就可以获得全部标点符号的在线帮助。

4. 关键词

- 在此狭义地专指:MATLAB 软件保留给编程使用的若干专门词汇,如 for, while, if, return 等。在 MATLAB 指令窗中运行 iskeyword 指令,或在帮助浏览器的搜索栏中输入 keywords,可获得全部关键词。
- 用户在编写自己的 M 码时,千万注意不要让变量名与关键词同名。

5. 特殊值

- 特殊值(Special Values)是指:由 MATLAB 自己生成的、有特殊名称的数值。以前 MATLAB 把它们称作"永久变量"和"预定义变量"。如 pi, eps, i, j, NaN 等都是特殊值。
- 在帮助浏览器搜索栏中,输入"Special Values",可获得详细信息。

6. MATLAB 函数

- MATLAB 函数(Internal MATLAB Functions)十分丰富。它们按一定规律驻留在 MATLAB 的各文件夹上。
- 内建函数(Built-In Functions)是指:那些最基本的、以编译形式驻留的文件,如 plot, sin, reshape, eig, svd 等。内建函数的执行速度远高于 M 函数文件。内建函数是 MATLAB 的核心程序。
- M 文件函数(M-file Functions),如 repmat, quad 等。这种函数绝大多数以 M 文件形式驻留在 MATLAB 的 toolbox 文件夹上。
- 重载函数(Overloaded Function)是用于处理某类型数据而特别设计的 M 文件函数,如进行符号类(Symbolic Class)计算的函数。
- 借助 MATLAB 的 which 指令,可以观察 MATLAB 函数是内建型,M 文件型,还是重载型,以及它所在的文件夹。以查询 sin 为例,在指令窗中的指令写法和运行结果如下:

```
which - all sin
built - in (C:\MATLAB R2010a\toolbox\matlab\elfun\@double\sin)     % double method
built - in (C:\MATLAB R2010a\toolbox\matlab\elfun\@single\sin)     % single method
C:\MATLAB R2010a\toolbox\symbolic\symbolic\@sym\sym.m   % sym method
C:\MATLAB R2010a\toolbox\distcomp\parallel\@codistributed\sin.m    % codistributed method
```

7. 指令及指令行

- 在 MATLAB 中，执行计算，完成一个应用目的，都是靠运行一条指令（Command）、多条指令或由许多条指令构成的 M 文件实现的。
- 指令由数字、变量、运算符、标点符、关键词、函数等各种基本构件按 MATLAB 约定的规则组成。
- 以下 5 行都是在指令窗或 M 文件中常见的指令，其中最后一行包含多条指令。
  ```
  x = (1:100) * 2 * pi/100;
  A = [1,2,3;4,5,6;7,8,9];
  I_A = A>5;
  [ii,jj] = size(A)
  y1 = sin(x);y2 = exp(-x^2);
  ```
- 在帮助浏览器的搜索栏中，输入"Basic Command Syntax"，可获得相关在线帮助。

7.2 MATLAB 的数据流控制

MATLAB 控制程序流的关键词与其他编程语言十分相似。因此，本节对于各组关键词的用法描述比较简明，且大多通过算例进行。

7.2.1 for 循环和 while 循环控制

尽管，MATLAB 很适宜向量化编程，本书也一再强调采用向量化编程而尽量少用循环，但循环仍是数据流的基本控制手段，在许多应用场合仍不可完全避免。

1. 循环结构的基本形式

MATLAB 中 for 循环和 while 循环的结构及其使用使用方式见表 7.2-1。

表 7.2-1 循环结构的基本使用方式

for 循环	while 循环
for ix=array 　　(commands) end	while expression 　　(commands) end
● 变量 ix 为循环变量，而 for 与 end 之间的 commands 指令组为循环体； ● ix 依次取 array 中的元素；每取一个元素，就运行循环体中 commands 指令组一次，直到 ix 大于 array 的最后一个元素跳出该循环为止； ● for 循环的次数是确定的	● 执行每次循环时，只要"控制表达式（Controlling Expression）"expression 为"真"，即非 0，就执行循环体的 commands；反之，结束循环； ● while 循环的次数是不确定的

【例 7.2-1】 创建 Hilbert 矩阵。本例演示：使用 for 循环创建矩阵的基本方法；给待建矩阵预配置内存空间；矩阵行列循环指数变量的建议用名；数值显示的有理分数格式和缺省格式定义法；Hilbert 矩阵的元素特征，条件数特征（图 7.2-1）。

(1) Hilbert 矩阵的数学描述

Hilbert 矩阵是著名的"坏条件"矩阵，其第 (i,j) 元素的表达式是 $a(i,j) = \dfrac{1}{i+j-1}$。

(2) 借助 for 循环生成 Hilbert 方阵的程序

```
clear
for K = 1:15                    % 为观察矩阵阶数对条件数的影响而循环
    A = zeros(K,K);             % 给矩阵预配置内存空间，推荐使用          <2>
    for ii = 1:K                % 矩阵的行指数                        <3>
        for jj = 1:K            % 矩阵的列指数                        <4>
            A(ii,jj) = 1/(ii+jj-1);   % 对第(ii,jj)个元素赋值
        end
    end                         %                                    <7>
    CA(K) = cond(A);            % 记录 K 阶矩阵的条件数
    if K == 5                   % 仅显示 5 阶 Hilbert 矩阵，以增强感性认识
        format rat              % 采用分数形式显示
        disp('A5 = '),disp(A)
        format                  % 使数值显示形式恢复成"缺省设置"
    end
end
semilogy(CA)                    % 因条件数增长极快，对 y 轴采用对数刻度
grid on
xlabel('矩阵的阶'),ylabel('矩阵条件数')
title('Hilbert 矩阵的条件数')
A5 =
    1       1/2     1/3     1/4     1/5
    1/2     1/3     1/4     1/5     1/6
    1/3     1/4     1/5     1/6     1/7
    1/4     1/5     1/6     1/7     1/8
    1/5     1/6     1/7     1/8     1/9
```

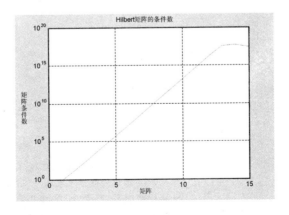

图 7.2-1　Hibert 矩阵条件与其阶数的关系

〖说明〗

- 本例演示二重循环结构生成二维矩阵。值得指出：这是一种低效的非向量化编程，因尽量避免使用此法。更好的方法，请见例 7.2-2。
- 本例采用 ii, jj 作为循环指数变量是出于以下考虑：

- ■ 沿袭矩阵或线性代数教科书中的常用下标 i,j,以提高程序可读性。
- ■ 顾及 MATLAB 用 i,j 代表"虚数单元"的事实,而不用 i,j 作为循环下标。
- Hilbert 矩阵的构造简单,但其条件数几乎按阶数的指数倍迅速变大。图 7.2-1 很好地揭示了这个性质。正由于这些原因,Hilbert 矩阵常被用作测试矩阵。
- 高阶 Hilbert 矩阵求逆需要非常谨慎。假如 A 是 Hilbert 矩阵,那么 B=inv(A)所求得的所谓逆矩阵 B 是很不可信的,A 逆阵的正确获取应是 C=invhilb(length(A))。有兴趣的读者可以用 10 阶以上的 Hilbert 矩阵进行验证性练习。

【例 7.2-2】 矩阵(数组)构建方法对构建速度的影响。本例演示:预置内存对规模较大的矩阵创建速度的影响;循环向量化对程序执行速度提高的作用。

(1) 不为待建矩阵预配置内存将严重减慢矩阵的创建速度

```
clear
tic                                    % 启动秒表计时
K = 1000;
for ii = 1:K                           % 以下创建(K*K)矩阵
    for jj = 1:K
        A1(ii,jj) = 1/(ii+jj-1);
    end
end
t1 = toc                               % 给出运行所用时间
t1 =
    7.8449
```

(2) 为待建矩阵预配置内存将加快矩阵创建速度

```
tic
K = 1000;
A2 = zeros(K,K);                       % 给矩阵预配置内存空间
for ii = 1:K
    for jj = 1:K
        A2(ii,jj) = 1/(ii+jj-1);
    end
end
t21 = toc/t1                           % 相对 t1 的耗时比例
t21 =
    0.2855
```

(3) 采用向量化编程创建 Hilbert 矩阵的速度更快

```
tic
K = 1000;
II = repmat(1:K,K,1);                  % 在矩阵的每行元素里设置"列指数"
JJ = II';                              % 在矩阵的每列元素里设置"行指数"
A3 = 1./(II+JJ-1);                     % 采用数组除,获得 Hilbert 矩阵
t31 = toc/t1                           % 相对 t1 的耗时比例
t31 =
    0.0091
```

〖说明〗

- 矩阵内存预配置就意味着,划定一个固定内存块,各数据可直接按"行、列指数"存放到相应的元素中。若矩阵不预配置内存,则随"行、列指数"的变大,MATLAB 就必须不

断地为矩阵找新的"空处",从而导致"建阵"速度大大下降。
- 本例的创建 Hilbert 矩阵的第(3)种方法称为循环向量化(Vectorizing Loops)。它能大大提高程序执行效率。用户应该树立向量化意识,提高程序执行速度。
- 本书例 2.2-1 和例 2.2-2,也演示了如何实施"循环"的向量化。但必须指出:并不是所有循环都可以向量化的。

【例 7.2-3】 对于预先指定的控制精度 ε,求 $S = \sum_{n=1}^{N} \frac{1}{\sum_{k=1}^{n} k}$,其中 N 要满足约束 $N = \arg\min\left\{\frac{1}{\sum_{k=1}^{n} k} \leqslant \varepsilon\right\}$。本例演示:while 环的典型应用场合之一;控制 while 环结束的两种基本方法。

(1) 编写 M 函数文件

作为比较,下面提供两个文件:exm070203_1 依赖控制表达式操纵当环,而 exm070203_2 则借助 break 结束循环。

```
function [S,N]=exm070203_1(epsilon)        %运用控制表达式操控当环
% [S,N]=exm070203_1(epsilon)
%           Calculate the sum of a special series S=1+1/(1+2)+…+1/(1+2+…+N)
% S         Sum of a special series
% N         The minimum among all numbers to have 1/sum(1:N)<epsilon
% epsilon   Given accuracy

d=inf;k=0;s=0;S=0;
while d>epsilon                            %当控制表达式 d>epsilon 不满足时,跳出循环
    k=k+1;
    s=s+k;                                 %计算 sum(1:k)
    d=1/s;
    S=S+d;
end
N=k;


function [S,N]=exm070203_2(epsilon)        %运用 break 操控当环
d=inf;k=0;s=0;S=0;
while 1
    k=k+1;
    s=s+k;
    d=1/s;
    S=S+d;
    if d<epsilon,break,end                 %当条件满足时,执行 break,跳出循环
end
N=k;
```

(2) 把以上两个文件保存在处于 MATLAB 搜索路径上的文件夹中

(3) 运行两个文件

```
epsilon = 0.0001;           %设置控制精度
```

```
[S1,N1] = exm070203_1(epsilon)
[S2,N2] = exm070203_2(epsilon)
S1 =
    1.9859
N1 =
    141
S2 =
    1.9859
N2 =
    141
```

〖说明〗

本例求和问题采用 while 当环解决最适宜,因为循环执行的次数预先未知。

2. 辅助控制指令 continue 和 break

continue 和 break 为用户编写循环控制提供了更大的自由度。它们的具体含义如下:

continue　　在 for 或 while 循环中遇到该指令,执行下一次迭代,不管其后指令如何
break　　在 for 或 while 循环中遇到该指令,跳出该循环,不管其后指令如何

【例 7.2 - 4】 创建 n 阶魔方矩阵,限定条件是 n 为能被 4 整除的偶数。本例演示:while 循环的典型使用之二;展示 continue,break 的工作机理;input 指令的使用;魔方矩阵的产生方法;魔方矩阵的性质和历史渊源。

(1) 所谓魔方矩阵(Magic matrix),是指那矩阵由 1 到 n^2 的正整数按照一定规则排列而成,并且每列、每行、每条对角线元素的和都等于 $\dfrac{n(n^2+1)}{2}$。就生成规则而言,魔方矩阵可分成三类:一,n 为奇数;二,n 为不能被 4 整除的偶数;三,n 为能被 4 整除的偶数。

(2) 编写供比较使用的 M 脚本文件。文件 exm070204_1 利用判断表达式控制循环的执行,而 exm070204_2 则展示了 continue 指令在循环中的工作机理。

```
% exm070204_1.m        只用 while-end 指令直接生成"4 倍数阶"魔方矩阵
% A                    生成的魔方矩阵
% n                    魔方矩阵的阶数
clear,clc,n=1;
while mod(n,4)~=0                   %判断表达式 mod(n,4)~=0 控制循环的执行
    n=input('请输入一个能被 4 整除的正整数! n= ');   %要求从键盘输入数据
end
G=logical(eye(4,4)+rot90(eye(4,4)));   %4 阶双对角全 1 逻辑阵
m=n/4;
K=repmat(G,m,m);                       %需要进行"补运算"的元素位置阵
N=n^2;
A=reshape(1:N,n,n);
A(K)=N-A(K)+1;                         %对选定元素关于($n^2+1$)进行求补运算
```

```
%  exm070204_2.m       借助 continue,break 生成"4 倍数阶"魔方矩阵
%  A                   生成的魔方矩阵
%  n                   魔方矩阵的阶数
clear,clc
while 1
    n=input('请输入一个能被 4 整除的正整数! n =   ');      %要求从键盘输入数据
    if mod(n,4)~=0
        continue
    end
    break
end
G=logical(eye(4,4)+rot90(eye(4,4)));  % 4 阶双对角全 1 逻辑阵
m=n/4;
K=repmat(G,m,m);            %需要进行"补运算"的元素位置阵
N=n^2;
A=reshape(1:N,n,n);
A(K)=N-A(K)+1               %对选定元素关于($n^2$+1)进行求补运算
```

(3) 把以上两个文件放置在 MATLAB 的当前目录或搜索路径上。

(4) 文件的运行

无论运行哪个文件,指令窗中会出现请求用户输入矩阵的阶数的提示。只要用户输入的正整数不能被 4 整除,这种请求将重复出现。下面给出的 A 阵是 8 阶魔方阵。(注意:不要在 Notebook 环境中运行以上两个文件。)

```
A =
    64     9    17    40    32    41    49     8
     2    55    47    26    34    23    15    58
     3    54    46    27    35    22    14    59
    61    12    20    37    29    44    52     5
    60    13    21    36    28    45    53     4
     6    51    43    30    38    19    11    62
     7    50    42    31    39    18    10    63
    57    16    24    33    25    48    56     1
```

〖说明〗

- 本例的两个 M 脚本文件的区别仅在:跳出循环的机制。
- 在 exm070204_2 中,若从键盘输入的数"不能被 4 整除",就执行 continue;在该指令作用下,"操作权"将跳过紧接在它下面的 break,而直接到 end 行后返回 while 行,循环继续。关于 break 的使用,还可参见例 7.2-3。
- 下面是关于魔方矩阵的说明。
  - 魔方具有许多迷人的数学特性,至今仍是组合数学的一个研究课题。在 MATLAB 帮助文件的算例中经常用到魔方矩阵。
  - 在 MATLAB 帮助浏览器(Help Navigator)"Contents"的"MATLAB\Getting Started\Matrices and Array\Matrices and Magic Squares"中有一幅文艺复兴时期德国画家、业余数学家 Albrecht Dürer 创作的版画"Melencolia I(忧郁人)"(图 7.2-2)。

该版画中绘制着一个 4 阶魔方(Magic Square)(图 7.2-3)。
- 考证表明:魔方源于古代中国,时称"纵横图",伴有浓厚神秘色彩。部分学者认为,"纵横图"始于《洛书》。[二九四,七五三,六一八]是最早文字记载的 3 阶魔方矩阵(见图 7.2-4),称"九宫图"。它见著于公元前 1 世纪的《大戴礼记》"明堂篇"。公元 1275 年宋朝数学家杨辉著的《续古摘奇算法》中,有关于"纵横图"的专门研究。"纵横图"经由东南亚、印度、阿拉伯向西方传播。公元 15 世纪,"纵横图"再从土耳其的君士坦丁堡(现伊斯坦布尔)传入欧洲。

图 7.2-2 右上方绘有魔方的版画 Melencolia I

图 7.2-3 版画 Melencolia I 中的 4 阶魔方

四	九	二
三	五	七
八	一	六

图 7.2-4 我国古代的九宫图

7.2.2 if-elseif-else 条件分支控制

if-else-end 指令为程序流提供了一种分支控制,其最常见的使用方式见表 7.2-2。

表 7.2-2 if-else-end 分支结构的使用方式

单分支	双分支	多分支
if expression 　　(commands) end	if expression 　　(commands1) else 　　(commands2) end	if expression_1 　　(commands) elseif expression_2 　　(commands) …… else 　　(commandsk) end

续表 7.2-2

单分支	双分支	多分支
当 expression 给出"逻辑 1"时,(commands)指令组才被执行	当 expression 给出"逻辑 1"时,(commands1)指令组被执行;否则,(commands2)被执行	expression_1,expression_2,…中,首先给出"逻辑 1"的那个分支的指令组被执行;否则,(commandsk)被执行; 该使用方法常被 switch-case 所取代

〖说明〗

- expression 是控制其下分支的条件表达式,通常是关系、逻辑运算构成的表达式;该表达式的运算结果是"标量逻辑值 1 或 0"。expression 也可以是一般代数表达式,此时,给出的任何非零值的作用等同于"逻辑 1"。
- 在 MATLAB 中,expression 允许进行数组之间的关系、逻辑运算,因此 expression 可能给出逻辑数组。在这种情况下,只有当该逻辑数组为全 1 时,该 expression 控制的分支才执行。当 expression 给出数值数组时,只有当该数组不包含任何零元素时,该 expression 控制的分支才执行。
- 如果 expression 为空数组,MATLAB 认为条件为假(false),则该 expression 控制的分支不被执行。

【例 7.2-5】 借助"if-else 条件分支控制"编写 M 码,以实现式(7.2-1)分域函数的可视化(参见图 7.2-5)。本例目的:如何利用 if-else 实现"不等式比较"的条件转向。

$$z(x,y) = \begin{cases} 0.5457 e^{-0.75y^2 - 3.75x^2 + 1.5x} & x+y \leqslant -1 \\ 0.7575 e^{-y^2 - 6x^2} & -1 < x+y \leqslant 1 \\ 0.5457 e^{-0.75y^2 - 3.75x^2 - 1.5x} & x+y > 1 \end{cases} \quad (7.2-1)$$

(1) 编写 M 函数文件

```
a = 2;b = 2;
x = -a:0.2:a;y = -b:0.2:b;
for ii = 1:length(x)
    for jj = 1:length(y)
        if x(ii) + y(jj)< = -1
            z(ii,jj) = 0.5457 * exp( -0.75 * y(jj)^2 -3.75 * x(ii)^2 + 1.5 * x(ii));
        elseif -1<x(ii) + y(jj)&x(ii) + y(jj)< = 1
            z(ii,jj) = 0.7575 * exp( -y(jj)^2 -6 * x(ii)^2);
        else
            z(ii,jj) = 0.5457 * exp( -0.75 * y(jj)^2 -3.75 * x(ii)^2 -1.5 * x(ii));
        end
    end
end
surf(x,y,z)
colormap(flipud(autumn))
xlabel('x'),ylabel('y'),zlabel('z')
axis([-a,a,-b,b,min(min(z)),max(max(z))])
```

〖说明〗

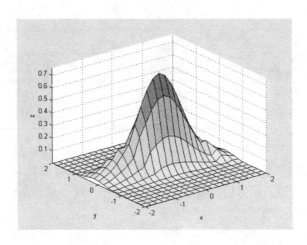

图 7.2-5 借助 if-elseif-else 计算的分域函数曲面

三个定义域的函数计算展现了 if-elseif-else 结构的一种典型用法。

7.2.3 switch-case 切换多分支控制

使用 if_elseif_else 处理较多分支转向,不仅表述困难,而且程序的可读性较差。此时,采用 switch-case 控制结构也许是合适的。具体结构如下:

  switch expression   expression 是判断表达式,它的值抑或标量,抑或字符串
    case VorC1   第 1 分支:VorC1 可取标量、字符串或由它们构成的胞元数组
     (commands1)   第 1 块 M 码执行体
      ……
      ……
    case VorCk   第 k 分支:VorCk 的取值要求与 VorC1 相同
     (commandsk)   第 k 块 M 码执行体
    otherwise   与 VorC1,……, VorCk 条件都不符时的转向分支
     (commands0)
  end

【说明】

- 当遇到 switch 结构时,MATLAB 将表达式 expression 的值依次和各个 case 指令后面的检测值进行比较;如果比较结果为假,则取下一个检测值再来比较;而一旦比较结果为真,MATLAB 就执行其下的一组命令,然后跳出该结构;如果所有的比较结果都为假,即表达式的值和所有的检测值都不等,MATLAB 将执行 otherwise 后面的一组命令。这样,上述结构保证至少有一组命令会得到执行。
- switch 指令后面的表达式 expression,不管是已赋过值的变量还是变量表达式,expression 的值只能是标量数值或者标量字符串。
  - expression 是标量值时,执行比较运算:expr==VorCi, i=1,…, k
  - expression 是字符串时,执行比较运算:strcmp(expr, VorCi), i=1,…, k
- case 指令后面的检测值不仅可以是一个标量值或一个字符串,还可以是一个胞元数组。MATLAB 将把表达式 expr 的值和该胞元数组中的所有元素进行比较,如果胞元

数组中某个元素和表达式的值相等，MATLAB 认为此次比较结果为真，从而执行与该检测值相应的一组命令。
- switch-case 的具体使用示例，请参见例 4.11-2、例 7.4-1、例 7.5-1 及例 7.7-1。

7.2.4 try-catch 容错控制

try-catch 结构具有容错能力。如执行"try 块程序"发生错误，就跳转去执行"catch 块程序"，以作一种候补应对措施；当然，如"try 块程序"执行正常，那么"catch 块程序"是不被执行的。try-catch 容错控制的语法结构如下：

```
try
    (commands_1)        指令块 1 总被常规执行。若不出现运行错误，则跳出此结构
catch
    (commands_2)        指令块 1 运行错错后，指令块 2 才作为"候补"措施被执行
end
```

〖说明〗
- 只有当 MATLAB 执行指令块 1 出现错误后，指令块 2 才会被执行。
- 若指令块 2 被运行时又出错，MATLAB 将终止该程序。

【例 7.2-6】 对 MATLAB 初学者来说，易混淆 plot 和 ezplot 的不同适用场合：前者只适于"离散数值数据"表达的曲线绘制；后者则适于"函数解析式"表达的曲线绘制。本例将利用 try-catch 结构的意外警示（Throw an Exception）及意外处理（Handle an Exception）的能力，编写一个具备 plot 全部功能，又兼备 ezplot 功能的函数 M 文件。本例目的：示范 try-catch 运用场合；展现 lasterror 用途和所含信息；表现变长度输入输出量 varargin 和 varargout 的使用。

（1）编写如下程序

```
function varargout=exm070206_AnyPlot(varargin)
% exm070206_AnyPlot                             It has all abilities of both ezplot and plot.
% exm070206_AnyPlot(varargin)                   调用规则或与 plot 相同，或与 ezplot 相同
% H_line=exm070206_AnyPlot(varargin)            H_line 是所画线的图柄
% [H_line,ERR]=exm070206_AnyPlot(varargin)      ERR 给出程序运行中由 try 转进 catch 的原因

lasterror('reset')                              %       <2>
try
    h=plot(varargin{:});                        %       <4>
catch
    h=ezplot(varargin{:});                      %       <6>
end
ERR=lasterror;                                  %       <8>
switch nargout                                  %       <9>
    case 1
        varargout{1}=h;                         %       <11>
    case 2
        varargout{1}=h;                         %       <13>
```

```
                varargout{2}=ERR;                                    %      <14>
            otherwise
                if ~isempty(ERR.message)                             %      <16>
                    disp('ERR =ʹ),disp(ERR),disp(' ')
                    disp('ERR.message =ʹ),disp(ERR.message),disp(' ')
                    disp('ERR.stack =ʹ),disp(ERR.stack),disp(' ')
                end
        end
    shg
```

(2) 无输出量情况下,采用"plot 五输入量"的格式调用(图 7.2-6)

根据 exm070206_AnyPlot 的 M 码可知:当采用 plot 格式调用时,执行 try 之后的指令〈4〉,lasterror 给出的 ERR.message 是"空字符串"。又因为 nargout 测得本函数调用时的输出量为 0,于是程序流进入 otherwise 分支,再由于 ERR.message 为"空"而跳过 if-end 条件转向结构。因此,在这种调用方式下,不会产生任何提示。

具体运行指令和运行结果为:

```
x = (0:100) * 2 * pi/100;y = exp(-x).*cos(x);      %产生绘线所需的数据
exm070206_AnyPlot(x,y,'.r','MarkerSize',5)         %有五个输入量,见图7.2-6
```

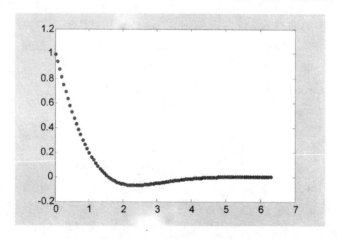

图 7.2-6　采用 plot 格式画的曲线

(3) 无输出量情况下,采用"ezplot 的带坐标范围设定"的格式调用(图 7.2-7)

当采用 ezplot 格式调用时,数据流进入 try 后,发生指令〈4〉运行错误,于是转而执行 catch 之后的指令〈6〉,并运行成功。于是,指令〈8〉把"运行指令〈4〉产生错误"的信息赋给 ERR。由于 exm070208_AnyPlot 函数的无输出调用,程序转入 otherwise 分支,再由于 ERR.message"非空",而进入 if-end 体内,于是就给出"执行 exm070208_AnyPlot 函数过程中最新发生的错误"信息。

ERR 是包含最新错误信息的一个数据构架。它包含三个域:message"错误原因"域,identifier"错误档案名"域,stack"错误发生文件"域。

ERR.stack 本身又是个构架。它的三个域是:file"发生错误的文件位置"域,name"文件名"域,以及 line"出错指令在文件中的行序号"。

具体运行情况如下：

exm070206_AnyPlot('exp(-x)*cos(x)',[0,7,-0.2,1.2]) %字符串表达曲线方程

ERR =

   message: [1x48 char]

  identifier: 'MATLAB:plot:InvalidFirstInput'

    stack: [1x1 struct]

ERR.message =

Error using ==> plot

Invalid first data argument

ERR.stack =

  file: 'D:\NewBook\Master20101204\Ch07_编程\exm070206_AnyPlot.m'

  name: 'exm070206_AnyPlot'

  line: 5

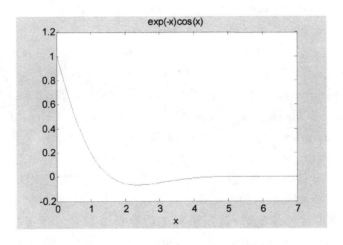

图 7.2-7　采用 ezplot 格式画的曲线

（4）有二个输出量时，采用 ezplot"参数方程"格式调用（图 7.2-8）

[H,EM] = exm070206_AnyPlot('cos(t)','sin(t)');

EM　　　　　　%给出由 try 转入 catch 的原因

EM =

   message: [1x48 char]

  identifier: 'MATLAB:plot:InvalidFirstInput'

    stack: [1x1 struct]

〖说明〗

- 在本例中，因为 try 后执行的是 h = plot(varargin{:})，所以凡据 plot 规则调用时，都不会产生错误。
- 当按照 ezplot 规则调用 exm070206_AnyPlot 时，由于 h = plot(varargin{:})不接受非数值输入的被绘函数而出错，于是转向 catch 分支，执行 h = ezplot(varargin{:})。
- exm070206_AnyPlot 函数的指令〈2〉lasterror('reset')是必需的。该指令使"最新错误

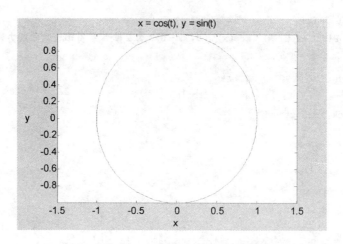

图 7.2-8 采用 ezplot 参数方程格式画的曲线

信息置为缺省状态"。此时，message 和 identifier 域是"空字符串"，stack 是"空构架"。
- 从用途来说，varargin 是专供 M 函数文件使用的变长度输入量。从结构上看，它是一个胞元数组，数组的长度随输入量的多少而变。
  - 本例第(2)步的"plot 五输入量"调用格式 exm070206_AnyPlot(x, y, '.r', 'MarkerSize',5)意味着：varargin={x,y,'.r','MarkerSize',5}。而指令⟨4⟩中的 h=plot(varargin{:})相当于 h=plot(x,y,'.r','MarkerSize',5)。
  - 本例第(3)步调用格式 exm070206_AnyPlot('exp(−x)*cos(x)',[0,7,−0.2,1.2])下，varargin={'exp(−x)*cos(x)',[0,7,−0.2,1.2]}。而指令⟨6⟩中的 h=ezplot(varargin{:})相当于 h=ezplot('exp(−x)*cos(x)',[0,7,−0.2,1.2])。
- varargout 是专供 M 函数文件使用的变长度输出量。"变长度"有两个含义：一，胞元数组 varargout 胞元数组的长度是由向其所赋的输出量数目决定；二，在调用 varargout 作为输出量的函数时，调用格式中的输出量数目可多可少，只要总数不超过 varargout 的长度就可。在本例的 exm070206_AnyPlot 函数中，指令⟨13⟩⟨14⟩使 varargout 为 2 元素组成的胞元数组。当从外部调用 exm070206_AnyPlot 时，只要输出量数目不超过 2，都是合法的。如本例第(2)(3)项试验中采用的是 0 个输出量格式；而在第(4)项试验中采用了 2 输出量格式。
- 在本例中，nargout 用于检测 exm070206_AnyPlot 的输入量数目的。

7.2.5 编程用的其他指令

1. return 返回和 pause 暂定

return	把控制权由 return 所在的被调函数交还主调函数或键盘
pause	使程序暂停执行，等待"按下任意键"后继续
pause(n)	使程序暂停 n 秒后继续执行

〖说明〗
- return 有两种作用：

- ■ 若在 M 文件执行过程中遇到 return,就不再执行该指令后面的任何指令,而立即跳出"那个"M 文件。
- ■ 若在 M 文件或其他工作环境下,先遇到 keyboard 指令,就导致控制权转移给键盘,而工作在"keybroad 模式"。在此情况下,从键盘输入 return 指令,就可以退出"keybroad 模式",而返回原工作环境。
● 大多数电脑和 Windows 平台支持小于 1 秒的暂停,如 pause(0.01)使暂停 0.01 秒。
● 总结几种指令的功能区别,如表 7.2-3 所列。

表 7.2-3 不同环境转移指令的区别

指 令	功 能
break	遇到 break,不再执行其后程序,从所在"for 或 while 环"中跳出
return	遇到 return,则不再执行其后程序,从所在的"M 文件"中跳出;或结束 keyboard 工作模式,返回程序
exit	关闭 MATLAB
quit	关闭 MATLAB

2. error 出错信息和 warning 警告

error('message')	显示出错信息 message,终止程序
errortrap	错误发生后,程序继续执行与否的双位开关
lasterror	显示 MATLAB 自动判断的最新出错原因并终止程序
warning('message')	显示警告信息 message,程序继续运行
lastwarn	显示 MATLAB 自动给出的最新警告程序继续运行

〖说明〗

error 的使用参见例 7.3-1,7.4-1,7.5-1,7.7-1,而 lasterror 的使用能见例 7.2-6。

3. 与键盘交互指令 input 和 keyboard

v=input('message')	用于键入数值、字符串、胞元数组等数据
v=input('message','s')	以字符串形式赋给变量 v
keyboard	将"控制权"交给键盘,使用户可以从键盘输入

〖说明〗
- ● input 指令执行时,"控制权"交给键盘;待输入结束,按下 Enter 键,"控制权"交还 MATLAB。message 是提示用的字符串,比如:
  n=input(' 请输入拟合多项式的阶数 n = ');
  mu=input(' Please input a setp-size: mu = ');
- ● keyboard 指令后,计算机的"控制权"就交给了键盘。用户可以从键盘输入各种 MATLAB 指令。仅当用户输入 return 指令后,"控制权"才交还给程序。它与 input 的区别是:它允许输入任意多个 MATLAB 指令,而 input 只能输入"赋给变量的值"。
- ● keyboard 的用法参见第 7.8.3-1 小节。

7.3 M 文件和 P 文件

7.3.1 M 文件

为实现某种应用目的，在文件编辑器中，依照 MATLAB 的规则，利用 MATLAB 编程的基本构件和语言写出一行行指令（即 M 码），然后使用以".m"为扩展名的某一名称保存，就得到 M 文件。

- M 文件有两大类：M 脚本文件(M-file Scripts)和 M 函数文件(M-file Functions)。
- 从原则上讲，任何文本编辑器都可以用来书写、组织和编辑 M 文件。但是，MATLAB 自身提供的 M 文件编辑调试器(Editor/Debugger)最适于 M 文件的创建和调试。
- M 文件命名时注意要点：
  - M 文件名的命名要符合"变量名命名规则"，参见第 1.3.3 节。MATLAB 的 isvarname 指令可检查用户所起文件名是否符合此规则。
  - 除非特殊需要，用户应保证自己所创建的 M 文件名称具有唯一性，要避免与 MATLAB 所提供的函数同名。MATLAB 的 which 指令能帮助用户检查 M 文件名的唯一性。比如，用户想采用 filter2 作为自己的文件名，那么可在 MATLAB 指令窗中运行以下指令，若在 MATLAB 搜索路径上已存在 filter2 命名的 M 文件，那么用户不应再采用此名。

    which - all filter2
    C:\MATLAB R2010a\toolbox\matlab\datafun\filter2.m

- M 文件可以保存在 MATLAB 的 work 工作目录上，也可以保存在用户自建的目录上。
- M 文件的运行
  - 在运行用户自建 M 文件前，应该把该文件所在的目录设置为当前目录，或者应该把该目录设置在 MATLAB 的搜索路径上。
  - 假如被运行文件是脚本，那么在指令窗中，直接输入该文件名即可。如果被运行文件是函数文件，那么还应该为该函数 M 文件准备必需的输入量。

1. M 脚本文件

(1) 一般性说明

当指令窗中运行指令愈来愈多，控制流复杂度增加，或需要重复运行相关指令时，再从指令窗直接输入指令进行计算就显得烦琐，此时使用 M 脚本文件最适宜。

M 脚本文件的构成比较简单。其特点是：
- 它是一串按用户意图排列而成的（包括控制流向指令在内的）MATLAB 指令集合。
- 脚本文件运行后，产生的所有变量都驻留在 MATLAB 基本工作空间(Base workspace)中。只要用户不使用 clear 指令加以清除，且 MATLAB 指令窗不关闭，这些变量将一直保存在基本工作空间中。基本空间随 MATLAB 的启动而产生；只有当关闭 MATLAB 时，该基本空间才被删除。

(2) M 脚本文件的基本结构

- 由％号起首的 H1 行(The first help text line)，包括文件名和功能简述。
- 以％开头的在线帮助文本(Help text)区：H1 行及其之后的所有连续注释行构成整个在线帮助文本。它涉及文件中关键变量的简短说明。
- 编写和修改记录：该区域文本内容也都以％开头；标志编写及修改该 M 文件的作者和日期；版本记录。它可用于软件档案管理。
- 程序体(附带关键指令功能注解)。注意：在 M 文件中，由％号引领的行或字符串都是"注解说明"，在 MATLAB 中不被执行。
- M 脚本文件的编写和典型示例。
  - M 脚本文件的编写入门，参见第 1.8 节。
  - 例 7.2-4 的 exm070204_1.m 是比较典型的脚本文件示例。

2. M 函数文件

(1) 一般性说明

与脚本文件不同，函数文件(Function file)犹如一个"黑箱"。从外界只能看到：传给它的输入量和送出来的计算结果；而内部运作可以藏而不见。它的特点是：

- 从形式上看，与脚本文件不同，函数文件的第一行总是以"function"引导的"函数申明行"(Function declaration line)。该行还罗列出函数与外界交换数据的全部"标称"输入输出量。输入输出量的"数目"并没有限制，既可以完全没有输入输出量，也可以有任意数目的输入输出量。
- MATLAB 允许使用比"标称数目"少的输入输出量，实现对函数的调用。
- 从运行上看，与脚本文件运行不同，每当函数文件运行，MATLAB 就会专门为它开辟一个临时工作空间。该空间称之谓函数工作空间(Function workspace)。所有中间变量都存放在函数工作空间中。当执行完文件最后一条指令后，或遇到 return，就结束该函数文件的运行，同时该临时函数空间及其所有的中间变量立即被清除。
- 函数空间随具体 M 函数文件的被调用而产生，随调用结束而删除。函数空间是相对基本空间独立的、临时的。在 MATLAB 整个运行期间，可以产生任意多个临时函数空间。
- 假如在函数文件中，发生对某脚本文件的调用，那么该脚本文件运行产生的所有变量都存放于那函数空间之中，而不是存放在基本空间。

(2) M 函数文件的基本结构

- 函数申明行(Function Declaration Line)

  它位于函数文件的首行；以 MATLAB 关键字 function 开头；函数名以及函数的输入/输出量名都在这一行被定义。

- H1 行
  - 紧随函数申明行之后以％开头的第一注释行。按 MATLAB 自身文件的规则，H1 行包含：函数文件名；运用关键词简要描述该函数功能。
  - H1 行供 lookfor 关键词查询和 help 在线帮助使用。顺便指出：MATLAB 自带的函数文件，在此行中都把函数文件名用"大写英文字母"表达。但实际上，此文件的"文件保存名"，及运行时的"文件调用名"都必须是"相应的小写英文字母"。

- 在线帮助文本(Help Text)区
  - H1 行及其之后的连续的以%开头的所有注释行构成整个在线帮助文本。它通常包括:函数输入输出宗量的含义;调用格式说明。
  - H1 行尽量使用英文表达,以便借助 lookfor 进行"关键词"搜索。但从 MATLAB 7.x 版起,lookfor 已经支持中文搜索,所以 H1 行现也可采用中文描述。
- 编写和修改记录
  - 其几何位置与在线帮助文本区相隔一个"空行(不用%符开头)"。
  - 该区域文本内容也都以%开头;标志编写及修改该 M 文件的作者和日期;版本记录。它用做软件档案管理。
- 函数体(Function Body)

  为清晰起见,它与前面的注释可以"空"行相隔。这部分内容由实现该 M 函数文件功能的 MATLAB 指令组成。它接受输入量,进行程序流控制,创建输出量。其中为阅读、理解方便,也配置适当的空行和注释。
- 若仅从运算角度看,唯"函数申明行"和"函数体"两部分是构成 M 函数文件所必不可少的。

(3) M 函数文件的典型结构示例

【例 7.3-1】 编写一个 M 函数文件。它具有以下功能:(A) 根据指定的半径,画出蓝色圆周线;(B) 可以通过输入字符串,改变圆周线的颜色、线型;(C) 假若需要输出圆面积,则绘出圆。本例演示:M 函数文件的典型结构;指令 nargin, nargout 的使用和函数输入/输出量数目的柔性可变;switch-case 控制结构的应用示例;if-elseif-else 的应用示例;error 的使用。

- 编写函数 M 文件 exm070301.m

```
function [S,L]=exm070301(N,R,str)
% exm070301.m      The area and perimeter of a regular polygon (正多边形的面积和周长)
%          N                The number of sides
%          R                The circumradius
%          str              A line specification to determine line type/color
%          S                The area of the regular polygon
%          L                The perimeter of the regular polygon
% exm070301                用蓝实线画半径为 1 的圆
% exm070301(N)             用蓝实线画外接半径为 1 的正 N 边形
% exm070301(N,R)           用蓝实线画外接半径为 R 的正 N 边形
% exm070301(N,R,str)       用 str 指定的线画外接半径为 R 的正 N 边形
% S=exm070301(...)         给出多边形面积 S,并画相应正多边形填色图
% [S,L]=exm070301(...)     给出多边形面积 S 和周长 L,并画相应正多边形填色图

%  Zhang Zhiyong  编写于 2009-2-13
switch nargin
    case 0
        N=100;R=1;str='-b';
    case 1
```

```
            R=1;str='-b';
        case 2
            str='-b';
        case 3
            ;                    %不进行任何变量操作,直接跳出 switch-case 控制结构
        otherwise
            error('输入量太多。');
end;
t=0:2*pi/N:2*pi;
x=R*sin(t);y=R*cos(t);
if nargout==0
    plot(x,y,str);
elseif nargout>2
    error('输出量太多。');
else
    S=N*R*R*sin(2*pi/N)/2;    %多边形面积
    L=2*N*R*sin(pi/N);        %多边形的周长
    fill(x,y,str)
end
axis equal square
box on
shg
```

● 把 exm070301.m 文件保存在 MATLAB 的搜索路径上,然后在指令窗中运行以下指令

```
[S,L] = exm070301(6,2,'-g')      % 计算外接半径为 2 的正六边形面积和周长,并绘图
S =
   10.3923
L =
   12.0000
```

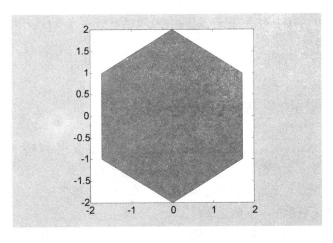

图 7.3-1　绿色正六边形

【说明】

函数定义名和保存文件名一致。两者不一致时,MATLAB 将忽视文件首行的函数定义名,而以保存文件名为准。

7.3.2 P 码文件的创建、查询和清除

一个 M 文件首次被调用(运行文件名,或被 M 文本编辑器打开)时,MATLAB 将首先对该 M 文件进行语法分析(Parse),并生成相应伪代码(Psedo code),简称 P 码文件(P-code)。此后,再次调用那 M 文件时,将直接调用那文件的 P 码文件,而不再对原码文件进行语法分析。值得指出:MATLAB 的分析器(Parser)总是把 M 文件连同被它调用的所有函数 M 文件一起变换成 P 码文件的。

在 MATLAB 环境中,假如存在同名的 P 码和原码文件,那么当该文件名被调用时,被执行的肯定是 P 码文件。

pcode FunName	在当前目录上生成 FunName. p
pcode FunName -inplace	在 FunName. m 所在目录上生成 FunName. p
inmem	罗列出内存中所有 P 码文件名
clear FunName	清除内存中的 FunName. pP 码文件
clear functions	清除内存中的所有 P 码文件

【说明】

P 码文件较之原码文件有两大优点:一,运行速度快,对于规模较大的问题其效果尤为显著;二,由于 P 码是二进制文件,难于阅读,因此用户常借助其为自己的程序保密。

【例 7.3-2】 借用例 7.3-1 中现成的程序 exm070301.m 创建 exm070302.p 文件,并绘制蓝色五边形。本例目的:演示 P 码文件的具体生成;为 P 码文件提供配套说明的 M 文件;P 码文件的运行和检索。

(1) 把 exm070301.m 函数文件"另存为"exm070302.m,并对函数定义行及帮助文本区中,所有的 exm070301 修改为 exm070302。

(2) 制作 P 码文件及其配套说明的 M 文件
- 在 MATLAB 的指令窗中,运行以下指令后,就可以在当前目录中看到 exm070302.p。
  pcode exm070302
- 对 exm070302.m 原文件进行删改(一种简单流程)
  ■ 删除含 function 字头的文件首行。
  ■ 删除原文件"函数体"内的全部内容。
  ■ 点击"保存",即可。
  ■ 注意:在今后第一次调用 exm070302.p 时,会出现警告信息。这是由于 exm070302.p 生成后,对 exm070302.m 进行删改所致。一,该警告不影响使用;二,exm070302.p 在此后再次调用时,该警告信息不会再出现。
- 至此当前目录中存在以下两个文件:
  ■ exm070302.p   P 码文件。此文件虽不可读,但恰是实际执行文件。
  ■ exm070302.m   此文件可读,但它只是为 P 码文件提供"使用说明"。

（3）观察关于 exm070302 的调用说明

为此，在指令窗中运行以下指令。

help exm070302_help

```
exm070302.m    The area and perimeter of a regular polygon（正多边形的面积和周长）
    N              The number of sides
    R              The circumradius
    str            A line specification to determine line type/color
    S              The area of the regular polygon
    L              The perimeter of the regular polygon

exm070302              用蓝实线画半径为 1 的圆
exm070302(N)           用蓝实线画外接半径为 1 的正 N 边形
exm070302(N,R)         用蓝实线画外接半径为 R 的正 N 边形
exm070302(N,R,str)     用 str 指定的线画外接半径为 R 的正 N 边形
S = exm070302(...)     给出多边形面积 S，并画相应正多边形填色图
[S,L] = exm070302(...) 给出多边形面积 S 和周长 L，并画相应正多边形填色图
```

（4）观察 exm070302 的运行情况

根据以上所见，如选择第二种调用格式运行，并获得结果如图 7.3-2。

exm070302(5)

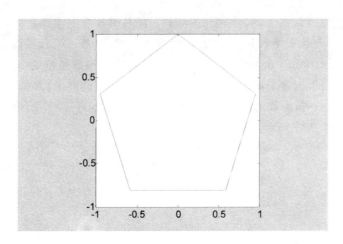

图 7.3-2　蓝色正五边形

〖说明〗

为 P 码文件今后使用方便，就必须为 P 码文件准备"只包含函数使用说明文字"的配套文件。在本例中，与 exm070302.p 配套的就是 exm070302_help.m。

7.4　MATLAB 的函数类别

从扩展名 M 观察，MATLAB 的 M 文件分为 M 脚本文件和 M 函数文件。那么，在 MATLAB 中，函数 Function 又被细分为：主函数、子函数、嵌套函数、私用函数和匿名函数等。

7.4.1 主函数和子函数

主函数(Primary function)和子函数(Subfunction)是相对关系。

1. 主函数

- "与保存文件同名"的那个函数;在当前目录、搜索路径上,列出文件名的函数;
- 在指令窗中或其他函数中,可直接调用的函数;采用 help functionname 可获取函数所携带的帮助信息。
- M 函数文件中,由第一个 function 引出的函数。

2. 子函数

- 子函数不独立存在,它寄驻于主函数(Primary Function)体内;主函数可以包含多个子函数,每个子函数又可以包含自己的下层子函数。
- 子函数不能放在主函数的含 function 的首行,但可以出现在主函数体的任何位置;子函数的调用次序与其位置前后无关。
- 子函数自身也以"function 定义行"为其首行;主函数、子函数的工作空间是彼此独立的;各函数间的信息,或通过输入输出宗量传递,或通过全局变量传递。
- 子函数的优先级仅次于内装函数;子函数只能被其所在的主函数和其他"同居"子函数调用;但若具有该子函数句柄,那么不管什么地方,都可以直接调用该子函数。
- 采用 help functionname/subfunctionname 可获取子函数所带的帮助信息。

【例 7.4-1】 编写一个内含子函数的 M 函数绘图文件。本例演示:典型的主-子函数结构文件;switch-case 用法示例;函数句柄的用法示例;脱离主函数,直接利用子函数句柄的示例。

(1) 编写函数 M 文件 exm070401.m

```
function Hr=exm070401(flag )           %主函数
% exm070401.m        Demo for handles of primary functions and subfunctions
%          flag         可以取字符串 'line' 或 'circle'
%          Hr           子函数 cirline 的句柄

t=(0:50)/50*2*pi;
x=sin(t);
y=cos(t);
Hr=@cirline;                %创建子函数的句柄
feval(Hr,flag,x,y,t)
% -------------subfunction-------------
function cirline(wd,x,y,t)             %子函数
% cirline(wd,x,y,t)    是位于 exm070401.m 函数体内的子函数
%          wd          接受字符串 'line' 或 'circle'
%          t           画线用的独立参变量
%          x           由 t 产生的横坐标变量
%          y           由 t 产生的纵坐标变量
switch wd
case 'line'
    plot(t, x, 'b',t , y, 'r', 'LineWidth', 2)
```

```
case 'circle'
    plot(x, y, '-g', 'LineWidth', 8),
    axis square off
otherwise
    error('输入宗量只能取 ''line'' 或 ''circle''！')
end
shg
```

(2) 运行 exm070401
- 把 exm070401.m 文件保存在位于 MATLAB 搜索路径上的用户文件夹中。
- 在指令窗中运行以下指令。

```
HH = exm070401('circle')          % 绘圆(图 7.4-1),并送出子函数句柄
HH =
    @cirline
```

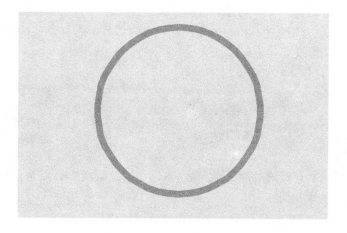

图 7.4-1　绿色圆周线

(3) 直接利用子函数句柄,调用子函数

```
t = 0:2*pi/5:2*pi;x = cos(t);y = sin(t);    % 为绘制正五边形准备数据
HH('circle',x,y,t)                           % 利用句柄绘图(图 7.4-2)
```

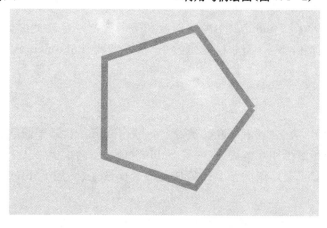

图 7.4-2　由子函数绘制的绿色正五边形

7.4.2 匿名函数

匿名函数(Anonymous Function)是一种"面向指令行"的函数形式。它特别适合表示较为简单的(能在一个物理行内表述的)数学函数。它的生成方式最简捷,可在指令窗、任何函数体内或任何 M 脚本文件中通过一行指令直接生成。

(1) 匿名函数及其句柄的创建

在指令窗或任何 M 文件中,匿名函数及其句柄的创建方式如下。

FH＝ @(arglist) expression 　　　　创建匿名函数及其函数句柄

〖说明〗
- 等式右边是由@引出的匿名函数;arglist 表示匿名函数的输入量列表;expression 表示由输入量构成的函数表达式;FH 是所创建匿名函数的句柄。
- 在创建句柄时,除 arglist 输入变量外,expression 表达式中所包含的其他参数都应该事先被赋值。而句柄一旦建立,expression 表达式中的这些参数值将始终不变;换句话说,在句柄创建后,对 expression 表达式中的参数不能再被重新赋值。
- 匿名函数可以嵌套。

(2) 匿名函数的调用

常见调用格式有以下两种:

FH(arglist) 　　　　　　　　直接调用格式
feval(FH, arglist) 　　　　　间接调用格式

〖说明〗
- arglist 是句柄被调用时的输入量列表,该表中的变量次序必须与创建该匿名函数句柄时的输入量次序相同。
- 所有借助 feval 构成的泛函指令也采用间接调用格式。
- 关于匿名函数的演示算例请见例 4.2-3,4.2-9,4.5-3,4.11-2,4.11-4,4.12-1,4.12-2,4.12-3。

7.4.3 嵌套函数

(1) 嵌套函数的结构特点
- 嵌套函数(Nested Function)中的主函数和子函数都一定以关键词 function 和 end 作为各自的起首和结尾。而非嵌套函数(包括主函数、Subfunction 子函数)的结尾都不要求有 end 关键词。
- 允许多层嵌套。

(2) 调用规则
- 主函数可调用"第二代"下层嵌套函数。(一般 Subfunction 子函数也服从此规则。)
- "同代"嵌套函数可相互调用。(一般 Subfunction 子函数也服从此规则。)
- "第三代"嵌套函数可调用第二代的任何嵌套函数。(一般 Subfunction 子函数不具备这种能力。)

(3) 变量作用域
- 变量作用域(Variable Scope)是指:对该变量可进行读取、修改、设置等操作的(函数)

范围,或称为变量被共享的(函数)范围。
- 主函数中定义变量可被其所含的任何嵌套函数所共享。换句话说,主函数中定义的变量可以在其所含的任何嵌套函数内进行访问和设置。
- 任何嵌套函数中定义的变量,总可被主函数所共享。即任何嵌套函数中定义的变量,总可在主函数中进行访问和设置。
- 下层嵌套函数所定义的变量,总可以在其"直系上层函数"中进行访问和操作。

【例 7.4-2】 嵌套函数的调用和变量作用域运行示例。本例目的:通过程序的真实运行体会嵌套函数的调用规则;主函数和其嵌套函数共享变量的规则。

提示:假如读者能在 MATLAB 环境中,亲自运行以下的嵌套函数 Azy,仔细阅读所显示的文字,并根据提示逐步操作,那么将能对嵌套函数的调用和变量作用域有更感性的体会。

```
function exm070402_Azy                   %主函数 exm070402_Azy
clear,clc
u='在主函数 exm070402_Azy 中的定义变量 u。'
disp(' '),disp('Press any key to continue'),pause
B1
    function B1           %第二层函数
        disp('* * * * * 第二层嵌套函数 B1  被主函数调用* * * * * *')
        u
disp('以上显示是:在第二层嵌套函数 B1 中,访问 u 的结果。')
        disp(' '),disp('Press any key to continue'),pause
        u='现在第二层嵌套函数 B1 中,u 被重新赋为此字符串了。'
        disp(' '),disp('Press any key to continue'),pause
        C1
        function C1        %第三层函数
disp('******第三层嵌套函数 C1  被直系父函数 B1 调用******')
            u
disp('以上显示是:在第二层嵌套函数 C1 中,访问 u 的结果。')
            disp(' '),disp('Press any key to continue'),pause
            u='现在第三层嵌套函数 C1 中,u 被第 2 次改写了。'
            disp(' '),disp('Press any key to continue'),pause
            B2;
        end
    end
%----------------------%
    function B2                %第二层函数
disp('******第二层嵌套函数 B2 被"旁系"B1 的子函数 C1 调用了! ******')
        u
disp('以上显示是:在"旁系"B2 中,访问 u 的结果。')
        disp('这是由于变量 u 的"根"在主函数中缘故。')
    disp(' '),disp('Press any key to continue'),pause
        C2
        function C2           %第三层函数
disp('******第三层嵌套函数 C2 被直系父函数 B2 调用! ******')
```

```
                u
disp('以上显示是:在"旁系"B2\C2 中,访问 u 的结果。')
            disp('这也是由于变量 u 的"根"在主函数 Azy 中缘故。')
            disp(' '),disp('Press any key to continue'),pause
            u=' 在 B2\C2 嵌套函数中,u 被隔层重新设置。'
        w=' 在 B2\C2 嵌套函数中,新定义的变量 w。'
            end
        end
disp(' '),disp('Press any key to continue'),pause
disp('******现在回到主函数了! ******')
u
disp('历经多个嵌套函数后,所保留下的最后在 B2\C2 所赋的值。')
w
disp('不管哪个嵌套函数定义的变量(如 w),主函数总能对此变量访问和设置。')
end
```

〖说明〗

主函数和嵌套函数共享变量的性质常被积分、优化、微分方程解算等泛函类指令和图形用户界面 GUI 制作函数采用,以实现传递参数的目的。具体算例请参见例 4.11-1,4.11-3,4.11-4,9.3-2。

7.5 函数句柄

函数句柄(Function handle)是 MATLAB 的一种数据类型。它携带着"创建句柄时关于函数的全部信息"。"全部信息"包括:函数名,函数文件的绝对位置,可调参数所赋值等。函数句柄可供用户在任何地方实现对其所代表的函数的调用。

引入函数句柄的目的是:
- 借助句柄,向 feval,quad 等泛函(Function Function)指令可靠有效地传送"被运算函数"及可调参数。
- 借助句柄,可扩展那句柄联系函数原先的作用域(Function Scope);提高函数调用速度,特别在反复调用情况下更显效率。
- 提高软件重用性,扩大子函数和私用函数的可调用域;可迅速获得同名重载函数的位置、类型信息。
- 句柄可作为数据,以 MAT 文件保存,供以后再次开启的 MATLAB 使用。

7.5.1 函数作用域和优先等级

在创建函数句柄前,用户应该确知:所建句柄能否有效?它究竟联系着哪个函数?为此,必须注意以下几个问题:
- 只有在作用域(Function Scope)内的函数,所创建的函数句柄才是有效的;否则,所创建句柄一定是"虚假的、无效的"。

- 当搜索路径上,有多个同名函数时,所创建的句柄一定关联到"具有最高优先等级(Precedence Order)的那个函数"。
- 判断"待建句柄函数是否在作用域内,及函数优先等级"的方法:
  - 在当前目录上,运行以下指令(注意:应用时,FunName 应该用实际所找的函数名替代)

    which -all FunName
  - 以上指令运行后,若能找到 FunName 函数,则表示 FunName 在作用域内。
  - 运行结果中所罗列的同名函数,排在最上行的,优先级别最高。
- MATLAB 所设定的"函数优先等级排序规则":
  - 路径搜索次序是:当前目录优先,路径目录在后;路径目录,由前向后。
  - 同一函数名,不同位置函数的"被调等级由高到低的次序"是:子函数(Subfunctions),私用函数(Private Function),类构建函数(Class Constructor),重载函数(Overloaded Method)。
  - 在同一目录上,不同文件类型的"被调等级由高到低的次序"是:内建函数(Built-in Files),MEX 编译文件(MEX-files),Simulink 模型文件(MDL files),伪码文件(P-code Files),M 文件(M-files)。

7.5.2 函数句柄的创建

在函数文件创建和调用时,函数句柄不会自动产生。它必须通过专门的定义才会生成。由于创建格式不同,函数句柄可分两类:直接句柄和匿名句柄。

假设已存在一个名为 Function_Name 的 M 函数文件;该函数需要三个输入量 x, a, b,有三个输出量 argout1, argout2, argoutM;且该函数调用格式如下:

  [argout1, argout2, argoutM]＝Function_Name(x, a, b) %假设的待建句柄的函数 <1>

1. 直接句柄创建法

在指令窗(或任何 M 文件)中,运行以下两条指令中的任何一个都能创建"直接(函数)句柄"。

  Fh＝@ Function_Name   %直接借助函数名创建函数句柄 <2>
  Fh＝str2func('Function_Name')   %直接借助"函数名字符串"创建函数句柄 <3>

〖说明〗
- Function_Name 是被创建句柄的函数名,Fh 是一个保存有所创建函数句柄的变量。
- 定义函数句柄时,所指定的 Function_Name 函数名不应包括"路径信息",也不应包括扩展名。

2. 匿名句柄创建法

在指令窗中,依次运行以下三行指令,就能创建相关函数的"匿名(函数)句柄"。

  a＝value1;   %对 a 赋值(在此 value1 代表具体值) <4>
  b＝value2;   %对 b 赋值(在此 value2 代表具体值) <5>
  Fh2＝@(x)Function_Name(x, a, b) %创建出只需"输入量 x"的匿名(函数)句柄 <6>

【说明】
- 匿名句柄与直接句柄创建时的格式区别：
  - 直接句柄创建时（见指令⟨2⟩或⟨3⟩），只使用"函数名"。
  - 匿名句柄创建时（见指令⟨4⟩⟨5⟩⟨6⟩），需要指定函数的变量（如 x）和参数（如 a，b）。
- 匿名句柄与直接句柄内涵上的区别：
  - 直接句柄 Fh 的 file 域，保存着句柄所代表函数的绝对位置。这就意味着，该句柄可以在当前目录外使用。
  - 匿名句柄 Fh2 的 file 域为"空"（参见例 7.5-1 的指令⟨13⟩运行结果）。这表明该句柄只能在当前目录或场合使用。
  - 匿名句柄 Fh2 有 workspace 域，它保存着被数值化的参数 a 和 b。（参见例 7.5-1 的指令⟨13⟩运行结果。）
- 匿名句柄与直接句柄在应用中的区别：
  - 不管是否在当前目录下，只要有效直接句柄存在，那么该句柄总能正常使用。
  - 有效匿名句柄，离开当前目录或场合，也不能发挥正常作用。原因是，这种函数句柄的 file 域是"空"的。（参见例 7.5-1 的指令⟨13⟩运行结果。）
  - 直接句柄运用于泛函指令时，它不具备传递参数值的能力，除非那句柄本身代表"嵌套函数"。被调用时，需要三个待建函数（见指令⟨1⟩定义）的输入量 x，a，b。（参见例 7.5-1 的指令⟨7⟩。）
  - 匿名句柄运用于泛函指令时，它具备传递参数值的能力，而不管那句柄本身是否嵌套函数。被调用时，只需要一个输入量 x。（参见例 7.5-1 的指令⟨11⟩。）

7.5.3　函数句柄的调用格式

1. 直接句柄调用格式

直接句柄有以下两种不同的调用格式：

[argout1，argout2，argoutM]＝Fh(x, a, b)　　　　直接调用格式
[argout1，argout2，argoutM]＝feval(Fh, x, a, b)　　间接调用格式

【说明】
- Fh 是在第 7.5.2 节中生成的直接函数句柄，它代表第 7.5.2 节指令⟨1⟩中的函数。
- 输入量和输出量的意义与第 7.5.2 节指令⟨1⟩中的函数相同。

2. 匿名句柄调用格式

[argout1，argout2，argoutM]＝Fh2(x)　　　　　直接调用格式
[argout1，argout2，argoutM]＝feval(Fh2, x)　　间接调用格式

【说明】
- Fh2 是在第 7.5.2 节中生成的匿名句柄，它代表第 7.5.2 节指令⟨1⟩中的函数。
- 匿名句柄被调用时，只需输入量 x，而参数 a 和 b 已经被固化在匿名函数句柄中。

7.5.4 观察函数句柄的内涵

借助 functions 指令观察所建函数句柄的内涵。

Obs＝functions(Fun_Handle)　　　　函数句柄内涵观察指令

〖说明〗
- 输入量 Fun_Handle 是待观察的函数句柄。
- 输出量 Obs 是表达句柄内涵的构架。该构架包含三个或三个以上域：
  - function 域：保存句柄所代表的函数名。
  - type 域：指明函数所属的"子类"，如 simple 表示一般函数；nested 表示嵌套函数；scopedfunction 表示作用域内的用户函数等。
  - file 域：保存函数文件所在的绝对位置。注意：匿名句柄的该域为空。
  - workspace 域：句柄建立时，确定的参数值。注意：直接句柄没有该域。

【**例 7.5 - 1**】 采用 M 函数文件描写 $y(t) = \cos\dfrac{1}{at^2}$，其中 a 是可变参数。试画出 $0.2 \leqslant t \leqslant 0.3$ 区间上的函数曲线。本例目的：演示函数句柄的创建和调用；演示"直接句柄"和"匿名句柄"在创建、调用方面的区别。

(1) 编写 M 函数文件 exm070501_chirp

编写适用于"一个或两个"输入量的函数文件。该函数中的参数 a，既可由输入指定，也可以在无 a 输入情况下采用默认值 1。

```
function y=exm070501_chirp(t,a)
switch nargin
case 1
    a=1;
case 2

otherwise
    error('本函数只允许1个或2个输入量！')
end
y=cos(1./(a*t.^2));
```

(2) 函数名直接调用法计算 y0

```
a = 1.5;
t = 0.2:0.0001:0.3;
y0 = exm070501_chirp(t,a);        %直接调用函数名计算 y0 值              <3>
```

(3) 直接句柄的创建和调用计算 y1

```
Fy = @exm070501_chirp;            %创建直接句柄 Fyi                    <4>
a = 1.5;
t = 0.2:0.0001:0.3;
y1 = Fy(t,a);                     %调用句柄 Fy 计算 y1                  <7>
```

(4) 用匿名函数间接法所创句柄计算 y2

```
a = 1.5;
Gy = @(t)exm070501_chirp(t,a);    %创建匿名句柄 Gy                     <9>
```

```
t = 0.2:0.0001:0.3;
y2 = Gy(t);                          % 调用句柄 Gy 计算 y2                    <11>
```
(5) 观察直接句柄 Fy 与匿名句柄 Gy 内涵的区别
```
CFy = functions(Fy)                  % 获得直接句柄内涵                       <12>
CGy = functions(Gy)                  % 获得匿名句柄内涵                       <13>
CFy =
    function: 'exm070501_chirp'
        type: 'simple'
        file: 'D:\NewBook\Master20101204\Ch07_编程\exm070501_chirp.m'
CGy =
    function: '@(t)exm070501_chirp(t,a)'
        type: 'anonymous'
        file: ''
   workspace: {[1x1 struct]}

CGy.workspace{1}                     % 观察匿名句柄所保存的"a 参数值"
ans =
    a: 1.5000
```
(6) 检查三种方法计算结果是否相同
```
same01 = (norm(y0 - y1)/norm(y0)<1e-12)   % 不同结果的范数相对误差很小为真
same02 = (norm(y0 - y2)/norm(y0)<1e-12)   % 不同结果的范数相对误差很小为真
same01 =
     1
same02 =
     1
```
〖说明〗
- 直接句柄的应用,请参看例 4.11-1,4.11-3,4.11-4,9.3-2。
- 匿名句柄的应用,请参看例 4.11-2,4.11-5。

7.6 泛函演算指令

为提高程序的适应能力,编程者常常需要对指令、M 函数名或由它们构成的字符串进行操作,MATLAB 中的 eval 和 feval 就提供了这种能力。

7.6.1 eval

```
y = eval('CEM')                      执行 CEM 指定的计算
[y1, y2, …] = eval('CEM')            执行对 CEM 代表的函数文件调用,并输出计算结果
```
〖说明〗
- eval 指令的输入量必须是字符串。
- 构成字符串的 CEM,可以是 MATLAB 任何合法的指令、表达式、语句、或 M 文件名。
- 第二种格式中的 CEM 只能是(包含输入量在内的)M 函数文件名。

【例 7.6 - 1】 计算"表达式"串,产生向量值。

(1) 计算"数组表达式字符串"
```
clear
t = pi;
cem = '[t/2,t*2,sin(t)]';
y = eval(cem)                    % 相当于直接运行 y = [t/2,t*2,sin(t)]
y =
    1.5708    6.2832    0.0000
```

(2) 计算"成组指令字符串"
```
clear
t = pi;
eval('theta = t/2,y = sin(theta)');    % 相当于直接运行 theta = t/2,y = sin(theta)
theta =
    1.5708
y =
    1
```

(3) 计算"矩阵相乘字符串"
```
A = ones(2,1);
B = ones(1,3);
c = eval('A*B')                  % 相当于直接运行 c = A*B
c =
    1    1    1
    1    1    1
```

(4) 计算"合成字符串"
```
clear all
CEM = {'cos','exp','10^'};
for k = 1:3                      % 相当于直接运行[cos(pi/12),exp(pi/6),10^(pi/4)]
    theta = pi*k/12;
    y(1,k) = eval([CEM{k},'(',num2str(theta),')']);
end
y
y =
    0.9659    1.6881    6.1010
```

(5) 计算"函数字符串"
```
B = magic(4);
[Q,D] = eval('eig(B)');          % 相当于直接运行 [Q,D] = eig(B)
Q =
   -0.5000   -0.8236    0.3764   -0.2236
   -0.5000    0.4236    0.0236   -0.6708
   -0.5000    0.0236    0.4236    0.6708
   -0.5000    0.3764   -0.8236    0.2236
```

```
D =
   34.0000         0         0         0
        0    8.9443         0         0
        0         0   -8.9443         0
        0         0         0    0.0000
```

〖说明〗
- 在自动执行的程序中,eval 提供灵活的串计算能力。这些串可由程序运行中自动产生或为变量中所储存。
- MATLAB 的使用经验表明:eval 具有潜在的危险性,要尽量少用。只要允许,应尽量使用 feval 取代 eval。

7.6.2 feval

[y1, y2, ...]=feval (HF, arg1, arg2, ...)   用参量 arg1,arg2 等执行 HF 指定的函数计算

〖说明〗
- HF 可以是函数句柄,也可以是函数名字符串,参见例 7.6-2。
- 在既可以使用 eval,又可以使用 feval 的情况下,feval 运行效率更高。
- feval 主要用来构造"泛函"型 M 函数文件(如 fmin,ezplot 等)。此外 feval 在符号计算方面的应用见第 5.10.2-3 小节。

【例 7.6-2】 feval 和 eval 的调用区别。

(1) eval 可用于表达式计算,而 feval 不能

```
format short
x = pi/4;
Ve = eval('1 + sin(x)')
Ve =
    1.7071


Vf = feval('1 + sin(x)',x)
??? Error using ==> feval
Invalid function name '1 + sin(x)'.
```

(2) 函数计算的四种调用方式

```
rng(1,'v5normal')            % 为以下结果重现而设
A = randn(2,2);
[u1,d1,v1] = svd(A);         % 函数的最基本调用法
Hs = @svd;
[u2,d2,v2] = Hs(A);          % 句柄调用法
[u3,d3,v3] = feval(Hs,A);    % feval 对句柄的调用法,在泛函指令中常用
[u4,d4,v4] = eval('svd(A)'); % eval 对函数字符串调用法,不推荐
disp('A 阵奇异值分解三对组 ')
disp([blanks(11),'u1',blanks(18),'d1',blanks(17),'v1'])
disp([u1,d1,v1])
A 阵奇异值分解三对组
```

	u1		d1		v1
−0.8566	0.5160	1.3683	0	−0.5056	0.8627
0.5160	0.8566	0	0.6105	0.8627	0.5056

7.6.3 内联对象

内联对象(Inline function)是 MATLAB 提供的一种对象(Object)。它的性状表现和函数文件一样，而内联对象的创建则比较容易。内联对象主要用作泛函指令的输入函数。随着 MATLAB 的不断发展，内联对象的应用场合不断被新的更有效、更可靠的数据类型(如匿名函数、函数句柄等)所替代，但内联对象依然发挥着作用。

涉及内联对象的常用指令如下：

FI＝inline('CE',arg1,arg2,...)　　　　把串表达式 CE 转化成以 arg1,arg2 为输入量的内联对象 FI

char(FI)　　　　给出内联对象计算公式
argnames(FI)　　　　给出内联对象所需的输入量
vectorize(FI)　　　　使内联对象适用"数组运算"规则

〖说明〗
- 'CE' 是不包含赋值号"＝"的字符串表达式。
- arg1,arg2 指定内联对象 FI 的输入量。
- 内联对象可以看作是沟通 eval，feval 两个不同指令的"桥梁"。凡 eval 可以运作的串表达式，都可以通过 inline 转化为内联对象；而这种内联对象总可被 feval 使用。MATLAB 的许多"泛函"函数，就是由于采用了 inline，而具备了适应各种被处理函数形式的能力。

【例 7.6-5】 用内联对象表达 $y(a,b,x)=\begin{bmatrix}a^2\\b\sin x\end{bmatrix}$。演示：产生向量输入、向量输出的内联对象；这种向量函数的调用方法。

(1) 内联对象的创建

Y = inline('[a^2;b * sin(x)]','a','b','x')
Y =
　　Inline function:
　　Y(a,b,x) = [a^2;b * sin(x)]

(2) 内联对象内涵观察

disp('函数表达式'),disp(char(Y))
disp('内联对象的输入量'),disp(argnames(Y))
函数表达式
[a^2;b * sin(x)]
内联对象的输入量
　　'a'
　　'b'
　　'x'

(3) 计算函数值

% 直接计算函数值

```
a = 3;b = 3;x = pi/3;              %给定输入量
disp('Y 值为 '),disp(Y(a,b,x))      %直接调用内联函数
Y 值为
    9.0000
    2.5981
```

```
%间接计算函数值
feval(Y,a,b,x)                     %借助 feval 指令计算
ans =
    9.0000
    2.5981
```

（4）适于向量化运算的内联对象

```
Yv = vectorize(Y)
Yv =
     Inline function:
     Yv(a,b,x) = [a.^2;b.*sin(x)]
```

```
%应用于数组运算场合
a = 1:5;b = 5:-1:1;x = (0.2:0.2:1)*pi;
Yv1 = Yv(a,b,x)
Yv1 =
    1.0000    4.0000    9.0000   16.0000   25.0000
    2.9389    3.8042    2.8532    1.1756    0.0000
```

【说明】

内联对象在泛函指令中的应用，请参见例 4.2-3,4.2-8。

7.7 变量的使用域和跨内存交换

7.7.1 输入输出检测指令

nargin	在函数体内，用于获取实际输入量的数目
nargout	在函数体内，用于获取实际输出量的数目
nargin('fun')	获取 'fun' 指定函数的标称输入量数目
nargout('fun')	获取 'fun' 指定函数的标称输出量数目
inputname(n)	在函数体内使用，给出第 n 个输入量的实际调用变量名

【说明】

- 在函数体内使用 nargin，nargout 的目的是：与程序流控制指令配合，对于不同数目的输入输出量数目，函数可完成不同的任务。请参看算例 7.3-1。
- 值得注意：nargin，nargout,inputname 本身都是函数，而不是变量，所以用户不能使用赋值指令对它们进行处理。

7.7.2 "变长度"输入输出量

在前面章节中,已经多次使用过 plot 绘图指令。但不知读者是否注意到"plot 指令的输入量可以任意多"这一现象。比如调用格式 plot(x , y , 'PropertyName1' , 'PropertyValue1' , 'PropertyNme2' , 'PropertyValue2' , ...),就允许使用任意多的"属性名/属性值对"精细指定 plot 绘图的用线。

在 MATLAB 中有相当一些函数,都具有接受"任意多输入"、返回"任意多输出"的能力。为了使用户的自编函数也可具备这种能力,MATLAB 提供如下两个内建函数:

varargin   "变长度"输入量
varargout   "变长度"输出量

〖说明〗
- 编写 M 函数文件时,函数申明行中的"变长度"输入量(或输出量)必须被放置在"普通"输入量(或输出量)之后。
- varargin 的工作机理:
  - varargin 本身是个胞元数组。
  - M 函数文件被调用时,函数输入变量的分配规则是:首先,外部输入变量依先后次序逐个对应地分配给 M 函数文件输入量列表中那些被明确定义的"普通"输入量;然后,把剩余的外部输入变量依次逐个分配到 varargin 胞元数组中的每个胞元。因此,varargin 胞元数组的长度取决于分配到的输入变量数。
  - 所谓"变长度",就是指:varargin 的长度随分配到的外部输入变量数而变。
- varargout 的工作机理、规则与 varargin 相同,差别仅在于 varargout 承载的是函数输出量和外部输出变量之间的配置关系。
- 关于变长度输入输出量的使用,请参见例 7.7-1。

【例 7.7-1】 变长度输入输出量的应用示例。本例演示:变长度输入量 varargin 和变长度输出量 varargout 在函数行的格式、在函数体内与其他变量的关系、对函数调用方式灵活性的影响;变长度输入输出量与 nargin、nargout、error 等指令的配合使用;计算并绘制神经网路中使用的激励函数一般形式——多值 Sigmoid 函数及其导函数。

(1) 编写函数文件 exm070701.m

```
function varargout=exm070701(N,varargin)
% exm070701   Plot N-level Sigmoid function and its 1st derivative.
% 最完整调用格式[x,y,dy1]=exm070701(N,a,nx,der1,flagplot)
% 输入量
%      N            电平数 N 不得小于 2
%      a            指数函数的衰减系数,取值不小于 2
%      nx           Sigmoid 函数自变量的采样点数
%      der1         der1 非零时,计算一阶导函数;否则,不算。
%      flagplot     flagplot 取 0 时,不画曲线;非零或缺省时,画曲线。
% 输出量
%      x            Sigmoid 函数自变量
%      y            Sigmoid 函数值
%      dy1          Sigmoid 的一阶导数值
```

```matlab
% 调用格式
% exm070701                          在 a=2,nx=100 绘出默认的 2 值 Sigmoid 函数
% exm070701(N)                       按 a=2,nx=100 默认值绘出 N 值 Sigmoid 函数
% exm070701(N,a)                     按输入的 a,采用 nx=100 采样点绘制 N 值 Sigmoid 函数
% exm070701(N,a,nx)                  按输入的 a,nx 绘制 N 值 Sigmoid 函数
% exm070701(N,a,nx,der1)             按输入参数 N,a,nx 绘制 Sigmoid 函数及其导函数
% [x,y]=exm070701(N,a,nx)            按输入参数 N,a,nx 绘制 Sigmoid 函数,并输出其数据
% [x,y,dy1]=exm070701(N,a,nx,der1)
%              按输入参数 N,a,nx 绘制 Sigmoid 函数、其导函数,并输出这两条曲线的数据
% [x,y,dy1]=exm070701(N,a,nx,der1,flagplot)
%              按输入参数 N,a,nx 计算并输出 Sigmoid 函数及其导函数;flagplot 控制绘图

% Written by ZZY, 2010.12.15

if ~any(nargout==[0,2,3])            %该函数被调用时,若输出量数目不是 0,2,3,
                                     %则给出"出错警告",并终止程序的执行
    error('输出量数目必须在集合{0,2,3}中')
end
if nargin<4 && nargout==3            % && 是"与运算"的快捷方式                <5>
    error('想获得导函数数据,输入量数目必须大于等于 4')
end
flagplot=1;
switch nargin
    case 0                           %调用格式为无输入量时,采用以下默认参数
        N=2;a=2;nx=100;der1=0;
    case 1
        a=2;nx=100;der1=0;
    case 2
        a=varargin{1};               %从第一胞元获取 a 参数值。注意:花括号
                                                                          <15>
        nx=100;der1=0;
    case 3
        a=varargin{1};
        nx=varargin{2};
        der1=0;
    case {4,5}
        a=varargin{1};
        nx=varargin{2};
        der1=varargin{3};
        if nargin==5
            flagplot=varargin{4};
        end
end                                                                  %    <28>
```

```
N1=N-1;
x=linspace(-N,N,nx);                    %在区间[-N,N]之间等分产生 nx 个采样点
dx=2*N/nx;                              %自变量采样步长
b=-(N-2):2:(N-2);                       % N 级电平 Sigmoid 函数的拐点位置
fsum=0;
for ii=1:N1
    fsum=fsum+2./(1+exp(-a*(x+b(ii))));
end
y=fsum-N1;
if der1==0
    h0=plot(x,y,'-r',x,x,'-g');         %画 sigmoid 函数和 y=x 参照线
    set(h0(1),'LineWidth',2)
    axis([-N1,N1,-N1,N1]),axis equal,grid on
    xlabel('x'),ylabel('y')
    STR=' -level Sigmoid Function with a = ';
    title([num2str(N),STR,num2str(a)])
    legend('Sigmoild','y=x','Location','east')
elseif flagplot~=0
    dy1=gradient(y)/dx;                 %计算近似导函数
    [ax,h1,h2]=plotyy(x,y,x,dy1);       %采用"双纵轴坐标"表现函数及其导数        <48>
    grid on
    set(ax(1),'YColor','r')             %设置左纵轴及刻度的颜色
    set(get(ax(1),'Ylabel'),'String','y')  %                                    <51>
line(x,x,'Color','g')
    set(h1,'Color','r','LineWidth',2)   %设置 Sigmoid 曲线的颜色及线宽
    set(h2,'LineWidth',2)               %设置导函数曲线的线宽
    set(get(ax(2),'Ylabel'),'String','dydx')  %                                 <55>
    xlabel('x')
    STR='-level Sigmoid Function and its 1st derivative with a = ';
    title([num2str(N),STR,num2str(a)])
    legend('Sigmoid','y=x','dy1dx','Location','east')
else
    dy1=gradient(y)/dx;
end
if nargout==2
    varargout{1}=x;                     %把 x 值赋给第一个胞元;注意:花括号      <64>
    varargout{2}=y;                     %把 y 值赋给 varargout 的第二个胞元
elseif nargout==3
    varargout{1}=x;
    varargout{2}=y;
    varargout{3}=dy1;
end
```

(2) 采用"无输入量调用格式"绘制二电平 Sigmoid 函数曲线

exm070701

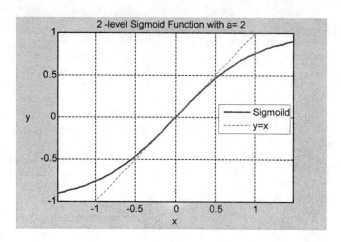

图 7.7-1　二电平 Sigmoid 函数及参照线

(3) 采用"五输入三输出调用格式"绘制四电平 Sigmoid 曲线及导函数曲线

`[x,y,dy1dx] = exm070701(4,5.5,200,1,1);`

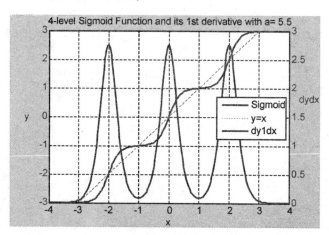

图 7.7-2　四电平 Sigmoid 函数、一阶导函数及参照线

【说明】

- 在本例函数申明行 function varargout＝exm070701(N,varargin)中,第一个输入量采用了所谓的"普通"输入量,目的是演示:在这种设计下,该函数被调用时,调用参数与输入量的配置方式。实际上,函数申明也可写成更简洁的形式 varargout＝exm070701(varargin)。注意:对此格式,函数体内的变量配置要做相应的变更。
- varargin 和 varargout 本身都是胞元数组。因此,无论是从它们的胞元取值,还是向它们胞元赋值,都应该正确地使用"花括号",如本例 exm070701 程序中的指令〈15〉、〈64〉。
- 要特别注意:在调用格式说明中,所列的输入输出量名称,要与函数体内的 varargin 和 varargout 中胞元数据的存取相一致。

- 本例指令〈51〉的功能是：先由 get(ax(1),'Ylabel')获得左纵轴的"标识"对象的"图柄"；然后，再把那图柄的 'String' 属性，设置为 'y'；完成了为左纵轴写"标识"。本例指令〈55〉的功能类似。
- 关于原点"中心对称"的多电平 Sigmoid 函数的解析表达式如下：

$$y(x,N) = \sum_{i=1}^{N-1} y_i(x,N) = \left[\sum_{i=1}^{N-1} \frac{2}{1+e^{-a(x+b_i)}}\right] - (N-1)$$

式中：N 是 Sigmoid 函数的所谓"电平数"；该函数由$(N-1)$个"基本节函数"$y_i(x,N) = \frac{2}{1+e^{-a(x+b_i)}} - 1$ 累加而成；节函数的节点 $b_i = 2i - N$；a 是衰减系数。衰减系数 a 至关重要，随 a 从 0 起不断增加，Sigmoid 函数的拐点数会"突增"，即产生所谓"分歧现象(Bifurcation)"。换句话说，只有当 a 足够大时，N 电平 Sigmoid 函数的$(2N-3)$个潜在拐点才可能成为"真正的拐点"。

7.7.3 局域变量、全域变量和持存变量

MATLAB 有三种类型的变量：局域、全域和持存变量。

(1) 局域变量

对 M 函数文件（除内嵌函数）而言，除该函数的输入、输出量外，每个函数文件中所用到的变量，都是局域变量(Local Variables)。

- 局域变量的作用域(Variable Scope)，仅限于该函数本身，它存放于隶属该函数的专用内存空间。各函数的内存空间是相互独立的、互不相通的。
- 局域变量仅生存于该函数的运行过程期间。一旦函数运行结束，该函数内存空间连同其中保存的变量就全被清空并释放。

(2) 全域变量

通过 global 指令，MATLAB 也允许几个不同的函数空间以及基本工作空间共享同一个变量。这种被共享的变量称为全域变量(Global Variables)。

- 全域变量必须专门特别申明
  - 每个希望共享全域变量（比如名为 DELTA 的变量）的函数或 MATLAB 基本工作空间必须各自用 global 指令对具体变量加以申明。没采用 global 指令申明的函数或基本工作空间，将无权享用全局变量。例如，把 DELTA 申明为全域变量的格式为：

    global DELTA

  - 对具体变量的"全域化"申明，必须在每个函数的其他指令运行前进行。
- 全域变量将影响与之关联的所有内存空间
  - 如果某个函数的运作使全域变量的内容发生了变化，那么其他函数空间以及基本工作空间中的同名变量也就随之变化。
  - 全域变量是否存在不受与它关联的函数运行与否的影响。只有当与该全域变量关联的全部函数被清除，并同时把该全域变量从基本内存空间删除的情况下，全域变量才消失。clear all 可以执行这个删除功能。
- 全域变量应用旨要

- 由于全域变量损害函数的封装性，因此应尽量避免使用全域变量，以免出现难以觉察的程序失误。在可能的情况下，尽量使用持存变量代替全域变量。
- 由于全域变量关联面广，它的变量名建议尽量用"大写字符"及"较多字符"组成，以免不经意间的错用。
- 可以使用指令 whos global，检查内存空间中是否存在"全域变量"。
- 关于全域变量的算例，请参见例 8.7 – 9。

（3）持存变量

通过 persistent 指令，MATLAB 也允许几个不同的函数空间共享同一个变量。这种在函数间被共享的变量称为持存变量（Persistent Variables）。

- 持存变量必须特别申明
  - 每个希望共享持存变量（比如名为 Sigma 的变量）的函数，必须在各自函数体内用 persistent 指令对具体变量加以申明。没采用 persistent 指令申明的函数或基本工作空间，将无权享用全局变量。例如，把 Sigma 申明为持存变量的格式为：

    persistent Sigma
  - 对具体变量的"全域化"申明，最好在每个函数的其他指令运行前进行。
- 持存变量将影响与之关联的所有内存空间
  - 如果某个函数的运作使持存变量的内容发生了变化，那么其他函数空间中的同名变量也就随之变化。
  - 持存变量是否存在不受与它关联的函数运行与否而影响。只有当与该持存变量关联的全部函数被删除的情况下，持存变量才消失。
- 持存变量与全域变量的区别

  持存变量之应用于函数，与基（内存）空间无关；而全域变量跟函数及基空间都有关。

7.7.4 跨内存计算及赋值

本节专述跨内存计算和跨内存赋值。

1. 跨内存计算串表达式

evalin('workspace','expression')	跨内存计算串表达式值
evalin('workspace','expression1','expression2')	跨内存计算替代串表达式值

〖说明〗

'workspace' 有两个最常用的取值：'base' 和 'caller'。

第一种调用格式的执行机理是：

- 当 'workspace' 取 'base' 时，表示计算 eval('expression')时，将从基本工作内存获得变量值。
- 当 'workspace' 取 'caller' 时，表示计算 eval('expression')时，将从主调函数工作内存获得变量值。主调函数是相对被调函数而言的。这里，被调函数是指 evalin 所在的函数。

第二种调用格式的执行机理是：先从所在函数内存获取变量值，用 eval('expression1')计算原串表达式；如若该计算失败，则再从 'workspace' 指定的（基本或主调函数）工作内存获取变量值,再通过 eval('expression2')计算替代串表达式。

【例 7.7-2】 本例演示:编写绘制正多边形或圆的程序;子函数与(母)函数的关系;各种不同的工作内存;evalin 运行机理与 eval 的异同。

(1) 编写 M 函数文件

```
function y=exm070702(expr,sname)
a=8;                                %生成主调函数内存 caller 中的 a 值
t=(0:a)/a*2*pi;
y=subevalinzzy(expr,sname);
%------------ subfunction -------------
function y=subevalinzzy(expr,sname)
a=4;                                %生成 evalin 指令所在函数内存 self 中的 a 值
t=(0:a)/a*2*pi;
switch sname
case {'base','caller'}
    y=evalin(sname,expr);           %利用 sname 指定内存中的变量计算 expr 表达式    <10>
case 'self'
    y=eval(expr);                   %利用子函数内存中的变量值计算 expr 表达式       <12>
end
```

(2) 在 Notebook 或 MATLAB 指令窗中运行以下指令

```
clear
a = 30;                             % 生成基空间内存 base 中的 a 值
t = (0:a)/a*2*pi;
expr = 'a*exp(i*t)';
sss = {'base','caller','self'};
for k = 1:3
    y0 = exm070702(expr,sss{k});    % 表达式 expr 计算时,所需变量将从 sss{k}指定
                                    % 的内存获取,从而算得的 y0 也不同
    subplot(1,3,k)
    plot(real(y0),imag(y0),'r','LineWidth',3)
    axis square image
    title(sss{k})
end
```

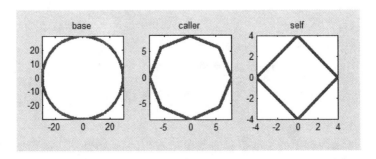

图 7.7-3 利用不同内存中的变量计算出的 y=a*exp(i*t)的图形

【说明】
- exm070702 函数的输入输出量的传递
  - 基本内存中 expr 和 sname,借助 exm070702 函数的输入量口进入该函数;又通过 subevalinzzy 的输入口,进入子函数内存。
  - 子函数 subevalinzzy 中算出的 y 值,通过该子函数的输出口,送入 exm070702 函数内存,再通过 exm070702 函数的输出口,赋给基本内存中的 y0。
- 跨内存计算
  - k=1 时,subevalinzzy 子函数中的指令⟨10⟩被具体化为 y=evalin('base','a*exp(i*t)')。该指令将使用基本内存中的 a=30 及相应的 t 计算出 y=a*exp(i*t)。
  - k=2 时,subevalinzzy 子函数中的指令⟨10⟩被具体化为 y=evalin('caller','a*exp(i*t)')。该指令将使用 exm070702 内存中的 a=8 及相应的 t 计算出 y=a*exp(i*t)。
  - k=3 时,subevalinzzy 子函数中的指令⟨12⟩被具体化为 y=eval('a*exp(i*t)')。该指令将使用 subevalinzzy 内存中的 a=4 及相应的 t 计算出 y=a*exp(i*t)。
- 注意:图 7.7-3 中的三张子图的坐标刻度和曲线形都不同。其原因在于:y 虽然是对同一个表达式进行计算而得,但所用的变量值来自三个不同的内存空间:基本内存、主函数内存、子函数内存。
- evalin 在符号计算中的应用,请参见第 5.1.4、5.10.2 节和表 5.1-4。

2. 跨内存赋值

    assignin('workspace','VN',x)　　　　　　　　跨内存向 VN 变量赋值

【说明】
把当前工作内存内变量 x 的值赋给 'workspace' 指定内存的名 VN 变量。

【例 7.7-3】 assignin 运作机理示范。

(1) 编写 M 函数文件
```
function y=exm070703(x)
y=sqrt(x);
t=x^2;
assignin('base','yy',t)          %把函数内存的 t 值赋给基空间内存的 yy
```

(2) 在 Notebbok 或 MATLAB 指令窗中运行以下指令
```
clear
x = 4;
y = exm070703(x);
disp([blanks(5),'x',blanks(5),'y',blanks(4),'yy'])
disp([x,y,yy])          % 显示基空间中的变量值
     x     y    yy
     4     2    16
```

【说明】
本例运行后,基本内存中的 x 变量是直接赋值产生的;y 变量是从函数 exm070703 输出口送出的;而 yy 变量却是由 exm070703 函数中的跨内存赋值指令 assignin 利用该函数内存中的 t 变量值在基本内存中直接创建的。

7.8 编辑调试器的应用深入

7.8.1 词串彩化和定界符匹配提示

1. 词串彩化

所谓的"词串彩化(Syntax highlighting)"是指：当用户在指令窗或 M 文件编辑器里输入 M 码时，MATLAB 会自动地把关键词等字符串以不同的彩色显示（参见例 7.8-1）。用户理解和熟悉了这种异化的色彩变化，就能较好地避免如下一些程序编写错误：
- 控制流关键词，如 if/else/end，switch/case/end，for/end，while/end 等，都缺省地显示为"蓝色"。用户通过颜色可很快地判断它们的"完整性"。
- 完整字符串表现为"紫色"；不完整字符串显示为"红色"。
- 中文标点符被显示为"红色"，易于用户警觉。

在 MATLAB 开启时，词串彩化功能就被默认地启用。假如用户想修改该功能的设置，可按以下步骤进行：在 MATLAB 界面下拉菜单中，选中 File>Preferences，引出 Preferences 功能设置界面；在此界面左侧目录栏中，选中 Color 目录，引出 Color Preferences 对话窗；此窗"M-file syntax highlighting colors"栏，专门用于词串彩化的设置。

2. 定界符匹配提示

定界符是指：各种括号(Parenthesis, Bracket, or Brace)。匹配提示(Delimiter Matching)的功能在于：输入或点击"成组定界符"之中的任何一个符号时，该"成组定界符"的下方会短时间地出现"下划线"。具体情况可参见例 7.8-1。

值得指出：实际上，这种匹配提示功能不限于"定界符"，也同样作用于"成组的关键词"，如 if/else/end 等。

这种匹配提示功能在编写和检查 M 码有很好的"纠错"辅助作用，对于多重括号的匹配、多重成组关键词的匹配检查特别有用。

在 MATLAB 启动时，已经对定界符匹配提示进行了默认设置。若想改变这种设置，可采用以下步骤进行：选中 MATLAB 工作平台的 File>Preferences 菜单，引出 Preferences 功能设置界面；在此界面左侧，选中 Keyboard>Delimiter Matching 目录，引出"Keyboard Delimiter Matching Preferences"对话窗；"Match while typing"选项，专门用于"输入 M 码"时匹配或失配的"提示方式"设置；而"Match on arrow key"选项，用于"鼠标移动"时匹配或失配的"提示方式"设置。

【例 7.8-1】 本例采用专门设计的 exm070801.m，集中表现"词串彩化"、"定界符匹配指示"以及"M-Lint 检测信息的静态标志"等提示信息，以使读者能从具体实例中获得体验。在此提醒：在随书光盘 mbook 目录下的电子文档中，本算例图 7.8-1 的彩色版本更有利于读者研读本例。

(1) 词串彩化功能

图 7.8-1 中的第①、②、③条注释，代表性地表现"词串彩化"功能：
- "蓝色"表现关键词。

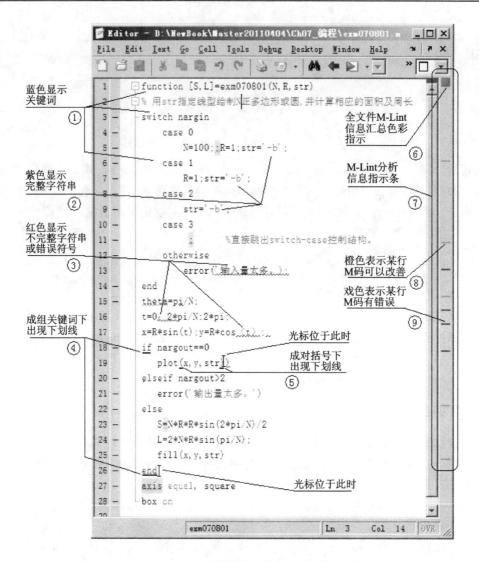

图 7.8-1 M 文件编辑器中多种查验信息的显示

- "紫色"表现完整字符串。
- "深红"表现不完整字符串。
- "鲜红"表现错误符号。
- "绿色"表现注释。
- "棕色"表现调用 MATLAB 外可执行程序的指令。

(2) 定界符匹配指示

图 7.8-1 中的第④、⑤条注释,代表性地表现"定界符匹配指示"功能:

- 在编程过程中键入 end 时,或在查验已有 M 码而把鼠标移到 end 或 if 时,编辑器就会自动地在"成组的 if/end 关键词"下,短时间出现"下划线",以鲜明地向用户反映它们的"匹配状况"。在多个条件转向和循环相互嵌套的情况下,这种辅助功能很有用。
- 在编程过程中键入"另半个括号"时,或查验 M 码而把鼠标移到"某半个括号"旁时,在"与之成对的括号"下,就会自动短暂地出现"下划线",醒目地向用户展示"它们的匹配状况"。在书写多重括号嵌套的复杂表达式时,这种辅助功能有助于保证所写代码的正确性。

(3) M-Lint 为检测信息提供的界面"静态标识"
- 右边框最上方的红色小方块,表示 exm070801 存在语法错误。这是对这个 M 文件存在问题严重性的评价。参见图 7.8-1 中的注释⑥。
- 右边框中的彩色细条。每条表示一个具体的存疑问题。参见图 7.8-1 中的注释⑧和⑨。
- 在有些代码行的词串下的红色波浪下划线,具体指明可能问题所在。
- 有些代码行的词串被"粉色彩化",表示此存疑问题可以由 MATLAB 自动修复。

〖说明〗
M 文件编辑器上的这些标识能一目了然地向用户展示该 M 文件所隐藏的实际或潜在错误。强烈建议:花点时间了解这种功能;为看清色彩,请查阅相应的光盘文件。

7.8.2 M-Lint 代码分析器

无论从检查 M 文件中词法、标点、语法等错误角度看,还是从提醒和建议 M 文件中可能存在的不适当指令、多余指令、甚至可优化的指令角度看,M-Lint 代源码分析器(M-Lint Code Analyzer)的重要性都远远超过"词串彩化"和"定界符匹配提示"等工具。可以毫不夸张地说,凡有编写 M 文件需求的用户,都必须学会使用 M-Lint 代码分析器,因为 M-Lint 可使编程事半功倍。

对于 M 文件中的"不当之处",M-Lint 分析器不但能采用"标志条"、"下划线"、"彩化"、"现场菜单"等多种手段进行"实时的现场的报告",而且能给出更利于阅读和检查的"电子文档报告"。关于功能的具体说明,请参见例 7.9-1。

M-Lint 分析器是 MATLAB 默认启用的。若想改变默认设置,用户可参照以下步骤进行:选中 MATLAB 工作平台的 File>Preferences 菜单,引出 MATLAB 的 Preferences 功能设置界面;在功能设置界面的左侧,选中 M-Lint 目录;在由此引出的"M-Lint Preferences"界面中,根据需要修改设置。

1. 检测信息的界面静态标识

不管是在 M 文件编辑器中编写新文件,还是在 M 文件编辑器中打开已有文件,M−Lint 代码分析器总实时地对当前 M 文件进行检测,并即时把检测到的可疑信息用各种标志反映在编辑器界面上。这些标志与鼠标的位置无关,在此把它们称之为"静态标识"。

静态标识有四种:检测信息汇总彩色方块;具体存疑信息彩色细条;存疑词串红色波浪下划线;存疑词串粉色彩化。前两种标识集中反映在编辑器的右边框上,而后两种都标识在代码行里。请参看图 7.8-1。顺便提醒:光盘上有图 7.8-1 的彩色图像。

各标识的具体描述如下:
- 检测信息汇总彩色方块

  彩色方块位置:在编辑器右边框的最上方,参见图 7.8-1 的注释⑥。方块色彩的含义如下:
  - "红色方块"表示 M 文件存在错误。
  - "橙色方块"表示 M 文件中可能存在"有待改善的 M 码"。

- ■ "绿色方块"表示没有从 M 文件中检测到错误及有待改进之处。
- ● 具体存疑信息彩色细条

    彩色细条位置:在编辑器右边框中,参见图 7.9-1 上的注释⑧和⑨。细条色彩的含义如下:
    - ■ "红色细条"表示某行存在错误。
    - ■ "橙色细条"表示某行存在有待改善之处。
- ● 存疑词串红色波浪下划线

    它们直接位于存疑词串的下方,用来指明"可能错误或待改善的代码"具体位置,参看图 7.8-1 中的代码行。
- ● 存疑词串粉色彩化

    表示:MATLAB 有能力自动修正所标识出的错误。
- ● 值得指出:M-Lint 对存疑问题所给出的静态标识是"非单一"的。换句话说,同一个存疑问题有可能采用多种标识反映。比如,例 7.8-1 中 exm070801.m 第 5 行中,对于"多余分号;",就采用了三种静态标识:一,右边框中的橙色细条;二,红色波浪下划线;三,对多余分号进行了粉色彩化。请参见图 7.8-1。
- ● 值得指出:在有些程序中,橙色标识的存在也许是合理的。换句话说,由它所指示的所谓"可改善"之处,也许是不能改善的。MATLAB 工具包所提供的程序中,这种现象并不罕见。

2. 详细检测信息的鼠标动态获取

M-Lint 代码分析器,不但能在编辑器界面上给出醒目的静态警示标识,而且当用户把鼠标移到这些静态标识上时,会弹出相应的悬浮信息框。框中信息,或解释问题性质,或给出解决建议。用户移动鼠标,逐个获得 M-Lint 检测信息,并随之对存疑之处进行适当处置。

应当指出:对于大多数不是特别复杂的程序而言,"采用鼠标逐个获取存疑处信息,逐个解决存疑问题"的处理模式,是改善所编程序质量最常用最有效的手段。基于这个理由,本书作者建议用户尽可能掌握这种编程辅助工具。

【例 7.8-2】 以 exm070801.m 为例,向读者展示鼠标法获取得的典型 M-Lint 详细检测信息。再次提醒:随书光盘 mbook 目录上的电子文档有彩色的图 7.8-2 和图 7.8-3,读者可参考阅读。

(1) 对于"检测信息汇总彩色方块"的鼠标操作

通过鼠标将光标移到"检测信息汇总彩色方块"上方,光标将由原先的"空心箭头状"变成"手指状"。与此同时,在其下方弹出一个"淡黄底色的悬浮信息框",提示用户:逐次点击该方块,编辑器中的"光标线"会自动地跳到逐个存疑处。参见图 7.8-2。

(2) 对于"具体存疑信息彩色细条"的鼠标操作

当借助鼠标把光标移到右边框彩色细线条上方时,会弹出悬浮框提示:多余分号是不必的。参见图 7.8-3。

(3) 对编辑窗内、M-Lint 条上其余彩化词串的处理

采用与上类似的操作,可以对编辑窗内、M-Lint 条上的所有彩化词串进行修正处理。直到 M-Lint 汇总指示小方块呈现"绿色"。它表明:程序完全符合 MATLAB 的编程标准。

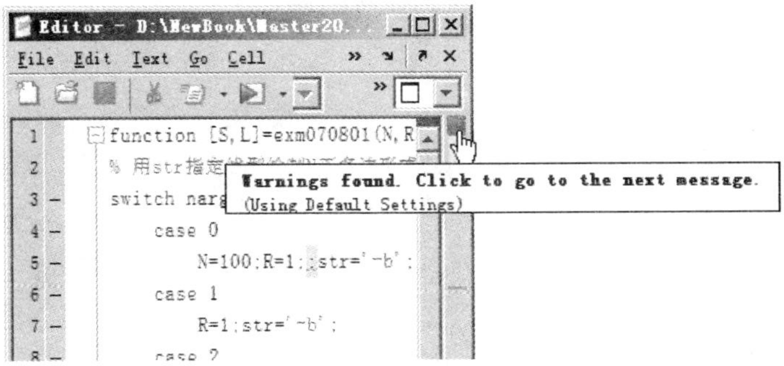

图 7.8-2　鼠标操作信息汇总彩色方块所获提示

图 7.8-3　鼠标操作信息彩色细条所获提示

【说明】
- 在此强调指出：对于 M-Lint 所提供的检测信息，一定要进行"人工复验"。千万不能仅凭 M-Lint 检测信息，就贸然处置。这样做的原因是：
  - M-Lint 所提供的检测信息绝大多数是"清晰、准确的"，但也有"含糊、似是而非的"或"由其他错误波及的"。
  - 有些被 M-Lint 检测到的"存疑信息"，可能是用户为特定目的设置引起的。请参见例 7.8-3。
- 值得指出：
  - M-Lint 汇总指示小方块呈现"绿色"，并非编程中绝对的"追求目标"。有些词串的存疑彩化，只是按"死规则"给出的。实际上，往往出于编程者需要，所编 M 码会不符合死规则。MATLAB 自己提供的许多程序就是这样。
  - M-Lint 汇总指示小方块呈现"绿色"，只表示 M 码符合 MATLAB 厂家制定的规则。但这绝不意味着，M 码没有运行错误，更不能保证 M 码能给出正确的解算。例 7.8-3 中的两个程序 exm070803.m 和 barzzy0.m 都是具有"绿色"的 M-Lint 指示，但运行是错误的。

7.8.3　M 文件调试器

在创建 M 文件过程中，会遇到两类错误：语法(Syntax)错误和运行(Run-time)错误。M 文件编辑器的语法错误检测功能，已经在前两节进行了描述。本节将集中介绍发现和纠正运行错误的调试(Debugging)方法和辅助工具。

运行错误发生在程序执行过程中。相对语法错误而言,动态的运行错误较难发现和处理。其原因在于:

- 运行错误来源于:算法模型与期望目标是否一致;程序模型与算法是否一致。这涉及用户对期望目标原理的理解、对算法的理解,还涉及用户对 MATLAB 指令的理解、对程序流的理解和对 MATLAB 工作机理的理解。
- 运行错误的表现形态较多。如,程序正常运行,但结果错误;程序不能正常运行而中断。
- 运行错误是动态错误。尤其是 M 函数文件,它一旦运行停止,其中间变量被删除一空,错误查找很难着手。

本章将介绍两种调试(Debug)方法:直接调试法和工具调试法。

1. 直接调试法

由于 MATLAB 语言本身的向量化程度高,程序一般都显得相对简单,再加上 MATLAB 语言的可读性强,因此直接调试法往往十分奏效。直接调试法包括以下一些手段:

- 将重点怀疑语句行、指令行后的分号";"删除或改成",",使计算结果显示于屏幕。
- 在适当的位置,添加显示某些关键变量值的语句(包括使用 disp 在内)。
- 利用 echo 指令,使运行时,在屏幕上逐行显示文件内容。echo on 能显示 M 脚本文件;echo FunName on 能显示名为 FunName 的 M 函数文件。
- 在原 M 脚本或函数文件中的适当位置,增添 keyboard 指令。当 MATLAB 运行至 keyboard 指令时,将暂停执行文件,并在 MATLAB 指令窗中出现 K 提示符。此时用户可以输入指令查看基本内存空间或函数内存空间中存放的各种变量,也可以输入指令去修改那些变量。在 K 提示符后键入 return 指令,结束查看,原文件继续往下执行。
- 通过在原函数文件首行之前加上百分号,使一个中间变量难于观察的 M 函数文件变为一个所有变量都保留在基空间中的 M 脚本文件。

如果函数文件规模很大,文件内嵌套复杂,有较多函数、子函数、私用函数调用,直接调试法可能失败,那么可借助 MATLAB 提供的专门工具——调试器(Debugger)进行。

2. 交互式调试器的界面

MATLAB 不但向用户提供了专门的指令式调试工具,而且在 M 文件编辑器上集成有图示式调试装置(Graphical Debugger)。图 7.8-4 展示了一组调试图标、设置的断点和程序暂停指针等。表 7.8-1 列出了各调试图标的功用。

表 7.8-1 调试功能键、菜单选项和相应指令对照表

功能键	含 义	相应的菜单条选项	相应指令行指令
	断点设置(或清除)	{Breakpoints;Set/Clear Breakpoint}	dbstop/dbclear
	清除全部断点	{Breakpoints;Clear All Breakpoints}	dbclear all
	单步执行	{Debug;Step}	dbstep

续表 7.8-1

功能键	含 义	相应的菜单条选项	相应指令行指令
	进入被调函数	{Debug: Step In}	dbstep in
	跳出被调函数	{Debug: Step Out}	dbstep out
	连续执行	{Debug: Continue}	dbcont
	结束调试	{Debug: Exit Debug Mode}	dbquit

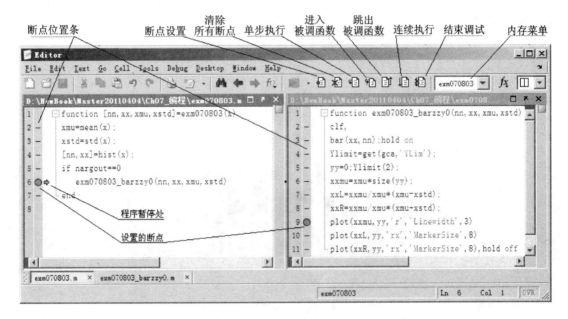

图 7.8-4 M 文件编辑/调试器

M 文件编辑/调试器的编辑功能在第 1 章已经阐述。本节集中介绍调试器功能与使用方法。

〖说明〗
- 设置断点的两种方法：
  ■ 直接点击法（推荐使用）：在调试器界面的"断点位置条"中，用鼠标单击"所需中断行"左侧的"短线条"，就会出现"红色断点标志"。
  ■ 工具图标法：把光标置于"所需中断行"，然后单击工具图标，于是该行的左侧"短线条"就变成"红色断点标志"。
- 撤销断点的两种方法：
  ■ 直接点击法（推荐使用）：用鼠标单击"所需撤销的红色断点标志"，该红点就变回"短线条"，于是该断点被撤销。
  ■ 工具图标法：把光标置于"所需撤销断点的行"，然后单击工具图标，于是那行的左侧"红色断点标志"变回"短线条"，断点被撤销。
- 程序执行指针
  ■ 程序进行调试状态后，在调试器中就会出现标志程序进程的"绿色的指针➡"，参见

图 7.9-10。

- 在整个调试过程中,"绿色的指针➡"随各种(如单步、进入、跳出等)调试操作而运动。它醒目地展示了程序的进程。

3. 调试器应用示例

正如前面所说,由于 M 文件错误的多样性,调试器的具体使用方法会随具体问题而变化。下面通过实例叙述调试器的基本使用方法,以供参考。

【例 7.8-3】 本例的目标:对于任意随机向量,画出鲜明标志该随机向量均值、标准差的频数直方图(如图 7.8-5),或给出绘制这种图形的数据。

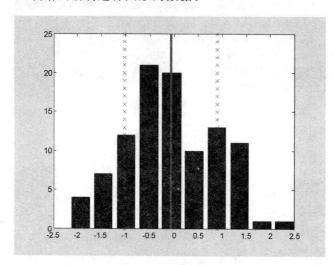

图 7.8-5 带均值、标准差标志的频数直方图

(1) 根据题目要求写出以下两个 M 文件

```
function [nn,xx,xmu,xstd]=exm070803(x)
%本函数文件专供实践调试器用
xmu=mean(x);
xstd=std(x);
[nn,xx]=hist(x);
if nargout==0
    exm070803_barzzy0(nn,xx,xmu,xstd)                    %     <7>
end

function exm070803_barzzy0(nn,xx,xmu,xstd)
%本函数供 exm070803 调用
%本函数故意设置了个错误
clf,
bar(xx,nn);hold on
Ylimit=get(gca,'YLim');
yy=0:Ylimit(2);
```

```
xxmu=xmu*size(yy);
xxL=xxmu/xmu*(xmu-xstd);
xxR=xxmu/xmu*(xmu+xstd);
plot(xxmu,yy,'r','Linewidth',3)                              %      <11>
plot(xxL,yy,'rx','MarkerSize',8)
plot(xxR,yy,'rx','MarkerSize',8),hold off
```

（2）初次运行以下指令后，得到运行出错的提示

```
rng(1,'v5normal')
x=randn(1,100);
exm070803(x);
??? Error using ==> plot
Vectors must be the same lengths.


Error in ==> exm070803_barzzy0 at 9
plot(xxmu,yy,'r','Linewidth',3)                              %      <11>


Error in ==> exm070803 at 6
    exm070803_barzzy0(nn,xx,xmu,xstd)                        %      <7>
```

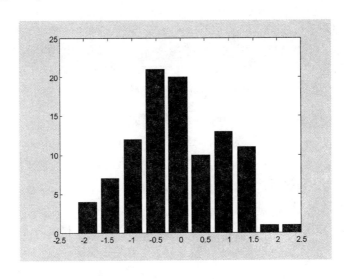

图 7.8-6　运行出错时所得的不完整图形

（3）初步分析错误原因

根据提示可知,问题发生在 exm070803_barzzy0.m 文件 plot 指令中的 xxmu 和 yy 两个向量的长度不同。于是要查:这两个向量到底是什么? 长度不同的根源在何处?

由于错误发生在函数 exm070803_barzzy0.m 中,所以在错误发生后,该函数空间中变量都全部消失。为此,使用调试器进行调试。

（4）断点设置

操作方法:用鼠标单击 exm070803 第 6 行"断点位置条"中的"短线条",就会出现断点标注●（红点）。在 exm070803_barzzy0 函数的第 9 行,进行类似的操作,实现断点设置。参见图 7.8-4。

(5) 进入调试状态

在指令窗中运行以下指令,就进入动态调试。

rng(1,'v5normal')

x=randn(1,100);

exm070803(x);

该指令的运行,引起两个窗口发生如下变化:
- 指令窗出现"控制权交给键盘"的标志符 K≫,参见图 7.8-7。
- exm070803.m 所在编辑/调试器窗口中的变化如下:
  - 在所设的第一断点旁出现"绿色右指箭头➡",参见图 7.8-4 左半图。该调试指针表明,运行中断在此行之前。
  - 编辑/调试器右上方的"内存菜单"栏显现"exm070803"字样,表示目前处在 exm070803 函数内存空间中。

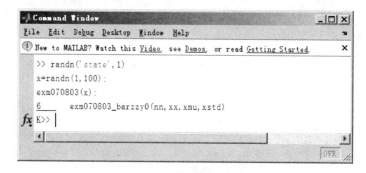

图 7.8-7 进入调试状态的指令窗

(6) 进入被调文件 exm070803_barzzy0 函数内部

点击工具条上的"进入被调函数"图标，就会引出 exm070803_barzzy0.m 文件的调试窗口(参见图 7.8-4),不管原先 barzzy.m 文件是否已经被打开,只要该文件在搜索路径上。调试指针停留在函数文件可执行指令的首行。

(7) 连续执行,直到另一个断点

点击"连续执行"功能键，就使程序执行完第 8 行指令后,停止在第 9 行指令,参见图 7.8-4。

(8) 观察这段程序运行后产生的中间结果,确定错误的准确位置
- 观察指令 plot 中的 yy 变量

  观察运行所生成变量的常用方法有下列三种:
  - 变量值的鼠标观察法(可快捷观察较小规模变量值)——把鼠标移到待观察变量处,就可看到变量内容。如图 7.8-8 所示,鼠标放在 yy 变量名上,就看到 yy 是长度为 26 的向量。
  - 指令窗观察法(适于观察较大规模变量值)——在 K 提示符后,键入变量名,就会显示出相应的变量值。
  - 变量编辑器观察法(适于观察大规模变量值)——此时,MATLAB 操作桌面上的"工作空间浏览器"中,展现 exm070803_barzzy0 函数内存空间中的所有变量;双击希望观察的变量,就能在"变量编辑器"中看到变量值。

- 观察(图 7.8-4)第 9 行指令 plot 中的另一个变量 xxmu,发现它仅是长度为 2 的向量。显然,错误是由 xxmu 和 yy 两个向量长度不一致引起的。
- 由(图 7.8-4)第 9 行指令向上追溯,又可以发现,这错误源于第 6 行指令。

  编写该行指令的原意是:产生一根与 yy 长度相同的 xxmu 向量,以便用于绘制一条垂直横轴的直线。但是,该行指令写错了。正确写法应是 xxmu = xmu * ones(size(yy))。

(9) 修改程序,停止第一论调试,重新运行
- 点击"结束调试"功能键。
- 把 exm070803_barzzy0.m 文件第 6 行指令改写为 xxmu = xmu * ones(size(yy)),并进行文件的保存操作。
- 在 MATLAB 指令窗中,再次运行下列指令,便可得到如图 7.8-5 所示的图形。

  rng(1,'v5normal')
  x = randn(1,100);
  exm070803(x);

〖说明〗
- 值得指出:交互式调试器不仅是查找和修正程序运行错误的重要辅助工具,而且是通过程序仿真研究科学现象、探索自然规律时的重要交互工具。

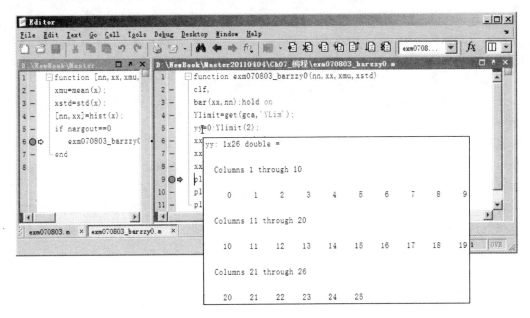

图 7.8-8 变量值的鼠标观察法

第 8 章　Simulink 交互式仿真

　　Simulink 是一个进行动态系统建模、仿真和综合分析的集成软件包。它可以处理的系统包括:线性、非线性系统;离散、连续及混合系统;单任务、多任务离散事件系统。

　　Simulink 有两大特征:一,建模借助鼠标交互实现;二,模型运作以时间流方式进行。因此即使比较熟悉 MATLAB 工作环境和编程模式的读者,在初入 Simulink 领地时,也不免感到生疏。为帮助读者跨过 Simulink 门槛,本章第 2 节将以算例形式对建模的数学基础、基本器件、操作手法、工作平台进行细节性的描述。就详细程度而言,尤以本章第一个算例为最,初学者切莫跳过。

　　像 MATLAB 编程需要函数、子函数、条件分支、循环控制一样,Simulink 建模,尤其是创建较复杂的模型,就必须有简装子系统、精装子系统、使能子系统、触发子系统、循环子系统。本章的第 3、4、5 节将专门阐述这些子系统创建、工作机理以及应用示例。

　　从时间角度分,Simulink 模型有连续和离散之分。本章除第 6 节用于专述纯离散系统和采样离散系统建模外,其余章节所涉及的内容对连续、离散两种系统都适用。

　　已建 Simulink 模型的运行、仿真分析,既可以通过鼠标手工操纵,也可以借助一组指令自动操控。鼠标操纵法的特点是:该法只能在 Simulink 模型窗中实施,参数的设置必须由"人"通过对话窗进行。而指令自动操控法可以摆脱 Simulink 模型窗,在执行过程中无须人工参与。本章第 7 节的内容就是为 Simulink 模型的指令自动操控而设计的。

　　本章第 8 节是出于 Simulink 模型解算的数值问题而编写的。该节还给出了消减仿真模型中"代数环困扰"的具体方法。

　　就像 MATLAB 编程中用户常常需要编写"供自己专用的模块化函数"那样,在 Simulink 建模中,用户也会需要创建一些"供自己专用的模块",即 S 函数模块。有关 S 函数模块的创建在本章的最后一节介绍。

　　在引言结束之前,再次诚恳地建议读者:对本章的算例,一定要"眼、脑、手"并用,一定要在计算机上具体运作,切忌停留于"翻阅"。为读者参照需要,本章所有算例中带 exm 前缀的 MDL 模型文件和相关的 M 文件都存放在随书光盘的 mfile 目录下。

8.1　引　导

8.1.1　Simulink 模型本质和一般结构

　　(1) Simulink 块图模型的本质

　　本书前面几章阐述的是用于系统仿真的 M 码模型(M 码指:零散的 M 指令、M 脚本文件、M 函数文件)。人们创建的 M 码模型,形式上表现为一组相互关联的 MATLAB 指令。M 码模型的基本组分是:变量、算符、表达式、赋值式、各种控制数据流的关键词以及各种子函数。在 M 码文件中,各指令是按"数据流"方式组织的。这种 M 码模型并不刻意注重实际系统的实时性质。

本节介绍的 Simulink 块图模型与 M 码模型有很大不同。Simulink 模型,形式上表现为一张由若干方块和箭头线组成的"块图(Block Diagram)"。Simulink 模型的基本组分是:时间(Time)、模块(Block)、信号线(Signal Line)、各种子系统(Subsystem)和解算器(Solver)。

时间是 Simulink 块图模型最基本的要素。因此,更准确地说,Simulink 模型是"时间基块图(Time-based Block Diagram)"模型。这里强调"时间基"是因为:
- 这种"块图"模型体现着一组连续或/和离散动态方程。
- 块图模型描写的是系统的瞬时性状。为了确定系统在"起始到终止"这段时间内的表现,需要在该时段内的每个"时点(Time Step)"上,对块图进行重复计算。从这个意义上说,Simulink 模型仿真就是:在逐个时点上,不断解算块图模型的过程。

(2) Simulink 模型的一般结构

从宏观看,Simulink 模型通常包含三种"组件":信源(Source)、系统(System)以及信号收集器(Sink)。图 8.1-1 展示了这种模型的一般性结构。图中的系统即指被研究系统的 Simulink 方框图;信源可以是常数、正弦波、阶梯波等信号源;信号收集器可以是示波器、图形记录仪、数据存储块等。系统、信源、信号收集器,或从 Simulink 模块库中直接获得,或根据用户自己制作而成。

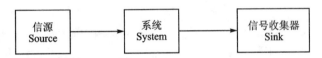

图 8.1-1 Simulink 模型的一般性结构

当然,对于具体的 Simulink 模型而言,不一定完全包含这三大组件。比如,用于研究初始条件对系统影响的 Simulink 模型就不必包含信源组件。

8.1.2 创建块图模型的方法和基本环境

(1) Simulink 块图模型的创建方法

与此前习惯的 M 模型的"键盘创建法"不同,Simulink 块图模型可以采用"鼠标创建法"。这两种建模方法的主要特征见表 8.1-1。

表 8.1-1 块图模型创建法与 M 模型创建法的差异

	块图模型的鼠标创建法	M 模型的键盘创建法
建模操作的界面	模型窗	M 文件编辑器
建模基本组件的形成	用鼠标从 Simulink 模块库拖拉库模块进模型窗	键入 MATLAB 的现成指令名或符号
组件间运作逻辑	由模块间有向线段的连接及控制模块铺放位置决定	由键入行的上下次序及控制关键词的位置决定
输入组件的手工操作方法	鼠标拖拉为主,键盘辅助	从键盘一行行地输入字符

(2) Simulink 工作环境的基本组成
- 模块库浏览器(Simulink Library Browser)(图 8.1-2)

该浏览器是通向模块库的"综合性检索工具"。模块库则以库、子库的形式分门别类地保存着各种基本模块。这些模块是用户构建 Simulink 模型的基本组件。
- 模型窗(Model Window)(参见图 8.2-2)

该模型窗是建立、调试、分析、运行模型的平台,是用户与模型交互的界面。

(3) 模块库的基本构成
- Simulink 基库

该库总处于"分类库目录展示栏"最上方的第一个库节点位置。内分若干个子库,详见表 8.1-2。基库中保存着建模中最常用的基本模块。本章建模所用的模块大多数在此基库中。

表 8.1-2 通用类模块的分藏子库

库 名		简单描述
Commonly Used Blocks	常用模块	从以下各库中挑选若干最常用模块,分藏于此
Continuous	(含)连续(状态)模块	用于构造连续时间动态模型
Discontinuities	逐段线性函数模块	用于描述非线性函数
Discrete	(含)离散(状态)模块	用于构造离散事件动态模型
Logic and Bit Operations	逻辑和位操作模块	执行逻辑、关系运算;执行位操作
Lookup Tables	查表操作模块	根据样点数据,产生插补函数表,可加快运算速度,或模拟硬件运算
Math Operations	数学运算模块	执行算术、三角、超越等函数运算;复数运算;数组运算;矩阵运算
Model Verification	模型验证模块	在为验证模型的广泛测试,提供检查模型适用范围及性能的模块
Model-Wide Utilities	辅助功能模块	提供模型信息及模型线性化参数的模块
Ports & Subsystems	接口和子系统模块	用于构成接口及构建各种子系统,包括使能/触发子系统、各种流向控制子系统
Signal Attributes	信号属性模块	检测和改变信号属性的模块
Signal Routing	信号路由模块	执行信号的分、合路及转接的模块
Sinks	信号收集(即信集)模块	用于显示或保存所需的仿真信号
Sources	信号发生(即信源)模块	用于产生仿真所需的各种信号
User-Defined Functions	用户自定义模块	为用户自定义模块提供基础环境的模块
Additional Math & Discrete	附加数学操作及离散模块	提供某些特殊数学操作模块及离散建模器件

- 专业类 Blockset/Toolbox 工具模块库(简称工具库)

从"分类库目录展示栏"的第二个库节点起,按英文字母表次序,分门别类地排列各工具库,如 Aerospace Blockset 子库、Communications Blockset、Control System Toolbox 等,参见图 8.1-2 左侧。

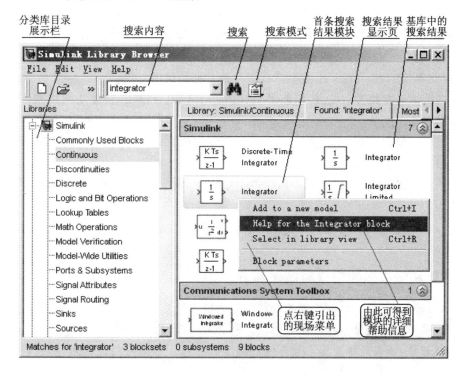

图 8.1-2 Simulink 库浏览器的组成

(4) 如何进入 Simulink 工作环境
- 进入 Simulink 环境的前提是 MATLAB 已经开启。但在 MATLAB 开启后,Simulink 并不同时开启。这样设计出于两点考虑:加快 MATLAB 启动速度;节省内存。
- 在开启 MATLAB 后,有三个进入 Simulink 环境的主要途径:
  - 首选途径:在 MATLAB 工作界面(Desktop)的工具条上,点击图标,即可引出 Simulink 模块库浏览器(参见图 8.1-2)。
  - 备选途径一:在 MATLAB 指令窗中,键入 simulink,该指令运行后,便引出 Simulink 模块库浏览器。
  - 备选途径二:用鼠标单击 MATLAB 工作界面左下方图标 Start;在引出的菜单列表中,递阶地找到菜单项{Simulink > Library Browser},也能引出模块库浏览器。

(5) 如何打开模型窗——创建和运作块图模型的平台
- 在 MATLAB 平台上不能直接引出空白模型窗(参见图 8.2-2 的窗口)。
- 开启模型窗的途径:
  - 首选途径:点击图 8.1-2 所示模块库浏览器工具条上的 图标,开启空白模型窗。
  - 备选途径:选择模块库浏览器的下拉菜单项{File>New},开启空白模型窗。
  - 可选途径:双击 MATLAB 当前目录中已有的 Simulink 文件,即带 mdl 扩展名的文件。此操作直接引出承载该 mdl 文件的模型窗。

8.2 连续系统建模

所谓连续时间系统,是指可以用微分方程来描述的系统。现实世界中的多数物理系统都是连续时间系统。

连续时间系统的 Simulink 块图模型有三种最常见的建模方式:
- 以高阶微分方程为出发点,借助多个〈integrator〉积分模块,构建块图模型。典型算例参见例 8.1-1。
- 以状态方程为出发点,借助〈integrator〉积分模块或〈State Space〉状态空间模块,构建块图模型,参见例 8.2-1 和例 8.2-2。
- 以传递函数为出发点,借助〈Transfer Fcn〉传递函数模块,构建块图模型,参见例 8.2-3。

8.2.1 微分方程建模和积分模块

1. 微分方程块图模型的创建和操作细节

设计本节的目的:详尽地描述创建块图模型的操作细节;深入领略的 Simulink 建模环境;展示最常见、最基础的微分方程块图建模法。

基于此,建议:不要轻易放弃本节算例的阅读和实践。希望入门级读者,能自己动手照例操作,必将获得事半功倍的效果。

【**例 8.2-1**】 在图 8.2-1 所示的系统中,已知质量 $m=1$ kg,阻尼 $b=2$ N·s,弹簧系数 $k=100$ N/m,且质量块的初始位移 $x(0)=0.05$ m,其初始速度 $\dot{x}(0)=0$ m/s,要求创建该系统的 Simulink 模型,并进行仿真运行。本例目的:引导读者一步步经历 Simulink 建模及仿真全过程;感受模块库、获得把库模块复制进模型窗的体验;感受模块的翻转操作、信号线的连接、信号线的标识;感受模块参数和初始值的设置;体验示波器的操作。

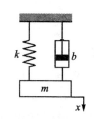

图 8.2-1 弹簧—质量—阻尼系统

(1) 根据物理规律建立理论数学模型

对连续动态系统而言,描述该系统动力学的微分方程是 Simulink 建模的最原始出发点。对于无外力作用的"弹簧—质量—阻尼"系统,据牛顿定律可写出

$$m\ddot{x} + b\dot{x} + kx = 0 \qquad (8.2\text{-}1)$$

为构建 Simulink 模型的方便,在代入具体数值后,把式(8.2-1)整理成如下形式

$$\ddot{x} = -2\dot{x} - 100x \qquad (8.2\text{-}2)$$

(2) 借助 Simulink 库模块实现数学模型的基本思路

Simulink 模型是一种以方块图体现物理量间数学关系的系统解算模型,即所谓的仿真模型。在 Simulink 环境中,进行仿真的关键步骤之一,就是如何根据理论数学模型,选择适当的 Simulink 库模块。

针对本例的具体思路是:
- 在式(8.2-2)中,加速度 $\ddot{x}$ 与速度 $\dot{x}$、速度 $\dot{x}$ 与位移 x 之间存在积分关系。这种关系,在 Simulink 模型中,需要借助 2 个积分模块来体现。
- 在式(8.2-2)中,加速度 $\ddot{x}$ 是其他两个量的代数和。该求和运算,在 Simulink 中,可以借助求和模块实现。
- 式(8.2-2)等号右边每项的非 1 系数,在 Simulink 中,可借助增益模块实现。
- 为了观察位移 x 随时间的动态变化,还需要使用信号示波器模块。

在此,顺便指出:对 Simulink 模块库的了解,是一个渐进过程。对于想入门的读者来说,不必为没有这方面的先验知识而担愁。本书作者的教学经验表明:在对 Simulink 一无所知的情况下,通过本例的实践,也能轻松地跨入门槛。

(3) 打开 Simulink 模块库浏览器和模型窗
- 在 MATLAB 工作界面的工具条上,点击图标,进入 Simulink 环境,打开如图 8.1-2 所示的 Simulink 模块库浏览器(Simulink Library Browser)。
- 点击模块库浏览器工具条上的图标,开启空白(Untitled)的模型窗,参见图 8.2-2 的窗口(注意:图 8.2-2 窗中的模块是此后步骤复制进去的)。

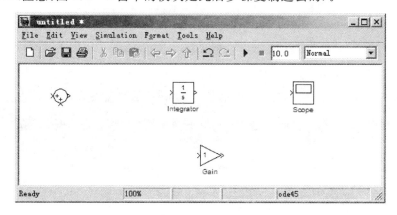

图 8.2-2 复制进建模所需的各种库模块后的模型编辑器

(4) 从模块库复制所需模块到空白(Untitled)模型窗
- 找到所需模块所属的子库
  - 用鼠标展开模块浏览器(左侧的)库目录中的〈Simulink〉基库。
  - 再选中该基库中的常用模块子库〈Commonly Used Blocks〉,可在浏览器右侧看到该库中的所有模块,参见图 8.2-3。
- 向空白模型窗复制库模块
  - 在库中找到积分模块〈Integrator〉;用鼠标选中该模块,按住鼠标左键,直接把此模块从模块库"拖拉"进模型窗"空白画布(Canvas)"的任何位置。
  - 本例建模所需的求和模块〈Sum〉、增益模块〈Gain〉和示波器模块〈Scope〉,都可以用类似的方法复制进空白模型窗。

(5) 空白模型窗中的模块再复制

从前面分析可知,要构建式(8.2-2)所表示的 Simulink 模型,还缺少 1 个积分模块、1 个增益模块。为补充所需的 2 个模块,可按如下方法操作:
- 用鼠标选中(即点亮)模型窗中已有的〈Integrator〉积分模块;按住[Ctrl]键,用鼠标将该模块"拖拉"到模型窗的其它空白位置;放开鼠标按键,便得到新复制的积分模块,并

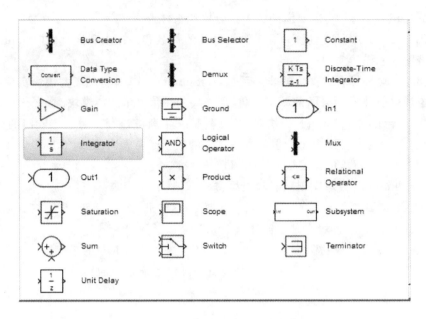

图 8.2-3 常用模块子库的库藏

自动将其命名为〈Integrator1〉,参见图 8.2-4。
- 用同样的操作方法,再复制产生一个名为〈Gain1〉的增益模块,参见图 8.2-4。

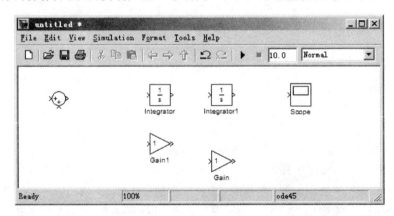

图 8.2-4 经模型窗内模块再复制后的模型编辑器

(6) 模块的几何布局
- 模块的移动可通过鼠标操作方便实现:用鼠标选中某模块,按住鼠标左键,就可把此模块拖到模型窗的任何位置。
- 根据式(8.2-2),把"先后产生输出量 $\ddot{x}, \dot{x}, x$"的求和模块〈Sum〉、积分模块〈Integrator〉和积分模块〈Integrator1〉,自左至右以适当间距排在一条轴线上,如图 8.2-4。操作中,模型窗会自动生成水平或垂直的浅蓝色参照线,辅助布置模块。
- 为接线方便和布局简洁,把用于显示"位移"的示波模块〈Scope〉放置在积分模块〈Integrator1〉的正右方,参见图 8.2-4。
- 考虑到速度、位移要经增益放大后送往求和模块,即形成反馈路径,所以把两个增益模块分层安排在主轴线的下方,参见图 8.2-4。

(7) 模块的方向调整

因为增益模块在反馈路径上,就必须把模块"自左向右的输入输出"默认方向反转为"自右向左"。具体操作方法是:
- 用鼠标点亮增益模块〈Gain〉,然后选中下拉菜单项{Format>Flip Block},就完成模块的反转,参见图 8.2-5。
  - 采用与上相同的操作,使模块〈Gain1〉反转。

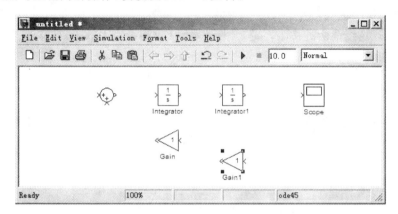

图 8.2-5　经布局和增益模块方向反转的模型草图

(8) 模块间信号线的连接

在几何布局大致适当和模块转向后,就可以进行模块间信号线的连接。具体如下:
- 口口连线法之一
  - 用鼠标左键点亮最左边的求和模块〈Sum〉;
  - 按住[Ctrl]键不放,依次用鼠标左键点击〈Integrator〉模块、〈Integrator1〉模块和〈Scope〉模块。于此,这 4 个模块间的信号线便连接成功,参见图 8.2-6。

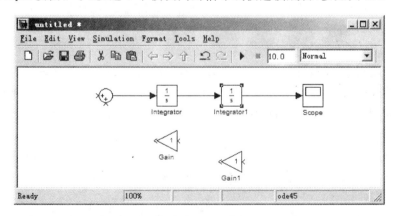

图 8.2-6　完成前馈通路连接的模型草图

- 线口连线
  - 把鼠标放在〈Integrator〉模块输出口的信号线上;
  - 按住鼠标右键,鼠标形状呈"单十字状",使鼠标向左下方的〈Gain〉模块输入口移动;
  - 当鼠标移动到足够靠近〈Gain〉模块输入口时,鼠标形状将变成"双十字状",此时放开鼠标右键,就会出现一条把〈Integrator〉模块输出信号引往增益模块〈Gain〉的信号线,参见图8.2-7。
- 口口连线法之二
  - 再把鼠标放在〈Gain〉模块的输出口;
  - 当鼠标呈"单十字状"时,按住鼠标左键,并使光标水平地向左移动;
  - 当光标到达求和模块的"下输入口"下方时,松开左键,此时光标移动过的轨迹呈现"红色箭头虚线";
  - 再从红虚线箭头处按下左键,并使光标向"求和模块下输入口"移动;
  - 当离输入口足够近,光标呈"双十字状"时,放开鼠标左键,就完成连线,参见图8.2-7。
- 采用与上类似的方法,完成〈Gain1〉模块的信号线的连接,参见图8.2-7。

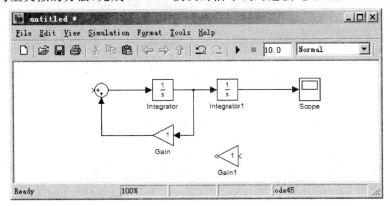

图 8.2-7   完成〈Gian〉模块的输入输出口信号线的连接

(9) 根据理论数学模型设置模块参数

在完成仿真框图的几何布局、信号线连接等结构建设后,还需要根据式(8.2-2)对模块进行参数设置。具体如下:
- 改变〈Gain〉模块的增益参数
  - 在模型窗中,用鼠标双击〈Gain〉模块,引出如图8.2-8所示的参数设置窗。
  - 把 Gain 增益栏中默认数字 1 改写为所需的(-2);点击[OK]键,完成设置;此时,新建模型窗中〈Gain〉增益模块上会出现数字(-2),参见图8.2-9。
- 采用与上类似的方法,把〈Gain1〉模块的增益修改为(-100)。注意:经此操作后的〈Gain1〉模块上可能呈现"-K-"。这是由于所显示的＜Gain1＞模块面积太小,容纳不下"-100"几个数码的缘故。读者可以用鼠标点击〈Gain1〉模块后,再把此模块"放得足够大"就可。

(10) 动态系统的初始条件(Initial Condition)设置

经以上步骤后,所创建的仿真模型已经完全能体现数学关系式(8.2-2)。留下的问题是,题目给的初始位移 $x(0)=0.05$ m、初始速度 $\dot{x}(0)=0$ m/s 还必须在仿真模型中给于体现。为此,需要对两个积分模块的初始条件进行设置。具体如下:
- 把积分模块〈Integrator1〉的初始条件设置成 $x(0)=0.05$
  - 因为积分模块〈Integrator1〉的输出量是 x,所以该模块的初始条件应根据 $x(0)=$

第8章 Simulink 交互式仿真

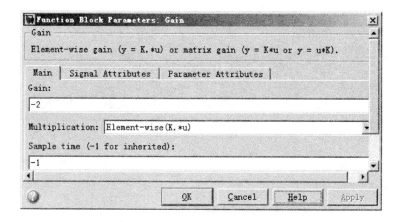

图 8.2-8 改变〈Gain〉模块的增益

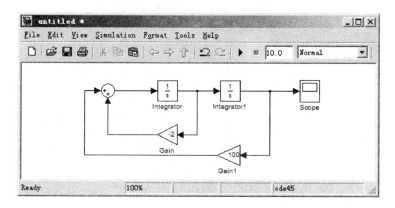

图 8.2-9 完成连线和增益设置后的模型窗

0.05 进行设置。

- 用鼠标双击〈Integrator1〉模块,引出如图 8.2-10 所示的参数设置窗;把初始条件 Initial condition 栏中的默认 0 修改为题目给定的 0.05;点击[OK]键,关闭该窗口,完成设置。
- 由于〈Integrator〉的初始条件默认设置恰好与题给初始速度 $\dot{x}(0)=0$ 吻合,故不必进行任何设置操作。

(11) 信号线的标识

经过以上操作,应该说:体现本例求解问题的 Simulink 模型已经建成。但为让这块图模型更清晰地反映数学关系,进行以下操作,对信号线进行标识。

- 把光标放在求和模块的输出线上,双击左键,引出一个小文字框(参见图 8.2-11),在该文字框中输入 x''。
- 用类似的方法,分别给〈integrator〉模块和〈integrator1〉模块输出线标识 x' 和 x。
- 在此强调指出:信号线标识文字框,必须是"把光标放在信号线上,经双击左键引出的",否则,不是信号线标识。

(12) 所建模型的保存

把新建模型保存为 exm080201.mdl。

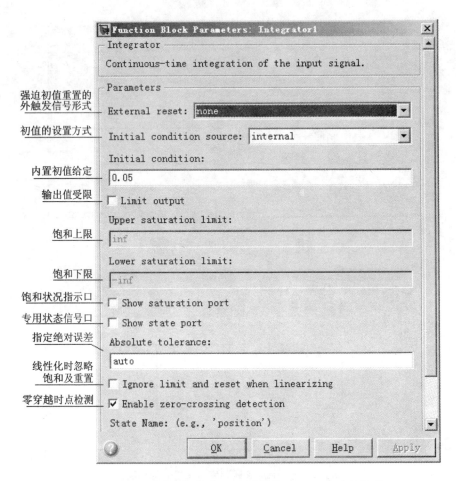

图 8.2-10　实现初始位移 0.05 设置的〈Integrator1〉设置窗

- Simulink 模型保存文件的扩展名是 .mdl 。
- 用户创建的模型文件应保存在"用户自己的文件夹中",也可以暂存于 My Documents\MATLAB 文件夹。
- 根据本书例题文件名编号规则,把该新建模型保存为 exm080201.mdl ,参见图 8.2-11。注意:不要把新建窗上默认产生的 untitled 作为用户自己所建模型的名称。

（13）仿真运行

可循以下步骤进行仿真运行。

- 用鼠标双击示波器〈Scope〉,打开示波器界面。注意:示波器刚开启时,其显示区中没有任何彩色实线。示波器的界面布局参见图 8.2-12。
- 点击 exm080201 模型窗工具条"启动"图标▶,或选中菜单项〈Simulation＞Start〉,启动仿真;示波器中出现如图 8.2-12 所示的黄线。该黄线呈现不易观察的微小起伏。产生这种现象的原因是,示波器纵轴范围设置不当;点击示波器工具条上的纵轴范围自动调节图标🔍,就可见到如图 8.2-13 所示的信号曲线。

〖说明〗

- 在运行本例后,MATLAB 指令窗可能出现某种警告信息。对此警示,入门阶段的读者

第 8 章 Simulink 交互式仿真

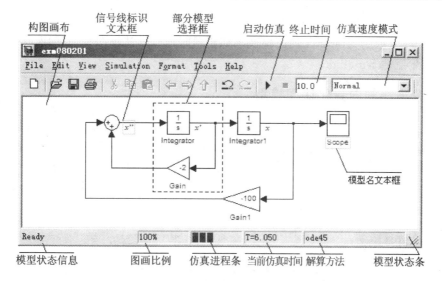

图 8.2 - 11 完全符合题给要求的系统仿真模型

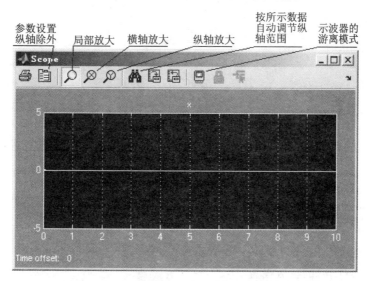

图 8.2 - 12 默认设置下示波器显示的信号曲线

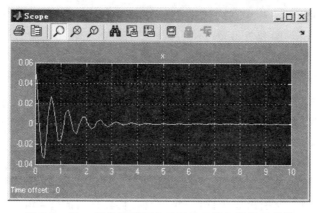

图 8.2 - 13 经纵轴范围自动调整后显示的信号曲线

可以不予理会,因为这不影响仿真结果的正确性。
- 例5.9-6也用Simulink块图模型求解相同问题。但其块图模型使用了"由符号表达转换生成的Simulink模块"。

2. 创建微分方程的向量化块图模型

【例8.2-2】 利用模块的向量处理能力,建立例8.2-1系统的Simulink仿真模型。本例演示:如何把高阶标量微分方程改写成一阶向量微分方程(即状态方程);积分模块、增益模块的向量处理能力;示波器的纵坐标范围设置;如何处理MATLAB指令窗中出现的仿真警告信息;向量信号线粗化及维数标定。

(1) 把高阶标量微分方程写成一阶向量微分方程(状态方程)

采用向量符号记 $\boldsymbol{x} = \begin{bmatrix} x(1) \\ x(2) \end{bmatrix} = \begin{bmatrix} x \\ \dot{x} \end{bmatrix}$,于是式(8.2-2)可写成

$$\begin{bmatrix} \dot{x} \\ \ddot{x} \end{bmatrix} = \begin{bmatrix} 0 & 1 \\ -100 & -2 \end{bmatrix} \cdot \begin{bmatrix} x \\ \dot{x} \end{bmatrix} \quad (8.2-3)$$

其更简洁的记述是

$$\dot{\boldsymbol{x}} = \boldsymbol{A}\boldsymbol{x} \quad (8.2-4)$$

该式的初始条件为

$$\boldsymbol{x}(0) = \begin{bmatrix} x(0) \\ \dot{x}(0) \end{bmatrix} = \begin{bmatrix} 0.05 \\ 0 \end{bmatrix} \quad (8.2-5)$$

(2) 构建Simulink模型
- 把⟨Simulink/Commonly Used Blocks⟩子库中的积分模块⟨Integrator⟩、增益模块⟨Gain⟩、示波模块⟨Scope⟩、分量化模块⟨Demux⟩"拉"入空白模型编辑器(参见图8.2-16)。
- 积分模块⟨Integrator⟩的参数设置
  - 双击积分模块⟨Integrator⟩,引出参数设置对话窗;
  - 据式(8.2-5),在对话窗的Initial condition栏,填写[0.05;0]。注意:这是(2×1)列向量。
- 增益模块⟨Gain⟩的参数设置
  - 在对话窗Main页上的Gain栏中,填写[0, 1; -100, -2]。
  - 在Multiplication栏中,选择Matrix(K * u)。这表示执行"矩阵乘"。
- 示波模块⟨Scope⟩的参数设置
  - 用鼠标双击⟨Scope⟩模块,引出示波器显示窗。
  - 选中示波器显示窗上的工具图标[图](参见图8.2-12),引出如图8.2-14所示的参数设置对话框。
  - 在Ganeral页的Number of axes栏,填写2;点击[OK]键,示波模块出现两个显示窗(参见图8.2-17)。与此同时,模型窗中⟨Scope⟩模块呈现2个输入口(参见图8.2-16)。
  - 用鼠标右键点击示波器的"上"显示窗(参见图8.2-17),在弹出菜单中选择Scope Properties项,又引出纵坐标设置对话窗;再在该窗的Y-min栏中填写(-0.04),在Y-max栏中填写(0.06),参见图8.2-15。

第 8 章 Simulink 交互式仿真

图 8.2-14 示波器参数设置对话框

■ 对示波器"下"显示窗纵坐标进行类似设置:Y-min 栏写(-0.5),Y-max 栏写(0.5)。
● 用鼠标接连各模块,建成图 8.2-16 所示模型。

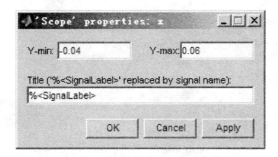

图 8.2-15 上显示窗的纵坐标范围设置

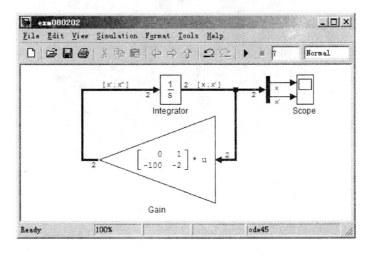

图 8.2-16 利用库模块处理向量信号的能力构件的仿真模型

(3) 信号标识(Signal Label)
- 把鼠标放在〈Integrator〉积分模块的输入信号线上,双击左键便产生一个空白的文字填写框(参见图 8.2 - 16);在该框中填写[x'; x'']。
- 双击〈Integrator〉输出线,在生成的文本框中填写符号[x; x']。
- 双击示波模块〈Scope〉的上输入线,在生成的文本框中填写符号 x。
- 双击示波模块〈Scope〉的下输入线,在生成的文本框中填写符号 x'。

(4) 信号线粗化及信号维数标定

为标识向量信号,对 Simulink 模型进行如下操作:
- 选中模型窗菜单项{Format>Port/Signal Displays/Wide Nonscalar Lines},就可使传送向量信号得连接线变成醒目的"粗黑线",参见图 8.2 - 16。
- 选中模型窗菜单项{Format>Port/Signal Displays/Signal Dimensions},就在加粗的向量信号线上标出"向量元素数",参见图 8.2 - 16。

(5) 仿真运行

为了更好反映系统动态过程,在模型编辑窗上方的仿真终止时间框里,把默认的 10 改写为 7(参见图 8.2 - 16);然后保存创建模型为 exm080202.mdl。
- 经以上操作后,运行 exm080202.mdl 可得到如图 8.2 - 17 所示的示波图形。
- 把图 8.2 - 17"上"显示窗的曲线和图 8.2 - 13 加以比较可以发现,除横坐标刻度不同外,两条曲线完全相同。

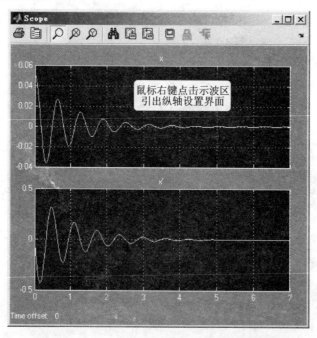

图 8.2 - 17   exm080202.mdl 运行后显示的曲线

(6) 关于 MATLAB 警告提示

细心的读者,会注意到 exm080202.mdl 运行后,在 MATLAB 指令窗中的一段警告提示。
Warning: Using a default value of 0.14 for maximum step size. The simulation step size will be equal to or less than this value. You can disable this diagnostic by setting 'Automatic solver

parameter selection' diagnostic to 'none' in the Diagnostics page of the configuration parameters dialog.

该警告表明：
- 在默认的最大步长设置下，仿真结果依然是可信的。换句话说，假如读者不在意警告信息的存在，对此警告置之不理也无妨。
- 解除警告的方法之一：
  - 在 exm080202.mdl 模型窗中，选中下拉菜单｛Simulation＞Configration Parameters｝，引出如图 8.2-18 所示的仿真参数配置窗。
  - 在仿真参数配置窗左侧的 Select 目录区中，选中目录｛Solver｝。
  - 在 Solver options 区的"Max step size"栏中，根据警告提示，把原先的默认值 auto 改写成 0.14。
  - 按[OK]键，确认此前所作设置。
  - 再运行 exm080201.mdl 模型，就不会再出现警告。

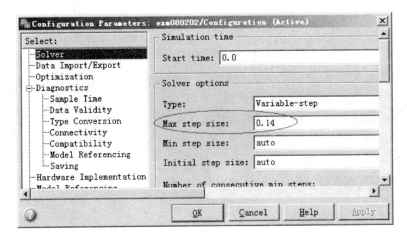

图 8.2-18　在仿真参数配置窗中把最大步长修改为 0.14

〖说明〗
- 本例重点展示 Simulink 库模块的向量化处理能力。这就使用户可以根据需要更灵活、简洁地构造 Simulink 模型。
- MATLAB 具有比较完善的警告提示功能。用户在运行 Simulink 模型时，应注意观察 MATLAB 指示窗中有没有提示警告。假如有，就仔细阅读警告文字，并采取相应措施。

3. 积分模块

(1) 图 8.2-19(a)所示模块的输入输出关系
- 积分描述形式

$$\boldsymbol{y}(t) = \int_{t_0}^{t} \boldsymbol{u}(t)\mathrm{d}t + \boldsymbol{y}(t_0) \tag{8.2-6}$$

式中 $\boldsymbol{u}(t), \boldsymbol{y}(t)$ 分别是 t 时刻模块的输入信号向量和输出信号向量；$\boldsymbol{y}(t_0)$ 是 t_0 时刻的初始输出向量。

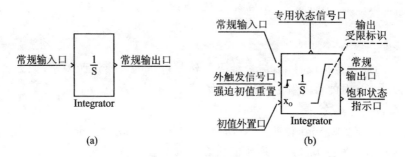

图 8.2-19 积分模块的默认外形和最多端口外形

- 微分方程描述形式

$$\begin{cases} \dot{x}(t) = u(t) \\ y(t) = x(t) \\ x(t_0) = y(t_0) \end{cases} \quad (8.2-7)$$

用 $x(t)$ 记模块状态,则积分函数可等价地表述为"一阶微分方程的初值解函数"。
- 要强调指出:式(8.2-6)、(8.2-7)都适用于输入、输出为向量的场合。
- 式(8.3-2)动态地描述了:多维空间的"点",如何在积分模块作用下,从初始位置出发后随时间运动的轨迹。式(8.2-6)的"时间递推式积分"实质容易被忽视,而与"求面积(Quadrature)"的那种积分相混淆。
- 关于积分模块用于计算"积分"的用法见例 4.2-7。

(2) 积分模块的参数设置
- Simulink 的积分库模块

   库模块采用 MATLAB "厂家设置参数",即默认设置。模块外形如图 8.2-19(a)所示。
- 积分模块设置的对话窗法
   - 对话窗的开启:用鼠标双击用户模型窗中〈Integrator〉积分模块,即弹出对话窗(参见图 8.2-10)。
   - 最重要最常用的设置栏——Initial condition 初始条件栏:
     默认值为 0。用户可根据需要,填写适当的数值。假如积分模块作用于向量信号,则该栏应用"列向量"形式填写。
   - 参照着图 8.2-10 所示对话窗界面,按照表 8.2-1 所列进行参数设置,就可得到图 8.2-19(b)那样的积分模块外形。
- 积分模块参数的指令设置法
   与其他模块一样,积分模块的参数也可以借助 set_param 指令设置。详见第 8.7.2 节。

表 8.2-1 对话窗参数设置与图 8.2-19(b)模块外形关系

图 8.2-19(b)所示模块端口名称	相应模块参数对话窗的设置情况
常规输入口	始终呈现
常规输出口	始终呈现
强迫初值重置的外触发信号口	在"External reset 强迫初值重置的外触发信号形式"栏,选择"rising"

续表 8.2-1

图 8.2-19(b)所示模块端口名称	相应模块参数对话窗的设置情况
初值外置口	在"Initial condition source 初值设置方式"栏，选择"External"
饱和状态指示口	勾选"Show saturation port 饱和状态指示口"框
专用状态信号口	勾选"Show state port 专用状态信号口"框
输出受限标识	勾选"Limit output 输出值受限"框

8.2.2 状态空间建模

1. 状态空间模块及其建模应用

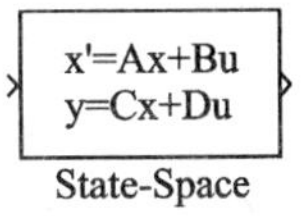

图 8.2-20 所示状态空间模块的使用规则：

● 该模块四个矩阵与输入、输出向量间的关系严格遵循该模块图标状态方程：

$$\begin{cases} (\dot{\boldsymbol{x}})_{n\times 1} = (\boldsymbol{A})_{n\times n}(\boldsymbol{x})_{n\times 1} + (\boldsymbol{B})_{n\times p}(\boldsymbol{u})_{p\times 1} \\ (\boldsymbol{y})_{q\times 1} = (\boldsymbol{C})_{q\times n}(\boldsymbol{x})_{n\times 1} + (\boldsymbol{D})_{q\times p}(\boldsymbol{u})_{p\times 1} \end{cases} \quad (8.2-8)$$

● $\boldsymbol{A},\boldsymbol{B},\boldsymbol{C},\boldsymbol{D}$ 矩阵中的每个矩阵都必须被赋值。任何一个矩阵都不允许赋值空缺。

● 初始状态向量必须取"列向量"形式。

● 该模块没有状态向量输出口。

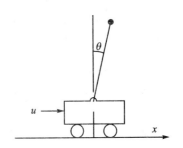

图 8.2-20 状态空间库模块的图标

【例 8.2-3】 在图 8.2-21 所示的倒立摆(Inverted Pendulum)系统中，定义状态变量 $x_1=\theta, x_2=\dot{\theta}, x_3=x, x_4=\dot{x}$，输出量 $y_1=\theta, y_2=x$。输入量由 $\boldsymbol{u}=-\boldsymbol{Kx}$ 全状态反馈产生，倒立摆系统的动态由式(8.2-9)的状态方程(State Equation)描述。试用 Simulnk 块图模型研究该系统在 $\boldsymbol{x}(0)=[0.1 \ 0 \ 0 \ 0]^T$ 初始条件下的动态响应。本例目的：演示如何按照状态空间〈State-Space〉库模块规则改写倒立摆系统的状态方程。

图 8.2-21 倒立摆示意图

$$\begin{cases} \dot{\boldsymbol{x}} = \boldsymbol{Ax} + \boldsymbol{Bu} \\ \boldsymbol{y} = \boldsymbol{Cx} \\ \boldsymbol{u} = -\boldsymbol{Kx} \end{cases} \quad (8.2-9)$$

其中，$\boldsymbol{A} = \begin{bmatrix} 0 & 1 & 0 & 0 \\ 20.601 & 0 & 0 & 0 \\ 0 & 0 & 0 & 1 \\ -0.4905 & 0 & 0 & 0 \end{bmatrix}, \boldsymbol{B} = \begin{bmatrix} 0 \\ 0 \end{bmatrix}, \boldsymbol{C} = \begin{bmatrix} 1 & 0 & 0 & 0 \\ 0 & 0 & 1 & 0 \end{bmatrix}, \boldsymbol{K} = [-298.1504 \ -60.6972$

$-163.0989 \ -73.3945]$。

(1) 对所解例题模型的改写

为调用状态空间库模块，就必须按照库模块的应用规则，把全状态反馈倒立摆系统方程改写如下：

$$\begin{cases}(\dot{\boldsymbol{x}})_{4\times1}=(\boldsymbol{A})_{4\times4}(\boldsymbol{x})_{4\times1}+(\boldsymbol{B})_{4\times1}(\boldsymbol{u})_{1\times1}\\(\boldsymbol{x})_{4\times1}=(\boldsymbol{I})_{4\times4}(\boldsymbol{x})_{4\times1}+(\boldsymbol{0})_{4\times1}(\boldsymbol{u})_{1\times1}\end{cases} \quad (8.2-10)$$

$$\boldsymbol{u}=-(\boldsymbol{K})_{1\times4}(\boldsymbol{x})_{4\times1} \quad (8.2-11)$$

$$(\boldsymbol{y})_{2\times1}=(\boldsymbol{C})_{2\times4}(\boldsymbol{x})_{4\times1} \quad (8.2-12)$$

值得说明：
- 按式(8.2-10)配置的〈State-Space〉模块可输出状态向量,为全状态反馈提供可能。
- 状态反馈式(8.2-11)和输出方程(8.2-12),都可以借助增益模块〈Gain〉实现。

(2) 构建模型的关键步骤
- 开启空白模型窗;从 Simulink 模块库中拖拉进状态空间模块、增益模块、分路模块和示波模块;并参照图 8.2-22 排放各模块位置。

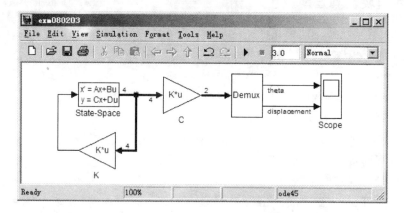

图 8.2-22 用状态空间模块构建的解题模型

- 〈State-Space〉状态空间模块的设置
  - 该模块取自〈Simulink/Continuous〉子库。
  - 双击模型窗中的〈State-Space〉模块,引出如图 8.2-23 所示的参数设置对话窗。
  - 在 A,B,C,D 各栏中,按式(8.2-10)填写相应的矩阵或向量。
  - 在 Initial conditions 栏,填写题给初始状态向量。
  - 其余栏为默认设置。
- 对增益模块〈Gain1〉的操作
  - 该模块由〈Gain〉模块复制产生:用鼠标选中〈Gain〉模块;按住[Ctrl]键,移动鼠标到适当位置,释放鼠标,便得到复制模块〈Gain1〉。
  - 模块的翻转:选中模型窗菜单项{Format＞Flip Block},使〈Gain1〉模块翻转。
  - 模块名的改写:用鼠标点击模块名 Gain1,使该文字外出现文字框,再把框内文字改写为 K。
  - 模块对话窗设置:双击该模块,引出对话窗;在 Gain 增益栏里,填写题给的(1×4)的-K 矩阵[298.1504, 60.6972, 163.0989, 73.3945];在 Multiplication 栏选 Matrix(K * u)。
- 对增益模块〈Gain〉的操作
  - 该模块取自〈Simulink/Math Operations〉子库。

图 8.2-23 状态空间模块参数设置对话窗

- 模块名的改写：参照此前操作，把该模块的 Gain 改为 C。
- 模块对话窗设置：在 Gain 增益栏里，填写题给的(2×4)C 矩阵[1,0,0,0;0,0,1,0]；在 Multiplication 栏选 Matrix(K * u)。
● 分量化模块〈Demux〉取自〈Simulink/Signal Routing〉子库，完全采用默认设置。
● 对〈Scope〉示波模块的操作
- 取自〈Simulink/Sinks〉子库。
- 参照例 8.2-2 的方法，使该示波模块具有两个显示窗，并设置显示窗的纵坐标范围：上显示窗 Y-min 栏填写 -0.1，Y-max 栏填写 0.1；下显示窗 Y-min 栏填写 -0.05，Y-max 栏填写 0.1。
● 信号线标识：参照例 8.2-2，把分量化模块〈Demux〉的上输出信号线标识为 theta，表示倒立摆与垂线之间的夹角；把下输出信号线标识为 displacement，表示小车的水平位移。
● 信号线粗化及信号维数标定：参照例 8.2-2 的相关操作进行，结果如图 8.2-24 所示。

(3) 保存模型并运行
● 把经以上操作后的模型保存为 exm080203.mdl，参见图 8.2-22。
● 运行该模型可得到如图 8.2-24 所示的示波曲线。

〖说明〗
● 本例强调了：在运用〈State-Space〉库模块于具体的状态方程时，要特别注意"待解状态方程"与"模块状态方程"两者之间的差别，以及如何根据库模块规则对"待解状态方程"进行适当改造。
● 与上节用积分模块〈Integrator〉构建的状态空间模型相比，〈State-Space〉模块具有把状态方程的 A，B，C，D 矩阵封装于一个模块中的优点，使模型显得简洁。但由于该模

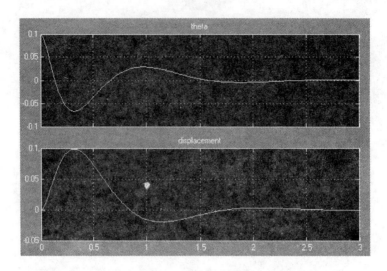

图 8.2-24 倒立摆的摆角和小车位移的动态曲线

块没有状态信息输出,因此在相当一些场合(如本例),限制了它的描述能力。

2. 模型内存和模型浏览器

(1) 模型内存空间(Model Workspace)
- 每个 Simulink 模型内存空间所保存的变量值,仅供该模型自身调用。而 MATLAB 基本内存空间则不同,其所保存的变量值可供任何 Simulink 模型调用。
- Simulink 模型优先使用自身内存中的变量值,若 MATLAB 基本空间有同名变量存在。
- 模型被开启/上载时,模型空间会自动从指定的数据源初始化。数据源(Data Source)可以是 MAT 文件、(其他 Simulink 模型的)MDL 文件、或 M 码。

(2) 模型浏览器(Model Explorer)

模型浏览器是设计来观察、创建、配置、搜索、修改 Simulink 模型数据和属性的交互工具。在此,只介绍与模型内存相关的内容。

- 选中模型下拉菜单项{View>Model Explorer},引出如图 8.2-25 所示的模型浏览器。该浏览器自左至右分三大区:模型分层目录区(Model Hierarchy);内容展示区;选中节点操控区。
- 在图 8.2-25 中,由于选中节点是"模型内存空间",因此浏览器最右侧是"模型内存空间(Model Workspace)操控区"。该区的功能组件有:
  - 数据源(Data source)。该栏包含三个选项,选中不同选项,操控区将呈现不同的功能分区。数据源三个选项的具体意义如下:

  MDL-File　数据源本身也是 Simulink 模型。

  MAT-File　数据源是驻留在 MATLAB 搜索路径上的 MAT 数据文件。

  M-Code　数据源是一段在"M 码编辑区"里输入的 M 码。选定该选项后,紧挨其下方将出现一个"M-Code 编辑区"。在该区中,输入产生内存变量的 M 码;然后,点击[初始化键]运行这些码把变量装载入模型内存。

第 8 章 Simulink 交互式仿真

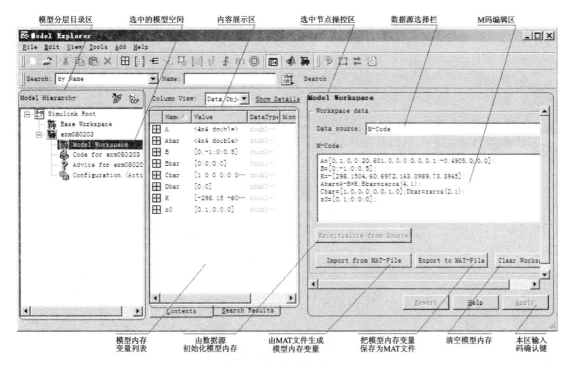

图 8.2-25 模型浏览器和模型内存

- [Reinitialize from Source]初始化键：其功能是，从数据源初始化模型内存。在设定数据源为 MAT-File 或 M-Code 后，都应通过点击该初始化键，向模型内存装载变量值。
- [Import from MAT-File]由 MAT 文件输入变量键：除数据源为 M-Code 的情况外，点击该键将会引出标准的 Windows 文件选择界面，供用户选择适当的 MAT-File。
- [Export to MAT-File]模型内存变量保存为 MAT 文件键：点击该键，可把当前模型内存中的变量值保存在用户指定的 MAT 文件中。
- [Clear workspace]模型内存清空键：点击该键，将清空模型内存中所有变量值。

【例 8.2-4】 基于式(8.2-14)，借助状态空间〈State-Space〉模块构建例 8.2-3 倒立摆系统的解题模型(参见图 8.2-26)。本例目的：进一步演示如何将"待解状态方程"转换为"模块状态方程"可以表达的形式；演示模块参数如何借助模型内存获得赋值；模型内存变量值的 M 码生成法；介绍模型浏览器和 M-Code 编辑器的使用方法；介绍零位模块〈Ground〉。

(1) 据式(8.2-9)将全状态反馈产生的输入 u 代入状态方程可得：

$$\begin{cases} \dot{x} = (A - BK)x = \bar{A}x \\ y = Cx \end{cases} \quad (8.2-13)$$

按照〈State-Space〉模块的规则，式(8.2-13)可具体表示成

$$\begin{cases} (\dot{x})_{4\times1} = (A)_{4\times4}(x)_{4\times1} + (0)_{4\times1}(u)_{1\times1} = (\bar{A})_{4\times4}(x)_{4\times1} + (\bar{B})_{4\times1}(u)_{1\times1} \\ (y)_{2\times1} = (C)_{2\times4}(x)_{4\times1} + (0)_{2\times1}(u)_{1\times1} = (\bar{C})_{2\times4}(x)_{4\times1} + (\bar{D})_{2\times1}(u)_{1\times1} \end{cases} \quad (8.2-14)$$

(2) 模型构建的关键步骤

● 打开例 8.2-3 的解题模型 exm080203.mdl；对它进行"另存为"操作，且用

exm080204.mdl 的文件名加以保存。
- 删除原模型中的〈K〉,〈C〉模块及相应连线。
- 把〈Simulink/Sources〉子库中的零位模块〈Ground〉复制进 exm080204.mdl 模型窗。
- 按图 8.2-26,完成各模块间的接线。
- 按式(8.2-14),对〈State-Space〉模块进行如下操作:
  - 双击〈State-Space〉模块,引出参数设置对话窗。
  - 在 A 栏中填写 Abar;在 B 栏中填写 Bbar;在 C 栏中填写 Cbar;在 D 栏中填写 Dbar。
  - 在 Initial conditions 栏中填写 x0。

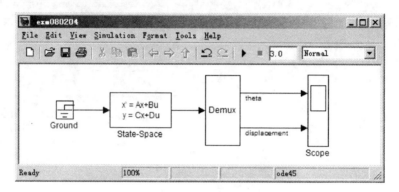

图 8.2-26 据式(8.2-14)构造的解题模型

(3) 利用模型浏览器(Model Explorer)为〈State-Space〉准备参数值
- 选中 exm080204 模型窗菜单项{View>Model Explorer},引出图 8.2-25 所示模型浏览器。
- 在模型分层目录区(Model Hierarchy)选中{exm080203/Model Workspace}节点;并在选中节点操控区的 Data source 栏,选中 M-Code 项;引出 M-Code 编辑区(参见图 8.2-26)。
- 在 M-Code 编辑区中,输入如下 M 码(参见图 8.2-25 和图 8.2-27)。

  A=[0, 1, 0, 0; 20.601, 0, 0, 0; 0, 0, 0, 1; −0.4905, 0, 0, 0];
  B=[0; −1; 0; 0.5];
  K=−[298.1504, 60.6972, 163.0989, 73.3945];
  Abar=A−B*K; Bbar=zeros(4,1);
  Cbar=[1, 0, 0, 0; 0, 0, 1, 0]; Dbar=zeros(2,1);
  x0=[0.1; 0; 0; 0];

- 输入 M 码的确认操作
  - 在 M 码输入后,M-Code 编辑区底色呈现"粉红",表明输入指令尚未确认。
  - 点击[Apply]输入码确认键,或用鼠标单击模型浏览器的任何非活动区,M-Code 编辑区的底色将转变为"白色",[Reinitialize from Source]初始化键也被"激活"。这表明:输入的 M 码被模型浏览器确认并保存。
- 由 M 码生成模型内存变量值的初始化操作
  - 点击[Reinitialize from Source]初始化键,使编辑区中的 M 码运行,并在模型内存中生成变量值;
  - 在模型内存展示区可以看到所生成的各个变量及内容简述(参见图 8.2-25)。这些

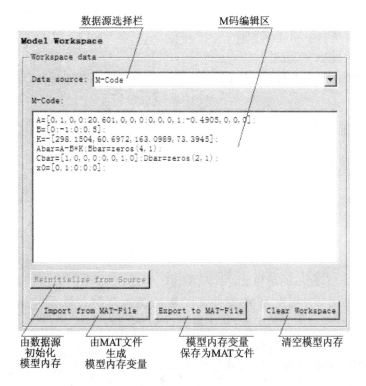

图 8.2-27 选中"模型内存"节点形成的操控区

变量将供 exm080204.mdl 运行时调用。

(4) 仿真运行
- 在经以上操作后,不管模型浏览器是否关闭,模型内存已经为模型 exm080204.mdl 的运行准备了所有需要的模块参数值。
- 对 exm080204.mdl 进行仿真运行后,从示波器中可看到与图 8.2-24 完全一样的曲线。

〖说明〗
- Simulink 模型的模块参数的赋值方式:
  赋值有五种方式:对话窗法、基空间法、模型内存空间法、装帧空间法以及指令法。
  ■ 对话窗法,如例 8.2-1、8.2-2、8.2-3 等。
  ■ 基空间法,如例 8.2-5、8.7-6 等。
  ■ 模型内存空间法,如例 8.2-4、8.3-1、8.3-3 等。这种参数赋值方式的优点是:模型完整性好、抗外界影响能力强;一旦经[Reinitialize from Source]初始化键操作,就会在模型内存中产生模型运行所需的变量值。这种借助 M 码产生模型内存变量值的能力,不因模型的关闭而消失。
  ■ 装帧空间法,见第 8.3.3 节、例 8.3-4 等。
  ■ 指令法,见第 8.7.2 节、例 8.7-6 等。
- 关于基空间、模型内存空间、装帧空间的说明,另见表 8.3-2。
- M 码产生模型内存变量值的特点
  ■ M 码能清楚表明:模块参数值的来源及含义。

- M 码驻留在 Simulink 模型内。它们只能通过模型浏览器观察和修改。
- 关于零位模块〈Ground〉的说明：
  - 零位模块输出"零信号"。
  - 该模块使用于某些模块"未接端口"的封口，以避免那模型运行时产生令人不快的警告信息。

8.2.3 传递函数建模及模型内存的操控

1. 单位脉冲信号的近似实现

单位脉冲函数（Unit impulse 或称 Dirac delta function）在数学上定义为

$$\begin{cases} \delta(t-a) = 0 & t \neq a \\ \int_{-\infty}^{\infty} \delta(t)\mathrm{d}t = 1 \end{cases} \tag{8.2-15}$$

Simulink 库也没有现成的单位脉冲标准模块。为此，必须采用某种近似方法产生。构作的思路是：单位脉冲用脉冲幅度为 M、脉冲宽度为 d、面积为 $Md=1$ 的"窄高"矩形脉冲近似。脉冲宽度的选择要考虑两方面的因素：特征根的最大模；原整误差。

（1）近似单位脉冲的设计准则

设某动态系统所有特征根的最大模为 R，那么近似单位脉冲的宽度和幅度可选取

$$\begin{cases} k \cdot \mathrm{eps} < d < \dfrac{1}{KR} \\ M = \dfrac{1}{d} \end{cases} \tag{8.2-16}$$

式中，频响因子 K 要保证 $d \ll \dfrac{1}{R}$，通常使 $K>10^2$；精度因子 k 要保证 $d \gg \mathrm{eps}$，通常使 $k>10^6$。

（2）借助阶跃函数合成近似单位脉冲

假设借助 Simulink 库模块〈Simulink\Sources\Step〉近似生成单位脉冲函数，那么应满足以下算式

$$\delta(t) \approx M[u(t) - u(t-d)] \tag{8.2-17}$$

式中 $u(t)$ 和 $u(t-d)$ 分别由 2 个〈Step〉模块产生，其中一个〈Step〉模块的"阶跃时间 Step time"比另一个迟后 d 时间。

（3）借助脉冲发生器生成近似单位脉冲

单位脉冲也可以借助 Simulink 库模块〈Simulink\Sources\Pulse Generator〉生成。设脉冲发生器所产生矩形脉冲的幅度为 A_m，脉冲周期为 P_e，矩形脉冲的宽度百分比 p_w

$$\begin{cases} A_m = 1/d \\ P_e > 2 \cdot t_s \\ p_w = d/P_e \end{cases} \tag{8.2-18}$$

式中，t_s 是动态过程的"镇定时间"，它意味着系统的动态过程基本结束。

2. 传递函数模块和非零初始系统建模

图 8.2-28 所示传递函数模块的使用规则：

传递函数模块〈Transfer Fcn〉的输入输出关系是

$$(\boldsymbol{Y})_{q\times 1} = \frac{(\boldsymbol{N}_s)_{q\times 1}}{(\boldsymbol{D}_s)_{1\times 1}}(U)_{1\times 1} \qquad (8.2-19)$$

式中,$\boldsymbol{N}_s$ 是$(q\times 1)$"s 多项式列向量",D_s 是"s 多项式",s 多项式都以降幂次序排列;D_s 的阶数高于或等于$\boldsymbol{N}_s$ 中任何多项式的最高阶;传递函数模块可表述"零初始的单输入多输出系统",但其本身不能描述"非零初始状态"信息。

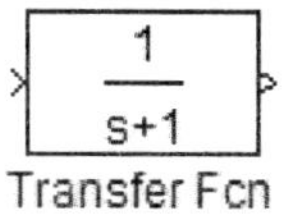

图 8.2-28 传递函数库模块的图标

【例 8.2-5】 已知图 8.2-1 所示弹簧—质量—阻尼系统中,质量 $m=1$ kg,阻尼 $b=2$N·s/m,弹簧系数 $k=100$ N/m,质量块的初始位移 $x(0)=0.05$ m,初始速度 $\dot{x}(0)=0.5$ m/s,方向与位移一致的外力 $f(t)=f_a u(t)=10u(t)$,$u(t)$ 是单位阶跃函数。要求创建该系统的 Simulink 模型,并进行仿真运行。本例目的:演示非零初始条件下系统传递函数的导出;非零初始状态的影响;单位脉冲的阶跃生成法;模块参数设置的基空间法。

(1) 根据物理规律建立理论传递函数模型

据牛顿定律可写出图 8.2-1 所示系统的动力学方程

$$m\ddot{x} + b\dot{x} + kx = f_a u(t) \qquad (8.2-20)$$

考虑题给初始条件,对方程实施 Laplace 变换,可得

$$m[s^2 X(s) - sx(0) - \dot{x}(0)] + b[sX(s) - x(0)] + kX(s) = f_a U(s) \qquad (8.2-21)$$

经整理即

$$X(s) = \frac{f_a}{ms^2 + bs + k} U(s) + \frac{mx(0)s + [m\dot{x}(0) + bx(0)]}{ms^2 + bs + k} \qquad (8.2-22)$$

代入题给数据,于是有

$$X(s) = \frac{10}{s^2 + 2s + 100} \cdot U(s) + \frac{0.05s + 0.6}{s^2 + 2s + 100} \cdot I(s) \qquad (8.2-23)$$

式中 $U(s)$ 为单位阶跃函数的 Laplace 变换。$I(s)=1$ 表示单位脉冲的 Laplace 变换,是由系统的非零初始条件演变产生的。

(2) 构建图 8.2-29 所示 Simulink 传递函数模型的关键步骤

● 开启空白模型编辑器。

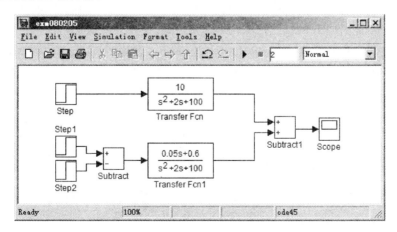

图 8.2-29 借助传递函数模块构建的模型

- 〈Step〉阶跃信号模块取自〈Simulink/Sources〉子库。其参数设置对话窗的 Step time 栏,填写 0;其它默认设置不变。
- 〈Step1〉模块可由〈Step〉模块复制产生。
  - 其参数设置对话窗的 Step time 栏,填写 0;
  - Final value 栏,填写 1e5。
- 〈Step2〉模块可由〈Step〉模块复制产生。其参数对话窗编辑如下:
  - Step time 栏,填写 d。
  - Final value 栏,填写 1/d。
- 减运算模块〈Subtract〉取自〈Simulink/Math Operations〉子库,完全采用默认设置。
- 〈Subtract1〉模块由〈Subtract〉减运算模块复制生成。其参数对话窗编辑如下:
  - List of signs 栏,修改为++。
- 传递函数模块〈Transfer Fcn〉取自〈Simulink/Continuous〉子库,其参数对话窗编辑如下:
  - Numerator coefficient 栏,填写 10。
  - Denominator coefficient 栏,填写[1,2,100]。
- 〈Transfer Fcn1〉模块由〈Transfer Fcn〉模块复制生成。其参数对话窗编辑如下:
  - Numerator coefficient 栏,填写[0.05,0.6]。
  - Denominator coefficient 栏,填写[1,2,100]。
- 〈Scope〉取自〈Simulink/Sinks〉子库,并进行如下设置操作:
  - 双击〈Scope〉模块,引出示波窗。
  - 在示波窗内,点击右键引出现场菜单;选中菜单项 Axes properties;在弹出的纵轴范围设置对话框的 Y-min 栏填写 0,在 Y-max 栏填写 0.16。
- 在模型编辑窗的仿真终止时间栏,把默认的 10 修改为 2,以便更好观察系统起始阶段的动态过程。
- 对仿真参数的设置
  - 选中模型编辑窗的〈Simulation/Configuration Parameters〉,引出仿真参数配置窗。
  - 在仿真参数配置窗左侧的 Select 目录区中,选中目录{Solver};在 Solver options 区的"Max step size"栏中,把原先的默认值 auto 改写成 0.2。
  - 在仿真参数配置窗左侧的 Select 目录区中,选中目录{Data Import/Export};在 Save options 区的"Refine factor"栏中,把原先的默认值 1 改写成 4。这样处理后,在示波模块显示的曲线更光滑。

(3) 仿真运行
- 把以上创建的模型保存为 exm080205.mdl。(参见图 8.2-29。)
- 在指令窗中要先对〈Step2〉模块所需的 d 变量赋值,即在指令窗中运行:d=1e-5
- 运行模型 exm080205.mdl,可得图 8.2-30 所示的曲线。

【说明】
- 本例表明:
  - 传递函数本身不具备"描述初始状态"的能力。Simulink 的〈Transfer Fcn〉模块同样只能描述"零初始状态下系统的输入输出关系"。

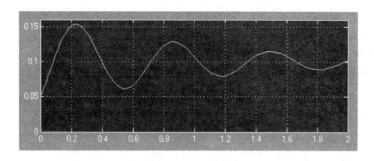

图 8.2-30　在外力作用下质量块的位移曲线

- 但只要在对时域动态方程进行 LapLace 变换时,正确考虑初始状态的影响,那么"非零初始系统的输入输出关系"也可以借助 Simulink 的传递函数模块来仿真。
- 在本例中,非零初始条件的影响转换成了"单位脉冲"的冲激响应,即式(8.2-16)的第二项。
● 本例中,单位脉冲的设计依据如下:
- 由于本系统极点的最大模 $R=10$,当 K 取 100 时,$1/KR=1/1\,000=0.001$。
- 据上分析,本例取矩形脉冲宽度 $d=10^{-5}\gg\text{eps}$,脉冲幅度 $M=10^5$。
- 有兴趣的读者可以改变脉冲宽度和幅度试试,从而对"脉冲宽度和幅度不同取值所产生影响"有一感性印象。
● 本例对 Refine factor 进行设置的理由:
- 假如 Refine factor 采用默认值 1,那么仿真产生的位移曲线就不会像图 8.2-30 那样光滑。原因是:默认设置的 ode45 解算器得到的解点数,不足以绘制光滑曲线。
- 解决曲线绘制数据不足的方法有两个:一,减小"最大步长";二,在现有解点中,采用"外延法"增加绘图数据点。
- 如果目标仅是为了示波器曲线光滑,而不是进一步提高解算点的精度,那么采用"外延法"增加绘图点数是最佳选择。这种增加绘图点数的方法所增加的计算负担较小。
- 在 Save options 区的最右下方的 Refine factor 曲线光滑因子栏中填写 4。这将指示 Solver 在解算微分方程时,进行内插计算,以便在原先的每对解点之间增添 3 个新的样点,供绘制曲线使用。

8.3　子系统和分层模型

随着模型规模的扩展和复杂度的增加,对模型"分层"的想法尤然而生。分层块图模型的结构是:顶层块图模型由若干功能子系统模块组成,而子系统模块又由若干功能相关的基本模块(或子系统模块)组成。

分层块图模型既便于用户从宏观上更好地进行概念的抽象、总体功能的勾画、主要信息流向的描述,又适于用户从微观上深入剖析各功能子系统的具体组成。而功能相对独立的子系统又为复杂模块的"重用(Reuse)"提供了可能。

分层块图模型中的子系统,类似于 MATLAB 指令运行中的 M 函数文件、C 中的 Function subprograms、FORTRAN 中的 Subroutine subprograms。根据子系统的完备性可把子系统分为两类：一，简装子系统（Encapsulated subsystem）；二，精装子系统（Masked subsystem）。后者是在前者基础上，进一步加工整理而成的。

可以通过两种不同的途径创建简装子系统：一，先构建完整的系统块图模型，然后对此模型中的块图，根据关联程度划分成不同的功能区，并把各功能区的模块包装成相应的子系统。该方法简称为"套装法"；二，先按功能对系统模型进行划分，各功能由不同子系统实现，然后利用模块分别构建各子系统。这种方法称为"容器法"。

本节将着重介绍如何利用"分层"思想建立比较复杂的仿真模型，介绍建立这种分层模型所需的子系统（Subsystem）。

8.3.1 创建简装子系统的套装法

套装法的步骤是：先构建完整的块图模型；把模型中关联密切的模块划分在同一功能区；将各功能区加以封装，形成各子系统；对各子系统构成的模型进行整理操作，从而获得分层模型。

本小节有两个算例：例 8.3-1 和例 8.3-2。算例 8.3-1 构造磁盘驱动系统的仿真块图模型，而算例 8.3-2 则以 exm080301.mdl 为基础，详细描述套装法创建简装分层模型的步骤。

【例 8.3-1】 图 8.3-1 所示的硬盘（Hard Disks）是计算机中最重要的存储设备之一。硬盘工作时，读写头（Read-Write Head）在高速旋转（10^4 圈/分钟）的磁盘（Disk）上飞行（Fly），读写头与磁盘的距离在 10^2 纳米数量级。读写头装在读写臂（Arm）上。读写臂由两部分组成：根部由刚性材料制成，而顶部则由弹性薄片构造。读写臂由音圈电机（Voice Coil Motor）驱动。音圈电机是永磁电机，其力矩采用电枢控制（Armature-Controlled）。读写头从磁道 a 运动到磁道 b 的时间在 $10^1 \sim 10^2$ 毫秒数量级，且定位精度要小于 1 微米。为使驱动装置满足以上性能要求，采用如图 8.3-2 所示的闭环控制系统。

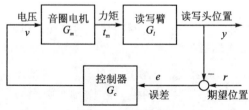

图 8.3-1　硬盘驱动结构示意　　　　图 8.3-2　硬盘驱动闭环控制系统示意

本例是讲述简装子系统套装法前的准备性算例,即为"硬盘驱动器闭环控制系统"创建一个如图 8.3-3 所示的"单层"Simulink 块图模型。

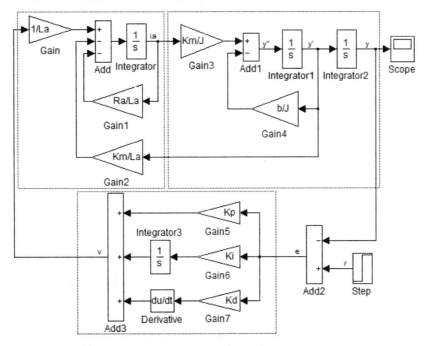

图 8.3-3　驱动闭环控制系统仿真模型 exm080301.mdl

(1) 驱动系统的理论数学模型

读写臂由电磁力矩驱动。读写臂转角 y 与驱动力矩(Torque)t_m 之间的动态关系是

$$J \frac{d^2 y}{dt^2} + b \frac{dy}{dt} = t_m \tag{8.3-1}$$

式中,J 是转动惯量(Rotate Inertia),b 是摩擦系数(Friction)。力矩由音圈电机产生。电磁力矩与电机电枢电流的关系,电流与电压、转速的动态方程为

$$t_m = K_m i_a \tag{8.3-2}$$

$$v = R_a i_a + L_a \frac{di_a}{dt} + K_m \frac{dy}{dt} \tag{8.3-3}$$

式中,i_a 和 v 分别是电枢电流和电压;R_a 和 L_a 分别是电机的电枢电阻和漏电感,K_m 是电机常数(Motor Constant)。音圈电机的电压由含功率放大的 PID 控制器供给。关系式为

$$v = K_p e + K_i \int e dt + K_d \frac{de}{dt} \tag{8.3-4}$$

式中,误差信号 $e=r-y$;r 和 y 分别是磁头的期望位置(Desired Position)和实际位置(Actual Position);K_p, K_i, K_d 分别是 PID 控制器的比例(Proportional)、积分(Integral)、微分(Derivative)增益(Gain)。

以上数学模型中的参数取值见表 8.3-1。

(2) 数学模型的整理和改写

为借助积分模块构建闭环系统方便,对式(8.3-1)和(8.3-3)进行整理可写出

$$\frac{d^2 y}{dt^2} = \frac{K_m}{J} i_a - \frac{b}{J} \frac{dy}{dt} \tag{8.3-5}$$

$$\frac{\mathrm{d}i_a}{\mathrm{d}t} = \frac{1}{L_a}v - \frac{R_a}{L_a}i_a - \frac{K_m}{L_a}\frac{\mathrm{d}y}{\mathrm{d}t} \tag{8.3-6}$$

表 8.3-1　驱动闭环控制系统中的参数

参数名称		参数值	参数名称		参数值
摩擦系数	b	20 N·m/(rad/s)	电机常数	K_m	5 N·m/A
转动惯量	J	1 N·m·s²/rad	比例增益	K_p	930
电枢电阻	R_a	1 Ω	积分增益	K_i	0.01
电枢漏电感	La	0.001 H	微分增益	K_d	11.7

(3) 构造图 8.3-3 所示的 Simulink 仿真模型 exm080301.mdl

构建 exm080301.mdl 模型的关键步骤如下:
- 以描写电机电枢电流与电压的式(8.3-6)为建模着手点。
- 〈Add〉模块取自〈Simulink/Math Operations〉子库,其参数设置对话窗的 List of signs 栏填写+ - -。注意:各符号间不要有空格。
- 〈Integrator〉模块取自〈Simulink/Continuous〉子库,完全采用默认设置。
- 〈Gain〉模块取自〈Simulink/Math Operations〉子库。其参数设置对话窗的 Main 页的 Gain 栏填写 1/La。
- 对〈Gain1〉模块的操作:先由〈Gain〉复制产生;再选模型窗菜单{Format>Flip Block},使该模块翻转;在参数设置对话窗的 Main 页的 Gain 栏填写 Ra/La。
- 〈Gain2〉模块由〈Gain1〉复制而得,且其参数设置对话窗的 Main 页的 Gain 栏填写 Km/La。
- 〈Gain3〉模块由〈Gain〉复制而得,且其参数设置对话窗的 Main 页的 Gain 栏填写 Km/J。
- 〈Add1〉模块由〈Add〉复制而得,其参数设置对话窗 List of signs 栏填写+-。
- 〈Integrator1〉和〈Integrator2〉模块均由〈Integrator〉复制而得。
- 〈Gain4〉模块由〈Gain2〉复制而得,且其参数设置对话窗的 Main 页的 Gain 栏填写 b/J。
- 〈Add2〉模块由〈Add1〉复制而得,经模块反转操作,并在其参数设置对话窗 List of signs 栏填写-+。
- 〈Gain5〉,〈Gain6〉,〈Gain7〉模块均可由〈Gain4〉复制而得。它们参数设置对话窗的 Gain 栏分别填写:Kp, Ki, Kd。
- 〈Integrator3〉模块可由〈Integrator〉复制而得,再经模块反转操作。
- 〈du/dt〉模块取自〈Simulink/Continuous〉子库,完全采用默认设置。
- 〈Add3〉模块由〈Add2〉复制而得。其参数设置对话窗 List of signs 栏填写+++。
- 〈Step〉模块取自〈Simulink/Sources〉子库。其参数设置对话窗 Final value 栏填写 r0。
- 〈Scope〉模块取自〈Simulink/Sinks〉子库并将其纵坐标的 Y-min 栏填写 0,Y-max 栏填写 0.12。
- 参照图 8.3-3 完成各模块间的连线。

(4) 模块参数的赋值和仿真参数配置
- 选中模型窗下拉菜单项{View/Model Explorer},引出模型浏览器。

- 在模型分层目录区(Model Hierarchy)先展开{exm080301}节点；再选中其下的{Model Workspace}节点。
  - 在 Data source 栏中，选择 M-Code 项，引出 M-Code 编辑区。
  - 在 M-Code 编辑区中，输入如下 M 码
    Ra=1; La=0.001; Km=5;
    J=1; b=20;
    Kp=930; Ki=0.01; Kd=11.7;
    r0=0.1;
- 单击模型浏览器右下方的[Apply]键，确认 M – Code 区中的指令输入或修改。
- 点击[Reinitialize from Source]键，运行编辑区中的 M 码；在模型内存展示区可以看到所生成的各个变量。这些变量将供 exm080301.mdl 运行时调用。
- 仿真参数配置
  - 选中模型分层目录区的{Configuration}节点。
  - 在位于模型浏览器中间的配置栏目中，再选中{Solver}节点。
  - 在位于模型浏览器右侧的 Solver 区中，进行下列操作：在 Stop time 栏中，填写 0.2；在 Max step size 栏中，填写 0.04。
- 单击模型浏览器右下方的[Apply]键，确认上述仿真参数的修改。

(5) 信号线标识、模型保存及仿真
- 参照图 8.3-3，对所建模型的信号线进行标识。
- 把模型保存为 exm080301.mdl。
- 点击模型窗上的仿真运行键，可得到如图 8.3-4 的响应曲线。

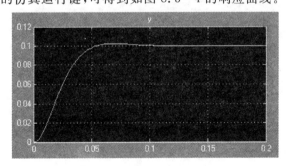

图 8.3-4　读写头的响应曲线

〖说明〗

在模型 exm080301.mdl 中，假设从磁道 a 到磁道 b 的距离是 0.1 弧度，因此阶跃函数终值 r0 取 0.1。

【例 8.3-2】　以 exm080301.mdl 为基础，为"硬盘驱动器闭环控制系统"构建一个如图 8.3-7 所示的分层仿真模型。本例目的：演示创建简装子系统的"套装法"。

(1) 将 exm080301.mdl 另存为一个新模型 exm080302_0.mdl

打开模型 exm080301.mdl，选中菜单项{File＞Save as}，命名新的复制模型为 exm080302_0。

(2) 生成第一个简装子系统
- 参照图 8.3-3 中左上虚线框，用鼠标在 exm080302_0 模型窗中，框选电枢电路部分的

那些模块。
- 选取 exm080302_0 模型窗中菜单项{Edit>Create Subsystem},便把框选部分包装在一个名为 Subsystem 的模块中,参见图 8.3-5。
- 套装后,新生成子系统模块和相应的信号线可能会显得较乱,可以通过鼠标操作进行整理。图 8.3-5 是稍加整理后的模型。
- 双击新生成的子系统模块〈Subsystem〉,就在新展开的窗口中看到先前被框部分的全部模块和信号连线。注意:先前被方框线切割的输入信号线断口被自动添加了输入口模块〈In1〉和〈In2〉;而输出线断口处添加了输出口模块〈Out1〉。

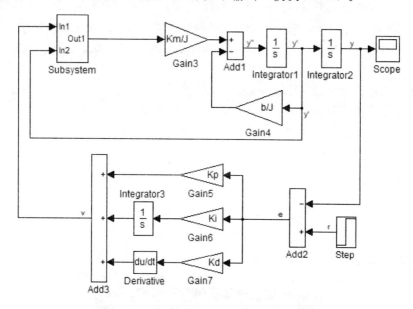

图 8.3-5　第一个子系统生成后的中间模型

(3) 生成第二、三个简装子系统
- 参照图 8.3-3 中的右上虚线框,在模型 exm080302_0.mdl 模型窗中,用鼠标框选驱动装置的机械部分模块;再选中下拉菜单{Edit>Create Subsystem},生成 Subsystem1 模块。
- 参照图 8.3-3 中的下虚线框,在模型 exm080302_0.mdl 模型窗中,用鼠标框选 PID 控制器部分模块;再选中下拉菜单{Edit>Create Subsystem},生成 Subsystem2 模块。
- 套装后,新生成子系统模块和相应的信号线可能会显得较乱,可以通过鼠标操作进行整理。图 8.3-6 是整理后的模型。此图的几何布局与图 8.3-2 示意模型相似。

(4) 顶层模型的重新布局和标识

图 8.3-6 分层模型的布局是由图 8.3-3 单层模型的布局决定的。而本书作者之所以把单层模型的模块布置成图 8.3-3 所示,完全是出于压缩书稿篇幅考虑。

考虑到经典控制教科书中方块图的布图惯例,即自左至右布置:期望位置输入模块、控制子系统、音圈电机子系统、读写头子系统和显示模块,对 exm080302_0.mdl 进行重新布局,需执行以下操作。
- 把 ex080302_0.mdl"另存为"exm080302_1.mdl。

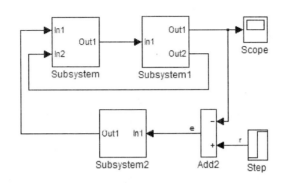

图 8.3-6　由三个子系统构成的驱动控制系统分层仿真模型

- 按教科书惯例,重新布置各模块,使之如图 8.3-7 所示。在重新布局过程中,有些模块可能需要"翻转"。注意:对于需要"翻转"的模块,在进行翻转操作之前,需要把该模块上的信号线断开。为避免重新接线错误,最好逐个处理。实际上,本例之所以分别生成 exm080302_0.mdl 和 exm080302_1.mdl,是以防出错的。
- 重新标识模块和子系统的名称(参见图 8.3-7)
  ■ 用鼠标点击原〈Step〉模块名,出现文本框,删除原名,填写 Desired Position。
  ■ 采用同样的方法,把原模块〈Subsystem〉、〈Subsystem1〉、〈Subsystem2〉的模块名修改为 Voice Coil Motor、Read-Write Arm & Head、PID Controller。
- 重新标识各子系统的输出信号(参见图 8.3-7)

把〈PID Controller〉子系统的输出信号线标识为 v,表示电压;把〈Voice Coil Motor〉子系统的输出信号线标识为 ia,表示电枢电流;把〈Read-Write Arm & Head〉子系统"上输出口"信号线,标为 y,表示读写臂转过的弧度;把〈Read-Write Arm & Head〉子系统"下输出口"信号线,标为 y',表示读写臂的角速度。

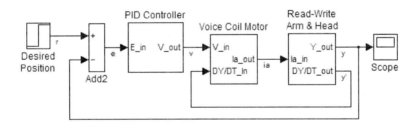

图 8.3-7　经重新布局和标识后的顶层模型 **exm080302_1.mdl**

(5)〈PID Controller〉子系统模型的整理

因为顶层模型 exm080302_1 中的〈PID Controller〉模块由 exm080302_0.mdl 中的〈Subsystem2〉经"翻转"操作而得,因此当鼠标双击打开〈PID Controller〉模型窗时,可以看到该模型窗中的所有模块朝向和信号线方向都"自右向左"。换句话说,"子系统模型中的信号流向"与"顶层模型中子系统块的信号流向"不一致。为了协调,需进行如下整理性操作:
- 引出参考结构

　　双击 exm080302_0.mdl 的〈Subsystem2〉子系统模块,弹出〈Subsystem2〉子系统模型窗,以此作为整理操作的参照。

- 对 exm080302_1.mdl 的〈PID Controller〉子系统模块内部结构的整理操作
  - 双击 exm080302_1.mdl 的〈PID Controller〉子系统模块,弹出〈PID Controller〉子系统模型窗。
  - 删除〈PID Controller〉子系统模型窗中的所有信号线。
  - 用鼠标框选所有模块;选中下拉菜单项{Format＞Flip Blocks},使所有模块翻转。
  - 按图 8.3-8,排放〈PID Controller〉模型窗中的所有模块;连接各块间的信号线。
- 对〈PID Controller〉模型窗各模块名称的修改
    因本书表述需要,对子系统的各模块名进行修改。具体操作如下:
  - 用鼠标点击输入口名称〈In1〉,引出该名称外的文字框;把框中文字改为〈E_in〉,即可。
  - 对其他模块名称进行类似的修改操作,使所有模块的名称与图 8.3-8 一致。

(6) 对〈Voice Coil Motor〉和〈Read-Write Arm & Head〉子系统的修改
  也是出于本书叙述需要对这两个子系统的各模块名进行修改。具体操作如下:
- 〈Voice Coil Motor〉模型窗内各模块名称的修改
  - 双击〈Voice Coil Motor〉子系统模块,弹出模型窗。
  - 对该模型窗中的所有模块名称进行修改,使它们名称与图 8.3-9 一致。
- 〈Read-Write Arm & Head〉模型窗内各模块名称的修改
  - 双击〈Read-Write Arm & Head〉子系统模块,弹出模型窗。
  - 对该模型窗中的所有模块名称进行修改,使它们名称与图 8.3-10 一致。

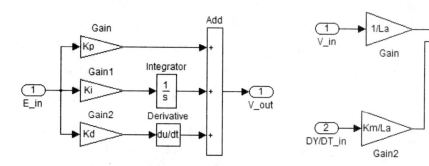

图 8.3-8　经整理和重新标识后的〈PID_Controller〉子系统

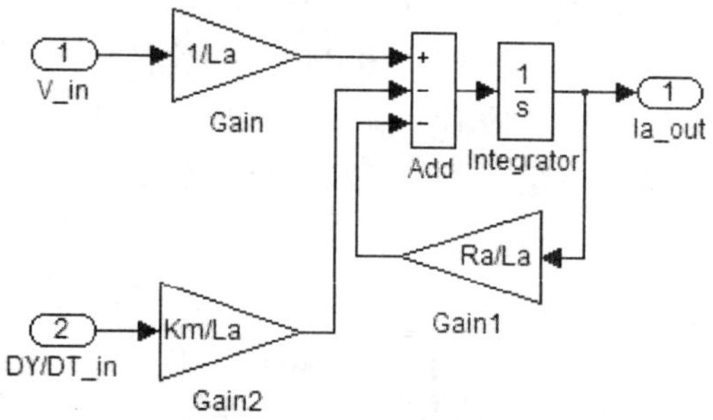

图 8.3-9　经整理和重新标识后的〈Voice Coil Motor〉子系统

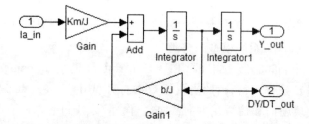

图 8.3-10　经整理和重新标识后的〈Read-Write Arm & Head〉子系统

(7) 保存模型并运行仿真
- 经以上整理和标识后,进行"保存"。

- 点击顶层模型窗上的"仿真运行"键,从示波器显示窗中可以看到与图 8.3-4 完全相同的曲线。

〖说明〗
- 本例创建分层模型过程中,先后生成了"中间模型"exm080302_0.mdl 和"目标模型"exm080302_1.mdl。应当指出:适当保存"中间"模型是有益的——可以防止因操作不慎引起错误而不得不重做的麻烦。事实上,例 8.3-1 也是本例"目标模型"的"中间模型"。

8.3.2 创建简装子系统的容器法

8.3.1 节介绍了"简装子系统和分层模型"创建的套装法。这是一种"自下而上"的建模方法。本节将介绍另一种"自上而下"的建模方法——容器法。

【例 8.3-3】 问题目标与例 8.3-2 相同,即为"硬盘驱动器闭环控制系统"建立一个与 exm080302_1.mdl 完全相同的 Simulink 分层模型(参见图 8.3-7)。本例演示:建立分层模型的"容器法",一种不同于前例"套装法"的建模方法。

(1) 草绘硬盘驱动系统的概念性框图

"容器法"是一种"自上而下"的建模方法。执行该方法,首先根据需要把硬盘驱动系统划分成若干子系统。如图 8.3-11 就是根据"功能不同"而勾画出的概念性框图。其中的控制器、音圈电机、读写臂子系统的动态方程分别是式(8.3-4)、(8.3-5)、(8.3-6)。

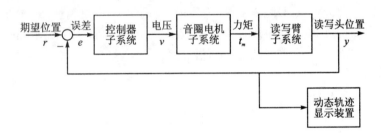

图 8.3-11 硬盘驱动系统不同功能块概念性框图

(2) 根据概念框图创建顶层块图模型

按照题意,从 Simulink 模块库复制如下模块到一个新建模型窗(参见图 8.3-12),并且使各模块按概念框图 8.3-11 的格局布置:
- 〈Step〉模块取自〈Sources〉子库。
- 〈Add〉加运算模块取自〈Math Operations〉子库。
- 〈Subsystem〉、〈Subsystem1〉、〈Subsystem2〉模块都取自〈Ports & Subsystems〉子库。
- 〈Scope〉模块取自〈Sinks〉子库。
- 按概念框图 8.3-11,修改各模块的名称如下
  - 〈Step〉模块名修改为〈Desired Position〉。
  - 〈Subsystem〉模块名修改为〈PID Controller〉。
  - 〈Subsystem1〉模块名修改为〈Voice Coil Motor〉。
  - 〈Subsystem2〉模块名修改为〈Read-Write Arm&Head〉。
- 把此模型保存为 exm080303.mdl。参见图 8.3-12。

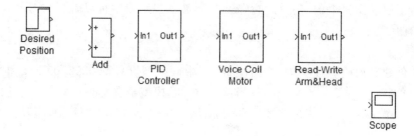

图 8.3-12 新建顶层模型中的库模块布置

(3) 在顶层模型的〈PID Controller〉模块中"装入"PID 控制器
- 双击〈PID Controller〉模块，引出 exm080303/PID Controller 待建模型窗。此时，该窗只有 2 个模块：输入口模块〈In1〉和输出口模块〈Out1〉。
- 删除〈In1〉模块和〈Out1〉模块之间的信号线。
- 根据式(8.3-4)，在 exm080303/PID Controller 待建模型窗中构建如图 8.3-8 所示的子系统。注意：
  - ■〈Gain〉，〈Gain1〉，〈Gain2〉模块参数设置对话窗的 Gain 栏分别填写：Kp，Ki，Kd。
  - ■〈Integrator〉模块和〈du/dt〉模块，完全采用默认设置。
  - ■ 该子系统以误差 e 为输入信号，电压 v 为输出信号。

(4) 在顶层模型的〈Voice Coil Motor〉模块中"装入"音圈电机模型
- 双击〈Voice Coil Motor〉模块，引出一个 exm080303/Voice Coil Motor 待建模型窗。
- 删除〈In1〉模块和〈Out1〉模块之间的信号线。
- 据式(8.3-5)，在 exm080303/Voice Coil Motor 模型窗中，构建一个如图 8.3-9 所示的音圈电机子系统。注意：
  - ■〈Gain〉，〈Gain1〉，〈Gain2〉参数设置对话窗的 Gain 栏分别填写：1/La，Ra/La，Km/La。
  - ■〈Integrator〉模块采用默认设置。
- 该子系统有两个输入量：电压 v 和电机转速 $\dfrac{dy}{dt}$；输出量是电流 i_a。

(5) 在顶层模型的〈Read-Write Arm&Head〉模块中装入读写臂转动模型
- 双击〈Read-Write Arm&Head〉模块，引出一个 exm080303/待建模型窗。
- 删除〈In1〉模块和〈Out1〉模块之间的信号线。
- 据式(8.3-6)，在 exm080303/Read-Write Arm&Head 模型窗中，构建一个如图 8.3-10 所示的音圈电机子系统。注意：
  - ■〈Gain〉，〈Gain1〉模块参数设置对话窗的 Gain 栏分别填写：Km/J，b/J。
  - ■〈Integrator〉，〈Integrator1〉模块都采用默认设置。
  - ■ 该子系统的输入量是电流 i_a；而输出量是电机转角 y 和转速 $\dfrac{dy}{dt}$。

(6) 对顶层模型中非子系统模块的参数设置和各模块间信号线的勾画
- 在〈Step〉模块的参数设置对话窗中，Step time 栏填写 0，Final value 栏填写 r0。
- 〈Scope〉模块的参数设置：纵坐标的 Y-min 置为 0，而 Y-max 置为 0.12。

- 参照图 8.3-7 那样，勾画各模块间的信号线。

(7) 顶层模块参数的赋值和仿真参数配置
- 选中 Exm080303.mdl 模型窗下拉菜单项｛View/Model Explorer｝，引出模型浏览器。
- 在模型分层目录区(Model Hierarchy)先展开｛exm080303｝节点；再选中其下的｛Model Workspace｝节点。
  - 在 Data source 栏中，选择 M-Code 项，引出 M-Code 编辑区。
  - 在 M-Code 编辑区中，输入如下 M 码

    Ra=1; La=0.001; Km=5;
    J=1; b=20;
    Kp=930; Ki=0.01; Kd=11.7;
    r0=0.1;
- 单击模型浏览器右下方的［Apply］键，确认 M-Code 区中的指令输入或修改。
- 点击［Reinitialize from Source］键，运行编辑区中的 M 码；在模型内存展示区可以看到所生成的各个变量。这些变量将供 exm080303.mdl 运行时调用。
- 仿真参数配置
  - 选中模型分层目录区的｛Configuration｝节点。
  - 在位于模型浏览器中间的配置栏目中，再选中｛Solver｝节点。
  - 在位于模型浏览器右侧的 Solver 区中，进行下列操作：
    在 Stop time 栏中，填写 0.2;
    在 Max step size 栏中，填写 0.04。
- 单击模型浏览器右下方的［Apply］键，确认上述仿真参数的修改。

(8) 保存模型并运行仿真
- 对模型 exm080303.mdl 进行保存操作。
- exm080303.mdl 模型仿真运行后，在〈Scope〉中所见到的读写头的响应曲线与图 8.3-4 所示相同。

8.3.3 精装子系统和装帧编辑器

(1) 精装子系统的特点
- 精装子系统有自己独特块标和专属参数对话窗。它看上去与 Simulink 库模块，也称"元模块(Atomic Block)"，别无二致。
- 精装子系统的内部器件通常是隐而不见的。与通过双击简装子系统即可弹出系统结构图不同，若想观察精装子系统的结构，必须选中模型窗下拉菜单｛Edit 〉 Look Under Mask｝。这可使精装子系统免受"无意修改"的破坏。
- 精装子系统有自己专用的"装帧内存空间(Mask Workspace)"。该内存空间不可观察，空间中所保存的变量仅供精装子系统自身使用。当 MATLAB 基空间、模型空间、装帧内存空间，保存有同名变量的不同值时，那么该装帧空间的值被优先使用。

(2) 精装子系统的制作工具——装帧编辑器

精装子系统是在简装子系统基础上经过精心的设置、装饰而产生的。它的制作可借助装帧编辑器(Mask Editor)实现。本节将通过例 8.3-4 细述如何借助装帧编辑器制作精装子

【例 8.3-4】 以例 8.3-3 的 exm080303.mdl 模型为基础，制作如图 8.3-13 所示的闭环控制模型。在该块图模型有以下特点：

- 该硬盘精装子系统 Hard Disk Drive 的"输入输出"特性等同于⟨Voice Coil Motor⟩和 ⟨Read-Write Arm & Head⟩相串联的特性。
- Hard Disk Drive 精装子系统有如图 8.3-13 所示的独特块标。
- 点击 Hard Disk Drive 精装子系统模块，会弹出如图 8.3-14 所示的自己专属参数设置对话窗。
- 在参数设置对话窗中，电枢电阻和电感可以在限定范围内设置，并且点击对话窗上的 [Help]键，会在 MATLAB 的帮助浏览器中给出详细帮助信息（参见图 8.3-15）。

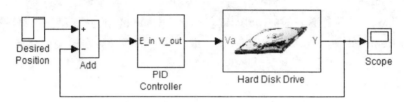

图 8.3-13　含精装硬盘驱动子系统的闭环控制模型

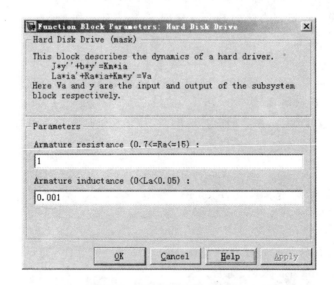

图 8.3-14　精装子系统的参数设置对话窗

(1) 草稿模型准备

打开 exm080303.mdl，进行"另存为"操作，产生草稿模型 exm080304.mdl。

(2) 生成⟨Hard Driver⟩简装子系统

- 在草稿模型窗中，如图 8.3-16 那样框选⟨Voice Coil Motor⟩和⟨Read-Write Arm & Head⟩两个简装子系统。
- 再选中模型窗菜单项｛Edit＞Create Subsystem｝，产生一个新整合的简装子系统⟨Subsystem⟩（参见图 8.3-17）。
- 对新产生⟨Subsystem⟩模块名的修改

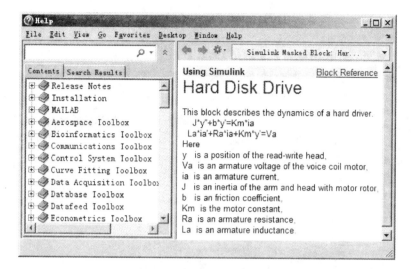

图 8.3-15　在 MATLAB 帮助浏览器中显示的模块信息

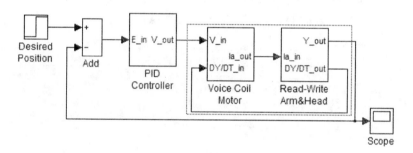

图 8.3-16　框选需要整合的组件

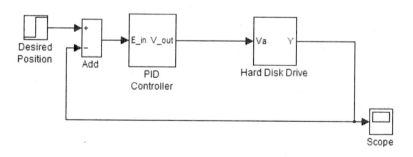

图 8.3-17　新整合成的简装子系统

　　点击新生模块名,在引出文本框中,把 Subsystem 改为 Hard Disk Drive。
- 修改新产生的〈Hard Disk Drive〉模块的输入输出口名
  - 在草稿模型窗中,双击〈Hard Disk Drive〉模块,引出如图 8.3-18 所示的 exm080304/Hard Disk Drive 模型窗。
  - 点击输入端口模块名,在弹出文本框中,把〈In1〉改名为〈Va〉。
  - 点击输出端口模块名,在弹出文本框中,把〈Out1〉改名为〈Y〉。
- 进行保存操作,获得如图 8.3-17 所示的模型。

(3) 在装帧编辑器中制作对话窗中的参数设置栏

● 在模型窗里，点中〈Hard Disk Drive〉模块，选用菜单{Edit > Mask Subsystem}，引出如图 8.3-19 所示的装帧编辑器。

● 再点中该编辑器的 Parameters 参数页。此时装帧编辑器界面如图 8.3-20 所示。

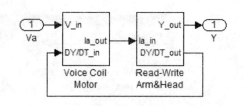

图 8.3-18 模块名和输入输出口名修改后的〈Hard Driver〉简装子系统

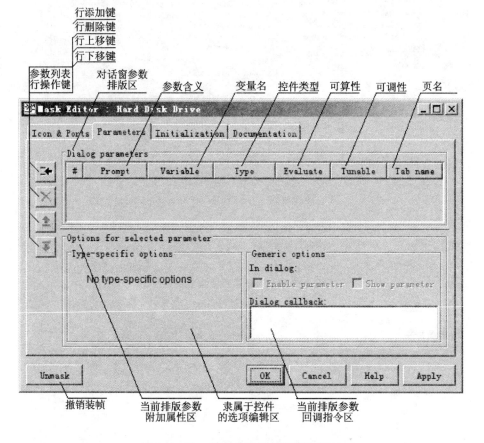

图 8.3-19 新开启的装帧编辑器界面

● 在排版区产生第一参数行(参见图 8.3-20)。
  ■ 点击参数页左侧，图标为 的[行添加键]，就会在参数排版区中出现一个行。
  ■ 在 Prompt 参数含义栏中，填写 Armature resistance(0.7<=Ra<=1.5):。
  ■ 在 Variable 变量名栏中，填写 Ra。
  ■ 在 Type 控件类别栏，选用 edit 可编辑文本控件。
  ■ 在 Evaluate 运算性质栏，采用默认设置"勾选"，即允许填写"任何合法的 M 码"。
  ■ 在 Tunable 可调性栏，采用默认设置"勾选"，意味着：此变量允许在仿真过程中变化。

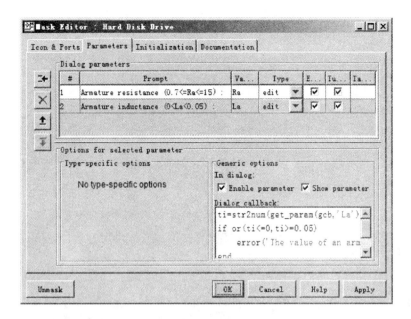

图 8.3-20　装帧编辑器的参数页界面

- 根据题给条件"参数 Ra 不在区间[0.7,1.5]中,则给出警告提示",在"当前排版参数附加属性区"的"Dialog callback"区中,写以下 M 码:(参见图 8.3-20)

  tr=str2num(get_param(gcb,'Ra'));
  if or(tr<0.7, tr>15)
  　　error('The value of an armature resistance should be in [0.7, 15].')
  end

- 在排版区产生第二参数行(参见图 8.3-20)。
  - 点击[行添加键],就会在参数排版区出现第二行。在这行中,在"参数含义"栏和"变量名"栏分别填写 Armature inductance (0<La<0.05)和 La。其余栏采用默认设置。
  - 根据题给条件"参数 La 不在区间(0,0.05)中,须给出警告提示",在"当前排版参数附加属性区"的"Dialog callback"区,写以下 M 码:(参见图 8.3-20)

    ti=str2num(get_param(gcb,'La'));
    if or(ti<=0,ti>=0.05)
    　　error('The value of an armature inductance should be in (0,0.05).')
    end

(3) 保存所进行的参数设置
- 点击装帧编辑器 Mask Editor 上的[Apply]键,结束以上参数对话窗设计。
- 双击 exm080304.mdl 模型窗中的〈Hard Disk Drive〉模块,会弹出警告提示,其含义是:"由于对话窗中 Ra 和 La 填写的 0,不在取值范围中,而导致错误"。
- 关闭警告框,就显出如图 8.3-21 所示的"初建"参数设置对话窗。注意:该对话窗两个参数栏中确实都被默认地填写为 0 了。
- 为了避免再次出现类似警告,可采取的办法是:在〈Hard Disk Drive〉模块参数设置对话窗的两个编辑框中分别填写 1 和 0.001,点[OK]键,然后关闭对话窗。

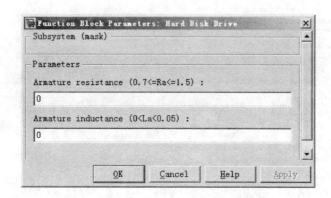

图 8.3-21　导致警告的初建参数对话窗

- 在 xm080304.mdl 模型窗中，实施"保存"操作；此后，再次开启〈Hard Disk Drive〉模块参数设置对话窗时，便不会出现警告。

(4) 制作模块对话窗的说明文档
- 点选装帧编辑器的 Documentation 文档，形成如图 8.3-22 所示的文档对话窗。
  - 在 Mask type 栏中，填写 Hard Disk Drive，以形成精装子系统对话窗的名称。
  - 在 Mask description 栏中，如图 8.3-22 那样填写简要说明文字。
  - 在 Mask help 栏中，参照图 8.3-22 输入文字，以形成借助 MATLAB 帮助浏览器显示的在线帮助内容。
- 点击装帧编辑器的[Apply]键，完成文档制作。
  - 此后，若再双击模型窗中〈Hard Disk Drive〉子系统模块，那么就能弹出如图 8.3-14 所示的参数对话窗。
  - 点击对话窗上的[Help]键，就能引出如图 8.3-15 所示的 MATLAB 帮助浏览器和关于该模块的信息。

(5) 用图像文件制作精装子系统模块块标

块标制作在装帧编辑器的 Icon & Ports 页上进行，具体步骤如下：
- 在装帧编辑器的"块标绘制指令（Icon Drawing commands）框"中，输入如下指令（参见图 8.3-23）：

```
image(imread('harddisk1.jpg'))      % 把 harddisk1.jpg 图像写在块标位置
color('red')                         % 下面使用红色显示
port_label('input',1,'Va')           % 写输入口名
port_label('output',1,'Y')           % 写输出口名
```

注意：读者实践本例所需的 harddisk1.jpg 图像文件存放在随书光盘 mfile 目录上。实践时，应保证 harddisk1.jpg 图像文件在当前目录或在 MATLAB 的搜索路径上。

- Icon & Ports 页中的其他栏采用默认设置（参见图 8.3-23）。
- 点击装帧编辑器的[OK]键，便出现如图 8.3-13 所示的图像块标。

(6) 精装子系统模型的使用试验

经过以上操作，符合题目要求的 exm080304.mdl 块图模型已经制作完成。下面将对 exm080304.mdl 是否符合要求进行检验。

图 8.3-22 制作对话窗说明文档的装帧编辑器界面

- 对 exm080304 的静态检验
  - ■ 模型外观检验

    通过关闭和开启操作，MATLAB 没有给出任何出错和警告；exm080304 的块图与图 8.3-13 相符。
  - ■ 精装子系统的检验

    选中精装子系统〈Hard Disk Drive〉模块，再选中模型窗下拉菜单项{Edit > Look Under Mask}，可以看到该精装子系统的结构如图 8.3-16，符合要求；双击〈Hard Disk Drive〉模块，引出的对话窗与图 8.3-14 相符；再点击该对话窗上的[Help]键，引出的在线帮助与图 8.3-15 相符。
- 在模型参数默认设置下的动态性能检验

  点击 exm080304 模型窗上的仿真运行键 ▶，闭环系统的响应与图 8.3-4 一致。
- 在对话窗中输入电枢电阻 Ra 和电感 La 值后的动态性能检验

  在〈Hard Disk Drive〉模块对话窗中，Ra 和 La 设置不同值时的闭环响应见表 8.3-2。从这可以看到，对话窗设置的参数可以正确地传递给模型。

图 8.3-23 用图像作为块标的绘制指令

表 8.3-2 〈Hard Disk Drive〉模块对话窗中设置不同参数值时的闭环系统响应

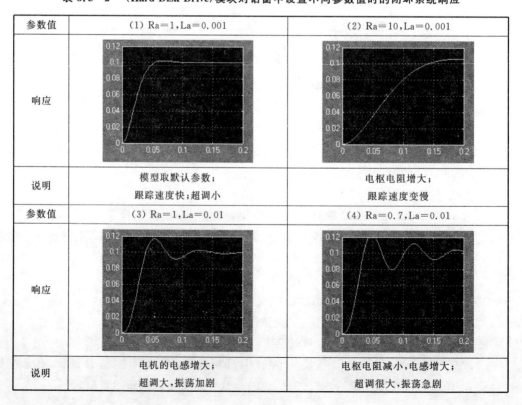

〖说明〗
- 对于包含精装子系统的 Simulink 块图模型而言,精装子系统内各模块所用的参数,可与三个内存空间发生关系,详见表 8.3-3。
- 算例 8.9-1 也使用装帧编辑器修饰块标。
- 关于内存空间与模块对话窗参数设置的关系,另见第 8.2.2-2 小节的说明。

表 8.3-3 精装子系统可获取参数值的三层内存空间

	装帧内存空间 Mask Workspace	模型内存空间 Model Workspace	MATLAB 基本内存空间 Basic Workspace
精装子系统取值 优先权	最高	次之	最低
内存变量 可视性	不可视	可视	可视
最常用 编辑途径	装帧编辑器(Mask Editor)的初始化指令;参数设置对话窗	模型浏览器的"内存数据(Workspace Data)"	MATLAB 指令窗指令或脚本 M 文件的运行
了解内存 的工具	装帧编辑器中的初始化页;参数设置对话窗	模型浏览器(Model Explorer)	MATLAB 指令窗的工作空间浏览器
主要功用	保证精装子系统所含模块参数赋值的封闭性、不受外界干扰性	保证模型所含模块参数赋值得封闭性、不受外界干扰性	提供基本的、共同的内存空间

8.4 使能触发子系统

从子系统是否受"外界条件控制"角度分,子系统有"虚拟子系统(Virtual Subsystems)"和"非虚拟子系统(Nonvirtual Subsystems)"两类。

如简装和精装子系统都属虚拟子系统。虚拟子系统只影响模型的分层,不影响模型中信号流向。在模型窗中,虚拟子系统模块用"细黑线"勾画。

本节和下节将介绍的条件执行子系统、控制流子系统属于非虚拟子系统。非虚拟子系统因受外界条件控制,故也都是"条件子系统(Conditional Subsystems)"。非虚拟子系统不仅影响模型的分层,而且影响模型中信号流向。在模型窗中,非虚拟子系统模块用"粗黑线"勾画。

本节介绍的条件执行子系统和第 9 章将介绍的控制流子系统(Control Flow Subsystem)在创建复杂系统的仿真模型时,都十分有用。

8.4.1 使能子系统

1. 子系统结构和工作原理

(1) 使能子系统的来源
- 在 Simulink 的⟨Ports & Subsystems⟩子库中,有现成的⟨Enabled Subsystem⟩库模块。

该库模块包含了使能子系统的最基本组件。用户可以根据需要,对其内部结构加以改造。
- 若用户需要把某子系统进行"使能"处理,那么可以通过把〈Ports & Subsystems〉子库中的〈Enable〉使能模块引入那个子系统来实现。

(2) 使能子系统库模块结构
- 子系统模块的外形特征
  - 在模块上方多一个"使能"信号输入口,参见图 8.4-1(a)。
  - 模块外框用"粗黑线"勾画。
- 使能子系统库模块的默认结构
  - 库模块内部结构非常简单。它仅包含:"孤立"的〈Enable〉使能模块;相连的输入〈In1〉、输出〈Out1〉模块各一个。参见图 8.4-1(b)。
  - 用户可根据自己的需要对默认结构进行改造。

图 8.4-1 〈Enabled Subsystem〉库模块外形和内部结构

(3) 使能子系统的工作原理
使能子系统有两个工作时段:"使能(工作)时段"和"失能(工作)时段":
- 使能时段是指:使能信号"由负向正穿越"并"持续为正"的那个时间区间。在这个时间区间里,子系统被执行计算。
- 失能时段是指:使能信号"非正"的时间区间。在这个时间区间里,该子系统的输入口一定不接受信号,子系统内部不进行任何信号处理。但注意:失能并不意味着子系统没有输出。

(4) 使能子系统输出信号形态
与触发子系统相比,使能子系统的输出形态更显复杂,参见表 8.4-1。输出形态受以下因素影响:
- 状态信号使能时段初终值处置要素——处置方式取决于"〈Enable〉使能模块对话窗 States when enabling 栏取 held 还是 reset"。held 选项表示"下一使能时段状态初值取上一使能时段的终值"。
- 所有信号失能时段初值处置要素——处置方式取决于"〈Out1〉输出模块对话窗 Output when diabled 栏取 held 还是 reset"。held 选项表示"失能时段的初值取其前使能时段的终值"。

第 8 章 Simulink 交互式仿真

表 8.4-1 使能子系统三要素及其对输出的影响

使能子系统输出信号的"状态"属性	〈Enable〉使能模块对话窗 States when enabling 栏选项	〈Out1〉输出口模块参数对话窗		输出形态类型 (No.)
	使能时段初终值关系	Output when disabled 栏选项	Initial output 栏选项	
非状态信号	不影响	held	不影响	1
		reset	必须取"定值(如0)"	2
状态信号	held 使能时段初值取上一时段终值	held	不影响	3
		reset	必须取"定值(如0)"	4
	reset 使能时段初值被重置	held	不影响	5
		reset	必须取"定值(如0)"	6

〖说明〗
- 积分、延迟、传递函数、状态空间等模块输出的信号都是状态信号。
- 例 8.4-1 演示非状态信号的两种输出形态 No.1, No.2；例 8.4-2 演示状态信号的四种输出形态 No.3, No.4, No.5, No.6。

2. 子系统非状态输出的两种形态

本节以算例形式,展示:失能子系统输出模块设置对输出形态的影响。

【例 8.4-1】 构造图 8.4-2 所示模型 exm080401.mdl:该模型包含四个使能子系统；每个子系统都采用库模块结构,各子系统不包含状态量；每个子系统的使能模块和输出模块的设置不同。本例演示:"使能模块参数对话窗 States when enabling 栏"的选项对非状态信号输出不产

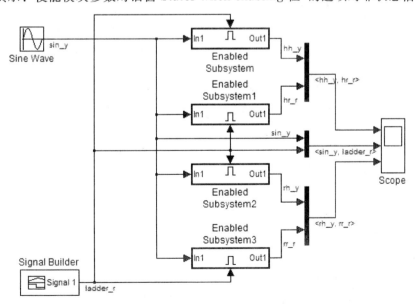

图 8.4-2 揭示使能子系统工作特性的模型

生影响;"输出模块 Output when disabled 栏"的两个选项对非状态信号的影响;用户特需信号构建器(Signal Builder)的使用。

(1) 关于 exm080401.mdl 模型所用模块的说明
- 信号制作模块〈Signal Builder〉取自〈Simulink/Sources〉子库,其外形见图 8.4-5。信号波形设计和使用方法,见例 8.4-1 后说明。
- 正弦波模块〈Sine Wave〉取自〈Simulink/Sources〉子库。其频率 Frequency 栏,填写 pi/5。
- 四个使能子系统模块〈Enabled Subsystem〉等
  - 它们都取自〈Simulink/Ports&Subsystems〉子库。
  - 其中〈Enabled Subsystem1〉和〈Enabled Subsystem3〉的朝向是由"默认朝向"经翻转、旋转等操作后产生的。
  - 四个使能子系统的参数设置汇总在表 8.4-2 中。

表 8.4-2 非状态信号形态仅受输出模块参数设置影响

子系统名	〈Enable〉使能模块参数对话窗 States when enabling 栏	〈Out1〉输出口模块参数对话窗		示波窗中曲线
		Output when disabled 栏的选项	Initial output 栏的选项	
〈Enabled Subsystem〉	不影响	held	0	上窗黄线 hh_y
〈Enabled Subsystem 2〉				下窗黄线 rh_y
〈Enabled Subsystem 1〉		reset	0	上窗红线 hr_r
〈Enabled Subsystem 3〉				下窗红线 rr_r

- 三个合路复用模块〈Mux〉等取自〈Simulink/Signal Routing〉子库。
- 示波模块〈Scope〉的一般参数设置:Number of axes 轴数栏中,填写 3;所有示波窗的纵坐标 Y-min 取 -2.5,Y-max 取 2.5。
- 示波模块〈Scope〉的特需设置

    鉴于本书纸质版本无法表现色彩,故作以下设置,把信号保存在 MATLAB 基本空间,以供绘图。
  - 点击示波窗工具图标,引出 Scope parameters 示波器参数设置窗。
  - 在参数设置窗的 Data History 页,"勾选"Save data to workspace,使波形数据采用 ScopeData 为变量名以构架形式保存在 MATLAB 的基本空间中。

(2) 信号标识
- 为了便于阅读三个示波窗中的波形曲线,对各个使能子系统的输出信号进行符号标识。详见表 8.4-2 的第 5 列。
- 在中间那个示波窗里,红色阶梯线 ladder_r 是使能信号,黄色正弦线 sin_y 是使能子系统的输入信号。

(3) 仿真参数配置

在模型的配置参数(Cnfiguration Parameters)对话窗的 Solver option 区中,做如下设置:Type 栏选择 Fixed-step 菜单项;Solver 栏采用 ode3 菜单项;Fixed-step size 栏,填写 0.01。

(4) 使能子系统输出波形的 M 码绘制图形

在 MATLAB 指令窗中运行以下指令:

```
clf
plot(ScopeData.time,ScopeData.signals(1,1).values(:,1),'y--','LineWidth',5)
                                             % 用第一示波窗数据画 hh_y 和 rh_y 线
hold on
plot(ScopeData.time,ScopeData.signals(1,1).values(:,2),'r')
                                             % 用第一示波窗数据画 hr_r 和 rr_r 线
hold off, grid on
axis([0,10,-2.5,2.5])
legend('hh_y 或 rh_y','hr_r 或 rr_r')
xlabel('t'),ylabel('Output of Subsystems')
title('No. 1 and No. 2 Styles of Enabled Subsystems')
```

〖说明〗
- 图 8.4-3"中示波窗"显示,使能信号 ladder_r(红线)只有在 $t=2,6$ 两个时刻的使能信号"由负向正穿越",从而导致"使能子系统被启动"。
- 图 8.4-3"上下示波窗"中信号完全相同,说明:使能模块参数对话窗的 States when enabling 栏的选项对"非状态量"没有影响。
- 在图 8.4-3"上或下示波窗"中,或在更清晰的图 8.4-4 中,粗虚黄线和细实红线的差异仅发生在"失能时段",那是因为输出模块的 Output when disabled 栏设置不同引起的:held 导致粗虚黄线;而 reset 导致细实红线。
- 由于本书纸质版不能显示色彩,为读者阅读方便,仍建议:为较好理解此例,配合随书光盘上的 DOC 电子版或 exm080401.mdl 的运行阅读。
- 结合本例"阶梯信号"的制作简扼介绍〈Signal Builder〉信号制作器。
    ■ 〈Signal Builder〉信号制作器的库模块保存在〈Simulink/Sources〉子库。
    ■ 该模块用于创建和制作"分段直线信号的可互换组(Interchangeable Groups of Signals Whose Waveforms are Piecewise Linear)"。

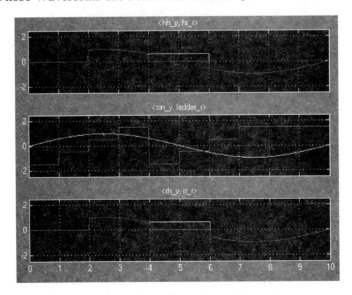

图 8.4-3 使能子系统输出模块设置对子系统非状态信号的影响

■ 双击〈Signal Builder〉信号制作模块引出如图 8.4-5 所示的界面,注意:图中曲线是本例自制的。原库模块的默认信号是方波脉冲曲线。

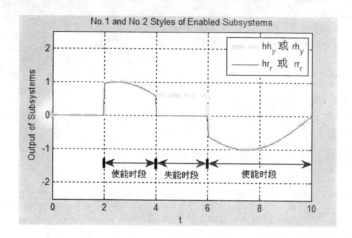

图 8.4-4 子系统非状态信号的两种形态

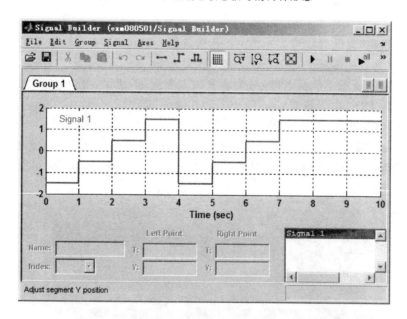

图 8.4-5 本例中〈Signal Builder〉模块的对话窗

■ 在信号制作模块对话窗中,用鼠标点中原先的默认方脉冲曲线,再选择菜单项{Signal>Replace with>Custom},弹出 Custom Waveform Data 对话窗,参见图 8.4-6。
■ 在 Custom Waveform Data 对话窗填写分段直线的"转折点坐标对数组"如下:
在 Time Values 栏中,填写
[0, 1, 1, 2, 2, 3, 3, 4, 4, 5, 5, 6, 6, 7, 7, 8]
在 Y Values 栏中,填写
[−1.5, −1.5, −0.5, −0.5, 0.5, 0.5, 1.5, 1.5, −1.5, −1.5, −0.5, −0.5, 0.5, 0.5, 1.5, 1.5]

第 8 章 Simulink 交互式仿真

■ 点击 Custom Waveform Data 对话窗上的[OK]键,就在坐标框中产生如图 8.4-5 所示的曲线。
■ 在 Signal Builder 信号制作模块对话窗中,先进行保存操作,然后再关闭此对话窗。

3. 子系统状态输出的四种形态

在〈Enable〉模块和〈Out1〉模块的不同设置下,子系统状态信号将呈现四种不同的输出形态。详见以下算例。

【例 8.4-2】 本例模型 exm080402.mdl 构造与图 8.4-2 相似,但子系统结构不同。本例模型 exm080402.mdl 的所有子系统的结构如图 8.4-7 所示;子系统中都包含一个积分模块,用以产生状态信号。本例演示:在"使能设置要素"和"失能设置要素"的不同取值下,使能子系统状态信号输出的四种形态;使能子系统库模块默认结构的可改造性;多示波窗数据的保存格式。

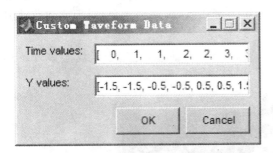

图 8.4-6 输入自制波形数据的对话窗　　图 8.4-7　exm080402 的使能子系统结构

(1) exm080402.mdl 的产生
● 对 exm080401.mdl 进行"另存为"操作,得到草稿模型 exm080402.mdl。
● 在 exm080402.mdl 模型窗中,进行如下修改:
　■ 在每个使能子系统的输入口与输出口模块之间插入一个积分模块〈Integrator〉。
　■ 积分模块都采用〈Integrator〉库模块的默认设置。
　■ 每个使能子系统都有如图 8.4-7 所示的结构。
● 对各使能子系统的〈Enable〉模块和〈Out1〉输出模块的设置各不相同,详见表 8.4-3。

表 8.4-3 状态信号的四个形态和要素设置

子系统名	〈Enable〉使能模块对话窗 States when enabling 栏	〈Out1〉输出模块对话窗		形态曲线示例
		Output when disabled 栏的选项	Initial output 栏的选项	
〈Enabled Subsystem〉	held 使能时段初值取 上一个失能时段的终值	held	0	No.3 上窗黄线 hh_y; 图 8.4-9 粗黄线
〈Enabled Subsystem1〉	held 使能时段初值取 上一个失能时段的终值	reset	0	No.4 上窗红线 hr_r; 图 8.4-9 粗青线

续表 8.4-3

子系统名	⟨Enable⟩使能模块对话窗 States when enabling 栏	⟨Out1⟩输出模块对话窗		形态曲线示例
		Output when disabled 栏的选项	Initial output 栏的选项	
⟨Enabled Subsystem2⟩	reset 使能时段初值被重置	held	0	No.5 下窗黄线 rh_y; 图8.4-9品红线
⟨Enabled Subsystem3⟩		reset	0	No.6 下窗红线 rr_r; 图8.4-9黑点线

〖说明〗
- 注意：在图8.4-8示波窗中，两线重合段，先画的黄线被后画的红线覆盖。因此，只有黄、红两线不相同处，才能看到黄线。由于本书纸质版，无法表现色彩，因此建议读者配合光盘阅读。
- 图8.4-9是利用示波器保存数据，通过 M 码绘制的曲线，更适于纸质版表现不同曲线。

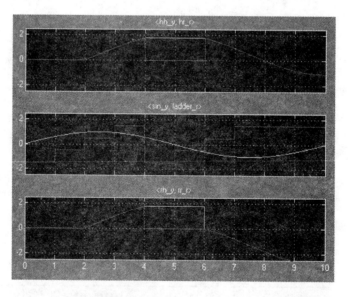

图 8.4-8 由使能三要素不同取值所生成的子系统状态信号的四种形态

（2）仿真结果显示、绘制和观察
- 模型仿真运行后，在示波器的三个示波窗中显示如图8.4-8所示的图形。
- 为在本书纸质版上较好显现四种不同形态的曲线，采用以下指令绘制了图8.4-9。

```
clf
plot(ScopeData.time,ScopeData.signals(1,1).values(:,1),'y-','LineWidth',8), hold on
        % 用第一示波窗数据画 hh_y (No.3)
plot(ScopeData.time,ScopeData.signals(1,1).values(:,2),'c--','LineWidth',6)
        % 用第一示波窗数据画 hr_r (No.4)
```

```
plot(ScopeData.time,ScopeData.signals(1,3).values(:,1),'m','LineWidth',4)
                              % 用第三示波窗数据画 rh_y (No.5)
plot(ScopeData.time,ScopeData.signals(1,3).values(:,2),'k:')
                              % 用第三示波窗数据画 rr_r (No.6)
hold off
axis([0,10,-2.5,2.5])
legend('No.3(hh_y)','No.4(hr_r)','No.5(rh_y)','No.6(rr_r)','Location','SouthWest')
xlabel('t'),ylabel('Output of Subsystems')
title('Styles of State-Outputs of Enabled Subsystems')
```

- 本例采用了"表 8.4-3/示波图 8.4-8/M 码绘制图图 8.4-9"综合描述方式,供读者对照阅读和实践。

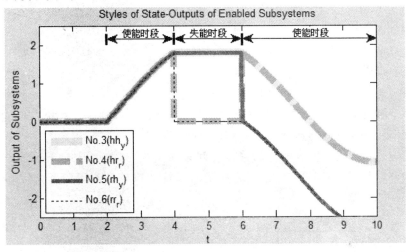

图 8.4-9 子系统状态信号的四种形态

〖说明〗

本例在示波器参数设置窗的 Data History 页,"勾选"Save data to workspace,以 Sturecture with time 格式采用变量名 ScopeData 把示波数据保存在 MATLAB 的基本空间中。关于 ScopeData 更详细的说明如下:

- ScopeData   是一个构架类型的变量;保存示波器的全部示波数据。
- ScopeData.signals   在本例中,该变量是(1×3)的构架数组。它对应三个示波窗:
  ScopeData.signals(1,1).values   对应"上示波窗"的 2 个波形纵坐标;
  ScopeData.signals(1,2).values   对应"中示波窗"的 2 个波形纵坐标;
  ScopeData.signals(1,3).values   对应"下示波窗"的 2 个波形纵坐标。
- ScopeData.time   是一维列数组,对应所有波形的横坐标。

8.4.2 触发子系统

1. 子系统的结构和工作原理

(1) 触发子系统有两个来源:
- 来源之一:在 Simulink 的〈Ports & Subsystems〉子库中,有现成的〈Triggered Subsys-

tem〉库模块。该库模块包含了使能子系统的最基本组件。用户可以根据需要,对其内部结构加以改造。
- 来源之二:若用户需要把某子系统进行"触发"控制,那么可以通过把〈Ports & Subsystems〉子库中的〈Trigger〉触发模块引入那个子系统来实现。

(2) 触发子系统库模块的基本组件和特性
- 子系统模块的外形特征(参见图 8.4-10a)
  - 图 8.4-10(a)所示子系统模块外框用"粗黑线"勾画。
  - 在该模块上方多一个"触发"信号输入口。该输入口的图标随所选触发方式而变(参见图 8.4-11)。
- 触发子系统库模块的默认结构(参见图 8.4-10b)
  - 图 8.4-10(b)展示的默认结构很简单。它包含:一个"孤立"的〈Trigger〉触发模块;由直通通路相连的输入、输出模块〈In1〉、〈Out1〉。
  - 用户可以根据需要加以改造。
- 触发子系统的工作原理
  - 只有触发事件发生的那个时刻,触发子系统被"执行"。这意味着:触发子系统在下一个触发到来之前,总保持最近那个触发时刻的值;触发子系统内不能包含诸如积分模块等具有时间连续属性的模块。
  - 触发子系统内的所有模块的采样时间只能设置为"继承形式(Inherited)值"-1,或一个定采样时间 inf。这是因为触发子系统的执行是非周期形式(Aperiodic Fashion)的。

图 8.4-10　〈Trigged Subsystem〉库模块外形和内部结构

(3) 触发模块〈Trigger〉的作用和参数设置
双击触发子系统的〈Trigger〉触发模块,打开参数设置对话窗,可进行触发类型设置。
- Trigger type 触发类型栏的四个选项:
  - rising　　　控制信号由"负"向"0 或正"迁移时刻,
  　　　　　　或由"0"向"正"迁移时刻,触发该子系统。
  - falling　　　控制信号由"正"向"0 或负"迁移时刻,
  　　　　　　或由"0"向"负"迁移时刻,触发该子系统。
  - either　　　控制信号是 rising 或 falling 时刻,都触发该子系统。
  - function-call　这种触发方式必须与 S-函数配用。
- 提醒读者注意:"触发事件"不是根据"是否穿越 0"定义的。所有"不是在同一符号域(正域或负域)的信号变化"都可以定义为 rising 或 falling。

2. 子系统的三种触发方式

【例 8.4-3】 借助 exm080403.mdl 模型演示:触发子系统的工作原理。

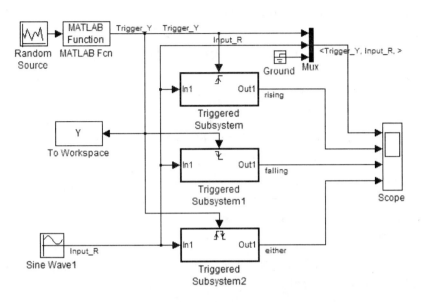

图 8.4-11 用于演示三种触发方式的 exm080403.mdl

(1) exm080403.mdl 模型所用模块及其设置
- 〈MATLAB Fcn〉模块取自〈User-Defined Functions〉子库。其对话窗参数设置:MATLAB function 栏,填写 fix(5 * u);勾选 Collapse 2-D results to 1-D 栏。
- 〈Mux〉合路复用模块取自〈Signal Routing〉子库;其对话窗中 Number of inputs 设置为 3。
- 〈Ground〉零位模块取自〈Sources〉子库,采用默认设置。
- 〈Random Source〉正态随机信号发生模块取自〈Sources〉子库。对话窗参数设置:Source type 栏,选择 Gaussian;Method 栏,选择 Ziggurat;Mean 栏,填写 0;Variance 栏,填写 1;Repeatability 栏,填写 Specify seed;Initial seed 栏,填写 1235;Sample mode 栏,选择 Continuous。
- 〈Scope〉示波器模块取自〈Sinks〉子库。其 Number of axes 轴数栏,填写 4;所有示窗的纵坐标范围设置为[-10,10]。
- 〈Sine Wave〉正弦波模块取自〈Sources〉子库。对话窗中参数设置:Amplitude 栏,填写 10;Bias 栏,填写 pi/4;Frequency 栏,填写 4/3 * pi;其余栏取默认设置。
- 〈To Workspace〉内存保存数据模块取自〈Sources〉子库。对话窗参数设置:Variable name 栏,填写 Y;Save format 栏,选择 Array。
- 触发子系统模块取自〈Ports & Subsystems〉子库。
  - ■ 〈Triggered Subsystem〉,采用默认触发类型 rising。
  - ■ 〈Triggered Subsystem1〉,其内触发模块〈Trigger〉对话窗的 Trigger type 触发类型栏选择 falling。

- ■ 〈Triggered Subsystem2〉，其内触发模块〈Trigger〉对话窗的 Trigger type 触发类型栏选择 either。

(2) 仿真参数配置

选中模型窗的{Simulation＞Configuration Parameters}菜单项，引出 Configuration Parameters 配置窗。在 Solver 页上的参数设置：Type 步长类型栏，选择 Variable-step；Solver 解算器栏，选择 discrete；Max step size 步长大小栏：填写 0.2。

(3) 信号标识
- 〈Signal Generator〉信号发生模块输出信号线，标识为 Trigger_Y，Y 意指"黄线"。
- 〈Sine Wave〉正弦波模块输出信号线，标识为 Input_R，R 意指"红线"。
- 双击〈Mux〉合路复用模块输出信号线，在出现的文本框中填写＜。当鼠标移离文本框后，即显示出〈Trigger_Y, Input_R〉。
- 〈Triggered Subsystem〉模块输出信号线，标识为 rising。
- 〈Triggered Subsystem1〉模块输出信号线，标识为 falling。
- 〈Triggered Subsystem〉模块输出信号线，标识为 either。

(4) 仿真结果

运行仿真后，示波器的四个窗口的显示曲线如图 8.4-12 所示。具体解释如下：
- 窗口 No.1（窗口自上向下编号）
  - ■ 青色线是 0 幅值基准线。
  - ■ 黄色线是输向各触发模块的触发信号。该信号的数值由〈To Workspace〉模块以变量名 Y 保存于 MATLAB 的基本内存中。Y 的具体数值见表 8.4-4。
  - ■ 粉红线是各触发子系统的输入信号。线上那些"结点"是被 rising 或 falling 触发时的输入信号值。
  - ■ 从该窗可以看到：要且只要触发信号的三种"符号状态"，即负号、零、正号，发生改变，触发子系统就可能工作；只要"符号状态"不变，不管触发信号值的大小是否变化，都不引起触发。
- 窗口 No.2
  - ■ 该窗口反映定义 rising 类型的触发子系统的输出信号。
  - ■ 在触发信号的所有"上升"时刻中，只有那些信号从"负升为 0 或正"的那些时刻子系统才被触发，即那些旁注编号的时刻。（注意：由于数据较短，该窗中缺少"由 0 升正"的触发示例。）
- 窗口 No.3
  - ■ 该窗口反映定义 falling 类型的触发子系统的输出信号。
  - ■ 在触发信号的所有"下降"时刻中，只有那些信号从"正或 0 降为负"的那些时刻子系统才被触发，即那些旁注编号的时刻。（注意：由于数据较短，该窗中缺少"由正降为 0"的触发示例。）
- 窗口 No.4

该窗口反映 rising 或 falling 发生时都被触发的子系统的输出信号。

第 8 章 Simulink 交互式仿真

表 8.4-4　不同触发类型设置对触发时刻的影响

触发信号编序	0	1	2	3	4	5	6	7	8	9	10	11	12	13	14	15
Y 值	−3	4	2	−8	8	−4	−5	0	−5	−2	7	−3	0	−6	0	−5
rising		√			√			√			√		√		√	
falling				√		√			√			√		√		√

〖说明〗

- 在 exm080403.mdl 模型中，〈MATLAB Fcn〉模块中使用 fix(.)函数的目的是为了使触发信号中包含绝对 0 值。
- 〈Ground〉零位模块是为在示波窗中画出"0 基准线"而引进的。
- 触发子系统外观上有一个"触发"控制信号输入口。所谓"触发"是指：当且仅当"触发"输入口信号恰为所定义的某个"事件(Event)"发生时，该模块才接受 In 输入端的信号。子系统一旦被触发，其输出口就保持其值不变，直到下次再触发才可能改变。
- 触发信号也可以是向量。那时，只要向量中有一个分量信号发生"触发事件"，子系统就被触发。
- 触发子系统中也能插入某些类型的其他模块：对采样操作具有"继承"特性的逻辑模块和增益模块；采样时间被设置为 −1 的离散模块。一般的连续时间模块不能用于触发子系统。
- 把触发模块和使能模块装置在同一个子系统中，就构成触发使能子系统。该系统的行为方式与触发子系统相似，但只有当使能信号为"正"时，触发事件才起作用。

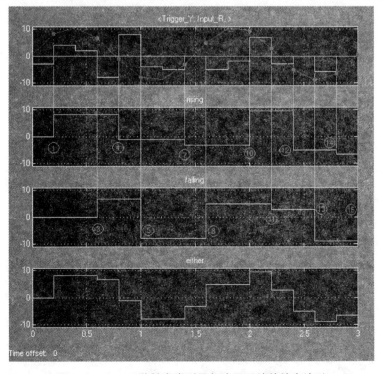

图 8.4-12　三种触发类型及相应子系统的输出波形

8.5 Simulink 的控制流

控制流模块是构造复杂 Simulin 模型所不可少的器件。出于篇幅考虑，本节将通过三个算例展示三种主要的控制流：For 环、While 环、If-else 条件转向。

8.5.1 For 环

本节采用算例阐述。

【例 8.5-1】 采用 For 环模块构造求 C＝pascal(5)矩阵各列向量 2－范数的 Simulink 块图模型。本例演示：如何用块图模型，计算 5 阶 Pascal 矩阵各列向量的 2－范数；Simulink 模型中 For 环的构成原理；For Iterator Subsystem 的基本用法；For Iterator 迭代控制模块的参数设置；Variable Selector 模块和 Assignment 模块的使用；初步理解主时点和子时点。

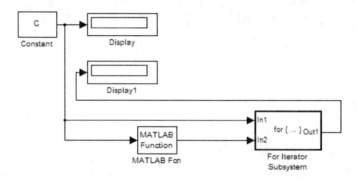

图 8.5-1 利用 For 环模块求矩阵各列范数的 exm080501 模型

(1) 求矩阵 C＝pascal(5) 各列向量的 2-范数的 M 码

本书作者写以下 M 码的理由："与 Simulink 模型对照，以便更好理解 For 环模块的工作原理"。记 c_i 是矩阵 C 的第 i 列，那么该列的范数可写为

$$y_i = \sqrt{c_i^T c_i}, \quad i = 1, \cdots, 5 \quad (8.5-1)$$

则采用 For 环求范数的 M 码如下：

```
C = pascal(5)
n_col = size(C,2);          % 决定循环指数上限                      <2>
for idx = 1:n_col           % 循环指数取值                         <3>
    w = C(:,idx)' * C(:,idx);   % 循环体内容:利用循环指数援引数据;运算   <4>
    y(idx) = sqrt(w);       % 循环体内容:利用循环指数标定元素位置     <5>
end                         %                                     <6>
y
C =
     1     1     1     1     1
     1     2     3     4     5
     1     3     6    10    15
     1     4    10    20    35
     1     5    15    35    70
y =
```

| 2.2361 | 7.4162 | 19.2614 | 41.7373 | 79.8499 |

(2) 构造顶层模型
- 开启一个 Simulink 新建模型窗口。
- 把如下库模块拉入新建模型窗并进行适当设置(参见图 8.5-1)。
  - 〈Constant〉模块取自〈Simulink/Sources〉子库。在其参数对话窗的 Constant value 栏中，填写 C；其余采用默认设置。
  - 〈MATLAB Fcn〉模块取自〈Simulink/User-Defined Functions〉子库。其参数对话窗的 MATLAB Function 栏中，填写 size(u,2)。
  - 〈Display〉和〈Display1〉数值显示模块取自〈Simulink/Sinks〉子库。前者显示输入矩阵，后者显示各列向量的范数。
- 〈For Iterator Subsystem〉循环子系统模块及其结构修改。
  - 该循环子系统模块取自〈Simulink/Ports&Subsystems〉子库，其默认结构如图 8.5-2 所示。
  - 为与第(1)步中 M 码的指令〈2〉对应，即循环指数上限在"循环"外决定，双击〈For Iterator〉循环指数模块，打开其对话窗。
  - 在〈For Iterator〉循环指数模块对话窗的 Iteration limit source 栏，选择 external 项，并点[OK]键，使循环指数模块产生一个输入口。
  - 再复制一个输入模块〈In2〉，并把此模块输出与〈For Iterator〉模块的新生输入口相连(参见图 8.5-3)。
  - 完成以上操作后，在顶层模型窗中的〈For Iterator Subsystem〉循环子系统模块就有"两个输入口一个输出口"(参见图 8.5-1)。
- 参照图 8.5-1，在顶层模型窗中，完成各模块间的连线。

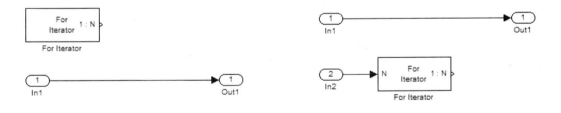

图 8.5-2　For 环子系统库模块的默认结构　　　　图 8.5-3　经修改后的〈For Iterator Subsystem〉子系统模块结构

(3) 图 8.5-4 所示〈For Iterator Subsystem〉子系统的构建
- 双击顶层模型窗中的〈For Iterator Subsystem〉模块，开启图 8.5-3 所示的子系统模型窗。
- 断开〈In1〉和〈Out1〉之间的连线；从 Simulin 库引入〈Variable Selector〉变量选择模块、〈Matrix Square〉内积乘模块、〈Sqrt〉模块、〈Assignment〉赋值模块。
- 〈Variable Selector〉变量选择模块
  - 取自〈Signal Processing Blockset/Signal Management/Indexing〉子库
  - 参数对话窗中的设置：Number of input signals 栏，填写 1；Select 栏，取 Columns 选

项(因本例要求计算列向量的范数);Selector mode 栏,取 Variable 选项(以便根据输入的列下标选定列向量);Index mode 栏,取 One-based 选项;Invalid index 栏,取 Clip Index 选项(当外给下标与内在下标不符时,按最近邻原则向内存下标域靠拢);其余取默认设置。

- 〈Matrix Square〉内积乘模块取自〈Signal Processing Blockset/Math Operations/Matrix Operations〉子库;用以计算向量的内积。
- 〈Sqrt〉模块取自〈Simulink/Math Operations〉子库;用以计算内积的平方根,即范数。
- 〈Assignment〉赋值模块
  - 取自〈Simulink/Math Operations〉子库,用以保存各列范数。
  - 〈Assignment〉模块的参数设置
    Number of output dimensions 栏,可填写 1(因为输出的是标量——每列的范数); Index mode 栏,应选择 One-based 项;Index Option 区的第 1 行,选择 Index vector (port)(用 For 循环指数指定在输出数组中元素的位置);引出 Initialize output (Y) 栏,并取 Specify size for each dimension in table 选项;又在 Index Option 区第 1 行最右侧,引出 Output Size 栏,填写 N_col(用以指定输出的列数)。
- 按图 8.5-4,完成子系统模型窗中各模块间的信号线连接。

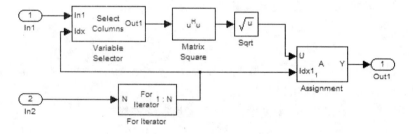

图 8.5-4 完成参数设置和信号线连接的 For 环子系统

(4) 顶层模型的内存设置和仿真参数配置
- 对顶层模型内存的设置
  - 选中顶层模型窗菜单项{View > Model Explorer},引出模型浏览器。
  - 在 Model Hierarchy 分层目录中,点选〈exm080602/Model Workspace〉节点,引出模型内存设置对话框(在模型浏览器的右侧)。
  - 在 Data source 栏中,选取 M-Code 选项;在引出的 M-Code 编辑区,输入如下 M 码:
    C=pascal(5);
    N_col=size(C,2);
  - 点击 M 码编辑区下方的[Apply]键,再点击[Reinitialize from Source]键,对模型内存实现初始化。
- 仿真参数配置
  选中顶层模型窗的下拉菜单{Simulation > Configuration Parameters}菜单,引出 exm080501/Configuration 仿真参数设置对话窗,并进行以下设置:
  - Solver options/Type 栏,选 Variable-step。
  - Solver options/Solver 栏,选 discrete (no continuous states)(本例中没有含连续状

态的模块存在)。
  ■ Solver options/Fixed-step size 栏,填写 0.2。
(5) 保存和运行模型
● 完成以上所有操作后,对顶层模型 exm080501 进行保存操作。
● 运行模型 080501,可得到如图 8.5-5 所示结果。(两个显示模块被适当"拉大"后)

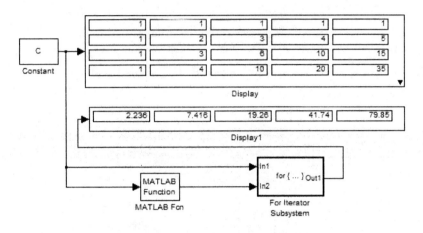

图 8.5-5 运行后的解题模型

〖说明〗

● 在〈For Iterator Subsystem〉子系统模型窗中,构成循环的三要素如下:
  ■ 模块〈For Iterator〉,输出指定范围内的循环迭代指数。该模块循环指数上限既可由内部生成,也可由外部指定。本例采用外部指定法。
  ■ 模块〈Variable Selector〉的作用相当于 M 码 C(:,idx)。
  ■ 模块〈Assignment〉的作用相当于 y(idx)。
● 〈For Iterator〉迭代控制模块对话窗中,各项参数的作用:
  ■ States when starting 栏,有两个选项:reset 和 held 。reset 意味着,在每个主时点处执行迭代前,使〈For IteratorSubsystem〉子系统重新初始化。而 held 意味着,〈For IteratorSubsystem〉子系统的迭代初始值取"上一个主时点最后一次迭代的状态终值"。本例子系统模型不包含任何"状态",所以此栏可取任何选项。
  ■ Iteration limit source 栏,有两个选项:internal 和 external。选择 internal,则对话窗中会出现 Iterations limit 栏,此栏必须填写迭代指数上限。若选择 external,那么 For 环的迭代指数上限必须从 For Iterator Subsystem 模块外输入。
  ■ Index mode 栏,有两个选项:Zero-based 和 One-based。选择 Zero-based,迭代指数采用 0,1,2,…计数;选项 One-based,则计数采用 1,2,3,… 。
● 在 exm080501.mdl 模型的仿真 Configuration Parameters 对话窗中,仿真终止时间 Stop time 可设置为"最大步长的任何整数倍"。因为本例实际上在第一个时点结束时,就给出最终结果。取"最大步长整数倍",仅仅是为避免 Simulink 运行后给出诸如"终止时间不是固定步长整数倍"的警告性提示。
● For 迭代与仿真时点之间的关系:

- For 环的迭代时点不是整个系统的仿真主时点(Major time step)。在 For 环执行期间，整个系统的仿真主时间将停留在原先的时点上不变。换句话说，若在某时点进入 For 环，那么不管在此 For 环中发生迭代多少次，也不管迭代消耗了多少真实时间，都不会使仿真时钟前进，而仍处于原先的仿真主时点上。
- For 环中的每个迭代，都被处理为一个子时点 Minor time step。按照此时点，Simulink 将按编译时排定的次序逐个调用所含各块的更新算法和输出算法。
• 本例〈Constant〉模块允许输入任何大小矩阵，模型运算可给出相应的列向量范数。
• Pascal 矩阵是一种反对角由"二项式系数"构成的特殊矩阵。它在矩阵理论和组合数学研究中有一定地位。该矩阵是对称阵，行列式为1，其逆也为整数阵。

8.5.2 While 环

【例 8.5 - 2】 构造如图 8.5-6 所示的块图模型 exm080502.mdl，用以确定"使从 1 开始的正整数之和大于 1000 的第一个正整数"，并显示相应的"和值"。本例目的：具体介绍构造 While 环的具体步骤；While Iterator 迭代控制模块的参数设置；Memory 记忆模块的使用。

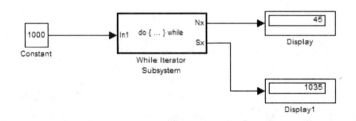

图 8.5 - 6 包含 While 环的解题模型 exm080502.mdl

（1）解题分析
本例所解算题，可表述为

$$N_x = \arg\min_{\forall n \in \{1,2,\cdots\}} \left\{ \left(\sum_{k=1}^{n} k\right) > 1\,000 \right\} \tag{8.5-2}$$

记 n 个正整数的和为

$$S_n = \sum_{k=1}^{n} k, \quad n = 1, \cdots, N_x$$

因为无法预知，使 $S_x > 1\,000$ 的第一个正整数 N_x 是多大，所以使用"While 循环"求解此题是合适的。

（2）解题的 M 码
```
n = 0;              % 循环指数
Sn = 0;             % 迭代和
n_max = 1000;       % 最大迭代次数
while 1000>Sn                                                        % <4>
    n = n+1;
    Sn = Sn + n;
    if n>n_max                                                       % <7>
        break;      % 结束迭代，跳出 while 环
```

```
        end                                                      %  <9>
    end                                                          %  <10>
Nx = n              %  使累计和大于 1000 的最小正整数
Sx = Sn             %  大于题给 1000 的最小和
Nx =
     45
Sx =
    1035
```

(3) 构造顶层模型
- 开启一个 Simulink 新建模型窗口。
- 在新建模型窗中,复制进以下模块,并进行适当设置:
  - 〈Constant〉模块取自〈Simulink/Sources〉子库。模块对话窗 Constant value 栏,填写 1000。
  - 〈Display〉和〈Display1〉模块取自〈Simulink/Sinks〉子库的,用于显示满足题目要求的"循环指数"及相应的"累计和"。
- 〈While Iterator Subsystem〉子系统模块及其结构修改。
  - While 环子系统模块取自〈Simulink/Ports&Subsystems〉子库。
  - 双击顶层模型窗中的 While 环模块,引出如图 8.5-7 所示的默认结构。
  - 双击〈While Iterator〉模块,引出对话窗,并作以下参数设置:
    最大迭代次数 Maximum number of iterations 栏,填写 1000(因为和值为 1000 时,迭代次数一定小于 1000);循环模式 While loop type 栏,选中 do-while 菜单(只保留"循环条件是否为真"的输入口);"勾选"Show iteration number port 栏。
    使和相应子系统产生循环迭代指数输出口。
  - 删除〈IC〉模块及相应输出线。
  - 经以上操作并整理,〈While Iterator〉模块变成如图 8.5-8 所示的外形:具有一个输入口和一个输出口。
  - 再复制产生一个〈Out2〉模块。
- 经以上操作,〈While Iterator Subsystem〉子系统模型窗的结构如图 8.5-8 所示。

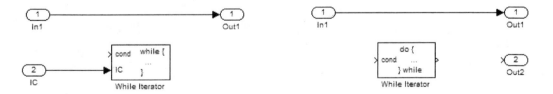

图 8.5-7　While Iterator Subsystem 子系统的默认结构　　　图 8.5-8　经修改后的 While Iterator Subsystem 子系统结构

- 在顶层模型窗中,参照图 8.5-6,完成各模块间的连线。

(3)〈While Iterator Subsystem〉While 环子系统的构建
- 双击顶层模型窗中的〈While Iterator Subsystem〉模块,打开 While 环子系统模型窗。

- 断开〈In1〉和〈Out1〉之间的连线；从 Simulink 库引入〈Relation Operator〉关系模块、〈Add〉求和模块、〈Memory〉记忆模块。
- 〈Relation Operator〉关系模块取自〈Simulink/Logic and Operations〉子库；〈Relation Operator〉模块参数对话窗的 Relational operator 栏，选中">"项。
- 〈Add〉求和模块，采用默认设置。
- 〈Memory〉记忆模块取自〈Simulink/Discrete〉子库，用来保存上次累计和。
- 再在〈While Iterator〉模块对话窗的 States when starting 栏，选择 reset 项。
- 把〈Out1〉和〈Out2〉模块的名称分别改为〈Nx〉和〈Sx〉。
- 按图 8.5-9，完成各模块间的连线。

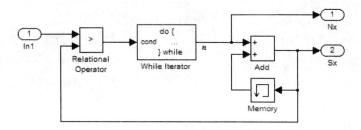

图 8.5-9　完成参数设置和连接的 While 环子系统

（4）仿真参数配置和模型保存

- 选中 exm080502 模型窗下拉菜单 {Simulation＞Configuration Parameters} 菜单，引出 exm080502/Configuration 仿真参数设置对话窗。并进行以下仿真参数配置：
  - Solver options/Type 栏，本例可选 Fixed-step。
  - Solver options/Solver 栏，应选 discrete (no continuous states)，因为本例模型中，没有含连续状态的模块存在。
  - Solver options/Fixed-step size 栏，填写 1。
  - Stop time 仿真终止时间栏，可以填写 1 的任何整数倍数值，因为在本例中，整个循环过程是在一个时间步长中进行的。
- 保存模型为 exm080502.mdl。
- 在完成以上设置后，就可进行仿真，并得到正确的结果，参见图 8.5-6。

〖说明〗

- 关于〈While Iterator〉迭代控制模块对话窗 While loop type 栏的设置
  - 本例采用 do-while 循环模式，于是"循环体先被计算，后检查循环条件是否满足"，所以不需要"初始迭代条件"输入口 IC；而最大迭代次数设置为 1 000 次，防止无休止循环。
  - 假如取 while 选项，就"先检查循环条件，再执行循环体中各指令"。此时，第一次迭代前需要判断，所以〈While Iterator〉模块必须有"初始迭代条件"输入口 IC。
- While 迭代与仿真时点之间的关系
  - While 循环中的迭代时点不同于整个系统的仿真主时点（Major time step）。在 While 循环执行期间，整个系统的仿真时间将停留在原先的时点上不变。换句话说，假如在某时点进入 While 循环，那么不管在此 While 环中发生迭代多少次，也不管迭代消耗了多少真实时间,都不会使仿真时钟前进,而仍然处在原先的仿真时点上。
- While 环中的每个迭代,都被处理为一个 Minor time step 子时点。按此时点,Simulink 将按编译时排定的次序逐个调用所含各块的更新算法和输出算法。

8.5.3 If-else 条件转向和信号合成

本节仍以算例形式讲述 If—else 条件转向功能的实现机理。

【例 8.5 – 3】 采用"条件转向子系统"模块构造满足(8.5 – 3)式的 Simulink 模型。本例目的:介绍 Simulink 实现"If-else 条件转向"的具体步骤;⟨If⟩和⟨If Action Subsystem⟩模块的使用要诀。

$$y = \begin{cases} t & t < -1 \\ t^3 & -1 \leqslant t < 1 \\ e^{-t+1} & 1 \leqslant t \end{cases} \quad -3 \leqslant t \leqslant 3 \qquad (8.5-3)$$

(1) 满足题给要求的 M 码

为有助于理解"Simulink 中条件转向功能"的机理,特通过表 8.5 – 1 列出两组"对照用的 M 码"。这两组码都可以绘出如图 8.5 – 10 所示的 $y(t)$ 函数曲线。

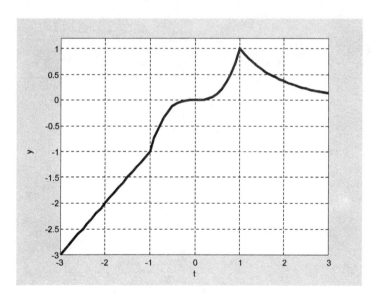

图 8.5 – 10 运行 M 码所绘出的函数曲线

(2) 顶层模型的创建
- 开启一个 Simulink 新建模型窗口。
- 分别从⟨Sources⟩、⟨Ports&Subsystems⟩、⟨Signal Routing⟩、⟨Sinks⟩等子库中,把⟨Clock⟩、⟨If⟩、⟨If Action Subsystem⟩、⟨Merge⟩、⟨Scope⟩等模块拉入新建模型窗。
- 然后对⟨If Action Subsystem⟩条件执行子系统模块进行复制,再产生出另外 2 个条件执行子系统模块⟨If Action Subsystem 1⟩和⟨If Action Subsystem 2⟩,于是,得到图 8.5 – 11 所示草稿模型。

表 8.5-1 实现条件转向的 M 码所对应的 Simulink 模块

对照用 M 码一	对照用 M 码二	Simulink 模块

t=-3:0.1:3;
n=length(t);
for k=1:n
if t(k)<-1
y(k)=t(k);
	t=-3:0.1:3;
	
	y1=t(t<-1); %隐喻 if
		⟨if⟩输出口+
		⟨If Action Subsystem⟩

elseif t(k)>=-1&t(k)<1 y(k)=t(k)^3;	y2=t(t>=-1&t<1).^3; %隐喻 elseif	⟨elseif⟩输出口+ ⟨If Action Subsystem 1⟩

else
y(k)=exp(-t(k)+1);
end
end
	y3=exp(-t(t>=1)+1); %隐喻 else	⟨else⟩输出口+
		⟨If Action Subsystem 2⟩

y;	y=[y1,y2,y3];	⟨Merge⟩
plot(t,y,'LineWidth',3) xlabel('t'),ylabel('y') axis([-3,3,-3,1.2]) grid on		⟨Scope⟩

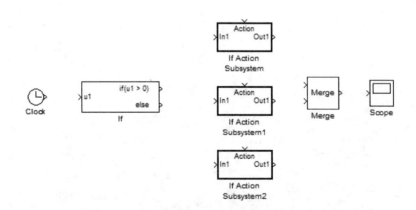

图 8.5-11 经拖入库模块及复制操作后的模型初样

- ⟨If⟩条件转向控制模块参数对话窗的设置
  - Number of inputs 栏,填写 1。(因为本例的条件表达式仅与一个变量有关;由此,⟨If⟩模块外形只有一个 u1 输入口。)
  - If expressions 栏,填写条件表达式 u1<-1 。(规定:⟨If⟩模块的输入只能用 u1,u2,…作为变量名,不管向⟨If⟩模块输入的变量名是什么。)
  - Elseif expressions 栏,填写 u1>=-1 & u1<1。
  - "勾选"Show else condition 栏。

■ 点击[Ok]键或[Apply]键,〈If〉模块就呈现如图 8.5 - 12 的模样。
● 〈Merge〉信号合成模块参数对话窗的设置
    ■ Number of inputs 栏,填写 3(对应 3 个条件执行子系统)。
    ■ Initial output 栏,填写[ ]"空"(使该模块输出初始值与"那个满足执行条件的子系统模块的初始值"一致)。
    ■ 点击[Ok]键或[Apply]键,〈Merge〉模块呈现图 8.5 - 12 模样。
● 经以上操作后,按图 8.5 - 12 连接各模块,并保存为 exm080503.mdl。

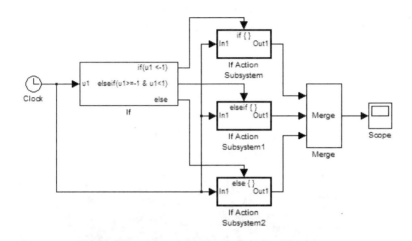

图 8.5 - 12 完成连接的顶层模型 exm080503.mdl

(2) 条件执行子系统的构建

在本例中的主模型中,有 3 个 If Action Subsystem 条件执行子系统。所有子系统的最终模型分别如图 8.5 - 13(a)(b)(c)所示。由于本例子系统比较简单,且它们的创建过程大致相同,因此鉴于篇幅考虑,在此以〈If Action Subsystem2〉为例,进行建模描述。

点击〈If Action Subsystem 2〉模块,展开模型窗。在此窗中,进行如下操作:
● 删除模型窗中,输入口 In1 和输出口 Out1 之间的默认信号连线。
● 根据题给 $t \geqslant 1$ 区间中的函数表达式,分别从〈Source〉、〈Math Operation〉两个子库中把〈Constant〉、〈Add〉、〈Math Function〉模块等三个拖入展开窗。
● 按题给要求,用信号线连接各模块,适当配置各模块参数(由于操作属于常规,不再赘述),生成如图 8.5 - 13(c)所示模型。

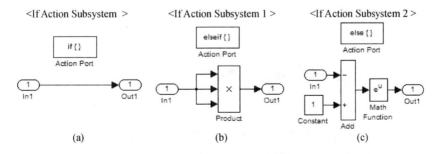

图 8.5 - 13 构建完成的三个条件执行子系统

(3) 仿真参数配置和示波器参数设置
- 选中顶层模型的〈Simulation > Cofiguration Parameter〉菜单项,弹出仿真参数设置对话窗。作以下参数设置:
  - Start time 栏,设置 -3(据题给自变量左边界)。
  - Stop time 栏,设置 3(据题给自变量右边界)。
  - Solver option 的 Type 栏,选 Variable step。
  - Solver option 的 Solver 栏,选 Discrete。
  - Solver option 的 Max step size 栏,填写 0.12。
  - 示波器模块〈Scope〉的设置:纵座标 Y-min 栏中填 -3;Y-max 栏中填写 1。
(4) 保存和运行模型
- 经以上操作后,对 exm080503 实施"保存"操作。
- 运行模型的操作
  - 运行 exm080503,可得到与图 8.5-14 大致相同的示波窗界面。差别之处是:示波横坐标范围是[0,6],且在示波窗左下角有标识"Time offset:-3"。
  - 再点击示波窗图标,就可得到与图 8.5-14 完全相同的界面。

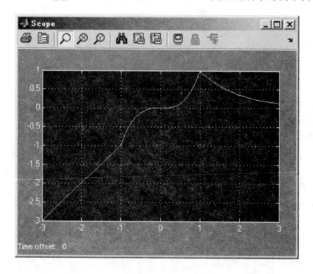

图 8.5-14 Simulink 模型给出的函数曲线

【说明】
在 Simulink 中,条件转向功能由〈If〉条件控制模块和〈If Action Subsystem〉条件执行模块联合实现。

8.6 离散时间系统和混合系统

在 Simulink 中,除有一个专门的 Discrete 子库外,Math 子库、Signals & Systems 子库、Sink 子库、Sourse 子库中的几乎所有模块也都能用于离散系统建模。

采样时间是所有离散模块最重要的设置参数。在所有离散模块的设置对话窗里,Sample time 采样时间栏中,可以填写标量 T_s 或二元向量 $[T_s, offset]$。T_s 指定采样周期;$offset$ 是时间偏移量(Skew),它可正可负,但绝对值总小于 T_s。实际的采样时刻 $t=nT_s+offset$。

对于纯离散系统,最优选使用的 Solver 解算方法是 discrete ,但该方法完全不能处理连续时间系统。至于其他解算方法都同时适用于离散时间系统和连续时间系统两者。

8.6.1 单位延迟模块和差分方程建模

1. 单位延迟模块

- ⟨Unit Delay⟩单位延迟模块(参见图 8.6-1)是构建离散时间系统的基本模块。
- 单位延迟模块,存放于⟨Simulink/Commonly Used Blocks⟩和⟨Simulink/Dsicrete⟩子库。
- 单位延迟模块的数学模型
  设 $u(k)$ 和 $y(k)$ 分别是模块的输入和输出,那么
  $$y(k\tau) = z^{-1}u(k\tau) = u[(k-1)\tau] \quad (8.6-1)$$
  或简记为

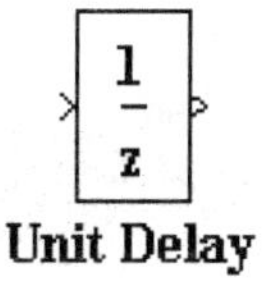

图 8.6-1 单位延迟模块

$$y[k] = z^{-1}u[k] = u[k-1] \quad (8.6-2)$$

式中,τ 为采样周期。

- 单位延迟模块的传递函数是
$$Y(z)./U(z) = \frac{1}{z} \quad (8.6-3)$$

式中,点除符号"./",表示对输入向量的每个分量分别延迟一个采样周期。

2. 差分方程的标量建模法

单位延迟模块在差分方程组建模中起着核心作用,与积分模块在微分方程组建模中的作用相当。下例将具体展现差分方程组标量法建模的执行细节。

【例 8.6-1】 设购房时贷款 45 万,年利率为 6%,每月(即每期)等额本息还贷 2500 元,问:还贷后第 60 期的欠款是多少?还款总期数是多少?最后一期该还多少?本例演示:利用单位延迟模块构建求解以上问题的 Simulink 块图模型。同时还顺便演示:⟨Stop Simulation⟩仿真终止模块的应用场合;⟨Enabled Subsystem⟩与⟨Triggered Subsystem⟩两个模块的"信号导通性能"差异;比较模块⟨Compare To Constant⟩的使用。

(1) 数学模型

还贷的数学模型如下
$$b(k) = (1+r)b(k-1) - p \quad (8.6-4)$$

式中,r 为月利率,b 为应还贷款,p 每月还贷额,k 为连续还贷的月序号。本月欠款 $b(k)$ 等于:上月还贷后欠款 $b(k-1)$,加当月产生的利息 $rb(k-1)$,减本月还贷 p。在本例中 $b(0)=45(万),r=0.06/12,p=0.4(万)$。注意:差分方程式(8.6-4),是构造图 8.6-2 所示模型的基础。

(2) 块图模型所用模块的设置
- 加法模块⟨Add⟩(取自⟨Simulink/Math Oprations⟩子库)

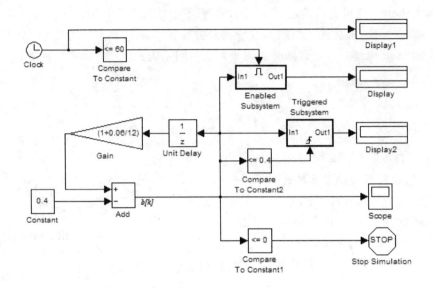

图 8.6-2 以单位延迟模块为核心构成的块图解题模型

对话窗参数设置:List of signs 符号表,填写+-;Sample time 采样时间栏,写-1。
- 时钟模块〈Clock〉

  对话窗参数采用默认设置;用以提供还贷期的序号。
- 比较模块〈Compare To Constant〉(取自〈Simulink/Logic and Bit Oprations〉子库)

  对话窗参数设置:Operator 关系比较符栏,选用<=;Constant value 相比数值栏,取 60;Output data type mode 输出数据类型栏,选用 boolean。
- 比较模块〈Compare To Constant1〉

  对话窗参数设置:Operator 关系比较符栏,选用<=;Constant value 相比数值栏,取 0;Output data type mode 输出数据类型栏,选用 boolean。
- 比较模块〈Compare To Constant2〉

  对话窗参数设置:Operator 关系比较符栏,选用<=;Constant value 相比数值栏,取 0;Output data type mode 输出数据类型栏,选用 boolean。
- 常数模块〈Constant〉(取自〈Simulink/Source〉子库)

  对话窗参数设置:Constant value 常数值栏,取 0.4;Sample time 采样时间栏,填写 1 (即表示 1 个月,该栏设置决定整个系统的采样时间)。
- 数值显示模块〈Display〉〈Display1〉〈Display2〉(取自〈Simulink/Sink〉子库)

  对话窗参数采用默认设置。
- 使能子系统〈Enabled Subsystem〉(取自〈Simulink/Ports&Subsystems〉子库)

  采用默认设置;该模块仅在第 1 到第 60 期还款区间使能。
- 增益模块〈Gain〉(取自〈Simulink/Math Oprations〉子库)

  对话窗参数设置:Gain 增益栏,填写(1+0.06/12);Sample time 采样时间栏,写-1。
- 示波模块〈Scope〉(取自〈Simulink/Sink〉子库)

  纵坐标范围:Y-min,取 0;Y-max,取 50。

  横坐标范围:点击示波器工具图标,引出对话窗;在 Time range 栏中填写 180。

- 仿真终止模块〈Stop Simulation〉(取自〈Simulink/Sink〉子库)
  采用默认设置。该模块输入大于 0 时，终止仿真。
- 触发子系统〈Triggered Subsystem〉(取自〈Simulink/Ports&Subsystems〉子库)
  采用默认设置。它仅在最后一期还款额小于 0.4(万)时工作。
- 单位延迟模块〈Unit Delay〉(取自〈Simulink/Dsicrete〉子库)
  其对话窗参数设置：Initial conditions 初始条件栏，填为 45；Sample time 采样时间栏，填 -1(表示该模块"秉承"系统设定的采样时间)。

(3) 完成模型和仿真参数配置
- 按图 8.6-2 完成各模块间的连线。
- 解算器的选用
  因为本例模型是一个纯离散系统，即不包含微分、积分等连续模块的系统，所以解算器宜选用定步长的离散解算器(Fixed-step Discrete Solver)。
- 仿真终止时间(Stop time)的设置
  由于本例仿真终止由〈Stop〉模块控制，所以在仿真终止栏中，可以填写 inf(正无穷)。

(4) 保存模型和仿真运行
- 经以上操作后，保存模型为 exm080601.mdl。
- 运行该块图模型，解题结果如下：
  - 〈Display〉动态显示第 1 期到第 60 期的每期欠贷额；并最后静止在第 60 期欠贷额。
  - 〈Display1〉动态显示还贷的期序号；并最终显示总还贷期数。
  - 〈Display2〉显示最后一期还贷额。
  - 示波窗绘出每期欠贷曲线，见图 8.6-3。

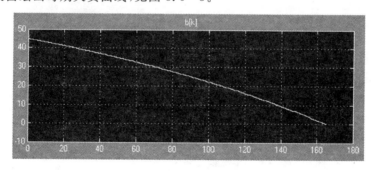

图 8.6-3　欠贷曲线

〖说明〗
- 特别注意，式(8.6-4)中的 $b(k)$ 是每 k 期的欠贷。因此，建模时，应该取〈Unit Delay〉模块的输入信号作为每期的欠贷。而不要错把〈Unit Delay〉模块的输出认作为每期的欠贷。
- 在本例中，当 $k \leqslant 60$ 时，〈Compare To Constant〉模块输出 1，于是使能子系统模块〈Enabled Subsystem〉"导通"，所以数值显示模块〈Display〉动态地显示第 1 期到第 60 期的每期欠贷，并最终静止地显示第 60 期的欠贷。
- 本例中，当 $b(k) \leqslant 0.4$ 那一刻，〈Compare To Constant2〉模块输出 1，此刻触发子系统模块〈Triggered Subsystem〉"导通"，于是数值显示模块〈Display2〉显示出最后一期的

欠贷额。

3. 差分方程组的向量建模法

与积分模块相似,单位延迟模块也有处理向量信号的能力。

【例 8.6-2】 采用图 8.6-4 所示的块图模型 exm080602.mdl 求如下差分方程的输出 $y(k)$

$$\begin{bmatrix} x_1(k+1) \\ x_2(k+1) \end{bmatrix} = \begin{bmatrix} 1 & 0.1 \\ -0.05 & 0.094 \end{bmatrix} \begin{bmatrix} x_1(k) \\ x_2(k) \end{bmatrix} + \begin{bmatrix} 0 \\ 1 \end{bmatrix} u(k) \quad (8.6-5)$$

$$y(k) = \begin{bmatrix} 1 & 0 \end{bmatrix} \begin{bmatrix} x_1(k) \\ x_2(k) \end{bmatrix} \quad (8.6-6)$$

$$u(k) = 3 \cdot \left(0.75 - \begin{bmatrix} 1 & 0 \end{bmatrix} \begin{bmatrix} x_1(k) \\ x_2(k) \end{bmatrix} \right) = 3(0.75 - y(k)) \quad (8.6-7)$$

方程的初始条件是:$x_1(0)=0, x_2(0)=0$。本例演示:单位延迟模块在"向量建模法"中的应用。

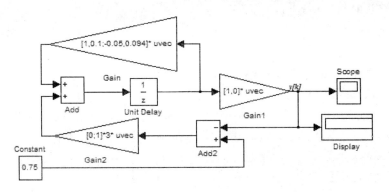

图 8.6-4 由向量法建立的求解差分方程组的块图模型

(1) 模型 exm080602 所用模块和仿真参数配置
- 模型所用模块
  - 〈Constant〉模块:常数值 Constant value 栏,填写 0.75;采样时间 Sample time 栏,填写 0.1。〈Unit Delay〉单位延迟模块:初始条件 Initial conditions 栏,填写 M 码列向量[0;0]。
  - 〈Gain〉增益模块:增益 Gain 栏,填写 M 码矩阵[1,0.1;-0.05,0.094];乘法规则 Mutiplication 栏,选择菜单项"Matrix(K∗u) (u vector)"。
  - 〈Gain1〉增益模块:增益 Gain 栏,填写 M 码行向量[1,0]*3;乘法规则 Mutiplication 栏,选择菜单项"Matrix(K∗u) (u vector)"。
  - 〈Gain2〉增益模块:增益 Gain 栏,填写 M 码列向量[1;0]*3;乘法规则 Mutiplication 栏,选择菜单项"Matrix(K∗u) (u vector)"。
  - 〈Scope〉模块对话窗参数设置:纵坐标 Y-min 设为 0,Y-max 设为 1。
  - 〈Display〉模块:完全采用默认设置。
- 参照图 8.6-4,完成各模块间的信号线连接。
- 仿真参数配置
  - 选中{Simulation > Configration parameters},引出对话窗;

- 在仿真终止时间 Stop time 栏,填写 2;
- 在解算器 Solver 栏,选择 Discrete。

(2) 保存和运行模型
- 经以上操作后保存模型。
- 运行该模型,可得图 8.6-5 所示曲线;数值显示器动态显示输出值(参见图 8.6-4)。

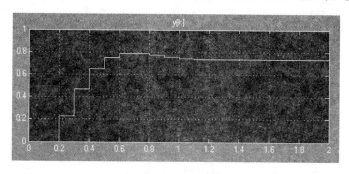

图 8.6-5 exm080602 块图模型的输出

〖说明〗
- 向量建模法的注意要点是:
  - 单位延迟模块〈Unit Delay〉的初始条件要用列向量的 M 码填写。
  - 增益模块〈Gain〉的增益值,应该用适当的表示向量或矩阵的 M 码填写。
  - 增益模块的乘法规则,要选择"矩阵乘法规则"。而增益模块的默认乘法规则是"数组乘法规则"。
- 从理论上说,本例差分方程的求解与采样时间无关。本例之所以对〈Constant〉设置采样周期,一是出于仿真进程需要,二是本例差分方程来源于连续系统的离散化。

8.6.2 离散积分模块和混合系统

1. 离散时间积分模块

离散积分的全称是离散时间积分(Discrete-time Integrator),参见图 8.6-6。该模块的一个主要应用场合就是混合系统。混合系统指:系统的某部分由连续时间模块构成,而另部分则由采样离散时间模块组成。

图 8.6-6 离散时间积分模块

连续时间传递函数积分模块的输入输出关系表述为

$$y(t) = \int_{t_0}^{t} u(t)\mathrm{d}t + y(t_0) \qquad (8.6-8)$$

若记 $t_0=(k-1)T_s, t=kT_s$,则可写出

$$y[kT_s] = y[(k-1)T_s] + \int_{(k-1)T_s}^{kT_s} u(t)\mathrm{d}t \qquad (8.6-9)$$

式中,T_s 是采样周期,此式称为离散时间积分。该式中 $\int_{(k-1)T_s}^{kT_s} u(t)\mathrm{d}t$ 的三种不同近似方法生成连续积分 $\frac{1}{s}$ 的三种不同形式的"离散积分",见表 8.6-1。

表 8.6-1 连续积分 $1/s$ 最常见的三种等价近似

前向欧拉积分 Forward Euler Integration	后向欧拉积分 Backward Euler Integration	梯形积分 Trapezoidal Integration
$\int_{(k-1)T_s}^{kT_s} u(t)dt \approx T_s \cdot u[(k-1)T_s]$	$\int_{(k-1)T_s}^{kT_s} u(t)dt \approx T_s \cdot u[kT_s]$	$\int_{(k-1)T_s}^{kT_s} u(t)dt \approx T_s \cdot \dfrac{u[(k-1)T_s]+u[kT_s]}{2}$
$\dfrac{Y(z)}{U(z)} = \dfrac{T_s}{z-1}$	$\dfrac{Y(z)}{U(z)} = \dfrac{T_s z}{z-1}$	$\dfrac{Y(z)}{U(z)} = \dfrac{T_s}{2}\dfrac{z+1}{z-1}$

【说明】
- 最常见的离散化方法:把连续传递函数 $G(s)$ 中的 s 用以上三种"等价近似式的倒数"替代。
- 若采用梯形积分替代,则就是著名的 Tustin 近似,或称双线性近似。
- 为得到可接受的近似精度,采样时间 T_s 不应小于系统单位阶跃响从 0.1 上升到 0.9 所需时间的 $(1/6)$;或者采样频率应取闭环系统带宽的 15 倍左右。

2. 混合系统的 s 变量替换法

【例 8.6-3】 在图 8.6-7 中,有两个闭环系统:下方的系统采用"连续超前-滞后校正器 G_{cc}";上方的则采用通过"Tustin 近似"的"离散校正器"。在此 $G_{cc}(s) = \dfrac{190s^2 + 969s + 95}{s^2 + 6.51s + 0.065}$。本例演示:连续传递函数离散化;c2d 指令的调用格式;tf, tfdata 等指令的用法;模型浏览器的使用用;利用模型内存保存模型运行所需变量。

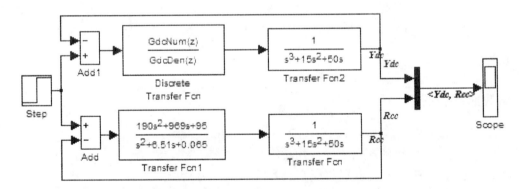

图 8.6-7 超前滞后校正器及其等价离散近似校正期间的比较模型

(1) 本例的解题步骤
- 建议读者采用如下解题步骤
  先构建采用连续校正器的闭环系统;观察系统响应曲线,估计采样周期;借助变换指令 c2d 算出近似离散校正器的系数;再构建采用离散校正器的闭环系统,形成如图 8.6-7 所示的模型。
- 注意:以下的叙述次序仅出于书稿篇幅考虑。

(2) 关于图 8.6-7 块图模型的说明
- 连续传递函数模块〈Transfer Fcn〉,〈Transfer Fcn 1〉,〈Transfer Fcn 2〉都取自〈Sim-

ulink/Continuous〉子库；各模块的分子分母系数，按题给条件在各模块对话窗中填写。
- 离散传递函数模块〈Discrete Transfer Fcn〉取自〈Simulink/Discrete〉子库。该模块对话窗中的参数设置：分子系数 Numerator coefficients 栏，填写 GdcNum；分母系数 Denominator coefficients 栏，填写 GdcDen；采样周期 Sample time 栏，填写 Ts。
- 示波器模块〈Scope〉的设置：每个示波轴的纵坐标 Y-min 为 0，Y-max 为 1.5。
- 合路复用器〈Mux〉取自〈Simulink/Signal Routing〉子库
- 对信号的标识
  - 〈Transfer Fcn〉模块输出信号线，标识为 Rcc，表示"连续校正器所在系统的红色响应曲线"；〈Transfer Fcn 2〉的输出信号线标识为 Ydc，表示"离散校正器所在系统的黄色响应曲线"。
  - 合路复用器〈Mux〉的输出信号线只需键入＜即可。
- 在模型窗的仿真终止时间栏填写 5；按图 8.6-7，完成各模块间的连线；并保存为 exm080603.mdl。

(3) 离散校正器系数和采样周期的生成
- 在 exm080603 模型窗中，选中〈View ＞ Model Explorer〉菜单，引出模型浏览器。
- 在模型浏览器中，展开 exm080603 节点，再选中其下的 Model Workspace 节点。
- 在 M-code 编辑框中，填写（参见图 8.6-8）

Gcc=tf([190,969,95],[1,6.51,0.065]);	%建立连续校正器的传递函数
Ts=0.08;	%设定采样周期
Gdc=c2d(Gcc,Ts,'Tustin')	%计算离散等价近似
[num,den]=tfdata(Gdc);	%从 Gdc 中提取分子和分母数据
GdcNum=num{1};	%从 num 胞元中获取分子多项式系数向量
GdcDen=den{1};	%从 den 胞元中获取分母多项式系数向量

  - 先点击[Apply]键，确认编码区中 M 码的有效性。
  - 再点击[Reinitialize from Source]键，在模型内存中生成 Ts, GdcNum 和 GdcDen 变量，参见图 8.6-8。

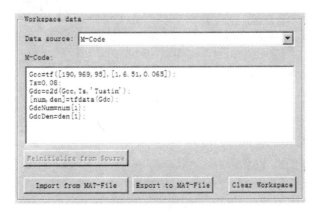

图 8.6-8 模型内存操控区

- 点击[Apply]键，确认编码区中 M 码的有效性。
- 再点击[Reinitialize from Source]键，在模型内存中生成 Ts, GdcNum 和 GdcDen

变量。
- 完成以上操作，关闭模型浏览器，对 exm080603 实施保存操作。

（3）仿真比较

运行 exm080603，就得到如图 8.6-9 所示图形：Ydc、Rcc 分别代表离散、连续校正器所在闭环的响应。

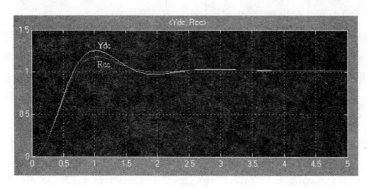

图 8.6-9　采用不同校正器的系统阶跃响应比较

8.6.3　多速率系统的色彩标识

在仿真实践中，经常遇到数字通信系统、数字控制系统等多速率混合系统。Simulink 为帮助用户跟踪不同采样速率的运作范围和信息流向，采用不同颜色表示不同采样速率。

【例 8.6-4】　利用图 8.6-10 所示 exm080604.mdl 模型演示：不同速率的着色；零阶保持模块的使用。

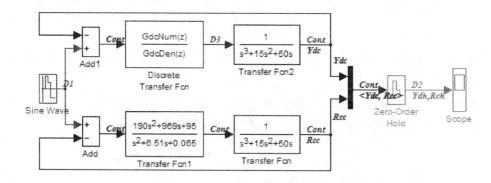

图 8.6-10　用色彩和文字标识不同速率

（1）对 exm080603.mdl 进行"另存为"操作，生成 exm080604.mdl。
（2）对 exm080604.mdl 的修改
- 信号源的修改
  - 删除原模型中的〈Step〉模块。
  - 从〈Simulink/Sources〉子库引入〈Sine Wave〉正弦波模块。对〈Sine Wave〉正弦波模块设置参数：频率 Frequency 栏，设置为 2；采样周期 Sample time 栏，设置为 0.01。
- 〈Zero-Order Hold〉零阶保持模块取自〈Simulink/Discrete〉子库；采样周期 Sample

time 设为 0.04。
- 〈Scope〉示波器纵坐标设置：Y-min 取 −1.5，Y-max 取 1.5。
- 把模型窗仿真终止栏中的 5 改为 4，为的是更好显示两条曲线的差异。
- 参照图 8.6-10，完成模块间的信号连线。
- 〈Zero-Order Hold〉模块输出信号线标识为 Ydh,Rch。

(3) 不同色彩和文字标识采样速率

选中模型窗菜单项{Format＞Sample Time Display＞All}，模型窗中的块图及信号线就被标识(参见图 8.6-10)。与此同时，弹出图 8.6-11 所示的"采样着色图例框"对所标"色彩、文字"给与解释。

(4) 保存和运行模型

经以上操作后，对模型进行保存操作。运行模型，可得如图 8.6-12 所示曲线。

【说明】
- 为保证着色反映模型窗内真实，凡经修改的模型窗，都应选点菜单{Edit＞Update Diagram}，加以更新。

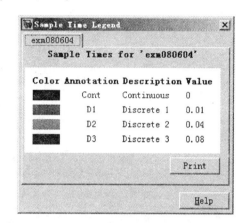

图 8.6-11　被着色模型的色标图例

- 如想观察模型窗的"着色图例"，只须点选菜单{View＞Sample Time Legend}即可。

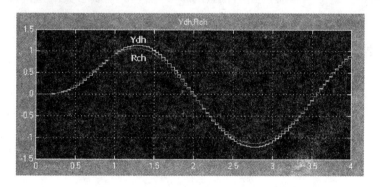

图 8.6-12　经零阶保持后两系统响应的比较

8.7　Simulink 的分析工具

8.7.1　模型和模块信息的获取

1. 模型状态及输入输出特征的获取

假如读者想在指令窗中对由模块构成的 Simulink 模型进行分析(如对模型进行初始状态的设置)，就必须先知道：被分析模型究竟有多少"连续状态"？有多少"离散状态"？模型中的哪个模块对应着状态向量中的哪个分量？

从模型获取状态向量结构的指令如下：

[sizes, x0, StateCell] = Mname　　　　　　获取名为 Mname 模型的状态向量信息

【说明】
- Mname 应为具体模型名（不包含扩展名）。
- 第一个输出量是必须的，其它两个可缺省。
- sizes 是一个 7 元向量，其各分量的含义见表 8.7-1。
- x0 给出的是"模型"状态向量初始值，而不是模块的初始值。其原因是：模块所设置的初始值可以被模型窗仿真参数设置对话框 Workspace I/O 页上的初始值所"覆盖"。
- StateCell 是一个胞元数组。它按次序给出了"所有状态变量对应模块"所在的模型名、子系统名及模块名。

表 8.7-1　sizes 向量各分量含义

元素	含义	元素	含义
size(1)	状态向量中连续分量数	size(5)	系统中不连续解的数目
size(2)	状态向量中离散分量数	size(6)	系统中是否含有直通回路
size(3)	输出（分量）总数	size(7)	不同采样速率的类别数
size(4)	输入（分量）总数		

【例 8.7-1】　观察图 8.7-1 所示 exm080701.mdl 模型的特征参数。本例演示：模型特征信息的获取；各特征量的涵义；模型初始值设置的"模块法"和"仿真参数配置窗法"；"仿真配置窗设置参数"的优先权高于"模块对话窗设置参数"。

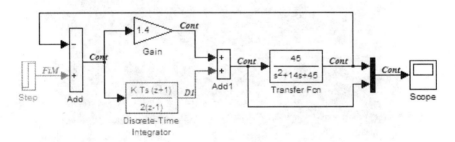

图 8.7-1　具有三种采样速率的混合系统

(1) 模型 exm080701.mdl 的关键参数及响应曲线
- 〈Step〉模块的阶跃时间 Step time 被设为 0。
- 〈Discrete-Time Integrator〉模块：Integrator method 栏选用 Integration: Trapezoidal；增益 Gain value 栏填写 8.4；初始条件 Initial condition 栏，填写 -0.5；采样时间 Sample time 栏，填写 0.03。
- 〈Scope〉模块的纵坐标 Y-min 设为 0.5，Y-max 设为 2.5。
- 采样速率标识
  - 选中模型窗菜单项{Format>Sample Time Display>All}，采用色彩和文字标识采样速率。（参见图 8.7-1）
  - 黑色及 cont 表示连续信号；红色及 D1 表示离散采样信号；灰色及 Fim 表示按解算

器的最小时点固定值采样。
- 运行该模型,可见图 8.7-2 所示的响应曲线。

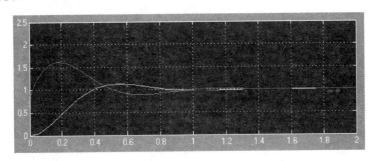

图 8.7-2 由模块设定状态初值的响应曲线

(2) exm080701.mdl 的状态信息

[SZ,X0,StateCell] = exm080701   % 获得模型信息

SZ =

  2
  1
  0
  0
  0
  0
  3

X0 =

   0
   0
  -0.5000

StateCell =

 'exm080701/Transfer Fcn'
 'exm080701/Transfer Fcn'
 [1x34 char]

StateCell{3}

ans =

exm080701/Discrete-Time Integrator

由以上运行结果可知:由 SZ 的前 2 个元素值 2 和 1 可知,该模型有 2 个连续状态、1 个离散状态;再由 StateCell 三个胞元内容可知,那 2 个连续状态是模块〈Transfer Fcn〉模块的属性,而那个离散状态是〈Discrete-Time Integrator〉的属性;相应于此,模型当前的初始状态向量由 X0 的各个元素显示。

(3) 通过仿真参数配置窗,改变模型初始值
- 选中 exm080701 模型窗{Simulation > Configration Parameters}菜单。
- 在引出的 Configuration 界面上,选中 Data Import/Export 对话框。
- 勾选初始初始状态 Initial state 栏;并在此栏中,按 M 码规则填写列向量[0; 0; 0.5]。

- 点击 Configuration 界面右下角的[Apply]或[OK]键,确认设置。
- 再运行该模型,可得到与图 8.7-2 不同的图 8.7-3 动态曲线。

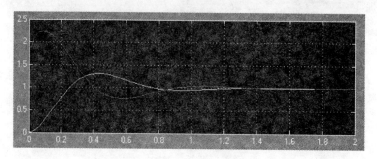

图 8.7-3　由参数配置窗设定状态初值后产生的响应曲线

【说明】
- 由第(3)步操作可知:〈Discrete—Time Integrator〉模块对话窗所设置的初始值-0.5,被在"仿真参数配置窗"定义的模型初始值 0.5 所覆盖,从而导致不同的响应曲线。这意味着:"仿真参数配置窗"中设置的初始向量具有更高优先权。
- 直接利用"仿真参数配置窗"改变模型初始向量,操作比较简单。但在此必须指出:模型初始状态向量的这种设置方式必须在经过类似本例步骤(2)的确认后,方可进行。

2. 模型/模块参数的指令获知和设置

【例 8.7-2】　以 exm080701.mdl 为例,演示:如何得知模型中各模块和可设置参数的具体准确名称;如何通过指令获取和设置模型中指定模块对话窗中的参数;如何得知"仿真参数配置框"中的可设置参数准确名称;又如何通过指令获取和设置这些模型仿真参数。

(1) 借助 find_system 指令获知模型所用模块的名称

只要块图模型文件在 MATLAB 的搜索路径上或在当前目录下,运行以下指令就可得到该模型包含的所有模块的名称。

```
BN = find_system('exm080701')
BN =
    'exm080701'
    'exm080701/Add'
    'exm080701/Add1'
    [1x34 char]
    'exm080701/Gain'
    'exm080701/Mux'
    'exm080701/Scope'
    'exm080701/Step'
    'exm080701/Transfer Fcn'
```

(2) 借助帮助浏览器获知模块参数
- 每个模块的描述参数分两类
  - 通用参数:描述模块位置、大小、朝向、回调等特征的参数。在大多数场合,这些参数的改变和设置,一般不通过指令方式进行。

■ 专用参数：针对模块的不同应用目标所设计的参数。专用参数的分类与〈Simylink〉库模块的子库分类一致。即分为连续、离散、逻辑、数学运算、信号路由、信号收集、信号发生等不同类别。通过指令设置的参数，大多是专用参数。

■ 若用户不知道模型仿真参数名称，那么可通过下面方法获得帮助。

● 在 MATLAB 帮助浏览器左上角的"搜索栏"中输入"Block-Specific Parameters"，将导致帮助浏览器的右侧显示出如图 8.7-4 所示分类超链接节点。注意：关键词外的双引号是"英文输入状态下的双引号"。

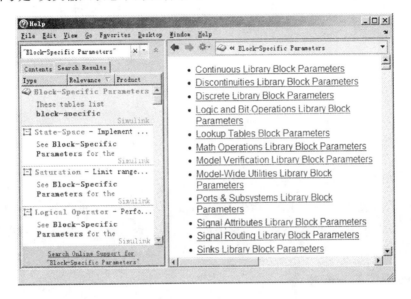

图 8.7-4 运用关键词搜索到的模块分类参数节点

● 再根据模块所属类别，点击相应节点，就可以获知相应的模块参数名称及可能取值。比如，若想获知〈Gain〉模块的专用参数，那么应该点击 Math Operations Library Block Parameters 超链接节点。

● 从那超链接节点，可以找到关于〈Gain〉模块所用的参数名称和可能取值。

● 至此，就可用以下指令对 exm080701.mdl 的〈Gain〉模块增益进行获取和设置：

```
Gv0 = get_param(BN{5},'Gain')         % 获得 exm080701 <Gain> 模块的原增益值
set_param(BN{5},'Gain', '1.11')        % 对 <Gain> 模块增益重新设置
Gv = get_param(BN{5},'Gain')          % 获得新设增益值
set_param(BN{5},'Gain', '1.4')         % 使 <Gain> 模块恢复原增益值
Gv0 =
1.4
Gv =
1.11
```

（3）借助帮助浏览器获知模型仿真参数

若用户不知道模型仿真参数名称，那么可通过以下方法获得帮助：

● 在 MATLAB 帮助浏览器左上角的"搜索栏"中输入"Model and Block Parameters"，于是帮助浏览器的右侧就显示出关于 Model Parameters 的超链接；再点击该超链接，就

可看到按字母表排序的全部模型仿真参数名称及可能取值的列表。(注意：采用"英文双引号"指定的该词组,可使浏览器直截了当地指向所需的搜索位置。)
- 比如,通过以下指令可对"配置参数对话框 Data Import/Export 页上的初始条件进行设置。

```
Ci0 = get_param('exm080701','InitialState')           % 原初始向量
set_param('exm080701','InitialState','[0;0;-0.5]')    % 重设新初始向量
Ci = get_param('exm080701','InitialState')            % 获取新初始值
set_param('exm080701','InitialState',Ci0)             % 恢复原初始设置
Ci0 =
[0;0;0.5]
Ci =
[0;0;-0.5]
```

〖说明〗
- 关于 get_param 和 set_param 的更多演示参见例 8.7-6。
- 关于模型仿真参数设置的指令法可参见例 8.7-7、8.7-8、8.7-9、8.8-2 等。

8.7.2 用 Sim 指令运行 Simulink 模型

sim 指令能使用户在 MATLAB 指令窗或 M 文件中运行由 Simulink 建立的模型。这无疑大大方便了模型的分析和仿真,也进一步丰富了仿真分析的内容,如研究不同参数、输入、初始条件的影响等。

1. 运行块图模型的 sim 指令

(1) 至今沿用的早期调用格式

[t, x, y] = sim('model', timespan, opts, ut)

利用输入参数进行仿真,返回逐个输出(最早格式,沿用至今)

〖说明〗
- model   被运行模型名(不含扩展名)。模型文件必须在 MATLAB 搜索路径上。
- y   取自模型中输出模块的记录矩阵；第 k 个输出口记录占 y 的第 k 列。
- x   矩阵；每个列表示一个"状态"变量的记录；状态变量次序由 StateCell 获知。
- timespan 用来指定仿真的时间区间。它可以取以下几种格式：
  - [ ]   "空",利用块图模型对话框中的设置时间；
  - T_final   标量,指定终止仿真时间；
  - [T_start T_final] 二元向量,指定仿真区间；
  - OutputTimes   指定输出时间记录点的向量。
- opts   配置参数构架,其各域用配置参数命名。
  - 运行 simset 可显示所有参数名及可能取值、默认使用值。
  - simget('model','PName')   可获取 PName 指定参数名的当前设定值。
  - simset('model','PName',value) 把 PName 指定参数名的值设定为 value。
- ut   赋给仿真对象的输入模块的量
  - 它具有最高设置优先权；

■ 它形为[t，u1，u2，...]的数值矩阵,每个列或是时间序列,或是输入序列。
● 关于该调用格式的算例,请见例 8.7-7,8.7-8,8.7-9,8.8-1。

(2) 较新调用格式

simOut＝sim('model', 'PName1',Value1,'PName2', Value2...)
　　　　　　采用"参数名/值设置法"运行 model 指定的块图模型

simOut＝sim('model', PStruct)
　　　　　　采用"构架设置法"运行 model 指定的块图模型

〖说明〗
- model　被运行模型名(不含扩展名)。模型文件必须在 MATLAB 搜索路径上。
- PName1 和 Value1　分别是模型的配置参数名和参数值。其余的 PName2/Value2 等类似。
- PStruct　以仿真参数名为域名的构架变量
- simOut　输出变量名
    ■ 它是 Simulink.SimulationOutput 类的一个仿真输出对象。该对象至少包含仿真(采样)时间向量,还可以内含状态向量、输出向量等。该对象所含内容的读取需用以下指令。
    ■ simOut.who　　　　　 显示仿真输出对象 simOut 的内涵名称。
    ■ simOut.get('xName')　从仿真输出对象 simOut 中获取名为 xName 的内涵。
    ■ simOut.find('xName') 从仿真输出对象 simOut 中获取名为 xName 的内涵。功能与 simOut.get 相同。

2. sim 指令的参数名/值设置法

这是 sim 指令的最基本调用格式。但当被设置参数较多时,这种格式会显得过于臃肿。该调用格式的应用细节将通过算例展开。

【例 8.7-3】 采用 sim 指令的"参数名/值设置法"运行如图 8.7-5 所示的 exm080703.mdl 块图模型(文件在随书光盘上)。本例演示:sim 指令的"参数名/值设置法"如何向 MATLAB 基空间输出仿真结果;sim 指令的仿真输出对象内涵如何获知和获取。

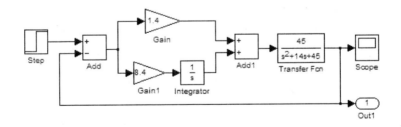

图 8.7-5　sim 指令操作的块图模型 exm080703

(1) 关于图 8.7-5 所示 exm080703.mdl 的说明
- 该模型有输出模块〈Out1〉。
- 在模型的仿真参数配置界面的 Data Import/Export 页 Save to workspace 区,没有"勾选"Output 栏。因此,在直接运行该模型后,MATLAB 基空间不会有该模型输出响应数据。

（2）参数名/值法运行 exm080803.mdl 的 M 文件

通过以下文件运行 exm080703.mdl 模型，向 MATLAB 基空间保存块图模型的输出响应，并绘制如图 8.7-6 所示的曲线。

```
%exm080703m.m        参数名/值法运行块图模型
YSIM=sim('exm080703','SaveOutput','on','OutputSaveName','y0','SaveFormat','Array');
                     %参数名/值法设置法运行块图模型              <2>
yy0=YSIM.get('y0');  % 从"对象"YSIM 中提取模型输出 y0            <3>
tt0=YSIM.get('tout');% 从"对象"YSIM 中提取时间采样数据 tout       <4>
simplot(tt0,yy0)     % 采用示波屏幕图纸绘图
xlabel('tt0'),ylabel('yy0')
```

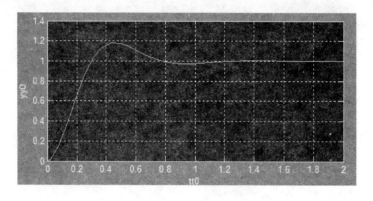

图 8.7-6   simplot 绘制出示波窗模式的响应曲线

【说明】

- 假如不借助 exm080703m 文件的指令〈2〉，而想直接运行 exm080703.mdl 模型后在 MATLAB 基空间中生成仿真输出，则需进行以下操作：在 exm080703 的 Configuration Parameters 配置界面上，点选左半窗中的 Data Import/Export 节点；再在右半窗的 Save to workspace 区，勾选 Output 栏。
- 不管在是否通过 Configuration Parameters 配置界面勾选 Output 栏，也不管在 Output 栏中填写什么变量名，块图模型在 sim 指令操控下，将最终决定模型是否输出和以什么变量名输出。
- exm080703m.m 指令〈3〉〈4〉中变量名称 y0 和 tout 如何获知？在指令〈1〉运行后，在指令窗中运行 YSIM.who，就可得知这两个变量名。

3. sim 指令的参数构架设置法

采用构架对块图模型进行参数设置，具有更好的程序结构性，也可使 sim 指令的调用格式显得更简洁。本小节以算例形式具体阐述。

【例 8.7-4】 利用 sim 指令的构架设置法对 exm080703.mdl 进行操作，以产生〈Transfer Fcn〉模块取不同初始值时的系统响应曲线（参见图 8.7-7）。本例演示：如何借助 sim 指令设置不同初始值；又如何保证在不同仿真试验中，使用相同的仿真采样点；示波器型曲线的修饰。

（1）获知模型中状态分量与模块的关系

```
[SZ,X0,SC] = exm080703;
disp([num2cell(X0),SC])        % 显示初始状态与模块的关系
    [0]      'exm080703/Transfer Fcn'
    [0]      'exm080703/Transfer Fcn'
    [0]      'exm080703/Integrator'
```

（2）构架设置法运行 exm080703.mdl 模型的 M 码

块图模型在 exm080704m.m 文件控制下，模型中传递函数所对应的状态初值被设置成不同取值，并绘制出如图 8.7-7 所示的三条曲线。

```
% exm080704m.m    运用构架法运行块图模型
clear
x0=[0,   1,    0;
    0,   0,   0.05;
    0,   0,    0];             %三组不同的初始状态
P.LoadInitialState='on';       %从基空间获取初始向量
P.SolverType='Fixed-step';     %采用定步长算法                    <7>
P.FixedStep='0.04';            %固定步长为 0.04                   <8>
P.SaveOutput='on';             %在基空间中保存模型输出
P.OutputSaveName='y0';         %模型输出保存名
P.SaveFormat='Array';          %模型输出保存格式
for ii=1:3                                                %      <12>
    xm0=x0(:,ii);
    P.InitialState='xm0';      %基空间中初始向量名
    YSIM=sim('exm080703',P);   %采用构架 P 作为第二输入量         <15>
    y(:,ii)=YSIM.get('y0');    %把 YSIM 对象中的 y0 内涵保存于 y 数组
end
t=YSIM.get('tout');            %把 YSIM 对象中的 tout 内涵保存于 t 数组
simplot(t,y),
legend('x0(:,1)','x0(:,2)','x0(:,3)')
hh=get(gca,'Children');        %获知曲线句柄
set(hh(1),'Marker','o')        %设置采样点标识形式
set(hh(2),'Marker','+')
title('不同初值的系统响应')
xlabel('t'),ylabel('y')
shg
```

〖说明〗
- 本例指令〈7〉〈8〉，之所以采用 FixedStep 定步长算法，是为了使在不同初值下仿真时，采用相同的仿真时间采样点，从而保证产生的不同初值下输出的数据长度相同。
- 本例指令〈15〉，采用"数组"形式对模型初始状态向量赋值。新版 Simulink 出于一般性的谨慎考虑，对这种初始状态向量的赋值方式会给予警告。但这不影响本例的正常运行，因为本例的状态向量的归属已经过确认。
- 如若不希望出现状态向量数组赋值的警告，只需在 exm080704.m 的指令〈12〉之前添

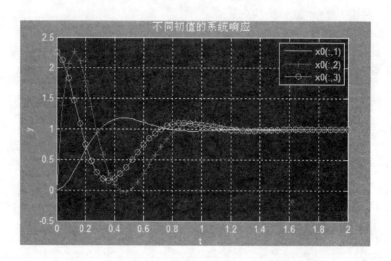

图 8.7-7　sim 指令构架设置法展现不同初值响应

加以下指令，即可。

set_param('exm080703','InitInArrayFormatMsg','None')

8.7.3　模型的线性化问题

如果想利用发展成熟的线性分析方法去研究实际中大量存在的非线性问题，那么首先要解决：如何获得近似线性模型的问题。这就是本节讨论内容。

1. 线性化的数学描述

假设非线性系统有如下形式的一般化状态方程描述

$$\begin{cases} \dot{x} = f(x,u,t) \\ y = g(x,u,t) \end{cases} \quad (8.7-1)$$

式中，$\dot{x},f,x$ 都是 n 阶向量；u 是 m 阶向量；y,g 是 p 阶向量。于是，在 x,u,t 指定的工作点(Operating point)附近，可以写出

$$\begin{cases} \delta\dot{x} = A\delta x + B\delta u \\ \delta y = C\delta x + D\delta u \end{cases} \quad (8.7-2)$$

在此 A,B,C,D 中的元素分别是 $A_{ji} = \dfrac{\partial}{\partial x_i}f_j(x,u,t)$, $B_{ji} = \dfrac{\partial}{\partial u_i}f_j(x,u,t)$, $C_{ji} = \dfrac{\partial}{\partial x_i}g_j(x,u,t)$,

$D_{ji} = \dfrac{\partial}{\partial u_i}g_j(x,u,t)$ 等在工作点处算得的值。为了记述方便以及与已有线性模型形式上保持一致，可省略符号 δ，而写为

$$\begin{cases} \dot{x} = Ax + Bu \\ y = Cx + Du \end{cases} \quad (8.7-3)$$

【说明】
- 式(8.7-3)仅在指定工作点(状态、输入、时间)附近的很小范围内成立。
- 以上方法不适用于"近似处理影响系统本质"的那些非线性问题。

2. 模型线性化

[A,B,C,D]=linmod('model',x,u,para)
  采用偏导法对模型中各模块逐个线性化而得的模型
[A,B,C,D]=linmod2('model',x,u,para)
  采用对模型状态、输入实施摄动而算得线性化模型
[A,B,C,D]=dlinmod('model',Ts,x,u,para)
  采用对离散、连续混合模型中各模块逐个线性化而得的模型

〖说明〗
- 第一输入量 model 是被处理的块图模型名。这是以上两个指令运行时，必须的输入量。
- x, u 用来指定工作点的状态向量和输入。若它们被缺省，那么它们被默认为适当的零向量。
- para 是三元向量。para(1) 指定扰动值，默认取 10^{-5}。para(2) 为"时变模块"指定时间点，默认值为 0。para(3)，若令其为 1，则线性化时，会自动删除那些系统输入输出特性无关的模块状态；该元素的默认设置值为 0。
- 在用 x 指定状态向量工作点时，需要准确知道模型状态向量的长度、各状态分量对应的模块等信息。这些信息可借助第 8.8.1-1 小节的 [sizes, x0, StateCell]=model 指令获得。
- 关于 dlinmod 指令
  - 该指令的输入量 Ts，用来指定近似线性模型的采样周期；
  - 在原系统稳定的前提下，如果 Ts 为原系统所有采样周期的整数倍，或者 Ts 不小于原系统中最慢的采样周期，则由该指令所得线性模型在 Ts 采样点上与原系统有相同的频率响应和时间响应。如果 Ts 指定为 0，则得到原系统的近似连续模型。
  - 若算得的 A, B 为复数，则原系统可能不稳定或 Ts 不是原系统采样周期的整数倍。
- 以上三个指令不仅用于求取非线性系统的线性化模型，而且也经常用于求取各种模块构建的复杂线性系统的状态空间模型。

【例 8.7-5】 求图 8.7-8 所示 exm080705.mdl 的传递函数 $G(s) = \dfrac{Y(s)}{U(s)}$。本例演示：系统传递函数的 Simulink 求取法。

（1）关于 exm080705.mdl 的说明
- 〈G1〉〈G2〉〈G3〉〈G4〉〈H1〉〈H2〉〈H3〉都由 Simulink 的〈Transfer Fcn〉库模块修改而成。
- 为供指令 linmod 调用，输入、输出模块〈In1〉和〈Out1〉是必需的。

（2）系统传递函数的获取

```
[A,B,C,D] = linmod2('exm080705');    % 从 Simulink 模型得到系统的状态方程
STF = tf(minreal(ss(A,B,C,D)))       % 求状态方程最小实现的传递函数 LTI 对象
2 states removed.


Transfer function:
```

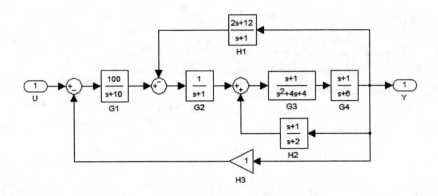

图 8.7-8 多环控制系统

```
   100 s^2 + 300 s + 200
-------------------------------
s^5 + 21 s^4 + 157 s^3 + 663 s^2 + 1301 s + 910
```

【说明】
- 利用 Simulink 模型很容易求系统传递函数,不管系统本身有多复杂。
- 指令 ss(A,B,C,D)的含义是:根据获得的状态方程四对组生成一个线性时不变 LTI 模型的状态空间对象(State-space object)。
- 指令 minreal 用于求线性时不变 LTI 对象的最小实现,去除多余的状态变量。
- 本例所得传递函数结果与例 5.7-2 中的"参数具体化传递函数 Y2Uc"相同。

【例 8.7-6】 求图 8.7-9 所示的块图模型 exm080706_1.mdl 在状态空间原点的线性化模型。本例演示:非线性混合模型的线性化;如何运用 get_param,set_param 对块图模型的模块参数进行设置;操控块图模型的多种指令的综合运用。

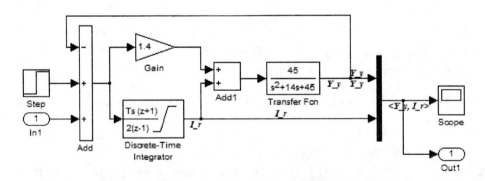

图 8.7-9 待线性化的块图模型

(1) 关于 exm080706_1.mdl 模型的说明

- 〈Step〉模块:阶跃时间 Step time 设为 0;初始值 Initial value 设为 0;终值 Final value 设为 1。
- 〈Discrete-Time Integrator〉模块:积分方法 Integrator method 选择 Integration:Trapezoidal;增益 Gain value 设为 8.4;初始条件 Initial condition 设为 0;采样周期 0.03;勾选输出限制 Limit output;饱和上限 Upper saturation limit 设为 1;饱和下限 Lower

saturation limit 设为 -1。
- 〈Scope〉模块：纵坐标 Y-min 设为 0，Y-max 设为 1.5。
- 仿真终止时间设为 2。
- 在该模型的 Configuration Parameters 仿真参数配置界面的 Data Import/Export 页面上，勾选 Output 输出栏，并把输出量命名为 yn。与此同时，把输出时间量命名为 tn。
- 仿真输出波形如图 8.7-10 所示。图中的"削顶红线"展现了离散积分器饱和限制的影响。

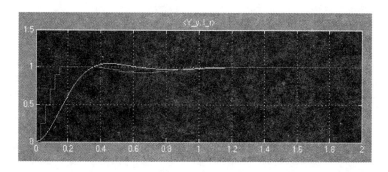

图 8.7-10 含饱和限制积分模块系统的输出波形

(2) 求 exm080706_1.mdl 的线性化模型

由于 exm080706_1.mdl 是离散/连续混合系统，线性化宜用 dlinmod 指令，且采样周期取为 0.03。具体指令如下：

```
Ts = 0.03;
[A,B,C,D] = dlinmod('exm080706_1',Ts)
A =
     0.6204   -2.7398    0.0241
     0.0241    0.9557    0.0004
          0  -11.3400    1.0000
B =
     0.0368
     0.0006
     0.2520
C =
          0   45.0000         0
          0   -5.6700    1.0000
D =
          0
     0.1260
```

(3) 构造等价近似的线性化模型

据 dlinmod 运行后给出的线性化模型"四元组"，构造图 8.7-11 所示的块图模型 exm080706_2.mdl。具体如下：

- 〈Step〉模块：采样周期 Sample time 设为 Ts；其余与原模型的〈Step〉模块相同。
- 增益模块〈Gain〉〈Gain1〉等：参照图 8.7-10，在各自 Gain 栏中分别填写 A, B, C, D

变量名;在乘法方式 Multiplication 栏,都选择 Matrix(K * u)菜单项。
- 〈Scope〉模块:纵坐标 Y-min 设为 0,Y-max 设为 1.5。
- 〈Unit Delay〉模块:初始条件 Initial conditions 栏,设为 0。
- 仿真终止时间设为 2。
- 在该模型的 Configuration Parameters 仿真参数配置界面的 Data Import/Export 页面上,勾选 Output 输出栏,并把输出变量命名为 yl。与此同时,把输出的时间变量命名为 tl。
- 注意:exm080706_2 运行前,MATLAB 基空间有变量 Ts,A,B,C,D。

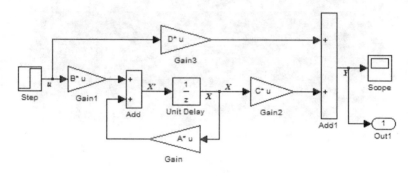

图 8.7-11　等价近似的线性化块图模型

(4) 两个模型的输出响应比较

为观察近似模型在阶跃幅度为 1 和 0.5 不同输入下的性能,以下采用块图模型的指令操控法进行,参见图 8.7-12。该方法比块图模型的鼠标操控方式显得简捷。

```
clear
Ts = 0.03;                                      % 定义采样周期
[A,B,C,D] = dlinmod('exm080706_1',Ts);          % 获取近似模型的状态方程
sim('exm080706_1')                              % 运行原非线性模型
sim('exm080706_2')                              % 运行近似线性模型
tn10 = tn;yn10 = yn(:,1);                       % 记录原模型的单位阶跃响应            <6>
tl10 = tl;yl10 = yl(:,1);                       % 记录近似模型的单位阶跃响应          <7>
uf1 = get_param('exm080706_1/Step','After');
                                                % 保存原模型〈Step〉阶跃幅度           <8>
uf2 = get_param('exm080706_2/Step','After');
                                                % 保存近似模型〈Step〉阶跃幅度         <9>
set_param('exm080706_1/Step','After','0.5')
                                                % 修改原模型〈Step〉阶跃幅度
set_param('exm080706_2/Step','After','0.5')
                                                % 修改近似模型〈Step〉阶跃幅度
sim('exm080706_1')                              % 在新输入下运行原模型
sim('exm080706_2')                              % 在新输入下运行近似模型
tn05 = tn;yn05 = yn(:,1);                       % 记录原模型的 0.5 阶跃响应           <14>
tl05 = tl;yl05 = yl(:,1);                       % 记录近似模型的 0.5 阶跃响应         <15>
set_param('exm080706_1/Step','After',uf1)
```

```
                        % 使原模型<Step>模块恢复原先设置              <16>
set_param('exm080706_2/Step','After',uf2)
                        % 使近似模型<Step>模块恢复原先设置            <17>
subplot(1,2,1),plot(tn10,yn10,'r.',tl10,yl10,'b-')
legend('Original','Linearization','Location','Best')
title('单位阶跃输入下的响应比较')
subplot(1,2,2),plot(tn05,yn05,'r.',tl05,yl05,'b-')
legend('Original','Linearization','Location','Best')
title('0.5 阶跃输入下的响应比较')
```

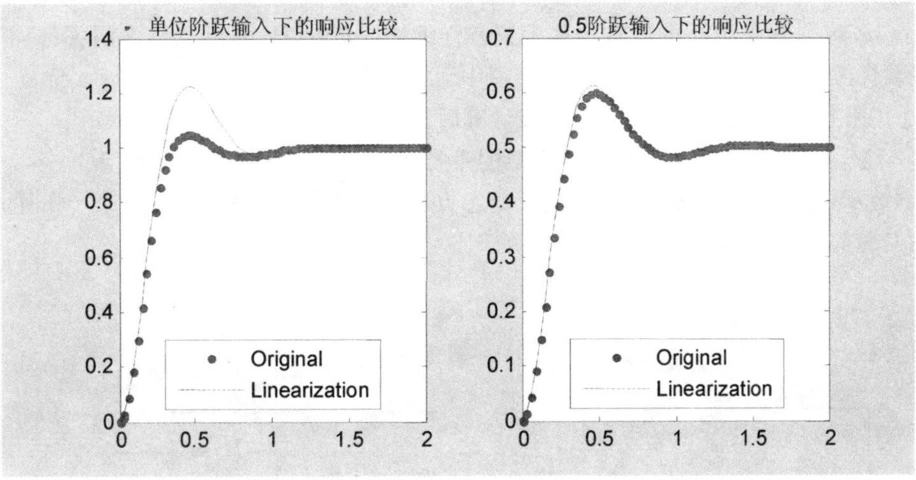

图 8.7-12　不同输入下两模型的输出响应比较

〖说明〗
- 本例在 0.5 阶跃输入下的比较结果表明：在工作点附近，由 dlinmod 得到的近似模型有较好的近似精度。
- 本例在一定程度上反映了使用指令操控 Simulink 块图模型的简捷性及应用场合。
- 本例之所以在指令〈6〉〈7〉〈14〉〈15〉中对各响应的纵、横两坐标数据都进行记录，是因为不同模型在不同输入下的仿真采样点（一般）也不同。
- 本例使用指令〈8〉〈9〉〈16〉〈17〉的目的是：在经历指令操控以后，块图模型能保持原先的设置不变，不改变块图模型的原设计目的。这种处理方式具有普适性。

8.7.4　系统平衡点和普通状态轨线图

在非线性系统分析中，分析、评估系统稳定性或稳态性状时多需要用到平衡点。所谓平衡点（Equilibrium points）是指：所有状态导数等于零的点。倘若仅部分状态导数为零，则成为偏平衡点（Partial equilibrium points）。Simulink 提供的 trim 指令能十分方便地求取（偏）平衡点。它的具体调用格式为：

　　　　[x,u,y,dx,option]=trim('model',x0,u0,y0,ix,iu,iy,dx0,idx,options,t)　　寻找块图模型的平衡点

〖说明〗
- 在所有输入输出量中，只有第一个输入量是必需的。

- 指令工作原理:借助二次规划法,在指定条件下寻找"状态导数全为零"的平衡点。
  - 若失败,则在"最小最大"意义上给出"状态导数接近于零"的一个点。所谓"最小最大"指:以"状态导数最大绝对值"的最小化为目标,所搜索到的那个点。
  - 至于能否搜索到平衡点或搜索到什么样平衡点等,不仅与模型结构和参数有关,而且受"指定条件"影响严重。
- x0, u0, y0 是开始搜索的 (x,u,y) 点的状态、输入、输出初始猜测"列向量"。
- ix, iu, iy 分别用来指定 x0, u0, y0 中保持不变的分量下标,使搜索受约束进行。
- dx0 与 idx 配合使用。idx 指定哪些状态分量的导数非零,而 dx0 指定这些非零导数的具体值。
- options 是优化算法的参数选项设置。详细情况请在 Help 浏览器中用关键词 trim 搜索获得;或用 help foptions 在指令窗中运行后获知。
- t 用来指定"时变状态导数"的具体计算时刻。

【例 8.7-7】 求图 8.7-13 所示两个模型的平衡点。模型(b)输入端比模型(a)多一个输入口。本例演示:平衡点的基本定义;非线性动态方程平衡点求取的作图法;指令 trim 的调用格式;trim 计算结果的检验;XY 图示模块的使用。

$$\begin{cases} \dot{x}_1 = x_1^2 + x_2^2 - 4 \\ \dot{x}_2 = 2x_1 - x_2 \end{cases} \qquad \begin{cases} \dot{x}_1 = x_1^2 + x_2^2 + (u-4) \\ \dot{x}_2 = 2x_1 - x_2 \end{cases}$$

exm080707_1.mdl   exm080707_2.mdl

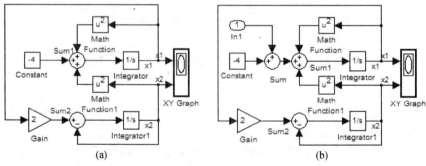

图 8.7-13   待求平衡点的非线性系统块图模型

(1) 关于块图模型 exm080707
- 模块〈Math Function〉和〈Math Function1〉对话窗的函数 Function 栏,选择 {square} 项。
- XY 图示模块〈XY Graph〉对话窗:横坐标 x-min 栏,填写 -2;横坐标 x-max 栏,填写 2;纵坐标 y-min 栏,填写 -2;纵坐标 y-max 栏,填写 2。
- 积分模块〈Integrator〉和〈Integrator1〉都采用默认设置。
- 其余模块的参数可参照图 8.7-13 的相应标识进行设置。
- exm080707_2.mdl 中,输入处增加了一个〈In1〉输入模块和〈Sum〉求和模块。
- 模型仿真参数(包括初始条件,Solver 解算器类型,算法类型等)都采用默认设置。

(2) 平衡点平衡点与初始点位置有关

```
xa = trim('exm080707_1',[-0.1;-0.3])        % 平衡点与初始状态有关        <1>
```

```
xb = trim('exm080707_1',[0;1])                    %                              <2>
xa =
    -0.8944
    -1.7889
xb =
     0.8944
     1.7889
```

（3）exm080707_1.mdl 平衡点附近的线性化模型及稳定性分析

```
Axa = linmod2('exm080707_1',xa);
eig_Axa = (eig(Axa))'                    %特征根都有负实部——稳定平衡点
Axb = linmod2('exm080707_1',xb);
eig_Axb = (eig(Axb))'                    %特征根有正实部——不稳定平衡点
eig_Axa =
    -1.3944 - 2.6457i   -1.3944 + 2.6457i
eig_Axb =
     3.4110    -2.6222
```

（4）输入的存在既增加了平衡点的自由度也改变了平衡点位置

```
[xa2,ua] = trim('exm080707_2',[-0.1;-0.3],0)    %输入对平衡点影响            <3>
[xb2,ub] = trim('exm080707_2',[0;1],1)          %                              <4>
xa2 =
    -0.7487
    -1.4974
ua =
     1.1974
xb2 =
     0.6810
     1.3620
ub =
     1.6810
```

（5）绘制普通状态轨线（State trajectory）

因要绘制从多初始点出发的状态轨线，采用指令操控块图模型比较简便。运行如下 M 码可绘出图 8.7-14 所示的普通状态轨线。

```
% exm080707_1m.m            画普通状态轨线
clf;
xx=[-2,-1, 0, 1, 1, 1, 1
     1, 1, 1, 1, 0,-1,-2];                       %多轨线起点
set_param('exm080707_1','InitInArrayFormatMsg', 'None')    %抑制初始向量数组赋值方式警告
nxx=size(xx,2);                                  %起点数
for k=1:nxx
    opts=simset('initialstate',xx(:,k));         %设置仿真初值              <5>
    [t,x]=sim('exm080707_1',10,opts);            %简洁调用格式              <6>
    plot(x(:,1),x(:,2));                         %画状态轨线
```

```
            hold on
        end
        grid on,hold off
        xlabel('x1');ylabel('x2')
        title('普通状态轨线')
```

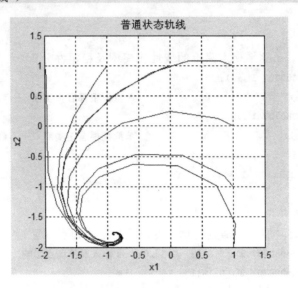

图 8.7-14 多初始点出发的状态轨线和平衡点

【说明】

- exm080707_1.mdl 的状态方程中没有自由输入量 u。因此,该模型平衡点仅取决于状态本身。但搜索平衡点时,不同起点可能得到不同平衡点。参见指令〈1〉〈2〉的运行结果。
- 在平衡点附近线性化模型的稳定性可以反映该平衡点是否稳定。
- exm080707_2.mdl 比 exm080707_1.mdl 多一个输入口模块。状态导数是否为零,有三个变量(x_1, x_2, u)决定。参见本例指令〈3〉〈4〉的运行结果。
- 普通状态轨迹图有两个主要缺点:
  - 轨线向平衡点运动的快慢不容易确定。
  - 无法表现不稳定平衡点。假如轨线起点恰在不稳定平衡点附近(比如 xx=[4;4]),那么仿真很快会因发散而失败。更好地描绘不稳定平衡点性状,须用"一步仿真"法,参见例 8.7-8。

8.7.5 M 码和 Simulink 模型的综合运用

1. 单步仿真和精良状态轨线图

【例 8.7-8】 绘制非线性系统 $\begin{cases} \dot{x}_1 = x_1^2 + x_2^2 - 4 \\ \dot{x}_2 = 2x_1 - x_2 \end{cases}$ 块图模型的精良状态变化轨线。本例演示:如何实现"单步仿真";如何计算精良状态变化方向导数;如何用 quiver 指令表现状态变化轨线。

(1) 块图模型的"单步仿真"

计算精良状态轨线的"单步仿真"的原理是：
- 在状态平面的选定矩形区间内，设定将计算轨线斜率的"（足够密的）格点"。
- 以每个格点为起点，只计算"一步"状态。
- 根据"一步"状态值，计算各状态分量变化值，并进而获得状态轨线的近似斜率。
- 为保证近似斜率计算的可靠，采用定步长算法（如 ode5）。计算步长的设置既不宜太大，也不宜太小，本例取 0.01。详见以函数 M 文件 exm080708_zzy.m。

```
function [DX1,DX2,DP]=exm080708_zzy(x1,x2,h)
% EXM080708_ZZY      采用"一步仿真"计算状态变量斜率和状态导数的二次方根
% x1,x2              分别给定"状态平面"上的格点坐标
% h                  给定积分计算采用的时间步长
% DX1,DX2            轨线斜率在状态坐标轴上的投影长度
% DP                 状态导数向量的长度
opts=simset('solver','ode5','fixedstep',h);         %采用 ode5 定步长积分算法      <2>
n=length(x1);
DX1=zeros(n,n);DX2=DX1;DP=DX1;                      %预置空间
disp('正在逐点计算，请稍等！')
for ii=1:n;
    for jj=1:n;
        opts=simset(opts,'initialstate',[x1(ii);x2(jj)]); %设置状态初值           <8>
        [~,x]=sim('exm080707_1',h,opts);            %步长为 h 的"一步仿真"         <9>
        dx1=x(2,1)-x1(ii);                          %计算 x1 的变化率
        dx2=x(2,2)-x2(jj);                          %计算 x2 的变化率
        L=sqrt(dx1^2+dx2^2);                        %计算状态轨线方向的变化率。
        DP(jj,ii)=L/h;                              %状态导数向量的长度
        if L>1.e-10                                 %若状态轨线变化率大于"零"阈值
            DX1(jj,ii)=dx1;DX2(jj,ii)=dx2;          %计算各状态变量的近似斜率      <15>
                                                    %注意下标次序。这是绘图指令格式要求
        end
    end
end
disp('计算结束')
```

(2) 精良状态变化轨线图的绘制

本例拟用方向箭头图（Quiver plot）表现状态变化轨线，如图 8.7-15 所示。图中，箭头方向指示状态的变化方向；箭头长短及色彩表示变化的快慢；箭头汇集点为稳定平衡点和箭头发散点为不稳定平衡点。运行如下 M 码可得如图 8.7-15 的精良状态变化轨线图。

```
%exm080708m.m
h=0.01;                                             %设置仿真步长
x1=(-2.5:0.25:2.5)';x2=x1;                          %轨线起始点
k=3.5;
set_param('exm080707_1','InitInArrayFormatMsg','None')   %抑制初始向量数组赋值方式警告
```

```
xs=trim('exm080707_1',[-0.1;-0.3]);              %计算稳定平衡点
xus=trim('exm080707_1',[0;1]);                   %计算不稳定平衡点
[DX1,DX2,DL]=exm080708_zzy(x1,x2,h);
pcolor(x1,x2,DL)                                 %用色彩表示全导数绝对值大小
shading interp
alpha(0.5)
colorbar
hold on
quiver(x1,x2,k*DX1,k*DX2,0)                      %调用quiver指令绘制平面上各点处的变化率图
plot(xs(1),xs(2),'bo',xs(1),xs(2),'+','MarkerSize',10)    %绘制"聚点"标记
plot(xus(1),xus(2),'bo',xus(1),xus(2),'.','MarkerSize',10) %绘制"散点"标记
grid off
hold off
xlabel('x1'),ylabel('x2')
title('精良状态轨线斜率图')
shg
```

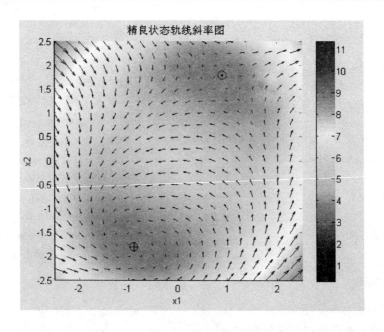

图 8.7-15 精良状态轨迹斜率图

【说明】
- 与普通相轨迹比,精良状态轨线变化图更能反映非线性系统的性状,能更好地表现各种类型(稳定、不稳定)平衡点。
- 假如再与 trim、linmod、eig 等指令配用(参见例 8.7-7),那么对非线性系统性状的理解,无论在感性上,还是理性上,都会有所深化。
- 本例清楚表明:M 码与 Simulink 块图模型的交互运用,能解决更为复杂的仿真问题,更有利于揭示被研究对象的本质。

2. 仿真模型和优化指令的协调

【例 8.7-9】 题目背景:在迄今的自动控制教材中,凡讨论积分性能指标时,几乎总会提到所谓的 ITAE 传递函数标准型,并列出相应的分母多项式系数表。但值得指出的是:这些数据是 20 世纪 50 年代初期,用模拟计算机仿真得到的。因此,这些数据的准确性带有明显的时代缺陷。与 $J(ISE) = \int_0^\infty e^2(t)dt$ 不同,ITAE 性能函数 $J(ITAE) = \int_0^\infty t|e(t)|dt$ 无法解析计算,而只能通过数值计算进行。本例演示:如何用 Simulnk 块图模型计算性能函数;Simulink 块图模型、目标函数和优化程序之间的协调和参数传递;克服陷于局部极值的方法。

(1) 问题的形成

在单位阶跃输入 $u(t)$ 下,系统 $G(s) = \dfrac{1}{s^n + a_{n-1}s^{n-1} + \cdots + a_1 + 1}$ 的输出是 $Y(s) = G(s)U(s)$,它与输入的差为 $e(t) = y(t) - u(t)$。目标是:求一组分母多项式系数 $[1 \quad a_{n-1} \quad \cdots \quad a_1 \quad 1]$,使 $J(ITAE)$ 达最小。

(2) 构作计算 $J(ITAE)$ 的 Simulink 模型 exm080709.mdl(参见图 8.7-16)
- 〈Transfer Fcn〉传递函数模块对话窗
  - 分子系数 Numerator coefficients 栏,填写 1;
  - 分母系数 Denominator coefficients 栏,填写 $[1 \quad a \quad 1]$。应该指出,这 a 可以取任意长度的行向量值。这种系数表达法,可减少被优化参数的数目,提高效率。
- 〈Step〉阶跃输入模块对话窗:起跃时间 Step time 栏,写 0;终值 Final value 栏,写 1。
- 〈Integrator〉积分模块对话窗:初始条件 Initial condition 栏,填写 0。

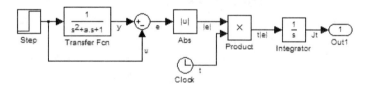

图 8.7-16 计算 $J(ITAE)$ 的块图模型

(3) 编写实现寻优的 M 文件 exm080709m.m 和 exm080709_itae.m
编写程序有以下几方面考虑:
- exm080709.mdl 模型中的〈Transfer Fcn〉模块的分母系数向量中的 a,在优化过程中不断地在 M 文件、块图模型间交互。在以下程序中,把 a 设计为"全局变量"。
- ITAE 性能指标关于被优化参数 a 高度非线性,有许多极小值点。为寻得最小 ITAE 性能值,寻优需从不同初始点出发。exm080709m.m 中的 Kr 就决定随机寻优的次数。
- Tspan 设置基于以下考虑:
  - 积分区间要足够长(本例取 40),保证 ITAE 积分随时间的增量足够小。
  - 块图模型的仿真,是在给定的采样时间上进行的(见 exm080709_itae.m 的第〈6〉行指令)。这是为了克服参数变化,引起仿真步长改变,进而导致输出数据的计算时间点变化,而使性能值无法比较大小。

■ 在保精度前提下,采样时间间隔不必太小,否则占用计算时间耗费很大。

```
%exm080709m.m            用于 ITAE 标准型系数的寻优
% a0                     分母多项式中的非平凡系数的初始行向量
% Kr                     决定随机寻优次数
global a Jc
amin=min(a0);                    %供生成随机扰动的幅值用
na=length(a0);                   %非平凡系数行向量的长度
nd=na+2;                         %分母多项式系数向量的长度
opts=optimset('MaxFunEvals',300*na);
CF=zeros(Kr,nd); Jk=zeros(1,Kr);
for kk=1:Kr
    ar=a0+2*amin*(rand(1,na)-0.5);   %寻优用的随机初始向量,保证系数为正   〈8〉
    a=fminsearch(@exm080709_itae, ar, opts);  %寻优
    cf=[1,a,1];                       %找得的优化分母系数行向量
    CF(kk,:)=cf;
    Jk(kk)=Jc;
end
[Jmin,kmin]=min(Jk);             %最小性能值
cfmin=CF(kmin,:);                %产生最小性能值的分母多项式系数


% exm080709_itae.m      供 exm080709m 调用
function Jc=exm080709_itae(aa)
%ITAE                   计算 ITAE 积分性能值
global a Jc
a=aa;                            %供模型中传递函数模块分母系数用
Tspan=[0,0.1,20];                %确定不变的时间采样向量        〈4〉
opts=simset('RelTol',0.0001);    %设定仿真时的相对精度
[~,~,Jt]=sim('exm080709',Tspan,opts);  %对 exm080709.mdl 进行仿真  〈6〉
Jc=Jt(end);                      %Jc 是在 Tspan 时间区间上的 ITAE 积分值
```

(4) 在指令窗中运行以下指令并得到结果

```
clear
Kr = 5;
a0 = [3.25,6.60,8.60,7.45,3.95];    % 这是 6 阶"经典"标准型的非平凡系数
exm080709m
Jmin,cfmin
Jmin =
    8.3338
cfmin =
  Columns 1 through 6
    1.0000    2.1519    5.6290    6.9338    6.7925    3.7398
  Column 7
    1.0000
```

（5）ITAE 标准传递函数"经典"系数和修正系数的阶跃响应比较（参见图 8.7-17）

```
old = tf(1,[1,a0,1]);              %生成经典系数传递函数对象
new = tf(1,cfmin);                 %生成新传递函数对象
[yold,told] = step(old,50);        %据传递函数产生阶跃响应
[ynew,tnew] = step(new,50);
plot(told,yold,'b','LineWidth',1)
axis([0,18,0,1.1])
hold on,plot(tnew,ynew,'r','LineWidth',3),hold off
xlabel('t')
title('ITAE 6 阶新老标准型的阶跃响应比较 ')
legend('Old','New',4),grid on
```

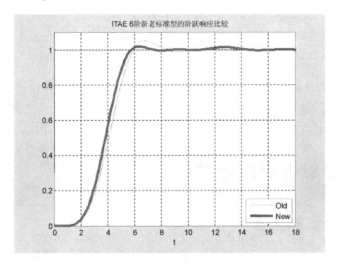

图 8.7-17　新老标准型的阶跃响应局部放大比较图

〖说明〗

- 本例运行很费时。读者若有兴趣,不妨用低阶分母多项式尝试,如令 a0＝[1.75,2.15]。
- 本例出于演示目的,使用全局变量来实现不同 M 文件、M 文件与 MDL 块图模型之间的数据交换。值得指出:这种处理方法不应该鼓励。
- 从 ITAE 数值角度看,新标准型的值显然更小。从瞬态响应看,三阶以上,新标准型的快速性比老标准型好,超调量比老标准型小,镇定时间比老的短。
- 表 8.7-2 给出了数值寻优所得 ITAE 传递函数标准型新系数（黑体）和老"经典"系数之间的对照。

表 8.7-2　ITAE 标准型新系数（黑体）和老"经典"系数（细体）对照

阶 次	ITAE 值	传递函数分母多项式系数
2	1.99 **1.9519**	1　　1.4　　1 **1　　1.5049　　1**
3	3.144 **3.1383**	1　　1.75　　2.15　　1 **1　　1.7828　　2.1715　　1**

续表 8.7-2

阶次	ITAE 值	传递函数分母多项式系数
4	4.626 **4.5913**	1　　2.10　　3.40　　2.75　　1 1　　1.9521　　3.3458　　2.6473　　1
5	7.155 **6.3215**	1　　2.80　　5.00　　5.50　　3.40　　1 1　　2.0667　　4.4976　　4.6730　　3.2568　　1
6	9.656 **8.3338**	1　　3.25　　6.60　　8.60　　7.45　　3.95　　1 1　　2.1519　　5.6290　　6.9338　　6.7925　　3.7398　　1
7	15.003 **10.6290**	1　　4.48　　10.42　　15.05　　15.54　　10.64　　4.580　　1 1　　2.2169　　6.7433　　9.3469　　11.577　　8.6778　　4.3226　　1
8	18.680 **13.2051**	1　　5.20　　12.80　　21.60　　25.75　　22.20　　13.30　　5.15　　1 1　　2.2681　　7.8313　　11.8472　　17.5325　　16.0645　　11.3094　　4.8069　　1

【说明】
　　研究表明：ITAE 函数搜索空间的形状非常复杂，凹凸不平，小谷很多，许多地方深谷高峰相邻。要找到真正最小值点决非易事。虽可以肯定：单点标准型的新系数比老系数具有更小的 ITAE 值；但不能断言这新系数一定指示着最小值点。

8.8　数值计算方面的考虑

8.8.1　微分方程解算器 Solver

　　首先应该申明：一，Simulink 所提供的解算器都是当今国际上数值计算研究的最新成果，它们都是计算得最快、精度最高的算法；二，目前还没有一种算法能最好地解各类微分方程；三，对系统动态性能的了解程度对有效解算具体的微分方程至关重要。

1．ode45 和 ode23 运作机理简要

　　这两种解算器都采用 Runge-Kutta 法。它们都是用有限项 Taylor 级数去近似解函数（在 Simulink 中，解函数就是模型的状态轨迹）。有限项 Taylor 级数近似的主要误差是所谓的截断误差（Truncation error）。
　　ode45 分别用 4 阶、5 阶 Taylor 级数计算每个积分步长终端的状态变量近似值，并把这两个近似值的差作为对截段误差大小的估计。假如误差估计值太大，缩短步长重算，直到误差估计值小于指定的精度范围。
　　ode23 与 ode45 的区别仅在于：在每个积分步长中，是用 2 阶、3 阶 Taylor 级数分别计算近似积分的。ode45、ode23 都是变步长算法。
　　一般说来，ode45 是解算普通微分方程的第一选择，也是块图模型解算的默认解算器。为达到同样精度，ode23 的积分步长总要比 ode45 取得小。也正由于这个原因，ode23 处理"中度 Stiff"问题的能力比 ode45 稍好些。

2. ode113 运作机理简要

ode113 是变阶的 Adams 法,一种多步预报校正算法。在预报阶段,用一个$(n-1)$阶多项式近似导函数;这预报多项式的系数可通过前面$(n-1)$个解点及其导数值确定;用外推方法计算下一个解点,即求试探解。在校正阶段,通过对前面 n 个解点和新得试探解点运用拟合技术获得一个校正多项式;然后用这校正多项式重算试探解,即获得校正解。预报解和校正解之间的差是误差的很好测度,因而被用来调整积分步长。ode113 在执行过程中还自动地调整近似多项式的阶数,以平衡其精确性和有效性。

由于 ode113 采用多项式近似,因此它可有效地解算"光滑"系统微分方程,但不能用于含间断点的系统;也由于它导数计算次数比 ode45、ode23 少,因此对于"光滑"系统它的计算速度更快。

3. ode15s 和 ode23s 运作机理简要

ode15s 一种专门用于解 Stiff 方程的变阶多步算法。所谓 Stiff 系统,是指特征值相隔距离较远的系统。这种系统既包含很快的动态模式,又包含很慢的动态模式。ode15s 算法中包含一种对系统动态(模式)转换进行检测的机理。由于这种额外的检测,使得该算法对非 Stiff 系统显得计算效率低下,尤其是对那种有快速变化模式的系统情况更甚。

ode23s 也是专门用于解 Stiff 方程的,它是基于 Rosenbrok 公式建立起来的定阶单步算法。正由于阶数不变,所以有时它比 ode15s 快。

4. 不同解算器解 Stiff 方程的表现

【例 8.8 - 1】 求微分方程 $\ddot{x}+100\dot{x}+0.9999x=0$ 在 $x(0)=1,\dot{x}(0)=0$ 时的解(参见图 8.8 - 1)。本例演示:对于 Stiff 方程,如果解算方法选择不当将产生严重后果。

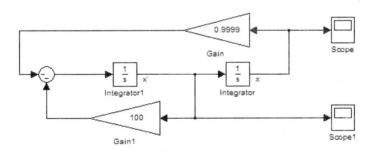

图 8.8 - 1 微分方程的块图模型 exm080801

(1) 关于 exm080901.mdl 的说明
- 〈Integrator〉模块的初始条件 Initianal conditions 栏,填写 1。
- 〈Integrator1〉模块的初始条件 Initianal conditions 栏,填写 0。
- 〈Scope〉模块的纵坐标 Y-min 设为 0,Y-max 设为 1.1。
- 〈Scope1〉模块的纵坐标 Y-min 设为 -0.012,Y-max 设为 0。
- 仿真终止时间 Stop time 设置为 600。
- 仿真所用的解算器 Solver,选用 ode15s。

(2) 采用符号法解算微分方程的解及其导函数

该系统有两个模式:$0.0001e^{-99.99t}$ 和 $1.0001e^{-0.01t}$。前者幅度很小衰减很快,后者则幅度较大和衰减很慢。下面采用符号计算结果,并图示该方程的解导数(参见图 8.8-2):

```
syms t x xd
xs = dsolve('D2x + 100 * Dx + 0.9999 * x = 0','x(0) = 1,Dx(0) = 0','t')    % 求方程解
xsd = diff(xs,'t')                                                          % 求导函数
HL2 = ezplot(xd - xsd,[0,10, - 0.012,0]);
set(HL2,'LineWidth',3)
title(['x'' = ',char(xsd)])
xs =
9999/(9998 * exp(t/100)) - 1/(9998 * exp((9999 * t)/100))
xsd =
9999/(999800 * exp((9999 * t)/100)) - 9999/(999800 * exp(t/100))
```

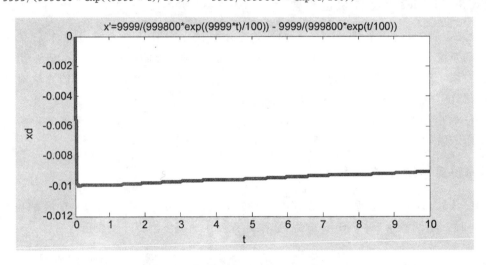

图 8.8-2 微分方程的解 x 和它的导数 dx/dt

(3) 运行以下指令画出三种计算结果的局部放大图(参见图 8.8-3)

```
tt = (0:4000)/10;
xx0 = subs(xsd,t,tt);                                    % 产生绘解析解图形的数据
Tspan = 600;
opts = simset('Solver','ode45');
[tt1,xx1,s] = sim('exm080801',Tspan,opts);              % ode45 解 exm080801 模型
opts = simset('Solver','ode15s');
[tt2,xx2,s] = sim('exm080801',Tspan,opts);              % ode15s 解 exm080801 模型
plot(tt,xx0,'k',tt1,xx1(:,2),'b:',tt2,xx2(:,2),'r - .')  % 绘比较图
axis([246 247 -8.55e-4   -8.35e-4])                      % 对[246,247]时间区间的局部放大
legend('Symbolic','ode45','ode15s',0)
xlabel('t'),ylabel('dx/dt')
title(' Stiff 方程的三种算法结果比较局部放大 ')
ns1 = length(xx1)                                        % ode45 解点数
ns2 = length(xx2)                                        % ode15s 解点数
```

```
ns1 =
    18085
ns2 =
      101
```

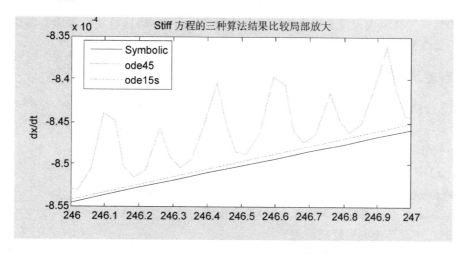

图 8.8-3　不同方法的解算结果比较

〖说明〗
- ode15s 与 ode45 的比较：
  - ode15s 求解本例类 Stiff 方程，解点少、速度快、精度高、反映解的真实本质。
  - ode45 不具备处理 Stiff 方程的能力。它为顾及快变，而加密解点，导致速度很慢。更严重的问题在于：它本身在快变模式下，引发高频振荡（见图 8.8-3 中蓝色虚线），从而歪曲了解的本质。
  - 关于这两种解算器处理 Stiff 方程的算例还可见例 4.11-2。
- 特别提醒读者小心：定步长算法 ode3 或 ode4 解 Stiff 方程，当定步长大于某值（如本例为 0.028）时，计算将可能多次出现"非数"NaN，造成发散，甚至导致黑屏。

8.8.2　积分步长和容差

1. 积分步长的选择

- 首先要提醒读者注意：千万不要为了绘制状态曲线、轨线的光滑化，而把积分步长设置得太小。因为，光滑曲线可以通过"插补"技术更高效地产生。
- Max step size 最大步长：变步长算法设置参数。通常，建议使用默认的 auto 设置；此时，最大步长大致是仿真时间跨度的 1/50。假如运行不适当，读者可放心地参照 MATLAB 软件本身给您的提示修改。
- Fixed step size 固定步长：定步长算法所用的参数，步长影响计算精度，也可能所得解不反映真实状态性状。对于离散系统或混合系统，如果采用定步长算法，则建议采用默认设置的 Auto 模式。在该模式下，会自动针对系统是否多速率而改变工作方式。假如初步使用不合适，请参照 MATLAB 给出的建议修改。

- 假如多速率系统、离散连续混合系统运行时发生采样频率冲突,可采用以下两种速率转移(Rate transition)模块解决:
  - 在慢采样模块向快采样模块输出数据时,应以单位延迟模块作为中介接口,且该单位延迟模块应以慢采样速率工作。
  - 在快采样模块向慢采样模块输出数据时,应以零阶保持模块作为中介接口,且该零阶保持模块应以慢采样速率工作。

2. 计算容差的选择

在计算过程中,每个状态 x_i 的积分误差估计值 e_i,受以下关系式制约

$$e_i = \max(|x_i| \cdot tol_{Rel}, tol_{Abs}) \tag{8.8-1}$$

- Relative tolerance 相对容差 tol_{Rel}
  当 x_i 本身绝对值较大时,计算精度主要靠这相对误差控制。
- Absolute tolerance 绝对容差 tol_{Abs}
  当 x_i 本身绝对值较小而接近 0 时,计算精度主要靠这绝对误差控制。
- 相对、绝对容差的设置应注意:
  - 没特别需要,建议采用默认设置。至少在首次运行时采用默认设置。
  - 假如必须对容差进行设置,那么可以只对其中一个容差设置确定值,而另一个则尽量采用 auto 设置。
  - 假如要对两个容差都进行设置,应使 $\max(|x_i|) \cdot tol_{Rel}$ 大致等于 tol_{Abs}。
  - 用户可以放心地根据 MATLAB 在线的现场提示,修改容差设置。

8.8.3 代数环问题

不管采用什么程序语言(C++、MATLAB 或 Simulink)编写求解系统动态特性的程序时,都特别需要注意代数环(Algebraic loop)问题。

从数学上讲,若系统数学模型中存在待解的代数方程,那么该系统在编程求解时,就存在代数环问题。那系统的求解问题就不是单纯的"微分方程"或/和"差分方程"问题,而是"微分/代数方程"或"差分/代数方程"问题。

从块图模型上讲,若块图模型中存在不含任何"惯性模块"的某个(些)回路,那么该块图模型就存在"代数环"。

Simulink 的解算器在每个计算步长上,不仅要解微分方程,而且还要解代数方程。有时,当代数方程没有直接、显式解时,解算器就不得不采用"迭代"的数值求解法。对于那些迭代解可求得的情况而言,此迭代消耗"计算时间";对于那些迭代解难求的情况而言,就不光是消耗时间,也可能导致发散。

1. 无惯性模块和代数环

所谓"无惯性"模块是指输入输出间"只存在"或"包含"代数关系的模块。由这些模块构成的回路方程,一定是代数方程,并由它们形成(微分或差分)动态模型中的代数环。Simulink 库模块中存在"无惯性"通路的模块见表 8.8-1。

表 8.8-1　具有无惯性通路的模块

模块类型	模块名称举例
增益模块	Gain
乘运算模块	Product
求和模块	Sum, Add
基本数学模块	Abs, Gain, Logical, Math Function, Sign
非线性模块	Saturation, Quantizer, Relay
D 非零的状态方程模块	State-Space
分子分母同阶的传递函数模块	Transfer Fcn, Discrete Transfer Fcn
分子分母同阶的滤波器	Discrete Filter
零极点数相等的零极点增益模块	Zero-Pole
积分模块的初始条件输入口	Integrator
逻辑关系模块	Compare To Constant
查表模块	Sine, Lookup Table

2. 消减代数环影响

鉴于代数环对仿真的负面影响,对待代数环的处理方式有如下四种处理选择:
- 当代数环比较容易观察、代数方程容易显式解出时,则消除代数环。
- 假如代数环对仿真速度的影响可以容忍,那就不必过于介意。
- 假如不可容忍,那就借助〈Unit Delay〉单位延迟模块或〈Memory〉记忆模块强行切断代数环。(注意:由此导致模型性状的变化不应太大。)
- 也可借助〈Algebraic Constraint〉代数约束模块减小代数环影响,但效果未必好。

【例 8.8-2】 构建由方程(8.8-2)和(8.8-3)表述系统的 Simulink 块图模型,讨论代数环。本例演示:不能显式表达的代数约束;采用单位延迟切断代数环后的性状;采用代数约束模块的效果;采用 set_param 设置模型仿真参数;如何保证测试比较的公正。

$$\dot{x} = u - \sin y \tag{8.8-2}$$

$$y = 3.5x + 2.5\dot{x} \tag{8.8-3}$$

(1) 关于图 8.8-4 所示 exm080802_1.mdl 的说明
- 〈Scope〉的纵坐标设置:上示波窗 Y-min 栏填写 0,Y-max 栏填写 0.5;下示波窗 Y-min 栏填写 0.7,Y-max 栏填写 1.5。
- 为避免模型运行时出现"警告提示",进行以下操作:
  - 选中模型窗菜单项〈Simulation＞Configuration Parameters〉,引出对话窗。
  - 选中对话窗左侧的 Diagnostics 节点,再在右侧 Algebraic loop 栏选择 none 菜单项。

(2) exm080802_1.mdl 中的代数环和代数约束方程

观察图 8.8-4,不难看出:〈Sum〉、〈Gain1〉、〈Sum1〉、〈Fcn〉等四个"无惯性"模块构成了一个"无惯性回路",即代数环。而把式(8.8-2)代入式(8.8-3)可得代数约束方程

$$y = 3.5x + 2.5(u - \sin y) \tag{8.8-4}$$

显然,不能由该式写出关于 y 的显式表达。因此,也无法从模型中消除代数环。

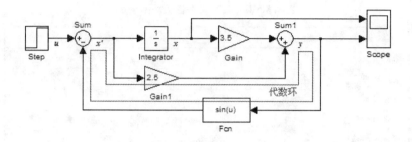

图 8.8-4　带隐式代数方程的块图模型 exm080802_1

(3) 采用代数约束模块消减代数环影响(图 8.8-5 所示模型 exm080802_2.mdl)
- 把式(8.8-4)改写成如下形式
$$f(y) = -3.5x - 2.5(u - \sin y) + y = 0 \qquad (8.8\text{-}5)$$
- 由 exm080802_1.mdl 改造而得如图 8.8-5 所示的 exm080802_2.mdl。
  - ⟨Algebraic Constraint⟩代数约束模块取自⟨Simulink＞Math Operations＞子库。
  - 该模块对话窗的 Initial guess 栏填写 0.7。即在式(8.8-5)中关于 y 的初始猜测。

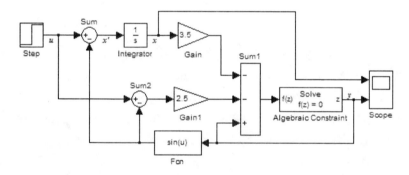

图 8.8-5　采用代数约束模块消减代数环影响的 exm080802_2

(4) 采用单位延迟模块切断代数环(图 8.8-6 所示模型 exm080802_3.mdl)
- exm080802_2.mdl 由 exm080802_1.mdl 添加⟨Unit Delay⟩单位延迟模块而得。
- 为避免出现关于⟨Unit Delay⟩的"警告提示":选中仿真参数配置对话窗左侧的⟨Diagnostics/Sample Time⟩节点,在右侧 Discrete used as continuous 栏选择 none 菜单项。

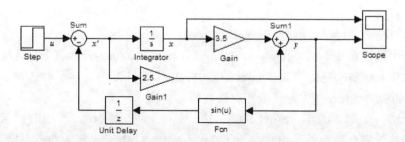

图 8.8-6　采用单位延迟模块消减代数环影响的 exm080802_3

第 8 章 Simulink 交互式仿真

(5) 三个模型的运行结果比较
- 分别运行三个模型
  - 其中采用单位延迟模块的 exm080802_2.mdl，分别记录在最大步长取 0.2 和 0.002 时的示波曲线和计算时间消耗（参见图 8.8-7）。
  - 为比较模型的计算耗时，运行以下 M 文件 exm080802m.m。

```
%exm080802m.m              比较代数环处理的三种模型的计算速度
clear all                  %清空基本空间中的内存变量
bdclose('all')             %清空内存中所有块图模型，保证被测模型关闭            <2>
load_system('simulink')    %向内存装载 Simulink 库，激活引擎，为测试做准备       <3>
tic;sim('exm080802_1');T1=toc;   %原模型解算耗时
tic;sim('exm080802_2');T2=toc;   %采用代数约束模块后模型的计算耗时
t2='0.2';
open_system('exm080802_3')       %设置参数前，必须先开启 exm080802_3.mdl 模型
set_param('exm080802_3','MaxStep',t2)    %设置最大步长为 0.2
tic;sim('exm080802_3');T3=toc;
t002='0.002';
set_param('exm080802_3','MaxStep',t002)  %设置最大步长为 0.002
tic;sim('exm080802_3');T4=toc;
disp(' ')
disp([blanks(31),'仿真绝对耗时 ',blanks(5),'仿真相对耗时 '])
disp(['带代数环原模型 ',blanks(20),num2str(T1),blanks(12),num2str(1)])
disp(['代数约束模块 ',blanks(22),num2str(T2),blanks(9),num2str(T2/T1)])
disp(['单位延迟阻断 ','MaxStep= ',t2,blanks(9),num2str(T3),blanks(8),num2str(T3/T1)])
disp(['单位延迟阻断 ','MaxStep= ',t002,blanks(7),num2str(T4),blanks(9),num2str(T4/T1)])
```

〖说明〗
- 本例三个模型仿真结果表明：
  - 从仿真结果和仿真耗时两方面看，采用代数约束模块的模型，性能最好，见图 8.8-7(a)。
  - 采用单位延迟切断代数环，虽然可以提高仿真速度，但会扭曲原系统的性状，如图 8.8-7(c)(d)所示，曲线起始段振荡起伏。
  - 笼统而言，代数约束模块的引入也许可能提高仿真计算的有效性。但经验表明：这种处理方式不是灵丹妙药。具体问题，应具体分析、试验、处理。
- 对于连续时间系统，切断代数环的单位延迟模块也可用〈Momery〉记忆模块等价替代。
- 利用 Simulink 自动检测模型代数环的操作方法如下：
  - 在模型窗的仿真参数配置窗中，选中对话窗左侧的 Diagnostics 节点，再在右侧 Algebraic loop 栏选择 error 菜单项。
  - 再选择{Edit>UpdateDiagram}，或运行该模型，那么 Simulink 将红色标帜代数环的所有模块和回路。

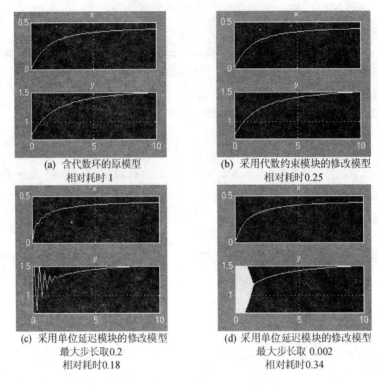

图 8.8-7　采用代数约束模块的块图模型的输出曲线

8.9　S 函数模块的创建和应用

8.9.1　S 函数概述

S 函数（S-Function），或称系统函数（System Function），是用户借以自建 Simulink 模块所必需的、具有特殊调用格式的函数文件。这种函数文件，既可以用 M 函数文件编制，也可以由 C、C++、Fortran 等源码文件经编译而生成的 MEX 文件构成。

S 函数一旦被正确地嵌入位于 Simulink 标准模块库中的 S-Function 模块中，它就可以象其他 Simulink 标准模块一样，与 Simulink 的引擎交互，实现其功能。这种生成的 S 函数模块可以被"重用（Reuse）"于各种场合；在每种场合，该 S 函数模块又可通过不同的参数设置，体现出不同的个性。

S 函数的应用场合如下：
- 生成用户自己研究中有可能经常反复调用的 S 函数模块。
- 生成某硬件装置的 S 函数模块。
- 把已存在的 C、C++ 码程序构造成 S 函数模块。
- 为一组数学方程所描写的系统，构建一个专门的 S 函数模块。
- 构建用于图形动画表现的 S 函数模块。

8.9.2 S 函数模块及其运作机理

要创建 S 函数,就要先理解 S 函数,要先明白 Simulink 的运作方式。

(1) Simulink 模块的数学描述

图 8.9-1 所示的模块输入、状态和输出等间的数学关系可用如下表达式描述:

$$输出(Outputs):y = f_0(t,x,u)$$
$$导数(Derivatives):\dot{x}_c = f_d(t,x,u)$$
$$更新(Update):x_{d_{k+1}} = f_U(t,x_c,x_{d_k},u)$$

在此,$x=[x_c,x_d]^T$;而 x_c 和 x_d 分别是连续时间状态量和离散时间状态量。

图 8.9-1 Simulink 模块框图示意

(2) Simulink 引擎工作机理

在 Simulink 中,模型的仿真有两大阶段:初始化(Initialization)阶段和仿真环(Simulation loop)阶段(参见图 8.9-2)。

- 初始化阶段的主要任务
  - 平铺化(Flatten)模型,即用基本库模块展开多层次的封装模块。
  - 确定模型中各模块的执行次序。
  - 为未直接指定参数的模块确定属性,如信号名称(Name)、数据类型(Data type)、数值类型(Numeric type)、维数(Deminsionality)、采样时间(Sample times)等。
  - 配置内存
- 仿真环阶段的主要任务

模型初始化结束后,就进入"仿真环(Simulation loop)"。在一个"主时步(Major time step)"内要执行"仿真环"中的各运算环节。它们包括:

A1 计算(当含有变采样时间模块时)下一个主采样时点(Sample hit)。

A2 计算当前主时步上的全部输出。

A3 更新各模块的连续状态、离散状态以及导数。在存在连续状态情况下,需要:
B1. 采用插值的方法,计算出"零穿越"时刻;B2. 计算子时步输出;B3. 计算各块的状态和导数;

A4 对连续状态进行"零穿越"检测。

A5 检查是否到达"仿真终止时间"。

- 执行各阶段任务的回调方法

S 函数在每个阶段的任务,需要执行各种不同的回调方法(Callback methods)。

(3) 开发 S 函数模块的一般步骤

S 函数模块的开发步骤:

- 先把 MATLAB 提供的标准模版复制到用户自己的文件夹,把函数更改为自己所需的名称。
- 据自己待建 S 函数模块目标,对模版进行"裁剪和添写",生成用户自己的 S 函数。
- 把这创建的 S 函数与 Simulink 库模块〈S-Function〉相关联,制成自己 S 函数模块。
- 对 S 函数模块给于精装处理。

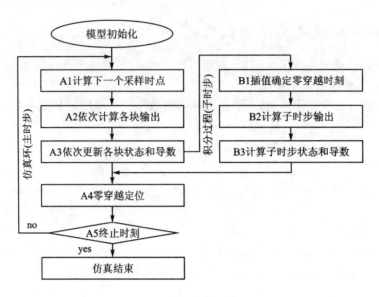

图 8.9-2 Simulink 的仿真工作机理

8.9.3 M 码 S 函数

基于 MATLAB 和 Simulink 封闭内涵的考虑，本节只介绍如何用 M 码创建 S 函数。（注意：在第 5.9.3 节还介绍了如何利用符号计算资源生成 S 函数模块。）

1. 两个级别的 M 码 S 函数

鉴于历史的原因，现今 MATLAB 和 Simulink 支持两个级别的 M 码 S 函数：一级(Level-1)和二级(Level-2)。

一级 M 码 S 函数(Level-1 M-file S-Function)起始于 20 世纪的 90 年代初，迄今 Simulink 库及演示程序中仍有许多这种一级 S 函数模块。在 MATLAB 软件根目录的{toolbox/simulink/blocks}子目录下仍有用于开发它的标准模版 sfuntmpl.m。然而，由于这类 S 函数所支持的模块属性受较多限制，故 MATLAB 建议：不要再用一级 S 函数模块开发。

二级 M 码 S 函数(Level-2 M-file S-Function)首次引入于 2003 年。它支持多输入多输出、支持矩阵和帧信号、支持任何数据类型，功能和适应性远超过一级 M 码 S 函数。MATLAB 制造商鼓励用户创建二级 M 码 S 函数模块。

在 MATLAB 软件根目录上的{toolbox/simulink/blocks}子目录下有两个二级 M 码 S 函数的标准模版(Template)。名为 msfuntmpl_basic.m 的是基础版，而 msfuntmpl.m 是详细版。

2. 对二级 M 码 S 函数模版的注释

为帮助读者理解模版程序，减少利用模版开发自己 S 函数的困难，专辟本小节对二级 M 码 S 函数的基本型模版进行说明：

- 二级 M 码 S 函数模版程序是一个 M 函数文件。它由一个主函数和若干个子函数组成。

- 模版程序提供了一个标准的程序框架：
  - 主函数只包含一行指令 setup(block)。用户不应也不得进行任何改动。
  - 第一层子函数 function setup(block) 包含七个次序不能随便改变的代码块：输入输出口数；输入输出口属性的继承性设置；输入输出口的专门的覆盖性设置；模块对话窗参数数目设置；采样时间设置；模块状态和数据的保存和获取模式设置；回调方法的选用（回调方法可增删但次序不能改变）。
  - 第二层子函数的数目、函数名对应回调方法中的函数句柄。
- block 运行对象（Run-Time Object）
  - 模版文件的每个指令行都包含变量名 block，而 block 自身是一个多层构架。
  - 该 block 运行对象是 Simulink.MSFcnRunTimeBlock 类的一个实现。它用来设置和获取处于仿真过程中的该模块的各种信息。
- 关于基本型模版的注释如下

```
function msfuntmpl_basic(block)
%% msfuntempl_basic 是二级 M 码 S 函数模版的基本型；在大多数场合，该模版已够用
%% 用户使用该模版编写自己 S 函数时，绝不要沿用 msfuntempl_basic 名称，而应另起函数名
%% 更全面深入的模版是 msfuntempl.m，它也驻留在{toolbox/simulink/blocks}文件夹上
%% 该主函数只包含如下一条指令，不得更改，不得添加
setup(block);
%endfunction
%% ====设置 Input ports、Output ports、Dialog parameters、Options 等特性；必须有
function setup(block)
%%(1)设置输入输出口数目
block.NumInputPorts  = 1;
block.NumOutputPorts = 1;
%%(2)调用"运行对象"的 SetPreCompInpPortToDynamic 和 SetPreCompOutPortInfoToDynamic
%%方法使模块的输入输出口继承信号的数据类型、维数、是否复数、采样模式
block.SetPreCompInpPortInfoToDynamic;
block.SetPreCompOutPortInfoToDynamic;
%%(3)若模块对输入口某些属性有特别要求，则进行必要的重定义；否则，以下省略；
%% 以下指令及其赋值仅是示例，用户应据需要改写
block.InputPort(1).Dimensions       = 1;
block.InputPort(1).DatatypeID       = 0;           % double
block.InputPort(1).Complexity       = 'Real';
block.InputPort(1).DirectFeedthrough = true;       %% true 有直通通路；false 则无。
%%(4)若模块对输出口某些属性有特别要求，则进行必要的重定义；否则，以下省略；
%% 以下指令及其赋值仅是示例，用户应据需要改写
block.OutputPort(1).Dimensions      = 1;
block.OutputPort(1).DatatypeID      = 0;           % double
block.OutputPort(1).Complexity      = 'Real';
%%(5)指定 S 函数模块的对话窗参数数目
%% 以下赋值仅是示例，用户应据需要改写
```

```
block.NumDialogPrms = 0;
%%(6)指定采样时间,可取格式:
%%     [0 offset],连续采样时间;[positive_num offset],离散采样时间;
%%     [-1,0],继承采样时间;[-2,0],可变采样时间
%% 以下赋值仅是示例,用户应据需要改写
block.SampleTimes = [0 0];         %%表示无偏移的连续采样
%%(7)指定仿真状态的保存和创建方法,可取选项:
%%  'UnknownSimState',先给出警告,然后采用默认设置;
%%  'DefaultSimState',采用内建模块的方法保存和重建连续状态、工作向量等
%%  'HasNoSimState',没有仿真状态要处理(如〈Sinks〉中模块不带输出口)
%%  'CustomSimState',通告 Simulink 有 GetSimState 和 SetSimState 方法实施
%%  'DisallowSimState',不允许保存和重建,若保存和重建则报错
block.SimStateCompliance = 'DefaultSimState';     %%通常使用该指令及赋值
%%(8)下面列出了块方法的最常用回调名(即单引号内的字符),它们是不可更改的;
%% 函数句柄(即@及其后的字符)可以由用户自己命名,但必须与子函数名一致;
%% 对于那些不需要的回调方法,用户应整行加以删除
block.RegBlockMethod('PostPropagationSetup', @DoPostPropSetup);
     %% 设置 Dwork 向量的数目及其属性;仅含连续状态的 S 函数,不需要此回调
block.RegBlockMethod('InitializeConditions', @InitializeConditions);
     %% 若仿真开始前及仿真过程中需要多次初始化,则使用该回调;
     %% 该回调对连续状态 ContStates 和/或 Dwork 向量赋初始值、配置内存等
block.RegBlockMethod('Start', @Start);
     %% 若仅在仿真开始前需要初始化,则使用该回调
block.RegBlockMethod('Outputs', @Outputs);       % Required
     %% 任何 S 函数都必需该回调。该回调计算 S 函数的输出,并存放于输出信号数组
block.RegBlockMethod('Update', @Update);
     %% 若 S 函数有离散状态,或无直通通路,则需要该回调
block.RegBlockMethod('Derivatives', @Derivatives);
     %% 若有连续状态,则需要该回调
block.RegBlockMethod('Terminate', @Terminate);
     %% 二级 M 码 S 函数不必使用此回调
%end setup
%%==== 后向传递设置:S 函数含离散状态,或无直通通路时写该子函数
function DoPostPropSetup(block)
%% 以下指令及其赋值仅是示例,用户应据需要改写
block.NumDworks = 1;
block.Dwork(1).Name            ='x1';
block.Dwork(1).Dimensions      =1;
block.Dwork(1).DatatypeID      =0;           % double
block.Dwork(1).Complexity      ='Real';      % real
block.Dwork(1).UsedAsDiscState = true;
%end DoPostPropSetup
%%==== 初始化条件:当 S 函数需多次初始化时,才写该子函数
```

第8章 Simulink 交互式仿真

```
function InitializeConditions(block)
%%(以下填写适当指令)

%end InitializeConditions
%%==== 启动:当 S 函数仅需初始化一次,则应编写该子函数
function Start(block)
%% 以下指令行,仅是示例,用户应据需要编写
block.Dwork(1).Data = 0;
%endfunction
%%==== 输出:任何 S 函数都必有该子函数
function Outputs(block)
%% 以下指令行,仅是示例,用户应据需要编写
block.OutputPort(1).Data = block.Dwork(1).Data + block.InputPort(1).Data;
%end Outputs
%%==== 更新:若 S 函数有离散状态,或无直通通路,则需要编写此子函数
function Update(block)
%% 以下指令行,仅是示例,用户应据需要编写
block.Dwork(1).Data = block.InputPort(1).Data;
%end Update
%%==== 导数计算:连续时间状态更新
function Derivatives(block)
%% 以下填写适当指令
%end Derivatives
%%==== 终止:对 C MEX S 函数必需,但对二级 M 码 S 函数则不必
function Terminate(block)

%end Terminate
```

3. 二级 M 码 S 函数模块设计示例

本节算例向读者展示 S 函数概念和框架,以及 S 函数模块的创建步骤。

【例 8.9-1】 为图 8.9-3 所示单摆设计一个 M 码 S 函数模块,并进而利用该模块构建一个在"周期方波力"作用下,单摆的摆动块图模型。该模块以外力 F_m 为输入,摆角 θ 为输出,等效摩擦系数、等效重力系数以及摆的初始条件都以 S 函数模块的对话窗参数出现。本例演示:表征单摆运动方程的二级 M 码 S 函数的编写;如何生成 S 函数模块;如何向 S 函数模块传递参数;如何为 S 函数模块设计新块标;如何借用 Simuklink 块图演示模型中的模块。

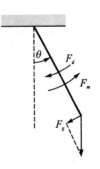

图 8.9-3 单摆示意图

(1) 据牛顿定理写出单摆的动力学方程

$$\ddot{\theta} = \frac{F_m}{M} - \frac{F_d}{M} - \frac{F_g}{M} = f_m - K_d \theta - K_g \sin \theta \tag{8.9-1}$$

式中,f_m 实施加在单摆上的等效外力;K_d 是等效摩擦系数;K_g 是等效重力系数。

(2) 把上述二阶方程写成状态方程组

令 $x_1=\theta, x_2=\dot\theta, u=f_m$ 于是上述方程可写为

$$\begin{cases} \dot{x}_1 = -K_d x_1 - K_g \sin x_2 + u \\ \dot{x}_2 = x_1 \end{cases} \qquad (8.9-2)$$

(3) 编写二级 M 码 S 函数

- 把 MATLAB\{toolbox/simulink/blocks\}子目录上的 msfuntempl_basic.m 模版文件复制到用户自己的文件夹上。
- 把此文件改名为 exm080901_simpend.m;用 M 文件编辑器打开该文件;再把该文件首行函数名也修改为 exm080901_simpend,并保存,于是得到草稿 S 函数文件。
- 据式(8.9-2)对草稿文件进行"裁剪、填写",得到以下正式文件,并再加以保存。

```
function exm080901_simpend(block)
%  exm080901_simpend is a M-file S-function rewritten from template msfuntmpl_basic.m.
%
%  Produced by zzy
%  The setup method is used to set up the basic attributes.
setup(block);
% end simpendzzy2
function setup(block)
% (1)Register number of input and output ports
block.NumInputPorts    = 1;                    %模块有一个输入口
block.NumOutputPorts   = 1;                    %模块有一个输出口
% (2)Setup port properties to dynamically inherited
block.SetPreCompInpPortInfoToDynamic;
block.SetPreCompOutPortInfoToDynamic;
% (5)Register parameters
block.NumDialogPrms    = 3;                    %模块对话窗有三个输入参数
% Set up the continuous states
block.NumContStates    = 2;                    %有 2 个连续时间状态
% (6)Set block to Continuous sample time
block.SampleTimes      = [0 0];                %无偏移连续采样
% (7)Set the block simStateCompliance to default
block.SimStateCompliance = 'DefaultSimState';
% (8)Use an internal registry for block methods.
block.RegBlockMethod('Start', @Start);                     %仅仿真开始时初始化
block.RegBlockMethod('Outputs', @Outputs);                 %计算输出口的输出量
block.RegBlockMethod('Derivatives', @Derivatives);         %计算连续状态的导数
% end setup
function Start(block)
block.ContStates.Data = block.DialogPrm(3).data;           %取第 3 个对话窗参数为初始状态
% end Start
```

```
function Outputs(block)
block.OutputPort(1).Data = block.ContStates.Data(2);    %取第 2 个状态分量为输出
% end Outputs
function Derivatives(block)
dampzzy = block.DialogPrm(1).Data;                      %取第 1 个对话窗参数为摩擦系数
gravzzy = block.DialogPrm(2).Data;                      %取第 2 个对话窗参数为重力系数
x = block.ContStates.Data;                              %仿真过程中 S 函数模块的连续状态
u = block.InputPort(1).Data;                            %仿真过程中 S 函数模块的输入
block.Derivatives.Data(1) = -dampzzy * x(1) - gravzzy * sin(x(2)) + u;
                                                        %体现式(8.9-2)的上式
block.Derivatives.Data(2) = x(1);                       %体现式(8.9-2)的下式
% end Derivatives
```

(3) 创建 S 函数模块

- 开启一个新的空白模型窗,并以 exm080901_1.mdl 名称,加以保存,生成 exm080901_1.mdl 草稿模型。
- 把〈Simulink/Used Defined Functions〉子库中的〈Level-2 M-file S-Function〉模块拖拉进 exm080901_1.mdl 草稿模型窗。
- 双击〈Level-2 M-file S-Function〉模块,引出如图 8.9-4 的对话窗,并做如下设置:
  ■ M 文件名 M-file name 栏,填写 simpendzzy2。
  ■ 参数 Parameters 栏,填写 damp, grav, ang。注意:变量名间用英文逗号分隔。
  ■ 点击[OK]键,就得到所需 S 函数模块。参见图 8.9-5。(注意:模块上的数学公式是此后装帧步骤写上去的。)

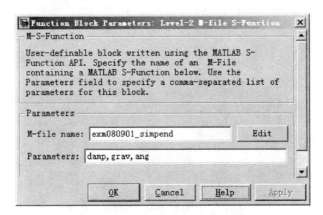

图 8.9-4 M 码 S 函数模块的对话窗

(4) 构建 exm080901_1.mdl 块图模型(参见图 8.9-5)

- 在草稿模型窗中,引入〈Pulse Generator〉脉冲发生器库模块,并做以下设置:幅值 Amplitude 栏,写 1;周期 Period 栏,写 100;脉冲宽度 Pulse Width 栏,写 2。
- 在草稿模型窗中,引入〈Scope〉示波库模块,并进行如下设置:示波轴数 Number of axes 栏,写 2;上示波窗的纵坐标:Y-min 取 -1,Y-max 取 1;下示波窗的纵坐标:Y-min 取 -0.5,Y-max 取 1.5。

- 按图 8.9-5 完成信号线连接。
- 为演示方便,采取以下步骤,在模型空间中保存参数预置值:
  - 选中模型窗菜单项{View > Model Explorer},引出模型浏览器;在浏览器左侧窗展开 exm080901_1 节点;再点中其下 Model Workspace 节点,引出模型空间设置窗。
  - 在模型浏览器右侧的数据源 Data source 栏,选择 M-Code 菜单项,引出 M 码编辑窗 M-Code;填写如下指令(注意:窗中变量名应与 S 函数模块对话窗参数名一致):
    ```
    damp=0.1;
    grav=2.45;
    ang=[0;0];
    ```
  - 点击模型浏览器右下方[Apply]键;再点击 M 码编辑窗下方的[Reinitialize from Source]键,在模型空间中生成各参数值。
- 设置解算器的最大步长

  在模型浏览器左侧窗,点击 exm080901_1 下的 Cofiguration 节点;在中窗选点 Solver,引出解算器参数配置窗;最大步长 Max step size 栏,填写 4;关闭模型浏览器。

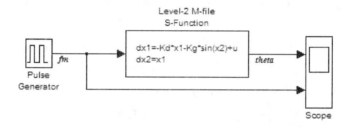

图 8.9-5 利用 S 函数模块构造的块图模型

(5) 保存和仿真运行

经以上操作和设置后,实施保存操作;运行可得如图 8.9-6 的示波图形。

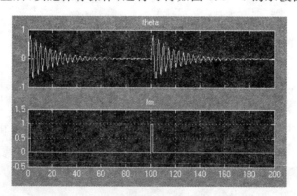

图 8.9-6 在外力 fm 作用下的摆角变化曲线

(6) 简单的块标设计

为更好地反映 S 函数模块的数学本质,对 S 函数模块再采取如下步骤进行块标设计:
- 用鼠标点亮〈Level-2 M-file S-Function〉模块,再选中模型窗菜单项{Edit>Mask M-file S-Function},引出装帧编辑器 Mask Editor(参见图 8.9-7)。

- 在装帧编辑器"块标、端口(Icon & Ports)页"的块标绘制指令栏中,填写以下指令 disp(['dx1=−Kd∗x1−Kg∗sin(x2)+u\n','dx2=x1',blanks(27)])
- 点击[OK]键,就可得到图 8.9-5 中所示的 S 函数模块数学图标。

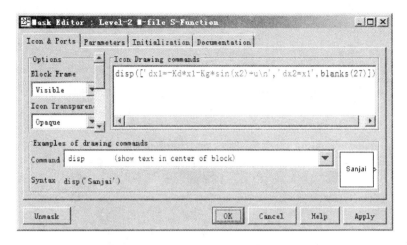

图 8.9-7　设计数学块标的装帧编辑器

(7) 利用 Simulink 现成的动画模块表现单摆运动(参见图 8.9-8 和 8.9-9)
- 对 exm080901_1.mdl 进行"另存为"操作,生成 exm080901_2.mdl 草稿模型。
- 利用和改造 Simulink 现成动画模块〈Animation Function〉
  - 打开{toolbox\simulink\simdemos\simgeneral}子目录下的 simppend.mdl 块图模型。
  - 把 simppend.mdl 模型窗的〈Animation Function〉模块"拖"到 exm080901_2.mdl 模型窗。
  - 点选该〈Animation Function〉模块,再选择 exm080901_2.mdl 模型窗菜单{Edit > Look Under Mask},引出 exm080901/Animation Function 模型窗。
  - 双击 exm080901/Animation Function 模型窗中的〈Animation function〉模块,引出它的 S 函数模块对话窗,可以看到该模块调用的 S 函数文件名为 pndanim1.m。
  - 把位于 MATLAB 的 Toolbox\simulink\simdemos\simgeneral 目录下的 pndanim1.m 复制到 exm080901_2.mdl 模型窗所在目录上。
  - 双击 pndanim1.m 文件,把该文件展开于 M 文件编辑器;把函数名修改为 exm080901_pndanim1;然后把这文件"另存为"exm080901_pndanim1.m。
  - 再在〈Animation function〉S 函数模块对话窗中 S-function name 栏中,填写 exm080901_pndanim1;点击[OK]键关闭对话窗,便完成改造。
- 按图 8.9-8 所示构造完整模型
  - 从〈Simulink/Sources〉子库中将〈Constant〉模块复制进 exm080901_2.mdl;并将该模块对话窗中常数值 Constant value 栏设置为 0。
  - 从〈Simulink/Signal Routing〉子库中将〈Mux〉模块复制进 exm080901_2.mdl。
  - 按图 8.9-8 完成各模块间的连线。
- 经以上操作后,对 exm080901_2.mdl 进行"保存"操作。

- 仿真运行 exm080901_2.mdl 模型可看到单摆摆动的动画（动画截图见图 8.9-9）。

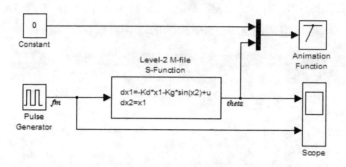

图 8.9-8　采用动画模块的块图模型 exm080901_2

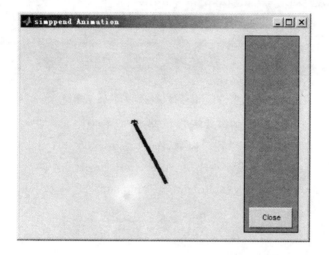

图 8.9-9　块图模型 exm080901_2.mdl 的单摆动画画面

〖说明〗

- 使 exm080901_2.mdl 能正常运行，动画表现正常，应保证 exm080901_2.mdl, exm080901_simpend.m, exm080901_pndanim1.m 三个文件在同一文件夹上。
- exm080901_pndanim1.m 是供 exm080901_2.mdl 块图模型中的〈Animation Function〉动画模块调用的一级 M 码 S 函数文件。
- exm080901_2.mdl 模型中的〈Constant〉模块决定动画画面中单摆枢轴的横坐标位置。

第 9 章 图形用户界面(GUI)

图形用户界面(Graphical User Interfaces,GUI)是由窗、轴、按键、菜单、工具图标、文字说明等图形对象(Objects)构成的一个用户界面。用户通过鼠标或键盘选择、激活这些图形对象,实现计算、绘制图表和产生动画等。

图形用户界面不仅形象生动、互动友善、操控灵活,而且为人们提供了定性定量结合、局域全域结合、时域频域结合、模拟数字结合的数据探索、科学分析的仿真平台。图形用户界面的出现,使以往被视为经典的一些方法和技巧逐渐暗淡失色,而新的方法和技巧则日趋华彩升腾,人们的研发理念和思维方式已经且正在发生深刻的变化。

本书作者正是出于这种认识组织本章内容的。图形用户界面开发工具(Graphical User Interface Development Environment,GUIDE),简称界面开发工具,是一种程式性的设计工具。使用 GUIDE 设计界面遵循一定的设计步骤,而较少依赖技巧。MATLAB 新版本倡导使用 GUIDE 开发图形用户界面。为此,本章以 4 个节次 5 个算例介绍了 GUIDE 的功能和用法、界面控件的机理和属性、各种控件、菜单、图标的详细制作步骤。与此同时,本章还用少量篇幅介绍"图形用户界面的手工设计法";目的在于:一,其本身简明;二,它能帮助读者更好地理解用户界面的工作机理。

本章所有算例界面都是彩色的,请读者在随书光盘 mbook 目录中的"ch09_图形用户界面.doc"文件中查看;而实现界面所需的文件名带 exm 前缀的 M 文件和 FIG 文件则都存放在随书光盘 mfile 目录中。

9.1 设计原则和一般步骤

9.1.1 设计原则

由于要求不同,人们设计出来的界面也就千差万别。但是,自从人们开始设计图形界面以来,界面设计优劣的评判标准却几乎没有太大变化。简单说来,一个好的界面应遵循以下四个原则:简单性(Simplicity)、规范化(Standardization)、一致性(Consistency)及习常性(Familiarity)。

(1) 简单性

设计界面时,应力求简洁、直接、清晰地体现出界面的功能和特征。那些可有可无的功能应尽量删去,以保持界面的简洁。设计的图形界面要直观,为此应多采用图形,而尽量避免数值。设计界面应尽量减少窗口数目,尽力避免在不同窗口之间进行来回切换。

(2) 规范化

规范性体现在三方面:一,界面、控件、组件、功能区、菜单、工具条等的规范化;二,用户界面执行文件的规范化;三,用户界面制作过程的规范化。多年来,MATLAB 制造商为此进行着坚持不懈的努力。对比以前的 MATLAB 版本来说,现在规范程度高了许多。随着 MATLAB 升级的脚步,本章内容关于用户界面创建方法的叙述重点,将从过去的"全手工编程"模式，转移到"GUIDE 辅助编程"模式上来。

（3）一致性

所谓一致性有两层含义：一是，读者自己开发的界面风格要尽量一致；二是，新设计的界面要与其他已有的界面风格尽量相似。这是因为用户在初次使用新界面时，总习惯于凭以往界面交互经验进行试探。比方说，图形显示区通常安排在界面左半边，而按键等控制区通常被排在右侧。

（4）习常性

设计新界面时，应尽量使用人们所熟悉的标志和符号。用户可能并不了解新界面的具体含义及操作方法，但他完全可以根据熟悉的标志作出正确的猜测，自学入门。

（5）其他考虑因素

除了以上对界面的静态要求外，还应注意界面的动态性能。比如，界面对用户操作的响应要迅速（Immediate）、连续（Continous）；对持续时间较长的运算，要给出等待时间提示，并允许用户中断运算。

9.1.2 一般制作步骤

MATLAB 为应用型图形用户界面制作提供了一个良好的图形用户界面开发工具 GUIDE。借助 GUIDE 制作用户界面的过程，可分为三个阶段：
- 构思、明确任务阶段。
  制作应用型 GUI 前，首先要考虑两个问题：希望待创建的 GUI 做什么？如何实现这些目标？
  - 分析界面所要求实现的主要功能，明确设计任务。
  - 选用 GUIDE 提供的标准界面组件，在稿纸上绘出界面草图。考虑组件的功能是否适合实现目标；观察组件大小、位置是否恰当，哪些组件应相邻而置。
  - 站在使用者的角度来审查草图。
- 几何界面的框架软件实现阶段。
  - 按构思的草图，借助 GUIDE（推荐！），在计算机上完成界面上所有组件的几何布局。
  - 对各组件的属性进行适当的设置。
  - 完成"几何"界面，并检查之。
- 完成各组件间相互关联的回调子函数（Callback Subfunction）的编写。
- 按设计任务对制作界面的功能进行逐项检查。

〖说明〗
- 以上过程，仅是一般原则。在设计中，步骤之间也许要交叉或复合执行。
- 设计和实现过程往往不是一步到位的，可能需要反复修改，才能获得满意的界面。
- "全手工编程"模式的制作过程也大抵如此。

9.2 借助 GUIDE 创建 GUI

借助 GUIDE 制作应用型 GUI，不仅制作简便，而且其所得界面和软件的结构性和规范性都比较好。

9.2.1 GUIDE 通览

1. GUIDE 的启动

- 步骤一:通过下列任何一种方法引出如图 9.2-1 所示的 GUIDE Quick Start 对话窗:
  - 点击 MATLAB 桌面工具条上的图标。
  - 在 MATLAB 指令窗中,运行 guide 指令。
  - 在 MATLAB 桌面上选择菜单项{File>New>GUI}。
  - 点击 MATLAB 桌面左下方的 Start 键,在弹出的菜单中选择菜单项{MATLAB> GUIDE}。
- 步骤二:选择适当页面及模板(参见图 9.2-1)
  - "Create New GUI"页:创建新的 GUI 文件。
    Blank GUI　　　　　　引出如图 9.2-2 所示的带空白模板的版面编辑器
    GUI with Uicontrol　　引出带控件现成模板的版面编辑器
    GUI with Axes and Menu　引出带轴框和菜单现成模板的版面编辑器
  - "Open Existing GUI"页:打开已有的 GUI 文件。

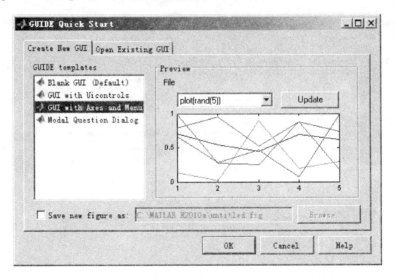

图 9.2-1　显示模板预览的 GUIDE Quick Start 对话窗

2. Preferences 设置对版面编辑器的影响

图 9.2-2 所示 GUIDE 上的控件图标带文字注释与否、保存操作带确认提示与否等性状,都是通过 MATLAB 的工作环境预置(Preferences)对话窗设定的。

点击 GUIDE 菜单项{File>Preferences},引出 Preferences 对话窗。在该窗左侧目录树的{GUIDE}目录有如下 4 个选项:

- "Show names in component palette":不勾选是默认设置;若勾选此项,则 GUIDE 左侧的控件、组件图标后都带相应的文字注释。图 9.2-2 所示版面编辑器,就是在勾选该项产生的。

- "Show file extention in window title":勾选是默认设置,GUIDE 的"窗名"及激活的所创建用户界面的"窗名"都带扩展名。
- "Show file path in window title":不勾选是默认设置;若勾选此项,则 GUIDE"窗名"及激活的所创建用户界面的"窗名"都带路径名。
- "Add comments for newly generated callback functions":勾选是默认设置,GUIDE 自动生成的回调函数(框架)都带注释。

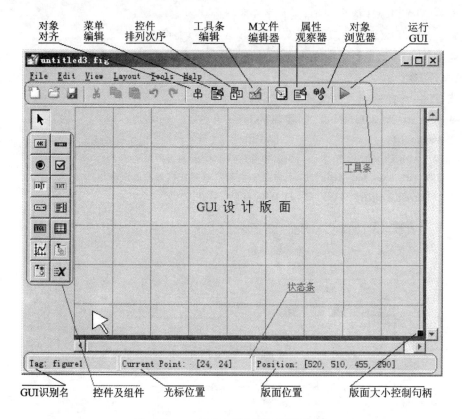

图 9.2-2 带空白模板的版面编辑器

3. GUIDE 的功能分区

图 9.2-2 所示的 GUIDE,按功能可分为版面设计区和工具条、菜单条区。

(1) 版面设计区
- 版面设计区的位置和范围见图 9.2-2。该图显示的是"空白"模板。
- 该版面的大小就是未来创建的用户界面(即图形窗)在弹出时的实际大小。该设计区的大小通过其右下角的黑色小方块"图柄"调节。
- 版面编辑器的中下边沿,有"当前光标位置(Current Piont)"显示,单位总是像素。
- 版面编辑器的最右下边沿,显示一个"四元数组",前两个元素分别是所选对象的左下角的横、纵坐标,后两个元素分别是所选对象的宽度、高度,单位始终是像素。
  - 缺省情况下,该四元素组显示设计区(即未来界面窗)在屏幕上的位置和大小。
  - 当在设计区中,选中轴、控件等对象时,此四元素组即显示该对象的位置及大小。

(2) 工具条、菜单条区

GUIDE 除提供若干 Windows 标准菜单和工具图标外，还提供了一些专用菜单和工具图标，如表 9.2-1 所列。

表 9.2-1　GUIDE 功能菜单和工具图标

功　能	菜单项	工具图标	说　明
保存激活运行	Tools>Run		保存并运行制作的 GUI
组件位置对齐	Tools>Align Objects		图 9.2-6
版面设计的坐标参照	Tools>Grid and Rulers	无	图 9.2-4；例 9.2-1
未来界面菜单编辑器	Tools>Menu Editor		菜单定制
未来界面控件次序编排器	Tools>Tab Order Editor		
未来界面工具条编辑器	Tools>Toolbar Editor		工具图标选用
未来界面的可缩放性	Tools>GUI Options	无	图 9.2-3；第 9.2.1-4 节
GUIDE 工具条	View>Show Toolbar	无	图 9.2-2
GUIDE 状态条	View>Show Status Bar	无	图 9.2-2
M 文件编辑器	View>M-file Editor		参见第 1.8.1 和第 7.8 节
对象属性观察器	View>Property Inspector		参见图 9.2-7
对象浏览器	View>Object Browser		
设计组件回调函数列表	View>View Callbacks	无	
邻线对准	Layout>Snap to Grid	无	第 9.2.1-5 节；例 9.2-1

4. 待设计用户界面的性状预设

未来界面窗性状预设十分重要。它涉及未来界面的缩放性、访问权限、以及屏幕上是否允许多个用户界面同时存在等问题。这种性状预设借助 GUIDE 提供的"用户界面选项(GUI Options)"对话窗实现。

"GUI Options"对话窗的引出，可以通过点选 GUIDE 菜单项{Tools>GUI Options}实现，如图 9.2-3 所示。

(1) 未来界面窗的缩放性

缩放性通过"Resize behavior"的下拉列表设定。该列表有 3 个选项：

- "Non-resizable"选项，是默认设置。在该设置下，未来界面窗的大小是固定不变的。也就是，未来界面窗的"缩放(Resize)"属性设置为 off。
- "Proportional"选项，使未来界面窗大小可按比例任意缩放。选择该项，相当于把界面窗的"缩放(Resize)"属性设置为 on，且把所有设计对象大小的"计量单位"属性设置为 "normalized"。本书作者建议尽量选用该项。
- "Other(User ResizeFcn)"选项，是非常专业的选项。该选项要求制作者自己编写控制未来界面窗的缩放操作函数。本书作者不建议选该项。

(2) 未来界面窗的访问权限

为防止未来界面窗不小心被 MATLAB 指令窗中或其他 M 文件中运行的 plot 等指令破

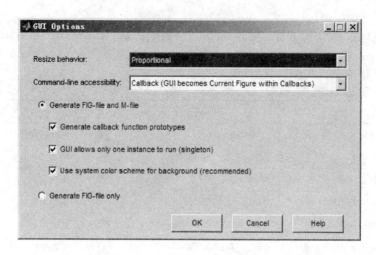

图 9.2-3　未来界面窗性状设置对话窗

坏，对未来界面窗进行访问权限设置十分重要。该权限由"Command-line accessibility"下拉列表设定。该列表有 4 个选项：
- "Callback（GUI becomes Current Figure within Callbacks）"选项：这是缺省选项，把界面窗的访问许可限制于该界面自身的回调函数，其他任何指令都无权访问该界面窗。
- "Off（GUI never becomes Current Figure）"选项：若不借助界面窗句柄（Handle），哪怕是界面自身的回调函数也不能访问该界面窗。
- "On（GUI may become Current Figure from Command Line）"选项：允许来自该界面回调函数、MATLAB 指令窗和其他 M 文件的访问。
- "Other（Use settings from Property Inspector）"选项：未来界面的访问权限的设置将通过该界面窗的"HandleVisibility"和"IntegerHandle"属性进行。

（3）涉及界面窗的其他设置
- "Generate FIG-file and M-file"选项：这是缺省设置，只有此种状态下，GUIDE 才能为"未来界面"创建出两个必须的伴生文件。建议：对该缺省设置，不要轻易弃用。
- "Generate FIG-file only"选项，主要是为 5.3 等以前老版 MATLAB 创建的图形用户界面设立的，通常不采用此选项。

5. 设计区的坐标参照和位置编排器

为便于用鼠标进行版面设计，GUIDE 备有坐标参照线和组件位置编排器，以供使用。
（1）版面设计区的坐标参照系
坐标参照系包括：纵横分割线、标尺、基准线和邻线对准功能。
- 引入参照系的操作过程如下：
  - 点选 GUIDE 上的菜单项｛Tools＞Grid and Rulers｝，引出如图 9.2-4 所示的"Grid and Rulers（格尺）"对话框。
  - 勾选"格尺"对话框中相应选项，就可以得到相应的参照工具和功能，如图 9.2-5 所示。

- ■ 图 9.2-4 所示为"格尺"对话框对纵横方格线的缺省设置。
- 纵横标尺(Rulers)选项参见图 9.2-5。
  - ■ 只有勾选"格尺"对话框中的"Show rulers"项,版面设计区的"左边界"和"上边界"才会显示出纵横标尺。
  - ■ 不管版面设计区(即未来界面窗对象)的"Units"属性如何设置,标尺单位总是为像素。设计区左下角的标尺显示是(0,0)。

图 9.2-4 "格尺"对话框(默认状态)

- 纵横方格线(Grid)选项参见图 9.2-5。
  - ■ 只有勾选"格尺"对话框中的"Show grid"项,设计区中才出现纵横方格线。
  - ■ 方格线的间距可以通过"Grid Size"在 10～200 像素之间选定,缺省间距为 50 像素。

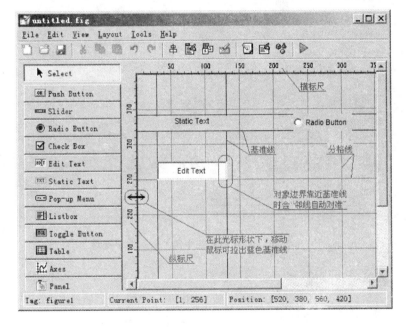

图 9.2-5 设计辅助工具和功能

- 纵横基准线(Guide Lines)选项,参见图 9.2-5。
  - ■ 基准线产生的前提是纵横标尺的存在。
  - ■ 在"Show rulers"项勾选的前提下,再勾选"Show guides"项;然后,把鼠标移到左(或上)标尺上,光标形状由空心箭头变为双向箭头时,按住鼠标,往右(或下)拉动,就能引出蓝色的基准线。
  - ■ 基准线可设置任意多条,也可用鼠标任意拖动位置。
- 邻线对准功能(Snap-to-Grid)选项参见图 9.2-5。
  - ■ 勾选"Snap to grid"项,或者勾选 GUIDE 菜单项{Layout>Snap to Grid},都可启动该功能。
  - ■ 在启用该功能后,当鼠标拖动的版面设计区内任何组件的某一边界、靠近方格线或基准线到一定程度时,该组件会自动使该边界与邻近的方格(基准)线对准。
- 该功能的启用可提高鼠标排版的精准和便捷程度。

(2) 组件位置编排器
- 编排器的引入:点击工具条图标串,或点选菜单项{Tools>Align Objects}就可以引出组件位置编排器"Align Objects",如图 9.2-6 所示。
- 操作方法举例:在设计区中,用鼠标选定待排列的组件,参见图 9.2-6 中四周带小黑方块图柄的组件,再点选编排器中的 品 图标便可把三个组件的中心对齐。
- 其余对齐方式和功能,可在实际设计中尝试应用,不再逐一讲解。

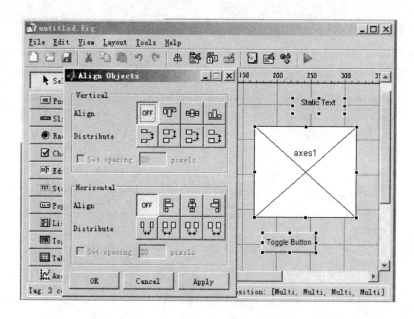

图 9.2-6 编排器对三个组件进行对中处理

6. 控件组件属性值的初始设置

(1) 控件或组件属性值初始设置的必要性
- 若在 GUIDE 中不对控件属性进行任何设置,那么此后生成的 GUI 上的所有控件、组件将以"厂家设置的默认值"显现自己的形状。
- 若想使 GUI 的初始界面呈现用户所希望的形态,就必须在创建 GUI 时对各控件的属性值进行适当的设置。

(2) 在 GUIDE 中设置控件或组件属性值的方式
- 控件或组件的几何位置及大小属性,用户可以借助鼠标和 GUIDE 提供的各种工具(如坐标参照、位置编排器等)进行设计,参见 9.2.1-5 小节。
- 控件或组件的几乎所有属性(包括几何位置及大小)都可以借助对象属性观察器(Property Inspector)进行。

(3) 对象属性观察器的引出
引出属性观察器有三种常用方法。

- 方法一：在 GUIDE 中，双击控件或组件，引出相应的属性观察器(图 9.2-7)。
- 方法二：在 GUIDE 中，点选控件或组件，然后再选中工具图标。
- 方法三：在 GUIDE 中，点选控件或组件，然后再选中下拉菜单项{View＞Property Inspector}。

(4) 属性观察器简介

下面对照如图 9.2-7 所示的属性观察器示例，介绍主要功能及设置。

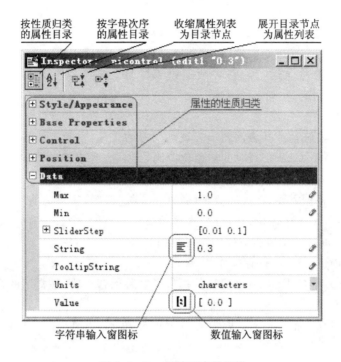

图 9.2-7 属性观察器示例

- 属性观察器的主要工具图标有以下 6 个。
    - 点击 图标，可使属性按性质归类罗列，见图 9.2-7。
    - 点击 图标，使属性按字母次序罗列(参见图 9.2-11)。
    - 点击 图标，使属性罗列细表浓缩为目录节点表。
    - 点击 图标，将展示属性罗列细表。
    - 点击 图标，允许用户输入、编辑多行字符串。
    - 点击 图标，允许用户输入、编辑多行数值。
- 应用属性观察器设置对象(控件或组件)的属性时，应充分注意属性间的关联。
    - 涉及"大小"的属性(如对象大小，字体大小)，一定要注意其相应的计量单位属性(如 Units，FontUnits 等)。
    - 弹出菜单、菜单列表、可编辑文本框等控件中，一定要注意 Max 属性对"是否允许多行字符串输入和选择"的影响。
- 对于不同的控件或组件，属性观察器所列属性也不同。

7. 创建界面的文件保存和重命名

(1) 对应 GUIDE 所创建 GUI 的两个伴生文件

在第一次保存 GUIDE 所创建的 GUI 时,会在同一个指定的文件夹上,同时生成两个文件名相同而扩展名不同的文件。注意,这两个文件缺一不可。比如在例 9.2-1 中,GUIDE 所创建的界面就被保存为 exm090201.fig 和 exm090201.m。

- FIG 文件
  - 界面图形文件,其扩展名是 fig(如 exm090201.fig)。
  - 该文件是一个二进码文件,创建和修改只能通过 GUIDE 进行。
  - 该文件不能独立运行。它必须通过 GUIDE 或同名伴生 M 文件才能实施运行(Run)的操作。
- M 函数文件
  - 界面交互实施运算及表演图形表现等功能的文件,它的扩展名是 m(如 exm090201.m)。它包含:GUI 打开时的初始化源码,和对应各组件动作的回调(Callback)子函数框架。
  - 该文件可根据需要,在各回调子函数中,添加实现希望目标的 M 码。
  - 该文件(如 exm090201.m)可以直接运行。运行时,会自动弹出其伴生的 FIG 文件(如 exm090201.fig)所对应的图形界面。

(2) GUIDE 创建 GUI 的保存操作

MATLAB 为保存 GUIDE 所创建界面提供了多种保存手段,最常用的有两种:

- 激活保存方式。
  - 点击工具条上的 ▶ 图标,或选中 GUIDE 菜单项{Tools>Run},就弹出"激活保存操作提示"对话框,如图 9.2-8 所示,点击[是(Y)]。

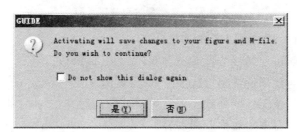

图 9.2-8　激活保存操作提示对话框

  - 选择文件夹,输入文件名(如例 9.2-1 中输入文件名为 exm090201),就完成了保存。
  - 随后,立即弹出两个窗口:一个显示由 exm00201.fig 所呈现的所设计的真实界面,(参见图 9.2-12);另一个显示被保存 exm100101.m 文件的 M 文件编辑器。
  - 在指定文件夹上,会生成两个伴生文件,如 exm090201.fig 和 exm090201.m。
  - 值得指出的是:该图形用户界面已被激活(Activating)。在此,"激活"是指,每个控件都可以做出相应动作,如按键的按下动作、无线电键的选中标志、滑键中滑条的移动等。尽管如此,如果同时生成的 M 文件中的回调子函数没有相应动作的执行码,那么这个界面上任何控件的操作都不会引发其他变化。
- 单纯保存方式。
  - 点击工具条上的■图标,或选中 GUIDE 上的菜单项{File>Save}。
  - 在用户指定的文件夹上,输入文件名,点击[保存(S)],完成操作。
  - 该保存操作一结束,就会弹出 M 文件编辑器,其中显示着刚生成的 M 文件。
  - 注意:单纯保存操作虽然不会引出所创建的图形用户界面,但该操作依然会在同一文件夹上生成相应的伴生 FIG 文件。

(3) GUIDE 自动生成文件的重命名

由于 GUIDE 所创建的用户界面由两个伴生文件保存,因此对已生成文件的重命名操作必须注意以下几点:
- 已生成文件重命名必须在 GUIDE 上,借助菜单项{File>Save As}实现。
- 不要直接在文件夹中,通过直接修改文件名进行重命名(Rename)。
- 不要直接在 M 文件编辑器中,通过对伴生 M 文件(如 exm090201.m)的"另存为(Save As)"操作实现重命名。

9.2.2 控件的运作机理及创建

用于构建用户界面的组件(Components)中,有一类可专称为控件(Controls)。它们都是借助 uicontrol 用户界面控件指令(User Interface Controls)制作而成的。它们的特征都是由 Style 等属性被赋予不同"值"后形成的。这些控件的模板被排列在 GUIDE 左侧的模板区内,参见图 9.2-5。

为帮助读者更好地掌握和运用控件,本节将分三小节展开。第一小节,通过对各控件关键属性、操作方法、触发回调、回调子函数程式和控件外形变化的关联性阐述,深入浅出地剖析控件的运作机理和使用要领;第二小节,介绍常需用户手动设置的若干通用属性;第三小节,提供典型算例,供读者体验和参考。

1. 各控件的运作机理

本小节对机理的描述通过表格形式给出见表 9.3-2~9.3-10。每个表格描写一个控件,每个表格都是围绕一些问题编制的,如,鼠标点击在引起控件外形变化的同时,怎样触发软件程序的回调,而回调子函数又是怎样把选择的参数送进程序等。在此提醒读者:在阅读表格时要特别注意各行列间的关联性描述。

表 9.3-2 按键 Push Button 的操作特点、关键属性和使用程式

项 目	描 述	备 注
GUIDE 上的控件图标	OK Push Button	单稳态控件
用户界面上的外形	Push 1 按键的静态外形	按键上的标识由 String 属性设定;参见例 9.2-2
操作方式	该键被点击时,按键将呈凹陷状;但点击操作一旦结束,该按键即恢复其静态外形	点击按键,使它的回调子函数被执行

续表 9.3 – 2

项目		描 述	备 注
关键属性名与属性值	String	用于定义控件的"界面显示"文本,如"Push 1"(在GUIDE 中,双击该控件后,由用户输入生成)	都会自动生成,也可人为输入
	Tag	用于定义控件的"识别名",默认名为 pushbutton1(在GUI 的 M 码中,常通过此属性,识别对象)	
回调子函数的常见程式		function pushbutton1_Callback(hObject, eventdata, handles) %(以下填写希望执行的 M 码)	此回调"子函数名自动生成; 函数名的前半节"取自 Tag 属性的值

表 9.3 – 3 切换键 Toggle Button 的操作特点、关键属性和使用程式

项目		描 述	备 注
GUIDE 上的控件图标		Toggle Button	双稳态控件
在用户界面上的外形	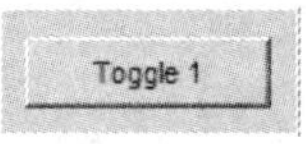 	Toggle 1 Toggle 1 ● 左图显示"非选态"切换键外形; ● 右图显示"选中态"切换键外形	键上的标识由 String 属性设定;参见例 9.2 – 2
操作方式		● "非选态"时,Value=0;点击该键,Value 值由 0 变 1,即转变为"选中态"; ● "选中态"时,Value=1;点击该键,Value 值由 1 变 0,即转变为"非选态"	点击 Toggle 1 键使它的回调子函数被执行
关键属性名与属性值	Max	1	都会自动生成,也可人为输入
	Min	0	
	String	Toggle 1 用于定义控件的"界面显示"	
	Tag	togglebutton1 自动生成的默认属性值,用户可设置	
	Value	● "选择"操作,使该属性值与 Max 值相同; ● "弃选"操作,使该属性值与 Min 值相同	也可以通过 set 指令设置该属性值

回调子函数的常见程式		function togglebutton1_Callback(hObject, eventdata, handles)
		button_state=get(hObject,'Value');% 获得操作属性值
		if button_state==get(hObject,'Max')
		  %(以下填写,"选择"操作后所希望执行的 M 码)
		elseif button_state==get(hObject,'Min')
		  %(以下填写,"不选"操作后所希望执行的 M 码)
		end
			此回调子函数包含在 GUIDE 生成的 M 文件中;子函数名根据 Tag 属性的"值"自动生成

		切换键被触动时,就把该键的句柄值赋给变量 hObject,此过程在界面 M 文件中完成,并把这个变量作为回调子函数的输入量使用	

第 9 章 图形用户界面(GUI)

表 9.3-4 无线电键 Rdiao Button 的操作特点、关键属性和使用程式

项 目	描 述		备 注
GUIDE 上的控件图标	Radio Button		用于"多项互斥功能"的单项选择场合
在用户界面上的外形	⃝ Radio 1　　⦿ Radio 1 ● 左图显示:"非选态"下的无线电键外形; ● 右图显示:"选中态"下的无线电键外形		按键旁的标识由 String 属性设定;参见例 9.2-1
操作方式	● "非选态"时,Value=0;点中该键,Value 值由 0 变 1,即转变成"选中态"; ● "选中态"时,Value=1;点中该键,Value 值由 1 变 0,即转变为"非选态"		点击按键 Radio 1,使它的回调子函数被执行
关键属性名与属性值	Max	1	都会自动生成,也可人为输入
	Min	0	
	String	Radio 1　　用于定义控件的"界面显示"	
	Tag	radiobutton1 自动生成的默认属性值,用户可设置	
	Value	● "选择"操作,使该属性值与 Max 值相同; ● "弃选"操作,使该属性值与 Min 值相同	也可以通过 set 指令设置该属性值
回调子函数的常见程式	function radiobutton1_Callback(hObject, eventdata, handles) if (get(hObject,'Value')==get(hObject,'Max'))　% 选择操作 　　%（以下填写,"选择"操作后所希望执行的 M 码） elseif 　　%（以下填写,"不选"操作后所希望执行的 M 码） end		此回调子函数名自动生成;函数名的前半节取自 Tag 属性的值

表 9.3-5　检录框 Check Box 的操作特点、关键属性和使用程式

项 目	描 述	备 注
GUIDE 上的控件图标	☑ Check Box	用于"多项互容功能"的多项选择场合
在用户界面上的外形	☐ Check 1　　☑ Check 1 ● 左图显示:"非选态"下的检录框外形; ● 右图显示:"选中态"下的检录框外形	检录框旁的标识取决于 String 属性的值;参见例 9.2-2
操作方式	● "非选态"时,Value=0;点中该键,Value 值由 0 变 1,即转变成"选中态"; ● "选中态"时,Value=1;点中该键,Value 值由 1 变 0,即转变为"非选态"	点击检录框 Check 1 使它的回调子函数被执行

续表 9.3-5

项 目	描 述		备 注
关键属性名与属性值	Max	1	都会自动生成,也可人为输入
	Min	0	
	String	Check 1　　用于定义控件的"界面显示"	
	Tag	checkbox1 自动生成的默认属性值,用户可设置	
	Value	● "选择"操作,使该属性值与 Max 值相同; ● "弃选"操作,使该属性值与 Min 值相同	也可以通过 set 指令设置该属性值
回调子函数的常见程式	function checkbox1_Callback(hObject, eventdata, handles) if get(hObject,'Value')==get(hObject,'Max'))　% 选择操作 　　%(以下填写,"选择"操作后所希望执行的 M 码) else 　　%(以下填写,"弃选"操作后所希望执行的 M 码) end		此回调"子函数名自动生成;函数名的前半节"取自 Tag 属性的值

表 9.3-6　可编辑文本框 Edit Text 的操作特点、关键属性和使用程式

项 目	描 述		备 注
GUIDE 上的控件图标	[EDIT] Edit Text		用于灵活输入数值和字符串场合
在用户界面上的外形	[0.3]　　[Z=peaks; 　　　　　mesh(Z) 　　　　　colormap(coo ▼] ● 左图显示:界面启动后,只许单行输入的初始外形; ● 右图显示:界面启动后,允许多行字符串输入的初始外形		单行时,通过 get 指令从 String 属性读得的数据是字符串,参见例 9.2-1;多行时,读的是胞元数组,第 k 胞元保存第 k 行字符,参见例 9.2-2
操作方式	● 只许单行输入情况,在框内输入字符后,按"Enter"键,触发回调; ● 允许多行输入情况,每个完整指令必须以分号";"或","结尾,按"Enter"键换行; ● 若完整指令长度超过该框物理行长,任其自回绕。多行指令键入后,按"Ctrl+Enter"键触发回调		在该编辑框外的任何界面窗上点击鼠标,都可触发它的回调子函数
关键属性名与属性值	Max	1　　默认值,只允许单行输入; 2　　用户可设置 2 及以上数值,为允许多行输入	Max>Min+1,String 才允许多行输入
	Min	0　　(注:默认值)	
	Horlizontal-Alignment	left 字符串水平对齐方式。默认为 center,即对中;用户可设置 left, right 等,使字符串向左或右对齐	
	String	0.3 可由用户输入任何字符串,作为界面初始显示	单或多行输入,取决于 Max 属性的值
	Tag	edittext1 自动生成的默认属性值,用户可设置	会自动生成,也可人为输入

第9章 图形用户界面(GUI)

续表 9.3-6

项目	描述	备注

回调子函数的常见程式	function edittext1_Callback(hObject, eventdata, handles)
	% 该子函数程式适于"标量数字输入"使用法
	user_entry=str2double(get(hObject,'string')); %转换为双精度
	if isnan(user_entry) % 若输入是"非数",则给出提示
	    errordlg('必须输入数字','Bad Input','modal')．
	    return
	end
	%（以下填写,希望利用 user_entry 数值的 M 码）
		此回调子函数名自动生成；注意："多行字符输入"使用法中,user_string 一定是胞元数组；从胞元数组读取字符串一定要用"花括号"

	function edittext1_Callback(hObject, eventdata, handles) % 该子函数程式适于"多行字符输入"使用法 user_string = get(hObject,'String'); %（以下填写,希望利用 user_string 胞元所含字符串的 M 码）	

表 9.3-7 滑键 Slider 的操作特点、关键属性和使用程式

项目	描述		备注
GUIDE 上的控件图标	Slider		用于定范围数值调节场合
在用户界面上的外形	（滑键外形图）		游标位置显示 Value 属性的值；参见例 9.2-1
操作方式	● 点击任何一个箭端,以 MinStep 为步长移动游标,并触发回调； ● 按住游标拖动,以 MaxStep 的整倍数移动游标,并触发回调； ● 点击滑键内空白处,以 MaxStep 为步长移动游标,并触发回调		
关键属性名与属性值	Max	1 此为默认值,也可由用户设置	游标取值区间为[Min, Max]；Max 值必须大于 Min 的值
	Min	0 此为默认值,也可由用户设置。	
	SliderStep	[0.01 0.1] 此为默认值,也可由用户设置	取值在[0,1]之间的二元数组[MinStep,MaxStep]
	Tag	slider1 自动生成的默认属性值,用户可设置	会自动生成,也可人为输入
	Value	0.7 默认为 0；用户可设置,决定游标初始位置	此值与游标位置对应
回调子函数的常见程式	function slider1_Callback(hObject, eventdata, handles) slider_value = get(hObject,'Value'); %（以下填写,希望执行的 M 码）		此回调"子函数名自动生成； 函数名的前半节"取自 Tag 属性的值

表 9.3-8　静态文本框 Static Text 的操作特点、关键属性和使用程式

项　目		描　述		备　注
GUIDE 上的控件图标	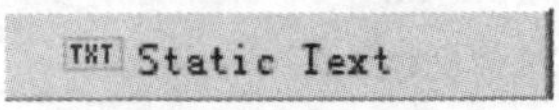	Static Text		用于需要字符标识场合
在用户界面上的外形	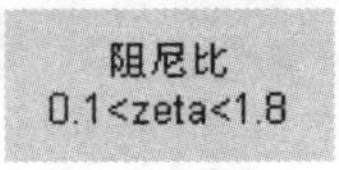	阻尼比　0.1<zeta<1.8 ● 左图显示：标有英文字母及数字的静态文本框； ● 右图显示：标有中文及英文的静态文本框		常用于标识、滑键、弹出框、列表框、可编辑框等控件；参见例 9.2-1
操作方式		生成的用户界面上的文本框字符，不能通过鼠标、键盘改变；但可以借助 M 码控制对该框 String 的属性值，加以改变		不会触发任何回调
关键属性名与属性值	FontSize	10	决定字体大小，默认为 8	
	String	阻尼比 0.1<zeta<1.8	决定界面显示 允许多行输入	
	Tag	statictext1 自动生成的默认属性值，用户可设置		会自动生成，也可人为输入
回调子函数的常见程式		没有对应的回调子函数		

表 9.3-9　弹出框 Pop-up Menu 的操作特点、关键属性和使用程式

项　目		描　述		备　注
GUIDE 上的控件图标	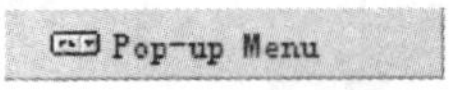	Pop-up Menu		用于"多项互斥功能"的单项选择场合
在用户界面上的外形	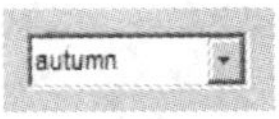 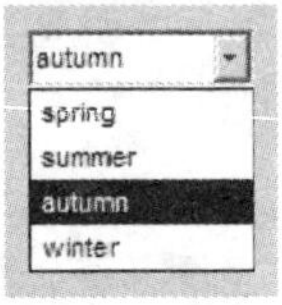	● String 属性值，允许多行输入； ● Value 属性值设为 3，决定界面的初始显示，如左图； ● 带"亮化"行的弹出菜单，如右图。		通过 get 指令从 String 属性读得的数据是胞元数组；第 k 胞元保存第 k 行字符；参见例 9.2-2
操作方式		● 鼠标点击箭头端，弹出菜单； ● 在此菜单中，选定某项，于是触发回调		只能选中一项
关键属性名与属性值	String	spring summer autumn winter	● 默认字符为 Pop-up Menu； ● 允许多行字符输入	决定显示的菜单内容
	Tag	popupmenu1　自动生成的默认值		也可人为输入
	Value	● 默认属性值为 1； ● 用户可设置 String 属性所含字符串的任意行序号，如 3		此值对应显示菜单项的行序号

续表 9.3-9

项 目	描 述	备 注

回调子函数的常见程式	`function popupmenu1_Callback(hObject, eventdata, handles)`
	%该程式适用于"选项行字符"使用法
	`val = get(hObject,'Value');` %获取所选菜单项的行序号
	`string_list = get(hObject,'String');`%获取字符串"胞元数组"
	`selected_string = string_list{val};`
	  %从数组中提取那序号胞元中的字符串
	%（以下填写，希望利用所得字符串的 M 码）
	
	`function popupmenu1_Callback(hObject, eventdata, handles)`
	%该程式仅适用于"选项行序号"使用法
	`val=get(hObject,'Value');`
	`switch val`
	`case 1`
	  %（此处填写"在第 1 种选择下，希望执行的 M 码"）
	`case 2`
	  %（此处填写"在第 2 种选择下，希望执行的 M 码"）
		此回调"子函数名自动生成；函数名的前半节"取自 Tag 属性的值；
		注意："选项行字符"使用法中字符串读取时所用的"花括号"

表 9.3-10 列表框 List Box 的操作特点、关键属性和使用程式

项 目		描 述		备 注
GUIDE 上的控件图标	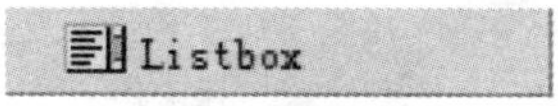	Listbox		用于"多项互容功能"的多项选择场合
在用户界面上的外形	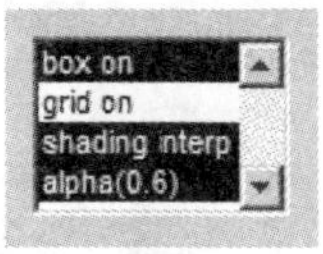	box on grid on shading interp alpha(0.6) ● String 属性值，允许多行字符串输入； ● 当 Max 属性值设为 1 时，允许 Value 属性被设置多个取值，决定界面的初始显示，上图就是 Value 同时预设为 1，3，4 的结果		通过 get 指令从 String 属性读得的数据是胞元数组；第 k 胞元保存第 k 行字符；参见例 9.2-1
操作方式		● 在列表框中，按住 Ctrl 键，实现多项点选； ● 完成以上操作后，释放鼠标键，或按任意键，都可触发回调		可选中多项
关键属性名与属性值	Max	1 默认值，只允许单行输入 2 用户可设置 2 及更大数，为允许多行选择		Max＞Min＋1，可选中多项；否则，只能选一项
	Min	0 （注：此为默认值）		
	String	box on grid on shading interp alpha(0.6)	● 默认属性值是 Listbox； ● 允许用户输入多行字符串，如左	总可多项输入
	Tag	listbox1	自动生成的默认值	也可手工输入
	Value	1 3 4	● 默认值为 1； ● 允许多行选择，如左	此值决定显示的菜单项

项 目	描 述	备 注
回调子函数的常见程式	function listbox1_Callback(hObject, eventdata, handles) index_selected=get(hObject,'Value');% 获取所选项的序号集 list=get(hObject,'String'); % 获取字符串"胞元数组" item_selected=list{index_selected};%据序号集得到对应字符串 %(以下填写,希望利用所得字符串的 M 码)	此回调"子函数名自动生成;函数名的前半节"取自 Tag 属性的值

2. 常需设置的控件通用属性

除了上面介绍的关键属性需要设置以外,还有一些属性也需要用户设置,见表 9.3-11。

表 9.3-11 常需设置控件通用属性

属性名	属性值	说 明	备 注
Enable	{on} 可操作态 inactive 不可操作态 off 灰化、不可操作态	决定控件对鼠标操作的响应	常用于"互斥"控件
FontSize	标量数字	决定 Label、String、Title 等属性值的字体大小	
FontUnits	{points} 磅 normalized 归化单位 inches 英寸 centimeters 厘米 pixels 像素	字体大小的单位	● 1(磅)=1/72(英寸); ● 归化单位以控件的高度为 1; ● 使用归化单位,可保证字体大小在控件中的比例不变
Position	[left bottom width height] left 左边界 bottom 下边界 width 宽度 height 高度	以 Units 属性值为单位,决定控件位置的四元数组	控件的最左下点是"原点"
Units	pixels 像素 normalized 归化单位 inches 英寸 centimeters 厘米 points 磅 characters 字符	● 决定 Position 的计量单位; ● 在 GUIDE 环境下,normalized 是缺省设置; ● 设计工作区大小总以 pixels 为单位	使用归化单位,可保证控件大小与用户界面的比例不变

9.2.3 GUI 的创建示例

1. 二阶系统阶跃响应演示界面

本小节将以算例为依托,详细讲述用户界面的创建步骤和注意要点。针对算例有两种好的学习方法:一种是"循例而进,步步实践";另一种是"参照步骤,独立实践"。前者比较容易成功,后者更具挑战性、更培养能力。但切忌,只看文字而不动手操作。

本小节算例所涉内容比较广泛,有的触及较深的 MATLAB 低层绘图指令,本书对此将给与简明的注释。假如读者能仔细阅读和耐心实践这些算例,定能对用户界面创建获得全方位的理解。

【例 9.2-1】 为归一化二阶系统 $G(s) = \dfrac{1}{s^2 + 2\zeta s + 1}$ 单位阶跃响应制作如图 9.2-9 所示的用户界面。要求:(1) 通过编辑框和滑键都能输入阻尼比。(2) 刚启动用户界面的初始形态如图 9.2-9 所示。(3) 在初始界面上,响应曲线用红线绘制;而一旦界面被操作,则响应曲线将用蓝线绘制。(4) 在列表框中的三个选项可以任意组合。

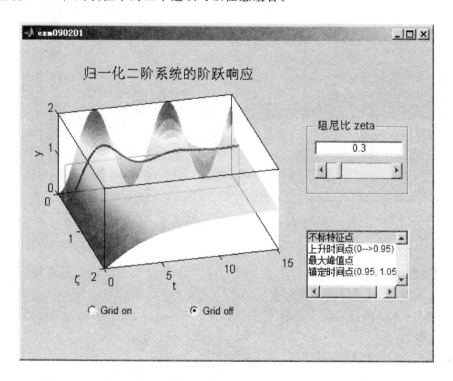

图 9.2-9 用户界面的初始状态

本例目的:(1) 系统、完整地描述用户界面的创建步骤。(2) 展示界面组件:轴、组件盘、可编辑文本框、滑键、列表框、无线电按键等控件的关键属性。(3) 比较深入地了解 GUIDE 自动生成 M 函数文件的结构。(4) 初始化子函数,以及滑键、无线电按键回调子函数的编写。(5) 可编辑框的"标量数字输入"使用法下,回调子函数的编写。(6) 列表框的"选项行序号"使用法下,回调子函数的编写。(7) "GUI 数据(GUI Data)"在各子函数间的传递和共享。

(1) GUIDE 的开启
- 点击 MATLAB 桌面工具条上的 图标，引出如图 9.2-1 所示的"GUIDE Quick start"对话窗。
- 在"Create New GUI"页面，选择 Blank GUI 菜单项，点击[OK]键，引出带空白模板的 GUIDE。
- "带名称显示的控件图标"设置步骤：
  - 点击 GUIDE 菜单项{File>Preferences}，引出 Preferences 对话窗；
  - 选中该窗左侧的{GUIDE}目录。
- 勾选"Show names in component palette"项，点[OK]键。GUIDE 就如图 9.2-10 所示。注意：设计区中的内容是以后操作产生的。

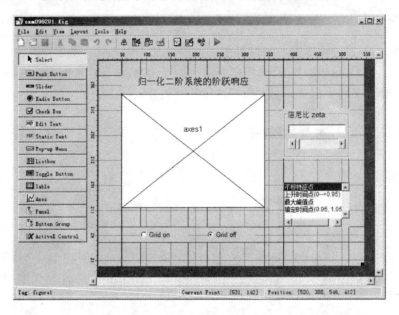

图 9.2-10 设计本例用户界面的 GUIDE

(2) 对未来界面窗属性设置
- 拖拉"版面设计工作区"右下角的"小黑方快"句柄，使其长宽调整到希望的大小，即未来应用界面出现时的"缺省大小"。
- 双击 GUIDE 的版面设计工作区，引出如图 9.2-11 所示的"窗属性编辑器(Inspector: figure)"。
  - 在"窗属性编辑器"中，设置下列属性值：

    Resize   on   % 该设置很重要。它使图形窗按比例缩放。
    Units   normalized   % 采用归一化长度单位
  - 注意：若此前通过"GUI Options"对话窗，已经在"Resize behavior"下拉列表选择了"Proportional"，那么窗属性编辑器里的 Resize 属性已被设置为"on"。

(3) 辅助设计功能的引入
为了便于鼠标对控件大小及位置的操作，对 GUIDE 作以下设置：
- 选中{Tools>Grid and Rules}菜单项，在如图 9.2-4 所示的"格尺"对话框中，确认所有

第 9 章 图形用户界面(GUI)   625

图 9.2-11　窗属性编辑器

选项已被勾选。
- 参照第 9.2.1-5 小节,在版面编辑区中引入蓝色基准线(参见图 9.2-10,请看本书光盘彩色图形)。在引入基准线时应注意:
  - 先为"占主导版面"的控件、"占较多版面"的控件引入基准线;
  - 基准线的引入可以与控件的引入交叉进行。

(4) 根据题目要求进行界面构建

由于本例题目所给界面明确,所以可以直接进行组件的布置。
- "轴"组件的配置
  - 在"组件模板区",点选"轴(Axes)"图标 ![Axes] 。
  - 在设计工作区的适当位置,用鼠标拉出适当大小的"轴位框"(参见图9.2-10),以供绘制响应曲线使用。
  - 双击轴位框,在引出的"属性编辑器(Property Inspector)"中,进行如下设置:(注意:%号后的文字是本书作者的注释,而不是设置需要的内容。)

FontSize	0.065	
FontUnits	normalized	% 采用相对度量单位,缩放时保持字体比例
Units	normalized	% 缩放时保持轴与界面之间的比例
XLimMode	auto	% 使适应 3 维图形
YLimMode	auto	% 使适应 3 维图形

- "静态文本框"组件的配置
  - 点击模块区"静态文本框(Static Text)"图标 ![Static Text] ;通过鼠标的拖拉操作,把该文本框的设置在"轴位框"的上方;文本框的大小也可以用鼠标调节。参见图 9.2-10。
  - 双击静态文本框,在引出的"属性编辑器(Property Inspector)"中,进行如下设置:

FontSize	0.5	% 框内字体大小(框高度为 1)
FontUnits	normalized	% 采用相对度量单位,缩放时保持字体比例
String	归一化二阶系统的阶跃响应	
Units	normalized	% 缩放时保持轴与界面之间的比例

- "组件盘"的引入

- 点击模块区"组件盘（Panel）"图标 `Panel`；在"轴位框"右侧拉出足够大的区域，以容纳"可编辑框"和"滑键"。
- 双击该"组件盘"，在引出的"属性编辑器"中，进行如下设置：

FontSize	11	
FontUnits	points	% 先选此单位，待 Fonsize 选定后，再选为 normalized
Title	阻尼比 zeta	% 组件盘名称
TitlePosition	fifttop	% 组件盘名称的位置
Units	normalized	

  注意：当字体大小单位（FontUnits）选为 normalized 时，FontSize 总显示为 -1，而无法设置。

● "可编辑框"控件的配置
- 点选"可编辑文本框（Edit Text）"图标 `Edit Text`。
- 用鼠标在组件盘内的适当位置，拉出大小合适的编辑显示区。注意："先有组件盘存在，然后把其他组件往组件盘中放"的次序不能颠倒。否则，当用鼠标移动组件盘时，那些似乎在盘中的组件是不会随之移动的。
- 双击可编辑框，在引出的"属性编辑器"中，进行如下设置：

FontSize	0.7	% 框内字体大小（框高度为 1）
FontUnits	normalized	% 采用相对度量单位，缩放时保持字体比例
String		% 初始显示（空白）
Units	normalized	% 缩放时保持轴与界面之间的比例

● "滑键"的配置
- 点选"滑键（Slider）"图标 `Slider`。
- 在组件盘区域内，拉出适当大小的滑键。
- 双击该滑键，在引出的"属性编辑器"中，进行如下设置：

FontSize	0.5	% 框内字体大小（以框的高度为 1）
FontUnits	normalized	% 采用相对度量单位，缩放时保持字体比例
Max	2	% 滑键定义阻尼比的最大值
Min	0	% 滑键定义阻尼比的最小值
SliderStep		
x	0.01	% 箭端操纵下，游标的滑动步长
y	0.1	% 游标直接移动时的滑动步长
Units	normalized	% 采用相对度量单位，缩放时保持该键比例
Value	0	% 使游标在最左端

● "无线电按键"的配置

  因为要配置两个无线电按键，故此以下操作要进行两次。
- 点选"无线电按键（Radio Button）"图标 `Radio Button`。
- 在轴位框的下方，拉出适当大小的无线电按键。
- 双击该键，在"属性编辑器"中，进行如下设置：

FontSize	0.7	
FontUnits	normalized	
String	Grid on	% 按键在界面上呈现的名称

Tag	gridon	% 使该键回调子函数名为 gridon_Callback
Units	normalized	
Value	0	% 此值对应"非选"标识态

- 另一个无线电按键只有两个属性的设置与前一个不同,具体如下:

String	Grid off	
Tag	gridoff	% 使该键回调子函数名为 gridoff_Callback
Value	1	% 此值对应"选中"标识态

● "列表框"的配置
  - 把"列表框(Listbox)"模块 ![Listbox] 拉到合适位置,并调节大小。
  - 双击该列表框,在引出的"属性编辑器"中,进行如下设置:

FontSize	0.17
FontUnits	normalized
Max	2 % 仅当 Max-Min>1 时,才允许点选"多个选项"
Min	0
String	不标特征点
	上升时间点(0→0.95)
	最大峰值点
	镇定时间点(0.95,1.05)
Units	normalized
Value	1 % 使界面上列表框中第 1 行选中

● 点击 GUIDE 工具条上的 ▶ 图标,可得到界面图形文件 exm090201.fig(参见图 9.2-12)及界面执行文件 exm090201.m。

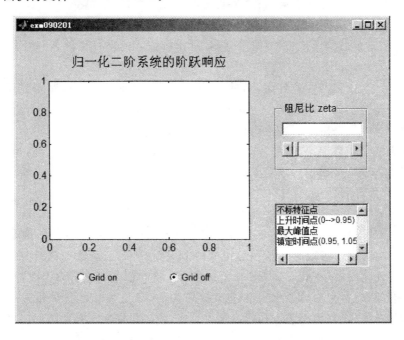

图 9.2-12   执行文件尚未填写时的生成界面

(5) 由 GUIDE 自动产生的 exm090201.m 文件结构

该 M 文件为一个主函数,它内含 11 个子函数。具体结构及相关说明:
- 主函数
    function   varargout = exm090201(varargin)
- 子函数
    - 界面启动子函数和输出子函数
        function   exm090201_OpeningFcn(hObject, eventdata, handles, varargin)
        function   varargout = exm090201_OutputFcn(hObject, eventdata, handles)
    - 编辑框回调和创建子函数组
        function   edit1_Callback(hObject, eventdata, handles)
        function   edit1_CreateFcn(hObject, eventdata, handles)
    - 滑键回调和创建子函数组
        function   slider1_Callback(hObject, eventdata, handles)
        function   slider1_CreateFcn(hObject, eventdata, handles)
    - 无线电按键 Grid on 回调子函数
        function   gridon_Callback(hObject, eventdata, handles)
    - 无线电按键 Grid off 回调子函数
        function   gridoff_Callback(hObject, eventdata, handles)
    - 列表框回调、创建和按点子函数组
        function   listbox1_Callback(hObject, eventdata, handles)
        function   listbox1_CreateFcn(hObject, eventdata, handles)
        function   listbox1_KeyPressFcn(hObject, eventdata, handles)
- (应该指出)上述函数结构具有"典型性":
    - 每个由 GUIDE 产生的 M 文件都包含主函数、界面启动子函数和输出子函数。而且,子函数名的形式也都一样,即由"制作者输入的保存文件名"加固定的 OpeningFcn 或 OutputFcn 字节构成。
    - 回调子函数组与用户界面上的控件相对应。比如在本例中,界面上有 5 个控件,就对应 5 个回调子函数组。这 5 组子函数名的"头字节"取自那 5 个控件的"Tag 属性值""edit1"、"slider1"、"gridon"、"gridoff"、"listbox1"。
    - 在上述子函数中,只有被"加灰底纹"处理的子函数需要界面制作者填写 M 码,以实现界面控件被触发后该完成的目标。

(6) 编写界面开启程序
- 界面开启(OpeningFcn)程序的内容
    由 GUIDE 独立生成的 exm090201_OpeningFcn 启动子函数一般是不完整的,而必须由界面制作者根据任务填写相应的 M 码。启动子函数的执行时间发生在:GUI 所有组件建立以后(即 CreateFcn 运行之后),将它们显示在屏幕上之前。启动子函数的一般任务是:为 GUI 的使用准备数据和界面形态。本例的具体任务是:
    - 初始化设定:对界面是否初始态加设标志;使编辑框显示初始阻尼比;使滑键游标位置反映阻尼比;使列表框显示初始选项;使坐标不带分格线。
    - 准备以后绘图所需的时间采样数组。
    - 为初始界面绘制曲线。

第9章 图形用户界面(GUI)

■ 以上准备工作完成后,把初始化数据借助"GUI 数据"形式保存在变量 handles 中。
● 关于以下程序的说明
  以下 exm090201_OpeningFcn 子函数已经过本书作者完善。
  ■ 处于"%U_Start"与"%U_End"之间的 M 码,以及所有中文注释都是本书作者添加的。
  ■ 其余 M 码都是由 GUIDE 平台自动生成的。它们通常是不完整的。

```
function exm090201_OpeningFcn(hObject, eventdata, handles, varargin)
% This function has no output args, see OutputFcn.
% hObject       handle to figure
% eventdata     reserved - to be defined in a future version of MATLAB
% handles       structure with handles and user data (see GUIDATA)
% varargin      command line arguments to exm090201 (see VARARGIN)
%U_Start ---"%U_Stat"和"%U_End"之间的 M 码均由作者编写-----U_Start
zeta=0.3;                              % 初始阻尼比
set(handles.edit1,'String',num2str(zeta))   % 编辑框标识初始化,注意:0.3 变为字符串
set(handles.slider1,'Value',zeta)           % 滑键游标位置的初始化
set(handles.gridon,'Value',0)               % Grid on 无线电按键处于"非选"状态
set(handles.gridoff,'Value',1)              % Grid off 无线电按键处于"选中"状态
set(handles.listbox1,'Value',1)             % 列表框选项初始化,用第 1 选项
handles.t=0:0.05:15;                   % 定义时间采样数组              <14>
handles.Color='Red';                   % 定义响应曲线的初始色彩         <15>
handles.zeta=zeta;                     %                           <16>
handles.flag=0;                        % 初始绘图标志
handles=surfplot(handles);             %                           <18>
handles.flag=1;                        % 非初始绘图标志               <19>
handles.Color='Blue';                  % 定义响应曲线的非初始色彩       <20>
%U_End ----------------------------------U_End
handles.output = hObject;              %                           <21>
guidata(hObject, handles);             % 此前指令改变了 handles,必须靠 guidata 指令才能
                                       % 把更新了的 handles 加以保存,以供后用
```

(7) 可编辑框的回调子函数
● 本例回调子函数执行任务的过程
  ■ 界面上对编辑框的操作,使 gcbo 得到该框句柄,并把此句柄用作 edit_Callback 函数的第 1 个输入量。
  ■ 获取界面控件状态:列表框的选项;编辑框的"String 属性值"。该属性值是"字符串"数据类型的。因此,如需作为"数值"使用,就必须经过转换。
  ■ 使界面上其他控件(滑键游标)状态与"新阻尼比"对应。
  ■ 在新阻尼比下,计算阶跃响应,重新绘图。
● 关于以下程序的再度说明
  ■ 以下所有 Callback 子函数中,"%U_Start"与"%U_End"间的 M 码,以及所有中文注释都是本书作者添加的。

- 其余均有 GUIDE 自动生成。(本章其他地方,类似标识的含义相同。)

```
function edit1_Callback(hObject, eventdata, handles)
% hObject      正被操作的控件,即可编辑的句柄
% eventdata    reserved - to be defined in a future version of MATLAB
% handles      保存界面所有组件句柄和用户数据的构架变量,即 GUI 数据变量
%U_Start------------------------------------------------U_Start
sz=get(hObject,'String');              % 从编辑框读取输入字符         <6>
zeta=str2double(sz);                   % 把字符转换成双精度数         <7>
set(handles.slider1,'Value',zeta)      % 对滑键的游标定位
handles.zeta=zeta;                     % "GUI 数据"形式,保存数据以便共享  <9>
handles=surfplot(handles);             % 调用绘图子函数,绘制响应曲线
guidata(hObject, handles);             %                              <11>
%U_End--------------------------------------------------U_End
```

(8) 滑键回调子函数

在编写该子函数时,要考虑的是:游标值的读取;使可编辑框显示此值;更新 handles,重新绘线。为叙述简洁,该子函数的执行任务见下列 M 码中的中文注释。

```
function slider1_Callback(hObject, eventdata, handles)
%U_Start------------------------------------------------U_Start
zeta=get(hObject,'Value');             % 读取游标体现的"值"           <3>
set(handles.edit1,'String',num2str(zeta))  % 使编辑框显示新阻尼比     <4>
handles.zeta=zeta;                     %                              <5>
handles=surfplot(handles);             %                              <6>
guidata(hObject, handles);             %                              <7>
%U_End--------------------------------------------------U_End
```

(9) 无线电按键回调子函数

每个无线电按键各对应一个回调子函数。本例中两个按键的任务是:一,处理坐标的分格线;二,两个按键的相互制约。为叙述简洁,该子函数的执行任务见下列 M 码中的中文注释。

```
function gridon_Callback(hObject, eventdata, handles)
%U_Start------------------------------------------------U_Start
set(handles.gridoff,'Value',0)         % 使"Grid off"键处于"非选"状态
grid on                                % 画坐标分格线
%U_End--------------------------------------------------U_End

function gridoff_Callback(hObject, eventdata, handles)
%U_Start------------------------------------------------U_Start
set(handles.gridon,'Value',0)          % 使"Grid on"键处于"非选"状态
grid off                               % 删除坐标分格线
%U_End--------------------------------------------------U_End
```

(10) 列表框回调子函数

为叙述简洁,该子函数的执行任务见下列 M 码中的中文注释。

```
function listbox1_Callback(hObject, eventdata, handles)
%U_Start------------------------------------------------U_Start
```

```
listindex=get(hObject,'Value');           % 获得列表框所有选项的序号              <3>
if any(listindex==1)                       % 使第1选项只能单独被选
    set(handles.listbox1,'Value',1)
end
handles.flag=0;                            % 列表框被触动时,发出重画曲面指令      <7>
handles=surfplot(handles);
handles.flag=1;                            %                                      <9>
guidata(hObject,handles);                  %                                      <10>
%U_End-----------------------------------------------------U_End
```

(11) 绘图子函数

由于在启动子函数及三个控件回调子函数中都需要几乎相同的绘制曲线的程序,所以本书作者把它们设计成一个独立的子函数,供启动函数和各回调子函数使用。

```
function handles=surfplot(handles)
% handles=surfplot(handles)    供启动子函数和各控件回调子函数调用的绘图函数
% handles                      GUI 数据变量。该变量保存和传递:界面上各种图形对象的
%                              "句柄",以及"应用参数"
zeta=handles.zeta;                         % 仅为记述简单
t=handles.t;
listindex=get(handles.listbox1,'Value');   % 读取列表框的选项序号数组
Nt=length(t);
if handles.flag==0                         % 仅在界面启动时执行
    cla                                    % 清空界面上次工作后可能残留的轴上对象
    zmin=get(handles.slider1,'Min');       % 读取滑键的最小取值
    zmax=get(handles.slider1,'Max');       % 读取滑键的最大取值
    zt=zmin:0.05:zmax;                     % 为3维坐标"x轴"准备采样点
    Nz=length(zt);
    [ZT,T]=meshgrid(zt,t);                 % 3维曲面的"X"、"Y"采样点阵
    Y=zeros(Nt,Nz);
    for k=1:Nz                             % 计算不同阻尼下的响应曲线
        Y(:,k)=step(tf(1,[1,2*zt(k),1]),t);
    end
    surface(ZT,T,Y)                        % 用低层绘图指令,绘制曲面
    shading flat
else
    delete(handles.g1)                     % 利用句柄,删除上次绘制的参照线
    delete(handles.rline)                  % 利用句柄,删除上次绘制的响应曲线
end
xz=ones(1,Nt)*zeta;
y1=ones(1,Nt)*1;
y=step(tf(1,[1,2*zeta,1]),t);              % 在指定的 zeta 下,计算响应曲线
gz=[zeta,zeta,xz,zeta,zeta,xz];            % 绿色封闭参照线的"x"坐标
gt=[t(1),t(1),t,t(end),t(end),fliplr(t)];  % 绿色封闭参照线的"y"坐标
```

```
gy=[0,1,y1,1,0,0*y1];                          % 绿色封闭参照线的"z"坐标
handles.g1=line(gz,gt,gy,'Color','g','LineWidth',1);     % 绘制绿色参照线,并产生句柄  <33>
handles.rline=line(xz,t,y,'Color',handles.Color,'LineWidth',2);% 绘制红色响应曲线,并产生句柄
K=length(get(handles.listbox1,'Value'));       % 列表框里,被"选中"的项数
for jj=1:K
    switch listindex(jj)                       % 被选中的"选项行序号"                    <37>
        case 1
                                               % 不做任何标识
        case 2                                 % 画上升时间点
            k95=min(find(y>0.95));k952=[(k95-1),k95];
            t95=interp1(y(k952),t(k952),0.95); % 线性插值法确定0.95线的时间
            line(zeta,t95,0.95,'marker','+','markeredgecolor','k','markersize',6);
        case 3                                 % 画最大峰值点
            [ym,km]=max(y);                    % 找最大峰值
            if km<Nt & (ym-1)>0
                line(zeta,t(km),ym,'marker','.','markeredgecolor','k','markersize',5);
            end
        case 4                                 % 画镇定时间点
ii=max(find(abs(y-1)>0.05));
            if ii<Nt
                line(zeta,t(ii+1),y(ii+1),'Color','r','Marker','o','MarkerSize',5)
            end
    end
end
xlabel('{\zeta}')
ylabel('t')
zlabel('y')
alpha(0.7)                                     % 控制曲面的透明度
view(75,44)
```

(12) 用户界面的运行
- 用户界面的文件
  ■ 由 GUIDE 制成的用户界面分存为两个伴生文件。本例界面的伴生文件是 exm090201.m 和 exm090201.fig。
  ■ 在用 GUIDE 开启用户界面时,所选择的是 FIG 文件。在 GUIDE 设计区里显示的是界面的组件几何图形。若要显示相应的 M 文件,需点击图标▤。
- 用户界面的导出
  ■ 制作完成的用户界面是不依赖 GUIDE 的。
  ■ 只要用户界面的伴生 FIG 文件和 M 文件在同一目录上,且这个目录是 MATLAB 的当前目录,或该目录在 MATLAB 的搜索路径上,那么运行 M 文件就可导出用户界面。
  ■ 对于本例,在 M 文件编制完成后,或在 M 文件编辑器中,或在 GUIDE 上,点击工具条中的▶图标,就能呈现如图 9.2-9 的初始界面。

- 在界面列表框中点选全部特征点选项,并使滑键游标连续步进,就会在曲面上画出三条特征线:"小红圈线"表现在不同阻尼比下的上升时间;"小黑点线"表示最大峰值点随阻尼比的变化;"黑十字叉线"表现上升时间随阻尼比的变化。参见图 9.2-13。
- 本界面大小可以任意缩放;彩色曲面反映二阶系统响应曲线与阻尼比的关系;坐标轴分格线有无可以控制;阻尼比既可以从编辑框输入,也可以借助滑键使阻尼比"连续步进"变化,观察响应曲线的连续变化。

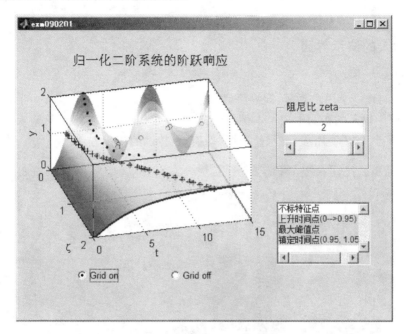

图 9.2-13　显示列表框全部选项的界面示例

〖说明〗

- 借助 GUIDE 平台及其辅助设计工具,通过鼠标操作进行用户界面配置,不仅简化设计过程,而且所得的执行 M 文件格式规范。换句话说,借助 GUIDE 制作用户界面,既方便快捷,而且所得界面文件也便于理解和维护。
- 在对 GUIDE 生成的 M 文件填写 M 码之前,一定要仔细阅读那文件中的"原有注释"。凡"原注"写明"不得改动"的 M 码,制作者千万不要去改动,除非已经透彻理解"图形用户界面"的工作机理。
- 不要企图"一口气"完成界面执行 M 文件的编写,而应采用"边写边试边改"的方法逐步完善。
  - 子函数可以写一个,试验一个,不必顾虑各控件的协调,可以在试验中不断协调。
  - 在所有功能基本实现后,要对制成的用户界面从多个角度、不同运作次序加以检查,发现问题,逐步完善。切勿急于求成!
  - 在功能验证正确后,再对界面执行 M 文件的指令进行优化。
- 本例只演示了可编辑框的"标量数字输入"使用法。在只允许输入"标量数字"的情况下,从可编辑框"String"属性读得的是字符串。回调子函数 edit1_Callback 中的指令〈7〉〈8〉的功能就是:把字符串读出,再把字符串转换为"双精度"数。至于可编辑框的

"多行字符输入"使用法,请参见例 9.2-2。
- 本例演示列表框的"选项行序号"使用法。回调子函数 listbox1_Callback 中的第⟨3⟩行指令和绘图子函数中从指令⟨37⟩开始的 switch—case 结构,是该使用法的具体表现。至于列表框的"选项行字符"使用法,请参考例 9.2-2 中关于弹出框"选项行字符"使用法的描述。
- 在本例中,各子函数间的参数传递是通过"构架变量"handles 运用所谓"GUI 数据存取机制"实现的。

2. 多指令输入的演示界面

本节以算例形式展开。

【例 9.2-2】 制作一个用户界面,该界面启动后的初始状态如图 9.2-14 所示。界面上的图形,由可编辑框中输入的指令生成。本例目的:演示可编辑框的"多行字符输入"使用法;演示弹出框的"选项行字符"使用法;演示检录框、切换键、按键的使用方法。

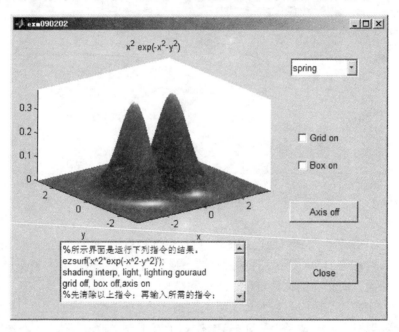

图 9.2-14 题目要求的用户界面初始态

(1) 在 GUIDE 中进行界面配置
- 在 MATLAB 指令窗中运行 guide,开启空白的 GUIDE。
- 在设计工作区中,为坐标轴框的引入,先用鼠标拉出蓝色基准线;然后,点击"轴"模块,沿基准线拉出"轴位框(Axes)"。
- 用类似操作,分别在设计区中,勾画出"可编辑文本框(Edit Text)"、"弹出框(Pop-up Menu)"、"检录框(Check Box)"、"切换键(Toggle Button)"及普通"按键(Push Button)",参见图 9.2-15。(建议参看光盘上的彩色图形。)
- 分别用鼠标双击"设计工作区(即窗)"及各组件,在先后引出的"属性编辑器"中进行属性设置,详见表 9.2-12。

- 点击 GUIDE 上的工具图标 ▶，在指定的目录上可得到两个文件：界面图形文件 exm090202.fig 和界面执行文件 exm090202.m。

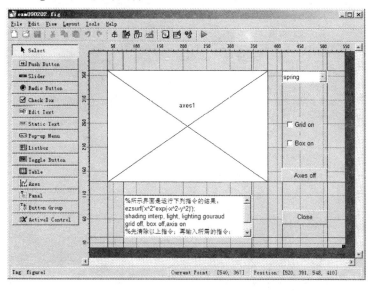

图 9.2-15 在 GUIDE 上进行界面设计

表 9.2-12 算例 9.2-2 用户界面的属性设置表

图形对象	属性名	属性值	说　明
窗	Resize	on	使图形窗可缩放
轴 Axes	FontSize	0.06	5
	FontUnits	normalized	缩放时保持字体比例
	XLimMode	auto	绘图时自动产生
	YLimMode	auto	绘图时自动产生
	ZLimMode	auto	绘图时自动产生
	Units	normalized	缩放时保持轴与界面的比例
可编辑文本框 Edit Text	FontSize	0.146	字体大小相对框高度的比例
	FontUnits	normalized	为便于掌握字体大小，先在 point 单位下，选择字的大小，然后再把单位改为"归化单位"
	HorizontalAlignment	left	编辑框内文字向左对齐
	Max	2	Max-Min>1 时，允许多行输入
	Min	0	
	String	%所示界面是运行下列指令的结果 ezsurf('x^2 * exp(-x^2-y^2)) shading interp, light, lighting gouraud grid off, box off, axis on %先清除以上指令；再输入所需指令； %按 Ctrl+Enter 键；指令执行	
	Units	normalized	

续表 9.2 - 12

图形对象	属性名	属性值	说　明
弹出框 Pop-up Menu	FontSize	0.43	
	FontUnits	normalized	
	String	spring summer autumn winter	
	Units	normalized	
检录框（上） Check Box	FontSize	0.43	
	FontUnits	normalized	
	String	Grid on	
	Units	normalized	
	Value	0	
检录框（下） Check Box	FontSize	0.43	
	FontUnits	normalized	
	String	Box on	
	Units	normalized	
	Value	0	
切换键 Toggle Button	FontSize	0.43	
	FontUnits	normalized	
	String	Axes off	
	Units	normalized	
	Value	1	
按键 Push Button	FontSize	0.43	
	FontUnits	normalized	
	String	Close	
	Units	normalized	

（2）界面执行文件的完整化

由 GUIDE 生成两个文件。exm090202.fig 保存了用户界面上所有图形对象的属性数据。而 exm090202.m 给出的仅是框架性文件。它由一个主函数、十个子函数组成。其中一个启动子函数和六个控件回调子函数，需要界面制作者根据任务编写 M 码。下面列出这七个被完整化的子函数。

● 启动子函数

```
function exm090202_OpeningFcn(hObject, eventdata, handles, varargin)
%U_Start------------------------------------U_Start
cla                                    % 清理轴对象
```

```
CH=get(handles.edit1,'String');           % 读取编辑框的内容,CH 是胞元数组           <4>
Nch=size(CH,1);
for n=1:Nch
    eval(CH{n});                          % 取出第 n 胞元中的字符串,借助 eval 函数,
                                                                                    <7>
                                          % 使字符串被作为指令执行。注意:花括号
end                                       %                                          <9>
ic=get(handles.popupmenu1,'Value');       % 读取弹出菜单选项的行序号                 <10>
clm=get(handles.popupmenu1,'String');     % 读取弹出菜单中的所有行字符串             <11>
colormap(clm{ic})                         % 取出第 ic 行的字符串。注意:花括号        <12>
set(handles.togglebutton1,'Value',1)      % 使切换键外形处于凹陷态
set(handles.togglebutton1,'String','Axis off')  % 在切换键上标"Axis off"
%U_End-------------------------------------------------------U_End
handles.output = hObject;
guidata(hObject, handles);
```

● 可编辑文本框回调子函数

```
function edit1_Callback(hObject, eventdata, handles)
%U_Start-----------------------------------------------------U_Start
CH=get(hObject,'String');                 % 读取编辑框的内容,CH 是胞元数组           <3>
Nch=size(CH,1);                           % 胞元数组的行数,即编辑框输入字符的行数   <4>
for n=1:Nch
    eval(CH{n});                          % 使用花括号,读胞元内容;eval 使字符串作为指令运行
                                                                                    <6>
end
%U_End-------------------------------------------------------U_End
```

● 弹出框回调子函数

```
function popupmenu1_Callback(hObject, eventdata, handles)
%U_Start-----------------------------------------------------U_Start
ic=get(hObject,'Value');                  % 读取弹出框选项序号                       <3>
clm=get(hObject,'String');                % 读取内含所有选项字符串的胞元数组         <4>
colormap(clm{ic})                         % 用花括号,取出第 ic 胞元中字符串,指定色图  <5>
%U_End-------------------------------------------------------U_End
```

● 检录框 Grid on 回调子函数

```
function checkbox1_Callback(hObject, eventdata, handles)
%U_Start-----------------------------------------------------U_Start
if get(hObject,'Value')                   % 若检录框被勾选
    grid on
else
    grid off
end
%U_End-------------------------------------------------------U_End
```

● 检录框 Box on 回调子函数

```
function checkbox2_Callback(hObject, eventdata, handles)
%U_Start -----------------------------------------------------------U_Start
if get(hObject,'Value')                    % 若检录框被勾选
    box on
else
    box off
end
%U_End -------------------------------------------------------------U_End
```

- 切换键回调子函数

```
function togglebutton1_Callback(hObject, eventdata, handles)
%U_Start -----------------------------------------------------------U_Start
VTB=get(hObject,'Value');                  % 读取切换键状态                <3>
if VTB                                     % 若凹落,VTB 为 1               <4>
    axis off                               % 消隐坐标轴
    set(hObject,'String','Axis on')        % 把键名改为 Axis on
    set(handles.checkbox1,'Enable','off')
    set(handles.checkbox2,'Enable','off')
else                                       % 若凸起,VTB 为 0               <7>
    axis on                                % 消隐坐标轴
    set(hObject,'String','Axis off')       % 把键名改为 Axis off
    set(handles.checkbox1,'Enable','on')
    set(handles.checkbox2,'Enable','on')
end
%U_End -------------------------------------------------------------U_End
```

- 按键回调子函数

```
function pushbutton1_Callback(hObject, eventdata, handles)
%U_Start -----------------------------------------------------------U_Start
close(handles.figure1)                     % 关闭用户界面
%U_End -------------------------------------------------------------U_End
```

(3) 完成界面的创建

- 在 M 执行文件完整化以后,点击 GUIDE 上的工具图标▶,保存文件,并引出所制作的用户界面。
- 对该界面的各种功能进行测试,确保操作无误。
- 此后,只要保证 exm090202.m 和 exm090202.fig 都在 MATLAB 的搜索路径上,或在当前目录上,直接运行 exm090202.m,就能引出用户界面。

〖说明〗

- 本例演示可编辑框的"多行字符输入"使用法。
    - 在该使用法中,从可编辑框输入的多行字符以胞元数组形式保存。这里的"行"不指"物理行",而指以"Enter"结束的"逻辑行"。
    - 每行字符可以是 MATLAB 认可的任何表达式及指令。

- ■ 读取编辑框"String"属性,所得到的是胞元数组。若编辑框中有 N 个逻辑行,则其对应$(N×1)$胞元数组。
  - ■ eval 指令每次只能处理一个"逻辑行"。
  - ■ 在本例中,"多行字符输入"使用法的具体表现是:
    exm090202_OpeningFcn   启动子函数的第⟨4⟩行到第⟨9⟩行;
    edit1_Callback   可编辑框回调子函数的第⟨3⟩行到第⟨7⟩行;
- 本例演示弹出框的"选项行字符"使用法。
  - ■ 在该使用法中,弹出框中的全部选项以胞元数组形式保存。
  - ■ 每个选项可以使用 MATLAB 的任何表达式或指令。
  - ■ 读取弹出框"String"属性,得到的是胞元数组。若弹出框中有 N 个选项,则其对应$(N×1)$胞元数组。
  - ■ 读取弹出框"Value"属性,得到的是被"选中"的选项的行序号。若选中弹出框中第 k 个选项,则对应的行序号为 k。
  - ■ 在本例中,读取选项字符的过程是:先分别读出胞元数组和行序号,然后用行序号从胞元数组中提取相应行的字符串。所述过程在本例中的体现如下:
    exm090202_OpeningFcn   启动子函数的第⟨10⟩行到第⟨12⟩行;
    popupmenu1_Callback   弹出框回调子函数的第⟨3⟩⟨4⟩⟨5⟩行。
- 从胞元数组读取内容(在本例中,即指字符串),必须使用"花括号"。关于胞元数组详细性质,请看第 3.3 节。
- 用 get 指令所读得的切换键"Value"属性值,总是该键的"稳态值":"凸"对应 0;"凹"对应 1。更精确地说,若该键没被"点击",则读得的"Value"属性值反映该键的当前状态值。而当切换键被点击时,所读得的"Value"属性值反映"点击后的稳态值"。在本算例中,togglebutton1_Callback 切换键回调子函数中的指令⟨3⟩读得的就是"鼠标点击切换键后键的稳态值"。

9.2.4 界面菜单和工具图标的创建

在视窗系统中,界面上通常都配置有菜单条和工具条。MATLAB 制作的图形用户界面也同样可以很方便的配置这些操作手段。

1. 标准菜单条和工具条的配置

【例 9.2-3】 在例 9.2-1 产生的界面上,配置 MATLAB 标准图形窗菜单,并对曲面上的特征点轨迹给以注释,如图 9.2-16。本例演示:如何利用已有界面制作新界面;通过对界面窗"MenuBar"和"ToolBar"属性的设置,产生标准菜单条和工具条;"静态文本框"内容的动态变化。

(1) 利用已有界面制作新界面
- 点击 MATLAB 桌面工具条上的▣图标,引出"GUIDE Quick start"对话窗。
- 在此对话窗"Open Existing GUI"页面上,双击 exm090201.fig 文件,引出显示 exm090201.fig 界面的 GUIDE。
- 在此 GUIDE 平台上,选中{File>Save As}菜单项,把它保存为 exm090203。(提醒:必

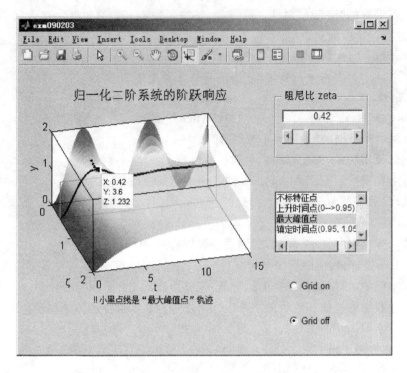

图9.2-16　带标准菜单和文字注释的图形用户界面

须这样操作！在 M 文件编辑器中的"另存为"操作,不可能产生正确的后果。)
（2）利用属性编辑器为界面配置标准菜单条和工具条
● 双击 GUI 版面编辑器设计区空白处,引出"界面窗属性编辑器",做如下属性设置：
MenuBar　　　figure　　　%使界面采用图形窗标准菜单
ToolBar　　　figure　　　%使界面采用图形窗标准工具条
（3）按本题要求修改原界面
● 在 GUIDE 上,按本题要求调整组件盘、列表框、无线电按键的位置。
● 点击"静态文本框"模板,在轴位框下方拉出适当大小的"静态文本框"。注意:在设定框的大小时,要把框取得"足够长",以便将来关于每类特征点的注释文字能在一个物理行中表达;要把框取得"足够宽",以便能容纳得下"三行注释文字"。
● 双击静态文本框,引出属性编辑器,并做如下设置：
FontSize　　　0.16　　　　　% 框内字体大小（框高度为1）
FontUnits　　　normalized　　% 采用相对度量单位,缩放时保持字体比例
String　　　　　　　　　　　% 使空白
Tag　　　　　mark　　　　　% 用户自己命名的识别名
Units　　　　normalized　　% 缩放时保持轴与界面之间的比例
● 点击 GUIDE 工具条上的 ▶ 图标,完成相应操作后,就可得到两个伴生文件 exm090203.fig 及 exm090203.m;同时弹出与图 9.2-16 类似的界面。
（4）修改 exm090203.m 文件
● 对子函数 edit1_Callback 的修改
在下面列出的修改后完整的 edit1_Callback 子函数中,该子函数体的第一行是"新增的"。

```
function edit1_Callback(hObject, eventdata, handles)
% hObject      正被操作的控件,即可编辑的句柄
% eventdata    reserved - to be defined in a future version of MATLAB
% handles      保存界面所有组件句柄和用户数据的构架变量,即 GUI 数据变量
%U_Start---------------------------------------------------------------U_Start
listindex=get(handles.listbox1,'value');    % 获得列表框中的选项序号(!! 新增!!)
sz=get(hObject,'String');                   % 从编辑框读取输入字符              <6>
zeta=str2double(sz);                        % 把字符转换成双精度数              <7>
set(handles.slider1,'Value',zeta)           % 对滑键的游标定位
handles.zeta=zeta;                          % "GUI 数据"形式,保存数据以便共享    <9>
handles=surfplot(handles);                  % 调用绘图子函数,绘制响应曲线
guidata(hObject, handles);                  %                                <11>
%U_End-----------------------------------------------------------------U_End
```

- 对子函数 surfplot 的修改(见表 9.2-13)

表 9.2-13 surfplot 子函数修改前后的对照

原 surfplot 子函数的最后五条指令
xlabel('{\zeta}')
ylabel('t')
zlabel('y')
alpha(0.7)
view(75,44)
修改后 surfplot 的最后七条指令
annotation={' ';'!!黑十字线是"上升时间点"的轨迹 ';'!!小黑点线是"最大峰值点"轨迹 ';'!!小红圈线是"镇定时间点"轨迹 '};
set(handles.mark,'String',annotation(listindex))
xlabel('{\zeta}')
ylabel('t')
zlabel('y')
alpha(0.7)
view(75,44)

- exm090203.m 经修改后,可点击 M 文件编辑器的 ▶,获得符合要求的界面。

(4) 本例界面与例 9.2-1 界面的不同

- 本例界面拥有图形窗标准菜单条和工具条。菜单条中菜单项和工具条中的图标都能正常使用。例如,选中菜单项{Tools>Data Cursor},或点选图标 ,光标就变成双十字,再用它点击曲线,就能标识数据,参见图 9.2-16。
- 本例为响应曲线"特征点"的轨迹配置了相应的文字说明。该说明文字的内容及行数都会动态适应"列表框"中的选项。

〖说明〗

- 本例演示了:如何利用已有用户界面,创建新界面。在此再次提醒:对于由 GUIDE 产生的用户界面,为制作新界面所进行的"另存为"操作,必须在 GUIDE 中进行,而不能

在 M 文件编辑器中进行。
- 在用户界面上"增设标准菜单和工具条"的操作都非常简单,所产生的菜单和图标功能众多。因此,在既需要又许可的情况下,推荐使用标准菜单。
- GUIDE 上,开启的空白界面窗的"MenuBar"属性缺省设置为"none",而"ToolBar"属性缺省设置为"auto"。因此,若不对这两个属性进行专门的设置,则 GUIDE 设计出来的界面窗就不显示菜单条和工具条。
- 本例演示:如何使"静态文本框"中的内容动态变化。由此可进一步理解"静态文本框"的所谓"静态"是指:不能对用户界面显示的文本框内容进行任何"交互式"操作。但注意:该文本框内容可以通过 M 码进行动态编辑,并在界面动态显示。

2. 定制菜单的创建和变量 handles 的观察

有时,制作者出于简洁、醒目的意图,并不希望在界面菜单条中出现那么繁杂的菜单项。此时,制作者就需要"定制"菜单。本小节也以算例形式展开。

【例 9.2 - 4】 以例 9.2 - 3 制作的界面为基础,进行修改,创建定制菜单。本例有两个目的:为用户界面配置定制菜单;用来控制界面上坐标框是否封闭,参见图 9.2 - 17。本例演示:定制菜单的制作步骤;菜单编辑器的使用及其回调子函数的编写;实现子函数间参数传递的 handles 变量的观察。

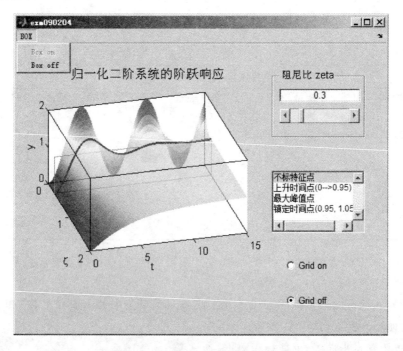

图 9.2 - 17 带定制菜单的用户界面

(1) 以 exm090203 用户界面为基础制作新界面
- 在 MATLAB 工作平台上,点击工具图标,引出"GUIDE Quick start"对话窗。
- 在此对话窗"Open Existing GUI"页面上,选中 exm090203.fig 文件,再点击[Open],引出显示 exm090203.fig 界面的 GUIDE。

- 在此 GUIDE 上,选中{File>Save As}菜单项,把它保存为 exm090204。
(2) 定制菜单在菜单编辑器中的创建
- 撤销原界面上的标准菜单
    - 在显示 exm090204.fig 的 GUIDE 上,双击"设计工作区"的空白处,引出显示"窗"属性的属性编辑器。
    - 把"MenuBar"的属性值设回"none",把"ToolBar"设置为"auto",就使标准菜单条及工具条从用户界面上消失。
- "(菜单)条菜单"的创建
    - 点击 GUIDE 上的菜单编辑器(Menu Editor)工具图标,或选中下拉菜单项{Tools>Menu Editor},引出"菜单编辑器(Menu Editor)"(参见图 9.2-18)。
    - 点击菜单编辑器上的图标后,在编辑器"Menu Bar"页左侧的菜单结构框里就出现未命名菜单"Untitled 1"。
    - 在菜单结构框里,选中未命名菜单,在编辑器右侧的"菜单属性(Menu Properties)"栏里,就会出现"需要填写的若干属性条目"。
    - 填写或勾选属性条目如下:
Label	**BOX**	% 菜单名
Tag	**BOX1**	% 菜单的句柄域名,即生成 handles.BOX1
勾选"Enable this item"项		% 使该菜单可操作
Callback	**%automatic**	% 这是缺省设置,除非必须,一般不要更改
其他条目采用缺省设置		
- "菜单项"的创建
    - 点击菜单编辑器的工具图标,就会在菜单结构框的"Box"菜单下衍生出一个未命名菜单项"Untitled 2"。用光标在伴随产生菜单栏中,进行如下填写和勾选:
Label	**Box on**	% 菜单项名
Tag	**boxon**	% 菜单的句柄域名,即生成 handles.boxon
不勾选"Enable this item"项		% 使该菜单项可操作
Callback	**%automatic**	% 这是缺省设置,除非必须,一般不要更改
其他条目采用缺省设置		
    - 选中菜单结构框中的"BOX"菜单,再点击菜单编辑器的工具图标,就会在菜单结构框的"BOX"菜单下衍生出另一个未命名菜单项"Untitled 3"。在伴随产生菜单栏中,进行如下填写和勾选:
Label	**Box off**	% 菜单项名
Tag	**boxoff**	% 菜单的句柄域名,即生成 handles.boxoff
勾选"Enable this item"项		% 使该菜单可操作
Callback	**%automatic**	% 这是缺省设置,除非必须,一般不要更改
其他条目采用缺省设置		
- 经以上操作,菜单编辑器如图 9.2-18 所示。点击[OK]键,完成在菜单编辑器上的操作。

(3) 定制菜单项回调子函数的编写

在完成以上操作后,点击 GUIDE 工具条上的 图标,就可得到两个伴生文件

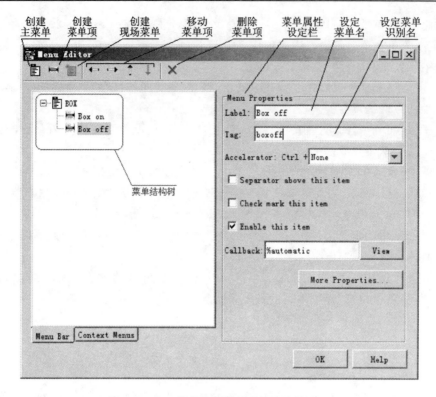

图 9.2-18 菜单编辑器的外形和功能分区

exm090204.fig 及 exm090204.m。此时，已经可以看到在生成的用户界面上出现了菜单"BOX"。如果用鼠标点击该菜单，就会呈现包含两个选项的下拉菜单：一个是"失能"状态的"Box on"；另一个是"使能"的"Box off"。尽管外形已成，但如果用鼠标点击"Box off"，则在坐标不会发生任何变化。原因是：这些菜单项的回调子函数尚未完成。

为使菜单项的相应功能实现，需要进行如下操作：

● 用 M 文件编辑器打开 exm090204.m，可以发现在原先文件的最后增添了三个回调子函数：BOX1_Callback，boxon_Callback，boxoff_Callback。

● 在回调子函数 boxon_Callback 和 boxoff_Callback 中分别填写 M 码如下：

```
function boxon_Callback(hObject, eventdata, handles)
%U_Start----------------------------------------U_Start
box on                                          % 坐标框封闭
set(handles.boxon,'Enable','off')               % 令"Box on"菜单项"失能"
set(handles.boxoff,'Enable','on')               % 令"Box off"菜单项"使能"
%U_End------------------------------------------U_End

function boxoff_Callback(hObject, eventdata, handles)
%U_Start----------------------------------------U_Start
box off                                         % 坐标框不封闭
set(handles.boxoff,'Enable','off')              % 令"Box off"菜单项"失能"
set(handles.boxon,'Enable','on')                % 令"Box on"菜单项"使能"
%U_End------------------------------------------U_End
```

(4) 保存 M 文件,完成创建

在 M 文件编制完成后,在 M 文件编辑器中,或在 GUIDE 上,点击工具条中的▷图标,就能符合题目要求的界面,参见图 9.2 – 17。

〖说明〗
- handles 是 GUIDE 创建用户界面时自动产生的一个"构架"变量。
- 利用 M 文件编辑器中的"断点"设置功能,可以访问 handles 构架变量。具体方法如下:
  - 在 exm090204.m 子函数 exm090204_OpeningFcn 的第一行可执行指令前,设置一个"断点"。
  - 点击 M 文件编辑器的▷,就可在 MATLAB 的基本内存空间中看到 handles 变量。
  - 再用鼠标双击该变量图标,就引出如图 9.2 – 19 所示的 handles 构架变量。
  - 图 9.2 – 19 所示的 handles 构架变量,是在 exm090204.fig 图形窗已经存在的情况下,执行以上操作后产生的。如果在 exm090204.fig 图形窗不存在的情况下,执行以上操作,那么所产生的 handles 只包含 13 个域,即图 9.2 – 19 中 t 之前的域。它们分别存放了 exm090204.fig 界面的窗、轴位框、控件及菜单等组件的句柄。
- 若给 handles 增添新域,则 handles 可以利用来存放"具体的应用数据"。如在图 9.2 – 19 中,从第 14 域以下的各新增域就存放了绘制曲面的数据。

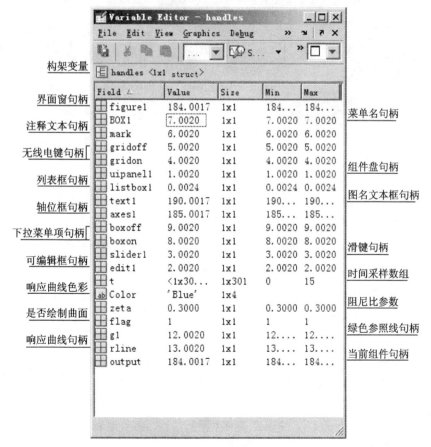

图 9.2 – 19 handles 的结构和保存内容

- 在各 GUIDE 生成的各子函数中,handles 各域存放的内容可直接读取,但若要保存更新了的 handles,就必须借助指令 guidata(hObject,handles)实现。

3. 现场菜单创建和 Tag 属性应用

与界面窗顶部的下拉菜单条不同,现场菜单总和某个图形对象相联系,并通过鼠标右键激活而弹出。本节算例 9.2-5 将演示制作现场菜单的步骤。

本节除介绍现场菜单的制作外,还要顺便介绍"预定义工具图标"的配置。本小节也以算例形式展开。

【例 9.2-5】 以例 9.2-4 产生的界面 exm090204 为基础,制作一个与坐标相关联的现场菜单,对响应曲线的颜色进行设置。本例要求的界面见图 9.2-20。本例演示:借助 GUIDE 创建现场菜单的步骤;菜单编辑器的使用及其回调子函数的编写;借助 GUI 数据,管理和共享色彩数据;图形对象专用名属性 Tag 的应用。

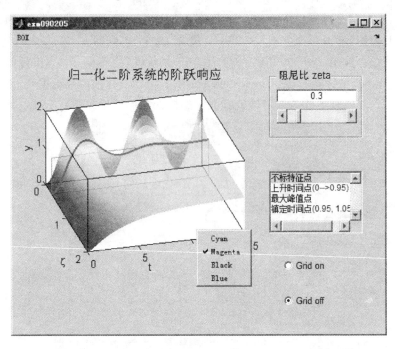

图 9.2-20 带现场菜单和预定义工具图标的图形用户界面

(1) 以 exm090204 用户界面为基础制作新界面
- 在 MATLAB 工作平台上,点击工具图标,引出"GUIDE Quick start"对话窗。
- 在此对话窗"Open Existing GUI"页面上,选中 exm090204.fig 文件,再点击[Open],引出显示 exm090204.fig 界面的 GUIDE。
- 在此 GUIDE 上,选中{File>Save As}菜单项,把它保存为 exm090205。

(2) 现场菜单在菜单编辑器中的创建
- "现场菜单"的创建
  - 点击 GUIDE 上的菜单编辑工具图标,引出"菜单编辑器(Menu Editor)",参见图 9.2-21。

- 选择菜单编辑器的"Context Menu"页,再点击编辑器上的工具图标█,在编辑器左侧的菜单结构框里就出现未命名菜单"Untitled 1"。
- 在菜单结构框里,选中未命名菜单"Untitled 1",在编辑器右侧的"菜单属性(Menu Properties)"栏里,就会出现"需要填写的若干属性条目"。
- 填写或勾选属性条目如下:

  | Tag | line_color | % 菜单句柄域名,即生成 handles.line_color |
  | Callback | %automatic | % 这是缺省设置,除非必须,一般不要更改 |

● "菜单项"的创建

  - 点击菜单编辑器的█工具图标,就会在菜单结构框的"line_color"菜单下衍生出一个未命名菜单项"Untitled 2"。用光标在伴随产生菜单属性栏中,进行如下填写和勾选:

    | Label | Cyan | % 菜单项名 |
    | Tag | cyan_line | % 菜单项句柄域,即生成 handles.cyan_line |
    | 不勾选"Check this item"项 | | % 界面开启时,该菜单项前没有"勾选符" |
    | Callback | %automatic | % 这是缺省设置。除非必须,一般不要更改 |

    其他条目采用缺省设置

  - 选中菜单结构框中的"line_color"菜单,再点击菜单编辑器的█工具图标,就会在菜单结构框的"line_color"菜单下衍生出第三个未命名菜单项"Untitled 3"。在伴随产生菜单属性栏中,进行如下填写和勾选:

    | Label | Magenta | % 菜单项名 |
    | Tag | magenta_line | % 菜单句柄域名,即生成 handles.magenta_line |
    | 勾选"Check this item"项 | | % 界面开启时,该菜单项前有"勾选符" |
    | Callback | %automatic | % 这是缺省设置。除非必须,一般不要更改 |

    其他条目采用缺省设置

  - 选中菜单结构框中的"line_color"菜单,再点击菜单编辑器的█工具图标,在菜单结构框的"line_color"菜单下衍生出第四个未命名菜单项"Untitled 4"。在伴随产生菜单属性栏中,进行如下填写和勾选:

    | Label | Black | % 菜单项名 |
    | Tag | black_line | % 菜单句柄域名,即生成 handles.black_line |
    | 不勾选"Check this item"项 | | % 界面开启时,该菜单项前没有"勾选符" |
    | Callback | %automatic | % 这是缺省设置。除非必须,一般不要更改 |

    其他条目采用缺省设置

  - 选中菜单结构框中的"line_color"菜单,再点击菜单编辑器的█工具图标,在菜单结构框的"line_color"菜单下衍生出第四个未命名菜单项"Untitled 5"。在伴随产生菜单属性栏中,进行如下填写和勾选:

    | Label | Blue | % 菜单项名 |
    | Tag | blue_line | % 菜单句柄域名,即生成 handles.black_line |
    | 不勾选"Check this item"项 | | % 界面开启时,该菜单项前没有"勾选符" |
    | Callback | %automatic | %这是缺省设置。除非必须,一般不要更改 |

    其他条目采用缺省设置

● 经以上操作后,菜单编辑器如图 9.2-21 所示。点击菜单编辑器上的[OK]键,完成在菜单编辑器上的操作。

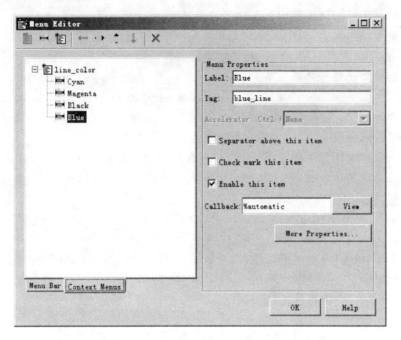

图 9.2-21 创建现场菜单及其菜单项的菜单编辑器

（3）使现场菜单与界面上的轴对象相关联
- 在 GUIDE 上，双击"轴"对象，引出显示"轴"属性的属性编辑器。
- 在"UIContextMenu"属性条目中，翻动该栏目右侧的"箭头键"，可以看到：前面创建的现场菜单"line_color"已经被列作选项。选中"line_color"，就实现了该现场菜单与轴的关联。
- 点击 GUIDE 的 ▶ 工具条图标，保存前面的所有设置，自动修改 M 文件，并弹出修改后的新用户界面。如果读者用鼠标的右键点击此新界面的坐标轴区（而不是坐标区内的图形上），就可以看到图 9.2-20 中的现场菜单。但这仅是现场菜单的外形，选择该菜单任何项，都不会引发任何动作，因为这些项的回调子函数还没有编写。

（4）编写各现场菜单项的回调子函数

经增添现场菜单及其选项操作后，GUIDE 自动修改产生的 exm090205.m 文件中相应增加四个子函数：一个现场菜单根子函数 line_color_Callback；三个菜单项回调子函数 blue_line _Callback，red_line_Callback，black_line_Callback。

对于本例而言，现场菜单根子函数 line_color_Callback 不必添写任何 M 码。而各菜单项回调子函数必须添写 M 码。由于各菜单项具有平等的地位和相同的功能，因此在各回调子函数中所需填写的 M 码是大同小异。具体如下：

```
function cyan_line_Callback(hObject, eventdata, handles)
%U_Start ------------------------------------------------U_Start
set(handles.rline,'Color','Cyan')         % 把那图形对象的颜色设置为青色         <8>
set(handles.cyan_line,'Checked','on')     % 使"Cyan"菜单项前"打勾"
set(handles.magenta_line,'Checked','off') % 使"Magenta"菜单项前"无勾"
```

```
set(handles.black_line,'Checked','off')    % 使"Black"菜单项前"无勾"
set(handles.blue_line,'Checked','off')     % 使"Blue"菜单项前"无勾"
handles.Color='Cyan';                      % 保存当前色彩名,以供其他子函数使用    <14>
guidata(hObject,handles);                  % 原有 handles 被修改或新增域后,都必须运行这条指令  <15>
                                           % 否则,所变化的内容无法向外传递
%U_End-----------------------------------------------U_End

function magenta_line_Callback(hObject, eventdata, handles)
%U_Start---------------------------------------------U_Start
set(handles.rline,'Color','Magenta')
set(handles.cyan_line,'Checked','off')
set(handles.magenta_line,'Checked','on')
set(handles.black_line,'Checked','off')
set(handles.blue_line,'Checked','off')
handles.Color='Magenta';
guidata(hObject,handles);
%U_End-----------------------------------------------U_End

function black_line_Callback(hObject, eventdata, handles)
%U_Start---------------------------------------------U_Start
set(handles.rline,'Color','Black')
set(handles.cyan_line,'Checked','off')
set(handles.magenta_line,'Checked','off')
set(handles.black_line,'Checked','on')
set(handles.blue_line,'Checked','off')
handles.Color='Black';
guidata(hObject,handles);
%U_End-----------------------------------------------U_End

function blue_line_Callback(hObject, eventdata, handles)
%U_Start---------------------------------------------U_Start
set(handles.rline,'Color','Blue')
set(handles.cyan_line,'Checked','off')
set(handles.magenta_line,'Checked','off')
set(handles.black_line,'Checked','off')
set(handles.blue_line,'Checked','on')
handles.Color='Blue';
guidata(hObject,handles);
%U_End-----------------------------------------------U_End
```

(5) 实现响应曲线的多色彩选择时 M 文件的工作机理

笼统而言,假如"新用户界面"开发是在"原有老界面"基础上进行的,那么为实现"新用户界面"的功能,就必须对"老界面衍生而得的"M 文件进行修改。修改内容包括两部分:一,新增控件、菜单或其他组件的伴生回调子函数必须填写。二,除新增回调子函数外,原有函数中其他部分要作相应的修改。

具体到本例,根据题目中"响应曲线多色彩可选"的要求,对 M 文件的影响,可从以下几方面考虑:
- 从函数结构看,本例中涉及曲线色彩的子函数有六个:一个界面启动子函数 exm090205_OpeningFcn;四个现场菜单项回调子函数;一个曲线绘制子函数 surfplot。这些子函数中需要采用同一个"色彩"参数。
- 从"驱动进程的事件"角度看,色彩被定义的"事件"有三类:
  - 第一类是"启动事件",即启动子函数定义"初始界面"上的曲线色彩为红。
  - 第二类是"点选现场菜单项事件",不同菜单项导致不同的曲线色彩。
  - 第三类是"改变 zeta 阻尼比而重画响应曲线事件",若此前曲线色彩未经由现场菜单点选,曲线采用蓝色绘制。否则,曲线根据现场菜单选定色彩绘制。
  - 在本例中,色彩传递依赖"变量 handles.Color"和"指令 guidata"实现。

〖说明〗
- Tag 属性的应用
  - 每个图形对象、每个控件、每个菜单项都有 Tag 属性。
  - Tag 属性用来给"特定对象、控件、菜单项"定义一个"易读易记"的识别名。比如本例"Cyan"现场菜单项,创建时在"菜单编辑器"Tag 栏填写的 cyan_line 就是"Cyan"菜单项的识别名。由 GUIDE 生成的菜单项的回调函数名就是 cyan_line_Callback;在决定该菜单项是否被"打勾"时,就是靠 handles.cyan_line 识别"Cyan"菜单项,并通过把"Checked"属性设置为"on"或"off"决定的。
- 本例所有子函数中的指令,在此前算例中都出现过,故本例不再加注。此外,为省篇幅,书中没有列出完整的 exm090205.m,请读者从随书光盘上阅读 exm090205.m 文件。

9.3 全手工编程创建 GUI

在 GUIDE 辅助下得到的界面由两个伴生文件体现。界面及其组件的生成参数在 FIG 文件中,其码不可读;体现界面及其组件所发生的"事件"的程序在 M 文件中,它可读。由于这个原因,读者无法从 GUIDE 辅助产生的文件中看到"体现界面的码的全貌",从而阻碍了读者对界面生成机理的洞悉。

全手工编写的程序包含了生成界面的全部信息,如组件的几何属性、标识属性、回调属性等。文件源码透明,界面生成文件简洁,界面工作机理勾画清晰。基于此,本书作者建议读者不要轻易略过本节内容。

不论是 GUIDE 辅助编程,还是全手工编程,用户界面的创建过程还是大抵相同的:先在纸上进行界面几何布局设计;然后在 MATLAB 环境中编写生成界面组件布置的程序;再编写各控件的回调函数;最后进行检验确认。

本节内容着重于程序的编写,请读者阅读时,特别注意注释。本节有两小节:第一小节介绍创建界面的 M 脚本文件的编写;第二小节介绍内容创建界面的嵌套函数的编写。

9.3.1 采用 M 脚本文件创建用户界面

【例 9.3-1】 采用手工编写的 M 脚本文件创建一个与例 9.2-2 功能相同的用户界面(见图 9.2-14),并且以"exm090301——由全手工编写的脚本 M 文件所创建的用户界面"作为该界面的名称(参见图 9.3-1)。本例演示:如何通过指令直接描述界面及其控件的类型、位置、颜色、名称等;如何编写 Callback 属性的回调函数。

(1) 界面轮廓设计

先根据任务,在草图上勾画所需界面的草图。由于本例的设计任务是:与例 9.3-2 相同的界面,因此本例目标界面的功能、轮廓、控件类型、几何布局清楚,无需另画草图。

(2) 根据草图编写

与利用 GUIDE 创建用户界面的方法不同,"手工法"创建界面可以先从"选择控件"和"确定各控件的位置及大小"两方面着手编写 M 文件。该文件生成如图 9.3-1 所示的"静态界面"。实现这个初期目标的 M 文件 exm090301_1.m 如下:

```
% exm090301_1.m              生成静态图形用户界面
close                                          %关闭此前存在的图形窗
titlestr='exm090301——由全手工编写的脚本 M 文件所创建的用户界面';     %界面名称
handles.figure=figure('unit','normalized','position',[0.3,0.3,0.428,0.540],...  %图形窗位置
                     'Color',[0.836,0.816,0.784],...    %与 GUI 版面编辑器创建图形窗相同的底色〈3〉
                     'menubar','none',...           % 界面窗不配菜单条
                     'numbertitle','off',...         % 不标图形窗序号
                     'defaultuicontrolunits','normalized',...% 使所有控件大小度量单位归一化
                     'defaultuicontrolhorizontal','left',... % 使空间中文字显示向左对齐
                     'name',titlestr);              % 界面窗名称
handles.axes=axes('Units','normalized','position',[0.07,0.372,0.645,0.554],... %定义轴位框
                  'FontUnits','normalized','FontSize',0.055,'visible','on');
handles.edit=uicontrol('Style','edit',...           %定义可编辑文本框
                       'position',[0.141,0.043,0.502,0.230],...
                       'BackgroundColor',[1,1,1]);   %保证编辑框底色为白
handles.pop=uicontrol('style','popup',...            %定义弹出框
                      'position',[0.766,0.852,0.18,0.074],...
                      'BackgroundColor',[1,1,1],...
                      'string',{'spring';'summer';'autumn';'winter'},...  %框中的四行字符
                      'FontUnits','normalized','FontSize',0.43);   %字符大小度量
handles.check1=uicontrol('Style','checkbox',...      %定义检录框
                         'position',[0.784,0.593,0.145,0.074],...
                         'string','Grid on',...                    %检录框名称 Grid on
                         'FontUnits','normalized','FontSize',0.43);
handles.check2=uicontrol('Style','checkbox',...      %定义检录框
                         'position',[0.784,0.498,0.145,0.074],...
                         'string','Box on',...                     %检录框名称 Box on
                         'FontUnits','normalized','FontSize',0.43);
```

```
handles.toggle=uicontrol('Style','togglebutton',...        %定义切换键
        'position',[0.766,0.352,0.18,0.074],...
        'string','Axes off',...                            %切换键名称 Axes off
        'FontUnits','normalized','FontSize',0.43);
handles.push=uicontrol('Style','pushbutton',...            %定义按键
        'position',[0.766,0.117,0.18,0.074],...
        'string','Close',...                               %按键名称 Close
        'FontUnits','normalized','FontSize',0.43);
```

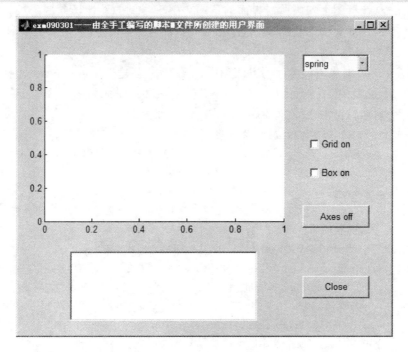

图 9.3-1　手工编写程序生成的静态界面

（3）编写反映状态和回调动作的 M 码

在 exm090301_1.m 的基础上，再编写反映各控件的"初始状态"和"回调动作"属性的 M 码。完成后的文件保存为 exm090301_2.m。该文件如下：

```
% exm090301_2.m        生成动态图形用户界面
close
titlestr='exm090301——由全手工编写的脚本 M 文件所创建的用户界面 ';
handles.figure=figure('unit','normalized','position',[0.3,0.3,0.428,0.540],...
        'Color',[0.836,0.816,0.784],...
        'menubar','none',...
        'numbertitle','off',...
        'defaultuicontrolunits','normalized',...
        'defaultuicontrolhorizontal','left',...
        'name',titlestr);
handles.axes=axes('Units','normalized','position',[0.07,0.372,0.645,0.554],...
        'FontUnits','normalized','FontSize',0.055,'visible','on');
```

```
edit_str={'% 所示界面是运行下列指令的结果';...                    %           <12>
          'ezsurf(''x^2 * exp(-x^2-y^2)'')';...
          'shading interp,light,lighting gouraud';...
          'grid off,box off,axis on';...
          '% 可清除以上指令;再输入所需的指令';...
          '% 想使输入指令执行,请按 Ctrl+Enter 键。'};           %           <17>
                        % 字符串胞元数组 edit_str 供编辑框 String 属性使用
handles.edit=uicontrol('Style','edit',...
          'position',[0.141,0.043,0.502,0.230],...
          'BackgroundColor',[1,1,1],…
          'Max',2,...            % 使 Max-Min>1 才允许多行输入。Min 为 0
          'String',edit_str,…    % 编辑框中的初始字符                      <22>
          'FontUnits','normalized','FontSize',0.1465,...
          'callback','exm090301_2_callEPT(handles)');
                        %字符串法回调 exm090301_2_callEPT 函数              <24>
handles.pop=uicontrol('style','popup','position',[0.766,0.852,0.18,0.074],...
          'BackgroundColor',[1,1,1],…
          'string',{'spring';'summer';'autumn';'winter'},…
          'FontUnits','normalized','FontSize',0.43,...
          'Value',1,...          % 初始显示第1行字符串
          'callback','exm090301_2_callEPT(handles)');         %           <30>
handles.check1=uicontrol('Style','checkbox',…
          'position',[0.784,0.593,0.145,0.074],...
          'string','Grid on',…
          'FontUnits','normalized','FontSize',0.43,...
          'Value',0,…            % 初始状态为"不勾选"
          'callback','exm090301_2_callEPT(handles)');         %           <36>
handles.check2=uicontrol('Style','checkbox',…
          'position',[0.784,0.498,0.145,0.074],...
          'string','Box on',…
          'FontUnits','normalized','FontSize',0.43,...
          'Value',0,…            % 初始状态为"不勾选"
          'callback','exm090301_2_callEPT(handles)');         %           <42>
handles.toggle=uicontrol('Style','togglebutton',…
          'position',[0.766,0.352,0.18,0.074],...
          'string','Axes off',…
          'FontUnits','normalized','FontSize',0.43,...
          'Value',0,…            % 按键呈凸起状态
          'callback','exm090301_2_callEPT(handles)');         %           <48>
handles.push=uicontrol('Style','pushbutton',
          'position',[0.766,0.117,0.18,0.074],...
          'string','Close',
          'FontUnits','normalized','FontSize',0.43,
```

```
         'callback','close');              %  关闭界面窗                                          <53>
NS=size(edit_str,1);                       %  编辑框中字符串胞元数组的行数                        <54>
for kk=1:NS                                %  该循环绘制初始曲面
    eval(edit_str{kk,:})                   %  使胞元数组第 kk 列的字符串被作为指令运行            <56>
end                                        %                                                     <57>
```

(4) 执行回调动作的函数 exm090301_2_callEPT

在用户界面上,除 Close 按键外,其余的"可编辑框"、"弹出框"、"检录框 Grid on"、"检录框 Box on"的回调动作都有如下函数 exm090301_2_callEPT 实现。

```
function exm090301_2_callEPT(handles)
Sedit=get(handles.edit,'string');          %  读取编辑框文本。本例中为字符串胞元
Vpop=get(handles.pop,'value');             %  读取弹出框中被选项的行序号
NS=size(Sedit,1);
for k=1:NS
    eval(Sedit{k,:})                       %  把编辑框中的字符串转换为 MATLAB 执行指令   <6>
end
popstr=get(handles.pop,'String');          %  取弹出框中的字符串
colormap(eval(popstr{Vpop}))               %  按选中行序号,对应的字符串,算出色图矩阵
if get(handles.toggle,'Value')             %  按下切换键,产生值 1
    axis off
    set(handles.toggle,'String','Axis on') %  把切换键上名称改写为"Axis on"
    set(handles.check1,'Enable','off')
    set(handles.check2,'Enable','off')
else
    axis on
    set(handles.toggle,'String','Axis off')
    set(handles.check1,'Enable','on')
    set(handles.check2,'Enable','on')
    if get(handles.check1,'Value'),grid on,else grid off,end
    if get(handles.check2,'Value'),box on,else box off,end
end
```

〖说明〗
- 运行本例时,这两个文件 exm090301_2.m 和 exm090301_2_callEPT.m 必须同在一个目录;且该目录,或是 MATLAB 的当前目录,或在 MATLAB 的搜索路径上。
- 为与例 9.2-2 的界面一致,本书作者先借助 GUIDE 开启 exm090202,读得图形窗、轴位框和各控件的外观数据,稍经修改,形成本例界面窗及其控件的外观数据。这种"借GUIDE 获取排版数据的方法"具有通用性。
- exm090301_2.m 指令〈12〉~〈17〉定义了一个字符串胞元数组。它既用作可编辑框的初始显示内容,又被 eval 用来产生执行指令,生成界面上的初始图形。
- exm090301_2.m 指令〈24〉〈30〉〈36〉〈42〉〈48〉,示范一种典型回调格式:"Callback"属性值——表示函数调用的"字符串"。该函数内含响应"回调事件"的 M 码。其中exm090301_2_callEPT 是回调函数名,handles 是回调函数工作所需的输入量。

- exm090301_2.m 指令〈53〉,示范另一种典型回调格式:"Callback"属性值——表示被调用 M 码的"字符串"。当响应"回调事件"的 M 码比较简单时,采用这种格式比较简便。
- 在 exm090301_2.m 中,由于可编辑框"String"的初始属性值,采用了胞元数组表达,由此决定了:以后从编辑框中输入的多行文本,也必须以"胞元数组"的方式读取。exm090301_2.m 中的指令〈56〉码和 exm090301_2_callEPT.m 的指令〈6〉,就是如此。
- exm090301_2.m 中指令〈56〉~〈57〉,初始化曲面。
- 用户界面程序的 M 脚本文件比较容易编写,初学者常喜欢采用。但界面的这种实现法存在较严重的缺陷:界面容易被外界不经意的操作损坏,因为用户界面的数据存放在"公用"的 MATLAB 的基本内存中。

9.3.2 采用嵌套函数创建用户界面

不管读者今后是否采用"全手工法"编写用户界面的函数 M 文件,仍建议耐心地阅读和练习本小节的算例,因为这将有助于更好地理解工作机理。

【**例 9.3-2**】 采用嵌套函数制作例 9.3-1 用户界面(参见图 9.2-14)。本例演示:Callback 的函数句柄调用法;内嵌函数的使用;与 GUIDE 自动生成文件十分相似的全手编程序。

为子函数访问主函数中的 handles 变量的方便,故应用"嵌套函数"编写用户界面生成文件。具体如下:

```
function  exm090302
close
titlestr='exm090302——由全手工编写的内嵌函数所创建的用户界面';
handles.figure=figure('unit','normalized','position',[0.3,0.3,0.428,0.540],...
                'Color',[0.836,0.816,0.784],...
                'menubar','none',...
                'numbertitle','off',...
                'defaultuicontrolunits','normalized',...
                'defaultuicontrolhorizontal','left',...
                'name',titlestr);
handles.axes=axes('Units','normalized','position',[0.07,0.352,0.645,0.574],...
            'FontUnits','normalized','FontSize',0.055,'visible','on');
edit_str={'% 所示界面是运行下列指令的结果 ';...
            'ezsurf(''x^2 * exp(-x^2-y^2)'')';...
            'shading interp,light,lighting gouraud';...
            'grid off,box off,axis on';...
            '% 可清除以上指令;再输入所需的指令 ';...
            '% 想使输入指令执行,请按 Ctrl+Enter 键。'};
handles.edit=uicontrol('Style','edit',...
            'position',[0.141,0.043,0.502,0.230],...
            'BackgroundColor',[1,1,1],...
            'Max',2,...
            'String',edit_str,...
            'FontUnits','normalized','FontSize',0.125,...
```

```matlab
                'callback',@CallbackEdit);                    % 函数句柄回调法              <25>
handles.pop=uicontrol('style','popup',...
                'position',[0.766,0.852,0.18,0.074],...
                'BackgroundColor',[1,1,1],...
                'string',{'spring';'summer';'autumn';'winter'},...
                'FontUnits','normalized','FontSize',0.43,...
                'Value',1,...
                'callback',@CallbackPop);                     %                              <32>
handles.check1=uicontrol('Style','checkbox',...
                'position',[0.784,0.593,0.145,0.074],...
                'string','Grid on',...
                'FontUnits','normalized','FontSize',0.43,...
                'Value',0,...
                'callback',@CallbackCheck1);                  %                              <38>
handles.check2=uicontrol('Style','checkbox',...
                'position',[0.784,0.498,0.145,0.074],...
                'string','Box on',...
                'FontUnits','normalized','FontSize',0.43,...
                'Value',0,...
                'callback',@CallbackCheck2);                  %                              <44>
handles.toggle=uicontrol('Style','togglebutton',...
                'position',[0.766,0.352,0.18,0.074],...
                'string','Axes off','FontUnits','normalized','FontSize',0.43,...
                'Value',0,...
                'callback',@CallbackToggle);                  %                              <49>
handles.push=uicontrol('Style','pushbutton',...
                'position',[0.766,0.117,0.18,0.074],...
                'string','Close',...
                'FontUnits','normalized','FontSize',0.43,...
                'callback','close');
NS=size(edit_str,1);
for kk=1:NS
    eval(edit_str{kk,:})
end
function CallbackEdit(hObject,eventdata)                      % 可编辑框的回调子函数          <59>
Sedit=get(hObject,'string');                                  % hObject 是被触发的当前组件的句柄
NS=size(Sedit,1);
for k=1:NS
    eval(Sedit{k,:})
end
end         % CallbackEdit 子函数界定符                                                        <65>
function CallbackPop(hObject,eventdata)                       % 弹出框的回调子函数            <66>
Vpop=get(hObject,'value');
```

```
    popstr={'spring';'summer';'autumn';'winter'};
    colormap(eval(popstr{Vpop}))
    end            % CallbackPop 子函数界定符                                              <70>
    function CallbackCheck1(hObject,eventdata)    % 检录框 1 的回调子函数              <71>
    if get(hObject,'Value')
        grid on
    else
        grid off
    end
    end            % CallbackCheck1 子函数界定符                                          <77>
    function CallbackCheck2(hObject,eventdata)    % 检录框 2 的回调子函数              <78>
    if get(hObject,'Value')
        box on
    else
        box off
    end
    end            % CallbackCheck2 子函数界定符                                          <84>
    function CallbackToggle(hObject,eventdata)    % 切换键的回调子函数                 <85>
    if get(hObject,'Value')
        axis off
        set(hObject,'String','Axis on')
        set(handles.check1,'Enable','off')
        set(handles.check2,'Enable','off')
    else
        axis on
        set(hObject,'String','Axis off')
        set(handles.check1,'Enable','on')
        set(handles.check2,'Enable','on')
    end
    end            %CallbackToggle 子函数界定符                                           <97>
    end            %主函数的界定符                                                         <98>
```

【说明】

- 本例程序的主函数部分几乎与例 9.3-1 的 exm090301_2.m 完全相同。不同的仅是：指令⟨25⟩⟨32⟩⟨38⟩⟨44⟩⟨49⟩。这是第三种典型的回调格式，即"Callback"的属性值是函数句柄。如第⟨25⟩行中的@CallbackEdit 就是可编辑框回调子函数的句柄。

- 指令⟨59⟩⟨66⟩⟨71⟩⟨78⟩⟨85⟩，除函数名外，子函数的书写格式是完全相同的，因为这是规则。而且这些子函数与 GUIDE 自动生成的回调子函数的格式十分相似，只是前者比后者少了最后一个输入量 handles。

  本例采用嵌套函数，关于这种函数的详细说明，请见第 7.4.3 节。

- 当采用函数句柄回调时，对应的回调子函数的前两个输入量必须写 hObject 和 eventdata。

- 与使用 M 脚本文件相比，嵌套函数的封闭性较好，函数内变量不受外界干扰。而与 GUIDE 自动生成的界面文件相比，手写的内嵌函数简洁明了得多。缺点是：该创建法要求制作者对图形对象属性有更深的理解。

附录 A Notebook

MATLAB Notebook 的功能在于:使用户能在 MS-Word 环境中随心所欲地享用 MATLAB 的浩瀚科技资源;为用户营造融文字处理、科学计算、工程设计于一体的完美工作环境。

MATLAB Notebook 制作的 M-book 文档不仅拥有 Word 的全部文字处理功能,而且具备 MATLAB 无与伦比的数学解算能力和灵活自如的计算结果可视化能力。它既可以看作解决各种计算问题的文字处理软件,也可以看作具备完善文字编辑功能的科技应用软件。

M-book 文档最显著的特点是:它的"活性"。
- 它为论文、科技报告、讲义教材、学生作业的撰写营造了文字语言思维和科学计算思维的和谐环境。
- 用 M-book 写成的电子著作、电子文稿、讲义教材不仅图文并茂,而且动静结合。那些由 MATLAB 指令构成的例题、演示,都可供读者亲自操作,从而在"手脑并用"的环境中举一反三、由浅入深。

A.1 Notebook 的配置和启动

A.1.1 Notebook 的配置

(1) 与 MATLAB 适配的 Word

随 MATLAB 版本的升级,与其适配的版本也会发生变化。以 MATLAB R2011a 为例,能用来配置 Notebook 环境的是 Word 2003、Word 2007 等版本。

(2) Notebook 的配置

在 Windows 已经装有前述 Word 版本的前提下,在 MATLAB 中配置 Notebook 环境十分简便。只要在 MATLAB 指令窗中运行以下指令,配置过程将自动进行。

```
notebook -setup
```

假如指令窗中出现如下信息,就表示配置成功。

```
Setup complete
```

A.1.2 Notebook 的启动

1. 创建新的 M-book 文件

(1) 在 MATLAB 中创建新的 M-book 文件

在 MATLAB 指令窗中运行以下指令,都可以创建新的 M-book 文件。

```
notebook                    引出一个未命名的 M-book 文档界面
notebook NewFileName        在当前目录上创建名为 NewFileName 的空白文件(慎用!)
```

〖说明〗

- 第一个指令引出的是使用 M-book.dot 模板的未命名文档界面。
- 第二个指令不仅引出 M-book 界面,而且自动在当前目录上产生一个名为 New-FileName.doc 的空白文件。
- 第二个指令的使用要特别小心。特别注意:NewFileName 千万不要与当前目录上已经存在的文件同名。否则,将把扩展名为 doc 的原有同名文件改变为一个空白文件,而且发生这种改变前没有任何提示可控操作。因此请慎用该指令!

(2) 在 Word 默认窗口(即 Normal.dot)下创建新的 M-book 文档
- 选择 Word 窗口的下拉菜单项{文件>新建},在 Word 界面右侧引出"新建文档"对话区(参见图 A.1-1)。
- 在"新建文档"对话区的"模板"栏中,点击"本机上的模板"选项,引出如图 A.1-2 的"模板选择"窗。

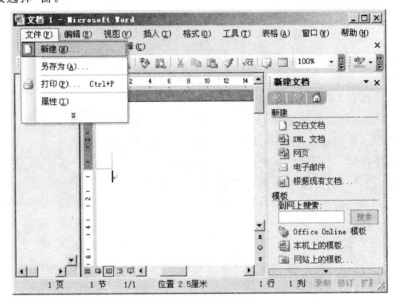

图 A.1-1　在普通 Word 空白文档中出现的操作界面

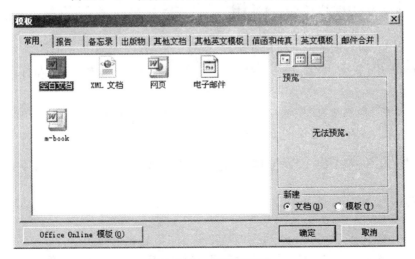

图 A.1-2　模板选择窗

- 在"模板选择"窗中,双击 m-book 图标,就完成了 M-book 新文档的创建。
- 假如在创建 M-book 前,MATLAB 尚未开启,那么此时就会自动开启一个 MATLAB 作为其服务器。

2. 打开已有的 M-book 文件

(1) 在 Word 默认窗口下打开已有的 M-book 文件
- 在 Word 默认的窗口下打开已有 M-book 文件的方法与打开一般 Word 文件没有两样。最常用的方法是选中下拉菜单项{文件:打开},然后从弹出的对话框中选择所需要编辑的 M-book 文件。
- 以上指令运行后,自动开启一个新的 MATLAB 作为 M-book 的服务器,而不管此前 Windows 平台上是否已经开启了 MATLAB。新开启的 MATLAB 窗口的当前目录是 MATLAB 软件所在目录。如果原来的 MATLAB 窗口就是由 notebook 开启的,则不会再开出新窗口。

(2) 在资源管理器中打开已有的 M-book 文件
- 在资源管理器中,双击已有的 M-book 文件。
- 经以上操作后,所出现的现象与开启方式(1)相同。

(3) 在 MATLAB 当前目录窗中打开已有的 M-book 文件
- 在 MATLAB 当前目录窗中,双击已有的 M-book 文件。
- 经以上操作后,所出现的现象与开启方式(1)相同。

(4) 在 MATLAB 指令窗中开启已有的 M-book 文件
- 在 MATLAB 指令窗中,运行指令 notebook('FN.doc'),在此 FN 是已有的 M-book 文件名。特别提醒:FN 之后一定要带扩展名 doc,否则将造成"清空原文件"的严重后果。
- 该指令运行后,将把当前 MATLAB 设置成文件 FN.doc 的自动服务器,而不再开启新的 MATLAB。

A.2 M-book 模板的使用

  M-book.dot 模板的外形和使用方法,几乎与普通 Word 模板 Normal.dot 完全相同。因此,在 M-book 中,文字、图像、表格、数学公式等的输入、排版、编辑方法,与在普通 Word 文档没有什么区别。

  M-book 的特点在于:该模板以 MATLAB 为其计算服务器。这些特殊功能集中地反映在{Notebook}下拉菜单中,参见图 A.2-1。

A.2.1 输入细胞(群)的创建和运行

1. 细胞(群)

  在 Notebook 中,凡参与 Word 和 MATLAB 之间信息交换的部分,就称之谓"细胞(群)"(Cells or Cell group)。由 M-book 送向 MATLAB 的指令,称为"输入"细胞(Input cells);由

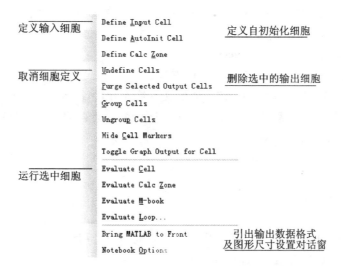

图 A.2-1 {Notebook}下拉菜单的常用功能项

MATLAB 返回 M-book 的计算结果,称为"输出"细胞(Output cells)。

(输入)细胞和(输入)细胞群没有根本的区别,也没有必要刻意区别。输入、输出细胞不必成对生存:输入细胞可以单独存在,但输出细胞必须依赖输入细胞而存在。

2. 基本操作

较之普通 Word,Notebook 最宝贵的东西就是输入细胞(群)。从应用上讲,学会了输入细胞(群)的创建和运行,就意味着掌握了 Notebook。

细胞(群)创建、正确运行的两个基本操作:
- 以普通文本形式输入的必须是 MATLAB 指令。特别注意:标点符号必须是在英文状态下输入的。
- 不管文本形式的一条指令有多长,不管一行有多少条文本形式指令,不管有多少行文本形式指令,只要能用鼠标把它们同时"点亮"选中,就可以被创建或运行。具体如下:
  - 在文本内容"点亮"后,按组合键[Ctrl-Enter],或选中下拉菜单项{Evaluate Cell},那么被"点亮"部分就被激活成输入细胞(群),文字颜色将呈现为绿色。与此同时,细胞所含指令被送进 MATLAB 运行,最后在该输入细胞的下方嵌入计算结果(数据或图形)。这就是输出细胞,它的文字用蓝色显示。
  - 在文本内容"点亮"后,按组合键[Alt-D],或选中下拉菜单项{Define Input Cell},那么被"点亮"部分只是变成了输入细胞(群),也没送去运行,当然也就没有运行结果。

3. 输入细胞(群)操作示例

【例 A.2-1】 演示:创建并运行输入细胞的基本操作方法。

(1) 输入细胞的单纯生成法

在"正文"段落里,英文状态下,按普通的文本输入方式,键入如下一行指令;用鼠标把该行内容"点亮";然后按组合键[Alt-D],那文本形式的指令就变成了"绿色"的输入细胞。但并不送去运算,当然也不会输出任何结果。

xx = (1:5)/5 * pi;yy = sin(xx). * exp(xx)

(2) 输入细胞生成、运行同时进行的操作方法

在英文状态下,在"正文"段落里,按普通的文本输入方式,键入如下一行指令;用鼠标把该行内容"点亮";然后按组合键[Ctrl-Enter];于是该指令就会自动变成"绿色"输入细胞,并给出"蓝色"运算结果,即输出细胞。

x = (1:4)/4 * pi;y = sin(x). * exp(x)
y =
   1.5509   4.8105   7.4605   0.0000

〖说明〗

- 在 M-book 中,最常用最可靠的操作是:"点亮"待运算指令,按组合键[Ctrl-Enter]。它的功能是:产生并运行当前细胞(群)。
- 在中文 M-book 文档中,特别注意:不要把中文标点混杂在 MATLAB 指令中。否则,或产生运行错误,或造成死机。

【例 A.2-2】 演示:生成完整图形的所有指令必须定义在同一细胞(群)中。

```
t = 0:0.1:10;y = 1 - cos(t). * exp( - t);                    % <1>
tt = [0,10,10,0];
yy = [0.95,0.95,1.05,1.05];
fill(tt,yy,'g'),axis([0,10,0,1.2]),xlabel('t'),ylabel('y')    % <4>
hold on                                                       % <5>
plot(t,y,'k','LineWidth',4)                                   % <6>
hold off                                                      % <7>
ymax = max(y)                                                 % <8>
ymax =
    1.0669
```

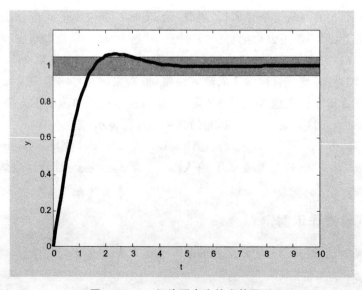

图 A.2-2 细胞群产生的完整图形

〖说明〗
- 使上述程序正确运行的最简单的方法是：用鼠标把指令〈1〉～〈8〉全部"点亮"，然后按组合键[Ctrl-Enter]，就能得到正确结果。
- 保证程序正确运行的起码条件是：指令〈4〉〈5〉〈6〉应该在同一个输入细胞（群）中。否则会产生多幅图形，其中只有最后一幅是完整的。
- 不管输入细胞中显示运算结果的指令次序如何，在输出细胞中，非图形结果（包括数值、字符、符号对象等）总安排在图形的前面显示。

A.2.2 Notebook 菜单的其他选项

1. 自初始化细胞及其应用

（1）自初始化细胞

自初始化细胞（AutoInit Cell）与输入细胞功能的唯一不同是：当用户启动一个 M-book 文件时，包含在该文件中的自初始化细胞会自动被送去运算。而输入细胞不具备这种功能。若用户需要在打开文件时，对 MATLAB 工作内存进行初始化工作，那么自初始化细胞特别有用。

自初始化细胞有两种来源：一，文本形式的 MATLAB 命令；二，已经存在的输入细胞。为把它们变成自初始化细胞，先"点亮"它们，然后选用｛Notebook：Define AutoInit Cell｝菜单选项即可。

（2）工作内存的初始化

M-book 所有计算都在 MATLAB 中进行，参与运算的所有变量都储存在 MATLAB 工作内存。各 M-book 文件和 MATLAB 指令窗分享同一个"计算引擎（Compute Engine）"和同一个工作内存。工作内存中的变量是各 M-book 文件和 MATLAB 指令窗工作后共同产生的。对此，用户应有清醒认识。记住这条工作原理，将使 M-book 文件灵活自如。

当用户同时打开几个 M-book 文件，或在 MATLAB 指令窗和 M-book 文件间交互运作时，要特别注意不同文件和窗口之间变量的相互影响。假如要保证某 M-book 文件独占 MATLAB 工作内存，保证该文件的输入输出数据间的一致性，一个有效的办法是：把 clear 定义为该文件的第一个自初始化细胞。

2. 整个 M-book 文件的运行

｛Notebook｝菜单中的｛Evaluate M-book｝选项可以运行整个 M-book 文件，即把文档中所有输入细胞送到 MATLAB 中去运行。不管光标处在该文档的什么地方，运行总是从文件首部开始。在整个 M-book 文件运行时，它不但会把所有原输出细胞中的内容刷新；而且会补写新的输出细胞。这个命令在保证整个 M-book 文件中所有指令、数据、图形的一致性方面十分有用。

在此提醒注意：假如原 M-book 文档的输出细胞自生成后没有再经历过编辑（如图形"对中"，输出细胞位置的前后"搬动"，输出细胞前后空行的"删除"等）操作，那么使用｛Evaluate M-book｝选项可得到良好的预期效果。否则，有可能造成整个版面的混乱。

实际上，M-book 模板的输出细胞采用"两端对齐"方式排版。对非图形输出来说，这是符合普通排版习惯的；但对图形输出来说，就显得别扭。假若通过手工操作使图形"对中"，这样形成的 M－book 文件在此后的{Evaluate M－book}操作下有可能产生版面混乱。

此外,假如在原先的输入细胞后没有空行相隔,而紧接着普通文档的标题,那么{Evaluate M－book}操作,将导致标题错乱。

总之,慎用{Evaluate M－book}操作,尤其对较大的 M－book 文件。

3. 删去 M－book 文件所有输出细胞

{Notebook:Purge Output Cells}菜单选项的作用是删去 M－book 文件中的所有输出细胞。它的具体操作步骤是:运行下拉菜单项{编辑:全选},使整个文件选亮;然后再运行下拉菜单项{Notebook:Purge Output Cells},所有输出细胞就被删去。这个指令在撰写报告、布置作业时常会用到。

A.2.3 输出细胞的格式控制

输出细胞容纳 MATLAB 的各种输出结果:数据、图形、错误信息。输出数据的有效数字、图形的大小都可以借助如图 A.2-3 所示的对话框加以控制。打开控制对话框的方法是:选中{Notebook:Notebook Options}菜单选项。

图 A.2-3　控制输出细胞格式的对话框

1. 数据输出的表示形式控制

在 M－book 中的数据输出的形式受设置和实际显示环境两个因素影响:
- M－book 计算结果显示形式的设置
    - 原先 MATLAB 对指令窗计算结果显示的所有设置(包括:数位进制、数据位数、数据空格等)都同样影响 M－book 中的计算结果的显示。
    - 而这种指令窗设置,可以被图 A.2-3 所示对话框中相应栏目的设置所改变。
- 实际显示环境的影响
    - 指令窗的物理宽度对显示结果的影响将反映到 M－book 中。

■ M-book 自身必然受 Word 环境影响。

2. 图形的嵌入控制

在默认情况下,图 A.2-3 所示对话框中的"镶嵌选项"{Embed Figures in M-book}处于"勾选"状态。此时,输出图形将被镶嵌在 M-book 文档中。假如"镶嵌选项"不勾选,那么在 M-book 文档中,将肯定没有输出图形。"镶嵌选项"的控制作用,将影响其后运行的所有输入细胞中的绘图输出。

【例 A.2-3】 在同一细胞群中虽然包含绘制两幅图形的指令,但实际上只能把最后一个绘制的图形镶嵌进 M-book,参见图 A.2-4。

```
surf(peaks)                    %绘制曲面图
colormap(hot)
t = (0:50)/50 * pi;y = sin(t);
plot(t,y)                      %绘制图 A.2-4 所示曲线
```

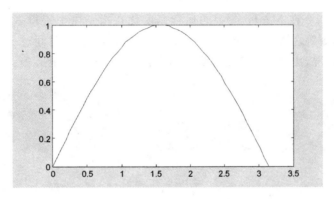

图 A.2-4　同一细胞群中最后一幅绘制的曲线图

3. 嵌入图形大小的控制

影响嵌入图形大小及质量的因素:
- 嵌入图形的大小完全由图 A.2-3 所示 Notebook Options 对话框中的宽(Width)、高(Height)、单位(Units)等三个栏目中的设置决定。
- 嵌入图形的质量受以下因素影响:
    ■ 嵌入图形框的设定大小与 MATLAB 图形窗轴位框大小之间的匹配程度严重影响嵌入图形的保真度、清晰度,特别是各类文字的规整度。举例来说,若图形窗中轴位框的尺度大于嵌入图形框 1.5 倍,那么图形失真就比较明显,特别是图中的文字。
    ■ 嵌入框中的三维网线、曲面图的清晰度(特别是文字)不如 MATLAB 图形窗。
    ■ 有些指令不能在 M-book 环境下正常工作,例如"像 axis square 一类控制比例的图形指令"、alpha 之类控制透明度的指令、spinmap 一类产生动态画面的指令、ginput 类交互指令等。

4. 嵌入图形的背景色问题

在默认情况下,正常嵌入图形的背景色应是"灰/白"的。假如由于某种原因,所嵌图形出

现"灰/黑"背景色,那么可采取以下两种措施的一种,尝试纠正:
- 打开 Notebook Options 对话框,确认"镶嵌选项"处于"勾选"状态,并再次点动[OK]键。然后,再重新运行输入细胞。
- 在 MATLAB 指令窗中,运行 whitebg('white') ,或运行 close;colordef white ,然后再重新运行输入细胞。

A.3 使用 M – book 模板的若干注意事项

- 文档中的 MATLAB 指令必须在英文状态下输入;指令中的标点符号必须在英文状态下输入。
- 续行号不能用于输入细胞。
- 不管一条指令多长,只要不用"硬回车"换行,总可以被全部"点亮"并按组合键[Ctrl - Enter]后正确地运行。
- MATLAB 指令在 M - book 中的运行速度比在指令窗中慢得多。因此,符号计算指令、编译指令等在 M - book 中运行时,有可能发生"运行时间过长"或"出错"的警告。遇到这种情况,用户最好还是将那些指令置于指令窗中直接运行。

附录 B 光盘使用说明

B.1 光盘文件的结构

本书所配光盘上的目录结构和各种文件的存放位置如图 B.2-1 所示。

图 B.1-1 光盘上的目录结构与文件存放示意图

B.2 关于光盘第一级目录和文件的说明

- {ForMATLAB6.5}
  - 保存《精通 MATLAB 6.5 版》电子文档的压缩文件,供读者不时之需。
  - 文档释放后,也包含 Mbook 和 mfile 两个目录。它们对应原《精通 MATLAB 6.5 版》纸质印刷版。
  - 注意:MATLAB 6.5 的符号计算能力是由 Maple 引擎提供的。
- {ForMATLAB2011a}
  - 该目录存放的文件完全适配于本书纸质印刷版。
  - 关于该目录下文件的用法,将由本附录的 B.3～B.6 详细解释。
- readme.doc 文档

在本书首次印刷版发行后,光盘内容的任何更改和修订将通过此 readme 文件作概述性说明。

B.3 光盘对软件环境的要求

- 需要 Windows,MS-Office 和 MATLAB R2011a 支持。
- 假如要完好运行 mbook 文件夹上的 DOC 文件,则需要 Notebook 环境。(关于 Notebook 环境的设置参见附录 A)

B.4 光盘文件的操作准备

在运行光盘文件之前,应首先把\mfile 文件夹设置为当前目录或设置在 MATLAB 的搜索路径上(具体方法详细参见第 1.6 节)。

B.5 mbook 目录上 DOC 文件的使用

光盘 DOC 文件在 MATLAB R2011a 的 Notebook 环境中生成,DOC 文件各章节的编号、名称与纸质印刷版完全一致。

(1) 光盘 DOC 文件的功用
- 弥补了黑白印刷版丢失的色彩信息

    在 MATLAB 中,用 M 文件编辑器或 Notebook 编写的指令或文件运行的结果(尤其图形)都采用不同的色彩鲜明地表现对象特征。但目前印刷版书籍出于价格和技术原因,不得不牺牲色彩信息而采用"黑白"处理。读者借助本光盘可克服印刷版丢失色彩信息的缺憾。

- 为教师制作 MATLAB 教材电子讲稿提供模板

    据本人十多年 MATLAB 教学经验,作者建议:**在 MATLAB 的课堂教学中,电子讲稿最好使用 M-book 模板制作,而不宜采用 PowerPoint 制作**。正是出于这样的考虑,本书光盘提供了各章的 DOC 文件。它们包含完整的章节结构和名称,包含所有算例的题解要求和完整的解题程序。

    主讲这门课程的老师,可以根据自己经验和心得,针对具体教学对象,通过对本光盘 DOC 文件进行适当的剪裁,增补数量不多但相当醒目的提示、警告和归纳性文字,就可得到因材施教的电子讲稿。

- 为研发人员制作演讲稿、本科生研究生撰写毕业论文提供模板

    因为光盘中任何一章 DOC 文档都保存有完整的标题结构和 Notebook"活性",所以研发人员、本科生研究生只需根据自己需要修改标题,添加内容和指令,就可完成规范的文稿。这种文稿的仿真实例便于现场修改参数,计算运行,显示数字结果或图形曲线,强化演讲或文稿的说服力。

- 为读者提供了与印刷版对应的 Notebook 演练环境

    本光盘中 DOC 文件的章节结构、算例编号与印刷版完全相同。因此在学习过程

中，读者可在本光盘启动的 Notebook 环境中，或直接运行算例，观察运行结果；或改变若干指令，举一反三地观察运行结果的变化；或通过简单的复制操作，使相应指令在 MATLAB 指令窗中运行，而避免自己键入的错误。

(2) DOC 文件的开启

所有 DOC 文档都是在(Word+MATLAB R2011a)构成的 Notebook 环境中生成的。因此，在相同环境下开启是最佳选择。此时，文档具有"活性"。假如读者的 MATLAB 与 Word 联接正确，用鼠标双击光盘上的 DOC 文件，就能直接进入 Notebook 环境。

(3) 光盘 DOC 文件的使用方法

- 作为演练环境使用

    在正常打开的光盘 DOC 文件中，读者只要把光标放在绿色的输入细胞内，按组合键 [Ctrl+Enter]，就可使该输入细胞重新执行计算。在演练中，读者可以通过对指令的修改、变化和重新运行，观察运算结果的变化，从而达到举一反三的效果。

- 作为样板使用

    先打开光盘 DOC 文件，然后删去原光盘文件内容，再写入读者自己所需的内容，最后通过菜单项的"另存为"操作保存为自己的文件。这样获得的文件能正常地在 Notebook 环境下工作，也就是既可以输入文字、公式，又可以运行 MATLAB 指令、嵌入数值或图形结果；既拥有 Word 的所有文字处理能力，又具备 MATLAB 的运算、表现能力。

B.6 mfile 目录上 M、MDL 文件的使用

(1) mfile 目录文件编号规则举例

- 图 B.1-1 中的 exm040203_chirp 是 M 文件，专供算例 4.2-3 中的指令调用。
- 图 B.1-1 中的 exm040207 是 Simulink 块图模型的 MDL 文件，供算例 4.2-7 使用。
- 图 B.1-1 中的 exm040303_data 是 MAT 数据文件，专供算例 4.3-3 使用。

(2) M 文件的使用

- 文件所在目录 mfile 必须被设置为 MATLAB 当前目录，或被设置在 MATLAB 搜索路径上。
- 本光盘提供的 M 文件中，有许多是很通用的，读者只要稍加修改，就可为己所用。

(3) MDL 文件的使用

- 文件所在目录 mfile 必须被设置为 MATLAB 当前目录，或被设置在 MATLAB 搜索路径上。
- 该光盘上的 MDL 文件是"真正可运作"的 Simulink 块图模型

    由于 Simulink 工作特点的缘故，纸质印刷书籍不可能承载 Simulink 块图模型的代码。这给读者带来许多困惑和麻烦：一，读者如想验证书中结论，那就不得不从建模做起；二，仿真模块中的参数设置常使初学者顾此失彼，从而造成仿真失败。

    本光盘上的 MDL 模型文件都可直接在 MATLAB 中运行，进行验证。用户也可以在模型打开后，修改参数，观察变化。

附录 C 索 引

〖使用说明〗
- 本"索引"列出了在本书叙述文字或算例中所涉及的所有符号、指令、模块和图形对象属性的"关键符(词)"。
- 读者根据"关键符(词)"可从本"索引"找到本书对它的说明或使用算例。

C.1 MATLAB 的标点及符号

1. 算术运算符 Arithmetic operators

+	加；正号	1.3.3, 2.2.1, 4.3.1
−	减；负号	1.3.3, 2.2.1, 4.3.1
*	矩阵乘	1.3.3, 2.2.1, 4.3.1
.*	数组乘	1.3.3, 2.2.1, 4.3.1
\	矩阵左除	1.3.3, 2.2.1, 4.5.1, 4.5.3, 5.6.2
/	矩阵右除	1.3.3, 2.2.1, 4.5.1
.\	数组除	1.3.3, 2.2.1
./	数组除	1.3.3, 2.2.1
^	矩阵乘方	1.3.3, 2.2.1, 4.4.2
.^	数组乘方	1.3.3, 2.2.1
'	共轭转置	2.2.1, 4.3.1
.'	非共轭转置	2.2.1, 4.3.1

2. 关系运算符 Relational operators

==	等于	2.2.1, 2.5.1, 4.7.1, 5.1.3
~=	不等于	2.2.1, 2.5.1
<	小于	2.2.1, 2.5.1, 4.2.3
>	大于	2.2.1, 2.5.1, 4.2.3
<=	小于等于	2.2.1, 2.5.1, 4.10.2
>=	大于等于	2.2.1, 2.5.1, 4.10.2

3. 逻辑运算符 Logical operators

&	逻辑与	2.5.2
|	逻辑或	2.5.2, 4.2.3, 4.10.2
~	逻辑非	2.5.2

&&	先决逻辑与	7.7.2
||	先决逻辑或	

4. 特殊符号 Special characters

,	逗号	1.4.2, 2.1.2
;	分号	1.4.2, 2.1.2
	空格	1.4.2, 2.1.2
@	创建函数句柄	1.4.2, 4.2.3, 7.4.2, 7.5.2
.	小数点号、构架域号	1.4.2, 3.4.1
:	冒号	1.4.2, 2.1.1, 2.1.3
...	续行号	1.4.2
' '	单引号	1.4.2
'	共轭转置号	2.7.1
.'	转置号	2.7.1
=	赋值号	1.4.2
_	下连符	1.4.2
!	调用DOS操作指令号	1.4.2
( )	圆括号	1.3.3, 1.4.2
[ ]	方括号	1.4.2, 2.1.2
[ ]	空阵	2.1.4, 2.4.2
{ }	花括号	1.4.2, 3.3.1, 3.3.5, 7.7.4
%	注释号	1.4.2

C.2 MATLAB 的函数及指令 Functions and Commands

A a

abs	绝对值、模、字符 ASCII 码值	1.3.3, 2.2.1, 3.1.2, 4.10, 4.10.2
accumarray	按制定规则累加	2.2.3
acos	反余弦	2.2.1
acot	反余切	2.2.1
acosh	反双曲余弦	2.2.1
acoth	反双曲余切	2.2.1
acsc	反余割	2.2.1
acsch	反双曲余割	2.2.1
alim	透明数据范围	6.3.4
all	所有元素非零为真	2.5.3
alpha	设置透明属性	4.12.4, 6.3.4, 6.4.2, 6.4.3, 8.7.5, 9.2.3

AlphaData	图形对象透明度数据设置	6.3.4
AlphaDataMapping	透明度映射模式	6.3.4
alphamap	设置透明度表	6.3.4, 6.4.2, 6.4.3
angle	相角	1.3.3, 4.10
ans	表达式计算结果的缺省变量名	1.3.2, 1.4.3
any	所有元素非全零为真	2.5.3, 7.7.2
area	面域图	1.7.1, 6.6.1
argnames	函数 M 文件变量名	7.6.3
arrayfun	对指定数组或构架域实施运算	2.2.3, 3.4.5, 3.4.6
asec	反正割	2.2.1
asech	反双曲正割	2.2.1
asin	反正弦	2.2.1
asinh	反双曲正弦	2.2.1
assignin	向变量赋值	7.7.4
atan	反正切	2.2.1
atan2	四象限反正切	2.2.1
atanh	反双曲正切	2.2.1
autumn	红黄调秋色图阵	6.3.2, 7.2.2
axes	创建轴对象的低层指令	6.8.2, 9.3.1, 9.3.2
axis	控制轴刻度和风格的高层指令	4.11.1, 6.1.3, 6.2.1, 6.2.2, 6.6.3, 7.7.2

B b

BackgroundColor	图形对象控件底色	9.3.1, 9.3.2
bar	二维直方图	6.6.1
bar3	三维直方图	6.6.1
bar3h	三维水平直方图	6.6.1
barh	二维水平直方图	6.6.1
bdclose	清空内存中块图模型	8.8.3
binormal	二项分布随机数	4.6.1
blanks	创建空格串	3.2.4, 3.4.4, 4.2.1, 4.6.3
blkdiag	构造块对角阵	2.1.4
bone	蓝色调黑白色图阵	6.3.2
box	框状坐标轴	6.2.2, 6.8.2
break	while 或 for 环中断指令	6.5.2, 7.2.1
brighten	亮度控制	6.4.2, 6.6.3
bvp4c	求微分方程边值问题的近似解	4.11.2
bvp5c	较高精度解边值问题	4.11.2
bvpinit	生成 bvp4c 调用指令所必须的	4.11.2

bvpset	"解猜测网" 显示 bvp4c 指令"选项"的全部 属性及其缺省设置	4.11.2
bvpval	计算微分方程积分区间内任何一点的解值	

C c

Callback	图形对象控件回调属性	9.3.1，9.3.2
cart2pol	直角坐标变为极或柱坐标	4.10.5
cat	串接成高维数组	2.1.4
caxis	色标尺刻度	6.4.1，6.4.3
cd	指定当前目录	1.4.3，1.7.4，
cdf2rdf	复值对角阵转为实块对角阵	4.4.1
ceil	向正无穷取整	2.2.1
cell	创建元胞数组	3.2.2，3.3.6
cell2mat	把元胞数组变换为矩阵	3.3.4，3.3.6
cell2struct	元胞数组转换为构架数组	3.3.6，3.4.4，3.4.6
celldisp	显示元胞数组内容	3.3.1，3.3.6
cellfun	函数作用于每个胞元	3.3.5，3.3.6
cellplot	元胞数组内部结构图示	3.3.1，3.3.6
cellstr	生成字符串胞元数组	3.2.2，3.3.6
char	转换为字符串	3.1.2，3.2.2，3.2.3，3.2.4，4.8.3， 5.2.1，5.2.5，5.9.1，5.10.2，7.6.3
chol	Cholesky 分解	4.5.1
circshift	平移回绕	2.1.4
clabel	等位线标识	6.4.1
cla	清除当前轴	9.2.3
class	获知对象类别或创建对象	3.2.2，4.7.1，5.1.3
clc	清除指令窗	1.4.3，7.2.1
clear	清除内存变量和函数	1.4.3，1.7.2，5.1.4，5.1.5，5.9.2， 7.2.1，7.3.2
clf	清除图对象	1.4.3，
close	关闭指定窗口	9.2.3，9.3.2
coeffs	获取多项式系数	5.2.2
collect	符号计算中同类项合并	5.2.2
Color	图形对象色彩	6.2.1，6.2.2，6.5.2，6.8.3，9.2.3， 9.3.1，9.3.2
colorbar	色标尺	4.12.5，6.3.3，6.4.1，6.4.2，8.7.5
colorcube	三浓淡多彩交叉色图矩阵	6.3.2
colormap	色图	4.2.3，5.8.1，6.1.3，6.3.2，6.6.1，

		6.7.2, 9.2.3
colspace	列空间的基	5.6.1
comet	彗星状轨迹图	6.5.1
comet3	三维彗星轨迹图	6.5.1
compass	射线图	6.6.2
cond	条件数	4.3.2, 7.2.1
condeig	带条件数的特征值分解	4.4.1
condest	范-1条件数估计	4.3.2
conj	复数共轭	2.2.1
contour	等位线	4.12.5, 6.4.1
contourf	填色等位线	6.4.1
contourslice	四维切片等位线图	6.4.3
continue	循环继续	7.2.1
conv	多项式乘、卷积	4.7.1
cool	青紫调冷色图	6.3.2, 6.4.1, 6.6.1, 6.6.3
copper	古铜调色图	6.3.2, 6.3.5
corrcoef	相关系数	4.6.1
cos	余弦	2.2.1
cosh	双曲余弦	2.2.1
cot	余切	2.2.1
coth	双曲余切	2.2.1
cplxpair	复数共轭成对排列	4.10
createOptimProblem	创建待解优化问题	4.10.5
cross	叉积	2.2.3
csc	余割	2.2.1
csch	双曲余割	2.2.1
cumprod	数组元素累乘	2.2.3
cumsum	元素累计和	2.2.3, 6.6.1
cumtrapz	累计梯形积分	4.2.3
cylinder	创建圆柱	

D d

datacursormode	激活数据探针	6.8.3
dblquad	二重数值积分	4.2.3
deal	分配宗量	3.3.1, 3.3.6, 3.4.2
deblank	删去串尾部的空格符	3.2.4
deconv	多项式除、解卷	4.7.1
delaunay	Delaunay 德洛奈三角剖分	6.6.3
del2	离散 Laplacian 差分	6.4.2

delete	删除对象	9.2.3
det	行列式	4.3.1, 4.5.1, 5.6.1
deval	推算边值解区间中任点值	4.11.2
diag	矩阵对角元素提取、创建对角阵	2.1.2, 5.6.1
diary	MATLAB 指令窗文本内容记录	1.4.3
diff	数值差分、符号微分	4.2.2, 4.9.4, 5.3.1, 8.8.1
digits	符号计算中设置符号数值的精度	5.2.1
dir	目录列表	1.4.3, 1.7.4
dirac	符号单位脉冲	5.5.2
disp	显示数组	4.6.3, 4.12.3, 7.2.4, 8.7.5, 8.8.3
dlinmod	离散系统的线性化模型	8.7.3
doc	在帮助浏览器中显示帮助信息	1.4.3, 1.9.2, 5.1.5
docsearch	对 HTML 帮助系统搜索	1.9.2
dot	点积	2.2.3
double	把其他类型对象转换为双精度数值	3.2.3, 4.10.2, 5.2.1, 6.6.1
drawnow	强迫重画	6.5.2
dsolve	符号计算解微分方程	5.4.2, 5.4.3, 5.9.2, 8.8.1

E e

edit	启动 M 文件编辑器	1.4.3
eig	求特征值和特征向量	4.4.1, 5.6.1
emlBlock	符号式制作成 Simulink 块	5.9.1, 5.9.3
Enable	图形对象控件使能属性	9.2.2, 9.2.3, 9.3.1, 9.3.2
end	结构体结尾	7.4.3
	数组每维最后元素下标	2.1.4, 4.2.2
eps	浮点相对精度	1.3.3, 1.5.3, 4.1, 4.2.1
EraseMode	图形线对象擦除模式	6.5.2
error	显示出错信息并中断执行	4.10.2, 5.9.2, 7.2.5, 7.3.1, 7.4.1, 7.5.4, 7.7.2
errortrap	错误发生后的双位开关	7.2.5
erfc	误差补函数	5.1.5
eval	串演算指令	3.2.4, 5.9.1, 7.6.1, 7.6.2, 9.2.3, 9.3.1, 9.3.2
evalin	跨空间串演算指令	5.1.4, 5.1.5, 5.5.3, 5.6.3, 5.8.1, 5.9.1, 5.10.2, 7.7.4
exist	检查变量或函数是否已定义	1.3.3, 1.9.4
exit	退出 MATLAB 环境	1.4.3, 7.2.5
exp	指数函数	2.2.1
expand	符号计算中的展开操作	5.2.2, 5.7.1

expint	指数积分函数	5.10.1
expm	常用矩阵指数函数	4.4.2, 5.6.1, 5.7.2, 5.9.2
expm1	Pade 法求矩阵指数	4.4.2
expm2	Taylor 法求矩阵指数	4.4.2
expm3	特征值分解法求矩阵指数	4.4.2
exprand	指数分布随机数	4.6.1, 4.6.3
expstat	指数分布理论均值和方差	4.6.3
eye	单位阵	2.1.2
ezcontour	画等位线的简捷指令	5.8.1
ezcontourf	画填色等位线的简捷指令	5.8.1
ezmesh	画网线图的简捷指令	5.8.1
ezmeshc	画带等位线的网线图的简捷指令	5.8.1
ezplot	画二维曲线的简捷指令	4.10.2, 4.10.3, 5.8.1, 6.6.5, 7.2.4
ezplot3	画三维曲线的简捷指令	5.8.1
ezpolar	画极坐标图的简捷指令	5.8.1
ezsurf	画表面图的简捷指令	5.8.1
ezsurfc	画带等位线的表面图的简捷指令	5.8.1

F f

FaceAlpha	图形贴面透明模式	6.3.4
false	逻辑假	2.5.3
factor	符号计算的因式分解	5.2.2
feather	羽毛图	6.6.2
feval	执行由串指定的函数	3.1.5, 4.9.4, 5.1.4, 5.6.3, 5.9.1, 5.10.2, 7.4.1, 7.4.2, 7.6.2
fft	离散 Fourier 变换	4.10, 4.10.1, 4.10.2, 4.10.3
fft2	二维离散 Fourier 变换	4.10
fftn	高维离散 Fourier 变换	4.10
fftshift	直流分量对中的谱	4.10, 4.10.2, 4.10.3
fieldnames	构架域名	3.4.2, 3.4.6
figure	创建图形窗	5.7.1, 5.8.1, 6.1.3, 9.3.1
fill	二维多边形填色图	6.6.3, 7.3.1
fill3	三维多边形填色图	6.6.3
filter	滤波器	4.7.2, 6.2.2
find	寻找非零元素下标	2.4.1, 4.9.1, 5.5.1, 6.3.5, 9.2.3
findstr	寻找短串的起始字符下标	3.2.4
find_system	获知模型所用模块名称	8.7.1
finverse	符号计算中求反函数	5.8.2
fix	向零取整	2.2.1

flag	红白蓝黑交错色图阵	6.3.2
fliplr	矩阵的左右翻转	2.1.4，9.2.3
flipud	矩阵的上下翻转	2.1.4，4.8.2，6.5.1，6.6.1，7.2.2
flipdim	矩阵沿指定维翻转	2.1.4
floor	向负无穷取整	2.2.1，4.10.2
flow	MATLAB 提供射流演示数据	6.4.3
fminbnd	求单变量函数极小	4.12.1，4.12.2
fmincon	带约束多变量函数极小	4.12.1，4.12.4，4.12.5
fminunc	拟牛顿法求多变量函数极小值点	4.12.1
fminsearch	单纯形法求多变量函数极小值点	4.9.4，4.12.1，4.12.3，8.7.5
fnder	对样条函数求导	4.9.3，4.9.4
fnint	利用样条函数求积分	4.2.3，4.9.3，4.9.4
fnmin	求样条函数最小	4.9.3，4.9.4
fnval	计算样条函数区间内任意一点的值	4.9.3
fnplt	绘制样条函数图形	4.9.4
fnzeros	求样条函数零点	4.9.3，4.9.4
FontSize	图形字对象大小	9.2.2，9.2.3，9.3.1，9.3.2
FontUnits	图形字对象单位	9.2.2，9.2.3，9.3.1，9.3.2
for	构成 for 环用	7.2.1
format	设置输出格式	1.4.1，4.2.1，4.3.1，4.7.1，5.2.3，7.2.1
fourier	Fourier 变换	5.5.1
fplot	返函绘图指令	6.6.5
fprintf	设置显示格式	3.2.3，3.4.4，4.12.3
fsolve	求多元函数的零点	4.5.4
function	函数文件的头关键词	7.7.2，8.9.3，9.3.2
functions	函数句柄内涵观察	7.5.2
funm	计算一般矩阵函数	4.4.2
fzero	求单变量非线性函数的零点	4.5.4，4.9.1，4.9.4

G g

gallery	特殊测试矩阵	2.1.2，4.4.1，4.5.2，4.5.3
gamma	Γ 函数	5.3.3
gca	获得当前轴句柄	6.2.1，6.2.2
gcbo	获得正执行"回调"的对象句柄	9.2.3
gcf	获得当前图对象句柄	6.3.2，6.3.4，6.4.1，6.5.2
get	获知对象属性	4.6.1，6.1.3，6.2.3，8.7.2，9.2.3
getfield	获知构架数组的域	3.4.2，3.4.6
getframe	获取影片的帧画面	6.5.1，6.5.2

get_param	获取对象参数值	8.7.1, 8.7.3
ginput	从图形窗获取数据	4.5.4
global	定义全局变量	7.7.3, 8.7.5
GlobalSearch	创建全域优化对象	4.12.5
gradient	近似梯度	4.2.1, 6.4.2, 7.7.2
gray	黑白灰度	6.3.2, 6.7.1, 6.7.2
grid	画分格线	6.1.3, 6.2.2, 8.7.5
griddata	规则化数据和曲面拟合	4.9,
guide	启动 GUI 辅助设计工具	9.2.1
guidata	GUI 数据的存储和获取	9.2.1, 9.2.3, 9.3.2

H h

help	在线帮助	1.4.3, 1.9.2, 1.10.2, 5.1.5, 7.3.2
helpbrower	交互式在线帮助	1.9.3
helpdesk	打开超文本形式用户指南	1.9.3
heaviside	符号阶跃函数	4.10.2, 4.10.3, 5.5.1, 5.5.2
hidden	透视和消隐开关	6.3.5
hist	频数计算或频数直方图	4.6.1, 4.6.2
histc	端点定位频数直方图	4.6.2
histfit	带正态拟合的频数直方图	4.6.1, 4.6.2
hold	当前图是否重画的切换	6.2.1, 6.2.3, 6.8.2, 8.7.5
horner	分解成嵌套形式	5.2.2
HorizontalAlignment	图形文字对象水平对齐方式	6.2.2, 9.2.2, 9.2.3
horzcat	水平排放数组	2.1.4
hot	黑红黄白色图	6.3.2, 6.3.5
hsv	饱和色图	6.3.2

I i

idivide		2.2.1
if-else-elseif	条件分支结构	6.5.2, 7.2.2, 7.3.1, 7.7.2, 8.5.3
ifft	离散 Fourier 反变换	4.10, 4.10.1
ifft2	二维离散 Fourier 反变换	4.10
ifftn	高维离散 Fourier 反变换	4.10
ifourier	Fourier 反变换	5.5.1
i, j	缺省的"虚单元"变量	1.3.3
ilaplace	Laplace 反变换	5.5.2
imag	复数虚部	1.3.3, 4.10.4, 5.7.1, 7.7.4
image	显示图像	6.5.2, 6.7.2
imagesc	显示亮度图像	6.7.2

imfinfo	获取图形文件信息	6.7.2
imread	从文件读取图像	6.7.2
imwrite	把图像写成文件	6.7.2
ind2sub	单下标转变为多下标	2.4.1
inf	无穷大	1.3.3,4.1
inline	构造内联函数对象	2.2.3,4.2.3,7.6.3
inmem	列出内存中的函数名	7.3.2
input	提示用户输入	7.2.1,7.2.5
inputname	输入宗量名	7.7.1
int	符号积分	4.10.2,5.3.3
int2str	把整数数组转换为串数组	2.4.1,3.2.3
interp1	一维插值	4.9,4.9.1,9.2.3
interp1q	一维快速插值	4.9
interp2	二维插值	4.9,4.9.2
interp3	三维插值	4.9
interpn	N 维插值	4.9
interpft	利用 FFT 插值	4.9
intmax	可表达的最大正整数	1.3.3
intmin	可表达最小负整数	1.3.3
inv	求矩阵逆	4.5.1,4.5.2,4.5.3,4.8.2,5.6.1
ipermute	permute 逆操作	2.1.4,2.3.3
isa	检测是否给定类的对象	2.5.3,5.1.3
iscell	若是元胞数组则为真	2.5.3
ischar	若是字符串则为真	2.5.3,3.2.4
isempty	若是空阵则为真	2.4.2,4.10.2,7.2.4
isfinite	若全部元素都有限则为真	2.5.3
isglobal	若是全局变量则为真	2.5.3
ishandle	若是图形句柄则为真	2.5.3
isinf	若是无穷数据则为真	2.5.3
iskeyword	若是 MATLAB 自用关键词则为真	1.3.3
isletter	若是英文字母则为真	2.5.3,3.2.4
islogical	若是逻辑数组则为真	2.5.3
isnan	若是非数则为真	2.4.1,2.5.3
isnumeric	若是数值数组则为真	2.4.2
isprime	若是质数则为真	2.5.3
isreal	若是实数则为真	2.5.3
isspace	若是空格则为真	2.5.3,3.2.4
iztrans	符号计算 Z 反变换	5.5.3

J j

jacobian	符号计算中求 Jacobian 矩阵	5.3.1
jet	蓝头红尾饱和色	6.3.2, 6.3.3, 6.3.4, 6.4.2, 6.4.3, 6.5.1, 6.6.3
jordan	符号计算中获得 Jordan 标准型	4.4.1, 5.6.1

K k

keyboard	键盘获得控制权	7.2.5
kron	Kronecker 乘法规则产生的数组	2.2.3
kurtosis	统计峭度	4.6.3

L l

laplace	Laplace 变换	5.1.5, 5.5.2
lasterror	显示最新出错信息	7.2.4, 7.2.5
lastwarn	显示最新警告信息	7.2.5
legend	图形图例	4.10.3, 5.8.1, 6.1.3, 6.2.2, 6.6.1, 6.6.3, 7.7.2
length	数组长度	2.1.3, 4.10.3, 6.6.3, 9.2.3
light	创建光对象	4.2.3, 5.8.1, 6.1.3, 6.3.4
lighting	照明模式	4.2.3, 6.3.4
limit	符号法求极限	4.2.1, 5.3.1
line	创建线对象	6.5.2, 7.7.2, 9.2.3
lines	采用 plot 画线色	6.3.2
LineStyle	图形线对象的型式	6.2.1, 6.8.3
LineWidth	图形线对象宽度	6.2.1, 6.2.2, 6.5.2, 6.6.3, 7.7.2, 8.4.1, 9.2.3
linmod	获连续系统的线性化模型	8.7.3
linmod2	获连续系统的线性化精良模型	8.7.3, 8.7.4
linprog	线性规划	4.12.1
linsolve	指定算法解方程	4.5.1
linspace	线性等分向量	2.1.1
load	从 MAT 文件读取变量	1.7.4
load_system	装载系统	8.8.3
Location	图形轴对象方位	6.2.2, 6.3.3, 6.4.2, 6.6.1, 6.6.3, 7.7.2, 8.4.1
log	自然对数	2.2.1
log10	常用对数	2.2.1, 4.6.2
log2	底为 2 的对数	2.2.1

logical	创建逻辑数组	2.5.3, 7.2.1
logm	矩阵对数	4.4.2
logspace	对数分度向量	2.1.1, 4.2.1
lookfor	按关键字搜索 M 文件	1.10.1
lower	转换为小写字母	3.2.4
lu	LU 分解	4.5.1

M m

magic	魔方阵	2.1.2, 4.3.1, 7.2.1
Marker	图形线对象点形	6.2.1, 6.5.2, 6.8.3, 9.2.3
MarkerEdgeColor	图形线对象点边界色彩	6.2.1, 6.8.3, 9.2.3
MarkerFaceColor	图形线对象点域色彩	6.2.1, 6.8.3
MarkerSize	图形线对象点大小	6.2.1, 6.2.2, 6.5.2, 9.2.3
mat2cell	把矩阵 B 转换为元胞数组	3.2.4, 3.3.4, 3.3.6
mat2str	把数值数组转换成输入形态串数组	2.4.1, 3.2.3, 4.8.3, 5.2.1
material	材料反射模式	5.8.1, 6.1.3, 6.3.4, 6.3.5
matlabFunction	符号式产生数值 M 文件	5.9.1, 5.9.2, 5.9.3
Max	图形对象控件最大值属性	9.2.2, 9.2.3, 9.3.1, 9.3.2
max	找向量中最大元素	4.3.2, 6.4.1, 6.4.3, 9.2.3
mean	求向量元素的平均值	4.6.3
median	求中位数	4.6.3
Menubar	图形窗对象菜单条属性	9.2.4, 9.3.1, 9.3.2
mesh	网线图	4.11.1, 6.1.3, 6.3.2
meshgrid	产生"格点"矩阵	2.2.3, 4.2.3, 4.9, 4.12.4, 6.1.3, 6.4.3, 9.2.3
mfun	对 MuPAD 经典函数实施数值计算	5.1.5, 5.9.1, 5.10.1
Min	图形对象控件最小值属性	9.2.2, 9.2.3
min	找向量中最小元素	4.9.1, 6.4.1, 6.4.3, 8.7.5, 9.2.3
minreal	状态方程最小实现	8.7.3
mkdir	创建目录	1.7.4
mod	模运算	2.2.1, 7.2.1
moment	中心矩	4.6.3
more	指令窗中内容的分页显示	1.4.3
movie	放映影片动画	6.5.1

N n

Name	图形窗对象名称	9.3.1
NaN	非数（预定义）变量	1.3.3, 2.4.1, 2.5.1, 4.1
nargin	函数输入宗量数	1.3.3, 4.10.2, 6.5.2, 7.3.1, 7.7.1

nargout	函数输出宗量数	1.3.3, 4.10.3, 6.5.2, 7.2.4, 7.3.1, 7.7.1
ndgrid	产生高维格点矩阵	4.9
ndims	求数组维数	2.1.3, 2.4.2
nextpow2	取最接近的较大 2 次幂	4.10
nlinfit	非线性最小二乘拟合	4.8.3
nlparci	拟合参数置信区间	4.8.3
nlpredci	拟合的预测区间	4.8.3
norm	矩阵或向量范数	4.3.2, 4.5.3
normstat	正态理论均值和方差	4.6.3
notebook	启动 MATLAB 和 Word 集成环境	A.1.1
null	零空间	4.3.2, 5.6.1
num2cell	把数值数组转换为元胞数组	3.3.4, 3.3.6, 8.7.2
num2str	把非整数数组转换为串	3.2.3, 4.6.3, 4.8.3, 5.2.1, 8.8.3
NumberTitle	图形窗对象序号	9.3.1
numden	获取最小公分母和分子表达式	5.2.2, 5.7.2

O o

ode113	非 Stiff 微分方程变步长解算器	4.11.1
ode15s	Stiff 微分方程变步长解算器	4.11.1
ode23	非 Stiff 微分方程变步长解算器	4.11.1
ode23s	Stiff 微分方程解算器	4.11.1
ode23t	适度 Stiff 微分方程解算器	4.11.1
ode23tb	Stiff 微分方程解算器	4.11.1
ode45	非 Stiff 微分方程变步长解算器	4.11.1
odeset	创建或改写 ODE 选项构架参数值	4.11.1
ones	全 1 数组	2.1.2
open_system	开启块图模型	8.8.3
optimset	优化指令的参数设置	4.12.2, 4.12.4, 8.7.5
orderfields	重排域名	3.4.3, 3.4.6
orth	值空间正交化	4.3.2

P p

Parent	图形对象的父对象	6.8.3
pascal	特殊矩阵	4.3.1
path	设置 MATLAB 搜索路径的指令	1.6.4
pathtool	搜索路径管理器	1.6.4
pause	暂停	6.5.2, 7.2.5
pcode	创建预解译 P 码文件	7.3.2

pcolor	伪彩图	6.4.1, 8.7.5
peaks	MATLAB 所给三维曲面	6.3.4, 6.8.3
permute	对各维次序重组	2.1.4, 2.3.3
pi	（预定义变量）圆周率	1.3.3, 1.3.4, 1.4.5
pie	二维饼图	6.6.1
pie3	三维饼图	6.6.1
pink	粉红色图矩阵	6.3.2
pinv	伪逆	4.3.2, 4.5.3
plot	平面线图	4.5.4, 6.1.3, 6.2.1, 6.6.5, 6.8.2, 7.2.4, 7.7.2, 8.7.5
plot3	三维线图	4.12.4, 5.7.1, 6.1.3, 6.3.1, 6.5.2
plotmatrix	矩阵的散点图	6.6.4
plotyy	双纵坐标图	6.2.3, 7.7.2
pol2cart	极或柱坐标变为直角坐标	6.6.2
poly	矩阵特征多项式、根集对应多项式	4.7.1, 5.6.1
poly2str	以习惯方式显示多项式	4.7.1
poly2sym	双精度多项式系数转变为向量符号多项式	5.9.1
polyfit	数据的多项式拟合	4.7.1, 4.8.2
polyval	计算多项式的值	4.7.1, 4.8.2
polyvalm	计算矩阵多项式	4.7.1
Position	图形轴对象位置	6.2.3, 6.3.3, 6.3.5, 6.4.1, 6.4.2, 6.6.3, 9.2.2, 9.3.1, 9.3.2
ppval	计算分段多项式	4.2.3, 4.9.3
pretty	以习惯方式显示符号表达式	5.3.1, 5.3.3, 5.7.2
prism	光谱色图矩阵	6.3.2
prod	数组所有元素乘积	2.2.3

Q q

qr	矩阵的正交三角分解	4.5.1, 4.8.2
quad	低阶法计算数值积分	4.2.3
quad2d	变限重积分	4.2.3
quadl	Lobatto 计算数值积分	4.2.3, 4.10.2
quadprog	二次规划	4.12.1
quadv	函数数组求积	4.2.3
quit	推出 MATLAB 环境	1.4.3, 7.2.5
quiver	二维方向箭头图	8.7.5

R r

rand	产生均匀分布随机数	2.1.2, 4.6.1
randi	均匀分布整数	2.1.2 4.6.1
randn	产生正态分布随机数	2.1.2 4.6.1
randperm	随机置换向量	2.1.2
randsrc	指定字符集均布随机数	2.1.2, 4.6.1, 6.6.4
RandStream	随机流	4.6.1, 4.6.3, 4.12.5
range	样本极差	4.6.3
rank	矩阵的秩	4.3.2, 5.6.1
raylrnd	瑞利分布随机数	4.6.1, 4.6.3
raylstat	瑞利分布理论均值和方差	4.6.3
rcond	矩阵倒条件数估计	4.3.2
real	复数的实部	1.3.3, 4.10.4, 5.7.1, 7.7.4
realmax	最大正浮点数	1.3.3, 4.1
realmin	最小正浮点数	1.3.3, 4.1, 4.2.3
rec	符号法解递推方程	5.1.5, 5.9.2
rem	求余数	2.2.1
repmat	铺放模块数组	2.1.4, 4.2.3, 7.2.1
reset	重置	4.6.1, 5.1.5
reshape	改变数组维数、大小	2.1.4, 2.3.3, 4.3.1, 4.12.5, 6.1.2, 7.2.1
residue	部分分式展开	4.7.1
Resize	图形对象大小可变属性	9.2.2, 9.2.3
return	返回	1.4.3, 7.2.5
ribbon	把二维曲线画成三维彩带图	4.10.2, 6.6.3
rmfield	删去构架的域	3.4.2, 3.4.6
rng	设置全局随机流	2.1.1, 2.1.2, 2.2.4, 2.3.1, 3.2.2, 3.3.4, 4.6.1
roots	求多项式的根	4.7.1, 5.7.1
rose	频数扇形图	4.6.2
rot90	矩阵旋转 90 度	2.1.4
rotate	绕指定的原点和方向旋转	6.3.3, 6.5.1
rotate3d	启动三维图形视角的交互设置功能	6.3.3
rref	简化矩阵为梯形形式	4.5.1, 5.6.1
rsf2csf	实块对角阵转为复值对角阵	4.4.1
run	全域寻优	4.12.5

S s

save	把内存变量保存为文件	1.7.4
scatter	散点图	6.6.4
sec	正割	2.2.1
sech	双曲正割	2.2.1
semilogx	X 轴对数刻度坐标图	4.2.1
semilogy	Y 轴对数刻度坐标图	7.2.1
set	设置图形对象属性	4.6.1, 4.10.3, 4.12.5, 6.1.3, 6.2.2, 6.2.3, 6.5.2, 6.8.2, 7.7.2, 8.7.2, 9.2.3
setfield	设置构架数组的域	3.4.2, 3.4.6
set_param	设置对象参数值	8.7.1, 8.7.3, 8.8.3
shading	色彩浓谈模式	5.8.1, 6.1.3, 6.3.2, 6.6.3, 8.7.5, 9.2.3
shg	使当前图形窗位于前台	6.5.2, 8.7.5
shiftdim	数组维序号左移重组	2.3.2
sign	根据符号取值函数	2.2.1
sim	运行 Simulink 模型	8.7.2, 8.7.3, 8.7.4, 8.7.5, 8.8.1, 8.8.3
simple	寻找最短形式的符号解	4.10.3, 5.2.2, 5.2.3, 5.3.2, 5.5.1, 5.7.2
simplify	符号计算中进行简化操作	5.2.2, 5.5.1
simplot	采用示波窗形式绘图	8.7.2
simset	对 Simulink 模型的仿真参数进行设置	8.7.4, 8.7.5, 8.8.1
simulink	启动 Simulink 模块库浏览器	8.1.2
sin	正弦	2.2.1
sinh	双曲正弦	2.2.1
size	矩阵的大小	2.1.3, 2.4.2, 5.1.3
skewness	统计斜度	4.6.3
slice	立体切片图	6.4.3
SliderStep	图形对象滑键步长属性	9.2.2, 9.2.3
solve	求代数方程的符号解	4.5.4, 4.9.4, 4.12.2, 5.1.1, 5.1.4, 5.6.2, 5.6.3
sort	按升序或降序排列	2.1.4, 3.2.2, 3.2.4
sortrows	按升序派矩阵的行	2.1.4
sphere	产生球面	4.11.1, 6.3.5, 6.5.1
spinmap	色图彩色的周期变化	6.5.1

spline	样条插值	4.2.3, 4.9, 4.9.3
spring	紫黄调春色图	6.3.2, 6.6.1
sprintf	把格式数据写成串	3.2.3, 5.2.1
sqrt	平方根	2.2.1
sqrtm	平方根矩阵	4.4.2
squeeze	删去大小为1的"孤维"	2.1.4, 2.3.2
sscanf	按指定格式读串	3.2.3
stairs	阶梯图	6.2.3, 6.8.4
statset	设置 nlinfit 选项	4.8.3
std	标准差	4.6.3
stem	二维杆图	4.7.2, 4.9.3, 6.2.3
stem3	三维杆图	6.3.2
step	阶跃响应指令	6.6.3, 8.7.5, 9.2.3
str2double	把串数字变成双精度数	3.2.3, 5.2.1, 9.2.3
str2func	创建函数句柄	7.5.2
str2mat	创建多行串数组	3.2.2, 3.2.4, 5.2.1
str2num	串转换为数	3.2.3, 5.2.1
strcat	接成长串	3.2.2, 3.2.4
String	图形文字对象串内容	6.5.2, 7.7.2, 9.2.2, 9.2.3, 9.3.1, 9.3.2
strjust	串对齐	3.2.4
strmatch	串匹配搜索	3.2.4
strncmp	前 n 个字符比较	3.2.4
strrep	串替换	3.2.4
strtok	寻找第一间隔符前的内容	3.2.4
struct	创建构架数组	3.4.1, 3.4.4, 3.4.6
struct2cell	把构架转换为元胞数组	3.3.6, 3.4.6
structfun	函数对整个构架作用	3.4.5, 3.4.6
strvcat	创建多行串数组	3.2.4
Style	图形控件类型	9.3.1, 9.3.2
sub2ind	多下标转换为单下标	2.4.2
subexpr	通过子表达式重写符号对象	5.2.3, 5.7.2
subplot	创建子图	4.10.3, 6.1.2, 6.1.3, 6.2.2, 6.2.3, 6.6.4
subs	符号计算中的符号变量置换	4.10.2, 4.10.3, 4.12.2, 5.2.3, 5.3.1, 5.7.1
subspace	两子空间夹角	4.3.2
sum	元素和	2.2.3, 4.2.1, 4.2.3
summer	绿黄调夏色图	6.3.2, 6.5.1, 6.6.3

surf	三维着色表面图	4.12.4, 6.3.2, 6.8.3
surface	创建面对象	9.2.3
surfc	带等位线的表面图	6.3.5
svd	奇异值分解	4.3.2, 5.6.1
svds	求指定的若干奇异值	4.3.2
switch-case-otherwise	多分支结构	4.11.1, 7.2.3, 7.2.4, 7.4.1, 7.7.2, 9.2.3
sym	创建一个符号变量	5.1.1, 5.1.4, 5.2.1, 5.9.1
sym2poly	符号多项式生成数组多项式系数数组	5.7.1, 5.9.1
syms	创建多个符号对象	5.1.1, 5.1.4, 5.1.5
symsum	符号计算求级数和	5.3.2
symvar	认定符号表达式中变量	5.1.3

T t

Tag	图形对象识别名属性	9.2.2, 9.2.3, 9.2.4
tan	正切	2.2.1
tanh	双曲正切	2.2.1
taylor	符号法 Taylor 展开	5.3.1
text	文字注释	6.1.3, 6.2.2, 6.5.2
tf	创建传递函数对象	6.6.3, 8.7.3, 8.7.5, 9.2.3
tic	启动计时器	4.7.2, 7.2.1, 8.8.3
Title	图形对象名属性	9.2.2
TitlePosition	图形对象名位置属性	9.2.2
title	图名	6.1.2, 6.2.2, 6.6.3, 7.7.2
toc	关闭计时器	4.7.2, 7.2.1, 8.8.3
toeplitz	生成 Toeplitz 矩阵	2.2.3, 4.7.2
Toolbar	图形对象工具条属性	9.2.4
trace	矩阵的迹	4.3.1
trapz	梯形法数值积分	4.2.3
tril	下三角阵	2.2.3, 5.6.1
trim	求系统平衡点	8.7.4, 8.7.5
trimesh	不规则格点网线图	6.6.3
triplequad	三重积分	4.2.3
trisurf	不规则格点表面图	6.6.3
triu	上三角阵	2.2.3, 5.6.1
true	逻辑真	2.5.3
try-catch	控制流中的 Try-catch 结构	7.2.4
type	显示 M 文件	1.4.3

U u

uicontrol	创建用户控件	9.3.1, 9.3.2
unifstat	均匀分布理论均值和方差	4.6.3
Units	图形对象长度单位	9.2.2, 9.2.3, 9.2.3, 9.3.1
unwrap	自然态相角	4.10
upper	转换为大写字母	3.2.4

V v

Value	图形对象控件取值属性	9.2.2, 9.2.3, 9.3.1, 9.3.2
var	方差	4.6.3
varargin	变长度输入宗量	7.2.4, 7.7.2
varargout	变长度输出宗量	7.2.4, 7.7.2
vectorize	使串表达式或内联函数适于数组运算	2.2.3, 5.9.1, 5.10.2, 7.6.3
vertcat	垂直排放矩阵	2.1.4
view	三维图形的视角控制	6.1.3, 6.3.3, 6.4.3, 9.2.3
Visible	图形字对象可视性	9.3.1
voronoi	Voronoi 多边形	6.6.3
vpa	任意精度(符号类)数值	4.12.2, 5.2.1

W w

warning	显示警告信息	5.3.3, 5.10.2, 7.2.5
which	确定函数、文件的位置	1.4.3, 2.4.2, 5.9.2
while	控制流中的 While 环结构	6.5.2, 7.2.1, 8.5.2
white	全白色图矩阵	6.3.2
who	列出内存中的变量名	1.7.2, 1.7.4
whos	列出内存中变量详细信息	1.7.2, 5.1.3, 5.1.5
winter	蓝绿调冬色图	6.3.2

X x

Xdata	图形线对象 X 轴数据	6.5.2
xlabel	X 轴名	6.1.3, 6.2.2
xlim	X 轴范围	6.8.2
XlimMode	图形 X 轴对象范围属性	9.2.2, 9.2.3
xor	或非逻辑	2.5.2
Xtick	图形 X 轴分度位置	6.2.2
XtickLabel	图形 X 轴分度标识	6.2.2

Y y

YColor	图形 Y 轴对象色彩	7.7.2
Ydata	图形线对象 Y 轴数据	6.5.2
Ylabel	图形对象 Y 轴名称	7.7.2
ylabel	Y 轴名	6.1.3, 6.2.2, 6.6.3
YlimMode	图形 Y 轴对象范围属性	9.2.2, 9.2.3
Ytick	图形 Y 轴分度位置	6.2.2
YtickLabel	图形 Y 轴分度标识	6.2.2

Z z

zeros	全零数组	2.1.2
Zdata	图形线对象 Z 轴数据	6.5.2
zlabel	Z 轴名	6.1.3, 6.2.2, 6.6.3
ZlimMode	图形 Z 轴对象范围属性	9.2.2, 9.2.3
zoom	图形的变焦放大和缩小	4.5.4
ztrans	符号计算 Z 变换	5.5.3

C.3 Simulink 的库模块

Abs	取绝对值模块	8.7.5
Action Port	条件口	8.5.3
Add	加法模块	8.3.1, 8.3.2, 8.5.2, 8.5.3, 8.6.1, 8.6.2, 8.7.1, 8.7.2
Algebraic Constraint	代数约束模块	8.8.3
Assignment	赋值模块	8.5.1
Clock	仿真时钟模块	4.2.3, 8.6.1, 8.7.5
Compare To Constant	与常数比较模块	8.6.1
Constant	恒值输出模块	8.5.1, 8.5.2, 8.5.3, 8.6.1, 8.7.4, 8.9.3
Demux	分量模块	8.2.1, 8.2.2
Derivative	求导数模块	8.3.1
Discrete-Time Integrator	离散时间积分模块	8.6.2
Discrete Transfer Fcn	离散传递函数模块	8.6.2, 8.7.1, 8.7.3
Display	数值显示模块	4.2.3, 8.5.1, 8.5.2, 8.6.1
Enable	使能模块	8.4.1
Enable Subsystem	使能子系统	8.4.1, 8.6.1
Fcn	用户自定义函数	8.8.3
For Iterator	循环指数模块	8.5.1

英文名称	中文名称	章节
For Iterator Subsystem	For 环子系统	8.5.1
Gain	增益模块	8.2.1, 8.3.1, 8.6.1, 8.7.1, 8.7.2, 8.8.1, 8.8.3
Ground	接地模块	8.2.2, 8.4.2
If	条件转向模块	8.5.3
If Action Subsystem	条件子系统	8.5.3
In1	输入端口模块	8.3.1, 8.4.1, 8.4.2, 8.5.1, 8.5.2, 8.7.3
Integrator	连续函数积分	4.2.3, 8.2.1, 8.3.1, 8.7.2, 8.7.4, 8.7.5, 8.8.1, 8.8.3
Level-2 M-file S-Function	二级 M 码 S 函数模块	8.9.3
Math Function	数学函数模块	8.5.3, 8.7.4
MATLAB Fcn	M 码任意函数	4.2.3, 8.5.1
Matrix Square	矩阵平方模块	8.5.1
Memory	记忆模块	8.5.2
Merge	信号合成模块	8.5.3
Mux	合路模块	8.4.1, 8.4.2, 8.6.2, 8.7.1, 8.9.3
Out1	输出端口模块	8.3.1, 8.4.1, 8.4.2, 8.5.1, 8.5.2, 8.7.2, 8.7.3, 8.7.5
Product	乘法器	8.5.3, 8.7.5
Pulse Generator	脉冲发生模块	8.9.3
Random Source	随机信号模块	8.4.2
Relation Operator	关系运算模块	8.5.2
Scope	示波模块	8.2.1, 8.2.2, 8.2.3, 8.3.1, 8.3.2, 8.4.1, 8.5.3, 8.6.1, 8.6.2, 8.7.1, 8.8.1, 8.8, 8.9.3
Signal Builder	信号构建器	8.4.1
Sine Wave	正弦波输出	8.4.1, 8.4.2, 8.6.2
SMD	由符号表达式生成的 Simulink 模块	5.9.3
Sqrt	平方根模块	8.5.1
State-Space	状态方程模块	8.2.2
Step	阶跃输出	8.2.3, 8.3.1, 8.3.2, 8.6.2, 8.7.1, 8.7.2, 8.7.5, 8.8.3
Stop	终止仿真	8.6.1
SubSystem	子系统模块	8.3.1, 8.3.2
Subtract	减法模块	8.2.3
Sum	求和模块	8.2.1, 8.7.3, 8.7.4, 8.8.1, 8.8.3

To Workspace	数据存入内存变量	4.2.3, 8.4.2
Transfer Fcn	传递函数模块	8.2.3, 8.6.2, 8.7.1, 8.7.2, 8.7.3, 8.7.5
Trigger	触发模块	8.4.2
Trigged Subsystem	触发子系统	8.4.2
Unit Delay	单位延迟模块	8.6.1, 8.7.3, 8.8.3
Variable Selector	变量选择模块	8.5.1
While Iterator While	条件模块	8.5.2
While Iterator Subsystem	While 环子系统	8.5.2
XY Graph	显示 X-Y 图形	8.7.4
Zero-Order Hold	零阶保持模块	8.6.2

参考文献

[1] MathWorks. MATLAB R2011a, 2011.
[2] Moler C. Nemurical Computing with MATLAB, http://www.mathworks.com/moler/, 2011.
[3] Majewski M. MuPAD Pro Computing Essentials, 2/e, Springer, 2004.
[4] Dorf R C, Bishop R H. Modern Control Systems, 11/e, Pearson Education Inc., 2008.
[5] Franklin G F, etc. Feedback Control of Dynamic Systems, 6/e, Prentice-Hall, Inc., 2009.
[6] Proakis J G, etc. Algorithms for Statistical Signal Processing, Prentice-Hall, Inc., 2002.
[7] 张志涌. 精通 MATLAB 6.5 版, 北京:北京航空航天大学出版社, 2003.
[8] 张志涌, 杨祖樱. MATLAB 教程 R2011a, 北京:北京航空航天大学出版社, 2011.